Die Bewerbung zur Ausbildung bei Polizei, Feuerwehr, Zoll und Bundeswehr

Kurt Guth
Marcus Mery

Die Bewerbung zur Ausbildung bei Polizei, Feuerwehr, Zoll und Bundeswehr

Alles über Bewerbungsunterlagen, Einstellungstest, Sporttest, Assessment Center, Gruppenarbeit, Präsentieren, Vorstellungsgespräch und polizeiärztliche Untersuchung

Kurt Guth / Marcus Mery
Die Bewerbung zur Ausbildung bei Polizei,
Feuerwehr, Zoll und Bundeswehr
Alles über Bewerbungsunterlagen, Einstellungs-
test, Sporttest, Assessment Center, Gruppenarbeit,
Präsentieren, Vorstellungsgespräch und
polizeiärztliche Untersuchung

Ausgabe 2011

1. Auflage

Herausgeber: Ausbildungspark Verlag,
Gültekin & Mery GbR, Offenbach, 2011.

Das Autorenteam dankt Andreas Mohr und
Felix Petersen für die Unterstützung.

Umschlaggestaltung: Sine Bergmann,
bitpublishing

Bildnachweis: Archiv des Verlages
Illustrationen: bitpublishing
Grafiken: bitpublishing
Lektorat: Virginia Kretzer

*Bibliografische Information der Deutschen National-
bibliothek –*
Die Deutsche Nationalbibliothek verzeichnet diese
Publikation in der Deutschen Nationalbibliografie;
detaillierte bibliografische Daten sind im Internet
über http://dnb.d-nb.de abrufbar.

Gedruckt auf chlorfrei gebleichtem Papier

© 2011 Ausbildungspark Verlag
Lübecker Straße 4, 63073 Offenbach
Printed in Germany

Satz: bitpublishing, Sine Bergmann
Druck: Druckerei Sulzmann, Obertshausen

ISBN 978-3-941356-29-0

Inhaltsverzeichnis

Vorwort

Sicherheit und Ordnung – so lautet die oberste Maxime der Behörden, die sich Ihnen auf den folgenden Seiten präsentieren. Der Dienst zum Schutz des Staates und seiner Bürger ist enorm beliebt: Länderpolizeien, Bundespolizei, Feuerwehr, Bundeswehr und Zoll beschäftigen zusammen mehr als eine halbe Million Mitarbeiter, sie ziehen Jahr für Jahr zehntausende Bewerber an. Doch nur wenige gelangen schließlich an ihren heiß begehrten Ausbildungsplatz. Bei manchen Berufsfeuerwehren sind es sogar nur die besten 3-5 Prozent.

Bewerben heißt, für sich zu werben. Wer die eigenen Stärken überzeugend darstellen und seine berufliche Motivation gut begründen kann, hat schon einen wichtigen Vorteil gegenüber seinen Mitbewerbern. Auswahlverfahren sind kein Glücksspiel: Das genaue Wissen über die verschiedenen Abläufe und Inhalte ermöglicht eine zielgerichtete Vorbereitung und ein sicheres Auftreten.

Erfolg oder Misserfolg Ihrer Bewerbung hängt davon ab,

¬ ob Sie Ihre Fähigkeiten und Neigungen realistisch einschätzen.

¬ ob die ausgeschriebene Stelle zu Ihnen passt.

¬ welchen Eindruck Ihre Bewerbungsunterlagen machen.

¬ wie gut Sie auf den Einstellungstest vorbereitet sind.

¬ wie Sie sich im Vorstellungsgespräch, in der Gruppenarbeit und im Rollenspiel präsentieren.

¬ wie Sie im Sporttest abschneiden.

Dieses Buch unterstützt Sie mit Tipps zum Bewerbungsschreiben und zum Lebenslauf. Es enthält zahlreiche originale Testfragen aus den verschiedenen Eignungstests, erklärt die Aufgabentypen und kommentiert die Lösungswege ausführlich. Sie erfahren, wie Sie im Vorstellungsgespräch sowie in den einzelnen Stationen des Assessment Centers überzeugend auftreten und was im sagenumwobenen Sporttest auf Sie wartet. Darüber hinaus finden Sie Details zu den Einstellungsvoraussetzungen und zur amtsärztlichen Untersuchung. Überlassen Sie Ihre berufliche Zukunft nicht dem Zufall.

Eine gute Vorbereitung basiert nicht zuletzt auch auf dem Willen, das Berufsziel zu erreichen. Investieren Sie daher Zeit und Mühe in Ihre Bewerbung, hohes Engagement fällt auf und zahlt sich aus. Und lassen Sie sich von einer eventuellen Absage nicht entmutigen! Für keinen Ausbildungsbetrieb – weder im öffentlichen Dienst noch in der freien Wirtschaft – ist es leicht, die endgültige Entscheidung zwischen den Kandidaten zu treffen. Analysieren Sie Ihr Vorgehen und passen Sie es gegebenenfalls an. Damit steigern Sie Ihre Chancen bei einem zweiten Versuch.

Für Ihre Bewerbung wünschen wir Ihnen viel Erfolg!

Ihr Ausbildungspark-Team

Kontakt

Ausbildungspark Verlag
Kundenbetreuung
Lübecker Straße 4
63073 Offenbach

Telefon 069-40 56 49 73
Telefax 069-43 05 86 02
E-Mail: kontakt@ausbildungspark.com
Internet: www.ausbildungspark.com

Die Bewerbung

1 Die Bewerbung

1.1 Warum prüft die Polizei Bewerbungsunterlagen ebenso sorgfältig wie jedes andere Unternehmen?

Allgemeines

Dem einen oder anderen mag diese Frage deutlich sein. Um jedoch allen Lesern zu veranschaulichen, warum es sich lohnt, sich mit den Bewerbungsunterlagen Mühe zu geben, sollen im Folgenden einige Gründe angeführt werden, warum auch die Polizei Bewerbungsunterlagen gründlich prüft.

Gründe für die sorgfältige Prüfung der Bewerbung

¬ Zuerst ist anzumerken, dass Bewerbungsunterlagen von der Polizei sorgfältig betrachtet, gelesen und auf Vollständigkeit geprüft werden, um diejenigen auszuwählen, die als Auszubildende für die Polizeien infrage kommen. Qualifizierte und nichtqualifizierte Bewerber können so voneinander getrennt werden.

¬ Durch die Prüfung der Unterlagen können die Verantwortlichen bei der Polizei entscheiden, welche Bewerber die Zugangsvoraussetzungen erfüllen. Es wird entschieden, welchem Bewerber ein Prüfungstermin eingeräumt wird und wer eine direkte Ablehnung erhält.

¬ Die Personalauswahl ist für die öffentlichen Polizeien, wie für die privaten Unternehmen, mit Kosten verbunden. Eine Fehlentscheidung bei der Personalauswahl kann die Polizei teuer zu stehen kommen. Stellt sich nach Einstellung des Auszubildenden z. B. heraus, dass die Jungpolizisten unverantwortlich handeln, dann kann dies nicht nur gerichtliche Kosten verursachen. Für die ausgeschriebene Stelle müssen die bestmöglichen Bewerber gefunden werden.

¬ Zudem ist wahrscheinlich, dass eine hohe Fluktuation der Auszubildenden bzw. eine hohe Abbrecherquote sich negativ auf das Image der Polizei auswirken könnte. Dies würde mit Sicherheit auf die Ausbilder bzw. die mit dem Bewerbungsverfahren betrauten Polizisten zurückfallen.

Die sorgfältige Prüfung der Unterlagen versetzt die Polizei, zumindest teilweise, in die Lage, eine zuverlässige Vorauswahl zu treffen – soweit das auf Grundlage der Bewerbungsunterlagen möglich ist. Erst im Sporttest, dem schriftlichen Testteil, dem persönlichen Gespräch oder im Assessment Center kann bestimmt werden, wer sich am besten eignet. Jedoch ist die Vorauswahl für die Polizei wichtig, um (1) die Anzahl der Bewerber für das weitere Prozedere zu reduzieren, (2) zu kontrollieren, ob die Zugangsvoraussetzungen für den Dienstgrad erfüllt sind.

1.2 Die Zulassungsvoraussetzungen

Polizei: Die Zugangsvoraussetzungen für alle Laufbahnen

Da Polizeirecht und Nachwuchsgewinnung Ländersache sind, richten sich die Einstellungsvoraussetzungen nach den unterschiedlichen Anforderungen der einzelnen Bundesländer. Doch gibt es einige allgemeine Bedingungen, die grundsätzlich überall gelten, egal in welchem Land Sie sich bewerben:

¬ Sie dürfen nicht mit dem Gesetz in Konflikt gekommen sein (im Sinne einer strafbaren Handlung).

¬ Sie sind Deutscher im Sinne von Artikel 116 des Grundgesetzes oder besitzen die Staatsangehörigkeit eines EU-Landes. Für Angehörige anderer Nationen können unter bestimmten Umständen (z.B. ab einer bestimmten Mindestaufenthaltsdauer) Ausnahmeregelungen gelten.

¬ Sie bieten die Gewähr dafür, dass Sie für die freiheitlich-demokratische Grundordnung eintreten, wie sie im Grundgesetz verankert ist (sprich: Sie treten für die im Grundgesetz festgeschriebenen Ordnungs- und Wertevorstellungen ein).

¬ Sie erfüllen die Anforderungen an Mindestgröße, Körpergewicht und Erscheinungsbild und werden bei der polizeiärztlichen Untersuchung mit „dienstfähig" beurteilt. Welche Bestimmungen dabei genau einzuhalten sind, können Sie im Kapitel über die polizeiärztliche Untersuchung nachlesen.

Für den Zugang zu den verschiedenen Laufbahngruppen gelten darüber hinaus spezielle länderspezifische Kriterien. Alle detaillierten und aktuell gültigen Einstellungsvoraussetzungen erfahren Sie auf der Website der jeweiligen Landespolizei oder bei Ihrem zuständigen Einstellungsberater. Im Folgenden finden Sie eine Übersicht der wesentlichen Bedingungen für den Zugang zum mittleren, gehobenen und höheren Dienst mitsamt Aufstiegsmöglichkeiten.

Prinzipiell sind alle Laufbahnen der Polizei nach oben hin „durchlässig"; d.h. bei sehr guten Beurteilungen und den entsprechenden Weiterqualifikationen – wie etwa Aufstiegstests oder Lehrgänge an einer Polizeihochschule – ist der Aufstieg vom Polizeimeister-Anwärter im mittleren Dienst bis zu einem Spitzenamt in der Polizeiführung nicht ausgeschlossen.

Der Zugang zum mittleren Polizeivollzugsdienst (mPVD)

Mittlerweile ist der Eintritt in den mittleren Dienst wegen der gestiegenen Anforderungen an die Beamten bei vielen Länderpolizeien nicht mehr möglich. Aus dem gleichen Grund wurde die Laufbahn des einfachen Dienstes bei der Polizei schon vor langer Zeit abgeschafft. Die Zugangsvoraussetzungen im mittleren Dienst sind:

¬ Sie besitzen oder erwerben mindestens einen qualifizierten Hauptschulabschluss oder mittleren Schulabschluss (Realschulabschluss).

¬ Manchmal müssen Sie einen bestimmten Notenschnitt nachweisen – Mecklenburg-Vorpommern beispielsweise fordert mindestens eine 3,2 im Bewerbungszeugnis, Hamburg erwartet im Abschlusszeugnis in Deutsch, Mathematik, Englisch, Geschichte, Politik und Sport wenigstens ein „ausreichend". Mit einer abgeschlossenen Ausbildung können Ausnahmen gelten.

¬ Sie befinden sich am voraussichtlichen Tag Ihrer Einstellung innerhalb der festgelegten Altersgrenzen. In Baden-Württemberg beispielsweise müssen Sie zwischen 16,5 und 30 Jahre alt sein, in Sachsen 17-26 Jahre, in Schleswig-Holstein 16-31 Jahre. Wenn Sie eine Berufsausbildung oder ein Studium abgeschlossen haben, können beim Höchstalter Ausnahmen gelten.

Im mittleren Dienst können Sie vom Polizeimeister-Anwärter bis zum Polizeihauptmeister aufsteigen. Beim Aufstieg in den gehobenen Dienst kommt es auf hervorragende Beurteilungen, überdurchschnittliche Ausbildungsnoten und natürlich ein gutes Abschneiden im Auswahlverfahren an. Natürlich haben auch der Landeshaushalt und die Zahl der freien Stellen Einfluss auf Ihre Karrierechancen.

Der Zugang zum gehobenen Polizeivollzugsdienst (gPVD)

¬ Sie besitzen oder erwerben mindestens die allgemeine Hochschulreife (Abitur), die Fachhochschulreife oder einen gleichwertigen Bildungsstand.

¬ Meist werden bestimmte Mindestnoten erwartet – in Baden-Württemberg brauchen Sie im Abschlusszeugnis einen Notenschnitt von mindestens 3,0, in Schleswig-Holstein liegt dieser Numerus clausus bei 2,8.

¬ Sie befinden sich am voraussichtlichen Tag Ihrer Einstellung innerhalb der festgelegten Altersgrenzen. So müssen Sie in Bayern zwischen 17 und 25, in Brandenburg dürfen Sie höchstens 32 Jahre alt sein. Ausnahmen sind möglich, wenn Sie den zweiten Bildungsweg beschritten, den Wehrdienst abgeleistet oder Kindererziehungszeiten in Anspruch genommen haben.

Im gehobenen Dienst können Sie vom Polizeikommissar bis zum Ersten Polizeihauptkommissar aufsteigen. Die Karriereleiter vom gehobenen in den höheren Dienst führt in der Regel über ein erfolgreich absolviertes Auswahlverfahren, überdurchschnittliche Leistungen im täglichen Dienst sowie eine umfangreiche Weiterbildung, die ein Studium an der Deutschen Hochschule der Polizei in Münster beinhaltet. In Nordrhein-Westfalen beispielsweise schließt sich an das bestandene Auswahlverfahren eine zweijährige Förderphase an: Die Bewerber verbreitern dabei ihre theoretischen und praktischen Kompetenzen, indem sie verschiedene polizeiliche Tätigkeitsbereiche kennen lernen und in die Sachbearbeitung des Innenministeriums einbezogen werden. Darauf folgt ein zweijähriges Masterstudium, das die Fach- und Führungsqualitäten der Beamten schult.

Der Zugang zum höheren Polizeivollzugsdienst (hPVD)

Der höhere Dienst ist die höchste Laufbahngruppe der Polizei, in der Sie vom Polizeirat bis zum Leitenden Polizeidirektor und weiter aufsteigen können, beispielsweise – abhängig vom jeweiligen Bundesland – zum Landespolizeidirektor, Inspekteur der Landespolizei oder Landespolizeipräsident.

Der Direkteinstieg in den höheren Dienst ist zwar prinzipiell möglich, aber die Gelegenheiten dazu sind eher rar. Die besten Aussichten haben Hochschulabsolventen, die ein (mehr als dreijähriges) Studium an einer Universität oder gleichrangigen Hochschule mit Abschluss beendet haben. Vor allem für Rechtswissenschaftler mit Zweitem Staatsexamen, aber auch für Ingenieure oder Wirtschaftswissenschaftler stehen die Chancen nicht schlecht. Auch hier sind bestimmte Altersschranken zu beachten.

Bundespolizei: Die Zugangsvoraussetzungen für alle Laufbahnen

Folgende Anforderungen richtet die Bundespolizei an alle ihre Bewerber:

¬ Sie dürfen nicht mit dem Gesetz in Konflikt gekommen sein (im Sinne einer strafbaren Handlung).

¬ Sie sind Deutscher im Sinne von Artikel 116 des Grundgesetzes oder besitzen die Staatsangehörigkeit eines EU-Landes.

¬ Sie bieten die Gewähr dafür, dass Sie für die freiheitlich-demokratische Grundordnung eintreten, wie sie im Grundgesetz verankert ist (sprich: Sie treten für die im Grundgesetz festgeschriebenen Ordnungs- und Wertevorstellungen ein).

¬ Sie sind mindestens 1,63 m (Frauen) bzw. 1,65 m (Männer) groß, haben keine sichtbaren Tätowierungen oder Piercings und werden bei der polizeiärztlichen Untersuchung mit „diensttauglich" beurteilt.

¬ Sie können schwimmen (Anforderung: deutsches Schwimmabzeichen in Silber).

¬ Sie besitzen, spätestens am Ende Ihrer Ausbildung, einen Führerschein der Klasse B.

¬ Sie verfügen über geordnete wirtschaftliche Verhältnisse.

Detaillierte aktuelle Informationen über die Zugangskriterien können Sie auf der Website der Bundespolizei (www.bundespolizei.de) oder bei Ihrem zuständigen Einstellungsberater erfahren. Im Folgenden finden Sie die wesentlichen bei Veröffentlichung dieses Buches gültigen Bestimmungen.

Prinzipiell sind auch die Laufbahnen der Bundespolizei nach oben hin „durchlässig", d.h. bei guten Leistungen und den entsprechenden Weiterqualifikationen ist der Aufstieg vom Polizeimeister-Anwärter bis zum Leitenden Polizeidirektor möglich.

Der Zugang zum mittleren Polizeivollzugsdienst (mPVD)

¬ Sie besitzen oder erwerben mindestens einen Realschulabschluss, einen Hauptschulabschluss mit anerkannter Berufsausbildung oder einen vergleichbaren Abschluss.

¬ Sie sind mindestens 16 und am Tag der Einstellung höchstens 24 Jahre alt (Sonderregelung für 2011: Höchstalter 27 Jahre).

¬ Sie können sich in englischer Sprache verständigen.

Wer das EAV der Bundespolizei besteht, absolviert im Dienstgrad eines Polizeimeister-Anwärters eine 2,5-jährige Ausbildung an einer Fort- und Ausbildungseinrichtung der Bundespolizei. Neben der Fachtheorie stehen hier auch Praktika auf dem Programm. Am Ende wartet eine Abschlussprüfung – die so genannte

Laufbahnprüfung – nach deren Bestehen die Einstellung im Rang eines Polizeimeisters winkt. Im mittleren Dienst ist der Aufstieg bis zum Polizeihauptmeister möglich.

Der Zugang zum gehobenen Polizeivollzugsdienst (gPVD)

¬ Sie besitzen oder erwerben mindestens die allgemeine Hochschulreife (Abitur) oder die Fachhochschulreife mit Studienberechtigung.

¬ Sie sind am Tag Ihrer Einstellung nicht älter als 31 Jahre.

¬ Sie beherrschen die englische Sprache und besitzen im Idealfall Kenntnisse in einer weiteren Fremdsprache.

Die Ausbildung im gehobenen Dienst der Bundespolizei dauert drei Jahre. Sie beinhaltet zum einen ein Studium an den Standorten der Fachhochschule des Bundes für Öffentliche Verwaltung in Brühl und Lübeck, zum anderen Fachpraktika an der Bundespolizeiakademie und an Dienststellen der Bundespolizei. Nach bestandener Laufbahnprüfung steht die Einstellung als Polizeikommissar in Aussicht, mit Aufstiegsmöglichkeiten (im gehobenen Dienst) bis zum Ersten Polizeihauptkommissar.

Der Zugang zum höheren Polizeivollzugsdienst (hPVD)

Der höhere Dienst – vom Polizeirat bis zum Leitenden Polizeidirektor – ist die höchste Laufbahngruppe der Bundespolizei. Direkteinsteiger sollten höchstens 32 Jahre alt sein, ein abgeschlossenes Hochschulstudium mitbringen und über berufsrelevante Kenntnisse verfügen.

Zoll: Die Zugangsvoraussetzungen für alle Laufbahnen

Folgende Anforderungen richtet die Zollverwaltung an alle Bewerber:

¬ Sie dürfen nicht mit dem Gesetz in Konflikt gekommen sein (im Sinne einer strafbaren Handlung).

¬ Sie sind Deutscher im Sinne von Artikel 116 des Grundgesetzes oder besitzen die Staatsangehörigkeit eines EU-Landes oder eines Vertragsstaates der Europäischen Freihandelsassoziation (zusätzlich zu den EU-Staaten: Island, Lichtenstein und Norwegen, ohne die Schweiz).

¬ Sie sind körperlich fit und gesundheitlich für den Dienst geeignet (amtsärztliche Untersuchung).

¬ Sie sind mindestens 1,65 m groß, unter bestimmten Voraussetzungen reichen auch 1,62 m.

¬ Sie sind grundsätzlich bereit, im Schichtdienst zu arbeiten und eine Waffe zu tragen.

¬ Nur beim Wasserzoll: Sie können die geforderten nautischen bzw. maschinentechnischen Fähigkeiten nachweisen.

Die detaillierten aktuellen Informationen über die Zugangskriterien erfahren Sie auf der Website des Zolls (www.zoll.de) oder bei Ihrem zuständigen Einstellungsberater. Im Folgenden finden Sie die wesentlichen bei Veröffentlichung dieses Buches gültigen Bestimmungen.

Prinzipiell sind auch die Laufbahnen des Zolls nach oben hin „durchlässig", d.h. bei guten Leistungen und den entsprechenden Weiterqualifikationen ist der Aufstieg vom mittleren bis zum höheren Dienst des Zolls möglich.

Der Zugang zum mittleren Dienst

Die Anforderungen im mittleren Dienst sind:

¬ Sie besitzen mindestens einen Realschul- oder gleichwertigen Abschluss. In Ausnahmefällen kann auch ein Hauptschulabschluss reichen, wenn eine verwendungsrelevante Berufsausbildung (z.B. im kaufmännischen, im juristischen oder im Steuerbereich) vorliegt.

¬ Sie erfüllen die Sehschärfe-Kriterien: Kurzsichtigkeit höchstens 3,0 Dioptrien, Weitsichtigkeit höchstens 2,0 Dioptrien.

Die zweijährige Ausbildung im mittleren Dienst des Zolls ist dual angelegt. Im theoretischen Teil stehen Lehrgänge am Bildungs- und Wissenschaftszentrum der Bundesfinanzverwaltung an den Standorten Sigmaringen oder Plessow auf dem Lehrplan. Dort werden unter anderem die für die Zollarbeit relevanten Rechtsgrundlagen unterrichtet (u.a. Zolltarifrecht, Strafrecht, Sozialversicherungsrecht, Steuerrecht). Zusätzlich finden mehrere Praktika an Dienststellen des Zolls statt.

Der Zugang zum gehobenen Dienst

¬ Sie besitzen mindestens die allgemeine Hochschulreife (Abitur), die vollständige Fachhochschulreife oder einen gleichwertigen Abschluss.

¬ Sie erfüllen die Sehschärfe-Kriterien: Vor vollendetem 20. Lebensjahr höchstens 3,0 Dioptrien Kurzsichtigkeit und 2,0 Dioptrien Weitsichtigkeit; danach höchstens 10,0 Dioptrien Kurzsichtigkeit und 6,0 Dioptrien Weitsichtigkeit.

Die Ausbildung im gehobenen Dienst des Zolls dauert drei Jahre und schließt mit der Prüfung zum Diplom-Finanzwirt (FH) ab. Sie beinhaltet ein Studium am Fachbereich Finanzen der Fachhochschule des Bundes in Münster, das auch mit dienstrelevanten rechtlichen, politischen, wirtschafts- und sozialwissenschaftlichen Themen vertraut macht. Der Studiengang wird im Wechsel mit mehreren Praxisphasen absolviert, die an verschiedenen Dienststellen des Zolls stattfinden.

Der Zugang zum höheren Dienst

Der Direkteinstieg in den höheren Dienst ist nicht einfach. Bewerbungen nimmt das Bundesministerium für Finanzen entgegen. Chancen können sich am ehesten Uni-Absolventen (Master oder Diplom) ausrechnen, insbesondere Wirtschaftswissenschaftler oder Juristen mit Zweitem Staatsexamen.

Feuerwehr: Die Zugangsvoraussetzungen für alle Laufbahnen

Die Anforderungen bei der Personalauswahl der Berufsfeuerwehren richten sich nach den einschlägigen Vorgaben der Bundesländer. Im Folgenden finden Sie eine Auflistung der wesentlichen, typischen Auswahlkriterien. Einige davon gelten für alle Laufbahnen:

¬ Sie sind Deutscher im Sinne von Artikel 116 des Grundgesetzes oder besitzen die Staatsangehörigkeit eines EU-Landes.

¬ Sie dürfen nicht mit dem Gesetz in Konflikt gekommen sein (im Sinne einer strafbaren Handlung).

¬ Sie bieten die Gewähr dafür, dass Sie für die freiheitlich-demokratische Grundordnung eintreten, wie sie im Grundgesetz verankert ist (sprich: Sie treten für die im Grundgesetz festgeschriebenen Ordnungs- und Wertevorstellungen ein).

¬ Sie werden in der ärztlichen Untersuchung für diensttauglich befunden.

¬ Manche Feuerwehren erwarten den Nachweis über Schwimmfähigkeiten.

Detaillierte aktuelle Informationen über die Zugangskriterien können Sie auf den Homepages des Landesfeuerwehrverbandes und Ihrer Feuerwehr oder direkt bei Ihrem zuständigen Einstellungsberater erfahren. Alle Laufbahngruppen sind auch bei der Berufsfeuerwehr nach oben hin durchlässig, d.h. bei guten Leistungen im Dienst und den entsprechenden Weiterqualifikationen ist der Aufstieg vom mittleren in den gehobenen und höheren Dienst möglich.

Der Zugang zum mittleren feuerwehrtechnischen Dienst

¬ Sie besitzen mindestens einen Hauptschul- oder einen vergleichbaren Abschluss.

¬ Sie haben eine abgeschlossene Berufsausbildung in einem für den feuerwehrtechnischen Dienst geeigneten Ausbildungsberuf, z.B. Maurer, Schreiner, Zimmerer, Feinblechner, Kfz-Mechatroniker, Landmaschinenmechaniker, Metallbauer, Elektriker, Schornsteinfeger oder technischer Zeichner.

¬ Sie befinden sich innerhalb der Altersgrenzen. In NRW beispielsweise dürfen Sie höchstens 38 Jahre und 6 Monate alt sein, in Niedersachsen 35, in Hessen und Berlin 30.

In der Ausbildung des mittleren feuerwehrtechnischen Dienstes werden neben spezifischen feuerwehrtechnischen Kenntnissen (wie etwa taktische Vorgehensweisen im Lösch- und Hilfseinsatz) auch Naturwissenschaften vermittelt. Außerdem stehen der Erwerb eines LKW-Führerscheins und eine zusätzliche Führungsausbildung auf dem Programm, die zur eigenständigen Führung kleiner Feuerwehreinheiten (2-Mann-Trupp oder 9-Mann-Gruppe) befähigt. Darüber hinaus wird bereits hier eine gewisse Spezialisierung angestrebt. Verschiedene Lehrgänge – meist an den Landesfeuerwehrschulen – bieten Fortbildungen unter anderem zum Feuerwehrtaucher, Rettungssanitäter, Atemschutzgerätewart, Höhenretter, Strahlenschutzexperten oder Disponenten in der Leitstelle an.

Im mittleren Dienst kann man vom Brandmeister bis zum Hauptbrandmeister aufsteigen. Die Dienstgrade der Berufsfeuerwehren richten sich nach der Bundesbesoldungsordnung und sind bundesweit einheitlich.

Der Zugang zum gehobenen feuerwehrtechnischen Dienst

¬ Sie besitzen einen FH- oder Uni-Abschluss (Bachelor, Master, Diplom) in einem verwendungsrelevanten Studienfach, z.B. Maschinenbau, Bauingenieurwesen, Informatik, Sicherheitstechnik, Elektrotechnik oder Rettungsingenieurwesen.

¬ Sie befinden sich innerhalb der Altersgrenzen. In NRW beispielsweise dürfen Sie höchstens 38 Jahre und 6 Monate alt sein, in Sachsen-Anhalt 32.

Die Ausbildung im gehobenen Dienst der Berufsfeuerwehren dauert im Allgemeinen zwei Jahre. Sie umfasst eine feuerwehrtechnische Grundausbildung, verschiedene Lehrgänge an Landesfeuerwehrschulen oder anderen Ausbildungseinrichtungen und Einsatzpraktika. Im gehobenen Dienst kann man vom Brandinspektor bis zum Brandoberamtsrat aufsteigen.

Der Zugang zum höheren feuerwehrtechnischen Dienst

Direkteinsteiger sollten ein abgeschlossenes Hochschulstudium (Uni, FH oder TH) mitbringen, vorzugsweise in verwendungsrelevanten Fächern wie Maschinenbau, Bauingenieurwesen, Elektrotechnik, Informatik, Sicherheitstechnik, Rettungsingenieurwesen, Chemie oder Physik. Außerdem gelten Altersgrenzen, und manche Feuerwehren setzen ein positives Votum des Deutschen Städtetages voraus. Im höheren Dienst kann man vom Brandrat bis zum Leitenden Branddirektor aufsteigen, mancherorts noch darüber hinaus bis zum Direktor der Feuerwehr, Landesbranddirektor oder Oberbranddirektor.

Bundeswehr: Die Zugangsvoraussetzungen für alle Laufbahnen

Die Karrierewege der Bundeswehr sind in Mannschafts-, Unteroffiziers-, Feldwebel- und Offizierslaufbahnen unterteilt. Über die laufbahnspezifischen Anforderungen hinaus gelten für alle Bewerber folgende allgemeine Voraussetzungen:

¬ Sie sind Deutscher im Sinne von Artikel 116 des Grundgesetzes.

¬ Sie bieten die Gewähr dafür, dass Sie für die freiheitlich-demokratische Grundordnung eintreten, wie sie im Grundgesetz verankert ist (sprich: Sie treten für die im Grundgesetz festgeschriebenen Ordnungs- und Wertevorstellungen ein).

¬ Sie sind – als Soldat auf Zeit – mindestens 1,55 m groß, für manche Einsatzbereiche gelten abweichende Regelungen.

¬ Sie werden bei der ärztlichen Untersuchung für diensttauglich befunden.

¬ Je nach Verwendung bestehen unter Umständen spezielle gesundheitliche und körperliche Anforderungen, die Sie bei Ihrem Wehrdienstberater erfahren.

Auch die Laufbahnen der Bundeswehr sind nach oben hin durchlässig, d.h. bei guten Leistungen im Dienst und den entsprechenden Weiterqualifikationen ist der Aufstieg vom einfachen Gefreiten bis zum Offizier grundsätzlich möglich. Die Bundeswehr unterstützt Sie, wenn Sie im Anschluss an Ihre Verpflichtungszeit in einen zivilen Beruf wechseln wollen.

Mannschaftslaufbahn

¬ Sie haben mindestens die Vollzeitschulpflicht erfüllt.

¬ Sie sind nicht jünger als 17 und nicht älter als 32 Jahre.

¬ Sie verpflichten sich für 4 Jahre.

¬ Sie sind körperlich fit und arbeiten gerne im Team.

Mannschaften arbeiten in allen Bereichen der Streitkräfte, ohne Führungsverantwortung zu übernehmen. Einsteiger absolvieren die dreimonatige allgemeine Grundausbildung und anschließend eine militärische Fachausbildung.

Laufbahn der Fachunteroffiziere

¬ Sie besitzen mindestens einen Hauptschulabschluss, vorzugsweise in Verbindung mit einer verwendungs-relevanten Berufsausbildung.

¬ Sie sind nicht jünger als 17 und nicht älter als 32 Jahre, ohne Berufsausbildung liegt das Höchstalter bei 25 Jahren.

¬ Sie verpflichten sich für 8 Jahre, in Ausnahmen reichen auch 4 Jahre. Ohne verwendungsrelevante Be-rufsausbildung liegt die Verpflichtungsdauer bei 9 Jahren.

Fachunteroffiziere sind fachlich für bestimmte Tätigkeiten spezialisiert, übernehmen im Allgemeinen aber keine Führungsaufgaben. Bewerber mit Berufsausbildung werden bevorzugt und mit einem höheren Dienst-grad eingestellt (Unteroffizier/Maat bzw. Stabsunteroffizier/Obermaat). Wer keine Berufsqualifikation mit-bringt, startet im untersten Mannschaftsdienstgrad und absolviert eine zivilberufliche Ausbildung bei der Bundeswehr. Zur Auswahl stehen mehr als 50 anerkannte Ausbildungsberufe, vom Technischen Zeichner bis zum Mechatroniker.

Laufbahn der Feldwebel

Die Bundeswehr unterscheidet zwischen Feldwebeln im Truppendienst und Feldwebeln im allgemeinen Fachdienst. Feldwebel im Truppendienst sind die „klassischen" militärischen Führer, die kleinere Einheiten kommandieren. Feldwebel im allgemeinen Fachdienst übernehmen Führungsverantwortung in technischen, verwaltenden oder betrieblichen Aufgabenbereichen. Beide bilden Nachwuchskräfte aus.

Feldwebel im Truppendienst

¬ Sie besitzen mindestens einen Realschulabschluss.

¬ Sie sind nicht jünger als 17 und nicht älter als 25 Jahre.

¬ Sie verpflichten sich mindestens für 12 Jahre, in Ausnahmen reichen 8 Jahre.

¬ Sie sind körperlich fit und arbeiten gerne im Team.

Feldwebel im allgemeinen Fachdienst

¬ Sie besitzen mindestens einen Hauptschulabschluss in Verbindung mit einer verwendungsrelevanten Be-rufsausbildung oder einen Realschulabschluss.

¬ Sie sind nicht jünger als 17 und nicht älter als 25 Jahre. Mit verwertbarer beruflicher Qualifizierung liegt das Höchstalter bei 32 Jahren, dann ist zudem die Einstellung in einem höheren Dienstgrad möglich.

¬ Sie verpflichten sich für 12 Jahre. Ohne förderliche Berufsausbildung liegt die Verpflichtungsdauer bei 13 Jahren.

Vor dem Einsatz im Militärdienst stehen die obligatorischen militärischen Ausbildungen und eine spezielle Führungsausbildung auf dem Plan, im allgemeinen Fachdienst ergänzt durch eine zivile Berufsausbildung und/oder die Weiterbildung zum Meister.

Offizierslaufbahn

¬ Sie besitzen mindestens die Fachhochschul- oder allgemeine Hochschulreife, oder einen Realschulabschluss mit abgeschlossener Berufsausbildung. Bei Sanitätsoffizieren wird die allgemeine Hochschulreife vorausgesetzt.

¬ Sie sind nicht jünger als 17 und nicht älter als 25 Jahre.

¬ Sie verpflichten sich mindestens für 13, im fliegerischen Dienst für 15, im Sanitätsdienst für 17 Jahre.

¬ Sie besitzen Führungskompetenz und sind körperlich sowie geistig robust.

Bundeswehr-Offiziere sind als Vorgesetzte bzw. technische Spezialisten tätig und können mit Managern in größeren Unternehmen verglichen werden. Sie arbeiten beispielsweise als Schiffskommandant oder Leiter der Flugzeugwartung, im Cockpit eines Jagdflugzeugs oder im Stabsdienst. Offiziere studieren in der Regel an einer Bundeswehr-Universität, Akademikern mit abgeschlossenem Studium steht auch der Direkteinstieg in höheren Dienstgraden offen.

1.3   Die wirkungsvolle Gestaltung der Bewerbung

Allgemeines

Die Bewerbungsunterlagen sind in dem Verfahren um die Vergabe eines Ausbildungsplatzes wichtig. Neben der inhaltlichen Berufsqualifikation müssen gewisse formale Kriterien erfüllt sein. Die Unterlagen sollten vollständig sein, Rechtschreib- und Satzbaufehler sind zu vermeiden und insgesamt müssen die Unterlagen ordentlich aussehen. Andernfalls können Sie davon ausgehen, dass die Bewerbungsunterlagen bei den Verantwortlichen, die mit der Auswahl der Auszubildenden betraut sind, einen schlechten Eindruck erwecken. Experten nehmen an, dass schon bei der ersten Durchsicht der Unterlagen entschieden wird, wer potenziell den Anforderungen entspricht. Fallen beim ersten kurzen Betrachten der Unterlagen Fehler auf, ist es einleuchtend, dass Sie dadurch Nachteile haben. Die folgenden Absätze sind der Bewerbung an sich gewidmet. Es soll der Reihe nach erläutert werden, wie Sie vorgehen können, um Ihre Bewerbung wirkungsvoll zu gestalten.

Die Anzeigenanalyse

Die Bewerbung auf eine Stelle oder einen Ausbildungsplatz ist zumeist die Reaktion auf eine Anzeige oder ein Stellenangebot. In Ihrem Fall handelt es sich um die Polizei. Die Polizei ist kein privatwirtschaftliches Unternehmen, sondern eine feste Institution der Bundesrepublik Deutschland. Die Polizei gehört zur Exekutive, zur ausführenden Gewalt. Jedoch sucht die Polizei, ebenso wie privatwirtschaftliche Unternehmen, Auszubildende über Stellenanzeigen in Zeitungen, im Internet etc. Das Bewerbungs- und Ausbildungsverfahren bei den Länderpolizeien unterscheidet sich nicht von den Verfahren anderer Betriebe. Auch hier gilt die grundsätzliche Regel: Für den Beruf müssen Bewerber ausgewählt werden, die geeignet sind. In den Stellenangeboten finden Sie in der Regel eine Liste von Fähigkeiten, die Sie mitbringen müssen, um für die Ausbildung bei der Polizei geeignet zu sein.

Wenn Sie sich auf eine ausgeschriebene Stelle bei der Polizei bewerben, so ist es Ihre erste Aufgabe, sich zu vergewissern, ob Sie den Anforderungen in etwa entsprechen und ob sich Ihre beruflichen Ziele mit dem Ausbildungsberuf verbinden lassen. Sie müssen sich sicher sein, dass Sie die richtigen Fähigkeiten mitbringen, um am Bewerbungsverfahren teilnehmen zu können. Wenn dem nicht so ist, wenn Sie z. B. sicher sind, dass Sie den Sporttest nicht bestehen werden, dann sparen Sie sich die Mühe für das Bewerbungsverfahren. Zudem sollten Sie überlegen, inwieweit für Sie die ausgeschriebene Aufgabe reizvoll ist und Sie bereit sind, sich Fähigkeiten anzueignen, die in diesem Bereich wichtig sind. Selten erfüllen Bewerber alle Anforderungen bzw. verfügen über alle geforderten Fähigkeiten. Das sollte Sie jedoch nicht davon abschrecken, sich zu bewerben. Wichtig sind die Fragen: Erscheint Ihnen eine Ausbildung bei der Polizei als reizvoll, können Sie so Ihre individuellen beruflichen Ziele verwirklichen, können Sie den Willen aufbringen, sich Fähigkeiten für diesen Beruf anzueignen? Unter diesen Aspekten sollten Sie die Stellenanzeige betrachten. Sind Sie der Meinung, dass Sie sich auf diesen Ausbildungsplatz bewerben möchten, folgt der nächste Schritt: die Auswertung der Anzeige.

Die Auswertung einer Stellenanzeige

Entscheiden Sie sich für eine Bewerbung, so geht es im nächsten Schritt darum, die Stellenanzeige auszuwerten und zu verstehen. Um sich angemessen zu bewerben, ist es wichtig, wirklich zu verstehen, was gefordert und angeboten wird. Zumeist folgen Stellenanzeigen und solche für einen Ausbildungsplatz einem bestimmten Muster und lassen sich in fünf Blöcke gliedern:

a. **Informationen zur Polizei:** Der einführende Abschnitt dieser Anzeigen enthält zumeist Informationen zur jeweiligen Länderpolizei (Standort, Dienststellen etc.). In diesem ersten Abschnitt stellen sich die Polizeien vor; jeder, der mehr erfahren möchte, kann für weitere Informationen auf der Homepage der jeweiligen Landespolizei nachlesen.

b. **Informationen zum Ausbildungsplatz:** Im zweiten Block einer Anzeige wird die Tätigkeit bzw. der Ausbildungsplatz kurz dargestellt.

c. **Was die Institution bietet:** Dieser Abschnitt zeigt, welche Angebote Ihnen der Arbeitgeber in Aussicht stellt. Es geht um Fort- und Weiterbildungsmöglichkeiten sowie anderes.

d. **Anforderungen an die Bewerber:** Der vierten Abschnitt einer Anzeige dient den Polizeien dazu, die Anforderungen aufzulisten, die ein Kandidat erfüllen sollte. Hier wird unterschieden zwischen Softskills (weiche Fähigkeiten, z.B. Umgang mit Menschen) und Hardskills (harte Fähigkeiten, z.B. schulische u. berufliche Qualifikationen). Außerdem wird zwischen solchen Anforderungen, die erfüllt werden müssen (Muss-Anforderungen), und solchen, die zu erfüllen von Vorteil ist (Kann-Anforderungen), unterschieden. Erstere sind ausschlaggebend, denn wenn Sie die Muss-Anforderungen nicht erfüllen, ist eine Einstellung recht unwahrscheinlich.

e. **Weitere Informationen:** Im letzten Teil der Anzeige finden sich häufig zusätzliche Informationen. Kontaktadresse, Umfang der geforderten Unterlagen, Ansprechpartner und vieles mehr. Ist ein Ansprechpartner angegeben, ist es vorteilhaft, sich bei diesem zu melden. Eventuell erhalten Sie einen Informationsvorsprung, wenn Sie in dem Gespräch etwas erfahren, was sich nicht in der Stellenanzeige findet. Zudem machen Sie schon einmal auf sich aufmerksam und können Interesse an der Stelle zeigen.

Im Folgenden finden Sie eine Beispielstellenanzeige. Am Rand ist vermerkt, welcher Abschnitt der Beispielanzeige welchem beschriebenen Schwerpunkt gewidmet ist.

Die Polizei – Für die Sicherheit aller Bürger!

Täglich sind bundesweit auf unseren Straßen Polizisten für die Sicherheit der Büger im Einsatz. Ganz gleich ob ein Haus brennt, es einen Unfall gibt, sich Bürger bedroht oder genötigt fühlen, ein Einbruch zu ermitteln ist oder für den Fall, dass Anzeige erstattet werden soll – die Polizei ist immer im Einsatz.

32 Ausbildungsplätze bei der Polizei Musterhausen zum 01.01.2011 zu vergeben

Sind Sie motiviert, sich für Recht und Ordnung einzusetzen? Suchen Sie einen krisensicheren und verantwortungsvollen Beruf? Wollen Sie eine abwechslungsreiche Tätigkeit ausüben und täglich neuen Herausforderungen begegnen? Dann sollten Sie darüber nachdenken, eine Ausbildung bei der Polizei Musterhausen zu absolvieren.

Die Ausbildung können Sie bei der Polizei im mittleren und im gehobenen Dienst absolvieren, es gelten je unterschiedliche Zulassungsvoraussetzungen.

In der Ausbildung sollen Sie die Polizeiarbeit von Grund auf lernen. Zu Beginn wird Grundsätzliches im Vordergrund stehen; der erste Teil der praktischen Ausbildung beschränkt sich auf das Training, Sie nehmen nicht an Einsätzen teil. Schritt für Schritt werden Sie in der Ausbildung an die praktische Polizeiarbeit herangeführt. Sie lernen das Arbeiten mit Gesetzes- und Verfassungstexten, die Handhabung der Dienstwaffe und anderer Ausrüstung, die Theorie und Praxis der Polizeiarbeit; Sie nehmen im zweiten Abschnitt der Ausbildung an Einsätzen teil und werden in die aktive Ermittlungsarbeit integriert. Nach dem erfolgreichen Abschluss der Ausbildung haben Sie die Garantie auf einen Arbeitsplatz und die Möglichkeit, ein Studium oder andere Weiterbildungsmaßnahmen in Anspruch zu nehmen.

Voraussetzungen für mittlerer und gehobener Polizeivollzugsdienst

- ¬ deutsche Staatsangehörigkeit (Ausnahmen möglich)
- ¬ Mindestgröße 165 cm
- ¬ Alter 17–25 Jahre (am Einstellungstag), Ausnahmen nur bei Höchstaltersgrenze möglich
- ¬ gesundheitliche Eignung
- ¬ straffrei
- ¬ finanziell geordnete Verhältnisse
- ¬ fachliche Eignung
- ¬ sportliche Eignung
- ¬ psychische Eignung

mittlerer Dienst	gehobener Dienst
¬ Qualifizierender Hauptschulabschluss (Quali) mit abgeschlossener Berufsausbildung	¬ Allgemeine Hochschulreife (Abitur)
¬ Mittlere Reife	¬ uneingeschränkte Fachhochschulreife (Fachabitur)
¬ Fachabitur / Abitur	

Wenn Sie die Voraussetzungen für den mittleren und den gehobenen Dienst erfüllen, können Sie sich gleichzeitig für beide Laufbahnen bewerben!

Senden Sie bei Interesse ihre Bewerbungsunterlagen bis zum 10.10.2011 an die Polizei Musterhausen, z. Hd. Herr Philipis. Geben Sie bitte eine Telefonnummer und Ihre E-Mail Adresse an, damit wir Sie umgehend erreichen können.

Polizei Musterhausen
Am Rabeneck 235
12345 Musterhausen am Don

a. **Informationen zum Unternehmen**

b. **Informationen zum Ausbildungsplatz**

c. **Was das Unternehmen bietet**

d. **Anforderungen an die Bewerber**

e. **Weitere Informationen**

Das Bewerbungsanschreiben

Allgemeine Aspekte

Das Bewerbungsanschreiben ist in der Regel der erste prägende Eindruck, den Sie bei einem Personalverantwortlichen erzeugen. Sie können sich damit positiv von Ihren Mitbewerbern abheben – oder aber negativ auffallen. Verglichen mit der freien Wirtschaft, sind die Anforderungen an das Bewerbungsschreiben bei der Bewerbung um einen Polizei-Ausbildungsplatz jedoch geringer. Mehr Wert wird in der Regel auf die Einhaltung bestimmter körperlicher Vorgaben (Polizeiärztliche Untersuchung, Sportleistungstest) und das Abschneiden in den Prüfungen gelegt.

Oft ist es nicht einmal notwendig, dass Sie überhaupt ein eigenes Anschreiben verfassen. Stattdessen genügt vielerorts ein standardisierter Bewerbungsbogen. Den erhalten Sie entweder – wie in Bayern oder Baden-Württemberg – von Ihrem zuständigen Einstellungsbearbeiter oder können ihn auf der Internetpräsenz der entsprechenden Landespolizei herunterladen.

Schicken Sie den ausgefüllten Bewerbungsbogen zusammen mit den restlichen von Ihnen verlangten Unterlagen (z.B. Lebenslauf, Schulzeugnisse, Geburtsurkunde, evtl. Passfoto, Einbürgerungsurkunde und Nachweis über die Schwimmfähigkeit) an die auf dem Bogen angegebene Adresse. Unter anderem in Nordrhein-Westfalen können Sie sich sogar das Ausfüllen mit dem Stift sparen: Die dortige Landespolizei bietet eine Online-Bewerbung an, bei der Sie die relevanten Daten auf der Website in eine Formularmaske eingeben und online absenden. Die zusätzlich benötigten Dokumente müssen in diesem Fall per Post nachgereicht werden.

Das nur in manchen Fällen vorausgesetzte eigenständig verfasste Anschreiben – z.B. im Saarland – kann eine wichtige Chance für Sie sein. Mit einem gelungenen Text aus eigener Hand lässt sich ein wichtiger, am Ende vielleicht sogar ausschlaggebender Vorsprung gegenüber anderen Bewerbern schaffen. Erkundigen Sie sich daher, ob dieser Weg in Ihrem Bundesland infrage kommt: Im Gegensatz zu vorgegebenen Standard-Formularen zeigt ein individuelles Anschreiben Engagement. Es schafft außerdem Raum für eine persönliche Note, die Ihre Bewerbung umso glaubhafter erscheinen lässt.

Machen Sie sich vor dem Schreiben klar, welche Fähigkeiten Sie hervorheben wollen. Orientieren Sie sich an folgenden Fragen – Sie können natürlich auch eigene Schwerpunkte bilden:

¬ Welche Laufbahn möchte ich einschlagen (mittlerer, gehobener, höherer Dienst)?

¬ Was interessiert mich an einer Ausbildung bei der Polizei?

¬ Warum möchte ich genau diesen Beruf erlernen, worin besteht meine Motivation dafür?

¬ Welche Erfahrungen, Interessen, Kenntnisse und Qualifikationen kann ich nachweisen, die für die Ausbildung wichtig sein könnten?

¬ Gehe ich anderen privaten oder ehrenamtlichen Tätigkeiten nach (Fußballtrainer für Kleinkinder, Betreuung einer Jugendgruppe, Mitglied in einer Musikband usw.), die mich für den vertrauenswürdigen Polizeiberuf auszeichnen?

¬ Wann beende ich meine schulische Ausbildung, ab wann könnte ich mit der polizeilichen beginnen?

Ein erfolgreiches Bewerbungsanschreiben überzeugt schon auf den ersten Blick. Ihr Text sollte daher nicht nur inhaltlich durchdacht, sondern auch formal einwandfrei sein: durch eine klare Struktur und ein übersichtliches Layout.

Formale Aspekte

Um eine exzellente Bewerbung zu verfassen, sind gewisse formelle Aspekte zu beachten: Sie müssen bestimmten Standards folgen. I. d. R. umfasst das Bewerbungsanschreiben eine DIN-A4-Seite, als Schriftart sollte die Standardschrift Arial oder Times New Roman verwendet werden (Schriftgröße 12 Punkt). Vergessen Sie nicht, die Silbentrennung einzustellen. Richten Sie die Seite folgendermaßen ein: Seitenrand links (24,1 mm), Seitenrand rechts (min. 8,1 mm), Seitenrand unten (16,9 mm), Seitenrand oben (16,9 mm).

Im weiteren Verlauf wird nun exemplarisch dargestellt, wie ein formal korrektes Bewerbungsanschreiben aufgebaut sein sollte.

Der Kopf des Anschreibens

Beginnen Sie mit dem Kopf des Anschreibens. Dieser beinhaltet Absender und Empfängeradresse, den Betreff und die Anrede.

Oben links setzen Sie als Block Ihre Adresse ein, diese umfasst:

¬ Vorname, Name

¬ Straße und Hausnummer

¬ Postleitzahl und Ort

¬ Telefonnummer

¬ E-Mail-Adresse

In die Zeile, in der auch Ihr Name steht, fügen Sie rechtsbündig Datum und Ort ein. Unter Ihrer Adresse lassen Sie vier Zeilen frei und fügen anschließend die Adresse des Empfängers ein, orientieren Sie sich an folgendem Format:

¬ Name der betreffenden Polizei (mit Rechtsform)

¬ Abteilung und Personalverantwortlicher

¬ (ggf. E-Mail-Adresse des Ansprechpartners)

¬ Straße, Hausnummer oder Postfach

¬ PLZ und Ort

Lassen Sie nach der Empfängeradresse vier Zeilen frei und fahren Sie fort mit dem Betreff. Mit dieser Zeile wollen Sie Bezug zur Stellenausschreibung herstellen. Vermeiden Sie es, nur *Betreff: Bewerbung* zu schreiben, sonst wird Ihr Anschreiben schwammig und Ihr Anliegen undeutlich. Ein Beispiel für eine mögliche Betreffzeile:

„Bewerbung um einen Ausbildungsplatz bei der Polizei Musterhausen für das Ausbildungsjahr 2010"

Wie im Beispielsatz sollten Sie in Ihrem Bewerbungsschreiben die Betreffzeile hervorheben, nutzen Sie entweder die Kursiv- oder Fettschreibung.

Nach der Betreffzeile folgt die Anrede, lassen Sie zwischen beiden zwei Zeilen frei. In der Anrede ist es immer sinnvoll, sich direkt an einen Ansprechpartner zu wenden. Zumeist ist in der Stellenausschreibung ein Verantwortlicher angegeben. Ist dies nicht der Fall, so erkundigen Sie sich vor dem Verfassen telefonisch bei der Polizei, an wen Sie das Anschreiben richten sollen. Neben dem Erhalt der Information stellen Sie so auch einen direkten Kontakt her, was einen guten ersten Eindruck erzeugen kann. Ist der Ansprechpartner bekannt, so schreiben Sie *„Sehr geehrte Frau … / Sehr geehrter Herr …"*; ist der Verantwortliche namentlich unbekannt und trauen Sie sich nicht anzurufen, dann verwenden Sie die Floskel *„Sehr geehrte Damen und Herren"*.

Nach einer weiteren Leerzeile folgt auf den Anredesatz der Anschreibentext.

Inhaltliche Aspekte

Wenn Sie mit dem Schreiben beginnen, denken Sie daran, sich so klar und deutlich wie nur möglich ausdrücken. Derjenige, der das Anschreiben liest, möchte in der Regel schnelle und klare Informationen erhalten. Vergessen Sie beim Schreiben nie Ihren Adressaten. Der Adressat kann weder Zeit noch Lust aufbringen, über etwas in Ihrem Anschreiben nachzudenken, was nicht auf den ersten Blick schlüssig erscheint.

Das Anschreiben ist in den *Einleitungsabsatz*, den *Hauptteil* und die abschließende *Grußformel* gegliedert.

Der Einleitungsabsatz

Im einleitenden Absatz des Anschreibens sollten Sie in zwei bis drei Sätzen auf die ausgeschriebene Stelle eingehen und Ihre Motivation kurz zum Ausdruck bringen. Jeder Personaler muss unzählige Bewerbungen lesen, so ist es sinnvoll, Ihr Anliegen direkt mit dem Einleitungssatz zu schildern. Vermeiden Sie platte Floskeln wie *„Hiermit bewerbe ich mich"*. Wenn Ihnen kein überzeugender individueller Satz gelingt, können Sie mit einer Einleitung wie z.B. *„Mit großem Interesse habe ich Ihre Stellenanzeige aus der XXXX Zeitung vom XX. XX. 2009 gelesen"* beginnen. Und vergessen Sie nicht, den Bezug zum Ausbildungsplatz herzustellen, schreiben Sie sinngemäß etwas wie *„Aus diesem Grund bewerbe ich mich bei der Polizei Musterhausen"*.

Der Hauptteil

Dieser Abschnitt ist der Teil des Anschreibens, mit dem Sie endgültig davon überzeugen wollen, dass Sie der richtige Bewerber sind. Sie erfüllen alle Anforderungen und verfügen zudem über Qualifikationen, die nicht in der Stellenausschreibung aufgeführt sind; das müssen Sie dem Personalverantwortlichen deutlich machen. Haben Sie sich damit auseinandergesetzt, was Sie auszeichnet, über welche Kenntnisse, Fähigkeiten und Qualifikation Sie verfügen, so ist dieser Abschnitt des Anschreibens schnell verfasst.

Sie sollten sich so klar wie möglich auszudrücken. Vermeiden Sie lange Schachtelsätze und schreiben Sie nur über Dinge, die im Hinblick auf den Ausbildungsplatz relevant sind. Zu Beginn sollten Sie auf Ihre schulische Ausbildung eingehen, geben Sie hierbei an, wann Sie voraussichtlich die Schulausbildung abschließen werden.

Nach der schulischen Ausbildung folgen Ihre Fähigkeiten, Kenntnisse, Qualifikation und Interessen, soweit diese für die Stelle von Bedeutung sind. Ob Sie an japanischen Manga-Comics interessiert sind, ist nicht wichtig, wenn Sie sich bei der Polizei bewerben. Interessanter wäre, ob Sie ehrenamtlich tätig waren oder ob Sie bereits Erfahrung bei der Polizei sammeln konnten, z. B. als Praktikant. Sie müssen das Interesse der Verantwortlichen wecken, indem Sie sich positiv und interessant präsentieren. Schwierig ist hier, nicht in plumpes Selbstlob zu verfallen. Zweckmäßig ist es, auf jede in der Stelle ausgeschriebene Anforderung direkt einzugehen. Zudem ist es sinnvoll ein bis zwei weitere Fähigkeiten einzubringen, die für die Stelle von Relevanz sein könnten, aber nicht explizit in der Ausschreibung aufgeführt sind. Für das gesamte Schreiben sollten Sie versuchen, Aktiv-Formulierungen zu verwenden (z.B. *„sammelte ich"* statt *„konnte ich sammeln"*).

Das Ende des Hauptteils bildet der Abschlusssatz. Hier gehen Sie direkt auf das Vorstellungsgespräch ein und merken an, dass Sie sich über eine Einladung zu einem Vorstellungsgespräch sehr freuen würden.

Die abschließende Grußformel

Sie beschließen Ihr Bewerbungsanschreiben mit einer Grußformel, greifen Sie am besten auf den Klassiker zurück: *„Mit freundlichen Grüßen"*. Dann setzen Sie handschriftlich Ihre Unterschrift darunter und das Bewerbungsanschreiben ist fast fertig.

Die Anlagen

Am unteren Ende der Seite folgen noch Angaben über die Anlagen. Entweder weisen Sie nur darauf hin, dass Anlagen beiliegen (mit dem Hinweis **„Anlagen"**). Oder Sie führen die Anlagen in einer Aufzählung an. Beachten Sie hierbei, dass die Reihenfolge der Anlagen der Reihenfolge in der Bewerbungsmappe folgt.

1.4 Der Lebenslauf

Allgemeines

Der Lebenslauf ist das Dokument in einer Bewerbung, welches einen klaren und kurzen Überblick über Kompetenzen, Fähigkeiten, Erfahrungen und Ausbildungsschritte ermöglicht. Zumeist wird der Lebenslauf in tabellarischer Form erwartet, nicht als ausformulierter Fließtext, d.h. nicht als ausführlicher Lebenslauf. Es kann jedoch vorkommen, dass Sie einen ausformulierten handschriftlich verfassten Lebenslauf einreichen müssen (z. B. bei der Polizei Thüringen). Erkundigen Sie sich darüber direkt bei der Polizei, bei der Sie sich bewerben möchten. Verfassen Sie einen tabellarischen Lebenslauf – das ist die Regel – so können Sie entweder auf der Zeitachse zurück- oder vorgehen. Des Weiteren besteht die Möglichkeit, einen funktionalen Lebenslauf einzureichen, hier sind die verschiedenen Ausbildungsabschnitte, Tätigkeitsfelder und Kenntnisse in Blöcken zusammengefasst (es werden Schwerpunkte bzw. Oberbegriffe gebildet, nach denen man ordnet). Wichtig für den Lebenslauf ist, dass dieses Dokument einer klaren und eindeutigen Struktur folgt. Sie sollten sich auf das Wesentliche konzentrieren, vermeiden Sie etwas zu verfälschen oder zu verwischen und beachten Sie, dass keine Widersprüche oder zeitliche Lücken auftreten. Bedenken Sie, dass Sie die Bewerbung an die Polizei senden, zugeschnitten auf eine bestimmte Stelle – nämlich als Polizist. D. h., der Lebenslauf sollte exakt auf diesen Ausbildungsplatz abgestimmt sein.

Die folgende Checkliste zeigt Ihnen, welche Einheiten ein Lebenslauf unbedingt beinhalten sollte und welche Einheiten zusätzlich angefügt werden können.

Das muss:

¬ **Persönliche Daten:** Name, Vorname, Anschrift, Geburtsdatum und -ort, Familienstand, Staatsangehörigkeit.

¬ **Schulische Ausbildung:** Erworbener Abschluss und Schulen, die besucht wurden.

¬ **Zivil- oder Wehrdienst, Freies soziales Jahr:** Wurde dies schon absolviert, so muss man das anführen.

¬ **Praktika:** Wenn während der Schulzeit Praktika absolviert wurden, die für die Stelle von Bedeutung sind, sollten diese angeführt werden.

¬ **Weiterbildung:** Wenn neben der Schule oder der Ausbildung weiterbildende Kurse besucht wurden (z.B. Fremdsprachen, EDV-Kenntnisse, etc.), auf jeden Fall anfügen.

¬ **Besondere Kenntnisse:** In dieser Rubrik können Fremdsprachen, EDV-Qualifikationen oder andere besondere Kenntnisse angeführt werden.

¬ **Formale Angaben:** Datum, Ort und Unterschrift.

¬ **Abgeschlossene Ausbildung/Berufstätigkeit:** Wenn schon eine Ausbildung abgeschlossen wurde, dann sollten Sie dies unbedingt anführen.

Das kann:

¬ **Interkulturelle Kompetenzen:** Haben Sie Zeit im Ausland verbracht, z.B. ein Schuljahr in den USA, ein Praktikum in Frankreich oder einen Schüleraustausch in England, so heben Sie dies in Ihrem Lebenslauf hervor.

¬ **Ehrenamtliche Tätigkeiten:** Wer ein Ehrenamt ausübt, kann im Lebenslauf den Raum nutzen, darzustellen, welche sozialen Tätigkeiten ausgeführt werden. Das kann einen guten Eindruck erzeugen.

¬ **Hobbys und Interessen:** Mit dem Abschnitt der Hobbys und Interessen zeigen Sie, dass Sie interessiert und aktiv sind.

Der Inhalt des Lebenslaufs

Das Dokument sollte mit der Überschrift *„Lebenslauf"* eingeleitet werden, alternativ kann auch das lateinische *„Curriculum Vitae"* (kurz **CV**) verwendet werden. Wie der Lebenslauf ausgerichtet ist, bleibt dem Verfasser überlassen (ob links- oder rechtsbündig). Es gilt jedoch zu bedenken, dass das obligatorische Bewerbungsfoto zumeist in der oberen rechten Ecke der ersten Dokumentseite platziert wird. Es folgen die oben angeführten Einheiten. Bei der folgenden Ausformulierung handelt es sich um ein allgemeines Beispiel. Es geht aber darum, Ihren Lebenslauf individuell zu gestalten. Achten Sie tunlichst darauf, Lücken zu vermeiden. Es erscheint nicht besonders seriös, wenn Sie über ein Jahr nichts gemacht haben. Versuchen Sie an derartigen Stellen einzufügen, dass Sie sich darauf vorbereitet haben, einen Ausbildungsplatz zu bekommen. Wenn Sie so vorgehen, müssen Sie darauf gefasst sein, dass nachgefragt wird, wie genau Sie sich vorbereitet haben. Legen Sie sich entsprechende Antworten zurecht.

Persönliche Daten:

Name:	Mustermann, Max
Anschrift:	Frankfurter Straße 1
	60386 Frankfurt
	Mobil: 0151-12 34 56 78
	Telefon: 069-40 56 49 73
	E-Mail: max.mustermann@email.de
Geburtsdatum, -ort:	17.05.1986 in Mixbach
Staatsangehörigkeit:	deutsch
Familienstand:	ledig

Schulische Ausbildung:

(Jahresangabe)   Name, Ort, Schultyp, (Abschlussnote)

                                            z.B. Realschule Marianne-Cohn, Niederzwürten;

                                            Abschluss: Fachoberschulreife (2,5)

Zivil-, Wehrdienst, freiwilliges soziales Jahr (FSJ):

(Jahresangabe)   Name, Ort und Tätigkeitstyp und Tätig-
                                            keitsbereich

                                            z.B. Wehrdienstdienst bei der Luftwaffe im Amt für
                                            Flugsicherung der Bundeswehr/ Deutsche Flugsi-
                                            cherung in Langen

Praktika:

(Jahresangabe)   Unternehmen, Ort, Tätigkeitsbereich

                                            z.B. Erdnussfabrik Phillip-Kalle, Niederzwürten,
                                            Abteilung Presse- und Öffentlichkeitsarbeit

Weiterbildung:

(Jahresangabe)   Seminare oder Kurse, die neben der Schule be-
                                            sucht wurden

                                            z.B. Sprachkurs Chinesisch, VHS-Niederzwürten

Besondere Kenntnisse:

Fremdsprachen: z.B. Französisch (sehr gut), Englisch (gut)

EDV: z.B. Office-Kenntnisse, Html-Kenntnisse

Frankfurt (Ort), 1.4.2009 (Datum)
[Ihre Unterschrift]

Zusätzlich können die folgenden Kategorien in den Lebenslauf eingebaut werden, je nachdem, ob Bedarf besteht oder nicht. Das würde dann folgendermaßen aussehen:

Interkulturelle Kompetenzen:

(Jahresangabe)   Auslandserfahrung

                                            z.B. 2006 dreimonatiger Schüleraustausch am
                                            Collége Bonaparte in Marseille, Frankreich

Ehrenamtliche Tätigkeiten:

(Jahresangabe)   Tätigkeiten in einer Gemeinde, in einem Verein, bei Projekten, etc.: Verein/Gruppe/Gemeinde, Ort, Tätigkeitsbereich

z.B. Naturschutzverein „Für die Katz e.V.", Niederzwürten

Aufgaben: Aufforstungs- und Artenschutzprojekte zum Schutz der deutschen Wildkatze

Hobbys und Interessen:

Nur Hobbys und Interessen angeben, die für die Stelle bei der Polizei relevant sein können. Da Teamgeist bei der Polizei enorm wichtig ist, kann angegeben werden, dass man viele Jahre Mannschaftssport betrieben hat.

z.B. seit 2002 Handballverein, SV Niederzwürten

Das Bewerbungsfoto

Zuvor wurde betont, dass bei einer Bewerbung „der erste Eindruck" entscheidend ist. Ganz gleich ob im Anschreiben, im Lebenslauf oder im persönlichen Gespräch, Sie sollten grundsätzlich versuchen, einen guten Eindruck zu vermitteln. Daher muss auch ein Bewerbungsfoto ausgewählt werden, das diesen Ansprüchen gerecht wird. Sparen Sie nicht am Fotografen und verwenden Sie kein Automaten-, Handy- oder Partyfoto. Stattdessen sollten Sie einen professionellen Fotografen aufsuchen. Für Ihr Foto ist es wichtig, dass Sie versuchen, sympathisch zu wirken, ohne sich gekünstelt oder unnatürlich zu verhalten. Versuchen Sie freundlich und offen zu lächeln und stimmen Sie mit dem Fotografen ab, wie Sie die notwendige Seriosität ausstrahlen können, die ein Bewerbungsfoto stark macht. Stimmen Sie ebenfalls mit dem Fachmann ab, ob für Ihren Fall ein Foto in schwarz-weiß oder in Farbe passender ist. Lassen Sie sich nicht von einem Fotografen mit schlechten Aufnahmen abspeisen, sondern sorgen Sie für weitere Aufnahmen, wenn Sie mit den Resultaten unzufrieden sind. Achten Sie darauf, dass sich der Fachmann wirklich Zeit nimmt und nicht nebenbei den Auslöser drückt und Sie das Fotostudio unzufrieden verlassen. Die Standardgröße für Bewerbungsfotos liegt bei 6 x 4,5 cm und größer, Sie haben die Wahl zwischen einem 3:4 Hochformat und einem 4:3 Querformat.

Natürlich sind für die Auswahl eines Bewerbers viele Gründe ausschlaggebend und ohne die erforderlichen Qualifikationen geht nichts, doch trägt das Foto zu einer erfolgreichen Bewerbung bei. Daher sollten Sie sich mit einem Foto bewerben, mit dem Sie zufrieden sind. Zudem ist wichtig, dass es handwerklich gut gemacht ist und die Darstellung nicht amateurhaft wirkt. Diejenigen, die Sie als Bewerber auswählen sollen, sehen Sie auf diesem Foto aller Wahrscheinlichkeit nach zum ersten Mal. Diese Gutachter gilt es zu überzeugen – gerade auch mit Ihrem Bewerbungsfoto.

Wählen Sie Kleidung, die für den Polizeiberuf angemessen ist.

Für Frauen gilt die folgende Faustregel: Kleiden Sie sich seriös, nicht verführerisch oder aufdringlich und verwenden Sie nicht zu viel Make-up. Zudem sollten Sie überflüssigen Schmuck vermeiden. Tragen Sie ein Kostüm oder zumindest eine Bluse, dazu Jackett oder Blazer.

Für Männer gilt: Kleiden Sie sich seriös, am besten wählen Sie einen Anzug und ein einfarbiges Oberhemd. Optional dazu Krawatte. Achten Sie zudem darauf, dass Sie sorgfältig rasiert sind.

Platzieren Sie Ihr Foto in den Bewerbungsunterlagen entweder auf dem Deckblatt der Bewerbung oder, wie in den meisten Fällen, auf dem Lebenslauf, in der rechten oberen Ecke. Fixieren Sie das Foto auf der Unterlage mit einem Klebestift oder doppelseitigem Klebeband. Bevor Sie das Foto aufkleben, sollten Sie auf der Rückseite Ihre Daten (Name, Vorname und Adresse) schreiben, für den Fall, dass sich das Bild von der Bewerbung löst.

Anschauungsbeispiel Lebenslauf

Auf den folgenden Seiten sind drei Musterlebensläufe, die Ihnen als Orientierung dienen können. Im ersten Beispiel handelt es sich um einen bereits ausgelernten Bewerber, im zweiten und dritten Fall um Schulabgänger.

Beispiellebenslauf 1: Ausgelernte Person

Max Mustermann • Musterstraße 1 • 01234 Musterort • Telefon: 069-40 56 49 73 • Mobil: 0151-12 34 56 78

Lebenslauf

Persönliche Daten

Name:	Max Mustermann
Geburtsdatum und -ort:	01.01.19xx in Frankfurt/Main
Familienstand:	ledig
Staatsangehörigkeit:	deutsch

Ausbildung

20xx – 20xx	Ausbildung bei der Mayer Maschinen und Anlagen GmbH, Darmstadt Abschluss: Mechatroniker (Note: gut) IHK Frankfurt

Grundwehrdienst / Zivildienst

20xx – 20xx	Grundwehrdienst im Amt für Flugsicherung der Bundeswehr, Langen

Schulbildung

20xx – 20xx	Mayer-Realschule in Frankfurt Abschluss: Mittlere Reife (Note: 2,2)
20xx – 20xx	Schmidt-Grundschule in Frankfurt

Praktikum / Nebentätigkeiten

20xx – 20xx	Aushilfe im Werkstattbereich der Franz GmbH, Frankfurt
20xx – 20xx	Zweiwöchiges Schulpraktikum bei der Schmidt Elektro KG, Oberursel/Ts.

Zusatzqualifikationen

EDV-Kenntnisse	Fundierte Kenntnisse in Word Fundierte Kenntnisse in Excel Grundkenntnisse in Access Grundkenntnisse in PowerPoint 10-Finger-System: sehr gut (340 Anschläge/Minute)
Fremdsprachen	1. Muttersprache: Deutsch 2. Muttersprache: Italienisch Englisch: gut in Wort und Schrift Spanisch: Grundkenntnisse

Max Mustermann • Musterstraße 1 • 01234 Musterort • Telefon: 069-40 56 49 73 • Mobil: 0151-12 34 56 78

Sonstiges

Hobbys	20xx – 20xx Fußball als Leistungssport (Oberliga) weitere Sportarten wie Fitness, Jogging, Karate (Gelber Gürtel)
Führerschein	Klasse B

Frankfurt am Main, 01.02.20xx

Max Mustermann

Beispiellebenslauf 2: Ausbildungsplatzsuchende 1

Anna Musterfrau • Musterstraße 1 • 01234 Musterort • Telefon: 069-40 56 49 73 • Mobil: 0151-12 34 56 78

Lebenslauf

Persönliche Daten

Name:	Anna Musterfrau
Geburtsdatum und -ort:	01.01.19xx in Frankfurt/Main
Familienstand:	ledig
Staatsangehörigkeit:	deutsch

Schulbildung

20xx – 20xx	Mayer-Gesamtschule in Frankfurt Abschluss: Mittlere Reife (Note: 2,1)
20xx – 20xx	Grundschule Frankfurt West

Praktika / Nebentätigkeiten

20xx – 20xx	Zweiwöchiges Schulpraktikum bei der Mayer Bank, Frankfurt
20xx – 20xx	Aushilfstätigkeit als **Servicekraft** in der Gastronomie, Restaurant ‚Wagner‘, Bad Homburg
20xx – 20xx	Zeitungen austragen

Besondere Kenntnisse

EDV-Kenntnisse	Fundierte Kenntnisse in Word Fundierte Kenntnisse in Excel Grundkenntnisse in PowerPoint 10-Finger-System: sehr gut (340 Anschläge/Minute)
Fremdsprachen	Muttersprache: Deutsch Englisch: sehr gut in Wort und **Schrift** Französisch: Grundkenntnisse

Sonstiges

Hobbys	20xx – 20xx Vereinshockey, Badminton
Interessen	Singen, Lesen, gemeinsame Unternehmungen
Führerschein	Klasse B

Frankfurt am Main, 01.02.20xx

Anna Musterfrau

Beispiellebenslauf 3: Ausbildungsplatzsuchende 2

Anna Musterfrau • Musterstraße 1 • 01234 Musterort • Telefon: 069-40 56 49 73 • Mobil: 0151-12 34 56 78

Lebenslauf

Persönliche Daten

Name:	Anna Musterfrau
Geburtsdatum und -ort:	01.01.19xx in Frankfurt/Main
Familienstand:	ledig
Staatsangehörigkeit:	deutsch

Familie

Eltern	Klaus Musterfrau, Elektriker
	Kerstin Musterfrau, geb. Müller, Hausfrau
Geschwister	2 jüngere Brüder
	1 ältere Schwester

Schulbildung

20xx – 20xx	Mayer-Gesamtschule in Frankfurt
	Abschluss: Mittlere Reife (Note: 2,1)
20xx – 20xx	Auslandsschulaufenthalt in Australien, Canberra
20xx – 20xx	Grundschule Frankfurt West

Praktika / Nebentätigkeiten

20xx – 20xx	Zweiwöchiges Schulpraktikum bei der Müller Kaufhaus AG, Frankfurt
20xx – 20xx	Ehrenamtliche Mitarbeit in der Petrusgemeinde, Frankfurt
20xx – 20xx	Aushilfstätigkeit als Verkäuferin bei der Moni Moden GmbH, Offenbach

Besondere Kenntnisse

EDV-Kenntnisse	Fundierte Kenntnisse in Word
	Fundierte Kenntnisse in Excel
	Fundierte Kenntnisse in Access
	Grundkenntnisse in PowerPoint
Fremdsprachen	Muttersprache: Deutsch
	Englisch: sehr gut in Wort und Schrift
	Französisch: gut in Wort und Schrift

Anna Musterfrau • Musterstraße 1 • 01234 Musterort • Telefon: 069-40 56 49 73 • Mobil: 0151-12 34 56 78

Sonstiges

Hobbys   Klettern, Fitness (Aerobic), Geräteturnen

Interessen   Gemeindearbeit, Orchestermusik, Reisen

Führerschein   Klasse B

Frankfurt am Main, 01.02.20xx

Anna Musterfrau

1.5   Die Zeugnisse

Allgemeines

Wichtige Dokumente, die bei einer Bewerbung nicht fehlen dürfen, sind die Zeugnisse. Schul-, Praktikums- oder Arbeitszeugnisse sind für die Personaler ein entscheidendes Indiz bei der Auswahl von Bewerbern. Schulzeugnisse belegen Ihre Fähigkeiten oder Ihr Unvermögen in allgemeinen Fächern wie Mathematik, Deutsch, Englisch, etc. Universitätszeugnisse geben Auskunft über den Stand ihrer akademischen Ausbildung; Praktikumszeugnisse belegen Erfolge und Misserfolge in praktischen Tätigkeiten.

Praktikums- oder Arbeitszeugnisse

Wenn Sie Praktika absolviert haben oder zusätzlich zur schulischen Ausbildung einer Nebentätigkeit nachgegangen sind (z.B. ein Nebenjob in einem Café oder in einem Supermarkt), so müssten Sie nach Beendigung der Tätigkeit ein Zeugnis erhalten haben. Sollte dies nicht der Fall sein, so versuchen Sie nachträglich, das Zeugnis zu bekommen.

Haben Sie die Zeugnisse vorliegen, sollten Sie nicht darauf verzichten, diese den Bewerbungsunterlagen beizufügen. In den Zeugnissen, die Sie für eine bereits absolvierte Arbeit erhalten, finden sich für denjenigen, der Bewerber auswählt, viele wichtige Informationen. Bewertungen wie *„zufriedenstellend"*, *„immer sehr gut"* oder *„zur vollsten Zufriedenheit"* geben Aufschluss über Ihr Verhalten während der ausgeführten Tätigkeit. Zudem kann diesen Zeugnissen entnommen werden, über welche Kernkompetenzen Sie verfügen, welche Kompetenzen Sie während der Tätigkeit erwerben konnten und wie andere Ihre Arbeitsmotivation bewerten. Das gleiche gilt für den Fall, dass Sie schon eine Ausbildung absolviert und in diesem Beruf gearbeitet haben oder Sie ungelernt einer vollen Tätigkeit nachgegangen sind. Zeugnisse, die eine Tätigkeit bewerten, sind in jeder Bewerbung wichtiger Bestandteil.

Berufsqualifikationszeugnisse

Ebenso wichtig wie die Zeugnisse, die Aussagen über Ihre fachlichen Kompetenzen zulassen, sind die Zeugnisse, die Sie zum Beruf qualifizieren. Dies sind entweder Zeugnisse über einen Universitätsabschluss, über eine bereits absolvierte Ausbildung oder Schulabschlusszeugnisse. Jede Länderpolizei erwartet von den Bewerbern, dass Schulzeugnisse eingereicht werden. Für alles weitere sollten Sie sich direkt bei der zuständigen Polizei erkundigen. Bedenken Sie, dass nur das Abschlusszeugnis wichtig ist und nur dieses beigelegt werden sollte.

Leistungsnachweise

Die meisten Länderpolizeien verzichten auf einen Schwimmtest und fordern stattdessen einen Schwimmbefähigungsnachweis wie z.B. das Schwimmabzeichen in Bronze. Da diese Anforderung von Ihrer Landespolizei abhängig ist, sollten Sie sich diesbezüglich informieren.

Neben den angeführten Dokumenten sind den Bewerbungsunterlagen auch Zertifikate und Nachweise über besondere Leistungen beizulegen. Haben Sie Weiterbildungsmaßnahmen absolviert – z.B. Sprachkurse, Computerkurse etc. –, so sollten Sie die Zertifikate, die dies belegen, beifügen. Hier gibt es eine Faustregel: *Nur solche Leistungsnachweise beifügen, die für die angestrebte Stelle wichtig sind.* Selbstverständliche Qualifikationen, wie z.B. Officekenntnisse, müssen nicht extra mit Zertifikat belegt werden.

1.6 Die Bewerbungsmappe

In der Regel stimmen fast alle Polizeien darin überein, dass sie die Bewerber ausdrücklich auffordern, keine Bewerbungsmappe einzureichen Handelt es sich um eine Online-Bewerbung, so müssen Sie den Bewerbungsbogen ausfüllen und die notwendigen Unterlagen postalisch nachreichen. Bei der einfachen schriftlichen Bewerbung reichen Sie alle Unterlagen (inkl. Bewerbungsbogen) postalisch ein. Die Polizeien verzichten in der Regel darauf, von den Bewerbern eine Bewerbungsmappe anzufordern. Nutzen Sie daher auch keine Klarsichthüllen und ähnliches, wenn ausdrücklich darauf hingewiesen wird, dass Sie auf jegliche Form der Bewerbungsmappe verzichten sollen. Fragen Sie beim Einstellungsberater oder schauen Sie in den Internetauftritten der Polizeien, wie genau die Unterlagen eingereicht werden sollen.

Für den Regelfall, d. h. wenn Sie keine Bewerbungsmappe einreichen, sollten Sie so verfahren, dass Sie die Unterlagen geordnet hintereinander in einen Umschlag eintüten – hier können Sie der Rangordnung für die Bewerbungsmappe folgen. Das Anschreiben ist das erste Dokument, es folgt der Lebenslauf, die Zeugnisse etc.

Falls Sie eine Bewerbungsmappe einzureichen haben, ist es grundlegend wichtig, dass die Mappe sauber ist. Es gilt darauf zu achten, dass die Bewerbungsmappe frei von Tinten-, Kaffee- oder Dreckflecken ist. Eselsohren oder abgeknickte Ecken sind zu vermeiden. Auch wenn es etwas mehr kostet, ist es sinnvoll, in eine farbige Bewerbungsmappe aus Pappe oder Karton zu investieren. Mit einer derartigen Mappe können Sie sich von anderen Bewerbern abheben.

In einer vollständigen Bewerbungsmappe dürfen einige Dokumente nicht fehlen. Folgende Unterlagen sind unentbehrlich und dürfen auf keinen Fall fehlen:

¬ das Anschreiben

¬ der Lebenslauf

¬ ein Foto

¬ kopierte Schul-, Praktikums- und Arbeitszeugnisse

¬ zusätzliche Leistungsnachweise

Auf den Internetseiten der jeweiligen Länderpolizeien finden Sie die exakten Angaben über den Umfang der geforderten Unterlagen.

Es ist sinnvoll, die Dokumente in der hier angeführten Reihenfolge in die Bewerbungsmappe einzulegen. Achten Sie darauf, dass das Anschreiben lose eingelegt wird. Das Anschreiben ist direkt an die Polizei gerichtet und sollte von demjenigen, der Ihre Unterlagen bearbeitet, einfach herausgenommen werden können. In professionellen Bewerbungsmappen findet sich zumeist ein Extrafach für das Anschreiben. Alle weiteren Dokumente werden nacheinander in die Mappe eingeheftet.

Bevor die Bewerbungsmappe versandfertig gemacht wird, ist es sinnvoll, alle Unterlagen zu kopieren, damit Sie vor einem möglichen Bewerbungsgespräch oder Auswahlverfahren überprüfen können, was Sie eingereicht haben und worauf möglicherweise im Bewerbungsverfahren Bezug genommen werden könnte.

Grundsätzliches über …

Polizei, Bundespolizei, Zoll, Feuerwehr und Bundeswehr

2 Grundsätzliches über Polizei, Bundespolizei, Zoll, Feuerwehr und Bundeswehr

2.1   Berufsbild Polizist – Einsatz zum Wohl der Bürger

Ein gestohlenes Fahrrad, eine entlaufene Katze, ein Verkehrsunfall, eine Kneipenschlägerei und eine Groß-
demonstration. Völlig verschiedene paar Schuhe? Einerseits ja. Aber andererseits haben all diese Ereignisse
etwas Wesentliches gemeinsam: sie fallen in den Zuständigkeitsbereich der Polizei. Mit über 260.000 beschäftigten Beamten ist die Polizei einer der größten Arbeitgeber Deutschlands – genauer gesagt: alle Länderpolizeien zusammen. Denn „die" Polizei ist in Deutschland Aufgabe der einzelnen Bundesländer, die jeweils eigenständige Polizeibehörden (mit unterschiedlichen Einstellungs- und Beförderungsverfahren) unterhalten
und das Polizeirecht spezifisch ausgestalten. Aber welche Funktion hat die Polizei denn nun genau, und was
macht überhaupt ein Polizist? Mit den eben geschilderten Szenarien im Hinterkopf hat man schnell das typische Bild vom „Freund und Helfer" vor Augen. Doch was verbirgt sich dahinter?

Funktion und Aufgaben der Polizei

Ganz allgemein gesagt, ist die Polizei ein wesentlicher Teil der Staatsgewalt und mit besonders weitreichenden Befugnissen ausgestattet: Polizisten dürfen – wenn nötig – körperliche und Waffengewalt einsetzen, die
Freiheit der Bürger einschränken und sie notfalls in Gewahrsam nehmen. Klar, dass diese Machtfülle in einem
demokratischen Rechtsstaat sehr genau geregelt werden muss. Die Polizisten stehen nämlich weder über
dem Gesetz, noch sind sie selbst das Gesetz; wie das Grundgesetz in Artikel 20, Absatz 3 bestimmt, sind sie als
Teil der „vollziehenden Gewalt ... an Recht und Gesetz gebunden". Polizisten sind beauftragt, das geltende
Recht zu wahren, die innere Sicherheit zu schützen und die demokratische Gesellschaftsordnung des Landes
zu sichern.

Welche Aufgaben die Polizei genau übernimmt, legt jedes Bundesland in einem speziellen Polizeiaufgaben-
gesetz (oder ähnlich lautendem Gesetz) fest. Zentraler Auftrag jeder Polizei ist die Abwehr von Gefahren für
die öffentliche Sicherheit und Ordnung. Dazu kommen Aufgaben in der Regelung und Sicherung des Stra-
ßenverkehrs, bei der Verfolgung von Ordnungswidrigkeiten, bei der Amts- und Vollzugshilfe (Zusammenarbeit mit anderen Behörden wie Zoll, Katastrophenschutz,...), bei der Strafverfolgung (unter Aufsicht der
Staatsanwaltschaft) und eventuell zum Schutz privater Rechte, wenn dieser nicht anders gewährleistet werden kann. Dabei hat sich das Polizeirecht während der letzten Jahrzehnte schleichend gewandelt: Stand
früher die Gefahrenabwehr eindeutig im Vordergrund, ist mittlerweile die Prävention, also die Verhütung von
Straftaten und möglichen Gefährdungen, immer wichtiger geworden. Infolgedessen sind auch die polizeilichen Befugnisse gestiegen.

Vieldiskutiert waren in den letzten Jahren vor allem die unter dem Schlagwort „Kampf gegen den internationalen Terrorismus" laut gewordenen Begehrlichkeiten, verstärkt Daten sammeln, speichern und auswerten zu
dürfen: beispielsweise zur Rasterfahndung, durch die Vorratsdatenspeicherung oder den Aufbau einer Anti-
terrordatei. Dem positiven Image der deutschen Polizei hat das allerdings nicht geschadet. Der „Freund und
Helfer" scheint so präsent wie eh und je: Bei einer Studie des Polizeipräsidiums Bonn hob die Bevölkerung vor
allem die Bürgerfreundlichkeit, die Vertrauenswürdigkeit und das gepflegte Erscheinungsbild der Polizeibeamten hervor. Und wie eine jüngst erschienene Umfrage des Marktforschungsunternehmens „trendence"
unter Schülern ergab, liegt die Polizei nach wie vor weit vorne in der Liste der beliebtesten Arbeitgeber.

Chancen und Anforderungen

Die besondere Attraktivität des Polizeiberufs ist nicht schwer zu erklären, schließlich winkt nach einem über-
standenen Einstellungsverfahren ein lebenslang sicherer Job mit Beamtenstatus, guter Bezahlung und ver-

lässlicher Altersvorsorge. Die Arbeit ist menschennah, teambezogen, verantwortungsvoll und darüber hinaus äußerst vielfältig: Nach der Ausbildung bieten sich Einsatzmöglichkeiten nicht nur im Wach- oder Streifendienst der Schutzpolizei, sondern auch in den Ermittlerteams der Kriminalpolizei, im Landeskriminalamt, in der Wasserschutzpolizei, der Bereitschaftspolizei oder auch bei den Spezialkräften des Sondereinsatzkommandos (SEK). Nicht zu vergessen die Spezialisierungschancen etwa in den Reiter-, Hubschrauber- oder Hundestaffeln.

Auf der anderen Seite stellt der Polizeiberuf aber auch einige strapaziöse Anforderungen. Der Dienst ist zum Teil gefährlich und findet häufig im Schichtverfahren statt, der bequeme 9 bis 17 Uhr-Arbeitstag ist nicht unbedingt dem Polizeialltag nachempfunden. Neben Teamfähigkeit, einer guten Auffassungsgabe, Zuverlässigkeit und Verantwortungsbewusstsein müssen Polizeibeamte auch eine gute körperliche Fitness und hohe psychische Belastbarkeit mitbringen, um dem Dienst gewachsen zu sein. Trotz des Alltagsstresses ist die Stimmung unter den Beamten sehr positiv, wenn man den Ergebnissen einer Mitarbeiterbefragung der Brandenburgischen Polizei aus dem Jahr 2007 glauben darf. Die Beamten lobten besonders die Kooperation mit den Kollegen und zeigten sich zufrieden mit den Arbeitsbedingungen und den ausgeführten Tätigkeiten. Weniger gut schnitten dabei die persönlichen Aufstiegschancen ab – wohl auch ein Resultat der wenigen freien Stellen im gehobenen und höheren Dienst.

Der moderne Polizist

Kritik an der Polizeiarbeit gibt es auch von außen. Die Öffentlichkeit scheint sensibel geworden zu sein für Fälle von missbrauchter Polizeigewalt. Oft ist von einem falsch verstandenen Kameradschaftsgeist die Rede, durch den sich Polizisten gegenseitig bei Fehlverhalten decken und die Aufklärung von Rechtsverstößen verhindern würden. So wurde 2008 allein in Berlin 636-mal wegen Körperverletzung im Amt ermittelt, doch nicht ein Beamter wurde verurteilt. Eine solche Berufsauffassung verträgt sich freilich weder mit dem gesetzlichen Auftrag, im Sinne der freiheitlich-demokratischen Grundordnung Deutschlands zu handeln, noch mit dem Selbstverständnis der Polizei. Die Polizei Nordrhein-Westfalen beispielsweise bekennt sich in ihrem Leitbild ausdrücklich dazu, die Menschenwürde zu achten und die Grundrechte des Einzelnen zu schützen.

Gesucht werden heutzutage „aktive Realisten", die ihr Amt verantwortungsvoll, flexibel und selbstbewusst ausüben können. Was einen „aktiven Realisten" im Besonderen ausmacht, erfahren Sie im Kapitel „Die Polizei im Wandel – Anforderungen an die Polizei und notwendige Fähigkeiten" dieses Buches. Auch für Bewerber mit migrantischem Background ist die Polizei offen. Zum Beispiel die Berliner Polizei bemüht sich geradezu um Einsteiger, die über fundierte (am besten muttersprachliche) Kenntnisse in einer Fremdsprache verfügen. Für den Polizisten des 21. Jahrhunderts gelten also andere Ansprüche als für den Schutzmann der 60er-Jahre – um abschließend noch einmal aus dem Leitbild der Polizei NRW zu zitieren: „Veränderungen in der Gesellschaft und neue Anforderungen führen regelmäßig dazu, die Rolle und das Selbstverständnis der Polizei zu überdenken und anzupassen."

2.2   Die Bundespolizei – ein Grenzschutz ohne Grenzen?

Sechs Jahre nach dem Ende des Zweiten Weltkriegs besaß die Bundesrepublik im Jahr 1951, trotz ihrer Annäherung an die Westmächte unter Kanzler Konrad Adenauer, noch keine volle staatliche Souveränität. Eine eigene Armee durfte (und wollte) der besetzte deutsche Staat damals nicht unterhalten. Dennoch mussten die insgesamt rund 4.500 Kilometer langen Außengrenzen – 2.500 Kilometer davon zu Staaten des Warschauer Paktes – überwacht und geschützt werden. Die Lösung: Die Aufstellung des Bundesgrenzschutzes (BGS), einer zu Beginn 10.000 Mann starken, militärähnlichen Sonderbehörde des Bundes. Bis 1974 konnten sogar Wehrpflichtige zum Dienst beim BGS einberufen werden.

Vom Grenzschutz zur Polizei

Die Kernaufgabe des BGS war seinem Namen entsprechend der Grenzschutz, doch innerhalb der folgenden Jahrzehnte sollten sich seine Tätigkeitsschwerpunkte grundlegend verlagern. Der quasi-militärische Auftrag des BGS verlor nach der Gründung der Bundeswehr 1955 an Bedeutung, dafür wandelte sich der BGS mehr und mehr zu einer polizeiähnlichen Behörde. In den 70er-Jahren wurde er eng in den Kampf gegen den Terrorismus eingebunden: Mit der Antiterror-Spezialeinheit Grenzschutzgruppe 9 (GSG 9) erhielt der BGS 1972 seine wohl bekannteste Einheit, und auch bei der Verfolgung von RAF-Terroristen wirkte er mit. Grundlegend umgestaltet wurde die Behörde schließlich im Verlauf der europäischen Annäherung, beeinflusst durch die Auflösung des „Eisernen Vorhangs". Deutschland wurde wiedervereint, und das Schengener Abkommen schaffte die obligatorischen Kontrollen an den europäischen Binnengrenzen ab. Somit waren die Grenzlinien, die jahrzehntelang den ganzen Kontinent geprägt hatten, entweder durchlässig geworden oder ganz beseitigt.

Was hatte der BGS nun noch zu schützen? Zu Beginn der 90er-Jahre übernahm er vermehrt Aufgaben zur Sicherung der Infrastruktur im deutschen Binnengebiet: darunter die Sicherung des Bahnverkehrs durch Präsenzstreifen in Zügen und Bahnhöfen, der Schutz des Flugverkehrs durch Flughafenüberwachung, Passagier- und Gepäckkontrollen, oder die Beaufsichtigung des Seeverkehrs in Bezug auf Fischereifangquoten, Umweltschutzbestimmungen und andere Küstenwachtdienste. Der „neue" BGS war bei weitem kein aufgabenloser Grenzschutz ohne Grenzen, sondern erhielt ein sehr polizeiliches Zuständigkeitsprofil und wurde 2005 folgerichtig in Bundespolizei (BPOL) umbenannt. Selbstredend sind auch heute längst noch nicht alle Grenzen verschwunden – die Außengrenzen der Europäischen Union werden unter anderem durch die europäische Agentur FRONTEX überwacht, in die die BPOL miteinbezogen ist. Und im Kampf gegen die organisierte Kriminalität sichert sie nach wie vor auch die deutschen Grenzen.

Die Organisation der Bundespolizei

Weitgehend grenzenlos ist wiederum der mögliche Einsatzraum der Bundespolizisten. Unter bestimmten Bedingungen können sie nämlich auch (ganz abgesehen von Sondereinsätzen der GSG 9) im Ausland eingesetzt werden. Beispielsweise bewachen Beamte der BPOL nicht nur viele Amtsgebäude des Bundes im Inland (darunter das Bundespräsidialamt, das Bundeskanzleramt und das Auswärtige Amt), sondern ebenfalls zahlreiche deutsche Botschaften rund um den Globus. Andere nehmen Teil an internationalen Polizei-Ausbildungsmissionen wie aktuell z.B. im Kosovo, in Georgien oder in Afghanistan. Die genauen Befugnisse der BPOL definiert das Bundespolizeigesetz, das auch die Behördenstruktur festlegt. Der letzte größere Umbau dieses Gesetzes geschah 2008, als die bisher 19 Polizeiämter der BPOL in 10 Polizeidirektionen zusammengefasst und dem Bundespolizeipräsidium in Potsdam direkt unterstellt wurden. Die Neuorganisation sollte die Behörde insgesamt schlanker und effizienter machen. 1.000 der insgesamt 30.000 Beamten der BPOL – insgesamt hat sie 41.000 Beschäftigte – konnten daraufhin den operativen Dienst verstärken.

Als Polizei des Bundes untersteht die Bundespolizei nicht (wie die Länderpolizeien) einem Landesministerium, sondern dem Bundesinnenministerium. Die BPOL ist grundsätzlich eigenständig und unterstützt die Länderpolizeien nur in bestimmten Ausnahmefällen (etwa Naturkatastrophen oder Großdemonstrationen). Durch ihr breites Aufgabenfeld zu Lande, zu Wasser und auch in der Luft ist sie besonders vielfältig aufgestellt und bietet höchst unterschiedliche Einsatzgebiete und Qualifizierungsmöglichkeiten: So verfügt die BPOL über eine eigene Hubschrauber- und Hundestaffel, eine kleine Schiffsflottille und eine Bereitschaftspolizei-Einheit mit Sitz in Fuldatal. Sie bildet Spezialisten wie Entschärfer, Bootsfahrlehrer und Polizeitaucher aus.

Auswahl und Einstellung

Die zentralen Eigenschaften, die die Bundespolizei von einem Bewerber erwartet, unterscheiden sich nicht groß vom Anforderungsprofil in den Bundesländern (siehe Kapitel „Berufsbild Polizist – Einsatz zum Wohl der Bürger"). Belastbarkeit, Leistungsbereitschaft und Flexibilität sind hier also ebenfalls Trumpf und genau so wichtig wie Teamfähigkeit, Demokratieverständnis und Zivilcourage. Das (zweitägige) Einstellungs-

Auswahlverfahren (EAV) der BPOL ist fast identisch mit den entsprechenden Verfahren der Länderpolizeien: Es umfasst – im mittleren und gehobenen Polizeivollzugsdienst – einen schriftlichen Teil, in dem Allgemeinwissen, Intelligenz, Sprach- und Konzentrationsfähigkeit getestet werden, einen Sporttest, eine polizeiärztliche Untersuchung sowie ein mündliches Gespräch, im gehobenen Dienst ergänzt durch ein Assessment-Center. Besonderen Wert legt die BPOL darüber hinaus auf Mobilität und Fremdsprachenkenntnisse, vorzugsweise in Englisch. Die Mindestanforderungen der BPOL sind bundesweit einheitlich, Sie finden sie im Kapitel „Die Zulassungsvoraussetzungen".

Die Stellenvergabe bei der BPOL folgt dem im Grundgesetz verankerten Prinzip der Bestenauslese: Nur die Eignung, die Befähigung und die fachliche Leistung zählen bei der Beurteilung und Einstellung, Geschlecht und (politische wie religiöse) Überzeugungen dürfen keine Rolle spielen – es sei denn, sie stehen im Gegensatz zur freiheitlich-demokratischen Grundordnung. Zuständig für die Personalauswahl der BPOL ist die Bundespolizeiakademie in Lübeck mit ihren Außenstellen in Walsrode, Neustrelitz, Eschwege, Oerlenbach und Swisttal. Die Akademie ist zugleich Hauptschauplatz der Aus- und Weiterbildungsmaßnahmen aller Laufbahnen und arbeitet eng mit anderen europäischen Polizei-Ausbildungseinrichtungen zusammen. Eine Sonderstellung unter ihren Außenstellen nimmt der Stützpunkt Cottbus ein: hier ist seit 1999 das Leistungssportprojekt der BPOL beheimatet, das Spitzensportler im Bereich der olympischen Sportarten fördert und ihnen eine gesicherte berufliche Perspektive bei der BPOL bietet. So können Sie als Bundespolizist Kollege der Eisschnellläuferin Claudia Pechstein oder des Rennrodlers Felix Loch werden.

2.3   Der Zoll – „Goldesel" des Staates

Schon seit Jahrhunderten sind Zölle zuverlässig sprudelnde Einnahmequellen eines Landes, mit denen sich die Haushaltskassen füllen lassen. Verständlicherweise wollte kaum ein Staat in Geschichte und Gegenwart je darauf verzichten. Was unter anderem dazu führte, dass es auf deutschem Territorium im 17. Jahrhundert über 1.000 einzelne Zollgebiete gab. Jedes Fürstentum, jedes Herzogtum und jede noch so gering bevölkerte Markgrafschaft des Heiligen Römischen Reiches Deutscher Nation hatte mindestens einen eigenen Zoll. Die Zeiten dieser Kleinstaaterei sind zum Glück längst vorbei: 1968 schufen die Staaten der Europäischen Gemeinschaft (EG) – der Vorläuferin der Europäischen Union (EU) – eine Zollunion mit einheitlichen Binnenzöllen beim Warenverkehr zwischen den Mitgliedsländern. Nach der Verwirklichung des europäischen Binnenmarktes 1993 verschwanden die Zollkontrollen beim innereuropäischen Handel schließlich sogar ganz. Die Zollbehörde gleich mit abzuschaffen, daran war freilich nicht im Entferntesten zu denken. Denn sie ist für den Staat von enormer Bedeutung.

Die „Wirtschafts- und Einnahmeverwaltung" des Bundes

Die rund 34.000 Bediensteten der deutschen Bundeszollverwaltung werden zwar mitunter auch polizeilich oder in der Strafverfolgung tätig, doch die Behörde untersteht weder dem Justiz- noch dem Innenminister – sondern dem Bundesminister der Finanzen. Sie charakterisiert sich selbst als „Wirtschafts- und Einnahmeverwaltung des Bundes", die zugleich den Wirtschaftsstandort Deutschland schützt. Keine übertriebene Einschätzung, wenn man sich das gewaltige Aufgabenspektrum der Behörde vor Augen führt: Bei der Ein- und Ausfuhr von Waren sorgt sie dafür, dass die fälligen Zollabgaben gezahlt, internationale Embargos (Ein- bzw. Ausfuhrstopps) eingehalten, Artenschutzabkommen beachtet und Produktpiraten verfolgt werden. Ureigenes Betätigungsfeld des Zolls ist dementsprechend der Kampf gegen den Schmuggel, sei es von Waffen, Produktplagiaten, Drogen oder (unversteuerten) Zigaretten. Als Teil des Koordinierungsverbands Küstenwache ist er – in Zusammenarbeit mit der Bundespolizei – mit eigenen Schiffen auf der Nord- und Ostsee präsent. Sogar auf dem Bodensee (einer EU-Außengrenze zur Schweiz) patrouillieren kleine Zollboote.

Abgesehen von der Überwachung der Im- und Exporte treibt die Zollverwaltung auch noch Verbrauchsteuern wie die Energie-, die Tabak- und die Stromsteuer ein. Ihr Einsatz zahlt sich für den Bundeshaushalt mehr als aus: Alles in allem verschaffte die Behörde der Staatskasse im Jahr 2010 Einnahmen in Höhe von 113 Milliarden Euro, davon 63 Milliarden aus Verbrauchsteuern und 45 Milliarden an Einfuhr-Umsatzsteuern. Die rund

4 Milliarden Euro Gewinn aus Einfuhrzöllen fallen da kaum ins Gewicht, zumal ein Teil davon an die EU abgeführt wird. Die Zollbehörde ist also ein wahrer Goldesel. Doch ihre Zuständigkeiten sind mit dem Arten-, Umwelt- und Verbraucherschutz sowie der Zolleintreibung längst noch nicht erschöpft. Sie kann überall da zum Zuge kommen, wo Abgaben- und Steuerbestimmungen des Staates umgangen zu werden drohen.

Im Einsatz gegen Zoll- und Steuerkriminalität

Im Einsatz begegnen kann man den Zollbeamten prinzipiell im gesamten Bundesgebiet. Denn seit der Aufhebung der Kontrollen an den EU-Binnengrenzen dürfen sie im Verdachtsfall auch im Inland Fahrzeuge anhalten und überprüfen, ob unerlaubte Waren mitgeführt werden. Und rund 6.500 Beamte der „Finanzkontrolle Schwarzarbeit" sind täglich im Dienst gegen illegale Beschäftigung, Lohndumping und Schwarzarbeit, wobei sie Räume durchsuchen, Gegenstände beschlagnahmen und Personen festnehmen können. Darüber hinaus ist der Zoll auch ein Schuldeneintreiber des Bundes, der Geldforderungen etwa der Krankenkassen oder der Bundesagentur für Arbeit verfolgt, wenn Sozialleistungen erschlichen oder Versicherungsbeiträge nicht gezahlt werden.

Wie die Polizeien und die Feuerwehr hat auch der Zoll den Auftrag, Gefahren abzuwehren und die Innere Sicherheit zu schützen. Zur Abwehr der organisierten Zoll- und Steuerkriminalität verfügt der Zoll über das Zollkriminalamt (ZKA) mit bundesweit acht angeschlossenen Zollfahndungsämtern. Bei Bedarf können die Zollfahnder sogar ein eigenes Spezialeinsatzkommando (die Zentrale Unterstützungsgruppe Zoll, kurz ZUZ) anfordern, um gegen besonders gefährliche Menschenschlepper, Waffenhändler oder Drogenmafiosi vorzugehen. Die Ausbildung der ZUZ ähnelt derjenigen bei den SEKs der Polizei. Doch der Zoll ist keine „andere" Art von Polizei, sondern eine eher zivile Behörde. Das schlägt sich in ihrem Selbstverständnis genauso nieder wie in ihrer Kleiderordnung: Die Zoll-Dienstkleidung kommt nämlich ohne Rangabzeichen aus. Zollbeamte können auch Betriebsprüfer sein, die die Einhaltung der (steuer)rechtlichen Bestimmungen in Unternehmen kontrollieren, oder Gerichtsvollzieher, die bei zahlungsunwilligen Schuldnern im Auftrag von Bundesinstitutionen Wertgegenstände pfänden. Nicht zu vergessen die Verwaltungsbeamten der Hauptzollämter, der übergeordneten Bundesfinanzdirektionen und des Bundesfinanzministeriums, der höchsten Verwaltungsebene des Zolls.

Die Personalauswahl

Die berufsspezifischen Anforderungen an einen Zollbeamten prägen auch die mehrjährige Ausbildung, in der die Kompetenz der Auszubildenden in rechtlichen Fragen beispielsweise des Zolltarif- oder Steuerrechts besonders geschult wird. Die für die Arbeit beim Zoll wichtigen rechtlichen Grundlagen und Bestimmungen sind nicht selten relativ komplex, und schon im Personalauswahlverfahren wird darauf geachtet, ob ein Bewerber diesen Ansprüchen gewachsen sein wird. Die Bausteine des Einstellungstests – mündliche und schriftliche Tests sowie eine Sportprüfung – unterscheiden sich dabei nicht von den Verfahren anderer Behörden. Natürlich erwartet auch der Zoll, dass Neulinge die einschlägigen Mindestanforderungen erfüllen und obligatorische „soft skills" wie Leistungswillen, Flexibilität, Belastbarkeit, Teamfähigkeit und Durchsetzungsvermögen mitbringen. Im Speziellen legen die Prüfer jedoch vor allem Wert darauf, wie sicher Sie mit Zahlen und logisch-organisatorischen Problemen umgehen, ob Sie Gesetzestexte handhaben können und wie überlegt Sie zu strittigen Sachverhalten Stellung beziehen. Typische Aufgabenstellungen im Auswahlverfahren des gehobenen Dienstes sind zum Beispiel Dreisatz-, Prozent- und Zinsrechnungen, eine schriftliche Übung zur Anwendung von Rechtsvorschriften, das Verfassen einer Erörterung, eine Postkorbübung sowie ein allgemeiner Wissenstest.

2.4 Die Feuerwehr – retten, löschen, bergen, schützen

„Retten, löschen, bergen, schützen": allein diese Schlagworte genügen schon, um einen schnell an die Feuerwehr denken zu lassen. Meist mit sehr positiven Assoziationen. Folgt man einer jährlichen Umfrage des Magazins „Readers Digest", wird Feuerwehrleuten hierzulande Jahr für Jahr das größte Vertrauen aller Berufsstände entgegengebracht – sie besetzen regelmäßig den Spitzenplatz, noch vor Piloten, Ärzten und Polizisten. Feuerwehrmann, das ist ein Berufsbild mit enormem Prestige und großer Anziehungskraft für Auszubildende. Grund genug, es einmal genauer zu beleuchten.

Die Organisation

Wie die Feuerwehr aufgebaut sein soll und welche Aufgaben sie übernimmt, das bestimmen in Deutschland die Brandschutzgesetze (bzw. Feuerwehrgesetze oder Feuerschutzgesetze) der 16 Bundesländer. Aber für die Aufstellung, die Nachwuchsrekrutierung und den Unterhalt der Feuerwehrverbände sind in der Regel die einzelnen Kommunen – also die Städte und Gemeinden – zuständig. Trotzdem herrscht bei den Feuerwehren kein rechtlicher Wildwuchs. Um einen deutschlandweit einheitlichen Standard des Rettungs- und Hilfswesens zu gewährleisten, erarbeitet ein Ausschuss der Bundes-Innenministerkonferenz allgemein gültige Feuerwehr-Dienstvorschriften (FwDV). Diese Richtlinien und Anleitungen regeln, wie eine Feuerwehr-Einheit im Einzelnen aufzustellen und auszurüsten ist und wie sie beim Einsatz taktisch vorgehen soll.

Zurzeit gibt es in Deutschland knapp 25.500 Feuerwehren mit insgesamt 1,3 Millionen Angehörigen. Dabei ist Feuerwehr nicht gleich Feuerwehr: In allen größeren Städten Deutschlands gibt es, so verlangen es die Brandschutzgesetze, eine Berufsfeuerwehr. Die meisten der insgesamt rund 28.000 Mitglieder der Berufsfeuerwehren sind Beamte oder Festangestellte. Dazu kommen noch 30.000 haupt- und nichthauptamtliche Angehörige der (betriebseigenen) Werksfeuerwehren, zu deren Einrichtung Unternehmen mit hohem Gefahrenpotenzial (wie Industriebetriebe oder Flughäfen) gesetzlich verpflichtet sind. Den größten Teil der Feuerwehrbelegschaft in Deutschland stellen jedoch die mehr als eine Million Mitglieder der Freiwilligen Feuerwehren – ganz zu schweigen von den 260.000 Nachwuchskräften in den Jugendfeuerwehren. Kein Zweifel, die Arbeit in der Feuerwehr ist beliebt. So beliebt, dass bei vielen Auswahlverfahren der Berufsfeuerwehren nur die besten 3-5 Prozent der Bewerber die begehrte Stelle bekommen.

Aufgaben und Personalauswahl

Je nach „Revier" können Feuerwehrleute mit recht unterschiedlichen Einsatzprofilen konfrontiert werden. Das spezifische Gefahrenpotenzial vor Ort hängt ab von der Einwohnerdichte, der Ansiedlung von möglicherweise risikobehafteten Betrieben, der vorhandenen Infrastruktur und nicht zuletzt von geografischen Gegebenheiten: Flüsse können über die Ufer treten, Wälder können brennen, in Berglage drohen Steinschläge usw. Diese Faktoren beeinflussen auch die personelle und materielle Ausstattung einer Feuerwehr. Die Berufsfeuerwehr von heute löscht längst nicht mehr „einfach nur" Brände, sondern ist ein flexibel einsetzbares, multifunktionales Instrument mit entsprechend hoch qualifizierten Mitarbeitern zur Abwehr vielfältiger Gefahren: Sie ist im Einsatz bei Chemie-, Öl- und Verkehrsunfällen, hilft bei Wetterkatastrophen (Überflutung, Sturmschäden, Schneechaos …) und ist in die medizinische Notfallrettung eingebunden. Besonders bei größeren Unglücksfällen arbeiten die Feuerwehren – unter anderem im Rahmen des lokalen Katastrophenschutzes – eng mit anderen Behörden zusammen, leisten technische und medizinische Hilfe. Doch egal, bei welcher Art von Einsatz: Die Rettung von Menschenleben hat immer Priorität. Eine wichtige Rolle spielen aber auch die Rettung von Tieren und der Schutz von Sachwerten.

Die Aufgabenvielfalt ist groß. Daher brauchen die Feuerwehren handwerklich geschickte, lernfähige „Alleskönner", die mit einem Vorschlaghammer oder einer Motorsäge ebenso sicher umgehen können wie mit Blutzuckermessgeräten oder modernen Infrarotsensoren. Den richtigen Umgang mit Maschinen und Geräten lernen Sie im mittleren und auch gehobenen feuerwehrtechnischen Dienst natürlich während der Ausbildung. Doch bereits im Einstellungsverfahren wird Ihr physikalisch-technisches Verständnis insbesondere im schriftlichen Testteil abgefragt, oft ergänzt durch handwerkliche Aufgaben. Außerdem kommen noch mathematisch-logische und sprachliche Aufgabenstellungen sowie ein Vorstellungsgespräch hinzu – wie bei der Polizei. Hier wie dort ist auch ein Sportleistungstest obligatorisch. Schließlich ist ein anstrengender Löscheinsatz, unter Umständen mit angelegter Atemschutzausrüstung, nicht ohne die entsprechende körperliche Fitness zu bewältigen. Zudem sollte man schwindelfrei sein, um sich sicher in größeren Höhen – etwa auf den

Drehleitern der Löschfahrzeuge – bewegen zu können. Die grundsätzliche gesundheitliche Eignung für den Feuerwehrberuf überprüft die Feuerwehrärztliche Untersuchung.

Der Feuerwehralltag

Auf das bestandene Einstellungsverfahren folgt der Vorbereitungsdienst – das heißt die Ausbildung – mit theoretischen und praktischen Inhalten. Schließlich steht die Laufbahnprüfung an, die zur Einstellung ins Beamtenverhältnis (auf Probe) befähigt. Wirklich ausgelernt hat man bei der Feuerwehr aber auch nach seiner Verbeamtung nie. Feuerwehrleute bilden sich ständig weiter, um immer auf dem neuesten Stand der Brandbekämpfungstaktik und Feuerwehrtechnik zu sein. In den ruhigeren Stunden des Feuerwehralltags wird Materialpflege in den verschiedenen Werkstätten (z.B. Funk- und Atemschutzwerkstatt, Fahrzeughallen, Schlosserei) betrieben, so dass auch hier keine Langeweile entsteht. Und wird der Einsatzalarm ausgelöst, geht es nicht selten um Leben oder Tod. Dann kommt es in brenzligen Situationen darauf an, dass all die Generalisten und Spezialisten im angerückten Feuerwehrverband ihre Aufgaben genau kennen. In einem perfekt eingespielten Team muss sich jeder blind auf den anderen verlassen können.

Extrovertierte Einzelgänger haben es da eher schwer. Der Feuerwehrberuf erfordert Teamfähigkeit, Verantwortungsbewusstsein, Einsatzbereitschaft, Mut, Zuverlässigkeit, ein gewisses technisches Know-how, körperliche Topform sowie die Bereitschaft zur Arbeit im Nacht- und Schichtdienst. Geltende Regelungen sehen das Ende der aktiven Dienstzeit eines Feuerwehrmannes schon mit 60 Jahren vor, da die Beanspruchungen hoch sind. Dafür bietet der Beruf aber einiges: nämlich sowohl spannende, abwechslungsreiche Tätigkeiten mit immer neuen Herausforderungen als auch eine krisenfeste Arbeit mit viel Menschennähe und großem Nutzen für die Gemeinschaft. Das hohe Ansehen der Feuerwehr kommt schließlich nicht von ungefähr.

2.5 Die Bundeswehr – Armee im Wandel

Die deutsche Wiederbewaffnung war heftig umstritten. Im In- und Ausland befürchtete man die Auferstehung des deutschen Militarismus nur wenige Jahre nach dem Ende des Zweiten Weltkriegs, obwohl die Alliierten 1945 doch die vollständige und endgültige Entmilitarisierung Deutschlands beschlossen hatten. Aber nun standen sich West- und Ostmächte im Kalten Krieg gegenüber, und der Koreakrieg (1950-53) nährte die Angst vor einem neuen Weltkrieg. Eine starke westliche Militärpräsenz in Mitteleuropa schien allein schon zur Abschreckung nötig zu sein – dazu allerdings brauchte man auch deutsche Streitkräfte. Dem Bundeskanzler konnte es recht sein: Konrad Adenauer (CDU) hatte schon früh die Wiederbewaffnung angestrebt, um der Bundesrepublik im Rahmen der Annäherung an die Westalliierten mehr staatliche Souveränität zu verschaffen.

Das „zivilisierte" Militär

Fast gleichzeitig mit der Gründung der Bundeswehr im Mai 1955 trat die Bundesrepublik dem westlichen Militärbündnis NATO bei. Noch im selben Jahr legten die ersten 101 Rekruten ihren Eid ab, „der Bundesrepublik Deutschland treu zu dienen und das Recht und die Freiheit des deutschen Volkes tapfer zu verteidigen". Schon diese Formel macht den Anspruch deutlich, die Bundeswehr klar von den deutschen Vorgängerarmeen abzusetzen: Ihr Auftrag lautet Verteidigung, das heißt der Schutz Deutschlands und seiner Bürger vor Angriffen von außen. Traditionsstiftend sollten weder Reichswehr noch Wehrmacht sein, sondern die preußischen Militärreformer des 19. Jahrhunderts und der militärische Widerstand gegen Hitler. Als Ideal des Bundeswehrsoldaten galt und gilt der freie, verantwortungsbewusste und politisch mündige „Staatsbürger in Uniform".

In Abgrenzung zur elitären, antidemokratischen Reichswehr der Weimarer Republik wollte man die Bundeswehr als Wehrpflichtarmee von Anfang an in die demokratische Ordnung integrieren. Den Oberbefehl über die Bundeswehr besitzt daher kein Militärangehöriger, sondern immer ein Zivilist: In Friedenszeiten hat ihn der Verteidigungsminister inne, im Verteidigungsfall – sprich: Krieg – übernimmt ihn der Bundeskanzler. Die

Bundeswehr ist zudem eine Parlamentsarmee, die nur dann in Kampfeinsätze geschickt werden kann, wenn der Bundestag dem zustimmt. Dies führt regelmäßig zu engagierten Auseinandersetzungen in der deutschen Volksvertretung. Selten aber waren sie so emotionsgeladen wie 2002, als der damalige Verteidigungsminister Peter Struck (SPD) verkündete: „Deutschlands Sicherheit wird auch am Hindukusch verteidigt."

Neue Aufgaben, neue Strukturen

Strucks Aussage markiert eine Wende in der deutschen Militärpolitik, die aber schon einige Jahre zuvor eingeleitet wurde. Bereits 1994 hatte das Bundesverfassungsgericht militärische Interventionen der Bundeswehr außerhalb des NATO-Bündnisgebiets grundsätzlich erlaubt. Im Kosovo-Krieg 1999 flogen Flugzeuge der Luftwaffe erstmals Kampfeinsätze. Nach den Anschlägen auf das World Trade Center 2001 wurde dann der NATO-Bündnisfall ausgerufen, wodurch alle Bündnispartner zum Eingreifen verpflichtet waren. Mit dem Afghanistaneinsatz, auf den sich Strucks Statement bezieht, begann daraufhin der bislang größte und gefährlichste Einsatz der Bundeswehr. Sie unterstützt seit Januar 2002 als Teil der ISAF (International Security Assistance Force) mit fast 5.000 Soldaten die afghanische Regierung beim Wiederaufbau des Landes und der Herstellung der öffentlichen Sicherheit. Im Kampf gegen Piraten patrouillierte außerdem die Bundesmarine längere Zeit am Horn von Afrika.

Humanitäre Hilfseinsätze, wie sie die Bundeswehr schon seit den 60er-Jahren übernimmt – aktuell etwa im Sudan oder in Darfur – rücken im Vergleich dazu in den Hintergrund. Angesichts der neuen Anforderungen vor allem im Kampf gegen den internationalen Terrorismus steht sogar die Struktur der Bundeswehr selbst zur Debatte: Der Kalte Krieg und mit ihm die Zeit der einander gegenüberstehenden Massenheere sei vorbei, mahnen Experten. Heute brauche man eher spezialisierte und hochflexible Verbände, eine Reform der Bundeswehr sei überfällig. Nicht zuletzt auch aus finanziellen Gründen ist mittlerweile die radikale Verkleinerung der Streitkräfte auf unter 200.000 Soldaten geplant. Die Wehrpflicht soll für unbestimmte Zeit ausgesetzt und die Bundeswehr in eine Freiwilligenarmee umgewandelt werden. Ob damit zugleich die Verankerung in der Bevölkerung und damit der „Staatsbürger in Uniform" seinen Abschied nimmt, wird die Zukunft zeigen.

Viele Möglichkeiten für Bewerber

In einer Freiwilligenarmee dürften sich auch für Bewerber neue Perspektiven bieten, da die Bundeswehr qualifizierte Kräfte nur durch attraktive Angebote locken kann. Doch natürlich zieht das Militär auch jetzt schon zahlreiche Interessenten an, die sich als Soldaten auf Zeit (SaZ) mehr oder weniger langfristig bewerben. Bereits mit absolvierter Schulpflicht ist der Einstieg in die Mannschaftslaufbahn möglich. Mit dem entsprechenden Schulabschluss kann man darüber hinaus etwa als Feldwebel Verantwortung für kleinere Einheiten übernehmen oder die Offizierslaufbahn und entsprechende Führungsfunktionen anstreben. Viele Zeitsoldaten beantragen nach dem Ablauf der Dienstzeit die Einstellung als Berufssoldat, wodurch der Aufstieg in höhere Dienstgrade winkt. Wer daran nicht interessiert ist, kann von den angebotenen Maßnahmen zur beruflichen (Weiter-)Qualifikation profitieren, die nach dem Ende der Militärkarriere den Wechsel in einen zivilen Beruf erleichtern.

Die Vielfalt an Einsatzmöglichkeiten bei der Bundeswehr ist kaum zu überbieten. Die Soldatenuniform tragen Panzerfahrer und Fallschirmjäger, Schiffsbesatzungen und Flugzeugtechniker, IT-Spezialisten und Militärpolizisten. Einstiegschancen gibt es in jedem der fünf militärischen Organisationsbereiche der Bundeswehr: also in den drei Teilstreitkräften Heer, Luftwaffe und Marine, im zentralen Sanitätsdienst und in der Streitkräftebasis, die für zentrale Dienstleistungen wie Logistik, Aufklärung, Forschung und Ausbildung zuständig ist. Darüber hinaus stellt die Bundeswehr auch in ihren zivilen Bereichen Nachwuchskräfte ein, etwa in den Abteilungen Wehrtechnik und Beschaffung, im Informationsmanagement oder in der Verwaltung.

Der Auswahlprozess der Bundeswehr umfasst die üblichen standardisierten Testverfahren. Bewerber durchlaufen eine ärztliche Untersuchung, einen Sporttest, einen Computertest zur Überprüfung von Sprach-, Rechen-, Physik- und Technikverständnis sowie ein Vorstellungsgespräch. Angehende Feldwebel oder Offiziere müssen darüber hinaus in einer Gruppenaufgabe ihr Durchsetzungsvermögen und ihre Teamfähigkeit beweisen. Generell verlangt die Bundeswehr nicht nur körperliche Robustheit und psychische Belastbarkeit, sondern auch – und vor allem – Kameradschaftsgeist.

Die Polizei und das Grundgesetz

3 Die Polizei und der Staat

3.1 Die Geschichte der Polizei – von der Antike ins 21. Jahrhundert

Herkunft des Begriffs Polizei

Der Begriff Polizei geht etymologisch, d. h. begriffs- und herkunftsgeschichtlich, auf das antike Griechenland zurück. Der attische Stadtstaat – die Polis – inkorporierte die politische sowie die administrative, also verwaltungsmäßige, Organisation der Gesellschaft. Politik und Polizei haben so eine begriffsgeschichtliche Verbindung und auch in der Zeit von der Antike bis ins 21. Jahrhundert gab es immer eine Verbindung von Politik und Polizei. In Deutschland fand diese Verbindung im Nationalsozialismus ihren traurigsten Höhepunkt.

Die Polizei vom Mittelalter bis zur Moderne

In Europa wurden im Spätmittelalter, schon im 13. Jahrhundert, polizeiähnliche Truppen eingesetzt. Die so genannten „reitenden Knechte" hatten die Aufgabe, Räuberbanden zu verfolgen, Dörfer vor Überfällen zu schützen und in den Fürstentümern und Königreichen für Ordnung zu sorgen. Diese Vorläufer der Polizei wurden zur Aufrechterhaltung von Sicherheit und Ordnung eingesetzt. Zudem gab es zu dieser Zeit auch die „wehrhaften Hausmänner". Diesen Gruppen gehörten Handwerker an, die neben ihrem normalen Beruf auch freiwillig für Sicherheitsaufgaben zuständig waren. Aus diesen freiwilligen bzw. privat organisierten Sicherheitsorganen ergaben sich dann in Laufe des 17. Jahrhunderts formale Sicherheitsdienste: in diese Zeit fällt auch die Schaffung der Amtsschützen. Es darf nicht vergessen werden, dass die meisten politischen Gemeinschaften (Kaiser-, Königreiche und Fürstentümer sowie Städte) bis ins 19. Jahrhundert über Armeen verfügten, die die Verteidigung übernahmen und im schlimmsten Fall auch für die innere Sicherheit verantwortlich waren. Bis zum 19. Jahrhundert dienten die polizeiähnlichen Organisationen der Unterstützung der politischen Eliten. In den Städten z.B. unterstanden die „Büttel" (Hilfspolizisten) dem Bürgermeister, sie waren verantwortlich für das Eintreiben von Steuern etc. Durch die vermeintliche Nähe zu den Eliten und die Bereitschaft zur Korruption genossen die polizeiähnlichen Einheiten keine gesellschaftliche Anerkennung.

Zur Zeit des Absolutismus (ca. 1648-1789) war die Polizei – ähnlich wie in totalitären Herrschaftsordnungen der Moderne (Faschismus, Kommunismus, Autoritarismus etc.) – ein Instrument der Herrschenden, ausgestattet mit der Befugnis, in das Privatleben der Bürgerinnen und Bürger einzugreifen. Unter dem Deckmantel der Gefahrenabwehr und der Sicherung der Wohlfahrt nutzten die absolutistischen Herrscher die polizeiähnlichen Institutionen, um die Bevölkerung unter Druck zu setzen und die absolute Allmacht in vielen Bereichen des gesellschaftlichen Lebens durchzusetzen.

Die Polizei zu Beginn der Moderne

Mit der Französischen Revolution (ab 1789) beginnt in Europa die politische Moderne. Im Anschluss bilden sich Nationalstaaten, der Absolutismus verliert langsam, aber sicher an Boden, in verschiedenen Dimensionen setzt sich die Überzeugung einer notwendigen „Demokratisierung" der Institutionen und Verwaltungen durch. Von dieser Umstrukturierung der Institutionen ist natürlich auch die Polizei betroffen. In dem Gebiet, das heute als Bundesrepublik Deutschland bezeichnet wird, sind in diesem Zusammenhang vor allem die Namen Bismarck – im Kaiserreich – und Severing – in der Weimarer Republik – verbunden.

1871 wird das Deutsche Reich geschaffen, mit der Bismarckschen Reichsverfassung wird ein Großteil der deutschen Fürstentümer unter der Führung des preußischen Kaisers geeint. Im Zuge dieser Neustrukturierung schafft Otto von Bismarck die Möglichkeit, die Polizei – die über Jahrhunderte immer in einem schlechten Ruf stand, weil viele Polizeiaktionen repressiv und Beamte bestechlich und korrupt waren - richterlich zu belangen. Bei Fehlverhalten der Polizisten hatten Bürger durch Bismarcks Neuerungen die Möglichkeit, Schutz vor Handlungen der Polizeien zu ersuchen. Bürger konnten entweder am Verwaltungsgericht Klage einreichen, wenn das nicht möglich war, konnten sie sich an Strafgerichte wenden. Die Gerichtsbarkeit sollte dann die Rechtswidrigkeit des polizeilichen Agierens feststellen und für Gerechtigkeit sorgen. In diesem Zusammenhang ist wichtig, dass die Polizei nun am Einsatz von Mitteln in rechtsstaatlichen Verfahren gemessen wurde. Es galt der Grundsatz, die Mittel einer Strafverfolgung müssten für die Betroffenen zumutbar sein. Massive Repression und Gewalt sollten so aus der Polizeiarbeit ausgeklammert werden.

In das 19. Jahrhundert fällt auch eine deutliche Neuformulierung der Aufgaben der Polizei: Sie soll explizit eingesetzt werden zur Verfolgung und Aufklärung strafbarer Handlungen, mit der Strafprozessordnung von 1878 werden der Polizei die Strafverfolgungsrechte offiziell zugesprochen. Seit Beginn des 19. Jahrhundert fand zudem eine deutliche innere Ausdifferenzierung der Polizei in Dienstgrade und somit auch in unterschiedliche Uniformierungen statt. Mit dem Anwachsen der Komplexität in der Moderne wachsen auch die Anforderungen an die Polizei. Mit diesen Entwicklungen beginnt im Einflussbereich des Deutschen Reiches für die Polizei eine neue Ära, die jedoch keine 100 Jahre später mit dem Nationalsozialismus ihr antidemokratisches Ende finden wird.

Die Polizei in der Weimarer Republik

Mit dem Ende des 1. Weltkriegs und der Novemberrevolution von 1918 war das Ende des Deutschen Kaiserreichs besiegelt. Der Versailler Vertrag diktierte, wie sich die neugegründete Weimarer Republik zu strukturieren habe, von dieser Restrukturierung war auch die Polizei betroffen. Unter dem sozialdemokratischen Innenminister Carl Severing wurde die Polizei entmilitarisiert bzw. demokratisiert. Severing vertrat die Überzeugung, dass die Polizei eine schlagkräftige Truppe darstellen sollte, um Inlandseinsätze des Militärs zu verhindern, in ihren Grundfesten sollte die Institution Polizei aber der Demokratie verpflichtet sein. Der Leitspruch „Die Polizei – Dein Freund und Helfer" wurde durch eine 1926 gehaltene Rede Carl Severings etabliert. Um diese neue Polizei aufbauen zu können, musste Wilhelm Abegg, verantwortlicher Staatssekretär im Innenministerium, auf alte Eliten der Armee zurückgreifen. Diese waren jedoch wenig überzeugt von der Demokratie, daher versuchten Severing und Abegg die Persönlichkeitsbildung der Polizeibeamten zu beeinflussen. Mit der Gründung diverser Polizeischulen sollten Institutionen geschaffen werden, die den PolizistInnen die Grundwerte einer demokratischen Ordnung näherbringen sollten.

Das Dritte Reich – Gleichschaltung der Polizei

Mit der Machtergreifung der Nationalsozialisten 1933 wurde die Polizei, wie andere Institutionen, entdemokratisiert. Mit der Gründung der Gestapo (Geheime Staatspolizei) wurde eine politische Polizei gegründet, die unabhängig agieren konnte und dem kommissarischen Innenminister Hermann Göring unterstellt war. 1936 wurden per Führererlass die Polizeien gleichgeschaltet; die Ordnungspolizei (OrPo) war verantwortlich für die Aufrechterhaltung der inneren Sicherheit, die Sicherheitspolizei (SiPo) abgestellt zur Verfolgung strafbarer Handlungen. Mit der Verquickung von Polizei und Schutzstaffel (SS) der NSDAP, wurde die Polizei dann vollends zu einem Instrument der Führergewalt, Heinrich Himmler ist ab diesem Zeitpunkt *Reichsführer SS und Chef der Deutschen Polizei*. In dieser Zeit verändert sich die Ausbildung der Polizeibeamten, die inhumane nationalsozialistische Weltanschauung wird auch in der Polizeiausbildung und -arbeit angewendet. Diese Entwicklung geht so weit, dass Angehörige der Ordnungspolizei bei Massenerschießungen oder ethnischen Säuberungen eingesetzt werden. Die Zeit des Nationalsozialismus ist nicht nur ein dunkles Kapitel der deutschen Politik, sondern ebenso der deutschen Polizei. Auch wenn bei den *Nürnberger Prozessen* nach Ende des 2. Weltkriegs nur die Gestapo als kriminelle Organisation eingestuft wird, war die Ordnungs- und Sicherheitspolizei ebenso an Verbrechen beteiligt.

Die Polizei nach 1945 und heute

Nach dem Ende des 2. Weltkriegs wurde Deutschland in Besatzungszonen aufgeteilt, mit dem Jahr 1949 ist die deutsche Teilung vollzogen. Auf dem Gebiet des ehemaligen Deutschen Reichs gibt es nun zwei Staaten, die BRD und die DDR.

In der BRD wird die Polizei nach und nach kommunalisiert, Melde- und Fremdenwesen werden den kommunalen Verwaltungen übertragen. Im Zuge der Neustrukturierung muss jedoch auf Beamte zurückgegriffen werden, die schon zu NS-Zeiten im Polizeidienst tätig waren, in einigen Fällen hat es sich bei diesen Beamten wahrscheinlich auch um Teilnehmer an den nationalsozialistischen Massenverbrechen gehandelt. Strukturell kann also von einem Neuanfang gesprochen werden, personell ist dies jedoch nicht der Fall. In der DDR werden keine Beamten eingestellt, die vor dem 8. Mai im Polizeidienst tätig waren. Jedoch wird hier eine Polizei aufgebaut, die ähnlich wie in der Sowjetunion als Stütze des autoritären kommunistischen Regimes fungiert.

In der BRD setzt sich in den folgenden Jahren eine einheitliche Organisation der Polizei durch, mit den Bereichen Schutzpolizei (SchuPo), Kriminalpolizei (Kripo), Bereitschaftspolizei (BePo) und Wasserschutzpolizei (WSP). 1951 wird mit dem Bundeskriminalamt (BKA) eine polizeiliche Bundesbehörde geschaffen, im gleichen Jahr kommt es auch zur Gründung des Bundesgrenzschutzes (BGS). 1972 wurde mit dem Saarbrücker Gutachten die Vision des neuen Polizeibeamten gezeichnet. Das Bild eines Beamten, der eine soziale Funktion auszufüllen hat und der zivilen Welt zugehört, nicht der militärischen. Erst in den 1980er Jahren wurde die Polizei in Deutschland feminisiert. Zwar durften Frauen schon seit Beginn des 20. Jahrhunderts die Polizeiarbeit aufnehmen, jedoch war ihnen der Dienst in Uniform verwehrt. Seit den 1980ern sind Frauen nun in der uniformierten Polizei vertreten.

Mit der Wiedervereinigung wurde auch die DDR-Polizei aufgelöst und das westdeutsche zu einem gesamtdeutschen System. Wie genau die Entwicklung der letzten 20 Jahre einzuordnen ist, kann heute nicht eindeutig geschlussfolgert werden, da historische Untersuchungen zu der Entwicklung der Polizei in den vergangenen Jahren nicht vorliegen. Jedoch ist klar, dass sich mit der Globalisierung und wachsenden Vernetzung von Menschen weltweit auch die Aufgaben für die Polizei wandeln.

Welche Anforderungen auf Polizeibeamte heute zukommen und wie der *moderne Polizeibeamte* beschaffen sein sollte, welche Fähigkeiten und Werte wichtig sind, wird Inhalt des nächsten Kapitels sein.

3.2   Staat und Polizei – wozu?

Wozu braucht man überhaupt einen Staat? Mit dieser Frage haben sich schon etliche kluge Köpfe beschäftigt, und sie beantwortet sich nicht von alleine. Immerhin schränkt der Staat die Freiheit seiner Bürger ein, indem er Verbote ausspricht, Pflichten – von der Wehr- bis zur Steuerpflicht – definiert und Gesetze beschließt, deren Einhaltung er wiederum überwacht. Eine vielzitierte Antwort stammt vom englischen Staatstheoretiker Thomas Hobbes (1588-1679) und lautet im Kern so: Wenn jeder selbst für seine Freiheit und Sicherheit verantwortlich wäre, gäbe es sie bald nicht mehr. Dann nämlich herrschte ein Kampf aller gegen alle, bei dem sich die Stärksten, die Rücksichtslosesten und die Gewalttätigsten durchsetzen würden. Die innere Sicherheit wäre akut in Gefahr. Und auch die äußere Sicherheit wäre bedroht, denn eine derart zersplitterte Gemeinschaft könnte sich gegen einen Angriff von außen wohl kaum wehren. Also übertragen die Bürger die Verantwortung für ihre Sicherheit dem Staat, der das Gewaltmonopol übernimmt, allgemeine Grundregeln des Zusammenlebens festlegt und sie durchsetzt – zu dem Preis, dass alle zugleich etwas an Freiheit einbüßen.

Der grundlegende Katalog von Regeln, Werten und Ordnungsvorstellungen ist in Deutschland das Grundgesetz. Es legt den Schutz der äußeren Sicherheit in die Hände der Bundeswehr, und die Aufrechterhaltung der inneren Sicherheit soll vor allem Aufgabe der Polizei sein. Dabei legt das Grundgesetz zum einen fest, welche Befugnisse der Staat hat – zum anderen aber auch, welche er nicht hat. Denn ein Staat, der alles darf, kann für seine Bürger selbst zur Bedrohung werden. Dem Bedürfnis nach Schutz durch den Staat steht also ein Bedürfnis nach Schutz vor dem Staat gegenüber. Artikel 20, Absatz 3 des Grundgesetzes besagt, dass auch die Polizei als Teil der vollziehenden Gewalt an Recht und Gesetz gebunden ist. Recht und Gesetz sind sowohl Arbeitsgrundlage als auch Handlungsrahmen der Polizei.

Was bringt Ihnen dieses Kapitel?

Generell ist die Bundesrepublik föderal aufgebaut. Das heißt, die 16 Bundesländer besitzen eine Teilautonomie und verfügen dementsprechend über die Polizeihoheit auf ihrem Territorium. Das Grundgesetz gilt aber im gesamten Bundesgebiet, es ist die Grundlage der demokratischen Ordnung in Deutschland. Insofern zählt die Kenntnis des Grundgesetzes zum absoluten Basiswissen, mit dem Sie nicht nur im Vorstellungsgespräch punkten können. Was antworten Sie, wenn Sie gefragt werden, warum die demokratische Ordnung und dessen Rechtssystem und Gesetze für die Polizei so enorm wichtig sind? Könnten Sie genauer erklären, warum das Grundgesetz für die Polizeiarbeit von Bedeutung ist, oder wüssten Sie, wie der Artikel 1 des Grundgesetzes lautet? Nicht zuletzt erleichtert Ihnen ein gutes Rechtsverständnis den Weg durch die Ausbildung. Es versetzt Sie in die Lage, sicher und souverän zu agieren.

3.3   Das Grundgesetz: Grundlage der deutschen Demokratie

Die Geschichte des Grundgesetzes

Im Grundgesetz sind die Leitlinien des Staatsprinzips niedergelegt: Demokratie, Republik, Sozialstaatlichkeit, Föderalismus (Teilautonomie der Bundesländer), Gewaltenteilung und Gesetzmäßigkeit aller Staatsorgane. Nicht nur in diesen Grundsätzen merkt man dem Regelwerk die Auseinandersetzung der Verfassungsväter mit dem nationalsozialistischen Dritten Reich deutlich an. Das Grundgesetz sollte die Gewähr dafür bieten, dass Unrechtsstaatlichkeit und staatliche Willkür in Deutschland nie wieder Fuß fassen könnten. Es wurde am 23. Mai 1949 verabschiedet und ist seitdem die verfassungsmäßige Grundlage der Bundesrepublik Deutschland. Warum „verfassungsmäßige Grundlage" und nicht „Verfassung"? Weil das Dokument ursprünglich nur als Provisorium gedacht war, solange der „Eiserne Vorhang" die beiden deutschen Staaten BRD und die DDR voneinander trennte. Erst nach der deutschen Wiedervereinigung sollte eine endgültige Verfassung für Gesamtdeutschland ausgearbeitet werden. Die Hoffnung der Verfassungsväter auf die deutsche Einheit erfüllte sich 1990, doch in der Politik setzten sich nun die Stimmen durch, die das Grundgesetz beibehalten wollten. Ihr Argument: Es hatte sich bewährt – immerhin war das Grundgesetz, nach dem Scheitern der Weimarer Republik, die Grundlage der ersten geglückten Demokratie auf deutschem Boden. Schließlich trat die DDR dem Geltungsbereich des Grundgesetzes bei.

Struktur und Aufbau des Dokuments

Das Grundgesetz lässt sich in vier Hauptteile untergliedern:

1. Die **Präambel** ist eine Art Vorwort oder kurze Einleitung. Sie hebt seit ihrer Neuformulierung 1990 besonders die Endgültigkeit des Grundgesetzes hervor, indem sie feststellt, dass die Deutschen aller Bundesländer „in freier Selbstbestimmung die Einheit und Freiheit Deutschlands vollendet" haben: „Damit gilt dieses Grundgesetz für das gesamte Deutsche Volk." Außerdem betont sie die Einbindung Deutschlands in die europäische Staatengemeinschaft.

2. Der Abschnitt I (Art. 1-19) behandelt die **Grundrechte**. Darunter fallen zum einen die so genannten Jedermannsgrundrechte, die jedem zustehen, zum anderen die Deutschengrundrechte, die nur deutsche Staatsbürger beanspruchen können. Jeder, der sich in Deutschland durch staatliches Handeln in seinen Grundrechten verletzt sieht, kann Verfassungsbeschwerde bei einem Verfassungsgericht einlegen. Die Grundrechte schützen vor staatlicher Willkür und sind das Fundament des Rechtsstaats.

3. Neben den Grundrechten gibt es **grundrechtsgleiche Rechte** (Art. 20/4, 33, 38, 101, 103, 104) wie das Wahlrecht oder das Folterverbot. Grundrechtsgleiche Rechte sind alle subjektiven Rechtspositionen mit Verfassungsrang, die nicht in Abschnitt I festgeschrieben sind. Auch gegen die Verletzung dieser Artikel kann Verfassungsbeschwerde eingereicht werden.

4. Die Abschnitte II – XI des Grundgesetzes behandeln das **Staatsorganisationsrecht**, also die Bestimmungen zum Aufbau, zur Funktion und zur Aufgabenverteilung der Staatsorgane. Sie behandeln die politische Ordnung Deutschlands (Abschnitt II), den Bundestag (Abschnitt III), den Bundesrat (Abschnitt IV), den Bundespräsidenten (Abschnitt V), die Bundesregierung (Abschnitt VI), die Gesetzgebung des Bundes (Abschnitt VII), die Ausführung der Bundesgesetze und die Bundesverwaltung (Abschnitt VIII), die Rechtsprechung (Abschnitt IX), das Haushaltsrecht und die Finanzverfassung (Abschnitt X) sowie Übergangs- und Schlussbestimmungen (Abschnitt XI).

Wie eingangs erwähnt, geht es im Grundgesetz einerseits um Schutz durch den Staat, andererseits auch um Schutz vor dem Staat. Diese Bedürfnisse stehen nicht immer im Einklang. Der Staat darf harte, sogar sehr harte Maßnahmen ergreifen, die die Rechte der Bürger unter Umständen gewaltig einschränken – solange er dies auf der Grundlage des Gesetzes tut. Dabei kommt es zwangsläufig zu Streitfragen, die oft engagiert diskutiert werden: Wie verträgt sich beispielsweise der finale Rettungsschuss mit dem Recht auf körperliche Unversehrtheit und der Garantie der Menschenwürde? Dürfen Staatsbedienstete von Terroristen entführte Passagierflugzeuge abschießen und dadurch den Tod vieler Unschuldiger in Kauf nehmen? Darf man einem Entführer mit Folter drohen, um den Entführten zu retten?

Im Mittelpunkt des folgenden Abschnitts stehen die Grundrechte, die den zentralen Handlungsrahmen für staatliche – also auch polizeiliche – Akteure darstellen. Neben der aktuell gültigen Originalfassung erhalten sie zudem eine kommentierende Zusammenfassung der 19 Grundrechts-Artikel. Jeder Artikel wird schließlich hinsichtlich seiner Auswirkungen auf das polizeiliche Handeln diskutiert, wobei auch andere einschlägige Vorschriften berücksichtigt werden.

3.4   Die Grundrechte

Artikel 1

(1) Die Würde des Menschen ist unantastbar. Sie zu achten und zu schützen ist Verpflichtung aller staatlichen Gewalt.

(2) Das Deutsche Volk bekennt sich darum zu unverletzlichen und unveräußerlichen Menschenrechten als Grundlage jeder menschlichen Gemeinschaft, des Friedens und der Gerechtigkeit in der Welt.

(3) Die nachfolgenden Grundrechte binden Gesetzgebung, vollziehende Gewalt und Rechtsprechung als unmittelbar geltendes Recht.

Gleich zu Beginn des Grundgesetzes wird die **Würde des Menschen** als unantastbar festgeschrieben. Es gibt keine Institution innerhalb des Staates, die das Recht hat, die Menschenwürde zu verletzen. Mit der prominenten Stellung der Menschenwürde betonten die Verfassungsväter: Anders als das faschistische Deutsche Reich achtet die demokratische Bundesrepublik grundsätzlich jeden Menschen (Abs. 1), und zwar allein aufgrund seines Menschseins. Artikel 1 unterliegt der in Artikel 79 des Grundgesetzes festgeschriebenen **Ewigkeitsgarantie** und darf demzufolge niemals geändert werden. Die Menschenrechte insgesamt werden sogar als so universell verstanden, dass sie nicht nur Grundlage der BRD, sondern die Basis jeder menschlichen Gemeinschaft, des Friedens und der Gerechtigkeit überhaupt sein sollen (Abs. 2). Schlussendlich schreibt Absatz 3 die Bindung der Staatsgewalt und aller ihrer Akteure an die Grundrechte fest.

Somit ist auch die Polizei an die Grundrechte gebunden. Artikel 1 verpflichtet die Staatsdiener nicht nur, die Menschenwürde zu achten, sondern erklärt es zu ihrem ausdrücklichen Ziel, sie aktiv zu schützen. Wer sie verletzt, macht sich strafbar. Auch ein Verbrecher oder Verdächtiger besitzt prinzipiell die gleichen Menschenrechte wie jeder andere – egal, welches Verbrechen er begangen hat oder haben soll. Genauso wird natürlich die Würde der Polizisten geschützt. Was „Würde" aber nun genau bedeutet, wird nicht konkret definiert. Die Verfassungsgerichte sprechen gängigerweise dann von einer Verletzung der Menschenwürde, wenn der Mensch zum Objekt staatlichen Handelns gemacht und zum Spielball staatlicher Absichten und Interessen wird. So verstößt zum Beispiel jede Art der Folter, ja bereits ihre Androhung gegen die Menschenwürde *(vgl. 6.5   Musterbeispiel für die Einzelübung mit anschließender Diskussion und Präsentation)*. Auch der Abschuss eines von Terroristen entführten Passagierflugzeugs ist nicht rechtens, urteilte das Bundesverfassungsgericht. Denn der Tod vieler Unschuldiger kann nicht einfach als „Kollateralschaden" in Kauf genommen werden.

Artikel 2

(1) Jeder hat das Recht auf die freie Entfaltung seiner Persönlichkeit, soweit er nicht die Rechte anderer verletzt und nicht gegen die verfassungsmäßige Ordnung oder das Sittengesetz verstößt.

(2) Jeder hat das Recht auf Leben und körperliche Unversehrtheit. Die Freiheit der Person ist unverletzlich. In diese Rechte darf nur aufgrund eines Gesetzes eingegriffen werden.

Artikel 2 definiert das Recht auf freie **Entwicklung der Persönlichkeit, auf Leben und körperliche Unversehrtheit**. Absatz 1 formuliert das Prinzip der **allgemeinen Handlungsfreiheit**: Demnach darf jedermann tun und lassen, was er will, solange er dadurch nicht die Rechte anderer verletzt, das Grundgesetz übertritt oder gegen das Sittengesetz verstößt. Jeder soll seine Persönlichkeit frei entfalten können. Absatz 2 enthält das Recht auf Leben, Freiheit und körperliche Unversehrtheit, in das nur mit rechtsstaatlichen Mitteln auf gesetzlicher Grundlage eingegriffen werden kann.

Für die Polizeiarbeit ist dieser Artikel in zweierlei Hinsicht von Bedeutung: zum einen enthält er mit dem Recht auf Selbstbestimmung das Verbot, die persönliche Freiheit eines Menschen grundlos einzuschränken. Damit ist er geschützt vor staatlicher Willkür, Zwang und Repressionen. Jedermann darf seine Persönlichkeit ausbilden, wie es ihm beliebt – sei es als Homosexueller, Atheist oder Ganzkörpertätowierter. So erklärte das Bundesverfassungsgericht: „Was nicht verboten ist, ist erlaubt." Niemand wird gezwungen, nach dem Vorbild des Otto-Normalverbrauchers zu leben. Gerade die Vielfalt der Persönlichkeitsbilder zeichnet eben die pluralistische demokratische Gesellschaft aus, die durch die Polizei geschützt werden soll. Zwar dürfen Staatsbedienstete Ermittlungen einleiten und Festnahmen durchführen, doch nur auf Grundlage eines Gesetzes.

Liegt diese Grundlage vor, ist der Staat zum anderen wiederum zum Einschreiten verpflichtet. Denn aus Artikel 2 lässt sich auch der Anspruch der Bürger gegenüber dem Staat ableiten, vor Angriffen Dritter geschützt zu werden. Ein aktiver Pädophiler beispielsweise verstößt gegen das Grundgesetz, da er die körperliche Unversehrtheit und die Persönlichkeitsentwicklung eines Kindes verletzt. Somit missachtet er die Rechte anderer und auch das Sittengesetz – die Polizei darf und muss gegen ihn einschreiten. Seinen Grundrechtsschutz verliert er dadurch nicht: Es ist genau festgelegt, unter welchen Bedingungen und wie lange die Polizei ihn in Gewahrsam nehmen kann, und dass er nicht misshandelt werden darf.

Aktuell spielt Artikel 2 eine Rolle in der Debatte um die Rauchverbote in Kneipen. Raucher können die allgemeine Handlungsfreiheit (Abs. 1) ins Feld führen, wogegen Nichtraucher sich auf den Schutz ihrer körperlichen Unversehrtheit (Abs. 2) berufen können. Ein Extremfall ist der so genannte „finale Rettungsschuss", also die gezielte Tötung eines Verbrechers, wenn dadurch das Leben anderer gerettet werden kann. Hier steht das Recht auf körperliche Unversehrtheit – beispielsweise eines Geiselnehmers, der mit der Tötung seiner Geiseln droht – gegen den Schutzanspruch der Geiseln. Das Bundesverfassungsgericht entschied, dass in diesem Fall der Geiselnehmer seinen Rechtsanspruch verwirkt habe. Der „finale Rettungsschuss" sei als letztes und einziges Mittel, das Leben der Geiseln zu retten, zulässig.

In der Verbindung mit Artikel 1 wird aus Artikel 2 auch das Recht auf **informationelle Selbstbestimmung** abgeleitet: Darunter versteht man das Recht, selbst zu entscheiden, wem man welche persönliche Daten zugänglich macht. Die von den Behörden angestrebte Sammlung und Speicherung biometrischer (körperbezogener) Daten ist daher ebenso problematisch wie die sagenumwobene Vorratsdatenspeicherung (siehe Artikel 10).

Artikel 3

(1) Alle Menschen sind vor dem Gesetz gleich.

(2) Männer und Frauen sind gleichberechtigt. Der Staat fördert die tatsächliche Durchsetzung der Gleichberechtigung von Frauen und Männern und wirkt auf die Beseitigung bestehender Nachteile hin.

(3) Niemand darf wegen seines Geschlechtes, seiner Abstammung, seiner Rasse, seiner Sprache, seiner Heimat und Herkunft, seines Glaubens, seiner religiösen oder politischen Anschauungen benachteiligt oder bevorzugt werden. Niemand darf wegen seiner Behinderung benachteiligt werden.

Artikel 3 des Grundgesetzes wird auch als **Gleichheitsartikel** bezeichnet. Demnach sind persönliche Eigenschaften und Merkmale wie Geschlecht, körperliche Verfassung, Abstammung, Rasse, Sprache, Heimat, Glaube, politische bzw. religiöse Ansichten etc. vor dem Gesetz nicht von Bedeutung, und sie dürfen auch gesellschaftlich nicht zu einer Benachteiligung führen (Abs. 1+3). Ausdrücklich verpflichtet sich der Staat, einer gesellschaftlichen Ungleichstellung von Männern und Frauen entgegenzuwirken (Abs. 2).

Der Gleichheitsgrundsatz trennt die rechtliche Stellung eines Menschen von seiner Persönlichkeit. Im Polizeieinsatz bedeutet dies, die Sachlage nüchtern und ohne Ansehen der Person zu beurteilen. Beispielsweise spielt es bei einer Demonstration prinzipiell keine Rolle, wer demonstriert und welches Ziel die Demonstranten verfolgen, solange sie den gesetzlichen Rahmen nicht überschreiten. Es liegt nicht im Ermessen der Einsatzkräfte, die Lage nach Sympathie oder Antipathie zu beurteilen – allein der Buchstabe des Gesetzes zählt. Ob nun Homosexuelle für mehr öffentliche Akzeptanz demonstrieren, Muslime für den Bau einer Moschee oder Globalisierungskritiker gegen Bankenspekulation, spielt keine Rolle. Alle sind vom Staat gleich zu behandeln, auch wenn sie unterschiedliche Ideale und Grundsätze vertreten. Aber es gibt keine Gleichheit im Unrecht: Wird ein Vergehen nicht geahndet, obwohl es nach Recht und Gesetz eigentlich hätte geahndet werden müssen, gibt dies anderen nicht das Recht, sich in derselben Weise ungesetzlich zu verhalten.

Artikel 4

(1) Die Freiheit des Glaubens, des Gewissens und die Freiheit des religiösen und weltanschaulichen Bekenntnisses sind unverletzlich.

(2) Die ungestörte Religionsausübung wird gewährleistet.

(3) Niemand darf gegen sein Gewissen zum Kriegsdienst mit der Waffe gezwungen werden. Das Nähere regelt ein Bundesgesetz.

Artikel 4 bezieht sich auf die **religiöse und weltanschauliche Freiheit**. Ein hochaktuelles Grundrecht: In Deutschland leben Christen, Juden, Muslime, Hindus, Buddhisten und Mitglieder anderer religiöser Gemeinschaften, wobei es jedem selbst überlassen bleibt, wozu er sich bekennt (Abs. 1) – und niemand darf in der Ausübung seiner Religion behindert werden (Abs. 2). Ethische und religiöse Überzeugungen werden so hoch gehandelt, dass sie der Einziehung zum Kriegsdienst im Wege stehen können (Abs. 3).

In Verbindung mit dem Gleichheitsgrundsatz in Artikel 3 besagt Artikel 4, dass alle weltanschaulichen und religiösen Überzeugungen grundsätzlich gleichberechtigt sind und unbehindert praktiziert werden dürfen. Ob moralische Standpunkte mit kirchlichen Lehren übereinstimmen oder nicht, ist vollkommen irrelevant. Und mag eine persönliche religiöse Ansicht auch noch so bizarr anmuten: sie ist genau so erlaubt und rechtlich ebenso viel wert wie eine katholische Glaubensvorschrift. Keine moralische oder ethische Position ist rechtlich vor irgendeiner anderen zu bevorzugen. Doch die Freiheit der Religionsausübung hat klare Grenzen: nämlich da, wo die Grundrechte verletzt werden. Beispielsweise ist die Beschneidung junger Mädchen eindeutig verboten, selbst wenn manche dies in ihrer persönlichen Glaubensauffassung für noch so richtig halten. Die Menschenwürde des Mädchens und ihr Recht auf körperliche Unversehrtheit gehen in diesem Fall vor. Gleiches gilt, wenn Ehemänner sich auf religiöses Recht berufen wollen, um ihre Frauen zu schlagen.

Artikel 5

(1) Jeder hat das Recht, seine Meinung in Wort, Schrift und Bild frei zu äußern und zu verbreiten und sich aus allgemein zugänglichen Quellen ungehindert zu unterrichten. Die Pressefreiheit und die Freiheit der Berichterstattung durch Rundfunk und Film werden gewährleistet. Eine Zensur findet nicht statt.

(2) Diese Rechte finden ihre Schranken in den Vorschriften der allgemeinen Gesetze, den gesetzlichen Bestimmungen zum Schutze der Jugend und in dem Recht der persönlichen Ehre.

(3) Kunst und Wissenschaft, Forschung und Lehre sind frei. Die Freiheit der Lehre entbindet nicht von der Treue zur Verfassung.

Der fünfte Artikel des Grundgesetzes definiert die **Meinungs-, Gedanken- und Pressefreiheit** (Abs. 1). Eine vom Staat unbeeinflusste Entfaltung gesteht das Grundgesetz auch den Bereichen Kunst, Wissenschaft, Forschung und Lehre zu (Abs. 3). Diese Freiheiten werden allerdings durch die angegebenen Vorschriften und Gesetze eingeschränkt (Abs. 2+3).

Die Meinungs- und Pressefreiheit ist ein wichtiger Bestandteil eines demokratischen Staates. Denn Demokratie funktioniert über die politische Teilhabe der Bürger. Diese wiederum setzt eine freie Meinungsbildung der Bevölkerung voraus. Ohne eine freie Presse ist weder die umfassende Information, noch ein kontroverser öffentlicher Meinungsaustausch zu den Themen möglich, die das gesellschaftliche Leben beeinflussen. Oft werden die Medien sogar als „vierte Gewalt" bezeichnet, die die Politik mit ihren drei „klassischen" Staatsgewalten im Auftrag der politisch interessierten Öffentlichkeit kontrolliert.

Die Vorschrift „Eine Zensur findet nicht statt" ist bündig, hat sich aber bereits als biegsam erwiesen. Berühmt ist die so genannte SPIEGEL-Affäre: Das Nachrichtenmagazin veröffentlichte 1962 einen kritischen Artikel zum Abschneiden der Bundeswehr in einer NATO-Militärübung, woraufhin mehrere beteiligte Redakteure unter dem Vorwurf des Landesverrats verhaftet wurden. In den folgenden Prozessen wurde das Vorgehen der Behörden stark kritisiert, der Vorwurf des Landesverrats konnte nicht bestätigt werden. Die Verhafteten wurden wieder auf freien Fuß gesetzt und hochrangige Politiker, die direkt in den Fall verstrickt waren, verloren ihre Posten. Dieser Fall gilt als historische Stärkung der Pressefreiheit in der BRD, das Vorgehen der Polizei und anderer staatlicher Akteure war nicht angemessen. Die Frage nach der Pressefreiheit hat bis heute nichts an Aktualität verloren. Was darf die Presse, und was darf sie nicht? Wie weit geht das Grundrecht der Bürger auf freie Information? Die Grenzen der freien Meinungsäußerung sind jedenfalls bei der so genannten „Auschwitzlüge" überschritten: Wer den Holocaust leugnet, der äußert keine Meinung, sondern stellt eine unwahre Tatsachenbehauptung auf, stellte das Bundesverfassungsgericht fest. Damit wurde eine Verfassungsbeschwerde abgelehnt, nachdem der Bundesgerichtshof die Behauptung bereits zu einer strafbaren Diskriminierung erklärt hatte.

Artikel 6

(1) Ehe und Familie stehen unter dem besonderen Schutze der staatlichen Ordnung.

(2) Pflege und Erziehung der Kinder sind das natürliche Recht der Eltern und die zuvörderst ihnen obliegende Pflicht. Über ihre Betätigung wacht die staatliche Gemeinschaft.

(3) Gegen den Willen der Erziehungsberechtigten dürfen Kinder nur aufgrund eines Gesetzes von der Familie getrennt werden, wenn die Erziehungsberechtigten versagen oder wenn die Kinder aus anderen Gründen zu verwahrlosen drohen.

(4) Jede Mutter hat Anspruch auf den Schutz und die Fürsorge der Gemeinschaft.

(5) Den unehelichen Kindern sind durch die Gesetzgebung die gleichen Bedingungen für ihre leibliche und seelische Entwicklung und ihre Stellung in der Gesellschaft zu schaffen wie den ehelichen Kindern.

Artikel 6 des Grundgesetzes bezieht sich auf die Institutionen **Familie und Ehe**. Sie stehen demnach unter besonderem staatlichen Schutz, und das Recht der Kindererziehung liegt bei den Eltern (Abs. 2). Auf gesetzlicher Grundlage ist es aber möglich, ihnen bei ihrem Versagen die Erziehungsberechtigung zu entziehen (Abs. 3). Zudem sollen Mütter durch die Gesellschaft besonders geschützt werden (Abs. 4). Kinder, die nicht in einer elterlichen Gemeinschaft aufwachsen, sollen besondere staatliche Leistungen erhalten, um in ihrer Entwicklung nicht benachteiligt zu sein (Abs. 5).

Herausgefordert wird die Rechtsprechung heutzutage unter anderem durch neue Lebensentwürfe (uneheliche, homosexuelle Partnerschaften). Dem Familienbild des Grundgesetzes liegt die „klassische" bürgerliche Gemeinschaft von Ehemann, Ehefrau und Kindern zugrunde. Für die Polizeiarbeit ist dieser Abschnitt nicht direkt wichtig. Wird beispielsweise einer Familie die Erziehungsberechtigung entzogen, trifft diese Entscheidung ein Familiengericht. Die Polizei hat in diesem Zusammenhang im schlimmsten Fall die Aufgabe, die gerichtliche Entscheidung zu vollziehen, wenn die Eltern ihr Kind nicht abgeben wollen.

Artikel 7

(1) Das gesamte Schulwesen steht unter der Aufsicht des Staates.

(2) *Die Erziehungsberechtigten haben das Recht, über die Teilnahme des Kindes am Religionsunterricht zu bestimmen.*

(3) *Der Religionsunterricht ist in den öffentlichen Schulen mit Ausnahme der bekenntnisfreien Schulen ordentliches Lehrfach. Unbeschadet des staatlichen Aufsichtsrechtes wird der Religionsunterricht in Übereinstimmung mit den Grundsätzen der Religionsgemeinschaften erteilt. Kein Lehrer darf gegen seinen Willen verpflichtet werden, Religionsunterricht zu erteilen.*

(4) *Das Recht zur Errichtung von privaten Schulen wird gewährleistet. Private Schulen als Ersatz für öffentliche Schulen bedürfen der Genehmigung des Staates und unterstehen den Landesgesetzen. Die Genehmigung ist zu erteilen, wenn die privaten Schulen in ihren Lehrzielen und Einrichtungen sowie in der wissenschaftlichen Ausbildung ihrer Lehrkräfte nicht hinter den öffentlichen Schulen zurückstehen und eine Sonderung der Schüler nach den Besitzverhältnissen der Eltern nicht gefördert wird. Die Genehmigung ist zu versagen, wenn die wirtschaftliche und rechtliche Stellung der Lehrkräfte nicht genügend gesichert ist.*

(5) *Eine private Volksschule ist nur zuzulassen, wenn die Unterrichtsverwaltung ein besonderes pädagogisches Interesse anerkennt oder, auf Antrag von Erziehungsberechtigten, wenn sie als Gemeinschaftsschule, als Bekenntnis- oder Weltanschauungsschule errichtet werden soll und eine öffentliche Volksschule dieser Art in der Gemeinde nicht besteht.*

(6) *Vorschulen bleiben aufgehoben.*

Artikel 7 definiert die Struktur und das Selbstverständnis des deutschen **Schulwesens** und ist für die Polizeiarbeit kaum relevant. Hier bildet sich die geschichtliche Auseinandersetzung ab, wer die Bildungsinhalte festlegen und vermitteln soll bzw. darf – der Staat oder die Kirchen? Deren Einfluss wurde seit der Auseinandersetzung Preußens mit der katholischen Kirche zum Ende des 19. Jahrhunderts mehr und mehr zurückgedrängt. Das Grundgesetz legt das Schulwesen ganz in die Hände des Staates (Abs. 1). Der Religionsunterricht ist nicht verpflichtend, über den Besuch entscheiden die Eltern (Abs. 2). Er richtet sich nach den Grundsätzen der jeweiligen Religionsgemeinschaft und wird von Lehrern grundsätzlich freiwillig unterrichtet (Abs. 3). Privatschulen (Abs. 4) und private Volksschulen (Abs. 5) müssen staatlichen Grundsätzen genügen und sich nach den Landesgesetzen richten. Mit „Vorschulen" (Abs. 6) sind gebührenpflichtige, private Grundschulen gemeint – die Bestimmung ist ein Relikt der Weimarer Verfassung, Vorschulen wurden schon 1920 durch staatliche Grundschulen ersetzt.

Artikel 8

(1) *Alle Deutschen haben das Recht, sich ohne Anmeldung oder Erlaubnis friedlich und ohne Waffen zu versammeln.*

(2) *Für Versammlungen unter freiem Himmel kann dieses Recht durch Gesetz oder aufgrund eines Gesetzes beschränkt werden.*

Artikel 8 formuliert das Recht auf **Versammlungsfreiheit**. Alle Deutschen dürfen sich demnach frei und ohne Waffen versammeln, sofern die Versammlung einen friedlichen Charakter hat (Abs. 1). Findet die Versammlung unter freiem Himmel statt, kann diese Freiheit auf gesetzlicher Grundlage eingeschränkt werden (Abs. 2).

Die Versammlungsfreiheit ist ein Grundpfeiler demokratischer Staaten. Auf Grundlage dieser Freiheit können die Bürger über ihr Zusammenleben debattieren, über Probleme diskutieren und gegebenenfalls auch ihren Unmut zum Ausdruck bringen. Während des Afghanistan- oder Irak-Krieges demonstrierten beispielsweise deutschlandweit mehrere hunderttausend Menschen für den Frieden, in jüngster Zeit fanden zahlreiche Großdemonstrationen zur Wirtschaftskrise statt, und die alljährlichen 1. Mai-Demonstrationen sind berühmtberüchtigt. Bei all diesen und anderen Versammlungen war und ist die Polizei als Ordnungshüterin anwesend. Ihre Aufgabe ist es, möglicherweise rivalisierende Gruppen voneinander fernzuhalten und für einen reibungslosen und friedlichen Verlauf der Veranstaltungen zu sorgen. In Verbindung mit Artikel 3 gilt auch hier: wofür oder wogegen demonstriert wird, darauf kommt es nicht an. Die Beamten verteidigen nicht die Weltanschauung der Demonstranten, sondern die Versammlungsfreiheit an sich. Solange die gesetzlichen Rahmenbedingungen eingehalten werden, sind daher alle Demonstrationen gleichermaßen schützenswert. Um die öffentliche Sicherheit zu bewahren, darf die Versammlungsfreiheit jedoch auf gesetzlicher Grundlage eingeschränkt werden. Das Versammlungsgesetz beispielsweise besagt: Eine Versammlung auf öffentlichem Gebiet muss vorher angemeldet werden, wenn sie keine Reaktion auf ein plötzliches, unvorgesehenes Ereignis ist. Zusätzlich darf die Polizei den Veranstaltern bestimmte Auflagen machen, um die Grundrechte von Unbeteiligten zu schützen. Versammlungsverbote sind nur in besonderen Ausnahmen zulässig.

Artikel 9

(1) Alle Deutschen haben das Recht, Vereine und Gesellschaften zu bilden.

(2) Vereinigungen, deren Zwecke oder deren Tätigkeit den Strafgesetzen zuwiderlaufen oder die sich gegen die verfassungsmäßige Ordnung oder gegen den Gedanken der Völkerverständigung richten, sind verboten.

(3) Das Recht, zur Wahrung und Förderung der Arbeits- und Wirtschaftsbedingungen Vereinigungen zu bilden, ist für jedermann und für alle Berufe gewährleistet. Abreden, die dieses Recht einschränken oder zu behindern suchen, sind nichtig, hierauf gerichtete Maßnahmen sind rechtswidrig. Maßnahmen nach den Artikeln 12a, 35 Abs. 2 und 3, Artikel 87a Abs. 4 und Artikel 91 dürfen sich nicht gegen Arbeitskämpfe richten, die zur Wahrung und Förderung der Arbeits- und Wirtschaftsbedingungen von Vereinigungen im Sinne des Satzes 1 geführt werden.

Der neunte Artikel des Grundgesetzes umfasst die **Vereinigungsfreiheit**, d.h. die grundsätzliche Freiheit, Parteien und Vereine zu gründen (Abs.1). Welche (politischen, sportlichen, wirtschaftlichen,…) Inhalte und Zwecke eine Vereinigung verfolgt, spielt keine Rolle. Es sei denn, sie verstößt gegen die Verfassung oder gegen Grundsätze des Völkerrechts, ist kriminell oder verfassungswidrig – dann wird sie verboten (Abs. 2). Absatz 3 bezieht sich auf Vereinigungen im Arbeitsbereich, wie Gewerkschaften, andere Arbeitnehmer- und Arbeitgeberverbände. Darin inbegriffen ist auch das Recht auf Streiks („Arbeitskämpfe").

Ob eine Vereinigung verboten wird, darüber entscheidet ein Gericht und nicht die Polizei. Doch für die Einhaltung des Verbots ist wiederum sie zuständig. Beispielsweise wurden im Frühjahr 2010 zwei Abteilungen des Motorrad- und Rockerclubs „Hells Angels" in Norddeutschland verboten. Mehrere Polizei-Hundertschaften beteiligten sich an der Beweissicherung in Vereinsräumen und Unterkünften, dabei beschlagnahmten sie zahlreiche gefährliche Gegenstände.

Artikel 10

(1) Das Briefgeheimnis sowie das Post- und Fernmeldegeheimnis sind unverletzlich.

(2) Beschränkungen dürfen nur aufgrund eines Gesetzes angeordnet werden. Dient die Beschränkung dem Schutze der freiheitlichen demokratischen Grundordnung oder des Bestandes oder der Sicherung des Bundes oder eines Landes, so kann das Gesetz bestimmen, dass sie dem Betroffenen nicht mitgeteilt wird und dass an die Stelle des Rechtsweges die Nachprüfung durch von der Volksvertretung bestellte Organe und Hilfsorgane tritt.

Mit Artikel 10 wird festgelegt, dass jedem Bürger das **Post-, Brief- und Fernmeldegeheimnis** zusteht. Dieser Artikel sichert die Privatsphäre der Bürger und schützt sie vor unerlaubter Bespitzelung durch die Behörden (Abs. 1). Das Postgeheimnis betrifft den gesamten Postverkehr von der Einlieferung durch den Absender bis zum Empfang durch den Empfänger, das Briefgeheimnis schützt ausdrücklich schriftliche Mitteilungen. Das Fernmeldegeheimnis schließlich bezieht sich auf jede Kommunikation über elektromagnetische Wellen, also unter anderem den Austausch via (Mobil)Telefon, Fax und E-Mail.

Das Grundgesetz will keinen wissbegierigen Überwachungsstaat, der aus freien Bürgern gläserne Untertanen macht. Gerade in den letzten Jahren ist das Fernmeldegeheimnis in den Mittelpunkt der öffentlichen Debatte gerückt. Besonders die Bedrohung durch den internationalen Terrorismus wurde ins Feld geführt, um den Behörden mehr Zugriff auf die Daten der Bürger zu gewähren. Grundsätzlich sind derartige Eingriffe erlaubt, wenn der Verdacht einer Gefahr für die öffentliche Sicherheit besteht (Abs. 2). In diesem Fall darf, ohne dies dem Betroffenen mitzuteilen, das Post-, Brief- und Fernmeldegeheimnis eingeschränkt werden. Damit Staatsbedienstete auf die Kommunikation eines Bürgers zugreifen können, muss jedoch ein eindeutiger Verdacht vorliegen. Dann kann die Staatsanwaltschaft oder die Generalbundesanwaltschaft die nötige einstweilige Befugnis ausstellen.

Aktuell umstritten sind große behördliche Datensammlungen, wie sie beispielsweise in Antiterrordateien zustande kommen. In der Öffentlichkeit besonders heftig geführt wurde die Debatte um die Vorratsdatenspeicherung: Mit dieser Maßnahme sollten alle Kommunikations-Kontaktdaten (nicht Inhalte) jedes Bürgers, ob verdächtig oder nicht, über einen längeren Zeitraum hinweg gespeichert werden. Jeder Aufruf einer Internetseite, jede verschickte Mail und jedes Telefongespräch hätte damit vom Staat noch Monate später

nachvollzogen werden können. Das Bundesverfassungsgericht urteilte im März 2010, dass eine solche ver-
dachtslose Speicherung persönlicher Daten nicht mit dem Grundgesetz vereinbar sei.

Artikel 11

(1) Alle Deutschen genießen Freizügigkeit im ganzen Bundesgebiet.

*(2) Dieses Recht darf nur durch Gesetz oder aufgrund eines Gesetzes und nur für die Fälle eingeschränkt werden, in
denen eine ausreichende Lebensgrundlage nicht vorhanden ist und der Allgemeinheit daraus besondere Lasten entstehen würden oder in denen es zur Abwehr einer drohenden Gefahr für den Bestand oder die freiheitliche demokratische Grundordnung des Bundes oder eines Landes, zur Bekämpfung von Seuchengefahr, Naturkatastrophen oder
besonders schweren Unglücksfällen, zum Schutze der Jugend vor Verwahrlosung oder um strafbaren Handlungen
vorzubeugen, erforderlich ist.*

Mit Freizügigkeit ist nicht etwa Nudistentum gemeint – wer nackt in der Öffentlichkeit umherspaziert, riskiert
eine Anzeige wegen Erregung öffentlichen Ärgernisses. Vielmehr bedeutet **Freizügigkeit** die Freiheit, seinen
Wohn- und Aufenthaltsort frei wählen zu dürfen (Abs. 1). Diese Freiheit kann nur in bestimmten Situationen
eingeschränkt werden: wenn der Gemeinschaft daraus besondere Lasten entstünden, wenn die demokratische Grundordnung in Gefahr ist, wenn Seuchen, Naturkatastrophen oder besonders schwere Unglücksfälle
zu bekämpfen sind, wenn die Jugend geschützt oder eine strafbare Handlung verhindert werden soll (Abs. 2).

Die Freizügigkeit ist ein so genanntes Deutschengrundrecht, das in vollem Umfang nur für Staatsbürger gilt.
EU-Ausländer genießen nach europäischer Gesetzeslage eine eingeschränkte Freizügigkeit; sie sind unter
bestimmten Bedingungen (z.B. Arbeitsplatz oder Arbeitsplatzsuche in Deutschland, gesicherte Existenz)
einreise- und aufenthaltsberechtigt. Menschen aus Drittländern besitzen dagegen weder ein Grundrecht auf
Einreise, noch einen Anspruch auf Arbeit oder Wohnsitz.

Verstoßen Einwanderer oder Asylbewerber gegen ihre Beschränkungen, kann die Polizei gegen sie vorgehen.
Dabei ist besondere Sensibilität gefragt, um sich nicht etwa dem Vorwurf der Ungleichberechtigung auszu-
setzen. Denn auch wenn der alltägliche Dienststress hoch und die Kommunikation mit Fremden mitunter
schwierig ist: Die Grundrechte auf Menschenwürde, körperliche Unversehrtheit, Gleichheit, religiöse Freiheit
etc. bleiben auch bei eingeschränkter Freizügigkeit unberührt und gelten wie sonst auch für alle.

Artikel 12

*(1) Alle Deutschen haben das Recht, Beruf, Arbeitsplatz und Ausbildungsstätte frei zu wählen. Die Berufsausübung kann
durch Gesetz oder aufgrund eines Gesetzes geregelt werden.*

*(2) Niemand darf zu einer bestimmten Arbeit gezwungen werden, außer im Rahmen einer herkömmlichen allgemeinen,
für alle gleichen öffentlichen Dienstleistungspflicht.*

(3) Zwangsarbeit ist nur bei einer gerichtlich angeordneten Freiheitsentziehung zulässig.

Artikel 12 regelt das Recht auf **Berufs- und Arbeitsfreiheit**. Jeder deutsche Staatsbürger hat demnach das
Recht, seinen Beruf, seinen Arbeitsplatz und seine Ausbildungsstätte frei zu wählen (Abs. 1). Darüber hinaus
sind nicht nur für Deutsche, sondern für jeden Menschen Arbeitszwang (Abs. 2) und Zwangsarbeit (Abs. 3)
prinzipiell verboten: ersterer ist nur im Rahmen einer allgemeinen Dienstpflicht (Wehrpflicht, siehe Artikel
12a) erlaubt, letztere nur im Rahmen eines gerichtlich angeordneten Freiheitsentzugs.

Der Artikel ist eine explizite Reaktion auf die Praxis der Zwangsarbeit im Nationalsozialismus, als viele Menschen gezwungen wurden, ohne anerkannte rechtliche Grundlage unentgeltlich zu arbeiten. Artikel 12 ist
daher vor allem ein „Abwehrartikel", der das Recht sichert, nicht zu einer Arbeit gezwungen zu werden. Er
garantiert damit keinen Anspruch auf eine bestimmte gewünschte Stelle. Insbesondere der Staat steht nach
Artikel 12 aber in der Pflicht, jeden Mitarbeiter oder Bewerber um eine Stelle im öffentlichen Dienst – also
auch Sie – nur anhand seiner persönlichen Eignung und Leistung zu beurteilen.

Artikel 12a

*(1) Männer können vom vollendeten achtzehnten Lebensjahr an zum Dienst in den Streitkräften, im Bundesgrenzschutz
oder in einem Zivilschutzverband verpflichtet werden.*

(2) *Wer aus Gewissensgründen den Kriegsdienst mit der Waffe verweigert, kann zu einem Ersatzdienst verpflichtet werden. Die Dauer des Ersatzdienstes darf die Dauer des Wehrdienstes nicht übersteigen. Das Nähere regelt ein Gesetz, das die Freiheit der Gewissensentscheidung nicht beeinträchtigen darf und auch eine Möglichkeit des Ersatzdienstes vorsehen muss, die in keinem Zusammenhang mit den Verbänden der Streitkräfte und des Bundesgrenzschutzes steht.*

(3) *Wehrpflichtige, die nicht zu einem Dienst nach Absatz 1 oder 2 herangezogen sind, können im Verteidigungsfalle durch Gesetz oder aufgrund eines Gesetzes zu zivilen Dienstleistungen für Zwecke der Verteidigung einschließlich des Schutzes der Zivilbevölkerung in Arbeitsverhältnisse verpflichtet werden; Verpflichtungen in öffentlich-rechtliche Dienstverhältnisse sind nur zur Wahrnehmung polizeilicher Aufgaben oder solcher hoheitlichen Aufgaben der öffentlichen Verwaltung, die nur in einem öffentlich-rechtlichen Dienstverhältnis erfüllt werden können, zulässig. Arbeitsverhältnisse nach Satz 1 können bei den Streitkräften, im Bereich ihrer Versorgung sowie bei der öffentlichen Verwaltung begründet werden; Verpflichtungen in Arbeitsverhältnisse im Bereiche der Versorgung der Zivilbevölkerung sind nur zulässig, um ihren lebensnotwendigen Bedarf zu decken oder ihren Schutz sicherzustellen.*

(4) *Kann im Verteidigungsfalle der Bedarf an zivilen Dienstleistungen im zivilen Sanitäts- und Heilwesen sowie in der ortsfesten militärischen Lazarettorganisation nicht auf freiwilliger Grundlage gedeckt werden, so können Frauen vom vollendeten achtzehnten bis zum vollendeten fünfundfünfzigsten Lebensjahr durch Gesetz oder aufgrund eines Gesetzes zu derartigen Dienstleistungen herangezogen werden. Sie dürfen auf keinen Fall zum Dienst mit der Waffe verpflichtet werden.*

(5) *Für die Zeit vor dem Verteidigungsfalle können Verpflichtungen nach Absatz 3 nur nach Maßgabe des Artikels 80a Abs. 1 begründet werden. Zur Vorbereitung auf Dienstleistungen nach Absatz 3, für die besondere Kenntnisse oder Fertigkeiten erforderlich sind, kann durch Gesetz oder aufgrund eines Gesetzes die Teilnahme an Ausbildungsveranstaltungen zur Pflicht gemacht werden. Satz 1 findet insoweit keine Anwendung.*

(6) *Kann im Verteidigungsfalle der Bedarf an Arbeitskräften für die in Absatz 3 Satz 2 genannten Bereiche auf freiwilliger Grundlage nicht gedeckt werden, so kann zur Sicherung dieses Bedarfs die Freiheit der Deutschen, die Ausübung eines Berufs oder den Arbeitsplatz aufzugeben, durch Gesetz oder aufgrund eines Gesetzes eingeschränkt werden. Vor Eintritt des Verteidigungsfalles gilt Absatz 5 Satz 1 entsprechend.*

Artikel 12a schränkt die Berufs- und Arbeitsfreiheit ein, indem er eine allgemeine Dienstpflicht im Rahmen von **Wehr- und Ersatzdienst** bestimmt. Dazu können männliche Staatsbürger ab dem 18. Lebensjahr einberufen werden (Abs. 1). Diese können den Dienst unter Berufung auf Gewissensgründe zwar verweigern, müssen dann jedoch einen Ersatzdienst leisten (Abs. 2). Wer weder zum Wehr- noch zum Ersatzdienst einberufen wird, kann im Verteidigungsfall (sprich: Krieg) zum Einsatz im Zivilschutz herangezogen werden (Abs. 3). Dies ist auch bereits im Spannungsfall möglich, d.h. wenn eine kriegerische Auseinandersetzung sehr wahrscheinlich ist und Vorkehrungen zur Verteidigung getroffen werden müssen (Abs. 5). Um die medizinische Versorgung der Streitkräfte und der Zivilbevölkerung sicherzustellen, können Frauen ab dem 18. Lebensjahr zum Sanitätsdienst verpflichtet werden, doch vom Kriegsdienst an der Waffe sind sie ausdrücklich befreit (Abs. 4). Im Spannungs- und Verteidigungsfall kann die Arbeits- und Berufsfreiheit grundsätzlich jedes Bürgers stark beschnitten werden, um die Funktionsfähigkeit des Zivilschutzes, der Streitkräfte oder der öffentlichen Verwaltung sicherzustellen (Abs. 6).

Für die Polizeiarbeit hat dieser Absatz insofern Relevanz, als dass (angehende) Polizeibeamte vom Wehrdienst befreit sind. Ihre Wehr- oder Wehrersatzpflicht ist mit dem Eintritt in die Polizei abgegolten.

Artikel 13

(1) *Die Wohnung ist unverletzlich.*

(2) *Durchsuchungen dürfen nur durch den Richter, bei Gefahr im Verzuge auch durch die in den Gesetzen vorgesehenen anderen Organe angeordnet und nur in der dort vorgeschriebenen Form durchgeführt werden.*

(3) *Begründen bestimmte Tatsachen den Verdacht, dass jemand eine durch Gesetz einzeln bestimmte besonders schwere Straftat begangen hat, so dürfen zur Verfolgung der Tat aufgrund richterlicher Anordnung technische Mittel zur akustischen Überwachung von Wohnungen, in denen der Beschuldigte sich vermutlich aufhält, eingesetzt werden, wenn die Erforschung des Sachverhalts auf andere Weise unverhältnismäßig erschwert oder aussichtslos wäre. Die Maßnahme ist zu befristen. Die Anordnung erfolgt durch einen mit drei Richtern besetzten Spruchkörper. Bei Gefahr im Verzuge kann sie auch durch einen einzelnen Richter getroffen werden.*

(4) Zur Abwehr dringender Gefahren für die öffentliche Sicherheit, insbesondere einer gemeinen Gefahr oder einer Lebensgefahr, dürfen technische Mittel zur Überwachung von Wohnungen nur aufgrund richterlicher Anordnung eingesetzt werden. Bei Gefahr im Verzuge kann die Maßnahme auch durch eine andere gesetzlich bestimmte Stelle angeordnet werden; eine richterliche Entscheidung ist unverzüglich nachzuholen.

(5) Sind technische Mittel ausschließlich zum Schutze der bei einem Einsatz in Wohnungen tätigen Personen vorgesehen, kann die Maßnahme durch eine gesetzlich bestimmte Stelle angeordnet werden. Eine anderweitige Verwertung der hierbei erlangten Erkenntnisse ist nur zum Zwecke der Strafverfolgung oder der Gefahrenabwehr und nur zulässig, wenn zuvor die Rechtmäßigkeit der Maßnahme richterlich festgestellt ist; bei Gefahr im Verzuge ist die richterliche Entscheidung unverzüglich nachzuholen.

(6) Die Bundesregierung unterrichtet den Bundestag jährlich über den nach Absatz 3 sowie über den im Zuständigkeitsbereich des Bundes nach Absatz 4 und, soweit richterlich überprüfungsbedürftig, nach Absatz 5 erfolgten Einsatz technischer Mittel. Ein vom Bundestag gewähltes Gremium übt auf der Grundlage dieses Berichts die parlamentarische Kontrolle aus. Die Länder gewährleisten eine gleichwertige parlamentarische Kontrolle.

(7) Eingriffe und Beschränkungen dürfen im übrigen nur zur Abwehr einer gemeinen Gefahr oder einer Lebensgefahr für einzelne Personen, aufgrund eines Gesetzes auch zur Verhütung dringender Gefahren für die öffentliche Sicherheit und Ordnung, insbesondere zur Behebung der Raumnot, zur Bekämpfung von Seuchengefahr oder zum Schutze gefährdeter Jugendlicher vorgenommen werden.

Ähnlich wie Artikel 10 beabsichtigt auch Artikel 13 den Schutz der Privatsphäre, nämlich durch die **Unverletzlichkeit der Wohnung** (Abs. 1). Niemand – die Polizei eingeschlossen – hat demzufolge das Recht, unerlaubt in die Wohnräume eines anderen einzudringen. Darunter fallen auch Wohnräume im weiteren Sinne, etwa Hotelzimmer, Keller, Garagen, Treppenhäuser, Dachböden und Zelte. Eingriffe sind nur mit richterlicher Befugnis (Durchsuchungsbefehl) möglich, bei Gefahr im Verzug genügt vorläufig auch eine Anordnung anderer Organe (Abs. 2). Macht sich jemand einer schweren Straftat verdächtig, kann seine Wohnung mithilfe technischer Mittel überwacht werden, um Beweise zu erbringen (Abs. 3). Wird eine schwere Straftat – z.B. ein terroristischer Anschlag – befürchtet, kann die Wohnung des vermeintlichen Terroristen präventiv überwacht werden (Abs. 4). Die Überwachung, ihre Dauer und die eingesetzten technischen Mittel müssen durch richterliche Zustimmung autorisiert werden. Sind die technischen Mittel nur zum Schutz von Personen da, die vor Ort im Einsatz sind, dürfen die erhaltenen Informationen ausschließlich in geregelten Ausnahmefällen zu anderen Zwecken verwendet werden (Abs. 5). Die Bundesregierung muss den Bundestag jährlich über die Überwachungsmaßnahmen informieren; diese werden vom Bund und den Ländern parlamentarisch kontrolliert (Abs. 6). In die Unverletzlichkeit der Wohnung darf nur zur Abwehr einer gemeinen Gefahr oder Lebensgefahr für einzelne Personen eingegriffen werden, oder auch – auf gesetzlicher Grundlage – zur Verhütung dringender Gefahren für die öffentliche Sicherheit und Ordnung: zur Behebung der Raumnot, zur Bekämpfung von Seuchen oder zum Schutz gefährdeter Jugendlicher (Abs. 7).

Der dreizehnte Artikel zählt seit Jahren zu den umkämpftesten Artikeln des Grundgesetzes. Kern der Debatte ist, was (unter anderem) der Polizei erlaubt sein soll und was nicht. Bereits 1998 wurde der so genannte „Lauschangriff", also die Überwachung von Wohnungen mittels technischer Hilfsmittel (Wanzen, Richtmikrophone) in Artikel 13 aufgenommen (Absätze 3-6). Darüber hinaus gibt es seit dem Jahr 2005 – im Zusammenhang mit der Angst vor dem internationalen Terrorismus – das Bestreben, „Online-Durchsuchungen" zu erlauben: darunter versteht man den verdeckten staatlichen Zugriff auf Computerinhalte. Kritiker bezweifeln allerdings nicht nur die technische Machbarkeit dieser Maßnahmen, sondern halten sie auch für übertrieben und wenig sinnvoll. Rechtsexperten befürchten, dass sie die Privatsphäre einschränkt und gegen Artikel 13 verstößt. So sagte der ehemalige Innenminister Gerhart Baum (FDP) der Wochenzeitung „Die Zeit": „Der Schutz der räumlichen Privatsphäre erstreckt sich nicht darauf, was in den Räumen geschieht, sondern darauf, welche Informationen aus dem Bereich der Wohnung Dritten zugänglich sind. Erfasst wird damit auch der Zugriff auf dort aufbewahrte Gegenstände, insbesondere durch technische Mittel. Vor allem dann, wenn diese Informationen über den Wohnungsinhaber enthalten."

Das Bundesverfassungsgericht erklärte Anfang 2008, die „Online-Durchsuchung" verletze vor allem das Grundrecht auf informationelle Selbstbestimmung (Artikel 2), in Teilen auch die Artikel 10 und 13. Unter strengen Auflagen sei sie aber erlaubt. Die Bundesregierung erklärte 2009, es hätten bislang noch keine entsprechenden Maßnahmen stattgefunden. Die Diskussion um Datenschutz und Datensicherheit wird trotzdem noch lange akut bleiben. Denn in einer vernetzten Welt wird vor allem die organisierte Kriminalität auch im Datenverkehr des world wide web verfolgt werden müssen. Das Urteil des Bundesverfassungsgerichts macht aber klar, dass dies in Deutschland nur auf der Grundlage des Grundgesetzes geschehen darf.

Artikel 14

(1) Das Eigentum und das Erbrecht werden gewährleistet. Inhalt und Schranken werden durch die Gesetze bestimmt.

(2) Eigentum verpflichtet. Sein Gebrauch soll zugleich dem Wohle der Allgemeinheit dienen.

(3) Eine Enteignung ist nur zum Wohle der Allgemeinheit zulässig. Sie darf nur durch Gesetz oder aufgrund eines Gesetzes erfolgen, das Art und Ausmaß der Entschädigung regelt. Die Entschädigung ist unter gerechter Abwägung der Interessen der Allgemeinheit und der Beteiligten zu bestimmen. Wegen der Höhe der Entschädigung steht im Streitfalle der Rechtsweg vor den ordentlichen Gerichten offen.

Artikel 14 befasst sich mit den Bereichen **Erbrecht, Eigentumsrecht und Enteignungsrecht**. Der Staat schützt Privateigentum und Erbrecht, sie dürfen nur durch gesetzliche Bestimmungen eingeschränkt werden (Abs. 1). Absatz 2 – Eigentum verpflichtet und soll zum allgemeinen Wohl gebraucht werden – macht deutlich, dass es dem Grundgesetz nicht um individualistische Besitzbürger geht, die ihr Vermögen zu rein egoistischen Zwecken einsetzen. Verbindliche Vorgaben über den zweckmäßigen Einsatz des Eigentums macht es aber nicht. Eine Enteignung darf nur auf gesetzlicher Grundlage durchgeführt werden; sie setzt voraus, dass die Interessen des Besitzers mit denen der Allgemeinheit sorgsam abgewogen wurden und eine angemessene Entschädigung geleistet wird (Abs. 3). Bezugspunkt ist auch hier das „Dritte Reich", das vor allem Juden willkürlich ohne rechtsstaatliche Grundlage und Entschädigung enteignete.

Für die Polizeiarbeit ist vor allem die Eigentumsgarantie von Belang. Denn die Polizeigesetze legen fest, dass die Polizei zum Schutz privater Rechte eingreifen kann bzw. muss, wenn dieser auf anderem Wege nicht zu gewährleisten ist.

Artikel 15

Grund und Boden, Naturschätze und Produktionsmittel können zum Zwecke der Vergesellschaftung durch ein Gesetz, das Art und Ausmaß der Entschädigung regelt, in Gemeineigentum oder in andere Formen der Gemeinwirtschaft überführt werden. Für die Entschädigung gilt Artikel 14 Absatz 3 Satz 3 und 4 entsprechend.

Artikel 15 ist eine Sonderregelung zum vorangegangenen Artikel. Ihm zufolge können **Grund und Boden, Naturschätze** (also Bodenschätze) und **Produktionsmittel** (also Maschinen etc.) **enteignet und verstaatlicht** bzw. vergesellschaftet werden, um sie gemeinwirtschaftlich nutzbar zu machen. Was genau passieren muss, damit es zu einer Enteignung kommt, ist an dieser Stelle nicht ausformuliert. Ein Beispiel aus dem Straßenbau: Eine geplante Umgehungsstraße soll durch private Grundstücke verlaufen. Die Besitzer können nun gegen die Zahlung einer entsprechenden Entschädigung gezwungen werden, ihren Grund und Boden der Gemeinde zu übereignen.

Artikel 16

(1) Die deutsche Staatsangehörigkeit darf nicht entzogen werden. Der Verlust der Staatsangehörigkeit darf nur aufgrund eines Gesetzes und gegen den Willen des Betroffenen nur dann eintreten, wenn der Betroffene dadurch nicht staatenlos wird.

(2) Kein Deutscher darf an das Ausland ausgeliefert werden. Durch Gesetz kann eine abweichende Regelung für Auslieferungen an einen Mitgliedstaat der Europäischen Union oder an einen internationalen Gerichtshof getroffen werden, soweit rechtsstaatliche Grundsätze gewahrt sind.

Dieser Artikel regelt die Frage der **Staatsangehörigkeit**. Die deutsche Staatsangehörigkeit kann nicht entzogen werden (Abs. 1), und eine Auslieferung deutscher Staatsbürger ins Ausland ist grundsätzlich verboten (Abs. 2). Nur die Auslieferung an EU-Staaten und internationale Gerichtshöfe ist auf rechtsstaatlicher Grundlage möglich.

Nach den Vorgaben der Vereinten Nationen und des Völkerrechts darf keinem Staatsbürger die Staatsangehörigkeit entzogen werden. Ihr Verlust kommt einem Verlust vieler Rechte gleich, die nur für Angehörige eines Staates gelten. Um die deutsche Staatsbürgerschaft zu erlangen, gibt es viele Wege: beispielsweise durch Abstammung von mindestens einem deutschen Elternteil, bei Adoption durch einen Deutschen, durch Geburt in Deutschland, wenn ein Elternteil unbefristetes Aufenthaltsrecht besitzt und seit mindestens 8 Jahren in Deutschland lebt, oder im Rahmen einer Einbürgerung.

Artikel 16a

(1) Politisch Verfolgte genießen Asylrecht.

(2) Auf Absatz 1 kann sich nicht berufen, wer aus einem Mitgliedstaat der Europäischen Gemeinschaften oder aus einem anderen Drittstaat einreist, in dem die Anwendung des Abkommens über die Rechtsstellung der Flüchtlinge und der Konvention zum Schutze der Menschenrechte und Grundfreiheiten sichergestellt ist. Die Staaten außerhalb der Europäischen Gemeinschaften, auf die die Voraussetzungen des Satzes 1 zutreffen, werden durch Gesetz, das der Zustimmung des Bundesrates bedarf, bestimmt. In den Fällen des Satzes 1 können aufenthaltsbeendende Maßnahmen unabhängig von einem hiergegen eingelegten Rechtsbehelf vollzogen werden.

(3) Durch Gesetz, das der Zustimmung des Bundesrates bedarf, können Staaten bestimmt werden, bei denen aufgrund der Rechtslage, der Rechtsanwendung und der allgemeinen politischen Verhältnisse gewährleistet erscheint, dass dort weder politische Verfolgung noch unmenschliche oder erniedrigende Bestrafung oder Behandlung stattfindet. Es wird vermutet, dass ein Ausländer aus einem solchen Staat nicht verfolgt wird, solange er nicht Tatsachen vorträgt, die die Annahme begründen, dass er entgegen dieser Vermutung politisch verfolgt wird.

(4) Die Vollziehung aufenthaltsbeendender Maßnahmen wird in den Fällen des Absatzes 3 und in anderen Fällen, die offensichtlich unbegründet sind oder als offensichtlich unbegründet gelten, durch das Gericht nur ausgesetzt, wenn ernstliche Zweifel an der Rechtmäßigkeit der Maßnahme bestehen; der Prüfungsumfang kann eingeschränkt werden und verspätetes Vorbringen unberücksichtigt bleiben. Das Nähere ist durch Gesetz zu bestimmen.

(5) Die Absätze 1 bis 4 stehen völkerrechtlichen Verträgen von Mitgliedstaaten der Europäischen Gemeinschaften untereinander und mit dritten Staaten nicht entgegen, die unter Beachtung der Verpflichtungen aus dem Abkommen über die Rechtsstellung der Flüchtlinge und der Konvention zum Schutze der Menschenrechte und Grundfreiheiten, deren Anwendung in den Vertragsstaaten sichergestellt sein muss, Zuständigkeitsregelungen für die Prüfung von Asylbegehren einschließlich der gegenseitigen Anerkennung von Asylentscheidungen treffen.

Artikel 16a ist eine Ergänzung von Artikel 16. Hier wird das **Asylrecht** ausformuliert, d.h. der Rechtsanspruch auf Schutz vor politischer Verfolgung, den laut Artikel 16a alle politisch Verfolgten grundsätzlich genießen (Abs. 1). Es sei denn, sie stammen aus EU-Mitgliedsländern (Abs. 2) oder anderen Staaten, die als rechtsstaatlich und sicher gelten (Abs. 3). In solchen Fällen müssen Asylantragsteller die politische Verfolgung stichhaltig nachweisen. Die Maßnahmen, die den Aufenthalt in Deutschland beenden (Abschiebung), werden nur dann ausgesetzt, wenn es stichhaltig belegbare Zweifel an ihrer Rechtmäßigkeit gibt (Abs. 4). Abschließend wird festgestellt, dass die vorangehenden Absätze nicht mit völkerrechtlichen Verträgen in Konflikt stehen (Abs. 5).

In vielen Fällen wird die Polizei hinzugezogen, um Entscheidungen in asylrechtlichen Verfahren umzusetzen. Wenn beispielsweise ein Asylantrag abgelehnt wird und der Betroffene das Land nicht verlassen will, obliegt es der Polizei, das Urteil zu vollziehen. Solche Einsätze sind nicht immer einfach, denn viele werden dadurch zur Rückkehr in ein ungeliebtes Land mit nicht unbedingt sicheren Lebensumständen gezwungen.

Artikel 17

Jedermann hat das Recht, sich einzeln oder in Gemeinschaft mit anderen schriftlich mit Bitten oder Beschwerden an die zuständigen Stellen und an die Volksvertretung zu wenden.

Der siebzehnte Artikel des Grundrechtskatalogs bezieht sich wieder auf ein aktives Bürgerrecht, d.h. es berechtigt zur aktiven Teilhabe an der Demokratie. Es handelt sich hierbei um das **Petitionsrecht**. Demnach hat jeder Bürger das Recht, sich schriftlich mit einer Petition (einer Bitte oder Eingabe) an die zuständigen Stellen und Behörden zu wenden. Sogar an den Bundestag können Petitionen gerichtet werden. Das Parlament muss dann sachlich über sie beraten, eine begründete Entscheidung treffen und diese dem Urheber der Petition mitteilen.

Artikel 17a

(1) *Gesetze über Wehrdienst und Ersatzdienst können bestimmen, dass für die Angehörigen der Streitkräfte und des Ersatzdienstes während der Zeit des Wehr- oder Ersatzdienstes das Grundrecht, seine Meinung in Wort, Schrift und Bild frei zu äußern und zu verbreiten (Artikel 5 Absatz 1 Satz 1 erster Halbsatz), das Grundrecht der Versammlungsfreiheit (Artikel 8) und das Petitionsrecht (Artikel 17), soweit es das Recht gewährt, Bitten oder Beschwerden in Gemeinschaft mit anderen vorzubringen, eingeschränkt werden.*

(2) *Gesetze, die der Verteidigung einschließlich des Schutzes der Zivilbevölkerung dienen, können bestimmen, dass die Grundrechte der Freizügigkeit (Artikel 11) und der Unverletzlichkeit der Wohnung (Artikel 13) eingeschränkt werden.*

Artikel 17a behandelt die **Einschränkung bestimmter Grundrechte**. Wehr- und Ersatzdienstleistende (Abs. 1) haben unter Umständen nicht den vollen Anspruch auf freie Meinungsäußerung (Artikel 5), Versammlungsfreiheit (Artikel 8) und auf das Petitionsrecht (Artikel 17). Im Verteidigungsfall können zudem die Grundrechte auf Freizügigkeit (Artikel 11) und Unverletzlichkeit der Wohnung (Artikel 13) für die Bevölkerung eingeschränkt werden, wenn dies zur Landesverteidigung oder zum Zivilschutz notwendig wird (Abs. 2).

Da Polizeibeamte keinen Wehr- oder Ersatzdienst leisten müssen – diese Dienstpflichten sind mit der Einstellung in die Polizei abgegolten –, ist Artikel 17a weniger relevant für die Polizeiarbeit. Aber auch durch den Eintritt in die Polizei sind gewisse Grundrechte beeinträchtigt, etwa das Recht auf freie Meinungsäußerung, das Versammlungs- oder das Streikrecht. Der Arbeitgeber Staat erwartet von all seinen Beamten eine gewisse Loyalität und die zuverlässige Erfüllung ihrer Dienstpflichten.

Artikel 18

Wer die Freiheit der Meinungsäußerung, insbesondere die Pressefreiheit (Artikel 5 Absatz 1), die Lehrfreiheit (Artikel 5 Absatz 3), die Versammlungsfreiheit (Artikel 8), die Vereinigungsfreiheit (Artikel 9), das Brief-, Post- und Fernmeldegeheimnis (Artikel 10), das Eigentum (Artikel 14) oder das Asylrecht (Artikel 16a) zum Kampfe gegen die freiheitliche demokratische Grundordnung mißbraucht, verwirkt diese Grundrechte. Die Verwirkung und ihr Ausmaß werden durch das Bundesverfassungsgericht ausgesprochen.

Artikel 18 trifft **Regelungen für den Missbrauch der Grundrechte**: Darunter fallen im Einzelnen die Ausnutzung von Pressefreiheit, Lehrfreiheit, Versammlungsfreiheit, Vereinigungsfreiheit, Brief-, Post- und Fernmeldegeheimnis, Eigentumsfreiheit oder Asylrecht, um gegen die freiheitlich-demokratische Grundordnung zu operieren. In diesem Fall kann das Bundesverfassungsgericht entscheiden, dass das entsprechende Grundrecht verwirkt ist. Die angegebene Aufzählung der verwirkbaren Grundrechte ist vollständig, d.h. andere Grundrechte – wie das Recht auf körperliche Unversehrtheit und die Achtung der Menschenwürde – können nach Artikel 18 nicht aberkannt werden. Das Grundgesetz hat durchaus eine wehrhafte Demokratie im Sinn: eine Lehre aus der Weimarer Republik, die ihren Gegnern mitunter zu viele Freiheiten zugestand.

Artikel 19

(1) *Soweit nach diesem Grundgesetz ein Grundrecht durch Gesetz oder aufgrund eines Gesetzes eingeschränkt werden kann, muss das Gesetz allgemein und nicht nur für den Einzelfall gelten. Außerdem muss das Gesetz das Grundrecht unter Angabe des Artikels nennen.*

(2) *In keinem Falle darf ein Grundrecht in seinem Wesensgehalt angetastet werden.*

(3) *Die Grundrechte gelten auch für inländische juristische Personen, soweit sie ihrem Wesen nach auf diese anwendbar sind.*

(4) *Wird jemand durch die öffentliche Gewalt in seinen Rechten verletzt, so steht ihm der Rechtsweg offen. Soweit eine andere Zuständigkeit nicht begründet ist, ist der ordentliche Rechtsweg gegeben. Artikel 10 Abs. 2 Satz 2 bleibt unberührt.*

Mit dem neunzehnten Artikel des Grundgesetzes ist der Grundrechtskatalog vollständig. Dieser Artikel besagt, dass **Grundrechte nur unter strengen Voraussetzungen eingeschränkt** werden dürfen. So muss zum Beispiel das einzuschränkende Grundrecht ausdrücklich genannt werden, und das einschränkende Gesetz darf nicht allein in einem besonderen Spezialfall gelten (Abs. 1). Der Wesengehalt (d.h. die Kernaussage) eines Grundrechtes muss aber auch dann beibehalten werden (Abs. 2). Laut Absatz 3 können die Grundrechte auch für inländische juristische Personen (Vereine, GmbHs, AGs,…) gelten, wenn diese Anwendung sinnvoll ist.

Schlussendlich formuliert Artikel 19 die **Rechtsweggarantie**: Wird jemand durch den Staat in seinen Rechten verletzt, so kann er sich an die zuständigen Gerichte wenden (Abs. 4) – ein zentrales Prinzip eines Rechtsstaats. Demnach können Rechtsmittel auch gegen die Polizei bzw. gegen Polizeibeamte eingelegt werden, wenn die Grundrechte durch polizeiliches Handeln verletzt worden sind. Diese Garantie gilt nicht nur für Deutsche, sondern für jedermann.

Auslaufmodell Grundgesetz?

Wenn Sie dieses Kapitel aufmerksam gelesen haben, besitzen Sie wahrscheinlich ein umfassenderes Verständnis der Grundrechte und des Grundgesetzes als die meisten Ihrer Mitbürger. Als im Mai 2009 der 60. „Geburtstag" des Grundgesetzes gefeiert wurde, gaben in einer Umfrage des Allensbach-Instituts 72 Prozent der Befragten an, sie hätten großes bis sehr großes Vertrauen in das Grundgesetz. Doch nur 37 Prozent wussten überhaupt, wann es verfasst wurde, und lediglich jeder Vierte konnte die Menschenwürdegarantie des ersten Artikels korrekt wiedergeben. Das ist freilich immer noch beruhigender, als wenn ein Volk von Rechtsexperten die verfassungsmäßige Grundlage der deutschen Demokratie rundweg ablehnen würde. Doch ist in der Diskussion der Grundrechte auch klargeworden: Eine Demokratie braucht das Interesse, die Mündigkeit und die aktive Teilhabe ihrer Bürger. Und das Grundgesetz ist keine verstaubter Katalog abstrakter Rechte, sondern hochaktuell. Es ist Gegenstand spannungsgeladener Auseinandersetzungen, deren Ergebnisse schließlich für jeden wichtig sind. Denn man kann sich nicht aussuchen, ob man die Gesetze beachtet – sie sind verpflichtend, egal ob einem eine Vorschrift gefällt oder nicht. Es gibt nämlich eine **Bürgerpflicht zum Rechtsgehorsam**.

Auf den vorangegangenen Seiten ging es oft um die Frage, was staatliche Behörden dürfen und was nicht. Das Grundgesetz macht dafür manche eindeutige Vorschrift, aber es räumt auch Sonderfälle ein: Vieles ist möglich, wenn es um die Wahrung der verfassungsmäßigen Ordnung und öffentlichen Sicherheit geht – sei es beim finalen Rettungsschuss, dem „Lauschangriff" oder der „Online-Durchsuchung". Wenn besonders große, akute Gefahren drohen, sind starke Eingriffe in die Grundrechte erlaubt. Der Staat muss dabei jedoch immer dem Grundsatz der **Verhältnismäßigkeit** folgen. Anders gesagt: Er darf nicht mit Kanonen auf Spatzen schießen. Die häufige Erwähnung des Bundesverfassungsgerichts vor allem in Bezug auf die Artikel 1, 2, 10 und 13 ist da kein gutes Zeichen. Nicht nur hier bremsten erst die Urteile des höchsten deutschen Verfassungsgerichts den Gesetzgeber, der mit seinen Gesetzentwürfen in den letzten Jahren häufig über das Verhältnismäßige und Angemessene hinauszuschießen drohte. Dies zeigt allerdings, dass die im Grundgesetz festgelegte **Gewaltenteilung** funktioniert und die verfassungsmäßige Balance durch das Bundesverfassungsgericht gewahrt bleibt. Ganz bewusst sind schließlich nicht nur die staatlichen Funktionen, sondern auch die Aufgaben der öffentlichen Sicherheit auf mehrere Schultern verteilt: um Machtmissbrauch und zu große Machtfülle zu verhindern. Nicht zuletzt deswegen gibt es unterschiedliche Länderpolizeien, die voneinander unabhängig sind und von keiner staatlichen Zentralgewalt gesteuert werden.

3.5 Die Polizei im Wandel – Anforderungen an die Polizei und notwendige Fähigkeiten

Allgemein

Das 21. Jahrhundert stellt viele Bürger, rund um die Welt, in vielen Lebensbereichen vor neue Aufgaben. Über das Internet kann in Sekunden kommuniziert werden, das öffnet z.B. auch neue Möglichkeiten für den internationalen Terrorismus. Die vormals scharfen Trennlinien zwischen politischen Gegnern verschwimmen immer weiter, z.B. tragen Rechtsradikale heute die gleiche Kleidung wie Linksradikale. Der G8 Gipfel in Heiligendamm 2007 zeigte, wie schwierig heute Einsätze der Polizei sind, welche Komplexität die Situationen auszeichnet und wie schnell Fehlverhalten auf Seiten der Polizei und der Demonstranten zur Eskalation führen kann.

Es ist deutlich, dass mit den Veränderungen in der globalen Gesellschaft auch Veränderungen in den Institutionen einhergehen müssen. Die Polizei, als zivile Organisation zur Aufrechterhaltung der inneren Ordnung und Sicherheit, ist von diesen notwendigen Veränderungen natürlich betroffen. In vielen Länderpolizeien spiegelt sich die Altersspirale der deutschen Gesellschaft; eine Vielzahl von Beamten ist zwischen 40 und 50 Jahre alt, wird also in den kommenden Jahren aus dem Dienst ausscheiden. Auch die verschiedenen Dienstgrade der Polizei sind in einer Reform begriffen: der einfache Dienst ist vollständig gestrichen und der mittlere Dienst wird nur noch in einigen Bundesländern angeboten. D.h. dass in Zukunft nur noch im gehobenen und im höheren Dienst eingestellt wird. Das zeigt, dass die Polizei sich auf der einen Seite als Institution verschlankt, auf der anderen Seite bedeutet dies jedoch ebenso, dass die Anforderungen an die zukünftigen Polizeibeamten höher sind.

Die Polizeibeamten von heute

Die globalisierte Welt fordert in vielen Bereichen eine Neuausrichtung von Berufslogiken und Berufsethiken. So hat die weltweite Wirtschaftskrise gezeigt, dass beispielsweise im Finanzsektor ein Umdenken stattfinden muss und es gesellschaftlich nicht weiter akzeptiert wird, dass Wenige sich auf Kosten Vieler bereichern können. Auch in der Polizeiarbeit haben Ereignisse in der Vergangenheit – wie z.B. der G8 Gipfel in Heiligendamm, der Tod von Asylbewerbern auf dem Weg zur Abschiebung oder der Tod eines Festgenommenen im Polizeigewahrsam in Köln 2002 – gezeigt, dass ein Mentalitätswechsel stattfinden muss, dass über eine Neuformulierung einer Ethik in der Polizei nachgedacht werden muss. Zu diesem Thema wurden von diversen Polizeifachhochschulen und -akademien Seminare veranstaltet, es wird in diesem Bereich Forschung betrieben und natürlich werden diese Fragen auch öffentlich in den Medien diskutiert.

Wie aber sieht nun der Polizeibeamte des 21. Jahrhunderts aus, welche Werte muss dieser Beamte verinnerlichen, welche Fähigkeiten sind wichtig?

Zentral ist in jedem Fall die Tatsache, dass mit der wachsenden Komplexität der Polizeiaufgaben auch die Anforderungen an die Beamten wachsen. Heute muss sich ein angehender Polizist, wie in anderen Berufsfeldern auch, mit dem Internet auskennen, Fremdsprachen beherrschen etc. So wie bei der WM 2006 Polizeibeamte aus dem Ausland in Deutschland eingesetzt wurden, können ebenso bei der EM in Polen und der Ukraine 2012 Polizeibeamte aus Deutschland eingesetzt werden. Schon heute ist die deutsche Polizei im Ausland tätig, so ist sie z.B. integriert in die Ausbildung afghanischer Polizisten. Da die Polizei in vielen Bereichen aktiv wird – auch zur Bekämpfung des Terrorismus – ist die Komplexität der Aufgaben unglaublich hoch. Beamte müssen in diesem Zusammenhang eine ausgesprochen hohe fachliche und zudem menschlich moralische Kompetenz aufweisen können. Denn Fälle wie der Tod des Festgenommenen auf der Kölner Polizeiwache 2002 zeigen, wie weitreichend die Folgen für die Polizei sind und wie groß das Entsetzen in der Bevölkerung ist. Die verantwortlichen Beamten haben überreagiert, den Festgenommenen gewalttätig malträtiert und seinen Tod leichtfertig in Kauf genommen. Für dieses Verhalten, das durchweg als unmoralisch und unethisch bezeichnet werden muss, sind die Beamten gesetzlich belangt und verurteilt worden. Das zeigt uns, dass der Haudegen-Polizist, der auch gern mal austeilt und seine Schläge zu setzen weiß, in unserer heutigen Gesellschaft keine Zukunft hat. Derart abweichendes Verhalten wird, wie in allen gesellschaftlichen Bereichen, hart bestraft. Es zeigt sich demnach, dass der neue Typ Polizist sich von dem eher traditionellen Typ, der zupacken und draufhauen kann, deutlich unterscheiden muss.

Der Typ Mensch, der den Anforderungen der modernen Polizeiarbeit entspricht, kann als realistischer Modernisierungstyp bezeichnet werden. Helmut Klages bezeichnet diesen Typ Mensch als **aktiven Realisten**; als Individuum, das traditionelle und moderne Werte in seiner Persönlichkeit vereinigt. So schlussfolgert Klages zu diesem Typ Mensch:

> *„Aktive Realisten* können dagegen von ihrer mentalen Grundausstattung her am ehesten als hochgradig modernisierungstüchtige Menschen charakterisiert werden. (…) Menschen, die dieser Gruppe angehören, sind in der Lage, auf verschiedenartige Herausforderungen „pragmatisch" zu reagieren, gleichzeitig aber auch mit starker Erfolgsorientierung ein hohes Niveau an „rationaler" Eigenaktivität und Eigenver-

antwortung zu erreichen. Sie sind auf eine konstruktiv-kritikfähige und flexible Weise institutionenorientiert und haben verhältnismäßig wenige Schwierigkeiten, sich in einer vom schnellen Wandel geprägten Gesellschaft zielbewusst und mit hoher Selbstsicherheit zu bewegen. Mit all diesen Fähigkeiten nähern sie sich am ehesten dem Sollprofil menschlicher Handlungsfähigkeiten unter den Bedingungen modernen Gesellschaften an." (Klages, 2001: S. 10, Hervorhebung im Original)

Um besser nachvollziehen zu können, warum dieser Typ für die Polizeiarbeit besonders geeignet ist, sollen einige Schlagworte hervorgehoben und thematisiert werden. Der aktive Realist, also der Polizist des 21. Jahrhunderts, ist nach Klages fähig, **pragmatisch zu reagieren** und nach **rationalen** Kriterien **eigenverantwortlich zu handeln**. Zudem ist dieser Typ Mensch **erfolgsorientiert**, **kritikfähig**, **flexibel**, **institutionenorientiert** (d.h. demokratiefreundlich) und **selbstsicher**. Warum aber sind nun genau diese Kriterien wichtig für die Polizei? Wir wollen versuchen, dies näher zu erläutern.

Wenn es stimmt, dass die Komplexität der Polizeiaufgaben steigt, dann ist es wichtig, dass die Polizeibeamten, die zum Einsatz kommen, **rational**, also durch den Verstand geleitet, handeln und in kritischen Situationen Ruhe bewahren und die richtige Entscheidung treffen können, also **pragmatisch** reagieren können. Um noch einmal auf das Beispiel aus dem Abschnitt zum Grundgesetz zurückzukommen: Wenn auf einer Demonstration die Polizeibeamten beschimpft werden, dann hat es wenig Sinn, die schimpfenden Rowdies zu verfolgen, da doch die Sicherheit der Demonstrationsteilnehmer im Vordergrund steht. Ein pragmatisch-rational denkender Polizist kann dies erkennen und dementsprechend handeln.

Der Aspekt der **Erfolgsorientierung** ist insofern wichtig, als dass der aktive Realist daran interessiert ist, im Leben zu Erfolgen zu kommen. Jedoch spielen hier nicht, wie etwa bei hedonistischen (am Vergnügen orientierten) oder materiellen (am Gewinn orientierten) Menschen das schnellstmögliche Erreichen des Ziels eine Rolle. Denn erfolgreich kann der aktive Realist nur im Rahmen seiner Wertevorstellungen sein. **Kritikfähigkeit** ist für jeden Beruf notwendig, so natürlich auch für die Polizei. Wer Fehler macht und diese auch anerkennt, der ist lernfähig und daran interessiert, sein Verhalten mit den Bedürfnissen und Idealen anderer Menschen in Einklang zu bringen. Ein *aktiver Realist* würde nicht versuchen, nach einer unterlassenen Hilfeleistung zu sagen, er habe ja nicht davon gewusst, dass man in Situation XY hätte anders handeln müssen.

Die Fähigkeit, **eigenverantwortlich** handeln zu können, ist nicht weniger relevant als die **Orientierung an den Institutionen**, an der Demokratie. Wie wir schon gezeigt haben, ist für die Polizei das Grundgesetz ein Leitfaden der täglichen Arbeit. Und das Grundgesetz ist wichtigste Grundlage jeder Institution in der demokratischen BRD. Nur wer als Polizist an die Rechtmäßigkeit der Institutionen glaubt, kann seine Arbeit so verrichten, wie es von der Gesellschaft erwartet wird. Und das heißt dann wieder, eigenverantwortlich zu handeln, sich bewusst zu sein, dass das polizeiliche Handeln mit dem Grundgesetz konform sein muss. **Flexibilität** ist als Charaktereigenschaft wichtig, um auf die wechselnden Anforderungen der Polizeiarbeit reagieren zu können, denn das Verhalten bei einer Demonstration muss anders sein als bei einer Abschiebung, einem Banküberfall oder einer Geiselnahme. Wer nur ein Verhalten oder nur eine bestimmte Art des Handelns abrufen kann, der ist für die Polizeiarbeit nicht geeignet.

Nicht zuletzt ist die **Selbstsicherheit** ein weiteres fundamentales Kriterium. Sich selbstsicher zu fühlen bedeutet nicht, sich als *Herr über andere* aufzuführen. Allzu oft können wir den Medien entnehmen, dass Polizeibeamte sich falsch gegenüber den Bürgern verhalten, mit Straftätern oder Verdächtigen verachtend umgehen bis hin zur Gewaltanwendung im geschilderten Fall der Kölner Polizei. Derartiges Verhalten hat nichts mit Selbstsicherheit zu tun, vielmehr spiegelt sich hier eine Art der Selbstüberschätzung wider. Wer einen Verdächtigen oder Straftäter falsch oder brutal behandelt, agiert eher unsicher. In diesem Verhalten spiegelt sich die Unfähigkeit, mit einer Situation selbstsicher umzugehen. Der aktive Realist ist insofern als selbstsicher zu verstehen, als dass er sich seiner Position (z.B. als Polizist) bewusst ist und somit auch seine Macht versteht. Diese Macht richtig einzusetzen, sich verständnisvoll und kooperativ zu verhalten, zeugt von wahrer Selbstsicherheit.

Die angeführten Punkte ermöglichen es uns nachzuzeichnen, was die Polizei im 21. Jahrhundert braucht. Vergleichen wir die gesellschaftlichen Entwicklungen und die wachsenden Anforderungen an die Polizei, so können wir schlussfolgern, dass diejenigen, die am ehesten dem Typ des aktiven Realisten entsprechen, sich auch in den Bewerbungsverfahren für die Polizeiarbeit durchsetzen werden.

Auf dem Weg zu einer polizeilichen Ethik

Die Notwendigkeit eines Mentalitätswandels in der Polizei ist nicht von uns Autoren konstruiert oder vorgeschlagen, weil wir uns wünschen würden, dass die Polizei sich anders verhalte. Es gibt deutliche Tendenzen, die erkennen lassen, dass sich nicht nur auf deutscher Ebene, sondern auf gesamteuropäischer Ebene (bzw. weltweit) die Überzeugung durchgesetzt hat, dass im 21. Jahrhundert auch die Polizeien angepasst an die demokratischen Normen agieren müssen. Ein Beweis für die nachgezeichnete Entwicklung ist auch der 2001 vom Ministerkomitee des Europarates vorgelegten „Europäischen Kodex zur Polizeiethik". In dieser Empfehlung werden wichtige Grundsätze für die Polizei im ganzen EU-Raum festgelegt. Wir möchten hier einige im Polizeikodex formulierten Punkte zitieren, um darauf verweisen zu können, dass auch die höchste Ebene der Europäischen Staatengemeinschaft der Polizeiarbeit eine gewisse Einstellung und Grundhaltung zuweist.

So heißt es z.B. im Abschnitt 23: „Polizeibedienstete müssen ein fundiertes Urteilsvermögen, eine offene Haltung, Reife, Fairness, Kommunikationsfertigkeiten und gegebenenfalls Leitungs- und Managementfertigkeiten nachweisen können. Darüber hinaus müssen sie über ein gutes Verständnis von sozialen, kulturellen und kommunalen Themen verfügen." Die notwendigen Fähigkeiten decken sich weitgehend mit den Charaktereigenschaften des aktiven Realisten.

Der Abschnitt 29 stellt fest, wie in der Ausbildung der Einsatz von Gewalt thematisiert werden muss: „Praktische Ausbildungsmaßnahmen zum Einsatz von Gewalt und zu den Grenzen, die sich durch die anerkannten Menschenrechtsgrundsätze, insbesondere der Europäischen Menschenrechtskonvention und der daraus abgeleiteten Rechtssprechung ergeben, erfolgen in der polizeilichen Ausbildung auf allen Ebenen."

In den im Europäischen Polizeikodex formulierten „Leitlinien für Polizeimaßnahmen/Eingriffe" wird weiter festgeschrieben, dass die Polizei nicht foltert, keine unmenschlichen oder erniedrigenden Taten ausführt und solches Verhalten auch nicht toleriert (Abs. 36); dass die Polizei stets die Rechtmäßigkeit von Aktionen überprüft (Abs. 38); dass insofern eigenverantwortlich gehandelt wird, als dass ungesetzliche Anweisungen und Befehle/Verhalten direkt gemeldet werden (Abs. 39); dass jegliche Polizeiarbeit die Grundsätze der Gleichheit, Unparteilichkeit und Nichtdiskriminierung achtet (Abs. 40); und besonders wichtig: dass „die Grundrechte des Einzelnen, wie Gedankenfreiheit, Gewissensfreiheit, Religionsfreiheit, Meinungsfreiheit, Versammlungsfreiheit, das Recht auf Freizügigkeit und das Recht eigenes Eigentum friedlich zu genießen", geachtet werden (Abs. 43).

Wir könnten dem Empfehlungspapier noch weitere Punkte entnehmen, die andeuten dass eine Entwicklung hin zu einer festgeschriebenen Berufsethik innerhalb der Polizei abzulesen ist, wollen es jedoch hierbei belassen. Mit den vorangehenden Seiten hoffen wir deutlich gemacht zu haben, dass, wer gern den *„Großen Macker"* spielt und zur Polizei will, um sich zu profilieren und seine Macht gegenüber anderen auszunutzen, in Zukunft kaum Chancen haben wird. Gute Chancen auf einen Ausbildungsplatz bei der Polizei haben hingegen diejenigen: die orientiert an den Grundsätzen der Menschenrechte und der Demokratie arbeiten wollen; die diesen Beruf erlernen wollen um für Ordnung und Sicherheit zu sorgen; die in einer schwierigen Situation – wie bei einer Abschiebung – wissen, wie sie moralisch und menschlich vorgehen müssen; die ruhig und besonnen agieren und reagieren können; die bereit sind, ihr Verhalten an einer Ethik auszurichten, die jeden Menschen als gleichwertig betrachtet, unabhängig von Straftat, Hautfarbe, politischer Gesinnung oder religiöser Überzeugung. Kurzum diejenigen, die als aktive Realisten für die Anforderungen der Moderne gewappnet sind.

4

Der Eignungstest

Eignungstest / Einstellungstest

4 Der Eignungstest

4.1 Gründe für den Einsatz von Eignungstests und deren Aussagekraft

Bei der Vielzahl an Bewerbungen bleibt es dem Staat nicht erspart, ein Instrument einzusetzen, um passende Bewerber von ungeeigneten zu unterscheiden. Der Staat geht mit seinem Personal eine langjährige oft lebenslängliche Bindung ein und möchte daher die bestmöglichen Bewerber einstellen.

Das sollen Eignungstests leisten:

¬ Prüfung des allgemeinen Kenntnisstands

¬ Analyse der Belastbarkeit und Leistungsfähigkeit

¬ Eine Herstellung der Vergleichbarkeit von Bewerbern – dies kann durch Schulnoten nur unzureichend geleistet werden

¬ Der Test soll Objektivität gewährleisten und richtet sich somit gegen Parteinahme und Bevorzugung aufgrund von Kontakten

¬ Der Test kann dem Bewerber sogar die Möglichkeit erbringen, schlechte Schulnoten zu kompensieren

Doch gibt es auch kritische Positionen, die Eignungstests ungeeignet zur Ermittlung der Befähigung eines Bewerbers halten. Zum einen ist eine solche Prüfung nur eine Momentaufnahme – jeder Bewerber kann einen schlechten Tag erwischen und z.B. aufgrund von Kopfschmerzen die Aufgaben schlechter lösen. Soziale Kompetenz und emotionale Intelligenz kämen dabei nicht zum Zuge. Zudem stellt sich die Frage, warum Führungskräfte vor ihrer Einstellung nicht solchen Tests ausgesetzt sind, wenn sie so gut sein sollen. Zum anderen hat die Praxis gezeigt, dass die Vorhersagbarkeit vom Testerfolg zum beruflichen Erfolg nicht gegeben ist. Bewerber mit einem sehr guten Testergebnis können in der Praxis durchaus schlechter abschließen als Bewerber mit schlechten Testergebnissen. Das Resultat des schriftlichen Eignungstests steht in keinem Verhältnis zu späteren Prüfungsleistungen. Später werden die besten Ergebnisse von Polizeianwärtern erzielt, die bewusst und ehrgeizig ihr Ziel verfolgen und den Schulstoff in ihrer Freizeit nacharbeiten. Ausnahmen, die ohne großen Aufwand ein Ergebnis mit Bravour erlangen, sind selten. So sollten Sie sich im Umkehrschluss auch nicht, wenn Sie durch einen schriftlichen Eignungstest fallen, entmutigen lassen, an Ihrem Berufswunsch festzuhalten. Das sagt noch nichts über Ihre wirkliche Eignung für diesen Beruf aus.

Fakt ist aber, dass der Staat dieses Instrument einsetzt, um seine Bewerber auf eine Berufseignung zu überprüfen. Wenn Sie Polizeibeamter/ -beamtin werden möchten, können Sie sich nicht davor drücken, den Eignungstest vernünftig zu bestehen. Mit diesem Buch haben Sie die Möglichkeit, sich optimal darauf vorzubereiten. Nutzen Sie die Zeit sinnvoll und arbeiten Sie es konzentriert durch. Während der Prüfung werden Sie über Ihre Vorarbeit glücklich sein. Und mit ein wenig Glück und Verstand können Sie den Test ordentlich bestehen.

4.2 Aufbau und Form des Eignungstests

Durch Ihre Bewerbungsunterlagen vermitteln Sie noch keine Informationen über Ihre wirklichen Fähigkeiten, Kenntnisse und Fertigkeiten. Die Ausbildung baut auf Fertigkeiten und Kenntnissen auf, die bereits in der Schule vermittelt wurden, worüber Ihre Unterlagen sicherlich die ersten Informationen liefern. Doch gibt die Polizei sich damit nicht zufrieden. Die Maßstäbe, die Lehrer bei der Notenvergabe einsetzen, sind einfach zu unterschiedlich. Mit dem schriftlichen Eignungstest soll die Eignung eines Bewerbers geprüft werden, indem solide Sachkenntnisse abgefragt werden. Hierbei geht es um Wissen, das Sie sich im Laufe der Zeit in der Schule, durch die Medien und Ihr gesellschaftliches Umfeld erworben haben. Es werden schulähnliche Inhalte wie Mathematik, Deutschkenntnisse und Allgemeinwissen überprüft. Darüber hinaus werden vor allem Intelligenztests zum Erfassen der geistigen Fähigkeiten eingesetzt. Mit Intelligenztests beabsichtigt man Fähigkeiten zu überprüfen, die in der Schule so nicht direkt vermittelt werden, wie zum Beispiel das Vermögen zu logischem Denken. Sie werden in den Eignungstests auf einige Fragen stoßen, die Sie nicht beantworten können. Doch haben Sie deshalb keine Angst. Zum einen besteht nicht die Erwartung, dass Sie alle Fragen beantworten können, zum anderen haben Sie mit diesem Buch die besten Voraussetzungen, sich optimal auf diesen Test vorzubereiten. Im Weiteren ist zu beachten, dass die Tests regelmäßig aktualisiert werden, damit neue politische, wirtschaftliche und rechtliche Veränderungen berücksichtigt werden und das Risiko verkleinert wird, dass den Testpersonen die Tests völlig bekannt sind.

4.3   Durch gezieltes Training mit diesem Buch die Prüfungssituation bestehen

Sicherlich ist die Form der Wissensabfrage als Multiple-choice-Test erst einmal ungewohnt und unterscheidet sich stark von Klausuren Ihrer Schulzeit. Doch kennen Sie sicher noch viele Inhalte aus der Schulzeit, die wieder aufgefrischt werden müssen. Wichtig ist, dass Sie sich mit den Aufgabentypen und Inhalten vertraut machen. Das erfolgreiche Meistern dieser Tests besteht vor allem in intensiver Übung und Fleißarbeit. Das richtige Übungsmaterial haben Sie bereits mit dem Erwerb dieses Buches erhalten. Nach gründlicher Durcharbeitung werden Ihnen viele Fragen in den Tests bekannt vorkommen. Viele Aufgabenstellungen sind im Vorfeld trainierbar, andere wiederum nicht. Sie werden aber von Mal zu Mal schneller und sicherer bei der Bearbeitung der einzelnen Aufgaben. Keiner der Testteilnehmer wird es schaffen, alle Fragen zu 100 Prozent zu lösen. Es gibt aber Gebiete, die man durch eine gute Vorbereitung sicher und gut meistern kann. Die Durcharbeitung dieses Buches ist keine Garantie für das Bestehen eines Eignungstests. Sie können aber sicher sein, dass Sie Ihre Chance zum erfolgreichen Bestehen enorm steigern. Die meisten Fragen und Aufgaben verlieren an Schwierigkeit, wenn man sie vorher schon mal gelesen und vielleicht sogar geübt hat. Es geht bei den Tests nicht darum, eine Quote von 100 Prozent zu erreichen. Sie sollten erfolgreich genug abschneiden, um für die nächste Runde eingeladen zu werden und genügend Punkte für Ihr Gesamtranking zu sammeln. Danach gilt es, im Sporttest, Vorstellungsgespräch und/oder einer Gruppenarbeit zu überzeugen. Zudem müssen Sie in der sportärztlichen Untersuchung für tauglich befunden werden. Hinter der Einladung zum Vorstellungsgespräch verbirgt sich in der Regel ein Mini-Assessment Center (AC). Am Ende aller Test wird anhand der Testergebnisse für jeden Bewerber ein Ranking erstellt, wonach je nach Anzahl der vakanten Stellen des jeweiligen Bundeslandes die Erstplazierten eingestellt werden.

In nahezu allen Bundesländern werden die Tests am Computer durchgeführt, wodurch eine schnelle und einfache Auswertung möglich ist.

Fachwissen

Bundespolizei *Bearbeitungszeit 10 Minuten*

Wie gut kennen Sie sich in den Strukturen und Aufgaben der Bundespolizei aus?

Beantworten Sie bitte die folgenden Aufgaben, indem Sie jeweils den richtigen Buchstaben markieren.

1. Die Bundespolizei…?

A. hat die gleichen Aufgaben wie die Polizeien der Bundesländer.

B. ist eine gemeinsame Sondereinheit der Länderpolizeien.

C. beaufsichtigt die Länderpolizeien.

D. ist organisatorisch unabhängig von den Länderpolizeien und hat ein eigenes Aufgabenspektrum.

E. besteht aus allen Angehörigen der Länderpolizeien.

2. Die Aufgaben und die Rechtsstellung der Bundespolizei regelt…?

A. das Grundgesetz.

B. das Polizeigesetz des Bundeslands Berlin.

C. das Strafgesetzbuch.

D. das Bundespolizeigesetz.

E. eine Zusammenschrift der Länder-Polizeigesetze.

3. Wann darf die Bundespolizei die Länderpolizeien unterstützen?

A. Grundsätzlich überhaupt nicht

B. Grundsätzlich immer, wenn sie es für nötig hält

C. In besonderen Ausnahmefällen

D. Nur im Kriegsfall

E. Nur, wenn die Länderpolizei nicht mehr handlungsfähig ist

4. Wodurch trägt die Bundespolizei nicht zur Sicherung der Infrastruktur bei?

A. Wartung grenznaher Autobahnen

B. Maßnahmen zur Feststellung gefährlicher Gegenstände an Flughäfen

C. Ermittlung bei Verstößen gegen Umweltschutzbestimmungen auf See

D. Verfolgung von Vandalismus an Fernbahnhöfen

E. Präsenzstreifen in Zügen der Deutschen Bahn AG

5. GSG 9 heißt…?

A. eine Spezialeinheit der Bundespolizei.

B. eine gemeinsame Einheit von Bundeswehr, Bundespolizei und Zoll.

C. der neunköpfige Generalstab der Bundespolizei.

D. ein Gremium des Bundestags, das die Bundespolizei parlamentarisch kontrolliert.

E. eine der wichtigsten Dienstvorschriften der Bundespolizei.

6. Die Oberbehörde der Bundespolizei ist…?

A. das Bundespolizeipräsidium in Potsdam.

B. das Verteidigungsministerium in Berlin.

C. das Bundesinnenministerium in Berlin.

D. die Bundespolizeidirektion in Koblenz.

E. das Oberkommissariat der Bundespolizei in Hamburg.

7. Die Bundespolizei wurde 2008…?

A. durch das „Gesetz zur Neuorganisation der Bundespolizei" umstrukturiert.

B. mit Kampfpanzern und -flugzeugen ausgestattet.

C. komplett auf neue, blaue Uniformen umgerüstet.

D. als effizienteste Polizei Deutschlands ausgezeichnet.

E. um 10.000 Angehörige verkleinert.

8. Was ist die zentrale Aus- und Weiterbildungsstätte der Bundespolizei?

A. Die Bundespolizeiakademie in Lübeck

B. Die Polizeischule des Bundes in Berlin

C. Eine Zentrale gibt es nicht – die Aus- und Weiterbildung findet an den entsprechenden Einrichtungen der Landespolizeien statt

D. Die Lehr- und Ausbildungskaserne der Bundespolizei in Regensburg

E. Das gemeinsame Schulungszentrum von Bundeswehr und Bundespolizei in Potsdam

9. Welches Kfz-Kennzeichen führt die Bundespolizei?

A. Das Kennzeichen der Landeshauptstadt des Bundeslands, in dem die jeweilige Einheit stationiert ist.

B. B (das Kennzeichen der deutschen Hauptstadt Berlin)

C. BP

D. BU

E. Z

10. Gibt es eine Bundesbereitschaftspolizei?

A. Nein, nur Länderpolizeien dürfen Bereitschaftspolizeien unterhalten.

B. Nein, aber ihre Aufstellung ist geplant.

C. Ja – so lautet die verwaltungstechnische Bezeichnung für die GSG 9 der Bundespolizei.

D. Ja, aber nicht als eigenständige Einheit: sie besteht größtenteils aus im Notfall aktivierbaren Einheiten der Länderpolizeien.

E. Ja, sie ist eine eigenständige Einheit mit bundesweit einsetzbaren Unterstützungskräften.

11. Der Diensteid ist…?

A. eine gerichtsfeste Aussage über im Dienst beobachtete Vorkommnisse.

B. eine schriftliche Erklärung zur Verschwiegenheit über Dienstgeheimnisse.

C. eine (regelmäßig wiederholte) Einwilligung, die Vorgaben des Dienstherrn zu erfüllen.

D. ein mündliches Bekenntnis zur Verfassung und zu der gewissenhaften Erfüllung der Dienstpflichten.

E. die vertragliche Bindung an den Dienstherrn für einen gewissen Zeitraum.

12. Der Grenzschutz der Bundespolizei umfasst die Abwehr von Gefährdungen der Grenzsicherheit, und zwar…?

A. seit dem Schengener Abkommen nur noch an den Außengrenzen der EU.

B. im Grenzgebiet etwa 30 Kilometer in den grenznahen Raum hinein (zur See: 50 Kilometer).

C. im gesamten Bundesgebiet.

D. nur noch an den Grenzen zu Nicht-EU-Staaten.

E. ausschließlich an den Kontrollposten und Übergängen unmittelbar an der Grenze.

13. Ganz abgesehen von ihren polizeilichen Aufgaben, machen Angehörige der Bundespolizei regelmäßig Schlagzeilen im Bereich…?

A. Autorenfilm.

B. Spitzensport.

C. Webdesign.

D. Biologie.

E. Wirtschaftspolitik.

14. Welche ist eine korrekte, hierarchisch aufsteigende Folge von Amtsbezeichnungen der Bundespolizei?

A. Polizeihauptkommissar, Polizeioberkommissar, Polizeirat

B. Polizeirat, Polizeikommissar, Polizeidirektor

C. Polizeiobermeister, Polizeikommissar, Polizeirat

D. Polizeimajor, Polizeikommissar, Polizeigeneral

E. Polizeihauptkommissar, Polizeioberrat, Polizeihauptmeister

15. Wie viele Personen sind aktuell ungefähr bei der Bundespolizei beschäftigt?

A. 41.000

B. 123.000

C. 12.000

D. 86.000

E. 36.000

Lösung

1. D	2. D	3. C	4. A	5. A	6. A	7. A	8. A	9. C	10. E

11. D	12. B	13. B	14. C	15. A

Zu 1.

Länderpolizeien und Bundespolizei sind grundsätzlich unterschiedliche und eigenständige Institutionen: Die Bundespolizei ist eine Polizei des Bundes, die unabhängig von den verschiedenen Polizeien der einzelnen Bundesländer agiert.

Zu 2.

Die Bundespolizei richtet sich weder nach den Polizeigesetzen eines oder mehrerer Bundesländer, noch sind ihre Aufgaben im Grundgesetz festgelegt. Analog zu den Polizeigesetzen der Länder gibt es ein Polizeigesetz des Bundes – nämlich das Bundespolizeigesetz, das die Zuständigkeiten und die rechtliche Situation der Bundespolizei definiert.

Zu 3.

Die Bundespolizei darf die Länderpolizeien nur auf Anfrage und in bestimmten Ausnahmefällen unterstützen. Dazu zählen: die Aufrechterhaltung oder Wiederherstellung der öffentlichen Sicherheit und Ordnung z.B. bei Demonstrationen (wie während der Castor-Transporte), die Hilfe bei Naturkatastrophen oder einem besonders schweren Unglücksfall, oder die Abwehr einer drohenden Gefahr für den Bestand oder die freiheitliche demokratische Grundordnung des Bundes bzw. eines Landes.

Zu 4.

Der Bundespolizei obliegen zahlreiche Aufgaben zur Sicherung der Infrastruktur: Dazu zählt der Schutz vor Angriffen auf die Sicherheit des zivilen Luftverkehrs durch Maßnahmen zur Erkennung und Beseitigung potenziell gefährlicher Gegenstände an Flughäfen, dazu zählen bahnpolizeiliche Aufgaben (u.a. Sicherung von Bahnhöfen und Bahngeländen, Präsenzstreifen in Zügen der Deutschen Bahn AG) und auch die Übernahme grenzpolizeilicher Verantwortung auf See (Kontrolle der Einhaltung von Umweltschutzbestimmungen, Bekämpfung von Schlepper- und Schleuserkriminalität, Überwachung von Fischerei-Fangquoten). Die Wartung grenznaher Autobahnen gehört jedoch nicht zum vorgesehenen Tätigkeitsspektrum.

Zu 5.

Die GSG 9 (Grenzschutzgruppe 9) ist eine Antiterror-Spezialeinheit der Bundespolizei. Zu ihrem Namen kam sie, da sie zum Zeitpunkt ihrer Gründung 1972 in keine der bestehenden Einheiten (Grenzschutzgruppen 1 – 7 und Grenzschutzgruppe See) der Bundespolizei eingeordnet werden konnte.

Zu 6.

Betraut mit der Dienst- und Fachaufsicht über die Bundespolizei und verantwortlich für ihre polizeilich-strategische Ausrichtung ist das Bundespolizeipräsidium mit Sitz in Potsdam. Ihm unterstellt sind die neun regionalen Direktionen der Bundespolizei. Das Innen- und das Verteidigungsministerium sind selbstredend keine Behörden der Bundespolizei, auch wenn die Bundespolizei dem Bundesministerium des Innern untersteht. Ein Oberkommissariat der Bundespolizei gibt es nicht.

Zu 7.

Im Januar 2008 verabschiedete der deutsche Bundestag das „Gesetz zur Neuorganisation der Bundespolizei". Die bisherigen 19 Polizeiämter wurden infolgedessen in 9 Polizeidirektionen zusammengefasst und einer zentralen Steuerungs- und Kontrollbehörde – dem Bundespolizeipräsidium – unterstellt. Ziel des Gesetzes war es, die Strukturen der Behörde effizienter zu machen und die Beamten von administrativer Arbeit zu entlasten, um Kapazitäten für operative Aufgaben freizumachen. Verkleinert wurde sie dabei nicht. Über Kampfpanzer und -flugzeuge verfügt die Bundespolizei nicht, und die alten moosgrünen Uniformen werden schon seit 2005 Schritt für Schritt durch dunkelblaue ersetzt.

Zu 8.

An der Bundespolizeiakademie in Lübeck findet ein Großteil der grundlegenden Aus- und fachspezifischen Weiterbildung für den mittleren, gehobenen und höheren Dienst der Bundespolizei statt.

Zu 9.

Vor der Umbenennung der Behörde führten Fahrzeuge des Bundesgrenzschutzes das Kennzeichen „BG". Kfz der heutigen Bundespolizei tragen das Kürzel „BP", das früher der Bundespost zugeteilt war.

Zu 10.

Die Bundesbereitschaftspolizei ist eine eigenständige Einheit der Bundespolizei mit Sitz in Fuldatal. Ihre Abteilungen sind an verschiedenen Standorten stationiert und stellen bundesweit einsetzbare Polizeikräfte zur Unterstützung von Bundespolizei, Länderpolizeien und anderer Bedarfsträger.

Zu 11.

Nach absolvierter Ausbildung legen frischgebackene Beamte einen Diensteid ab, oft im Rahmen einer feierlichen Zeremonie. Der Beamte bekennt sich dabei durch einen mündlichen Schwur, Verfassung und Gesetze zu achten und seine Pflichten gewissenhaft zu erfüllen. Der Diensteid ist ein obligatorischer Bestandteil des Verbeamtungsprozesses; wer sich weigert, ihn zu leisten, kann sogar entlassen werden.

Zu 12.

Im Rahmen des Grenzschutzes sichert die Bundespolizei die Grenzen im Grenzgebiet bis zu einer Tiefe von 30 Kilometern (zur See 50 Kilometer) gegen mögliche Gefahren ab. Auch nach dem Schengener Abkommen wird an den Binnengrenzen der EU die Grenzsicherung weiterhin durchgeführt, um grenzüberschreitende und organisierte Kriminalität zu bekämpfen.

Zu 13.

Ähnlich wie die Bundeswehr im Rahmen ihres Sportsoldaten-Programms, fördert auch die Bundespolizei Spitzensportler. Aktuell werden rund 150 Sportler verschiedener Disziplinen unterstützt, vom Skifahrer bis zum Rennrodler, vom Judoka bis zum Sportschützen. Regelmäßig landen Angehörige der Bundespolizei bei Welt- und Europameisterschaften oder auch Olympischen Spielen auf vorderen Plätzen. Der Vorteil der Förderung durch die Bundespolizei: Da die Sportler nach ihrer Karriere als Beamte beruflich abgesichert sind, können sie sich in ihrer aktiven Zeit ganz auf den Sport konzentrieren.

Zu 14.

Die Ämterhierarchie der Bundespolizei lautet (ohne Anwärterdienstbezeichnungen):

¬ Mittlerer Dienst: Polizeimeister, Polizeiobermeister, Polizeihauptmeister

¬ Gehobener Dienst: Polizeikommissar, Polizeioberkommissar, Polizeihauptkommissar, Erster Polizeihauptkommissar

¬ Höherer Dienst: Polizeirat, Polizeioberrat, Polizeidirektor, Leitender Polizeidirektor

Zu 15.

Aktuell beschäftigt die Bundespolizei ungefähr 41.000 Personen, darunter 30.000 voll ausgebildete Beamte.

Fachwissen

Feuerwehr   *Bearbeitungszeit 10 Minuten*

Wie gut kennen Sie sich in den Strukturen und Aufgaben der Feuerwehr aus?

Beantworten Sie bitte die folgenden Aufgaben, indem Sie jeweils den richtigen Buchstaben markieren.

1.   Was zählt nicht zum typischen Aufgabenspektrum einer Feuerwehr?

A.   Strafen

B.   Bergen

C.   Schützen

D.   Löschen

E.   Retten

2.   Welche Aussage zur Geschichte der Feuerwehr stimmt nicht?

A.   Frühe Feuerwehren gab es schon im alten Ägypten und im antiken Rom.

B.   Im Mittelalter waren Gemeinden zum Aufbau eines Brandschutzes verpflichtet.

C.   Bis ins 17. Jahrhundert war der Eimer einer der wichtigsten Instrumente zur Brandbekämpfung.

D.   In Deutschland sind viele Feuerwehren um das Jahr 1848 herum entstanden.

E.   Die ersten motorisierten Spritzenwagen wurden 1946 in Dienst gestellt.

3.   Welcher ist kein Organisationstyp der Feuerwehr?

A.   Berufsfeuerwehr

B.   Bundesfeuerwehr

C.   Pflichtfeuerwehr

D.   Freiwillige Feuerwehr

E.   Werkfeuerwehr

4.   Eine Flughafenfeuerwehr ist…?

A.   eine Berufsfeuerwehr.

B.   eine Pflichtfeuerwehr.

C.   eine Freiwillige Feuerwehr.

D.   eine Werkfeuerwehr.

E.   ein eigener Feuerwehrtyp.

5.   Die Feuerwehr- und Brandschutzgesetzgebung obliegt in Deutschland…?

A.   dem Staat.

B.   dem jeweiligen Bundesland.

C.   der jeweiligen Gemeinde.

D.   der örtlichen Feuerwehrkommission.

E.   dem jeweiligen Feuerwehrleiter.

6.   Welche Institutionen sind für die Weiter- und Spezialausbildung vieler Feuerwehrleute zuständig?

A.   Die Gemeindekasernen des Feuerwehrdienstes.

B.   Die Bundesfeuerwehrinternate.

C.   Die Landesfeuerwehrschulen.

D.   Die Feuerwehrausbildung findet häufig an Polizeischulen statt.

E.   Die Fachkollegien des Technischen Hilfswerks.

7.   Die grundlegende Ausbildung jedes Feuerwehrangehörigen ist die Ausbildung zum…?

A.   Truppmann.

B.   Maschinisten.

C.   Gruppenführer.

D.   ABC-Spezialisten.

E.   Erste Hilfe-Fachmann.

8.   Welche Aussage zum Anforderungsprofil einer modernen Berufsfeuerwehr trifft zu?

A.   Die Feuerwehr ist vor allem da, um Brände zu löschen.

B.   Feuerwehraufgaben und Katastrophenschutz sind voneinander streng getrennt.

C.   Das Technische Hilfswerk ist ein Teil der Feuerwehr.

D.   Die Feuerwehr übernimmt zunehmend polizeiliche Aufgaben.

E.   Die Feuerwehr ist eine Behörde zur Abwehr vielfältiger Gefahren.

9. Warum wird brennendes Fett nicht mit Wasser gelöscht?

A. Unter Hitzeeinwirkung reagieren Wasser und Fett zu einer hochgiftigen Säure.

B. Heißes Fett lässt Wasser blitzartig verdampfen, es entsteht ein explosiver Fettnebel.

C. Fett und Wasser bilden beim Abkühlen eine Art Gel, das sich kaum beseitigen lässt.

D. Das verdunstende Fett würde die Löschschläuche verstopfen.

E. Heißes Fett – z.B. Öl – ist umweltschädlich und darf nicht mit dem Löschwasser abfließen.

10. Bei einer so genannten Brandklasse handelt es sich um…?

A. einen Ausbildungsjahrgang der Feuerwehr.

B. einen zusammenhängenden, abgebrannten Gebäudekomplex.

C. eine Kategorie zur Klassifizierung von Bränden.

D. eine Maßzahl, die die Anzahl der Brandherde eines Brandes wiedergibt.

E. eine Gruppe von Feuerwehrangehörigen, die zur gleichen Zeit im Dienst sind.

11. Welche ist eine korrekte, hierarchisch aufsteigende Folge von Dienstgraden der Feuerwehr?

A. Brandamtmann, Brandrat, Oberbrandmeister

B. Oberbrandmeister, Brandoberinspektor, Brandrat

C. Brandmeister, Brandoberamtsrat, Brandoberinspektor

D. Brandmeister, Brandrat, Oberbrandmeister

E. Branddirektor, Hauptbrandmeister, Brandamtmann

12. Die meisten Feuerwehren in Deutschland sind…?

A. Freiwillige Feuerwehren.

B. Berufsfeuerwehren.

C. Werkfeuerwehren.

D. Jugendfeuerwehren.

E. Pflichtfeuerwehren.

13. Welche ist keine taktische Einheit der Feuerwehr?

A. Kompanie

B. Staffel

C. Zug

D. Gruppe

E. Trupp

14. Richtlinien und Anleitungen zur Ausbildung, zur Ausrüstung und zum Einsatz der Feuerwehr finden sich…?

A. im Grundgesetz.

B. in der Brandschutzverordnung des Bundes.

C. im Brandschutzgesetz.

D. im Bürgerlichen Gesetzbuch.

E. in den Feuerwehr-Dienstvorschriften.

15. Worüber geben die Buchstaben bei A-, B-, C- oder D-Schläuchen Aufschluss?

A. Über die Schlauchlänge.

B. Über den Krümmungsgrad des Schlauchs.

C. Über die Anzahl der Rillen innerhalb des Schlauchs.

D. Über die maximale Aufrollgeschwindigkeit des Schlauchs.

E. Über den Innendurchmesser des Schlauchs.

Weitere Fragen

Um im Einstellungsverfahren der Feuerwehr gut abzuschneiden, sollte Ihr Grundwissen rund um die aktuelle Lage der Feuerwehr auf dem neuesten Stand sein. Halten Sie sich daher – per Zeitung, Fernsehen, Internet – über aktuelle Entwicklungen auf dem Laufenden, um folgende Fragen stets sicher beantworten zu können.

¬ Wie heißt der Bundesinnenminister?

¬ Wie heißt der Innenminister Ihres Bundeslands?

¬ Gibt es eine Berufsfeuerwehr an Ihrem Heimatort bzw. dem Ort, an dem Sie sich bewerben?

¬ Gibt es Werkfeuerwehren an Ihrem Heimatort bzw. dem Ort, an dem Sie sich bewerben?

¬ Welche Jugendfeuerwehren gibt es an Ihrem Heimat- bzw. Bewerbungsort?

¬ Welche für den Brandschutz relevanten Charakteristika weist Ihr Heimat- bzw. Bewerbungsort auf (städtische Lage mit hoher Bevölkerungsdichte, viele Fachwerkbauten, schmale Gassen, Industriekomplexe…)?

¬ Gibt es spezielle Ausrüstungsmerkmale der Feuerwehren vor Ort, wie z.B. Hubschrauber oder Feuerlöschboote?

¬ Gibt es – über den normalen Aufbau der Feuerwehr hinaus – spezielle Feuerwehreinheiten mit besonderen Aufgabenfeldern vor Ort (z.B. für die Bekämpfung chemischer Unfälle)?

¬ Wer leitet zurzeit die größte Feuerwehr vor Ort?

¬ Was waren die letzten Großeinsätze der Feuerwehr vor Ort?

Lösung

1. A	2. E	3. B	4. D	5. B	6. C	7. A	8. E	9. B	10. C
11. B	12. A	13. A	14. E	15. E					

Zu 1.

International ist es gängig, das Aufgabenspektrum der Feuerwehr mit den Schlagworten „Retten, Löschen, Bergen, Schützen" zusammenzufassen. Die Rettung von Menschenleben steht dabei an erster Stelle, doch auch der Gefahrenschutz, die Rettung von Tieren oder der Erhalt von Sachwerten spielen im Alltag der Feuerwehr eine große Rolle.

Zu 2.

Tatsächlich gab es nachweislich schon im alten Ägypten und im antiken Rom organisierte Feuerlöscheinheiten. Dennoch wurden in der antiken Millionenstadt oft ganze Stadtviertel durch Brände vernichtet. Auch mehr als 1.000 Jahre später fielen die meist eng aneinander gebauten, aus leicht entflammbarem Holz gebauten Häuser mittelalterlicher Ortschaften allzu leicht den Flammen zum Opfer, sodass die Gemeinden zur Einrichtung eines Brandschutzes verpflichtet wurden. Doch die Mittel zur Brandbekämpfung blieben primitiv, man behalf sich meist mit Eimern, Leitern und Einreißhaken. Erst im 17. Jahrhundert wurde der – zunächst noch aus Leder gefertigte – Schlauch erfunden. Im Zuge der revolutionären Bewegungen Mitte des 19. Jahrhunderts bildeten sich zahlreiche Bürgerwehren in Deutschland, in die vielerorts Feuerwehren integriert waren, die auch nach dem Ende der Unruhen noch aktiv blieben. Die Erfindung des Verbrennungsmotors verbesserte die Ausrüstung der Feuerwehr schlagartig; die ersten motorisierten Feuerwehrfahrzeuge und Motorspritzen wurden zu Beginn des 20. Jahrhunderts in Dienst gestellt.

Zu 3.

Eine Berufsfeuerwehr gibt es in fast allen Groß- und einigen mittelgroßen Städten Deutschlands. Sie wird von der jeweiligen Kommune unterhalten und besteht hauptsächlich aus verbeamteten oder fest angestellten – also hauptamtlichen – Angehörigen. Freiwillige Feuerwehren setzen sich aus meist ehrenamtlichen Mitgliedern zusammen, zu denen aber beispielsweise im Rettungsdienst auch hauptamtliche Kräfte treten können. Eine Pflichtfeuerwehr wird dann eingerichtet, wenn es weder eine Berufsfeuerwehr gibt, noch eine Freiwillige Feuerwehr zustande kommt: Um den Brandschutz in diesem Fall zu gewährleisten, können geeignete Bürger und Bürgerinnen per Gesetz zum Feuerwehrdienst verpflichtet werden. Eine Werkfeuerwehr schließlich ist eine nicht-öffentliche Einrichtung, die den Brandschutz durch hauptamtliche und nicht-hauptamtliche Kräfte in großen Unternehmen, beispielsweise Industriebetrieben, sicherstellt. Bei entsprechender Gefahrenlage sind Betriebe zur Aufstellung einer Werkfeuerwehr gesetzlich verpflichtet. Eine Bundesfeuerwehr gibt es nicht.

Zu 4.

Eine Flughafenfeuerwehr ist eine Werkfeuerwehr. Sie ist wie alle Werkfeuerwehren auf die speziellen Anforderungen des jeweiligen Betriebs ausgelegt, in diesem Fall die Brandbekämpfung an Flugzeugen. Großflughäfen sind – als Betriebe mit hoher Gefahrenlage – zur Aufstellung einer Werkfeuerwehr gesetzlich verpflichtet.

Zu 5.

Die Gesetzgebung über Feuerwehrwesen und Brandschutz ist in Deutschland Sache der Bundesländer. Für die Aufstellung und den Unterhalt einer Feuerwehr sind aber meist die Gemeinden zuständig.

Zu 6.

Ein Großteil der Weiter- und Spezialausbildung, vor allem für Berufsfeuerwehren und die Führungskräfte Freiwilliger Feuerwehren, findet an den Landesfeuerwehrschulen statt. Die Einrichtung solcher Schulen wird von den Brandschutzgesetzen der Bundesländer gefordert. An den Landesfeuerwehrschulen werden zahlreiche Lehrgänge und Seminare angeboten, in denen man sich beispielsweise zum Führer von Feuerwehreinheiten qualifizieren kann.

Zu 7.

Die Ausbildung eines Feuerwehrangehörigen gliedert sich in 3 Teile: Die Truppmannausbildung, die die grundlegenden Kenntnisse und Fähigkeiten im Lösch- und Hilfeleistungseinsatz vermittelt; die technische Ausbildung, die darüber hinaus ein aufgabenbezogenes Fachwissen im Umgang mit verschiedenen Geräten vermittelt (z.B. Sprechfunk, Atemschutzgerät, Maschinen); und schließlich die Führungsausbildung, die zur Übernahme von Führungspositionen in der Feuerwehrhierarchie befähigt.

Zu 8.

Das Aufgabenfeld einer modernen Berufsfeuerwehr besteht nicht mehr nur aus der Bekämpfung von Bränden, sondern in der Abwehr vielfältiger Gefahren. Sie ist im Einsatz bei Chemie-, Öl- und Verkehrsunfällen, bei Wetterkatastrophen (Überflutung, Sturmschäden, Schneechaos…) und übernimmt Aufgaben im Bereich der medizinischen Notfallrettung. Die Feuerwehren sind in der Regel stark eingebunden in den örtlichen Katastrophenschutz, eng verzahnt mit anderen Behörden wie z.B. dem Technischen Hilfswerk, das nichtsdestotrotz eine eigenständige Einrichtung ist.

Zu 9.

Brennendes Fett hat eine Temperatur von über 100° C, sodass auftreffendes Wasser schlagartig verdampft. Dadurch verspritzt das Wasser-Fett-Gemisch und es bildet sich ein fein verstäubter Fettnebel, der wegen seiner großen Oberfläche besonders heftig mit dem Sauerstoff der Luft reagiert – es kommt zu einer explosionsartigen Verbrennung, einer Fettexplosion.

Zu 10.

Je nach der Art des brennenden Stoffs werden Brände nach einer europäischen Norm in Brandklassen unterteilt. So kann schnell beurteilt werden, welches Löschmittel gerade geeignet ist. Die Brandklassenangabe auf Feuerlöschern verrät beispielsweise, bei welchen Bränden der Löscher eingesetzt werden kann:

A: Brände fester, nichtschmelzender Stoffe, die normalerweise unter Glutbildung verbrennen.

B: Brände von flüssigen oder flüssig werdenden Stoffen.

C: Gasbrände.

D: Brände von Metallen.

E: Brände von Speisefetten und -ölen in Frittier- und Fettbackgeräten.

Zu 11.

Die Dienstgradhierarchie der Berufsfeuerwehr ist – anders als bei Freiwilligen Feuerwehren – durch die Bundesbesoldungsordnung bundesweit größtenteils einheitlich geregelt und lautet ohne Anwärterdienstgrade wie folgt:

¬ Mittlerer Dienst: Brandmeister, Oberbrandmeister, Hauptbrandmeister

¬ Gehobener Dienst: Brandinspektor (nicht in allen Bundesländern), Brandoberinspektor, Brandamtmann, Brandamtsrat, Brandoberamtsrat

¬ Höherer Dienst: Brandrat, Oberbrandrat (auch: Brandoberrat), Branddirektor, Leitender Branddirektor. In einigen Großstädten gibt es darüber hinaus Spitzenämter als Direktor der Feuerwehr (Nordrhein-Westfalen), Landesbranddirektor (Berlin), Oberbranddirektor (Hamburg, München) oder Stadtdirektor (Stuttgart).

Zu 12.

Aktuell gibt es in Deutschland knapp 25.500 Feuerwehren, darunter etwa 24.500 Freiwillige Feuerwehren, 100 Berufsfeuerwehren und 1.000 Werkfeuerwehren – die Anzahl von Pflichtfeuerwehren ist verschwindend gering. Außerdem gibt es mehr als 17.500 Jugendfeuerwehren.

Zu 13.

Die kleinste taktische Einheit der Feuerwehr ist der Trupp, der aus einem Truppführer und einem Truppmann besteht. Der Trupp ist Bestandteil einer Staffel (Staffelführer, Maschinist, 2-Mann-Angriffstrupp, 2-Mann-Wassertrupp) oder einer Gruppe (Gruppenführer, Maschinist, Melder, Angriffstrupp, Wassertrupp und Schlauchtrupp). Der Zug schließlich ist die größte taktische Einheit der Feuerwehr; er umfasst zwei Gruppen und zusätzlich einen Zugtrupp (Zugführer, Führungsassistent, Kraftfahrer und Melder). Eine Kompanie genannte Einheit gibt es bei der Feuerwehr nicht.

Zu 14.

Die Tätigkeiten der Feuerwehr in Deutschland sind in den Feuerwehr-Dienstvorschriften (FwDV) geregelt. Die Dienstvorschriften werden vom Ausschuss Feuerwehrangelegenheiten, Katastrophenschutz und zivile Verteidigung (AFKzV) der Bundes-Innenministerkonferenz erarbeitet und treten durch einen Erlass des jeweiligen Bundeslandes in Kraft. In den FwDV finden sich Vorschriften zur persönlichen Schutzausrüstung eines Feuerwehrangehörigen (FwDV 1) ebenso wie die Leitlinien zur Feuerwehrausbildung (FwDV 2) oder zum Einsatzablauf (FwDV 3).

Zu 15.

Je nach Durchmesser und Verwendung unterscheidet die Feuerwehr in Schläuche mit der Einheitsbezeichnung A (Saug- oder Druckschlauch, Innendurchmesser 110 mm), B (Saug- oder Druckschlauch, Innendurchmesser 75 mm), C (Saug oder Druckschlauch, Innendurchmesser 52 mm), oder D (Druckschlauch, Innendurchmesser 25 mm).

Fachwissen

Zoll

Wie gut kennen Sie sich in den Strukturen und Aufgaben des Zolls aus?

Beantworten Sie bitte die folgenden Aufgaben, indem Sie jeweils den richtigen Buchstaben markieren.

1. Welche Aussage zur Geschichte des Zolls ist falsch?

A. Das Wort Zoll leitet sich ab vom griechischen „telos" (Grenze, Zahlung, Ziel) und dem lateinischen „teloneum" (Abgabe).

B. Zölle erhoben das antike Ägypten und die Hochkulturen des Orients bereits im 3. Jahrtausend v. Chr.

C. Im Mittelalter verfügte zunächst der König bzw. Kaiser über Zollabgaben, später ging die Zollhoheit mehr und mehr an Städte, Kaufleute und Grundherrn über.

D. Im 19. Jahrhundert wurden die Zölle im Deutschen Reich vereinheitlicht.

E. Anfang des 20. Jahrhunderts wurden die Zölle europaweit vereinheitlicht.

2. Wie wird ein Zoll heute offiziell definiert?

A. Als eine Geldbuße

B. Als Gebühr für die Nutzung der inländischen Infrastruktur

C. Als Preis der Handelsrechte im importierenden Land

D. Als eine Steuerart

E. Als Ausgleichszahlung an die ausländische Wirtschaft, die die Ware ausführt

3. Was ist die ursprüngliche Kernaufgabe des deutschen Zolls?

A. Die Verhinderung von Grenzübertritten

B. Die polizeiliche Bewachung der Grenzen

C. Die Kontrolle von Ein- und Ausfuhren

D. Die Gewährleistung einer ausgewogenen Handelsbilanz

E. Die Fahndung nach deutschen Steuersündern im Ausland

4. Wem untersteht die Bundeszollbehörde?

A. Dem Bundesministerium für Verteidigung

B. Dem Bundesministerium des Innern

C. Dem Bundesrat

D. Dem Bundespräsidenten

E. Dem Bundesministerium für Finanzen

5. Welche Aufgabe übernimmt der Zoll nicht?

A. Abwehr organisierter Kriminalität

B. Analyse von Waren, die mit heimischen Produkten konkurrieren

C. Überwachung von Embargos

D. Bekämpfung von Schwarzarbeit

E. Kampf gegen Marken- und Produktpiraterie

6. Welche Aussage über die organisatorische Funktion von Zoll- und Hauptzollämtern stimmt?

A. Zoll- und Hauptzollämter bilden die höchste Verwaltungsebene des Zolls.

B. Zoll- und Hauptzollämter verbinden als Mittelbehörden die oberste mit der untersten Verwaltungsebene.

C. Zoll- und Hauptzollämter bilden die unterste, lokale Verwaltungsebene.

D. Zoll- und Hauptzollämter übernehmen alle organisatorischen und personellen Angelegenheiten der Zollverwaltung.

E. Zoll- und Hauptzollämter übernehmen die fachliche Dienstaufsicht über die Zollverwaltung.

7. Wichtige Inhalte der rechtlichen Ausbildung im Mittleren Dienst des Zolls sind…?

A. Arbeitsrecht und Sozialrecht

B. Rechtsgeschichte und Erbrecht

C. Energierecht und Völkerrecht

D. Verbraucherrecht und Kirchenrecht

E. Ausländerrecht und Allgemeines Steuerrecht

8. Wie hängen Zoll und Küstenwache zusammen?

A. Die Küstenwache ist Teil der Bundespolizei, wird aber vom Zoll unterstützt.

B. Der Zoll beaufsichtigt die Küstenwache, die aber eine eigenständige Behörde ist.

C. Zoll und Küstenwache sind zwei Namen derselben Behörde, die an Land und zu Wasser bloß unterschiedlich heißt.

D. Die Aufgaben der Küstenwache übernimmt der Zoll in Zusammenarbeit mit anderen Behörden.

E. Die Küstenwache ist eine Sondereinheit des Zolls.

9. Die Zentrale Unterstützungsgruppe Zoll ist…?

A. eine Spezialeinheit des Zollkriminalamts, vergleichbar mit den SEKs der Polizei.

B. eine Sondereinheit der Polizei, die den Zoll bei der Fahndungsarbeit unterstützt.

C. die Einsatzleitung des Zolls, die alle Einsätze koordiniert.

D. eine gemeinsame Einrichtung mehrerer Bundesbehörden zur Bekämpfung der Schmuggelei.

E. die Vorgängerin der Bundeszollbehörde, die bis zur Gründung der Bundesrepublik 1949 existierte.

10. Der Zoll konfisziert pro Jahr Tausende Tiere, Pflanzen und andere Objekte aufgrund von Verletzungen des Artenschutzes. Welche Aussage zum Artenschutz stimmt?

A. Es ist grundsätzlich verboten, fremde Tiere oder Pflanzen einzuführen.

B. Fast alle Verstöße geschehen aus Versehen, aus Unkenntnis der Artenschutzabkommen.

C. Die meisten Verstöße gegen den Artenschutz fallen an Flughäfen auf.

D. Fast 2.000 Tiere und Pflanzen stehen weltweit unter Artenschutz.

E. Es ist verboten, Tiere zu importieren, die vom Menschen getötet wurden.

11. Welche Amtsbezeichnung zählt zur Laufbahn des Mittleren Dienstes?

A. Zollkommissar

B. Regierungsrat

C. Zollsekretär

D. Zollwachtmeister

E. Zollinspektor

12. Die Bundeszollverwaltung verfügt über ca. 550 Diensthunde. Wozu dienen Sie?

A. Sie haben heutzutage nur noch repräsentative Funktion.

B. Sie sind meist zur Bewachung von Zollgebäuden vorgesehen.

C. Sie kommen meist in der Sicherung der Grenzen gegen illegale Übertritte zum Einsatz.

D. Sie helfen bei der Suche nach Drogen, Waffen und Geld.

E. Sie unterstützen die Bundespolizei, die keine eigene Hundestaffel hat.

13. Welche Rangabzeichen finden sich auf der Dienstkleidung des Zolls?

A. Sterne auf den Schulterklappen

B. Streifen auf den Schulterklappen

C. Winkel auf dem Ärmel

D. Überhaupt keine

E. Punkte auf der Dienstmütze

14. Unter bestimmten Bedingungen dürfen Waren aus dem (Nicht-EU-)Ausland zollfrei nach Deutschland eingeführt werden. Welche gehört nicht dazu?

A. Die Waren sind ein Geschenk.

B. Es werden nur Waren eingeführt, die es im Einfuhrland in der Form nicht gibt.

C. Bestimmte Warenmengen und -werte werden nicht überschritten.

D. Die Waren werden nicht per Post voraus- oder nachgeschickt.

E. Die Waren sind zum persönlichen Gebrauch bestimmt.

15. Wie viele Menschen beschäftigt der Zoll aktuell ungefähr?

A. 40.000

B. 116.000

C. 14.000

D. 76.000

E. 34.000

Lösung

1. E	2. D	3. C	4. E	5. B	6. C	7. E	8. D	9. A	10. C

11. C	12. D	13. D	14. B	15. E

Zu 1.

Der Zoll – abgeleitet vom griechischen „telos" (Grenze, Zahlung, Ziel) und dem lateinischen „teloneum" (Abgabe) – war schon in frühen Hochkulturen ein probates Mittel, um die Staatskassen zu füllen. Die häufigste Erscheinungsform des Zolls im deutschen Mittelalter war die Maut, d.h. eine Gebühr für die Nutzung von Straßen oder Brücken. Mehr und mehr ging die Zollhoheit dabei vom König auf kleine Grundherrn, Städte und Kaufleute über – die Folge: das Zollsystem zersplitterte, im 17. Jahrhundert gab es auf deutschem Gebiet weit über tausend einzelne Zollgebiete. Später gingen die europäischen Staaten dazu über, ihre zahlreichen Binnenzölle durch Grenzzölle (Abgaben beim Grenzübertritt) zu ersetzen. In Deutschland gelang dies endgültig durch die Reichsgründung 1871. Doch die verschiedenen nationalen Zölle in (West-)Europa verschwanden erst ab der Mitte des 20. Jahrhunderts: 1968 wurde eine gemeinsame Zollunion gegründet und in allen Staaten der Europäischen Gemeinschaft (EG) ein Einheitszoll gegenüber Drittländern eingeführt.

Zu 2.

Allgemein gesagt ist der Zoll eine Abgabe, die beim grenzüberschreitenden Warenverkehr fällig wird. Das deutsche Steuerrecht definiert sie in seiner Abgabenordnung als Steuer.

Zu 3.

Die ursprüngliche Kernaufgabe des deutschen Zolls ist die Überwachung von Ein- und Ausfuhren. Er soll sicherstellen, dass verbotene Gegenstände weder im- noch exportiert werden und die Bestimmungen des deutschen Steuerrechts genauso eingehalten werden wie internationale Artenschutzabkommen.

Zu 4.

Auch wenn die Angehörigen der Bundeszollbehörde manchmal polizeilich oder als Strafverfolger tätig werden: Die Bundeszollbehörde untersteht dem Bundesministerium für Finanzen, das seit Oktober 2009 von Wolfgang Schäuble (CDU) geleitet wird. Der Amtsvorgänger Schäubles war Peer Steinbrück (SPD).

Zu 5.

Organisierte Kriminalität in Form von Zigaretten-, Drogen-, Waffen oder anderer Schmuggelei wird vom Zoll ebenso verfolgt wie Produkt- und Markenpiraterie. Durch die Kontrolle von Ein- und Ausfuhren stellt der Zoll darüber hinaus die Einhaltung von Embargos (Ein- bzw. Ausfuhrverboten) sicher. Außerdem verfolgt er illegale Beschäftigung (Lohndumping), Verstöße gegen Sozialversicherungs- und Steuerpflichten (Schwarzarbeit) und die Erschleichung von Sozialleistungen. Die Analyse ausländischer Waren, die mit heimischen Produkten konkurrieren, zählt nicht zum Aufgabenspektrum des Zolls.

Zu 6.

Die Bundeszollverwaltung ist ein Teil der Bundesfinanzverwaltung. Daher besteht die oberste Verwaltungsebene des Zolls aus dem Bundesministerium für Finanzen. Die dortige Abteilung III (Steuern und Abgaben) ist verantwortlich für alle organisatorischen, fachlichen und personellen Angelegenheiten der Zollverwaltung.

Die zweite Verwaltungsebene (Ebene der Mittelbehörden) nehmen die insgesamt 5 Bundesfinanzdirektionen und das Zollkriminalamt ein. Sie übernehmen eine Brückenfunktion zwischen dem Bundesministerium der Finanzen und den ihnen zugeordneten Zoll- und Hauptzollämtern bzw. (im Fall des Zollkriminalamts) den Zollfahndungsämtern, die die unterste Ebene der Verwaltungshierarchie bilden.

Zu 7.

Um seine Aufgaben in den vielfältigen Einsatzgebieten des Zolls kompetent erfüllen zu können, erhält ein Auszubildender im Mittleren Dienst neben der beruflichen Grundbildung auch Unterricht in unterschiedlichen dienstrelevanten Rechtsgebieten: Vollzugsrecht, Recht des grenzüberschreitenden Warenverkehrs, Zolltarifrecht, Verbrauchsteuerrecht, Allgemeines Steuerrecht, Vollstreckungsrecht, Strafrecht, Recht der Ordnungswidrigkeiten, Sozialversicherungsrecht und Ausländerrecht.

Zu 8.

Die Aufgaben der Küstenwache übernimmt in Deutschland der Koordinierungsverband Küstenwache, in dem mehrere Bundesbehörden und -anstalten zusammenarbeiten: nämlich die Bundeszollverwaltung (Wasserzoll), die Bundespolizei und die Bundesanstalt für Landwirtschaft und Ernährung.

Zu 9.

Die Zentrale Unterstützungsgruppe Zoll (ZUZ) ist ein Spezialeinsatzkommando des Zollkriminalamts. Die ZUZ wird bei besonders gefährlichen Einsätzen z.B. gegen schwerkriminelle Schmuggler eingesetzt. Die Ausbildung bei der ZUZ orientiert sich an den Anforderungen der Spezialeinsatzkommandos (SEK) der Polizei.

Zu 10.

Das maßgebliche Washingtoner Artenschutzabkommen, dem mittlerweile rund 150 Staaten beigetreten sind, verbietet die Ein- und Ausfuhr von rund 8.000 Tier- und 40.000 Pflanzenarten, die vom Aussterben bedroht sind. Darüber hinaus überwacht der Zoll auch die weitergehenden europäischen Regelungen. Aus gutem Grund: Auch wenn oft nur die Unkenntnis der Bestimmungen zu Verletzungen des Artenschutzes führt, ist der Handel mit exotischen Tieren und Pflanzen ein illegales, aber verlockend lukratives Geschäft. Die meisten Verstöße gegen den Artenschutz (knapp 85 Prozent) registrierte der Zoll an Flughäfen.

Zu 11.

Die Ämterhierarchie des Zolls lautet (ohne Anwärterdienstbezeichnungen):

¬ Mittlerer Dienst: Zollsekretär, Zollobersekretär/Zollschiffsobersekretär (Wasserzoll), Zollhauptsekretär/Zollschiffshauptsekretär (Wasserzoll), Zollamtsinspektor/Zollschiffsamts-inspektor (Wasserzoll).

¬ Gehobener Dienst: Zollinspektor, Zolloberinspektor, Zollamtmann, Zollamtsrat, Zolloberamtsrat.

¬ Höherer Dienst: Regierungsrat, Oberregierungsrat, Regierungsdirektor, Leitender Regierungsdirektor.

Zu 12.

Die aktuell ca. 550 Zollhunde werden als Spür- und/oder Schutzhunde ausgebildet. Als Spürhunde sollen sie Drogen und Sprengstoffe genauso zuverlässig erschnüffeln wie Waffen, Tabak und größere Geldbeträge. Als Schutzhunde sichern und unterstützen sie die Beamten im Einsatz, früher vor allem in der Grenzaufsicht, die heute jedoch eine eher untergeordnete Rolle spielt.

Zu 13.

Die Dienstkleidung des Zolls kommt, im Gegensatz zu Polizei- oder Bundeswehruniformen, ohne Rangabzeichen aus – ein Ausdruck des Selbstverständnisses, eine eher zivile Bundesbehörde zu sein.

Zu 14.

Für die zollfreie Einfuhr von Waren aus Nicht-EU-Ländern gelten grundsätzlich bestimmte Mengen- und Wertgrenzen. Darüber hinaus muss es sich um Waren handeln, die nicht mit gewerblichem Zweck (d.h. zum Weiterverkauf) eingeführt werden. Dies können Produkte sein, die vom Reisenden selbst bzw. von Angehörigen in seinem Haushalt verbraucht werden, oder auch Geschenke an andere. Die Mitbringsel müssen dabei auf dem gleichen Weg befördert werden, auf dem auch der Reisende unterwegs ist – ein Versand per Post ist also unzulässig. Ob es ein Produkt im Einfuhrland gibt oder nicht, spielt keine Rolle.

Zu 15.

Aktuell hat der Zoll rund 34.000 Bedienstete: davon ca. 26.000 bei den Zoll- und Hauptzollämtern, rund 3.600 bei den Bundesfinanzdirektionen und 2.400 im Zollfahndungsdienst.

Fachwissen

Bundeswehr   *Bearbeitungszeit 10 Minuten*

Wie gut kennen Sie sich in den Strukturen und Aufgaben der Bundeswehr aus?

Beantworten Sie bitte die folgenden Aufgaben, indem Sie jeweils den richtigen Buchstaben markieren.

1. Wann wurde die Bundeswehr gegründet?

A. 1918

B. 1934

C. 1945

D. 1955

E. 1990

2. Wann trat die Bundesrepublik Deutschland der NATO bei?

A. 1945

B. 1949

C. 1955

D. 1960

E. 1975

3. Die Bundeswehr gliedert sich in die 3 Teilstreitkräfte…?

A. Bataillon, Brigade und Kompanie

B. Medizinischer Dienst, Verwaltung und kämpfende Truppe

C. Berufs- und Wehrpflichtsoldaten

D. Technisches Hilfswerk, Zoll und Armee

E. Heer, Luftwaffe und Marine

4. Das Hoheitszeichen der Bundeswehr ist…?

A. ein schwarzes Kreuz mit weißer Umrandung.

B. eine schwarz-rot-goldene, gezackte Fahne.

C. ein schwarzer Adler auf goldenem Grund.

D. ein rotes Schwert mit goldenen Sternen.

E. eine goldene Sichel mit rot-schwarzem Rahmen.

5. Der „Staatsbürger in Uniform" ist…?

A. eine Werbefigur der Bundeswehr.

B. ein Leitbild soldatischen Selbstverständnisses.

C. eine Comicfigur der 60er-Jahre, die den „typischen" Bundeswehrsoldaten karikierte.

D. eine im Grundgesetz verwendete Umschreibung für den Verteidigungsminister.

E. eine spöttische Bezeichnung des Volksmunds für Kaiser Wilhelm II.

6. Der Wehrbeauftragte des Deutschen Bundestags…?

A. vertritt die Handlungen und Entscheidungen des Militärs im Parlament.

B. repräsentiert die Bundeswehr im Ausland.

C. koordiniert die Einsätze der Bundeswehr innerhalb Deutschlands.

D. vertritt den Bundesverteidigungsminister bei Abwesenheit im Bundestag.

E. unterstützt die parlamentarische Kontrolle der Bundeswehr.

7. Der Generalinspekteur der Bundeswehr…?

A. berät den Verteidigungsminister und die Bundesregierung.

B. überwacht die Einhaltung des Grundgesetzes.

C. entscheidet, wann der Verteidigungsfall eintritt.

D. vertritt die Bundeswehr im NATO-Militärausschuss.

E. überprüft und ernennt die Generale der Bundeswehr eigenmächtig.

8. **Wann und wo fand der erste Auslandseinsatz der Bundeswehr statt?**

A. 1994, bei einer Stabilisierungsmission der Vereinten Nationen in Somalia.

B. 1999, während des Kosovokriegs.

C. 1967, bei Unruhen und Aufständen in Frankreich.

D. 1960, nach einem Erdbeben in Marokko.

E. 1991, im Krieg einer alliierten Armee gegen den Irak.

9. **Wann ist die Bundeswehr laut NATO-Bündnisvertrag zum Eingreifen verpflichtet?**

A. Nur, wenn die Bundesrepublik Deutschland direkt angegriffen wird.

B. Wenn ein NATO-Staat einen anderen Staat angreifen will.

C. Wenn ein Staat gegen einen NATO-Bündnispartner eine Wirtschaftsblockade ausruft.

D. Nur, wenn mindestens zwei NATO-Bündnispartner von einem übermächtigen Gegner angegriffen werden.

E. Wenn ein NATO-Bündnispartner angegriffen wird.

10. **Die Bundeswehr darf im Landesinneren…?**

A. grundsätzlich nicht eingesetzt werden.

B. grundsätzlich immer eingesetzt werden, wenn die Polizei es verlangt.

C. nur im Verteidigungsfall eingesetzt werden.

D. nur unbewaffnet zu Hilfseinsätzen eingesetzt werden.

E. in Ausnahmefällen zur Aufrechterhaltung der Ordnung eingesetzt werden.

11. **Wer war der erste Verteidigungsminister der Bundesrepublik Deutschland?**

A. Theodor Blank

B. Franz Josef Strauß

C. Volker Rühe

D. Ludwig Erhard

E. Theodor Heuss

12. **Gibt ein Vorgesetzter einen Befehl, ist ein Bundeswehrsoldat…?**

A. immer zu Gehorsam verpflichtet.

B. nur zu Gehorsam verpflichtet, wenn der Befehl rechtmäßig ist.

C. nur zu Gehorsam verpflichtet, wenn der Befehl schriftlich vorliegt.

D. nur zu Gehorsam verpflichtet, wenn der Befehl im Einsatz erteilt wird.

E. nur zu Gehorsam verpflichtet, wenn ansonsten eine konkrete Gefahr bestünde.

13. **Das Hauptkontingent der Bundeswehr ist in Afghanistan als Teil der…?**

A. ISAF

B. OEF

C. AFAP

D. KFOR

E. AFGAR

14. **Welche ist eine korrekte, hierarchisch aufsteigende Folge von Dienstgraden?**

A. Feldwebel, Stabsunteroffizier, Leutnant, Major

B. Gefreiter, Oberfeldwebel, Hauptmann, Oberst

C. Gefreiter, Hauptgefreiter, Oberfeldwebel, Hauptmann

D. Major, Oberstleutnant, Hauptmann, General

E. Unteroffizier, Major, Hauptmann, Oberst

15. **Wer ist der Oberbefehlshaber der Bundeswehr im Verteidigungsfall?**

A. Der Bundespräsident

B. Der Bundeskanzler

C. Der Bundestagspräsident

D. Der Verteidigungsminister

E. Der ranghöchste General der Bundeswehr

Weitere Fragen

Um im Einstellungsverfahren der Bundeswehr gut abzuschneiden, sollte Ihr Grundwissen rund um die aktuelle Lage der Bundeswehr und der Verteidigungspolitik auf dem neuesten Stand sein. Halten Sie sich daher – per Zeitung, Fernsehen, Internet – über gegenwärtige Entwicklungen auf dem Laufenden, um folgende Fragen stets sicher beantworten zu können.

¬ Wie heißt der Bundeskanzler/die Bundeskanzlerin?

¬ Wie heißt der Bundesminister der Verteidigung?

¬ Wie heißt der Verteidigungsminister der USA?

¬ Wie heißt der Generalinspekteur der Bundeswehr?

¬ Wie heißt der Wehrbeauftragte des deutschen Bundestags?

¬ Wie ist der Wehrdienst zurzeit organisiert (Aussetzung der Wehrpflicht)?

¬ Wie heißt der aktuelle Generalsekretär der NATO?

¬ Wie viele Angehörige hat die Bundeswehr zurzeit?

¬ In welche Auslandseinsätze ist die Bundeswehr aktuell involviert?

¬ Wie viele Bundeswehrangehörige sind zurzeit im Auslandseinsatz?

Lösung

1. D	2. C	3. E	4. A	5. B	6. E	7. A	8. D	9. E	10. E
11. A	12. B	13. A	14. C	15. B					

Zu 1.

Die Bundeswehr wurde am 5. Mai 1955 ins Leben gerufen. Vorausgegangen war eine zum Teil heftige Debatte über die Notwendigkeit und moralische Vertretbarkeit einer deutschen Wiederbewaffnung 10 Jahre nach Ende des Zweiten Weltkriegs, in der die Regierungsmehrheit um Kanzler Konrad Adenauer vor allem die Bedeutung einer deutschen Armee für die Eingliederung in den Block der Westmächte hervorhob. Die ersten 101 Soldaten der Bundeswehr wurden am 12. November 1955 vereidigt.

Zu 2.

Die Bundesrepublik trat einen Tag nach der Gründung der Bundeswehr – nämlich am 6. Mai 1955 – der 1949 ins Leben gerufenen North Atlantic Treaty Organization („Nordatlantikpakt-Organisation") bei. Für die Westalliierten war ein eigener bundesdeutscher Beitrag zum Militärbündnis – d.h. die Aufstellung einer bundesdeutschen Armee – eine wesentliche Bedingung für die unter Bundeskanzler Konrad Adenauer angestrebte Aufnahme in die NATO.

Zu 3.

Die Truppen einer Armee lassen sich in Teilstreitkräfte untergliedern, die jeweils einen bestimmten Aufgabenbereich zu Lande, zu Wasser und in der Luft haben – in der Bundeswehr sind dies Heer, Marine und Luftwaffe. Die Teilstreitkräfte sind drei der fünf militärischen Organisationsbereiche der Bundeswehr, zu denen außerdem noch der Zentrale Sanitätsdienst und die Streitkräftebasis (SKB) zählen. Die SKB übernimmt im Einsatz und im täglichen Dienst zentrale Unterstützungs- und Dienstleistungsaufgaben (u.a. Logistik, Aufklärung, Forschung und Ausbildung).

Zu 4.

Das Hoheitszeichen der Bundeswehr ist das stilisierte Eiserne Kreuz, das ursprünglich auf das „Tatzenkreuz" des mittelalterlichen Deutschen Ordens zurückgeht und in deutschen Armeen von 1813 bis 1945 als Kriegsauszeichnung und Verdienstorden vergeben wurde. Als Hoheitszeichen der Bundeswehr dient es seit 1956.

Zu 5.

Der „Staatsbürger in Uniform" ist ein Leitbild soldatischen Selbstverständnisses. Dahinter steht der Gedanke, die Bundeswehr eng mit der Zivilgesellschaft zu verknüpfen und ihre Soldaten in die demokratischen Strukturen der Bundesrepublik zu integrieren. Der „Staatsbürger in Uniform" soll kein stumpfer Befehlsempfänger oder Angehöriger einer abgehobenen militärischen Kaste sein, sondern ein demokratischer, verantwortungsbewusster Bürger, der aktiv am politisch-gesellschaftlichen Leben teilnimmt. Anders als etwa die Angehörigen der Reichswehr zu Zeiten der Weimarer Republik besitzen Bundeswehrsoldaten daher auch das aktive und passive Wahlrecht. Grob gesagt versucht das Konzept des „Staatsbürgers in Uniform", einen Ausgleich zu schaffen: nämlich zwischen der Einschränkung vieler bürgerlicher Grundrechte durch militärische Pflichten einerseits und der gewollten politischen Mündigkeit eines Staatsbürgers andererseits.

Zu 6.

Das Amt des Wehrbeauftragten des Bundestags wurde 1956 geschaffen. Der Wehrbeauftragte soll die parlamentarische Kontrolle der Armee sicherstellen; er darf dazu eigenständig ermitteln, wenn ihm Verstöße gegen die Grundrechte einzelner Soldaten oder gegen die Prinzipien der Inneren Führung bekannt werden. Der Wehrbeauftragte des Bundestags untersteht keiner militärischen Hierarchie und ist nur gegenüber dem Deutschen Bundestag und dem Verteidigungsausschuss weisungsgebunden.

Zu 7.

Der Generalinspekteur der Bundeswehr hat als 4-Sterne-General bzw. -Admiral den höchsten militärischen Rang der deutschen Armee inne. Er berät die Bundesregierung und den Verteidigungsminister, dem gegenüber er für die Entwicklung und Umsetzung der militärischen Gesamtkonzeption verantwortlich ist.

Zu 8.

Der erste Auslandseinsatz der Bundeswehr fand 1960 statt, nachdem ein Erdbeben in der marokkanischen Hafenstadt Agadir zu schweren Schäden geführt hatte. Die Bundeswehr beteiligte sich mit Einheiten von Luftwaffe, Sanitätsdienst und ABC-Abwehrtruppe an den Hilfsmaßnahmen vor Ort. Es handelte sich jedoch nur um einen humanitären Hilfseinsatz ohne militärischen Hintergrund.

Zu 9.

Vor dem Hintergrund einer möglichen sowjetischen Bedrohung im Kalten Krieg wurde in Artikel 5 des Nordatlantikvertrags der so genannte „Bündnisfall" festgelegt: Ein bewaffneter Angriff auf einen einzelnen NATO-Staat wird demzufolge als Angriff auf alle NATO-Staaten betrachtet, die dann von ihrem „Recht der individuellen oder kollektiven Selbstverteidigung" Gebrauch machen, „einschließlich der Anwendung von Waffengewalt". In der mehr als 60-jährigen Geschichte der NATO wurde der Bündnisfall erst einmal erklärt, nämlich nach den Anschlägen auf das World Trade Center am 11. September 2001.

Zu 10.

Die Bundeswehr darf auch zu Friedenszeiten im Inneren „zur Abwehr einer drohenden Gefahr für den Bestand oder die freiheitliche demokratische Grundordnung des Bundes oder eines Landes" (Artikel 87a des Grundgesetzes) eingesetzt werden, wenn die Kräfte der Polizei und der Bundespolizei dazu nicht ausreichen. Darüber hinaus nennt Artikel 35 des Grundgesetzes die Möglichkeit der Amtshilfe durch die Bundeswehr „bei einer Naturkatastrophe oder bei einem besonders schweren Unglücksfall". Was genau ein „besonders schwerer Unglücksfall" oder eine „Gefahr für die freiheitliche demokratische Grundordnung des Bundes oder eines Landes" ist, ist jedoch nicht näher definiert und daher umstritten.

Zu 11.

Der erste Verteidigungsminister der Bundesrepublik Deutschland hieß Theodor Blank, der das Amt unter Bundeskanzler Konrad Adenauer von 1955 bis 1956 bekleidete. Ihm folgten Franz Josef Strauß, der bis 1963 Verteidigungsminister war, und erst mehrere Jahrzehnte später Volker Rühe (1992-1994). Theodor Heuss war niemals Verteidigungsminister, sondern von 1949 bis 1959 erster Bundespräsident, Ludwig Erhard war Wirtschaftsminister (1949-1963) und Bundeskanzler (1963-1966).

Zu 12.

Der Befehlsempfänger ist nicht immer zur Umsetzung des Befehls verpflichtet. Er darf eine Ausführung etwa dann verweigern, wenn die Ausführung seine Menschenwürde verletzen würde, und hat sogar die Pflicht zur Verweigerung, wenn ein Befehl eine Straftat oder eine Verletzung des Kriegsvölkerrechts zur Folge hätte.

Zu 13.

Die ISAF (International Security Assistance Force) ist eine multinationale Truppe im Rahmen eines von der NATO geführten Einsatzes in Afghanistan. Neben der Bundeswehr sind an der ISAF die USA, das Vereinigte Königreich, Italien, Kanada und zahlreiche weitere Staaten beteiligt. Die OEF (Operation Enduring Freedom) ist der Name einer von den Vereinigten Staaten angelegten Operation gegen den Internationalen Terrorismus, die nicht nur in Afghanistan, sondern auch am Horn von Afrika, auf dem afrikanischen Kontinent und den Philippinen stattfindet. An den OEF-Operationen in Afghanistan nahmen bis 2008 auch Soldaten des Kommandos Spezialkräfte (KSK) teil. KFOR ist die Abkürzung der ebenfalls von der NATO geleiteten Kosovo Force, die seit dem Ende des Kosovokriegs 1999 die Stabilität im Kosovo gewährleisten soll.

Zu 14.

Die Dienstgradhierarchie der Bundeswehr (Heer und Luftwaffe) lautet – ohne Anwärterdienstgrade und gattungsspezifische Bezeichnungen – wie folgt:

¬ Mannschaftsdienstgrade: Soldat, Gefreiter, Obergefreiter, Hauptgefreiter, Stabsgefreiter, Oberstabsgefreiter.

¬ Unteroffiziere: Unteroffizier, Stabsunteroffizier, Feldwebel, Oberfeldwebel, Hauptfeldwebel, Stabsfeldwebel, Oberstabsfeldwebel.

¬ Offiziere: Leutnant, Oberleutnant, Hauptmann, Stabshauptmann, Major, Oberstleutnant, Oberst, Brigadegeneral, Generalmajor, Generalleutnant, General.

Zu 15.

Den Oberbefehl über die deutsche Armee hat in Friedenszeiten der Bundesminister für Verteidigung inne, im Verteidigungsfall geht er auf den Bundeskanzler über. Diese und andere Regelungen für den Verteidigungsfall finden sich im Abschnitt Xa des Grundgesetzes, der 1968 in das Grundgesetz eingefügt wurde.

Allgemeinwissen

Politik und Gesellschaft

Bearbeitungszeit 5 Minuten

Beantworten Sie bitte die folgenden Aufgaben, indem Sie jeweils den richtigen Buchstaben markieren.

1. **Welche Organisation gilt als Vorläuferin der Vereinten Nationen?**

   A. Völkerrat
   B. Völkerbund
   C. Bund der Nationen
   D. Volksrat
   E. Keine Antwort ist richtig.

2. **Wogegen richtete sich die so genannte Eisenhower-Doktrin?**

   A. Zu hohe Staatsverschuldung
   B. Umweltverschmutzung
   C. Zu hohe Steuern
   D. Expansion kommunistischer Einflusssphären
   E. Keine Antwort ist richtig.

3. **Was ist das Hauptziel des Kyoto-Protokolls?**

   A. Reduzierung der Emission von Treibhausgasen
   B. Einführung energiesparender Glühbirnen
   C. Förderung des Bahnverkehrs
   D. Aufforstung der Regenwälder
   E. Keine Antwort ist richtig.

4. **Welcher Staat war nicht am so genannten 2+4-Vertrag beteiligt?**

   A. Deutsche Demokratische Republik
   B. Vereinigte Staaten von Amerika
   C. Belgien
   D. Frankreich
   E. Keine Antwort ist richtig.

5. **Welche Proteste in der DDR gingen der deutschen Wiedervereinigung voraus?**

   A. Montagsdemonstrationen
   B. Freitagsbewegung
   C. Ostermärsche
   D. Winterproteste
   E. Keine Antwort ist richtig.

6. **Was war der Vorläufer der europäischen Gemeinschaftswährung Euro?**

   A. Euromark
   B. ECU
   C. ESD
   D. Euro-Pfund
   E. Keine Antwort ist richtig.

7. **Wo hat der Internationale Strafgerichtshof seinen Sitz?**

   A. Karlsruhe
   B. Straßburg
   C. Brüssel
   D. Den Haag
   E. Keine Antwort ist richtig.

8. **Welche Stadt ist keine Hansestadt?**

   A. Hamburg
   B. Bremen
   C. Aachen
   D. Rostock
   E. Keine Antwort ist richtig.

9. **Welche Institution wurde durch den Vertrag von Maastricht gegründet?**

   A. Europäische Union
   B. Bund europäischer Landwirte
   C. Europäischer Gerichtshof
   D. Europäisches Parlament
   E. Keine Antwort ist richtig.

10. **Wann erhält eine Partei bei der Bundestagswahl Überhangmandate?**

    A. Wenn sie viele Zweit-, aber kaum Erststimmen erhält.
    B. Wenn sie mehr Direktmandate erhält, als ihr nach Zweitstimmenanteil zusteht.
    C. Wenn sie in einem Wahlkreis mehr als 90 Prozent der Zweitstimmen gewinnt.
    D. Wenn sie mehr als 50 Prozent der Zweitstimmen insgesamt gewinnt.
    E. Keine Antwort ist richtig.

Lösung

1. B	2. D	3. A	4. C	5. A	6. B	7. D	8. C	9. A	10. B

Zu 1.

Als Vorläuferorganisation der Vereinten Nationen gilt der Völkerbund, der von 1920-1940 existierte. Auf die großen außenpolitischen Streitfälle und Entscheidungen jener Zeit – z. B. den Ruhrkonflikt, die Sudetenkrise, den Spanischen Bürgerkrieg, Japans Überfall auf China, Italiens Feldzug in Abessinien, schließlich den Ausbruch des Zweiten Weltkriegs – hatte er jedoch kaum Einfluss.

Zu 2.

Der US-Präsident Dwight D. Eisenhower formulierte 1957 eine Doktrin, wonach eine vom „internationalen Kommunismus" unterstützte Aggression gegen ein Land im Nahen Osten von den USA überall und mit allen Mitteln bekämpft werden sollte. Die Doktrin wurde 1959 formal zugunsten einer eher verständigungsorientierten Politik der USA mit der Sowjetunion aufgegeben.

Zu 3.

Das Kyoto-Protokoll wurde 1997 auf der Klimaschutz-Konferenz im japanischen Kyoto verabschiedet, trat 2005 in Kraft und läuft bis 2012. Es legte zum ersten Mal überhaupt völkerrechtlich verbindliche Emissionsziele fest, die bestimmen, wie hoch der Ausstoß der Treibhausgase in den Industrieländern jeweils sein darf.

Zu 4.

Der 2+4-Vertrag ist ein Staatsvertrag, den die Deutsche Demokratische Republik, die Bundesrepublik Deutschland sowie die vier Hauptalliierten des Zweiten Weltkriegs – die Vereinigten Staaten, Großbritannien, Frankreich und die Sowjetunion – 1990 unterzeichneten. Er machte den Weg frei für die Wiedervereinigung Deutschlands, indem sich die Vertragspartner darin unter anderem auf die neuen Staatsgrenzen des wiedervereinigten Deutschlands einigten. Zudem wurde die Einbindung der Bundesrepublik in die bestehenden Bündnissysteme (NATO) bestätigt.

Zu 5.

Die ersten Montagsdemonstrationen fanden im September 1989 in Leipzig statt. Sie schlossen sich dort an die Friedensgebete an, die jeden Montagabend in der Nikolaikirche veranstaltet wurden. Die Demonstrationen wuchsen sich zu regelmäßigen Massenprotesten gegen die politischen Verhältnisse aus und griffen bald auch auf andere Städte über.

Zu 6.

Die ECU – ausgeschrieben: *European Currency Unit* (Europäische Währungseinheit) – war von 1979 bis 1998 Rechnungseinheit zunächst der Europäischen Gemeinschaften, seit 1992 Rechnungseinheit der Europäischen Union. Der Wechselkurs der ECU ergab sich aus ihren Wechselkursen gegenüber den europäischen Währungen, die in einem speziellen Verhältnis gewichtet wurden. Banknoten in ECU wurden nicht ausgegeben. Die ECU wurde am 1. Januar 1999 in einem Umrechnungsverhältnis von 1:1 auf Euro umgestellt.

Zu 7.

Der Internationale Strafgerichtshof (IStGH), 1998 durch einen internationalen Vertrag ins Leben gerufen, sitzt in Den Haag. Er ist ein ständiges Strafgericht mit Zuständigkeit für Völkermord, Verbrechen gegen die Menschlichkeit und Kriegsverbrechen. Die ersten Richter des IStGH wurden 2003 vereidigt.

Zu 8.

Bremen, Hamburg und Rostock führen auch heute noch offiziell den Beinamen Hansestadt. Historisch waren Hansestädte Städte, die dem mittelalterlichen Kaufmanns- und Städtebund der Hanse angehörten, der von der Mitte des 12. bis zur Mitte des 17. Jahrhunderts bestand. Weitere Hansestädte sind unter anderem Lübeck, Wismar, Stralsund und Lüneburg.

Zu 9.

Der Vertrag von Maastricht heißt offiziell „Vertrag über die Europäische Union". Es handelt sich dabei um den Gründungsvertrag der EU, der 1992 verabschiedet wurde, um einen übergeordneten Verbund für die existierenden Vereinbarungen im Rahmen der Europäischen Gemeinschaften zu schaffen. Die EU fußt auf einer gemeinsam koordinierten Agrar-, Wirtschafts-, Bildungs- und Sozialpolitik sowie gemeinsamem Verbraucherschutz, beinhaltet eine gemeinsame Außen- und Sicherheitspolitik und etabliert die polizeiliche und justizielle Zusammenarbeit ihrer Mitgliedsstaaten.

Zu 10.

Überhangmandate erhält eine Partei bei Bundestagswahlen, wenn sie mehr Direktmandate erhält, als ihr prozentual nach dem Anteil der abgegebenen Zweitstimmen zustehen würden. Hat eine Partei beispielsweise einen Zweitstimmenanteil von 30 Prozent, gewinnt aber gleichzeitig in 40 Prozent der Wahlkreise ein Direktmandat (d.h., ihr Kandidat gewinnt die Mehrheit der Erststimmen), so ziehen alle der durch die Erststimme direkt gewählten Vertreter in den Bundestag ein.

Allgemeinwissen

Wirtschaft und Finanzen

Beantworten Sie bitte die folgenden Aufgaben, indem Sie jeweils den richtigen Buchstaben markieren.

1. **Was versteht man volkswirtschaftlich unter dem „tertiären Sektor"?**

   A. Rohstoffgewinnung

   B. Rohstoffverarbeitung

   C. Dienstleistungsbereich

   D. Konsumgüterindustrie

   E. Keine Antwort ist richtig.

2. **Was versteht man unter dem Begriff „Goldstandard"?**

   A. Einen Ratingwert für Kapitalanlagen

   B. Die internationale Festlegung des Goldwertes

   C. Einen festgelegten Umtauschkurs der Edelmetalle zueinander

   D. Die Deckung einer Währung durch Goldreserven

   E. Keine Antwort ist richtig.

3. **Wie entwickelt sich die Wirtschaftsleistung während einer Stagflation?**

   A. Sie steigt stark an, es kommt zur Inflation

   B. Sie sinkt stark, es kommt zur Inflation

   C. Sie stagniert nach einer hohen Inflation

   D. Sie stagniert, gleichzeitig herrscht Inflation

   E. Keine Antwort ist richtig.

4. **Wodurch wird in Deutschland das Eigenkapital von Banken festgelegt, das diese für Kredite hinterlegen müssen?**

   A. Gar nicht – das liegt im Ermessen der Bank

   B. Durch die Ausfallwahrscheinlichkeit der Kredite

   C. Durch den Gesamtumsatz der Bank

   D. Nur durch die Anzahl der Kredite

   E. Keine Antwort ist richtig.

5. **Wann ist an der Börse vom Bullenmarkt die Rede?**

   A. Bei anhaltend fallenden Kursen

   B. Bei anhaltend stark steigenden Kursen

   C. Wenn Papiere aus dem Landwirtschaftssektor stark anziehen

   D. Wenn die Kurse sehr lange stabil bleiben

   E. Keine Antwort ist richtig.

6. **Worauf zielt das *Customer Relationship Management* (CRM) ab?**

   A. Marktforschung

   B. Produktsicherheit

   C. Kundenpflege

   D. Verbraucherschutz

   E. Keine Antwort ist richtig.

7. **Wozu kann das Nutzer-Investor-Dilemma führen?**

   A. Der Nutzer ist gleichzeitig Investor und hat widersprüchliche Interessen.

   B. Es wird zu viel investiert.

   C. Investitionen bleiben aus.

   D. Es wird zu unüberlegt investiert.

   E. Keine Antwort ist richtig.

Lösung

| 1. C | 2. D | 3. D | 4. B | 5. B | 6. C | 7. C |

Zu 1.

Der primäre Sektor steht für die Gewinnung, der sekundäre für die Verarbeitung von Rohstoffen, der tertiäre Sektor bezeichnet den Dienstleistungsbereich. Nach der Drei-Sektoren-Hypothese entwickelt sich eine Volkswirtschaft vom Ausgangsstadium mit einer hohen Ausdehnung des primären Sektors (geringer Maschineneinsatz) über das zweite Stadium mit fortschreitender Automatisierung (Fließband, Manufakturen) zum dritten Stadium, in dem Rohstoffgewinnung und -verarbeitung so weit automatisiert sind, dass dafür kaum noch Arbeitskraft benötigt wird: Der Übergang zur Dienstleistungsgesellschaft ist vollzogen.

Zu 2.

Unter „Goldstandard" versteht man die Deckung einer Währung durch Goldreserven der Zentralbank. Das bedeutet, dass jeder Geldwert der betreffenden Währungseinheit ein bestimmtes Quantum an Gold repräsentiert. Nach dem Ende des Zweiten Weltkriegs verfügten nur noch die USA über ausreichende Goldreserven, um ihre Währung dadurch zu decken; es etablierte sich das so genannte „Bretton-Woods-System", in dem der US-Dollar durch Gold gestützt wurde und alle übrigen Währungen durch feste Umrechnungskurse an den US-Dollar gebunden waren. Dieses System zerbrach schließlich Anfang der 70er-Jahre.

Zu 3.

Im Zustand der Stagflation treffen Inflation und stagnierende Wirtschaft zusammen. Für die Wirtschaftspolitik hat das fatale Folgen: Sie kann weder durch den Einsatz von Geld und Krediten die Stagnation bekämpfen – dies würde die Inflation antreiben – noch durch geringere Kreditaktivität die Geldmenge zu reduzieren versuchen: Dies würde die Wirtschaft noch stärker lähmen.

Zu 4.

Das zur Absicherung ausfallender Kredite vorzuhaltende Eigenkapital richtet sich nach deren Ausfallwahrscheinlichkeit. Diese Regelung empfahl der Basler Ausschuss für Bankenaufsicht im Rahmen seiner Gesamtrichtlinien für den Finanzmarkt (Basel II), sie wurde als EU-Richtlinie zum Januar 2007 rechtskräftig.

Zu 5.

Mit dem Ausdruck „Bullenmarkt" bezeichnet man an der Börse eine Phase, in der die Kurse stark anziehen. Das Gegenteil ist der Bärenmarkt: hier fallen die Kurse.

Zu 6.

Customer Relationship Management wird auch zur Neukundenakquise eingesetzt, der Fokus liegt jedoch meist auf der Pflege und Intensivierung bestehender Kundenkontakte. Dazu werden abteilungsübergreifend alle kundenbezogenen Daten und Prozesse in einer zentralen Datenbank hinterlegt und verknüpft, was eine kundenorientierte Ansprache erleichtert.

Zu 7.

Das Nutzer-Investor-Dilemma – auch Mieter-Vermieter-Dilemma genannt – besteht, wenn der Investor aus einer möglichen Investition keinen Ertrag zieht und die Investition daher unterbleibt. Der Nutzen läge ganz beim Nutzer, der wiederum investiert nicht. Beispielsweise wird ein Vermieter nur die nötigsten Investitionen im vermieteten Wohnraum vornehmen, da er die Miete nur in einem engen gesetzlichen Rahmen erhöhen darf und sich höhere Ausgaben daher nicht amortisieren. Der Mieter wiederum hat den Nachteil ausbleibender Modernisierung.

Allgemeinwissen

Recht und Grundgesetz   *Bearbeitungszeit 5 Minuten*

Beantworten Sie bitte die folgenden Aufgaben, indem Sie jeweils den richtigen Buchstaben markieren.

1. **Welche rechtliche Beziehung regelt das Privatrecht?**
   A. Beziehung des Einzelnen zum Staat
   B. Beziehung der Körperschaften untereinander
   C. Beziehung der einzelnen Bürger untereinander
   D. Beziehung juristischer Personen des öffentlichen Rechts
   E. Keine Antwort ist richtig.

2. **Was versteht man unter Gewaltenteilung?**
   A. Die Unabhängigkeit von Legislative, Exekutive und Judikative
   B. Die Bundeshoheit des Militärs
   C. Die Trennung von Politik und Kirche
   D. Die Trennung von Demokraten und Republikaner
   E. Keine Antwort ist richtig.

3. **Wann beginnt die Rechtsfähigkeit eines Menschen?**
   A. mit der Volljährigkeit
   B. mit Vollendung des 7. Lebensjahres
   C. mit Vollendung des 16. Lebensjahres
   D. mit der Vollendung der Geburt
   E. Keine Antwort ist richtig.

4. **Was bedeutet der Begriff Tarifautonomie?**
   A. Freie Vereinbarung der Tarifvertragsparteien
   B. Freie Vereinbarung der Belegschaft über Löhne und Gehälter
   C. Freie Entscheidung der Arbeitgeberverbände
   D. Freie Entscheidung der Gewerkschaften
   E. Keine Antwort ist richtig.

5. **Was bedeutet die Abkürzung AGB?**
   A. Allgemeine Geschäftsbestimmungen
   B. Allgemeine Geschäftsbedingungen
   C. Aktiengesetzbuch
   D. Aktiengesetzbestimmungen
   E. Keine Antwort ist richtig.

6. **Mit wie viel Jahren beginnt das aktive Wahlrecht?**
   A. Mit Vollendung des 7. Lebensjahres.
   B. Mit Vollendung des 16. Lebensjahres.
   C. Mit Vollendung des 18. Lebensjahres.
   D. Mit Vollendung des 21. Lebensjahres.
   E. Keine Antwort ist richtig.

7. **Was wird im rechtlichen Sinne unter „Eigentum" verstanden?**
   A. Der Besitz eines Gegenstandes.
   B. Die tatsächliche Herrschaft über einen Gegenstand.
   C. Die rechtliche Verfügungsgewalt über eine Sache.
   D. Die tatsächliche Verfügungsgewalt über eine Sache.
   E. Keine Antwort ist richtig.

8. **Wer ist an einem Zivilprozess nicht beteiligt?**
   A. Kläger
   B. Beklagter
   C. Zeugen
   D. Staatsanwaltschaft
   E. Keine Antwort ist richtig.

9. **Welche Pflichten ergeben sich aus einem Kaufvertrag für den Käufer?**
   A. Eigentumsübertragung an der Kaufsache
   B. Übergabe der Kaufsache
   C. Bezahlung des Kaufpreises
   D. Erstellung eines Kaufvertrages
   E. Keine Antwort ist richtig.

10. **Welche Pflichten ergeben sich aus einem Kaufvertrag für den Verkäufer?**
    A. Bezahlung des Kaufpreises
    B. Übergabe der Kaufsache
    C. Abnahme der Kaufsache
    D. Erstellung eines Kaufvertrages
    E. Keine Antwort ist richtig.

Lösung

| 1. C | 2. A | 3. D | 4. A | 5. B | 6. C | 7. C | 8. D | 9. C | 10. B |

Zu 1.

Das Privatrecht regelt die Beziehungen von rechtlich gleichgestellten einzelnen Bürgern zueinander nach dem Prinzip der Gleichordnung. Synonym werden die Begriffe Bürgerliches Recht und Zivilrecht verwendet, diese bezeichnen aber eigentlich nur große Teilgebiete des Privatrechts. Neben dem Privatrecht definieren die Rechtswissenschaften das öffentliche Recht als zweiten großen Bereich.

Zu 2.

Unter Gewaltenteilung versteht man die Verteilung der Staatsgewalt auf mehrere Staatsorgane zum Zwecke der Machtbegrenzung und der Sicherung von Freiheit und Gleichheit. Man unterscheidet zwischen drei Gewalten, nämlich der Gesetzgebung (Legislative), der ausführenden Gewalt (Exekutive) und der Rechtsprechung (Judikative).

Zu 3.

Rechtsfähigkeit bedeutet die Fähigkeit, Träger von Rechten und Pflichten zu sein und ist Ausdruck der personalen Würde des Menschen. Die Rechtsfähigkeit beginnt mit der Geburt und endet mit dem Tod. Die Geburt ist mit dem vollständigen Austritt des Kindes aus dem Mutterkörper vollendet, wobei es nicht auf die Lösung der Nabelschnur ankommt. Die verbreitete Rechtsmeinung ist, dass die Beendigung der Rechtsfähigkeit mit Eintreten des Hirntodes erfolgt.

Zu 4.

Die Tarifautonomie garantiert, dass ein Tarifvertrag unabhängig von staatlichen Eingriffen durch die Tarifvertragsparteien, die Gewerkschaften und Arbeitgeberverbände, vereinbart wird. Doch sind den Tarifparteien durch die Gesetzgebung gewisse Rahmenbedingungen vorgegeben, innerhalb derer Tarifverträge ausgehandelt werden können.

Zu 5.

Die allgemeinen Geschäftsbedingungen (AGB) sind für eine Vielzahl von Verträgen vorformulierte Vertragsbedingungen, die eine Vertragspartei (der Verwender) der anderen Vertragspartei bei Abschluss eines Vertrages stellt, z. B. als Zahlungs- oder Lieferbedingungen. Es ist gleichgültig, ob die Bestimmungen einen äußerlich gesonderten Bestandteil des Vertrags bilden, das was umgangssprachlich „das Kleingedruckte" genannt wird, oder in die Vertragsurkunde selbst aufgenommen werden. Der Verwender muss ausdrücklich auf die AGB hinweisen und die Möglichkeit zur Kenntnisnahme bieten, damit sie Vertragsbestandteil werden können. Zudem muss die andere Vertragspartei mit der Geltung einverstanden sein.

Zu 6.

Aktives Wahlrecht bedeutet, dass man als Wähler an einer Wahl teilnehmen darf. In Deutschland dürfen alle Deutschen, die am Wahltag das 18. Lebensjahr vollendet haben, an den Wahlen teilnehmen. Daneben gibt es das passive Wahlrecht, das den Bürgern das Recht gibt, gewählt werden zu können.

Zu 7.

Als Eigentum im rechtlichen Sinne (§§ 903 ff. BGB) wird die rechtliche Verfügungsgewalt über eine Sache bezeichnet, während mit Besitz (§§ 854 ff. BGB) die tatsächliche Gewalt über eine Sache gemeint ist.

Zu 8.

Im Zivilprozess geht es um Rechtsstreitigkeiten zwischen gleichrangigen Rechtssubjekten – Bürgern, Privatpersonen. Der Sachverhalt im Zivilprozess wird nicht von Staatswegen ermittelt, sondern das Gericht bewertet, was die gleichrangigen Parteien, in der Regel Kläger und Beklagter, vorbringen. Die Staatsanwaltschaft ist nur im Strafrecht die „Herrin des Ermittlungsverfahrens", welches ein Teil des Öffentlichen Rechts ist. Hier ermittelt sie den Sachverhalt und Fakten, die den Betroffenen be- oder auch entlasten können. Somit hat die Staatsanwaltschaft, in ihrer Funktion als solche, nichts mit dem Zivilprozess zu tun.

Zu 9.

Der Kaufvertrag verpflichtet nach § 433 II BGB den Käufer zur Bezahlung des Kaufpreises und Abnahme der Kaufsache.

Zu 10.

Der Verkäufer wird nach § 433 I BGB verpflichtet, dem Käufer die Sache zu übergeben und daran das Eigentum, frei von Sach- oder Rechtsmängeln, zu verschaffen.

Allgemeinwissen

Staatsbürgerliche Kunde

Beantworten Sie bitte die folgenden Aufgaben, indem Sie jeweils den richtigen Buchstaben markieren.

1. **Wer debattiert und verabschiedet den Bundeshaushalt in Deutschland?**
   A. Bundesversammlung
   B. Bundestag
   C. Bundesrat
   D. Bundesminister
   E. Keine Antwort ist richtig.

2. **Wer wählt in Deutschland den Bundeskanzler?**
   A. Das Volk
   B. Die Minister
   C. Der Bundestag
   D. Der Bundespräsident
   E. Keine Antwort ist richtig.

3. **Wer bestimmt in Deutschland die Minister und Richtlinien der Politik?**
   A. Der Bundeskanzler
   B. Der Bundespräsident
   C. Der Bundestag
   D. Der Bundesrat
   E. Keine Antwort ist richtig.

4. **Was bedeutet die Abkürzung BfA?**
   A. Bundesanstalt für Arbeit
   B. Bundesversicherungsanstalt für Angestellte
   C. Bundesanstalt für Angestellte
   D. Beiträge für Angestellte
   E. Keine Antwort ist richtig.

5. **Welche Aussage zum Generationenvertrag ist richtig?**
   A. Er beruht auf dem Umlageverfahren.
   B. Die heutigen Beitragszahler erhalten im Rentenalter die gleichen Beiträge zurück.
   C. Die gesetzliche Rentenversicherung muss von der Industrie gestützt werden.
   D. Die gesetzliche Rentenversicherung muss von privaten Investoren gestützt werden.
   E. Keine Antwort ist richtig.

6. **Welche Wirtschaftsordnung hat die Bundesrepublik Deutschland?**
   A. Zentralverwaltungswirtschaft
   B. Zentralplanwirtschaft
   C. Freie Marktwirtschaft
   D. Soziale Marktwirtschaft
   E. Keine Antwort ist richtig.

7. **Was bedeutet Fraktion in der Politik?**
   A. Zusammenschluss von Abgeordneten
   B. Eine andere Bezeichnung für Regierung
   C. Eine andere Bezeichnung für Opposition
   D. Die Mehrheit im Bundestag
   E. Keine Antwort ist richtig.

8. **Wessen Interessen werden in der Kommunalpolitik vertreten?**
   A. Bund
   B. Bundesländer
   C. Europäische Gemeinschaft
   D. Landkreis und Gemeinde
   E. Keine Antwort ist richtig.

9. **Wie ist die Bundesversammlung zusammengesetzt?**
   A. Ausschließlich aus Mitgliedern des Bundestages.
   B. Ausschließlich aus Vertretern der Länder.
   C. Aus Mitgliedern des Bundestages und Vertretern der Länder.
   D. Ausschließlich aus Politikern.
   E. Keine Antwort ist richtig.

Lösung

1. B	2. C	3. A	4. B	5. A	6. D	7. A	8. D	9. C

Zu 1.

Der Finanzminister legt jährlich einen Haushaltsentwurf vor, der vom Bundestag ohne Zustimmung des Bundesrates beschlossen wird. Die Debatte über den Haushalt ist traditionell eine Generaldebatte über die Politik der Bundesregierung. Die Opposition nutzt diese Gelegenheit, der Bundesregierung Mängel und Fehler vorzuwerfen und der Öffentlichkeit aufzuzeigen; die Regierung verteidigt sich ihrerseits mit Angriffen auf die Opposition.

Zu 2.

Der Bundeskanzler wird bei der Erstwahl vom Bundespräsidenten vorgeschlagen und vom Bundestag gewählt. Er wird vom Bundespräsidenten nach der Wahl im Bundestag zum Bundeskanzler ernannt.

Zu 3.

Der Bundespräsident ist zwar das Staatsoberhaupt der Bundesrepublik Deutschland, doch ist der Bundeskanzler faktisch der mächtigste deutsche Politiker und bestimmt so die Richtlinien der Politik und sein Kabinett, das allerdings vom Bundespräsidenten ernannt werden muss.

Zu 4.

Die Bundesversicherungsanstalt für Angestellte (BfA) war als eine Körperschaft des öffentlichen Rechts die größte Trägerin der gesetzlichen Rentenversicherung in Deutschland und einer der größten Sozialleistungsträger Europas. Am 1. Oktober 2005 wurde sie per Gesetz in die Deutsche Rentenversicherung überführt, die unter dem neuen Namen Deutsche Rentenversicherung Bund fungiert.

Zu 5.

Der Generationenvertrag ist ein Umlageverfahren zur Finanzierung der Renten. Die junge, arbeitende Generation finanziert durch ihre Beiträge die laufenden Renten der älteren Generation und erwartet, dass ihre Rente später durch die Beiträge der kommenden Generation bezahlt wird. Aufgrund der niedrigen Geburtenrate in Deutschland stehen die mit dem Generationenvertrag arbeitende Rentenversicherungen vor einem zunehmenden Finanzierungsproblem.

Zu 6.

In der Sozialen Marktwirtschaft fällt dem Staat die Rolle zu, auf sozialen Ausgleich hinzuwirken. Die Soziale Marktwirtschaft gilt heute als Grundlage der deutschen Wirtschafts- und Sozialordnung. Das Modell wurde von Ludwig Erhard entworfen und baut auf Elementen der freien Marktwirtschaft auf, wird jedoch durch wettbewerbspolitische und regulierende Maßnahmen des Staats ergänzt.

Zu 7.

Fraktion nennt man einen freiwilligen Zusammenschluss von Abgeordneten zur Durchsetzung ihrer politischen Interessen und Ziele in einem Parlament. In der Regel bilden die jeweiligen Parteien jeweils eine Fraktion.

Zu 8.

Die politische Arbeit in Kommunen, den Städten und Landkreisen, wird als Kommunalpolitik bezeichnet. Das Recht auf kommunale Selbstverwaltung wird den Städten und Gemeinden der Bundesrepublik Deutschland vom Grundgesetz garantiert. Danach können sie ihre Angelegenheiten im Rahmen der Gesetze eigenverantwortlich regeln. Zu diesem Zweck wählen volljährige Deutsche und EU-Staatsbürger in ihren Gemeinden das Kommunalparlament und den Bürgermeister bzw. den Landrat. Die Art der kommunalen Selbstverwaltung und die zu wählenden Organe sind auf Länderebene in den Kommunalverfassungen und Gemeindeordnungen geregelt, die in den einzelnen Bundesländern unterschiedlich sind.

Zu 9.

Die Bundesversammlung besteht aus den Mitgliedern des Bundestages und den Abgesandten der Landesparlamente. Sie wird vom Bundestagspräsidenten einberufen und ihre einzige Aufgabe besteht in der Wahl des Bundespräsidenten.

Allgemeinwissen

Interkulturelles Wissen   *Bearbeitungszeit 5 Minuten*

Beantworten Sie bitte die folgenden Aufgaben, indem Sie jeweils den richtigen Buchstaben markieren.

1. **Auf welchem Kontinent leben die meisten Menschen?**
   A. Afrika
   B. Asien
   C. Südamerika
   D. Europa
   E. Keine Antwort ist richtig.

2. **Großbritannien, Schweden, Spanien und Japan sind…?**
   A. Mitglieder der NATO.
   B. Einparteiensysteme.
   C. konstitutionelle Monarchien.
   D. ständige Mitglieder des UN-Sicherheitsrats.
   E. Keine Antwort ist richtig.

3. **Der Ramadan…?**
   A. ist der islamische Fastenmonat.
   B. ist das jüdische Neujahrsfest.
   C. ist das buddhistische Weihnachtsfest.
   D. ist das hinduistische Osterfest.
   E. Keine Antwort ist richtig.

4. **Der größte Teil der Bevölkerung Israels ist…?**
   A. muslimisch.
   B. jüdisch.
   C. christlich.
   D. konfessionslos.
   E. Keine Antwort ist richtig.

5. **Das Wort „Wodka" stammt aus dem Slawischen und bedeutet übersetzt…**
   A. Wässerchen.
   B. Schnaps.
   C. Schluck.
   D. Alkohol.
   E. Keine Antwort ist richtig.

6. **„Freiheit, Gleichheit, Brüderlichkeit" ist der Wahlspruch …?**
   A. Österreichs.
   B. Schwedens.
   C. Frankreichs.
   D. Russlands.
   E. Keine Antwort ist richtig.

7. **In welchem Land ist die Trennung von Religion und Staat in der Verfassung verankert?**
   A. Deutschland
   B. Türkei
   C. Schweiz
   D. Iran
   E. Keine Antwort ist richtig.

8. **Die berühmte französische Chemikerin und Physikerin Marie Curie stammte aus…?**
   A. Deutschland.
   B. Madeira.
   C. Norwegen.
   D. Polen.
   E. Keine Antwort ist richtig.

9. **Die Paella ist…?**
   A. das portugiesische Parlament.
   B. ein französisches Gebirge.
   C. ein spanisches Nationalgericht.
   D. ein belgisches Volksfest.
   E. Keine Antwort ist richtig.

10. **Bunte Haare, große Augen – charakteristische Figurenmerkmale in japanischen Comics, den so genannten…?**
    A. Makis.
    B. Fugus.
    C. Tangos.
    D. Mangas.
    E. Keine Antwort ist richtig.

Lösung

1. B	2. C	3. A	4. B	5. A	6. C	7. B	8. D	9. C	10. D

Zu 1.

Asien (rund 4,1 Mrd. Einwohner) ist richtig – immerhin liegen hier mit China (1,3 Mrd.) und Indien (1,2 Mrd.) die bevölkerungsreichsten Länder der Erde. Auf Rang 2 kommt Afrika mit rund einer Milliarde Menschen, gefolgt von Europa (740 Mio.), Nordamerika (530 Mio.), Südamerika (390 Mio.) und zu guter Letzt Australien/Ozeanien (36 Mio.).

Zu 2.

Die konstitutionelle Monarchie ist eine Staats- und Regierungsform, in der die Macht eines Monarchen durch eine Verfassung beschränkt und reguliert wird. Weltweit sind gut ein Dutzend Staaten konstitutionell-monarchisch verfasst – darunter Großbritannien, Schweden, Spanien und Japan. Schweden und Japan sind keine Mitglieder der NATO, und nur Großbritannien hat einen ständigen Sitz im UN-Sicherheitsrat inne.

Zu 3.

Der Ramadan ist der islamische Fastenmonat. Während der Fastenzeit essen und trinken gläubige Muslime nur von Sonnenuntergang bis Sonnenaufgang.

Zu 4.

Die demokratisch-parlamentarische Republik Israel wurde erst 1948 gegründet, beruft sich jedoch auf eine viertausend Jahre alte jüdische Tradition. Nach den Erfahrungen des Holocausts beschloss die Regierung 1950 das „Rückkehrgesetz", demzufolge jeder Jude, gleich welcher Herkunft, die israelische Staatsbürgerschaft erwerben kann. Gut 75 Prozent der israelischen Bevölkerung sind Juden, 15 Prozent sind Muslime und 2 Prozent Christen.

Zu 5.

Wodka ist farblos und annähernd geschmacksneutral. Das slawische vodka ist die Verkleinerungsform von voda, das Wasser bedeutet.

Zu 6.

„Freiheit, Gleichheit, Brüderlichkeit" (französisch: Liberté, Égalité, Fraternité) wurde im Nachhinein zur Parole der Französischen Revolution von 1789 erklärt und nach dem Zweiten Weltkrieg in die Verfassung aufgenommen. Der Wahlspruch ist als Teil des nationalen französischen Erbes heute auf vielen öffentlichen Gebäuden sowie auf Münzen und Briefmarken zu finden.

Zu 7.

Die türkische Verfassung schreibt eine strenge Trennung von Religion und Staat vor, die jedoch faktisch als staatliche Kontrolle über die Religion ausgeübt wird, indem islamische Rechtsgelehrte, Vorbeter etc. vom Staat ausgebildet werden. Grundsätzlich gilt Glaubensfreiheit für das Individuum, die privilegierte Religion ist jedoch der sunnitische Staatsislam. Das deutsche Grundgesetz garantiert zwar Religionsfreiheit, formuliert aber ein eher partnerschaftliches Verhältnis von Staat und (christlichen) Kirchen. In der Schweiz wird diese Beziehung je nach Kanton unterschiedlich ausgestaltet, die Verfassung setzt sich ein religiöses Bekenntnis „im Namen Gottes des Allmächtigen" voran. Die Islamische Republik Iran schließlich steht politisch und gesellschaftlich auf einem religiösen Fundament.

Zu 8.

Marie Curie (1867-1934) wurde im damals zu Russland gehörigen Teil Polens geboren und ging nach Paris, weil in ihrer Heimat Frauen nicht studieren konnten. Sie erhielt 1903 gemeinsam mit Henri Becquerel den Nobelpreis für Physik und 1911 den Nobelpreis für Chemie.

Zu 9.

Die Paella ist ein spanisches Reisgericht, das ursprünglich aus der Region um Valencia stammt und zum Nationalgericht avanciert ist. Die Grundzutat der Paella, der Reis, wird in der Pfanne mit regional unterschiedlichen Zutaten (Fleisch, Fisch, Meeresfrüchte) zubereitet.

Zu 10.

Auffällige Haare und große Augen sind häufige Stilmittel des modernen Mangas, des japanischen Comics, der mittlerweile auch in Deutschland populär geworden ist. Der Jahresumsatz im Manga-Genre beläuft sich hierzulande auf rund 70 Millionen Euro.

Allgemeinwissen

Physik, Chemie und Biologie

Beantworten Sie bitte die folgenden Aufgaben, indem Sie jeweils den richtigen Buchstaben markieren.

1. Ist die Schallgeschwindigkeit wetterabhängig?

A. Nein, der Schall pflanzt sich immer gleich schnell fort

B. Ja, er pflanzt sich in warmer Luft schneller fort als bei Kälte

C. Ja, er pflanzt sich in kalter Luft schneller fort als bei Wärme

D. Ja, er pflanzt sich bei Eis und Schnee schneller fort als im Sommer

E. Keine Antwort ist richtig.

2. Füllt man einen Plastikbecher zur Hälfte mit Wasser und taucht ihn anschließend in ein Wasserbecken: Wie tief taucht der Becher ungefähr ein?

A. Der Becher geht unter

B. Der Becher taucht bis zu einem Drittel unter

C. Der Becher taucht fast vollständig unter

D. Der Becher taucht bis zur Hälfte unter

E. Keine Antwort ist richtig.

3. Was sind Ionen?

A. Atome eines chemischen Elements aus der Gruppe der Actinoide

B. Elektrisch geladene Atome oder Moleküle

C. Teilchen, die keine Elektrizität leiten

D. Ionen sind Elektronen

E. Keine Antwort ist richtig.

4. Mithilfe des Sonnenlichts wird bei der Fotosynthese…?

A. Wasser in Sauerstoff und Kohlendioxid umgewandelt

B. Wasser und Kohlendioxid in Stickstoff und Glucose umgewandelt

C. Wasser und Kohlendioxid in Sauerstoff und Glucose umgewandelt

D. Kohlendioxid in Wasser umgewandelt

E. Keine Antwort ist richtig.

5. Welches Element ist der Grundstoff vieler Düngemittel?

A. Sauerstoff

B. Kohlenstoff

C. Stickstoff

D. Schwefel

E. Keine Antwort ist richtig.

6. Womit atmen Fische?

A. Mit Wasserlungen

B. Mit punktförmigen Organen unterhalb ihrer Schuppen

C. Mit den Kiemen

D. Mit speziellen Auswachsungen an den Flossen

E. Keine Antwort ist richtig.

7. Wofür sind die weißen Blutkörperchen zuständig?

A. Sauerstofftransport im Blut

B. Abwehr von Krankheitserregern

C. Schnelle Blutgerinnung

D. Transport von Nährstoffen

E. Keine Antwort ist richtig.

8. Was löst den Muskelkater aus?

A. Schlechte Sauerstoffversorgung der Muskeln

B. Überstreckung der Muskelfasern durch zu schnelle Bewegungen

C. In kleine Geweberisse eindringendes Wasser

D. Zu wenig Flüssigkeitsnachschub beim Sport

E. Keine Antwort ist richtig.

9. Ein Schluckauf ist …?

A. Ein Magenkrampf

B. Eine Lungenflügelklemmung

C. Eine Luftröhrenreizung

D. Eine Kontraktion des Zwerchfells

E. Keine Antwort ist richtig.

Lösung

| 1. B | 2. D | 3. B | 4. C | 5. C | 6. C | 7. B | 8. C | 9. D |

Zu 1.

Die Schallgeschwindigkeit ist tatsächlich nicht immer gleich. Bei sommerlichen 30° C kommt der Schall mit rund 349,2 Metern pro Sekunde voran, bei Temperaturen um den Gefrierpunkt beträgt seine Geschwindigkeit nur noch 331,5 Meter pro Sekunde.

Zu 2.

Ein getauchter Körper verdrängt stets so viel Wasser, dass die Masse des verdrängten Wassers seiner eigenen Masse entspricht (solange das Volumen des zu verdrängenden Wassers nicht größer wäre als das Eigenvolumen des Körpers). Ein zur Hälfte mit Wasser gefüllter Plastikbecher verdrängt dementsprechend genau so viel Wasser, wie er beinhaltet: Er taucht so weit ein, bis sich der Wasserspiegel innerhalb des Bechers und der Wasserspiegel des Beckens auf einer Ebene befinden. Also bis zur Hälfte.

Zu 3.

Atome oder Moleküle besitzen im neutralen Zustand genau so viele Protonen wie Elektronen. Verliert oder gewinnt nun ein Atom bzw. Molekül ein oder mehrere Elektronen gegenüber dem Normalzustand, entsteht eine elektrische Ladung und somit ein Ion: Bei Elektronenmangel ist dieses Ion positiv, bei Elektronenüberschuss negativ geladen.

Zu 4.

Die vereinfachte formale Gleichung der Fotosynthese lautet:

$6\ CO_2 + 6\ H_2O + \text{Lichtenergie} \rightarrow C_6H_{12}O_6 + 6\ O_2$

Aus Kohlen(stoff)dioxid und Wasser entstehen durch die Einwirkung von Lichtenergie Glucose und Sauerstoff.

Zu 5.

Stickstoff treibt die Pflanzenentwicklung an und gilt als wichtigste Düngerform.

Zu 6.

Durch die Kiemenatmung können Fische den im Wasser gelösten Sauerstoff aufnehmen. Aber auch manche Landlebewesen (z.B. Würmer, Krebse, Amphibienlarven, Muscheln, Schnecken) verfügen über Kiemen. Bei Würmern und Krebsen sitzen die Kiemen an ihren Extremitäten, bei manchen Muscheln und Wasserschnecken in einer Mantelhöhle genannten Hautfalte, Fische besitzen Kiemenspalten im Vorderdarm.

Zu 7.

Weiße Blutkörperchen (Leukozyten) sind Teil der Immunabwehr und finden sich im Blut, im Rücken- und Knochenmark sowie in anderen Gewebeteilen. Ihre Hauptaufgabe liegt in der Abwehr von Krankheitserregern.

Zu 8.

Durch Überbelastung können im Muskelgewebe kleine Risse auftreten, in die nach und nach Wasser einsickert. Dadurch wird das Gewebe gedehnt, die Dehnungsschmerzen nehmen wir als Muskelkater wahr. Die früher populäre Ansicht, der Muskelkater werde durch schlechte Sauerstoffversorgung und daraus resultierende Übersäuerung der Muskeln hervorgerufen, wird heute nicht mehr vertreten.

Zu 9.

Ein Schluckauf ist eine ruckartige Kontraktion des Zwerchfells. Bei Ungeborenen, Babys und Kleinkindern ist er ein wichtiger Reflex, um die Atemwege vor eindringender Flüssigkeit zu schützen. Bei Jugendlichen und Erwachsenen wird er oft durch hastiges, scharfes, kaltes oder heißes Essen ausgelöst, kann aber auch krankheitsbedingte Ursachen haben.

Allgemeinwissen

Kunst, Musik und Literatur

Beantworten Sie bitte die folgenden Aufgaben, indem Sie jeweils den richtigen Buchstaben markieren.

1. **Welche Musikinstrumente werden von der Firma Steinway produziert?**
   A. Klavier
   B. Geige
   C. Akkordeon
   D. Harfe
   E. Keine Antwort ist richtig.

2. **Welches ist kein Saiteninstrument?**
   A. Oboe
   B. Bratsche
   C. Gitarre
   D. Cello
   E. Keine Antwort ist richtig.

3. **In welchem Stil ist der Kölner Dom gebaut?**
   A. Romantik
   B. Renaissance
   C. Gotik
   D. Barock
   E. Keine Antwort ist richtig.

4. **Von wem ist das weltberühmte Gemälde „Das Lächeln der Gioconda"?**
   A. Claude Monet
   B. Michelangelo
   C. Leonardo da Vinci
   D. Edvard Munch
   E. Keine Antwort ist richtig.

5. **Wer schrieb den Roman „Farm der Tiere"?**
   A. Aldous Huxley
   B. George Orwell
   C. Roald Dahl
   D. Mark Twain
   E. Keine Antwort ist richtig.

6. **Welches Musikstück machte Maurice Ravel einem breiten Publikum bekannt?**
   A. Badinerie
   B. Halleluja
   C. Valse d'été
   D. Boléro
   E. Keine Antwort ist richtig.

7. **Welches russische Zupfinstrument zeichnet sich durch seinen dreieckigen Klangkörper aus?**
   A. Cembalo
   B. Moskauer Gitarre
   C. Balalaika
   D. Zither
   E. Keine Antwort ist richtig.

8. **Zu welchem künstlerischen Stil rechnet man Salvador Dalí und René Magritte?**
   A. Surrealismus
   B. Impressionismus
   C. Expressionismus
   D. Realismus
   E. Keine Antwort ist richtig.

Lösung

| 1. A | 2. A | 3. C | 4. C | 5. B | 6. D | 7. C | 8. A |

Zu 1.

Die Firma Steinway & Sons wurde 1853 von dem deutschen Auswanderer Henry Steinway und seinen Söhnen als Familienunternehmen gegründet. Die Familie entwickelte zahlreiche neue Techniken und Patente, die den Erfolg des Unternehmens begründeten. Jährlich werden etwa 600 Klaviere und 3000 Flügel an den Produktionsorten in New York und Hamburg gefertigt.

Zu 2.

Die Oboe ist ein Holzblasinstrument mit Doppelrohrblatt. Vorläufer dieses Instruments gab es schon um 3000 v. Chr., die heutige Form wurde im 19. Jahrhundert entwickelt. In der klassischen Musik hat die Oboe neben Flöte und Fagott seit dem Barock ihren festen Platz im Orchester und als Soloinstrument. Komponisten, die bedeutende Oboenkonzerte verfaßt haben, sind Johann Sebastian Bach, Wolfgang Amadeus Mozart, Robert Schumann, Joseph Haydn und Richard Strauss. Außerhalb der klassischen Musik findet die Oboe vor allem im Jazz Verwendung.

Zu 3.

Der Kölner Dom ist nach dem Ulmer Münster die zweithöchste Kirche Europas. Der Bau wurde im 13. Jahrhundert begonnen und erst 1880 fertig gestellt. Im Zweiten Weltkrieg wurde der Dom durch Bombentreffer stark beschädigt. Er gilt heute als Weltkulturerbe. Die Gotik entstand im 12. Jahrhundert und war geprägt von dem Bemühen, die christliche Ideenwelt darzustellen. In der Kunst spielten Symbol und Allegorie eine wichtige Rolle, das zentrale Element gotischer Baukunst ist der Spitzbogen.

Zu 4.

Leonardo da Vinci (1452-1519) porträtierte zwischen 1502 und 1505 die Frau mit dem geheimnisvollen Lächeln, die heute als „Mona Lisa" bekannt ist. Sie war die dritte Frau eines Florentiner Kaufmanns. Leonardo war nicht nur Maler, sondern auch Bildhauer, Architekt, Anatom, Mechaniker, Ingenieur und Naturphilosoph. Er schuf neben einer großen Menge von Kunstwerken unzählige Entwürfe für Kunstgegenstände, Gebäude und Maschinen. Aufgrund seiner vielfältigen Interessen und Talente gilt Leonardo heute als eines der außergewöhnlichsten Genies aller Zeiten.

Zu 5.

George Orwells Roman „Farm der Tiere" erschien 1945 und wird oft als Anspielung auf die Entwicklung der Sowjetunion gelesen. Die Tiere einer Farm verjagen den Bauern, der sie schlecht behandelt, und beschließen, sich von nun an selbst zu versorgen und demokratisch zu organisieren. Allerdings übernehmen die Schweine nach und nach die Alleinherrschaft und beuten die anderen Tiere aus. Der Roman wurde inzwischen vertont und verfilmt, teils mit starker antikommunistischer Konnotation.

Zu 6.

Maurice Ravel (1875–1937), französischer Komponist, war einer der Hauptvertreter des Impressionismus. Ravel machte sich bereits zu Lebzeiten einen Namen als Komponist, schrieb zunächst Klavierstücke und Lieder, später auch größere Orchesterwerke. Den „Boléro", ein Ballett, schrieb er 1928 im Auftrag für die russische Tänzerin Ida Rubinstein. Ravel arbeitete sehr sorgfältig, so dass sich seine Werke sämtlich durch große Genauigkeit auszeichnen.

Zu 7.

Die Balalaika ist in Deutschland vor allem als Instrument der russischen Volksmusik bekannt, hat aber durchaus ihren festen Platz in russischen Orchestern. Sie hat nur drei Saiten, von denen zwei gleich gestimmt sind, kann aber erstaunlich vielfältige Klänge hervorbringen. Nachdem sie eine Zeit lang in Vergessenheit geraten war, wurde sie Ende des 19. Jahrhunderts von Wasilij Andrejew weiterentwickelt und wieder bekannt gemacht. Inzwischen gibt es die Balalaika in sechs verschiedenen Größen.

Zu 8.

Der Surrealismus ist eine literarische und künstlerische Bewegung, die um 1920 in Paris entstand. Die Surrealisten thematisierten Unwirkliches und Traumhaftes und versuchten zum Teil, Kunst in rauschhaften Zuständen unter Ausschluss des Bewusstseins zu produzieren. Der spanische Maler Salvador Dalí (1904–1989) ist einer der Hauptvertreter des Surrealismus, René Magritte (1898–1967) gilt als einer der wichtigsten surrealistischen Künstler Belgiens.

Allgemeinwissen

Technisches Verständnis

Beantworten Sie bitte die folgenden Aufgaben, indem Sie jeweils den richtigen Buchstaben markieren.

1. **Die drei Glühlampen A, B und C brennen gleich hell. Was geschieht, wenn in folgender Schaltung Glühlampe A defekt ist, so dass sie erlischt?**

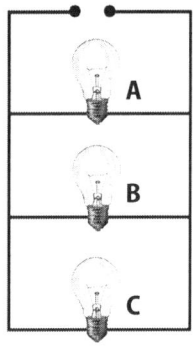

A.   Die Glühlampen B und C erlöschen ebenfalls.

B.   Die Glühlampen B und C leuchten heller als zuvor.

C.   Die Glühlampen B und C leuchten unverändert weiter.

D.   Die Glühlampe B leuchtet ein wenig heller als C.

E.   Keine Antwort ist richtig.

2. **Welches der beiden Boote bewegt sich vorwärts?**

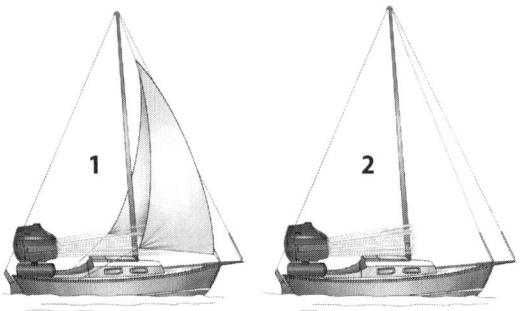

A.   Boot 1 fährt vorwärts.

B.   Boot 2 fährt vorwärts.

C.   Beide Boote fahren vorwärts.

D.   Keines der Boote fährt vorwärts.

E.   Keine Antwort ist richtig.

3. **In welche Richtung dreht sich das obere Rad, wenn das Antriebsrad in Pfeilrichtung gedreht wird?**

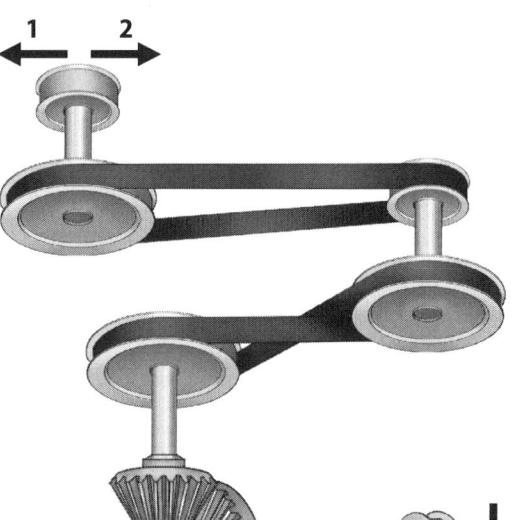

A.   In Richtung 1

B.   In Richtung 2

C.   hin und her

D.   gar nicht

E.   Keine Antwort ist richtig.

4. Welche der Räder drehen sich in die gleiche Richtung wie Rad 1?

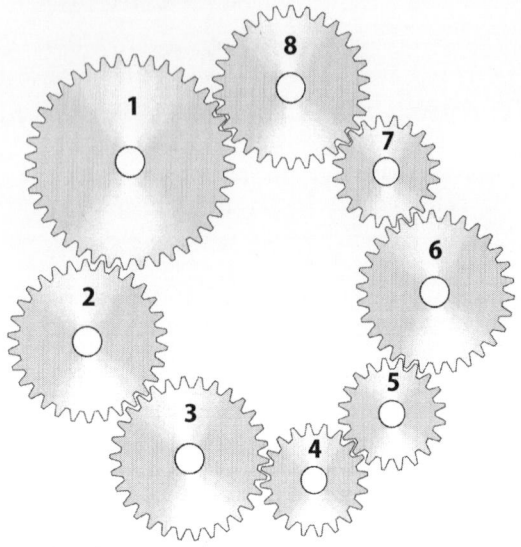

A. 6 und 4

B. 6, 4 und 2

C. 7, 5 und 3

D. 4 und 2

E. Keine Antwort ist richtig.

5. Welche der Ventile 1 bis 3 müssen geöffnet werden, damit sich nur der rechte Behälter rasch leert?

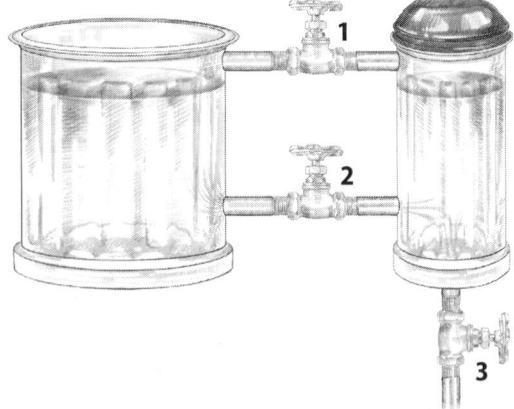

A. Ventile 1 und 2

B. Ventile 2und 3

C. Ventile 1 und 3

D. Nur Ventil 3

E. Keine Antwort ist richtig.

6. Welches Rad in der Skizze dreht sich am langsamsten?

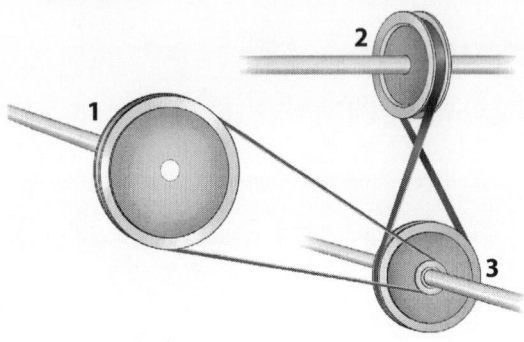

A. Rad 1

B. Rad 2

C. Rad 3

D. Es drehen sich alle Räder gleich schnell.

E. Keine Antwort ist richtig.

7. Welcher der vier Rahmen ist am stabilsten?

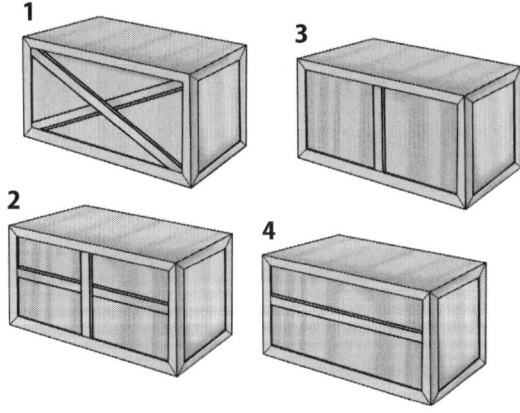

A. Rahmen 1

B. Rahmen 2

C. Rahmen 3

D. Rahmen 4

E. Keine Antwort ist richtig.

8. Welche der Vasen 1 bis 4 fällt am leichtesten um?

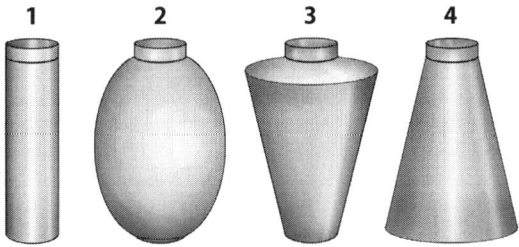

A. Vase 1
B. Vase 2
C. Vase 3
D. Vase 4
E. Keine Antwort ist richtig.

9. Mit welcher Sandformation lässt sich die Schubkarre am leichtesten fahren?

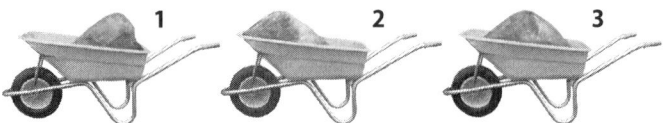

A. Auf Schubkarre 1
B. Auf Schubkarre 2
C. Auf Schubkarre 3
D. Es gibt keinen Unterschied.
E. Keine Antwort ist richtig.

10. Welche der vier Flächen kann das meiste Gewicht tragen?

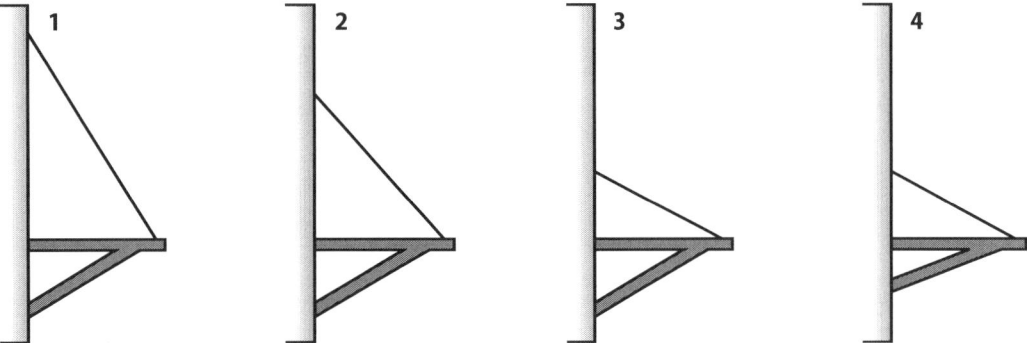

A. Die Fläche bei Abbildung 1
B. Die Fläche bei Abbildung 2
C. Die Fläche bei Abbildung 3
D. Die Fläche bei Abbildung 4
E. Keine Antwort ist richtig.

Lösung

1. C	2. D	3. B	4. C	5. C	6. A	7. A	8. C	9. B	10. A

Zu 1.

Bei einer Parallelschaltung – z. B. dem Stromkreis im Haushalt – liegt an allen Verbrauchern die gleiche Spannung an, unabhängig davon, ob ein Verbraucher ausfällt oder hinzukommt. Ist im skizzierten Fall die Glühlampe A defekt, ändert sich für die anderen Verbraucher weder Stromstärke noch Spannung, und ihre Leistung bleibt gleich: Sie leuchten unverändert weiter.

Zu 2.

Wäre es möglich, Boot 1 in der abgebildeten Weise anzutreiben, könnte es auch ein Passagier bewegen, der gegen den Mast drückte – beides funktioniert nicht. Und zwar, weil im skizzierten Fall Föhn, Segel und Boot eine Einheit bilden: Mit demselben Kraftbetrag, mit dem der Föhn Luft gegen das Segel bläst und das Segel das Boot nach rechts schieben will, stößt sich der Föhn durch den Luftausstoß gegen die Umgebungsluft nach links ab – die Kräfte neutralisieren sich, das Boot bleibt stehen.

Auch das rechte Boot wird sich nicht merklich bewegen: Zwar wirkt hier nur die Kraft des Föns auf die Umgebungsluft, durch die er das Boot leicht nach links treibt, doch dieser Effekt ist äußerst gering.

Zu 3.

Es gilt: Werden zwei Räder durch Riemen verbunden, drehen sie sich in derselben Richtung. Anders jedoch, wenn ein Riemen gekreuzt wird – dann kommt es zu einem Wechsel des Drehsinns.

Rotiert demnach das Antriebsrad in Pfeilrichtung, bewegt sich auch der Zahnkranz im Uhrzeigersinn. Dadurch drehen sich der Kolben und das mit ihm verbundene Rad linksherum, durch die Kreuzung des Riemens laufen wiederum im Folgenden alle weiteren Räder rechtsherum.

Zu 4.

Wenn ein Zahnrad in ein zweites greift und seine Rotation dadurch überträgt, dann dreht sich das zweite Rad im entgegengesetzten Drehsinn. Überträgt das zweite Zahnrad seine Rotation wiederum auf ein drittes, bewegt sich dieses entgegengesetzt zum zweiten, also in der gleichen Drehrichtung wie das erste. Anders ausgedrückt: In einer Kette miteinander verbundener Zahnräder rotieren immer die jeweils übernächsten in derselben Drehrichtung. In die gleiche Richtung wie Rad 1 drehen sich demnach die Räder 3, 5 und 7.

Zu 5.

Um den rechten Behälter zu leeren, muss das Abflussventil 3 auf jeden Fall geöffnet werden. Öffnet man zugleich Ventil 2, entleert sich außerdem noch der linke Behälter – was es jedoch laut Aufgabenstellung zu vermeiden gilt. Es reicht aber auch wiederum nicht aus, nur Ventil 3 zu öffnen: Da der rechte Behälter geschlossen ist, entsteht darin nämlich durch das ablaufende Wasser ein Unterdruck. Wie beim Trinken aus einer Wasserflasche, wobei bei jedem Schluck etwas Luft in die Flasche zurückströmt, um den Druck auszugleichen, wird nun über Ventil 3 Luft in den rechten Behälter gesaugt. Das Wasser läuft dadurch langsamer ab. Öffnet man zusätzlich Ventil 1, lässt sich dieser Effekt vermeiden: Die zum Druckausgleich benötigte Luft strömt nun gleichmäßig über Ventil 1 in den rechten Behälter, der sich so rasch entleeren kann.

Zu 6.

Ein Antriebsriemen bewegt sich mit der gleichen Eigengeschwindigkeit um jedes der mit ihm verbundenen Antriebsräder. Verbindet er zwei gleich große Räder, laufen beide gleich schnell. Verbindet er jedoch Räder unterschiedlicher Größe, läuft das kleinere stets schneller um die eigene Achse als das größere: Wenn sich beispielsweise ein Rad mit einem Umfang von einem Meter einmal um sich dreht, wird auch der Riemen um einen Meter weiterbewegt. Überträgt er nun diese Bewegung auf ein Rad mit einem Umfang von nur einem halben Meter, muss dieses Rad folgerichtig zweimal vollständig rotieren.

Einen solchen Größenunterschied findet man in der Skizze zunächst zwischen Rad 1 und Rad 3. Bei diesem gilt zusätzlich: Ist ein Rad an einem zweiten Rad befestigt, drehen sich beide Räder in gleichen Zeiten einmal um die eigene Achse, ihre Umdrehungsfrequenz ist also gleich. So nimmt die Geschwindigkeit der Räder von 3 nach 1 ab. Rad 1 ist demzufolge das langsamste aller Räder, und die Räder 2 und 3 etwa gleich schnell.

Zu 7.

Die Stabilität der Rahmen hängt ab von ihrer jeweiligen Kräfteaufnahme und -verteilung, wobei ein guter Rahmen bei Belastungen gleich welcher Art und Richtung durch gute Kraftverteilung formstabil bleiben sollte. Die mittlere Stützstrebe von Rahmen 3 hilft jedoch nur bei zentral angreifenden, senkrecht wirkenden Kräften und verteilt auch dann die Kräfte schlecht weiter. Rahmen 2 wiederum verteilt waagerechte und senkrechte Kräfte schlecht, diagonale Kräfte gar nicht. Nur bei Rahmen 1 werden Kräfte, egal aus welcher Richtung sie angreifen, an sämtliche Streben des Rahmens weitergegeben, die sich so gegenseitig stabilisieren können.

Zu 8.

Die Stabilität der Gefäße hängt ab von ihrem jeweiligen Schwerpunkt und ihrer Standfläche: Ideal ist eine große Fläche bei tief sitzendem Schwerpunkt. Vase 3 erfüllt eher das Gegenteil dieser Bedingungen – ihre Masse sitzt größtenteils weit oben, ihr Boden dagegen ist vergleichsweise schmal. Sie fällt daher am leichtesten um.

Zu 9.

Um die gefüllte Schubkarre mit möglichst wenig Mühe zu bewegen, sollte die Hebelwirkung möglichst groß sein. Das bedeutet: Je weiter die zu bewegende Last nach vorne rückt, desto länger wird der Hebelarm, durch den das Gewicht bewegt werden muss, und desto größer ist die entsprechende Hebelwirkung. In Schubkarre 2 ist der Sand daher am günstigsten aufgeladen.

Zu 10.

Die Tragfähigkeit der Flächen hängt davon ab, wie die unter Belastung auftretenden Kräfte jeweils aufgenommen bzw. abgeleitet werden. Die auf der Fläche aufliegende Last übt eine senkrechte Kraft auf die Fläche aus, die es zu einem möglichst hohen Anteil an die stabile Wandfläche links abzuleiten gilt. Ist die Stützstrebe jedoch so nahe an der tragenden Fläche angebracht wie in Abbildung 4, kann sie die auftretenden Kräfte kaum ableiten und ist daher wenig hilfreich. Auch das Tragseil gibt hier relativ wenig Kraft an die Wandfläche weiter. Daher ist Konstruktion 1 am geeignetsten, bei der sowohl Strebe als auch Seil in einem großen Winkel zur tragenden Fläche angebracht sind.

Sprachverständnis

Aufsatz

**Bitte verfassen Sie einen kurzen Aufsatz zum Thema:
„Warum haben Sie sich für diesen Beruf entschieden?"**

Hierzu haben Sie 10 Minuten Zeit.

Musterantwort

Ich habe mich aus verschiedenen Quellen über den Polizeiberuf informiert und dabei festgestellt, dass er mir gefällt und gut zu mir passt. Durch das Berufsinformationszentrum der Agentur für Arbeit, das Internet und auf einem Messestand der Polizeischule in Frankfurt konnte ich mich umfangreich erkundigen. Daher bin ich davon überzeugt, dass ich alle wichtigen Voraussetzungen für eine Ausbildung zum Polizeibeamten/in mitbringe und meine Fähigkeiten und Eigenschaften sinnvoll in diese Berufsausbildung einbringen kann.

Die Hauptaufgabe der Polizei besteht in der Aufrechterhaltung der inneren Sicherheit. Dabei geht es um den Schutz der Gesellschaft und des Staates vor Kriminalität, Terrorismus und vergleichbaren Bedrohungen, die sich aus dem Inneren der Gesellschaft selbst heraus entwickeln. Die Polizei hat die Aufgabe, mögliche Gefahren für die öffentliche Sicherheit und Ordnung abzuwehren.

Für einen Polizisten ist kein Tag wie der andere. Ständig steht man in verschiedenen Situationen, in denen man schnell und überlegt handeln und anderen Menschen helfen muss. Der Umgang mit Menschen bereitet mir viel Spaß und Freude. Als aufgeschlossener und freundlicher Mensch habe ich keine Mühe, den Kontakt zu Menschen herzustellen und ihnen zu helfen. Durch meine gewählte Ausdrucksweise, höfliche Art und mein sicheres Auftreten und Verhalten kann ich bei Problemen und Eskalationen förderlich mitwirken und helfen.

Aufgrund meiner schnellen Auffassungsgabe, Motivation und Flexibilität wird es mir leichtfallen, die Zusammenhänge zwischen den einzelnen Bereichen und Aufgaben der Polizei herzustellen. Da ich eine sehr zuverlässige und aufrichtige Person bin, jederzeit für die demokratische Grundordnung eintrete und das Grundgesetz als Basis unseres freiheitlichen Staates sehr schätze, würde ich auch gerne beruflich dafür eintreten.

Ich bin lernwillig und Neuem gegenüber aufgeschlossen. Das Arbeiten im Team bereitet mir große Freude, da man gemeinsam bessere Ergebnisse erzielen und voneinander lernen kann. Zudem gewährt ein hohes Maß an Belastbarkeit, dass ich für diesen Beruf der geeignete Kandidat bin.

Erläuterung des Aufsatzes

Es geht nicht darum, dass Sie für Ihre Prüfung diesen Musteraufsatz auswendig lernen oder kopieren. Dieser Musteraufsatz ist nur eine Möglichkeit der Darstellung. Ein Aufsatz mit der Fragestellung der Berufsentscheidung muss natürlich auf Ihre Person bezogen sein.

Folgende Punkte sollten Sie dazu auf Ihre Person abgestimmt thematisieren:

¬ Sie haben sich über das Berufsbild des Polizisten informiert und können dazu Ihre Informationsquellen angeben.

¬ Sie kennen sich mit dem Berufsbild gut aus und können dieses in Grundzügen in eigenen Worten beschreiben.

¬ Sie können Basisinformationen über die Polizei und staatliche Grundordnung einbringen.

¬ Sie können Ihre persönlichen Qualifikationen benennen, die Sie für die Ausbildung qualifizieren.

¬ Sie geben Ihrem Willen Ausdruck, dass Ihnen viel darin liegt, den Ausbildungsplatz zu bekommen.

Optimal ist es, wenn Sie in diesem Teil kurz und verständlich begründen können, weshalb man sich für Sie entscheiden sollte. Zudem geht es darum zu sehen, wie Sie an ein Thema herangehen, ob Sie es sinnvoll gliedern können und sinnvoll argumentieren. Zugleich werden mit dem Aufsatz Ihre Rechtschreibkenntnisse und Ihr Wortschatz überprüft. Zehn Minuten sind nicht viel Zeit, um den Aufsatz sauber und vernünftig zu formulieren. Daher ist es empfehlenswert, dieses im Voraus mehrmals zu üben. Achten Sie darauf, dass Ihre Schrift leserlich ist und Sie das Formular zur Verfassung des Aufsatzes ordentlich beschrieben abgeben.

Sprachverständnis

Diktat

Um das Diktat zu üben, lassen Sie sich diesen Text bitte vorlesen. Werten Sie das Diktat dann im Vergleich mit der Vorlage sorgfältig aus und vergessen Sie dabei nicht die Zeichensetzung. Sie sollten zum Bestehen des Tests nicht mehr als 15 Fehler begehen – umso weniger Fehler Sie machen, umso besser ist das für Ihr Gesamtergebnis.

Massenkarambolage auf der Autobahn

Auf der A66 bei Frankfurt ereignete sich vergangenen Sonntag ein skurriler Unfall, eine Vielzahl von Verkehrsteilnehmern samt Vehikel waren verwickelt. Der Unfall ereignete sich praktisch vor Publikum. Passanten, die das Szenario beobachteten, gaben das Folgende zu Protokoll:

Nach einem Regenschauer geriet ein Audi samt Pferdetransporter auf dem Weg in Richtung Wiesbaden auf der nassen Fahrbahn ins Schleudern. Als der Fahrer das Fahrzeug allmählich wieder unter Kontrolle hatte, am Seitenstreifen anhielt und nach dem Pferd sehen wollte, drehte das Pferd endgültig durch, sprang aus dem Anhänger und verschwand galoppierend in ein nahe liegendes Waldstück. Da das Tier über die Fahrbahn lief, wurden andere Autofahrer irritiert. So verlor nämlich eine 36-Jährige die Kontrolle über ihren Passat, geriet ins Schleudern, prallte gegen die Außenschutzplanke und blieb entgegen der Fahrtrichtung auf der Fahrbahn stehen. Die Frau gab nach der Befragung durch die Polizisten an, sie habe gedacht, eine Halluzination zu erleben, da sie in eben dem Moment, als das Pferd erschien, an ein Pferdekarussell gedacht hatte. Ein Golf-Fahrer reagierte zu spät, sein Fahrzeug prallte in den Passat und der offensichtlich nicht angeschnallte Fahrer wurde aus dem Fahrzeug geschleudert. Er musste ins Krankenhaus gebracht und in der Chirurgie noch am selben Abend operiert werden; der Betroffene ist mittlerweile außer Lebensgefahr.

Getreu dem Prinzip einer Kettenreaktion entstand nun ein regelrechtes Chaos. Ein Lkw, der Jalousien und Ventilatoren transportierte, musste aufgrund der Verkehrbehinderung scharf bremsen; hierbei verlor er einen Großteil der Waren. Ein weiterer Lkw, der Pkws transportierte, war ebenso verwickelt; durch den Auffahrunfall wurde die Hydraulik des Transporters zerstört, die Pkws rutschten von der Ladefläche auf die Fahrbahn, weitere Pkws fuhren auf. Als die Polizei vor Ort erschien, mussten sie sich ihren Weg durch das Labyrinth aus Lkws, Pkws, Ventilatoren, Jalousien und anderen Gegenständen bahnen.

Bedeutendster Unfallteilnehmer war der Fußballspieler Sebastian Kehl, der auf dem Weg von einem Münchener Rehabilitationszentrum war, in dem er sich einer Kernspintomografie hatte unterziehen müssen. Das Resümee des Fußballers: „Der Unfall war Chaos auf höchstem Niveau. Die Polizisten mussten an die Unfallteilnehmer appellieren, nicht die Fassung zu verlieren." Der durch den Unfall entstandene Schaden wird auf 850.000 € beziffert.

Sprachverständnis

Zeugenaussage

Nachdem Sie sich die Zeugenaussage durchgelesen haben, sollten Sie alle wichtigen Informationen in einem schriftlichen Bericht zusammenfassen, auf Grundlage dessen weitere polizeiliche Ermittlungen eingeleitet werden sollen.

Zeugenaussage Frau Müller zum Vorfall vom 15.06.2009

Am Mittwoch, den 15.06.2009, fuhr Frau Müller gegen 14.00 Uhr mit dem Fahrrad von der Arbeit nach Hause. Als sie mit dem Fahrrad auf der Frankfurter Straße fuhr, hörte sie Schreie aus einem Waldstück. Sie näherte sich dem Waldstück und sah, wie ein unbekannter Mann ein junges Mädchen gegen dessen Willen in unwegsames Gelände zerrte. Der Mann war ca. 190 cm groß, hatte einen Vollbart, langes Haar und trug eine schwarze Jeanshose. Er sah ungepflegt und etwas verstört aus. Über dem Auge hatte er eine Schnittwunde von ca. 2 cm. Er trug zudem eine schwarze Lederjacke und schwarze Handschuhe. Frau Müller ist beiden Personen daraufhin gefolgt und konnte sehen, wie der unbekannte Mann das junge Mädchen hinter eine Lagerhalle verschleppte und dann in einem roten Mercedes Jeep davonfuhr. Das junge Mädchen war ca. 6 Jahre alt, trug hellblondes und schulterlanges Haar und war mit einem roten Oberteil sowie mit einer blauen Jeanshose bekleidet. Sie fuhren mit dem Geländewagen in den Stadtwald zwischen Frankfurt und Neu Isenburg. Dort verlor Frau Müller beide Personen aus den Augen. Frau Müller hat den Vorfall umgehend der Polizei gemeldet. Es wird angenommen, dass es sich hierbei um eine Kindesentführung handelt.

Erläuterung zur Zeugenaussage

Nachdem Sie sich die Zeugenaussage durchgelesen haben, sollten Sie die wichtige von den unwichtigen Informationen trennen und in einem schriftlichen Bericht sachlich, verständlich, knapp und korrekt zusammenfassen. Vermeiden Sie Gefühle, Gedanken, Ausrufe und Vergleiche. Der Berichtende stellt keine persönliche Meinung, sondern den Sachverhalt in den Mittelpunkt.

Nutzen Sie möglichst keine wörtliche Rede und bleiben Sie in der einfachen Vergangenheitsform (Präteritum). Beachten Sie dabei, dass auf Grundlage dessen weitere polizeiliche Ermittlungen eingeleitet werden sollen.

Bei der Verfassung eines schriftlichen Berichtes sollten Sie folgenden Aufbau befolgen:

Einleitung

Wo:	Ort des Geschehens
Wann:	Uhrzeit und Datum des Geschehens
Wer:	Beteiligte Personen
Was:	Art des Geschehens (z. B. Verkehrsunfall, Überfall etc.)

Hauptteil

Was/Wie/Warum:	Einzelheiten zum Geschehen
	Die zeitliche Reihenfolge exakt einhalten
	Mögliche Begründungen aufnehmen
	Keine Spannungskurve aufbauen
	Der Bericht sollte gradlinig, sachlich und ohne Höhepunkte geschrieben sein

Schluss

Welche Folgen:	Folgen des Geschehens
	Ergebnisse

Beginnen Sie nun damit die gelesenen Informationen aus dem Gedächtnis in einen schriftlichen Bericht zusammenfassen, auf Grundlage dessen weitere polizeiliche Ermittlungen eingeleitet werden sollen.

Sprachverständnis

Textverständnis prüfen

Bei dieser Aufgabe wird ihr Textverständnis geprüft.

Bitte lesen Sie dazu die folgenden Rechtsvorschriften in den nächsten 5 Minuten aufmerksam durch und versuchen Sie, ihren inhaltlichen Kern zu verstehen. Anschließend werden Ihnen einige Fragen zum Text gestellt, die Sie schriftlich zu beantworten haben.

---

§ 1 Aufgaben der Verwaltungsbehörden und der Polizei

(1) Die Verwaltungsbehörden und die Polizei haben gemeinsam die Aufgabe der Gefahrenabwehr. Sie treffen hierbei auch Vorbereitungen, um künftige Gefahren abwehren zu können. Die Polizei hat im Rahmen ihrer Aufgabe nach Satz 1 insbesondere auch Straftaten zu verhüten.

(2) Die Polizei wird in den Fällen des Absatzes 1 Satz 1 tätig, soweit die Gefahrenabwehr durch die Verwaltungsbehörden nicht oder nicht rechtzeitig möglich erscheint. Verwaltungsbehörden und Polizei unterrichten sich gegenseitig, soweit dies zur Gefahrenabwehr erforderlich ist.

(3) Der Schutz privater Rechte obliegt den Verwaltungsbehörden und der Polizei nach diesem Gesetz nur dann, wenn gerichtlicher Schutz nicht rechtzeitig zu erlangen ist und wenn ohne verwaltungsbehördliche oder polizeiliche Hilfe die Verwirklichung des Rechts vereitelt oder wesentlich erschwert werden würde.

(4) Die Polizei leistet anderen Behörden Vollzugshilfe (§§ 51 bis 53).

(5) Die Polizei hat ferner die Aufgaben zu erfüllen, die ihr durch andere Rechtsvorschriften übertragen sind.

Die Bestimmungen entstammen dem „Niedersächsischen Gesetz über die öffentliche Sicherheit und Ordnung" in der aktuell gültigen Fassung vom 19. Januar 2005.

Erläuterung zum Textverständnis

Als Polizist sollten Sie über Ihre Aufgaben und Rechte im Klaren sein – das setzt voraus, dass Sie auch komplizierte Gesetzestexte verstehen können. Diese gliedern sich in durchnummerierte Paragraphen (§), Absätze (im vorliegenden Fall (1) – (5)) und schließlich einzelne Sätze. Aufgaben zum Textverständnis zählen zum Standardrepertoire beim Einstellungsverfahren der Polizei.

Versuchen Sie besser nicht, den vorliegenden Paragraphentext komplett auswendig zu lernen: Es geht hier nicht um Ihr „fotografisches Gedächtnis". Konzentrieren Sie sich stattdessen auf die Kernaussagen der einzelnen Abschnitte, die Sie ohne Weiteres in eigenen Worten wiedergeben können, solange ihr Sinn beibehalten wird. Achten Sie bei Ihrer Antwort auf einen logischen Aufbau und eine korrekte Rechtschreibung.

Nachdem Sie sich den Gesetzestext durchgelesen haben, beantworten Sie bitte nun die folgenden Fragen schriftlich.

1. **Was ist die zentrale Aufgabe von Polizei und Verwaltungsbehörden?**

2. **Was unternehmen Polizei und Verwaltungsbehörden nach Absatz (1) auch, um ihre zentrale Aufgabe wahrzunehmen?**

3. **Wann darf die Polizei überhaupt tätig werden?**

4. Wann greift die Polizei zum Schutz privater Rechte ein?

_____

_____

_____

_____

_____

_____

5. Wann und wie arbeitet die Polizei laut dem vorliegenden Text mit anderen Behörden zusammen?

_____

_____

_____

_____

_____

_____

Musterantworten

Zu 1.

Die zentrale Aufgabe der Polizei und der Verwaltungsbehörden wird in Absatz (1) genannt – sie besteht in der Gefahrenabwehr. Alle weiteren Bestimmungen zielen auf diese oberste Prämisse der Behörden- und Polizeiarbeit ab.

Zu 2.

Nach Absatz (1) übernehmen Polizei und Verwaltungsbehörden auch die Präventionsarbeit: Die Polizei soll also nicht nur auf bereits existierende Gefahren reagieren, sondern auch verhindern, dass sie überhaupt entstehen. Dazu trifft sie „Vorbereitungen, um künftige Gefahren abwehren zu können". Insbesondere nennt der Gesetzestext die vorbeugende Verhütung von Straftaten.

Zu 3.

Die Polizei darf gemäß Absatz (2) des Gesetzes tätig werden, „soweit die Gefahrenabwehr durch die Verwaltungsbehörden nicht oder nicht rechtzeitig möglich erscheint". Das Gesetz formuliert also gewissermaßen einen Vorbehalt: Ein polizeilicher Eingriff ist erst dann erforderlich, wenn die Gefahr nicht auf anderem Wege durch die Verwaltungsbehörden (z.B. Justiz, Ordnungsamt, Jugendamt … – dies wurde in der Aufgabenstellung nicht angegeben) abgewehrt werden kann.

Zu 4.

Die Polizei ist nicht grundsätzlich mit dem Schutz privater Rechte betraut und nicht mit einem privaten Sicherheitsdienst zu verwechseln, der z.B. zur Absicherung privater Veranstaltungen nach Belieben bestellt werden kann. Polizei und Verwaltungsbehörden übernehmen die Schutzleistung nach Absatz (3) des Gesetzes nur, wenn „gerichtlicher Schutz nicht rechtzeitig zu erlangen ist und wenn ohne verwaltungsbehördliche oder polizeiliche Hilfe die Verwirklichung des Rechts vereitelt oder wesentlich erschwert werden würde". Auch hier wird ein Vorbehalt formuliert: Der Schutz von Privatrechten obliegt der Polizei nur dann, wenn er auf anderem (gerichtlichem, behördlichem) Wege nicht zu gewährleisten ist.

Zu 5.

Über die Zusammenarbeit mit den Behörden geben die Absätze (2) und (4) des vorliegenden Textes Auskunft. Zum einen kooperieren Polizei und Verwaltungsbehörden bei der Gefahrenabwehr – die die Polizei übernimmt, wenn die Behörden sie nicht sicherstellen können –, zum anderen leistet sie den Behörden Vollzugshilfe: So kann z.B. das Ordnungsamt die Polizei bitten, eine gefährliche Person mithilfe von unmittelbarem Zwang (etwa durch körperliche Gewalt, die Beamte des Ordnungsamts nicht ausüben dürfen) in Gewahrsam zu nehmen.

Sprachverständnis

Gesetzestext anwenden

Lesen Sie sich in den nächsten 5 Minuten die folgenden Rechtsvorschriften aus einer Stadtverordnung der Hansestadt Lübeck aufmerksam durch.

Versuchen Sie, den Inhalt und Kern des Textes zu verstehen, um im Anschluss daran einige Fragen zum Inhalt der Verordnung schriftlich beantworten zu können.

Erläuterung zum Textverständnis

Für Polizeibeamte sind gute Rechtskenntnisse sehr wichtig: Zum einen überwachen Polizisten die Einhaltung bestehender Gesetze – sie müssen wissen, was erlaubt ist und was nicht –, zum anderen erlaubt ihnen der Gesetzgeber, in die Rechte eines Bürgers einzugreifen und polizeirechtliche Maßnahmen zu ergreifen, die vom Platzverweis bis zur Überführung in Polizeigewahrsam reichen können. Dabei dürfen Polizeibeamte unmittelbaren Zwang, z.B. körperliche Gewalt, einsetzen. Doch welche Aktionen in welchen Situationen erlaubt sind, bestimmt das Gesetz.

Konzentrieren Sie sich beim Lesen des Textes besonders auf die Fragen: Wer darf was, und unter welchen Bedingungen? Wann dürfen welche Strafen ausgesprochen werden?

Stadtverordnung über den Anleinzwang von Hunden im Lübecker Innenstadtbereich

Aufgrund des § 175 des Allgemeinen Verwaltungsgesetzes für das Land Schleswig-Holstein (LVwG) in der Fassung der Bekanntmachung vom 2. Juni 1992 (GVOBl. Schl.-H. S. 243, ber. S. 534), zuletzt geändert durch Gesetz vom 15. Februar 2005 (GVOBl. Schl. H . S. 168) in Verbindung mit § 17 des Gesetzes zur Vorbeugung und Abwehr der von Hunden ausgehenden Gefahren (Gefahrhundegesetz – GefHG) vom 28.01.2005 (GVOBl. Schl. H. S. 51), wird mit Genehmigung des Innenministeriums des Landes Schleswig-Holstein vom 11. Mai 2005 für den Innenstadtbereich der Hansestadt Lübeck verordnet:

§ 1 Anleinzwang

(1) Hunde sind auf öffentlichen Straßen, Wegen, Plätzen und Anlagen im Innenstadtbereich mit Ausnahme besonders ausgewiesener Hundeauslaufgebiete anzuleinen. Der Innenstadtbereich wird ab der Hubbrücke begrenzt durch den Wasserverlauf Hansahafen, Holstenhafen (…). Die Brücken über dem Wasserverlauf gehören nicht mit zum Innenstadtbereich.

(2) Die Grenzen des Gebietes sind in dem anliegenden Übersichtsplan gekennzeichnet.

§ 2 Ausnahmen

§ 1 gilt nicht für Diensthunde von Behörden, Such- und Rettungshunde sowie Behindertenbegleit- und Blindenhunde, soweit der bestimmungsgemäße Einsatz dies erfordert.

§ 3 Ordnungswidrigkeiten

(1) Ordnungswidrig im Sinne des § 175 Abs. 3 Allgemeines Verwaltungsgesetz für das Land Schleswig-Holstein handelt, wer vorsätzlich oder fahrlässig entgegen § 1 Abs. 1 dieser Verordnung als Hundehalter oder Hundeführer einen Hund auf öffentlichen Straßen, Wegen, Plätzen und Anlagen im Innenstadtbereich nicht anleint.

(2) Die Ordnungswidrigkeit kann mit einer Geldbuße bis zu 1.000,- Euro geahndet werden.

§ 4 Inkrafttreten, Geltungsdauer

(1) Diese Verordnung tritt am Tage nach ihrer Verkündung in Kraft.

(2) Die Geltungsdauer dieser Verordnung beträgt gem. § 62 Abs. 1 Satz 2 Allgemeines Verwaltungsgesetz für das Land Schleswig-Holstein fünf Jahre.

Lübeck, den 14. Dezember 2006, Hansestadt Lübeck, Der Bürgermeister als Ordnungsbehörde

---

Wenden Sie nun Ihre Kenntnisse der vorgelegten Rechtsvorschriften an, um die folgenden Fragen zu beantworten.
Für die Bearbeitung der Aufgabe haben Sie 3 Minuten Zeit.

1. Wo dürfen Hunde auch im Innenstadtbereich unangeleint laufen?

A. Nirgendwo – sie sind überall anzuleinen.

B. Auf öffentlichen Wiesen.

C. In allen öffentlichen Anlagen.

D. In ausgewiesenen Hundeauslaufgebieten.

E. Im Lübecker Hafenbereich.

2. Welche Hunde dürfen in der Lübecker Innenstadt unangeleint geführt werden?

A. Sehr kleine Hunde mit weniger als 20 cm Schulterhöhe.

B. Besonders ungefährliche Hunde.

C. Blindenhunde und Diensthunde im Einsatz.

D. Hunde, die einen speziellen Kurs in einer Hundeschule absolviert haben.

E. Alle Hunde müssen angeleint werden.

3. Ein Hundehalter handelt der Verordnung nach ordnungswidrig, wenn …?

A. sein Hund auf die Straße uriniert.

B. ihm der Hund davonläuft und ohne Leine durch die Stadt streunt.

C. sein Hund einen Passanten anbellt.

D. sein Hund nicht auf Kommandos hört.

E. er einmal vergisst, seinen Hund anzuleinen.

4. Welche Strafe stellt die Verordnung für das Nichtanleinen eines Hundes in Aussicht?

A. Eine schriftliche Ermahnung

B. Eine Geldstrafe

C. Die Zwangsüberführung des Hundes in ein Tierheim

D. Das Verbot des Betretens von öffentlichen Anlagen

E. Eine mündliche Verwarnung

5. Wie lange ist die Verordnung gültig?

A. Bis eine neue Verordnung in Kraft tritt.

B. Die Verordnung gilt für immer.

C. Die Verordnung ist 2 Jahre lang gültig.

D. Die Verordnung ist 5 Jahre lang gültig.

E. Bis ein neuer Bürgermeister gewählt wird.

Lösung

| 1. D | 2. C | 3. E | 4. B | 5. D |

Zu 1.

Laut § 1 Absatz (1) gilt eine Ausnahme des Anleinzwangs im Innenstadtbereich nur für „besonders ausgewiesene Hundeauslaufgebiete".

Zu 2.

Für welche Hunde die Anleinpflicht nicht gilt, ist in § 2 geregelt. Neben Such- und Rettungshunden müssen auch Behindertenbegleithunde, Blindenhunde und Diensthunde von Behörden nicht angeleint werden, „soweit der bestimmungsgemäße Einsatz dies erfordert". Ist ein Diensthund aber „außer Dienst", muss er demnach ebenfalls angeleint werden.

Zu 3.

Ob es in Lübeck als Ordnungswidrigkeit gilt, wenn ein Hundehalter einen Hund auf die Straße urinieren lässt, kann aus der Verordnung nicht gefolgert werden: Sie beschäftigt sich nur mit der Leinenpflicht und sagt auch nichts über das Ankläffen von Passanten oder Ignorieren von Kommandos aus. Wenn der Hund unwissentlich davonläuft und leinenlos durch die Stadt streunt, handelt es sich nicht um Vorsatz (Absicht) oder Fahrlässigkeit (Leichtsinn, Vergesslichkeit), die bei einer Ordnungswidrigkeit vorhanden sein müssen.

Zu 4.

Leint ein Hundehalter seinen Hund nicht an, kann ihm laut § 3 Absatz (2) eine Geldbuße von bis zu 1.000,- Euro auferlegt werden.

Zu 5.

Die Verordnung ist laut § 4, Absatz (2) 5 Jahre lang gültig und läuft dann aus, wenn die Geltungsdauer nicht verlängert wird. Die Gültigkeit ist nicht gekoppelt an die Mehrheitsverhältnisse im Stadtparlament oder den jeweils regierenden Bürgermeister.

Sprachverständnis

Zeitungsbericht wiedergeben

In dieser Aufgabe wird ihr Sprachverständnis geprüft.

Sie erhalten dazu einen Zeitungsausschnitt mit einer (fiktiven) Nachrichtenmeldung.

Bitte lesen Sie die Meldung in den nächsten 5 Minuten aufmerksam und geben Sie den geschilderten Sachverhalt anschließend möglichst genau in einem eigenen Bericht wieder.

Verkehrsunfall in Köln-Mühlheim

Ein 19-jähriger Mann aus Düsseldorf befuhr am gestrigen Freitag auf seinem Moped die Frankfurter Straße in Köln-Mühlheim, als ihm auf Höhe der Einmündung der Graf-Adolf-Straße ein dunkelblauer Opel Corsa mit einem 28 Jahre alten Offenbacher am Steuer die Vorfahrt nahm. Es kam zur Kollision der beiden Fahrzeuge, bei der der Mopedfahrer stürzte. Den PKW-Führer kümmerte das nicht – er beging Fahrerflucht, gab Gas und entfernte sich in Richtung Rhein. Glücklicherweise beobachtete eine zufällig anwesende Zivilstreife den Vorfall und alarmierte den Rettungsdienst, der bei dem Verunglückten bis auf eine leichte Schulterprellung keine größeren Blessuren feststellte.

Der flüchtige Unfallverursacher konnte dank der genauen Angaben der Zivilstreife bald von einem Funkstreifenwagen ausfindig gemacht werden, ließ sich jedoch auch durch Sirene und eingeschaltetes Blaulicht nicht zum Anhalten bewegen. Erst als eine weitere Funkstreife den Fahrweg am Rheinufer blockierte, gab der flüchtige Fahrer auf. Seinen Fluchtversuch bezeichnete er später als „große Dummheit", doch bei dieser Einsicht allein wird es nicht bleiben – ihm drohen nun mehrere 100 Euro Geldbuße, mindestens drei Monate Fahrverbot und vier Punkte in Flensburg.

Der Polizeisprecher Peter Wagenfeld bezeichnete den Ausgang des Vorfalls als „äußerst glimpflich", da niemand ernsthaft zu Schaden gekommen sei. Der Sachschaden am Moped beläuft sich auf 250 Euro.

Erläuterung zur Textwiedergabe

Versuchen Sie besser nicht, die vorliegende Meldung auswendig zu lernen – es geht hier nicht um Ihr Erinnerungsvermögen. Gehen Sie vom Wichtigen zum Unwichtigen und prägen Sie sich erst dann weitere Details ein, wenn Ihnen das „Handlungsgerüst" klar ist (Wer hat wann was warum und wie gemacht?). Konzentrieren Sie sich dabei besonders auf Schlüsselbegriffe wie „Kollision", „Fahrerflucht", Orts- oder Identitätsangaben – wenn Ihr Bericht per PC ausgewertet wird, kommt es auf bestimmte Wörter an. Achten Sie beim Schreiben Ihres Berichts auf einen strukturierten Aufbau des Texts, eine korrekte Rechtschreibung und einen präzisen, flüssigen Schreibstil.

Bitte decken Sie nun die Seite mit der Originalmeldung ab und verfassen Sie Ihren eigenen Bericht zum Ereignis. Hierzu haben Sie 5 Minuten Zeit.

Sprachverständnis

Bericht zum Thema schreiben

In dieser Aufgabe werden Ihr sprachliches Ausdrucksvermögen, Ihre Rechtschreibkenntnisse und Ihre Einstellung zu bestimmten Themen überprüft.

Das Verfassen eines eigenen kurzen Aufsatzes ist eine häufige Aufgabe im Einstellungsverfahren der Polizei. Dabei ist es nicht nur interessant, wie Sie schreiben, sondern auch, was Sie zu einem bestimmten Thema zu sagen haben. Daher gibt es hier keine eindeutige Lösung, die Sie einfach nur auswendig lernen müssten. Generell sollten Sie sich an ein paar Grundsätze halten:

¬ Geben Sie Ihrem Text eine logische nachvollziehbare Gliederung (keine abrupten Gedankensprünge, keine unverbundene Aneinanderreihung von Sätzen, logische Argumentation …)

¬ Achten Sie auf Rechtschreibung, Grammatik und einen angemessenen Sprachstil.

¬ Geben Sie Ihrem Text ruhig eine leicht persönliche Note, anstatt abstrakt und ungreifbar zu schreiben. Also nicht: „Über Toleranz sagt man, dass …", sondern besser: „Toleranz ist wichtig, weil …".

¬ Seien Sie sich bewusst, dass Sie als Polizist auch eine bestimmte gesellschaftliche Funktion ausüben. Wie steht der vorgegebene Begriff in Zusammenhang mit dieser Funktion?

Bitte verfassen Sie in den nächsten 5 Minuten einen Kurzaufsatz zum Thema „Toleranz", zu dem Sie auf der nächsten Seite einen Beispieltext finden. Weitere beliebte Themen sind: Demokratie, Rechtsstaat, Freiheit, Verfassung, …

Musterantwort

Toleranz heißt für mich, dass ich auch mit Menschen und Verhältnissen umgehen kann, die ich selber vielleicht nicht unbedingt gewohnt bin. Das bedeutet, jeden Menschen mit dem gleichen Respekt zu behandeln, egal welches Aussehen, welche Religion oder welches Alter er hat; und es bedeutet, jeden so leben zu lassen, wie er oder sie es für richtig hält, solange er damit niemandem schadet. Für Polizisten ist Toleranz wichtig, denn man hat jeden Tag mit verschiedenen Menschen zu tun, die man nicht immer gleich versteht oder die einem fremd vorkommen. Aber ich finde auch, dass man Toleranz nicht mit einem „mir ist das alles egal" verwechseln sollte. Denn wenn die persönliche Freiheit von jemandem durch einen anderen eingeschränkt wird, wäre es intolerant, das einfach so hinzunehmen. Als Polizist bin ich schließlich auch dafür verantwortlich, dass genau das nicht passiert und möglichst alle Menschen in meinem Bereich friedlich und sicher leben können.

Sprachverständnis

Schriftliche Erörterung (Pro und Contra)

In dieser Aufgabe werden Ihr sprachliches Ausdrucksvermögen und Ihre Fähigkeit zur logischen Argumentation geprüft.

In einer Erörterung müssen Sie zu einer gesellschaftsrelevanten Frage Stellung beziehen und dazu die jeweiligen Vor- und Nachteile, die Pros und Contras, darstellen und gegeneinander abwägen. In der Regel folgt eine Erörterung einem festen Schema:

¬ Einleitung: Geben Sie einen knappen Überblick über die zu behandelnde Problematik. Bei einer kurzen Erörterung reicht es, die Fragestellung in einem vollständigen Satz wiederzugeben.

¬ Hauptteil: Führen Sie aus, welche Argumente für oder gegen die in der Fragestellung aufgestellte Behauptung bzw. den genannten Sachverhalt sprechen. Untermauern Sie die Argumente gegebenenfalls mit Beispielen und handeln Sie die Pros und Contras jeweils als einzelnen Block ab, ohne die Standpunkte zu vermischen oder zu beurteilen. Trotzdem sollten Sie bereits jetzt wissen, für welche Position Sie sich entscheiden: Nennen Sie geschickterweise zuerst die Argumente des Standpunkts, den Sie nicht vertreten, und dann erst diejenigen, mit denen Sie eher übereinstimmen.

¬ Schlussteil: Nachdem Sie alle relevanten Argumente eher neutral aufgeführt haben, müssen Sie sie nun gegeneinander abwägen. Welches Argument ist unter welchen Umständen besonders tragfähig, welches rückt eher in den Hintergrund? Ziehen Sie schließlich ein nachvollziehbares Fazit, in dem Sie Ihre gut begründete Meinung präsentieren. Sie müssen sich dabei nicht eindeutig auf eine Seite schlagen, sondern können auch einen ausgewogenen Kompromiss formulieren.

Schreiben Sie nun bitte eine kurze Erörterung über die „Vor- und Nachteile des Polizeiberufs". Sie haben dafür 20 Minuten Zeit. Zum besseren Überblick können Sie vor dem Schreiben die einzelnen Argumente nach ihrer Wichtigkeit stichwortartig in eine Pro- und Contra-Tabelle einsortieren. Und nicht vergessen: Auch auf korrekte Rechtschreibung und einen sauberen Schreibstil kommt es hier an.

Argumentationshilfe

pro:

Sicherer Job (Beamtenstatus), sicheres Einkommen, sichere Rente.

Man übernimmt Verantwortung für die Gesellschaft, in der man lebt.

Viel Kontakt mit Menschen.

Arbeit im Team.

Die Arbeit ist abwechslungsreich.

contra:

Hohe psychische Belastung (Konfrontation mit Unfällen, Verbrechen …).

Die Arbeit ist zum Teil gefährlich.

Man muss unter Umständen Gewalt einsetzen.

Man muss sich Autoritäten unterordnen.

Schichtdienst ist schwer mit Familienleben zu vereinbaren.

Klare Vorschriften, kaum Selbstverwirklichung.

Sprachverständnis

Lückentext Konjunktion   *Bearbeitungszeit 3 Minuten*

Welche Konjunktion ergänzt die Lücke so, dass der fertige Satz den in der vorangestellten Aussage geschilderten Sachverhalt sinngemäß wiedergibt?

Der vorgestellte Sachverhalt wird im Lückentext umformuliert.

Hierzu ein Beispiel:

Aufgabe

1. und, doch, aber, sondern, denn

Durch das einjährige Auslandsstudium in London verbesserte er seine Sprachkenntnisse in Englisch.

Er spricht gut Englisch, ⸢⎯⎯⎯⎯⎯⎯⎯⎯⎯⎯⎯⎯⎯⎯⎯⸣ **er war ein Jahr in London.**

Antwort

Er spricht gut Englisch, ⸢ *denn* ⸣ **er war ein Jahr in London.**

Erklärung: Im vorgestellten Beispielsatz ist das Auslandsstudium in London der Grund für die Verbesserung seiner Sprachkenntnisse. Gesucht wird also eine kausale (begründende) Konjunktion; somit kann nur „denn" stimmen.

Erläuterung zu Konjunktionen:

Konjunktionen – zu Deutsch: Bindewörter – verknüpfen Wörter, Wortgruppen oder ganze Sätze, wobei man in neben- und unterordnende Konjunktionen unterscheidet:

Nebenordnende Konjunktionen verbinden Satzteile, Hauptsätze und/oder Nebensätze miteinander („Er kam zu spät, denn er hatte verschlafen"); unterordnende Konjunktionen verbinden einen Haupt- mit einem Nebensatz („Er kam zu spät, weil er verschlafen hatte"). Aus dem Satzbau können Sie also darauf schließen, ob eine neben- oder unterordnende Konjunktion gesucht wird.

Darüber hinaus geben Konjunktionen Auskunft über die logische Beziehung, die zwischen den verknüpften Sätzen oder Satzteilen besteht. Bindewörter können einen Gegensatz ausdrücken (adversativ: aber, wohingegen), Möglichkeiten aus einer Auswahl ausschließen (disjunktiv: oder, entweder...oder), einen Zweck bzw. eine Absicht wiedergeben (final: um … zu, damit), eine Ursache angeben (kausal: denn, weil), eine Bedingung einleiten (konditional: falls, wenn), die Folgen des Vorangegangenen ausführen (konsekutiv: dass, so dass), einen Hinderungsgrund nennen (konzessiv: obwohl, wenn auch), mehrere Elemente zu einer Aufzählung verbinden (kopulativ: und, nicht nur … sondern auch), die Art und Weise einer Handlung beschreiben (modal: indem, ohne … zu) oder eine zeitliche Reihenfolge wiedergeben (temporal: als, nachdem). Manche Konjunktionen (ob, dass) leiten bisweilen auch nur Nebensätze ein, ohne eine Bedeutung mitzuteilen.

Setzen Sie nun die richtige Konjunktion in das Feld ein, sodass sich ein grammatisch korrekter Satz ergibt. Der Sinn der vorangestellten Aussage darf dabei nicht verändert werden. Sie haben hierzu 3 Minuten Zeit.

1. obwohl, weil, falls, zumal, indem

Trotz des schönen Wetters bekam Paul eine Erkältung.

Paul hat sich erkältet, [   ] das Wetter schön war.

2. So, Ob, Als, Wie, Aber

Er fährt seit Jahren LKWs. Der Unfall hätte ihm daher nicht passieren dürfen.

[   ] erfahrenem LKW-Fahrer hätte Herrn Zenker der Unfall nicht passieren dürfen.

3. dabei, sondern auch, aber, also, und

Opa Franz ist witzig. Schlau ist er noch dazu.

Opa Franz ist nicht nur witzig, [   ] schlau.

4. als ob, wenn, wiewohl, weil, während

Wegen einer Reifenpanne kam Herr Schlegel zu spät zur Arbeit.

Herr Schlegel kam zu spät zur Arbeit, [   ] er eine Reifenpanne hatte.

5. und, oder, aber, schließlich, doch

Bernd war vor einem Jahr in Australien. Vor zwei Jahren war er in Vietnam. Vor drei Jahren hat er ein Praktikum in Südafrika gemacht.

Bernd war schon in Australien, in Vietnam [   ] in Südafrika.

6. als, und, je, wie, oder

Nach dem Sport hatte Martin großen Hunger. Er verschlang zwei große Schnitzel.

Nach dem Sport aß Martin [   ] ein Scheunendrescher und verschlang zwei große Schnitzel.

7. denn, während, wobei, als, nachdem

Seit ihrem Fahrradunfall vor einer Woche hat Corinna eine dicke Beule am Knie.

Corinna hat eine Beule am Knie, [   ] sie einen Fahrradunfall hatte.

8. obwohl, dafür, statt, doch, oder

Michael hat vielleicht ein großes Auto. Ich habe dafür ein schnelles Motorrad.

Michael hat vielleicht ein großes Auto, [   ] ich habe ein schnelles Motorrad.

9. ob, auch, oder, wie, als

Der eine Weg führt nach links, der andere nach rechts. Einen von beiden müssen wir nehmen.

Wir können nur nach links [   ] nach rechts gehen.

10. indem, obwohl, wenn, falls, damit

Mit dem Ticketkauf im Internet sparte Anna Zeit und Geld – so konnte sie zwei Fliegen mit einer Klappe schlagen.

Anna schlug zwei Fliegen mit einer Klappe, [   ] sie die Tickets im Internet kaufte.

Lösung

Zu 1.

Paul hat sich erkältet, *obwohl* das Wetter schön war.

Das schöne Wetter ist ein Gegengrund für die Erkältung von Paul. Gegengründe werden mit konzessiven Konjunktionen wie obwohl, obgleich, wiewohl oder wenngleich eingeleitet. Alle weiteren Vorschläge sind logisch falsch.

Zu 2.

Als erfahrenem LKW-Fahrer hätte Herrn Zenker der Unfall nicht passieren dürfen.

Hier verbindet die Konjunktion als zwei Satzteile miteinander. Alle weiteren Vorschläge sind allein schon grammatisch nicht möglich.

Zu 3.

Opa Franz ist nicht nur witzig, *sondern* auch schlau.

Nicht nur … sondern auch ist eine feststehende Wendung. Sie ist eine kopulative Konjunktion und reiht mehrere Elemente zu einer Aufzählung – in diesem Fall einer Aufzählung von Opa Franz" Eigenschaften – aneinander.

Zu 4.

Herr Schlegel kam zu spät zur Arbeit, *weil* er eine Reifenpanne hatte.

Die Reifenpanne ist der Grund für Herrn Schlegels Verspätung. Gesucht wird also nach einer kausalen (begründenden) Konjunktion – somit kommt nur weil in Frage.

Zu 5.

Bernd war schon in Australien, in Vietnam *und* in Südafrika.

Hier werden mehrere Orte aufgezählt, die Bernd schon besucht hat. Aufzählungen erfordern eine kopulative (verbindende) Konjunktion wie und. Alle anderen Ergänzungen würden den Sinngehalt verändern und/oder einen grammatisch falschen Satz ergeben.

Zu 6.

Nach dem Sport aß Martin *wie* ein Scheunendrescher und verschlang zwei große Schnitzel.

Hier verbindet die Konjunktion wie zwei Satzteile miteinander. Alle weiteren Vorschläge sind grammatisch (und, je) oder logisch (als, oder) nicht möglich.

Zu 7.

Corinna hat eine Beule am Knie, *nachdem* sie einen Fahrradunfall hatte.

Der Fahrradunfall ist zum einen der Grund für Corinnas Beule. Doch die in der Auswahl vorgeschlagene kausale Konjunktion denn scheidet aus, weil der Satzbau (Hauptsatz + Nebensatz) eine unterordnende Konjunktion erfordert. Zum anderen wird aber auch eine zeitliche Abfolge beschrieben, die mit einer temporalen Konjunktion wiedergegeben werden kann. Diese Abfolge gibt nachdem korrekt wieder.

Zu 8.

Michael hat vielleicht ein großes Auto, *doch* ich habe ein schnelles Motorrad.

Hier wird ein Gegensatz ausgedrückt, indem das schnelle Motorrad gegen das große Auto ausgespielt wird. Gesucht wird nach einem adversativen Bindewort, das infolge des Satzbaus (Hauptsatz + Hauptsatz) dazu noch nebenordnend sein muss – das unterordnende wohingegen scheidet schon allein daher aus. Die korrekte Lösung lautet doch.

Zu 9.

Wir können nur nach links *oder* nach rechts gehen.

Hier wird eine Auswahl festgelegt: Es kann nur einer von zwei Wegen beschritten werden. Gesucht wird also eine disjunktive Konjunktion, die sich mit oder schließlich auch unter den Vorschlägen findet.

Zu 10.

Anna schlug zwei Fliegen mit einer Klappe, *indem* sie die Tickets im Internet kaufte.

Der Ticketkauf im Internet beschreibt das Mittel bzw. die Art und Weise, mit der Anna Zeit und Geld sparen und somit zwei Fliegen mit einer Klappe schlagen konnte. Die passende modale Konjunktion lautet indem.

Sprachverständnis

Lückentext Präposition   *Bearbeitungszeit 3 Minuten*

Bei dieser Aufgabe geht es darum, die richtige Präposition zu erkennen, welche die Lücke sinnvoll ergänzt.

Tragen Sie die jeweils richtige Präposition in die Felder ein.

1. über, wegen, mit

Ich freue mich [   ] unseren Besuch!

2. Laut, Trotz, Neben

[   ] der Panne war es ein gelungener Abend!

3. In, Seit, Während

[   ] des Films fiel plötzlich der Strom aus.

4. außer, ohne, mit

Onkel Horst kam [   ] seinen kleinen Dackel.

5. In, An, Auf

[   ] der Situation habe ich mich wirklich gefürchtet!

6. statt, während, vor

Ich werde [   ] der Prüfung eine halbe Stunde meditieren.

7. in, am, neben

Sie hat [   ] Shoppingcenter seine Kreditkarte verloren.

8. in, außer, bei

Er war vor Empörung [   ] sich!

9. an, zu, durch

Sie liebt alles [   ] ihm.

10. mit, laut, zu

Ich möchte [   ] dem Thema noch etwas sagen!

Lösung

Zu 1.

Ich freue mich *über* unseren Besuch!

Die anderen beiden Präpositionen passen grammatisch nicht in den Satz. Wegen muss mit Genitiv kombiniert werden, mit wird immer mit Dativ kombiniert. Unseren Besuch ist jedoch Akkusativ, sodass hier nur über in Frage kommt.

Zu 2.

Trotz der Panne war es ein gelungener Abend.

Grammatisch würden alle drei Präpositionen in den Satz passen, laut und neben ergeben hier aber keinen Sinn.

Zu 3.

Während des Films fiel plötzlich der Strom aus.

Nach in folgt Dativ oder Akkusativ, seit wird mit Dativ kombiniert. Des Films ist jedoch Genitiv, daher kommt hier nur während in Frage.

Zu 4.

Onkel Horst kam *ohne* seinen kleinen Dackel.

Mit und außer müssen mit Dativ kombiniert werden und fallen daher aus grammatischen Gründen weg.

Zu 5.

In der Situation habe ich mich wirklich gefürchtet!

Grammatisch passen alle Präpositionen, aber nur mit in ergibt sich ein sinnvoller Satz.

Zu 6.

Ich werde *vor* der Prüfung eine halbe Stunde meditieren.

Auch hier kann man aus grammatischen Gründen keine Präposition ausschließen, statt und während passen jedoch inhaltlich nicht.

Zu 7.

Sie hat *am* Shoppingcenter seine Kreditkarte verloren.

Aus grammatischen Erwägungen muss die Wahl auf am fallen. In und neben müssten jeweils noch mit einem Artikel kombiniert werden, damit der Satz grammatisch wird. Bei am (an+dem) ist der Artikel dagegen schon enthalten.

Zu 8.

Er war vor Empörung *außer* sich!

Außer sich sein ist ein feststehender Ausdruck, in und bei passen hier nicht.

Zu 9.

Sie liebt alles *an* ihm.

Durch passt grammatisch nicht (das würde einen Akkusativ erfordern), zu ergibt keinen Sinn.

Zu 10.

Ich möchte *zu* dem Thema noch etwas sagen!

Die anderen beiden Präpositionen würden zwar grammatisch passen, können den Satz aber nicht sinnvoll ergänzen.

Sprachverständnis

Infinitiv bilden

Ihnen werden konjugierte Verben vorgegeben. Ihre Aufgabe besteht darin, den Infinitiv Präsens (Grundform) zu bilden.

Tragen Sie für die folgenden 20 Verben jeweils den Infinitiv in das leere Kästchen ein.
Für die Bearbeitung der Aufgabe haben Sie 3 Minuten Zeit.

Diverse Verbformen	Infinitiv Präsens	Diverse Verbformen	Infinitiv Präsens
1. will		11. darfst	
2. fuhr		12. hielt	
3. tranken		13. geklungen	
4. geschwollen		14. sähe	
5. floh		15. flöge	
6. schwamm		16. grübe	
7. gewusst		17. geflossen	
8. ließ		18. riet	
9. magst		19. schlugt	
10. vorgeworfen		20. röche	

Lösung

Zu 1.	**Zu 11.**
will : wollen	darfst : dürfen
Zu 2.	**Zu 12.**
fuhr : fahren	hielt : halten
Zu 3.	**Zu 13.**
tranken : trinken	geklungen : klingen
Zu 4.	**Zu 14.**
geschwollen : schwellen	sähe : sehen
Zu 5.	**Zu 15.**
floh : fliehen	flöge : fliegen
Zu 6.	**Zu 16.**
schwamm : schwimmen	grübe : graben
Zu 7.	**Zu 17.**
gewusst : wissen	geflossen : fließen
Zu 8.	**Zu 18.**
ließ : lassen	riet : raten
Zu 9.	**Zu 19.**
magst : mögen	schlugt : schlagen
Zu 10.	**Zu 20.**
vorgeworfen : vorwerfen	röche : riechen

Sprachverständnis

Satzgrammatik   *Bearbeitungszeit 3 Minuten*

Beantworten Sie bitte die folgenden Aufgaben, indem Sie jeweils den richtigen Buchstaben markieren.

1. **Welches Wort ist ein Adjektiv?**

A. sein

B. welche

C. hoch

D. Alter

E. nach

2. **Welches Wort ist ein Verb?**

A. folgen

B. selten

C. offen

D. Bremen

E. Talent

3. **Welches Wort ist ein Artikel?**

A. was

B. dem

C. es

D. mit

E. über

4. **Welches Wort steht im Akkusativ?**

A. des Wassers

B. dem Baum

C. den Pflanzen

D. den Ball

E. der Tante

5. **Welches Wort ist ein Adverb?**

A. schrittweise

B. bemerkenswert

C. Schiebung

D. unter

E. frieren

6. **Welches Wort ist eine Konjunktion?**

A. weil

B. ich

C. das

D. so

E. will

7. **Welches Wort ist kein Pronomen?**

A. ich

B. uns

C. sein

D. er

E. in

8. **Welches Wort ist das Subjekt des Satzes „Klaus geht jeden Tag in die Kneipe an der Ecke"?**

A. Ecke

B. geht

C. Kneipe

D. Klaus

E. jeden

9. **Welches Wort ist das Prädikat des Satzes „Die alte Frau hörte Musik von Mozart"?**

A. Die

B. Frau

C. hörte

D. Musik

E. Mozart

10. **Welches Wort ist das Objekt des Satzes „Peter, Paul und Maria finden einen Igel"?**

A. Peter

B. Paul

C. Maria

D. finden

E. Igel

Lösung

1. C	2. A	3. B	4. D	5. A	6. A	7. E	8. D	9. C	10. E

Zu 1.

Adjektive sind Eigenschaftswörter. „Hoch" ist eine Eigenschaft, die anderen Wörter drücken dagegen keine Eigenschaft aus.

Zu 2.

Verben werden auch als „Tuwörter" bezeichnet, da sie beschreiben, was man tut. Das trifft hier nur auf das Wort „folgen" zu.

Zu 3.

Artikel werden auch Begleiter genannt, da sie andere Wörter, nämlich Substantive, begleiten.

Zu 4.

Der Akkusativ ist der vierte Fall. Man kann danach mit „wen?" fragen.

Zu 5.

Adverbien dienen zur näheren Beschreibung von Verben oder Adjektiven, nicht von Substantiven. Beispiel: „bemerkenswert" ist ein Adjektiv, damit kann man Substantive näher beschreiben („die bemerkenswerte Tatsache"), „schrittweise" kann man dagegen nur auf Verben beziehen („Schrittweise nähern wir uns der Lösung").

Zu 6.

Konjunktionen sind Wörter, die Sätze oder Satzteile miteinander verbinden. Dazu gehören neben und/oder auch Wörter wie weil/obwohl/wenn.

Zu 7.

Ein Pronomen ist ein Wort, das für ein Nomen steht. Die Lösungen A-D lassen sich jeweils durch den/die Namen der betreffenden Person(en) ersetzen, also handelt es sich um Pronomen. „in" ist dagegen eine Präposition.

Zu 8.

Das Subjekt eines Satzes ist die Person (oder das Tier/Ding), auf die sich das Verb bezieht. Das Subjekt steht immer im Nominativ. Es steht in Aussagesätzen oft am Anfang, aber nicht immer! (Beispiel: Heute gehe ich in die Stadt. –Das Subjekt ist „ich".)

Zu 9.

Das Prädikat eines Satzes ist das konjugierte Verb. Bei mehrteiligen Verben gehören alle Verbbestandteile dazu (Beispiel: „hat gegessen")! Es beschreibt, was das Subjekt tut.

Zu 10.

Das Objekt eines Satzes ist die Person (oder das Tier/Ding), mit der das Subjekt etwas tut (hier: finden). Das Objekt selbst tut nichts. Es steht nie im Nominativ, sondern meist im Dativ oder Akkusativ, selten im Genitiv.

Sprachverständnis

Grundkenntnisse der deutschen Grammatik

Bearbeitungszeit 3 Minuten

Bei dieser Aufgabe geht es darum, für jeden Satz die richtige Formulierung zu wählen. Tragen Sie die vorgegebenen Wörter in der grammatikalisch korrekten Form in die Felder ein.

1. unser umtriebiger Cousin

Ohne [   ] hätte der Zirkusbesuch nicht stattgefunden.

2. ihre fehlenden Sprachkenntnisse

Wegen [   ] besuchte er einen Englischkurs.

3. sehen

Nachdem er die Wohnung [   ], unterschrieb er begeistert den Mietvertrag.

4. die Kollegen

Er hat sich gegenüber [   ] immer einwandfrei verhalten.

5. sprechen

Wenn er schlechte Laune hatte, dann [   ] er mit niemandem.

6. ihre beschwichtigenden Worte

Trotz [   ] war er zutiefst empört.

7. diese Umstände

Unter [   ] sollten wir möglichst schnell handeln.

8. aufhängen

Sie hat noch schnell die frische Wäsche zum Trocknen [   ].

9. sein

Wenn er sich jetzt sehen könnte, [   ] er peinlich berührt.

10. geeignetes Werkzeug

Mangels [   ] konnte er die Reparatur nicht durchführen.

Lösung

Zu 1.

Ohne *unseren umtriebigen Cousin* hätte der Zirkusbesuch nicht stattgefunden.

Die Präposition ohne erfordert ein Substantiv im Akkusativ.

Zu 2.

Wegen *ihrer fehlenden Sprachkenntnisse* besuchte sie einen Englischkurs.

Die Präposition wegen erfordert eine Ergänzung im Genitiv.

Zu 3.

Nachdem er die Wohnung *gesehen hatte*, unterschrieb er begeistert den Mietvertrag.

Die Ereignisse im nachdem-Satz liegen zeitlich vor denen des Hauptsatzes. Da der Hauptsatz im Präteritum, also in der Vergangenheit, steht, muss das Verb im Nebensatz im Plusquamperfekt, also in der Vorvergangenheit, stehen.

Zu 4.

Er hat sich gegenüber *den Kollegen* immer einwandfrei verhalten.

Die Präposition gegenüber erfordert, dass das folgende Substantiv im Dativ steht.

Zu 5.

Wenn er schlechte Laune hatte, dann *sprach* er mit niemandem.

Die Zeitformen der Verben im Haupt- und Nebensatz müssen übereinstimmen. Da das Verb im Nebensatz im Präteritum steht, muss das Verb im Hauptsatz in der gleichen Zeitform stehen.

Zu 6.

Trotz *ihrer beschwichtigenden Worte* war er zutiefst empört.

Die Präposition trotz erfordert eine Ergänzung im Genitiv.

Zu 7.

Unter *diesen Umständen* sollten wir möglichst schnell handeln.

Lokale Präpositionen erfordern je nach Bedeutung ein Substantiv im Dativ oder Akkusativ. Bei einer Ortsangabe ist der Dativ zu wählen, bei einer Richtungsangabe der Akkusativ. Hier handelt es sich bei der Präposition unter um eine Ortsangabe, daher muss die Substantivgruppe im Dativ stehen.

Zu 8.

Sie hat noch schnell die frische Wäsche zum Trocknen *aufgehängt*.

Die Lücke in diesem Satz muss mit einem Partizip II gefüllt werden. Die vollständige Verbform lautet hat aufgehängt.

Zu 9.

Wenn er sich jetzt sehen könnte, *wäre* er peinlich berührt.

Die Zeitformen der Verben im Haupt- und Nebensatz müssen übereinstimmen. Diese Form ist hier Präsens Konjunktiv II.

Zu 10.

Mangels *geeigneten Werkzeugs* konnte er die Reparatur nicht durchführen.

Die Präposition mangels zieht immer einen Genitiv nach sich.

Lösungshinweis

Bei dieser Aufgabe werden Grundkenntnisse der deutschen Grammatik sowie das Sprachgefühl geprüft. Dabei müssen die vorgegebenen Wörter in die grammatisch richtige Form gesetzt werden. Bei der Vorgehensweise ist es hilfreich, sich die einzelnen Sätze leise vorzulesen, um die richtige grammatische Form zu finden. Achten Sie dabei auf Person, Zahl und Zeitform.

Sprachverständnis

Rechtschreibung   *Bearbeitungszeit 3 Minuten*

In diesem Abschnitt werden Ihre Rechtschreibkenntnisse geprüft. Ermitteln Sie jeweils die richtige Schreibweise. Beantworten Sie bitte die Aufgaben, indem Sie jeweils den richtigen Buchstaben markieren.

1.
A. Stalakmitten
B. Stalagmiten
C. Stalakmiten
D. Stalakmieten
E. Keine Antwort ist richtig.

2.
A. Grafik
B. Graffik
C. Grafig
D. Grafick
E. Keine Antwort ist richtig.

3.
A. Hallogen
B. Halogeen
C. Halogen
D. Hallogeen
E. Keine Antwort ist richtig.

4.
A. Manuskrippt
B. Manusskript
C. Mahnuskript
D. Manuskript
E. Keine Antwort ist richtig.

5.
A. Spinnenphobie
B. Spinnenfobie
C. Spinnenpfobie
D. Spinnenfobbie
E. Keine Antwort ist richtig.

6.
A. Agregat
B. Aggregat
C. Aggregatt
D. Agreggat
E. Keine Antwort ist richtig.

7.
A. Kurier
B. Kurir
C. Kurrier
D. Kurrir
E. Keine Antwort ist richtig.

8.
A. Portmonaie
B. Portmonee
C. Portemonee
D. Portemonai
E. Keine Antwort ist richtig.

Lösung

| 1. B | 2. A | 3. C | 4. D | 5. A | 6. B | 7. A | 8. B |

Zu 1.
Stalagmiten

Zu 2.
Grafik

Zu 3.
Halogen

Zu 4.
Manuskript

Zu 5.
Spinnenphobie

Zu 6.
Aggregat

Zu 7.
Kurier

Zu 8.
Portmonee

Sprachverständnis

Rechtschreibung Lückentext   *Bearbeitungszeit 4 Minuten*

Bei diesen Aufgaben geht es darum, das Wort mit der richtigen Schreibweise zu erkennen, welches die Lücke sinnvoll ergänzt.

Beantworten Sie bitte die folgenden Aufgaben, indem Sie jeweils den richtigen Buchstaben markieren.

1. Wärst du früher gekommen, _____ ich dir vielleicht helfen können!

A. hätte
B. hatte
C. habe
D. hast
E. Keine Antwort ist richtig

2. Einen männlichen Sänger, der durch Benutzung der Kopfstimme besonders hohe Töne singt, bezeichnet man als _____.

A. Fagottist
B. Falsettist
C. Bass
D. Sopranisten
E. Keine Antwort ist richtig.

3. Damit ein neuer Fußboden verlegt werden kann, muss das gesamte _____ aus der Wohnung entfernt werden.

A. Möbel
B. Möbiliar
C. Möbeln
D. Mobiliar
E. Keine Antwort ist richtig

4. Das steht überhaupt nicht zur _____!

A. Debatte
B. Debate
C. Debatten
D. Debattn
E. Keine Antwort ist richtig.

5. Jede _____ ist anders als die vorherige.

A. Generationen
B. Generations
C. Generation
D. Generelle
E. Keine Antwort ist richtig.

6. Sie liebt alle Blumen, aber am liebsten mag sie _____.

A. Karamell
B. Kamelen
C. Kamelien
D. Kamele
E. Keine Antwort ist richtig.

7. Dieser Massagesessel ist genial! Die _____ der Massage lässt sich stufenlos regeln.

A. Intensivität
B. Intenzität
C. Intensität
D. Indensität
E. Keine Antwort ist richtig.

8. Für den Erfolg eines Films ist es wichtig, dass sich die Zielgruppe mit der Hauptfigur _____ kann.

A. ersetzen
B. identifizieren
C. kennenlernen
D. verstehen
E. Keine Antwort ist richtig.

Lösung

1. A	2. B	3. D	4. A	5. C	6. C	7. C	8. B

Zu 1.

Das Verb muss in der ersten Person Singular stehen und zwar im Konjunktiv II. Damit kann es nur Antwort A „hätte" sein.

Zu 2.

Der gesuchte Begriff muss im Akkusativ Singular stehen, also passen grammatisch nur B oder C. Inhaltlich passt nur Antwort B „Falsettist".

Zu 3.

Hier ist ein Wort im Nominativ Singular notwendig, daher fallen die Antworten A und C weg, richtig ist Antwort D „Mobiliar".

Zu 4.

Korrekt ist Antwort A „Debatte", da ein Wort im Dativ Singular notwendig ist. Antwort B fällt weg, da sie einen Rechtschreibfehler enthält.

Zu 5.

Nach „jede" muss ein Wort im Singular stehen, das trifft nur auf Antwort C „Generation" zu.

Zu 6.

Dieser Satz verlangt nach einem Wort im Akkusativ Plural. Inhaltlich passt nur Antwort C: Kamelien sind subtropische Pflanzen und in Europa als Zierpflanzen verbreitet.

Zu 7.

Die richtige Antwort ist C „Intensität", alle anderen Begriffe sind falsch geschrieben.

Zu 8.

Die richtige Antwort lautet B, alle anderen Ausdrücke passen grammatisch und inhaltlich nicht.

Sprachverständnis

Groß- und Kleinschreibung

Bei diesen Aufgaben geht es darum, die richtige Schreibweise in den Texten zu erkennen.

Beantworten Sie bitte die folgenden Aufgaben, indem Sie jeweils den richtigen Buchstaben markieren.

1.

A. Den Menschen fehlt es am nötigsten.

B. Den Menschen fehlt es am Nötigsten.

C. Den Menschen fehlt es Am Nötigsten.

D. Den Menschen Fehlt es am Nötigsten.

E. Keine Antwort ist richtig.

2.

A. Etwas zu essen brauchen wir gerade am nötigsten.

B. Etwas zu essen brauchen wir gerade am Nötigsten.

C. Etwas zu Essen brauchen wir gerade am Nötigsten.

D. Etwas zu Essen brauchen wir gerade am nötigsten.

E. Keine Antwort ist richtig.

3.

A. Der Star des Abends gab immer neue Witze zum besten.

B. Der Star des abends gab immer neue Witze zum Besten.

C. Der Star des Abends gab immer neue Witze zum Besten.

D. Der Star des abends gab immer neue Witze zum besten.

E. Keine Antwort ist richtig.

4.

A. Als ich endlich eine Sechs würfelte, war es schon zu Spät, um noch zu gewinnen.

B. Als ich endlich eine sechs würfelte, war es schon zu Spät, um noch zu gewinnen.

C. Als ich endlich eine sechs würfelte, war es schon zu spät, um noch zu Gewinnen.

D. Als ich endlich eine Sechs würfelte, war es schon zu spät, um noch zu gewinnen.

E. Keine Antwort ist richtig.

5.

A. Leider konnte ich das Problem nicht auf englisch schildern.

B. Leider konnte ich das Problem nicht auf Englisch schildern.

C. Leider konnte ich das Problem nicht auf Englisch Schildern.

D. Leider konnte ich das Problem nicht auf englisch Schildern.

E. Keine Antwort ist richtig.

6.

A. Meine Tasche bietet so viel Platz, dass ich oft viel Unnötiges durch die Gegend schleppe.

B. Meine Tasche bietet so viel platz, dass ich oft viel Unnötiges durch die Gegend schleppe.

C. Meine Tasche bietet so viel Platz, dass ich oft viel unnötiges durch die Gegend schleppe.

D. Meine Tasche bietet so viel Platz, dass ich oft viel Unnötiges durch die gegend schleppe.

E. Keine Antwort ist richtig.

7.

A. Wenn wir ihn Morgen nicht finden, müssen wir uns aufs Schlimmste gefasst machen.

B. Wenn wir ihn morgen nicht finden, müssen wir uns aufs schlimmste gefasst machen.

C. Wenn wir ihn morgen nicht finden, müssen wir uns aufs Schlimmste gefasst machen.

D. Wenn wir ihn morgen nicht finden, müssen wir uns aufs schlimmste gefasst machen.

E. Keine Antwort ist richtig.

Lösung

| 1. B | 2. A | 3. C | 4. D | 5. B | 6. A | 7. C |

Zu 1.

Den Menschen fehlt es am Nötigsten.

Substantivierte Adjektive werden großgeschrieben.

Zu 2.

Etwas zu essen brauchen wir gerade am nötigsten.

Superlative mit „am", nach denen man mit „wie?" fragen kann, schreibt man klein.

Zu 3.

Der Star des Abends gab immer neue Witze zum Besten.

In festen Wortgruppen („zum Besten geben") gilt generell Großschreibung.

Zu 4.

Als ich endlich eine Sechs würfelte, war es schon zu spät, um noch zu gewinnen.

Als Substantive gebrauchte Grundzahlen schreibt man groß.

Zu 5.

Leider konnte ich das Problem nicht auf Englisch schildern.

Als Substantive gebrauchte Adjektive werden in der Regel großgeschrieben.

Zu 6.

Substantivisch gebrauchte Adjektive werden großgeschrieben. Häufig zeigen vorangehende Wörter wie „alles"/„etwas"/„nichts"/„viel" den substantivischen Gebrauch an.

Zu 7.

Substantivierte Adjektive werden großgeschrieben.

Sprachverständnis

Kommasetzung   *Bearbeitungszeit 3 Minuten*

Bei diesen Aufgaben geht es darum, die richtige Kommasetzung in den Texten zu erkennen.

Beantworten Sie bitte die folgenden Aufgaben, indem Sie jeweils den richtigen Buchstaben markieren.

1.

A. Wenn du Ruhe haben möchtest, brauchst du nur die Türe zu schließen dann wirst du nichts mehr von draußen hören.

B. Wenn du Ruhe haben möchtest brauchst du nur die Türe, zu schließen dann wirst du nichts mehr von draußen hören.

C. Wenn du Ruhe haben möchtest brauchst du nur die Türe zu schließen, dann wirst du nichts mehr von draußen hören.

D. Wenn du Ruhe haben möchtest, brauchst du nur die Türe zu schließen, dann wirst du nichts mehr von draußen hören.

E. Keine Antwort ist richtig.

2.

A. Nachdem wir ins Schwimmbad gegangen waren, besuchten wir ein Restaurant, das uns sehr gut gefiel.

B. Nachdem, wir ins Schwimmbad gegangen waren besuchten wir ein Restaurant, das uns sehr gut gefiel.

C. Nachdem wir ins Schwimmbad, gegangen waren, besuchten wir ein Restaurant das, uns sehr gut gefiel.

D. Nachdem wir ins Schwimmbad gegangen waren, besuchten wir, ein Restaurant, das uns sehr gut gefiel.

E. Keine Antwort ist richtig.

3.

A. Wenn ich das Buch gelesen hätte, könnte ich dir sagen was darin steht.

B. Wenn ich das Buch, gelesen hätte, könnte ich dir sagen, was darin steht.

C. Wenn ich das Buch gelesen hätte, könnte ich dir sagen, was darin steht.

D. Wenn ich das Buch gelesen hätte könnte, ich dir sagen was darin steht.

E. Keine Antwort ist richtig.

4.

A. Erika muss noch, dringend Tomatenmark, Zwiebeln und Sahne einkaufen, damit sie das Mittagessen zubereiten kann.

B. Erika muss noch dringend Tomatenmark, Zwiebeln und Sahne einkaufen, damit sie das Mittagessen zubereiten kann.

C. Erika muss noch dringend, Tomatenmark, Zwiebeln, und Sahne einkaufen, damit sie das Mittagessen zubereiten kann.

D. Erika muss noch dringend, Tomatenmark, Zwiebeln und Sahne einkaufen damit, sie das Mittagessen zubereiten kann.

E. Keine Antwort ist richtig.

5.

A. Hannes hat seinen Job, schon wieder gekündigt weil er sich mit seinen Kollegen nicht gut verstanden hat.

B. Hannes hat seinen Job schon wieder gekündigt, weil er sich, mit seinen Kollegen, nicht gut verstanden hat.

C. Hannes hat seinen Job schon wieder, gekündigt, weil er sich mit seinen Kollegen, nicht gut verstanden hat.

D. Hannes hat seinen Job schon wieder gekündigt, weil er sich mit seinen Kollegen nicht gut verstanden hat.

E. Keine Antwort ist richtig.

Lösung

1. D	2. A	3. C	4. B	5. D

Zu 1.

Wenn du Ruhe haben möchtest, brauchst du nur die Türe zu schließen, dann wirst du nichts mehr von draußen hören.

Das erste Komma trennt einen Finalsatz vom folgenden Hauptsatz. Das zweite Komma trennt den Hauptsatz von einem weiteren Hauptsatz.

Zu 2.

Nachdem wir ins Schwimmbad gegangen waren, besuchten wir ein Restaurant, das uns sehr gut gefiel.

Das erste Komma trennt den Temporalsatz vom folgenden Hauptsatz, das zweite Komma zeigt das Ende des Hauptsatzes an und leitet einen Relativsatz ein.

Zu 3.

Wenn ich das Buch gelesen hätte, könnte ich dir sagen, was darin steht.

Das erste Komma trennt den Konditionalnebensatz vom folgenden Hauptsatz. Das zweite Komma markiert das Ende des Hauptsatzes und leitet einen Relativsatz ein.

Zu 4.

Erika muss noch dringend Tomatenmark, Zwiebeln und Sahne einkaufen, damit sie das Mittagessen zubereiten kann.

Das erste Komma ist durch eine Aufzählung begründet, das zweite Komma trennt den Hauptsatz vom folgenden Finalnebensatz.

Zu 5.

Hannes hat seinen Job schon wieder gekündigt, weil er sich mit seinen Kollegen nicht gut verstanden hat.

Das Komma trennt den Hauptsatz vom folgenden Kausalnebensatz.

Sprachverständnis

Sätze puzzeln

Bei dieser Aufgabe geht es darum, die vorgegebenen Satzstücke in die richtige Reihenfolge zu setzen, damit die einzelnen Satzstücke einen vollständigen Satz ergeben.

Durch ein systematisches Vorgehen lassen sich die Aufgaben am schnellsten lösen. Gehen Sie die jeweiligen Satzfragmente beispielsweise danach durch, welches Prädikat zu welchem Subjekt gehört, wofür ein Relativpronomen (der, die, das) steht, worauf sich Adjektive und Adverbien beziehen, welche Prädikate möglicherweise bestimmte Objekte erfordern oder ob ein Verb mit einem Hilfsverb verbunden werden muss.
Tragen Sie zur Festlegung der richtigen Reihenfolge die Zahlen 1 bis 5 in die Boxen ein.

1.

☐ A. polizeiliches Erscheinungsbild gewährleisten soll

☐ B. grüne Uniformen durch blaue Dienstkleidung ersetzt

☐ C. wurden in den vergangenen Jahren

☐ D. die ein europaweit einheitliches

☐ E. in vielen Bundesländern

2.

☐ A. erreicht man nur im Höheren Dienst

☐ B. im Mittleren Dienst der Polizei kann man

☐ C. doch den höchsten Dienstgrad der Polizei

☐ D. bis zum Polizeihauptmeister aufsteigen

☐ E. vom Polizeimeister-Anwärter über den Polizeimeister

Lösung

| 1. A5, B3, C2, D4, E1 | 2. A5, B1, C4, D3, E2 |

Zu 1.

In vielen Bundesländern wurden in den vergangenen Jahren grüne Uniformen durch blaue Dienstkleidung ersetzt, die ein europaweit einheitliches polizeiliches Erscheinungsbild gewährleisten soll.

Das Adjektiv „einheitliches" (Zeile D) kann sich in der gegebenen Aufgabe nur auf das Substantiv „Erscheinungsbild" (Zeile A) beziehen. Durch den Anschluss von Zeile A an Zeile D ergibt sich ein Relativsatz, der mit dem Relativpronomen „die" eingeleitet wird („die ein europaweit einheitliches polizeiliches Erscheinungsbild gewährleisten soll"). Grammatisch kann sich dieses Relativpronomen nur auf „blaue Dienstkleidung" (Zeile B) beziehen, darüber hinaus ist das Verb „ersetzt" in derselben Zeile mit dem vorangehenden Hilfsverb „wurden" in Zeile C verknüpft. Das Satzgefüge ist somit klar. Als Satzanfang bleibt schließlich nur noch Zeile E übrig.

Zu 2.

Im Mittleren Dienst der Polizei kann man vom Polizeimeister-Anwärter über den Polizeimeister bis zum Polizeihauptmeister aufsteigen, doch den höchsten Dienstgrad der Polizei erreicht man nur im Höheren Dienst.

Da das Verb „erreicht" (Zeile 1) ein Akkusativobjekt voraussetzt (wen oder was erreicht man nur im Höheren Dienst?), lässt es sich an „den höchsten Dienstgrad der Polizei" (Zeile 3) anschließen. Damit ist der Nebensatz des Satzgefüges rekonstruiert. Der Hauptsatz besteht somit aus den Zeilen 2, 4 und 5. Durch das zusammengesetzte Prädikat („kann man", Zeile 2 und „aufsteigen", Zeile 4) ist der Rahmen vorgegeben, in den sich der Einschub in Zeile 5 – „vom Polizeimeister-Anwärter über den Polizeimeister" – einfügen muss.

Sprachverständnis

Richtige Reihenfolge   *Bearbeitungszeit 3 Minuten*

Bei dieser Aufgabe wird Ihr Gefühl für Sprachlogik geprüft. Dabei sind die angegebenen Sätze so anzuordnen, dass sich eine inhaltlich und grammatisch schlüssige Geschichte daraus ergibt.

Prüfen Sie daher bei der Zusammenstellung des Texts zum einen, ob die Satzanschlüsse formal korrekt sind – verweist ein „dieser", „diese" oder „dieses" auch tatsächlich auf einen Bezugspunkt im vorherigen Satz? Zum anderen müssen Sie auf die inhaltliche Dimension achten: Setzt sich ein „aber" am Satzanfang auch wirklich vom Vorangegangenem ab, folgt auf ein „denn" tatsächlich eine Begründung des bereits Gesagten? Wird eine zeitliche Reihenfolge eingehalten?

Eine probate Vorgehensweise ist es, vom wahrscheinlichsten Anfangssatz auszugehen (der keinen Bezug zu einem vorhergehenden Inhalt nimmt) und sich anhand der Überprüfung von sprachlichen und inhaltlichen Bezügen Satz für Satz durch den Text zu hangeln. Sie können natürlich auch anders vorgehen.

Tragen Sie hierzu jeweils die Zahlen 1 bis 7 in die leeren Kästchen ein.

☐	**A.** Inklusive Signalanlage und Geländer kommt der Turm sogar auf 830 Meter.
☐	**B.** Stünde der Turm in Hamburg, könnte man ihn demnach noch in Bremen sehen.
☐	**C.** Das höchste Gebäude der Welt ist der Burj Chalifa, übersetzt „Chalifa-Turm".
☐	**D.** Anfang 2009 war dann die endgültige Gebäudehöhe von 828 Metern erreicht.
☐	**E.** Diesen Namen erhielt das Bauwerk erst bei seiner Einweihung nach dem Abschluss der Bauphase.
☐	**F.** Die war nicht gerade kurz: Der Turm wurde – in Spitzenzeiten mit dem Einsatz von 12.000 Arbeitern – in 5 Jahren Bauzeit errichtet.
☐	**G.** Bei guten Sichtverhältnissen kann man die Spitze somit bis in 100 Kilometern Entfernung erkennen.

Lösung

A5, B7, C1, D4, E2, F3, G6

Das höchste Gebäude der Welt ist der Burj Chalifa, übersetzt „Chalifa-Turm". Diesen Namen erhielt das Bauwerk erst bei seiner Einweihung nach dem Abschluss der Bauphase. Die war nicht gerade kurz: Der Turm wurde – in Spitzenzeiten mit dem Einsatz von 12.000 Arbeitern – in 5 Jahren Bauzeit errichtet. Anfang 2009 war dann die endgültige Gebäudehöhe von 828 Metern erreicht. Inklusive Signalanlage und Geländer kommt der Turm sogar auf 830 Meter. Bei guten Sichtverhältnissen kann man die Spitze somit bis in 100 Kilometern Entfernung erkennen. Stünde der Turm in Hamburg, könnte man ihn demnach noch in Bremen sehen.

Sprachverständnis

Lückentext Sprichwörter   *Bearbeitungszeit 4 Minuten*

Bei dieser Aufgabe geht es darum, die Sprichwörter zu komplettieren.

Beantworten Sie die folgenden Aufgaben, indem Sie den jeweils richtigen Lösungsbuchstaben markieren.

1. **Der Mensch denkt und Gott _____.**
A. lacht
B. weint
C. schaut zu
D. lenkt
E. Keine Antwort ist richtig.

2. **Borgen bringt _____.**
A. Sicherheit
B. Sorgen
C. Hilfe
D. Freiheiten
E. Keine Antwort ist richtig.

3. **_____ ist ein Gericht, das am besten kalt serviert wird.**
A. Salat
B. Eis
C. Rache
D. Wut
E. Keine Antwort ist richtig.

4. **Ein reines _____ ist ein sanftes Ruhekissen.**
A. Kissen
B. Herz
C. Laken
D. Gewissen
E. Keine Antwort ist richtig.

5. **Der _____ gilt nirgends weniger als in seinem Vaterland.**
A. Prophet
B. Erfinder
C. Autor
D. Kommunismus
E. Keine Antwort ist richtig.

6. **Ein _____ kommt selten allein.**
A. Freund
B. Unglück
C. Gedanke
D. Schatz
E. Keine Antwort ist richtig.

7. **Schuster, bleib bei deinen _____.**
A. Angelegenheiten
B. Schuhen
C. Leisten
D. Kindern
E. Keine Antwort ist richtig.

8. **_____ schützt vor Torheit nicht.**
A. Intelligenz
B. Geld
C. Alter
D. Wissen
E. Keine Antwort ist richtig.

Lösung

| 1. D | 2. B | 3. C | 4. D | 5. A | 6. B | 7. C | 8. C |

Zu 1.

Der Mensch denkt und Gott lenkt.

Dieses Sprichwort bedeutet, dass ein Mensch trotz aller Planung die Zukunft nicht beeinflussen kann, da letztlich Gott entscheidet, was geschieht. In einer atheistischen Deutung steht Gott einfach symbolisch für das Schicksal.

Zu 2.

Borgen bringt Sorgen.

Dieses Sprichwort lässt sich in zwei Varianten verstehen. Zum einen besteht die Möglichkeit, dass man etwas Geliehenes nicht zurückgeben kann. Die andere Sichtweise besagt, dass man etwas Verliehenes möglicherweise nicht zurückbekommt.

Zu 3.

Rache ist ein Gericht, das am besten kalt serviert wird.

Wenn man sich für etwas rächen will, dann sollte man das niemals im ersten Zorn tun, sondern stets überlegt und mit kühlem Kopf handeln.

Zu 4.

Ein reines Gewissen ist ein sanftes Ruhekissen.

Wer mit sich im Reinen ist, schläft schneller ein und insgesamt besser als jemand, den ein schlechtes Gewissen quält, weil er irgendetwas angestellt hat und für sich oder jemand anderen negative Konsequenzen fürchtet.

Zu 5.

Der Prophet gilt nirgends weniger als in seinem Vaterland.

Dieses Sprichwort besagt, dass ein großer Denker oft in der Fremde mehr geschätzt wird als in seiner Heimat.

Zu 6.

Ein Unglück kommt selten allein.

Dem Sprichwort zufolge treten unerwünschte oder unangenehme Ereignisse oft gehäuft auf.

Zu 7.

Schuster, bleib bei deinen Leisten.

Der Leisten (Plural: die Leisten) ist das wichtigste Werkzeug eines Schusters, nämlich eine Fußnachbildung aus Holz. Das Sprichwort empfiehlt, sich auf die Dinge und Tätigkeiten zu beschränken, die man gelernt hat und mit denen man sich auskennt, statt sich ständig nach anderen Dingen umzusehen.

Zu 8.

Alter schützt vor Torheit nicht.

Auch ältere Menschen, die eigentlich über einen großen Erfahrungsschatz verfügen, können Fehler machen.

Sprachverständnis

Bedeutung von Sprichwörtern

Bei dieser Aufgabe geht es darum, die richtige Bedeutung zu der Sprichwörter erkennen.

Beantworten Sie bitte die folgenden Aufgaben, indem Sie jeweils den richtigen Buchstaben markieren.

1. Eine Hand wäscht die andere.

A. Mit zwei Händen geht alles am besten.

B. Reinlichkeit ist wichtig.

C. Zwei Menschen helfen sich zum gegenseitigen Vorteil.

D. Zwei Dinge sind untrennbar miteinander verbunden.

E. Keine Antwort ist richtig.

2. Der Apfel fällt nicht weit vom Stamm.

A. Die Kinder ähneln den Eltern.

B. Man wird es nicht weit bringen.

C. Ohne Baum keine Äpfel.

D. Man soll sich an den Eltern ein Beispiel nehmen.

E. Keine Antwort ist richtig.

3. Die Axt im Haus erspart den Zimmermann.

A. Gutes Werkzeug ist wichtig.

B. Handwerker sind alle Betrüger.

C. Man soll sich nicht auf andere verlassen.

D. Selbst reparieren spart Geld.

E. Keine Antwort ist richtig.

4. Ein voller Bauch studiert nicht gern.

A. Hunger macht kreativ.

B. Schwer verdauliches behindert die geistige Leistungsfähigkeit.

C. Dicke Menschen sind dumm.

D. Intelligente Menschen halten sich beim Essen zurück.

E. Keine Antwort ist richtig.

5. Morgenstund hat Gold im Mund.

A. Morgens soll man nicht viel sprechen.

B. Morgens träumt man besonders viel.

C. Frühes Aufstehen lohnt sich.

D. Morgens findet man am ehesten einen Schatz.

E. Keine Antwort ist richtig.

6. Hunde, die bellen, beißen nicht.

A. Wer lautstark droht, ist ungefährlich.

B. Der will doch nur spielen.

C. Hunde, die nicht bellen, sind gefährlich.

D. Kleine Hunde sind gefährlicher als große.

E. Keine Antwort ist richtig.

7. Was du heute kannst besorgen, das verschiebe nicht auf morgen.

A. Kaufe immer möglichst viel auf einmal.

B. Wer schnell ist, bekommt die besten Angebote.

C. Man soll Dinge möglichst gleich erledigen.

D. Man soll nicht so viel an die Zukunft denken.

E. Keine Antwort ist richtig.

8. Hochmut kommt vor dem Fall.

A. Wer Höhenangst hat, soll besser unten bleiben.

B. Man muss die eigenen Fähigkeiten richtig einschätzen können.

C. Man soll nur Dinge machen, die man sich auch zutraut.

D. Überheblichkeit kommt vor dem Scheitern.

E. Keine Antwort ist richtig.

Lösung

| 1. C | 2. A | 3. D | 4. B | 5. C | 6. A | 7. C | 8. D |

Zu 1.

Eine Hand wäscht die andere.

Dieses Sprichwort bedeutet allgemein, dass zwei Menschen sich gegenseitig helfen, so dass beide daraus einen Vorteil haben. Anderseits bedeuten, dass zwei Menschen, die etwas Unerlaubtes getan haben, sich gegenseitig helfen, damit keiner von beiden bestraft wird.

Zu 2.

Der Apfel fällt nicht weit vom Stamm.

Dieses Sprichwort bedeutet, dass Kinder oft in ihrem Charakter und ihren Verhaltensweisen den Eltern ähnlich sind.

Zu 3.

Die Axt im Haus erspart den Zimmermann.

Dieses Sprichwort stammt aus dem Drama „Wilhelm Tell" von Friedrich Schiller. Es drückt aus, dass man viel Geld sparen kann, wenn man selbst Reparaturen durchführt. Dafür braucht man natürlich geeignetes Werkzeug, mit dem man auch umgehen kann.

Zu 4.

Ein voller Bauch studiert nicht gern.

Dieses alte Sprichwort stammt aus dem Lateinischen und besagt, dass man eher leicht verdauliche Nahrung in Maßen essen sollte, wenn man geistig anspruchsvolle Arbeit leisten muss. Ist der Magen nämlich mit der Verdauung beschäftigt, kann das Gehirn keine Höchstleistungen bringen.

Zu 5.

Morgenstund hat Gold im Mund.

Dieses Sprichwort drückt aus, dass sich frühes Aufstehen lohnt, weil man morgens besonders gut arbeiten könne und Frühaufsteher mehr erreichen könnten.

Zu 6.

Hunde, die bellen, beißen nicht.

Dieses Sprichwort meint, dass Menschen, die gerne drohen, in Wirklichkeit ungefährlich sind. Diese Personen würden ihre teilweise schrecklichen Drohungen niemals wahr machen, da sie sich damit nur Respekt verschaffen wollen.

Zu 7.

Was du heute kannst besorgen, das verschiebe nicht auf morgen.

Dieses Sprichwort empfiehlt, notwendige Arbeiten möglichst gleich zu erledigen und nicht lange aufzuschieben. Je schneller man etwas fertig gemacht hat, desto eher kann man sich wieder mit anderen Dingen beschäftigen, die einem möglicherweise angenehmer sind.

Zu 8.

Hochmut kommt vor dem Fall.

Dieses Sprichwort drückt aus, dass Überheblichkeit nicht gut ist. Wer zur Selbstüberschätzung neigt, wird damit irgendwann sicher scheitern.

Sprachverständnis

Englisch: Zeitformen   *Bearbeitungszeit 3 Minuten*

In diesem Abschnitt werden Ihre Englischkenntnisse geprüft.

Setzen Sie bitte die Verben in die vorgegebene Zeitform, passend zur angegebenen Person.
Beantworten Sie bitte die folgenden Aufgaben, indem Sie jeweils den richtigen Buchstaben markieren.

Hierzu ein Beispiel:

Aufgabe:

1. **Wie lautet die korrekte Zeitform: He (walk)/simple present?**
A. He was walking.
B. He walks.
C. He will walk.
D. He has been walking.
E. He is walking.

Antwort:

(B.) He walks.

Beginnen Sie bitte jetzt mit den Aufgaben zu Ihren Englischkenntnissen und kreuzen Sie die jeweils richtigen Zeitformen an.

1. **Wie lautet die korrekte Zeitform: I (go)/simple present?**
A. I went.
B. I gone.
C. I am going.
D. I go.
E. I goes.

2. **Wie lautet die korrekte Zeitform: I (carry)/past progressive?**
A. I am carrying.
B. I was carrying.
C. I were carrying.
D. I have been carrying.
E. I had been carrying.

3. **Wie lautet die korrekte Zeitform: We (watch)/future I progressive?**
A. We will watch.
B. We would be watching.
C. We would have been watching.
D. We are watching.
E. We will be watching.

4. **Wie lautet die korrekte Zeitform: Peter and Carl (talk)/past perfect simple?**
A. Peter and Carl were talking.
B. Peter and Carl have been talking.
C. Peter and Carl are talking.
D. Peter and Carl talked.
E. Peter and Carl had talked.

5. **Wie lautet die korrekte Zeitform: I (sing)/past perfect progressive?**
A. I have been singing.
B. I was singing.
C. I sang.
D. I had been singing.
E. I have sung.

Lösung

| 1. D | 2. B | 3. E | 4. E | 5. D |

Zu 1.
I go.

Zu 2.
I was carrying.

Zu 3.
We will be watching.

Zu 4.
Peter and Carl had talked.

Zu 5.
I had been singing.

Sprachverständnis

Gegenteilige Begriffe

Ordnen Sie den Begriffen die gegenteilige Bedeutung zu, indem Sie jeder Aufgabe den richtigen Buchstaben zuordnen und in das Kästchen eintragen.

Begriff	A–J	Gegenteiliger Begriff
1. großzügig		A. roh
2. überschwänglich		B. gelassen
3. aufgeregt		C. chaotisch
4. sauer		D. salzig
5. gar		E. künstlich
6. fest		F. knauserig
7. teuer		G. flüssig
8. süß		H. zurückhaltend
9. ordentlich		I. günstig
10. natürlich		J. basisch

Lösung

1. F	2. H	3. B	4. J	5. A	6. G	7. I	8. D	9. C	10. E

Zu 1.
großzügig : knauserig

Zu 2.
überschwänglich : zurückhaltend

Zu 3.
aufgeregt : gelassen

Zu 4.
sauer : basisch

Zu 5.
gar : roh

Zu 6.
fest : flüssig

Zu 7.
teuer : günstig

Zu 8.
süß : salzig

Zu 9.
ordentlich : chaotisch

Zu 10.
natürlich : künstlich

Lösungshinweis

Bei dieser Aufgabe wird die sprachliche Grundfähigkeit geprüft. Gehen Sie dabei sehr konzentriert vor, da ein Fehler eine ganze Reihe anderer Fehler nach sich ziehen kann.

Beginnen Sie systematisch mit dem ersten Wort in der linken Spalte und überprüfen Sie die rechte Spalte Wort für Wort, bis Sie das Wort mit der gegenteiligen Bedeutung gefunden haben. Tragen Sie dann den Buchstaben in das leere Kästchen vor der rechten Spalte ein. Wenn Sie sich nicht ganz sicher sind, dann verschieben Sie Ihre Entscheidung – vielleicht löst sich das Problem am Ende der Aufgabe, da nur noch eine Möglichkeit übrig bleibt.

Wenn nach dem ersten Durchgang noch Lücken in der rechten Spalte übrig geblieben sind, dann hilft eventuell eine Umkehr des Verfahrens weiter. Man nehme sich das Wort aus der rechten Spalte vor und suche dazu aus der linken Spalte das Wort mit der gegenteiligen Bedeutung.

Zum Schluss sollte geprüft werden, ob alle Buchstaben von A bis J einmal eingetragen sind.

Sprachverständnis

Gleiche Wortbedeutung *Bearbeitungszeit 4 Minuten*

Nun wird die Fähigkeit zu logischem Denken im sprachlichen Bereich getestet.

In dieser Aufgabe wird Ihnen jeweils ein Wort vorgegeben. Finden Sie aus den fünf Lösungsmöglichkeiten das Wort heraus, das dem vorgegebenen Wort am nächsten kommt.

Beantworten Sie bitte die folgenden Aufgaben, indem Sie jeweils den richtigen Buchstaben markieren.

1. **Gelübde**
A. Geheimnis
B. Schriftstück
C. Wette
D. Antwort
E. Schwur

2. **abtrünnig**
A. abwertend
B. lustlos
C. negativ
D. untreu
E. willig

3. **Disput**
A. Auseinandersetzung
B. Vorschlag
C. Einigung
D. Knochenkrankheit
E. Gespräch

4. **heikel**
A. lustig
B. interessant
C. schwierig
D. unklar
E. verschieden

5. **Langmut**
A. Ausdauer
B. Geduld
C. Langsamkeit
D. Tapferkeit
E. Missmut

6. **lethargisch**
A. aktiv
B. träge
C. rege
D. rastlos
E. gefährlich

7. **aristokratisch**
A. reich
B. kläglich
C. adlig
D. hochkarätig
E. elegant

8. **delinquent**
A. schmackhaft
B. verbrecherisch
C. tödlich
D. entmutigt
E. defekt

Lösung

1. E	2. D	3. A	4. C	5. B	6. B	7. C	8. B

Zu 1.
Schwur

Zu 2.
untreu

Zu 3.
Auseinandersetzung

Zu 4.
schwierig

Zu 5.
Geduld

Zu 6.
träge

Zu 7.
adlig

Zu 8.
verbrecherisch

Sprachverständnis

Fremdwörter

Ordnen Sie den Fremdwörtern die richtige Bedeutung zu, indem Sie jeder Aufgabe den richtigen Buchstaben zuordnen und in das Kästchen eintragen.

Fremdwort	A–J		Bedeutung
1. minimieren	☐	A.	untersuchen
2. animieren	☐	B.	auswendig lernen
3. bagatellisieren	☐	C.	verringern
4. interpretieren	☐	D.	Ränke schmieden
5. analysieren	☐	E.	deuten
6. memorieren	☐	F.	herunterspielen
7. intrigieren	☐	G.	in Umlauf sein
8. zirkulieren	☐	H.	herausfordern
9. imponieren	☐	I.	ermuntern
10. provozieren	☐	J.	beeindrucken

Lösung

1. C	2. I	3. F	4. E	5. A	6. B	7. D	8. G	9. J	10. H

Zu 1.
minimieren   :   verringern

Zu 2.
animieren   :   ermuntern

Zu 3.
bagatellisieren   :   herunterspielen

Zu 4.
interpretieren   :   deuten

Zu 5.
analysieren   :   untersuchen

Zu 6.
memorieren   :   auswendig lernen

Zu 7.
intrigieren   :   Ränke schmieden

Zu 8.
zirkulieren   :   in Umlauf sein

Zu 9.
imponieren   :   beeindrucken

Zu 10.
provozieren   :   herausfordern

Lösungshinweis

Bei dieser Aufgabe wird die sprachliche Grundfähigkeit geprüft. Gehen Sie dabei sehr konzentriert vor, da ein Fehler eine ganze Reihe anderer Fehler nach sich ziehen kann.

Beginnen Sie systematisch mit dem ersten Wort in der linken Spalte und überprüfen Sie die rechte Spalte Wort für Wort, bis Sie die richtige Bedeutung für das Fremdwort gefunden haben. Tragen Sie dann den Buchstaben in das leere Kästchen vor der rechten Spalte ein. Wenn Sie sich nicht ganz sicher sind, dann verschieben Sie Ihre Entscheidung – vielleicht löst sich das Problem am Ende der Aufgabe, da nur noch eine Möglichkeit übrig bleibt.

Wenn nach dem ersten Durchgang noch Lücken in der rechten Spalte übrig geblieben sind, dann hilft eventuell eine Umkehr des Verfahrens weiter. Man nehme sich das Wort aus der rechten Spalte vor und suche dazu aus der linken Spalte das Wort mit der richtigen Bedeutung.

Zum Schluss sollte geprüft werden, ob alle Buchstaben von A bis J einmal eingetragen sind.

Sprachverständnis

Einses von fünf Wörtern passt nicht   *Bearbeitungszeit 4 Minuten*

Nun wird die Fähigkeit zu logischem Denken im sprachlichen Bereich getestet.

In jeder der folgenden Aufgaben werden Ihnen fünf Wörter vorgegeben. Vier davon sind einander ähnlich. Finden Sie das fünfte Wort heraus, das sich von den anderen Wörtern wesentlich unterscheidet und nicht in die Begriffsreihe passt.

Beantworten Sie bitte die folgenden Aufgaben, indem Sie jeweils den richtigen Buchstaben markieren.

1.
A. Pfirsich
B. Pflaume
C. Aprikose
D. Kirsche
E. Stachelbeere

2.
A. Ostern
B. Tag der Deutschen Einheit
C. Reformationstag
D. Weihnachten
E. Pfingsten

3.
A. schneiden
B. telefonieren
C. wissen
D. eisern
E. verweigern

4.
A. Falz
B. Lücke
C. Spalt
D. Ritze
E. Loch

5.
A. herstellen
B. produzieren
C. verkaufen
D. erschaffen
E. fertigen

6.
A. gut situiert
B. wohlhabend
C. vermögend
D. begütert
E. bedürftig

7.
A. Russland
B. Nordamerika
C. Südafrika
D. Neuseeland
E. Brasilien

8.
A. transparent
B. diffus
C. undurchsichtig
D. milchig
E. trüb

Lösung

1. E	2. B	3. D	4. A	5. C	6. E	7. B	8. A

Zu 1.

Die Lösung lautet E.

Bei allen anderen Begriffen handelt es sich um Steinobst.

Zu 2.

Die Lösung lautet B.

Bei allen anderen Begriffen handelt es sich um kirchliche Feiertage.

Zu 3.

Die Lösung lautet D.

Bei allen anderen Begriffen handelt es sich um Verben, eisern ist dagegen ein Adjektiv.

Zu 4.

Die Lösung lautet A.

Bei allen anderen Begriffen handelt es sich um Öffnungen.

Zu 5.

Die Lösung lautet C.

Bei allen anderen Begriffen handelt es sich um Verben des Produzierens.

Zu 6.

Die Lösung lautet E.

Bei allen anderen Begriffen handelt es sich um Adjektive, die „reich" bedeuten.

Zu 7.

Die Lösung lautet B.

Bei allen anderen Begriffen handelt es sich um Staaten, Nordamerika ist aber ein Kontinent.

Zu 8.

Die Lösung lautet A.

Alle anderen Begriffe drücken Undurchsichtigkeit aus.

Mathematik

Prozentrechnung

Beantworten Sie bitte die folgenden Aufgaben, indem Sie jeweils den richtigen Buchstaben markieren.

1. Herr Mayer möchte einen Posten für 11.000 €
   kaufen. Bei Barzahlung gewährt das Unterneh-
   men zwei Prozent Skonto. Wie viel würde Herr
   Mayer bei Barzahlung ausgeben?
   A. 10.800 €
   B. 10.780 €
   C. 10.500 €
   D. 10.200 €
   E. Keine Antwort ist richtig.

2. Eine Firma bietet einen Posten für 12.000 € an
   und wirbt mit dem Slogan „um 40 % reduziert".
   Wie viel Euro kostete der Posten vorher?
   A. 14.000 €
   B. 16.000 €
   C. 18.000 €
   D. 20.000 €
   E. Keine Antwort ist richtig.

3. Eine Firma bietet einen Posten für 20.250 € an,
   für den sie im Einkauf nur 15.000 € bezahlt. Wie
   viel Prozent Gewinn erzielt sie?
   A. 35 %
   B. 40 %
   C. 45 %
   D. 50 %
   E. Keine Antwort ist richtig.

4. Herr Mayer leiht sich 20.000 € von der Bank.
   Nach einem Jahr zahlt er inklusive Zinsen 22.000
   € an die Bank zurück. Wie viel Prozent Zinsen hat
   er bezahlt?
   A. 5 %
   B. 8 %
   C. 10 %
   D. 12 %
   E. Keine Antwort ist richtig.

5. Ein Unternehmen muss Waren im Wert von
   30.000 € um 80 % reduziert verkaufen. Wie viel
   Euro nimmt es dadurch weniger ein?
   A. 16.000 €
   B. 18.000 €
   C. 24.000 €
   D. 28.000 €
   E. Keine Antwort ist richtig.

6. Herr Mayer verkauft im Auftrag eines Kollegen
   einen Posten für 12.000 € und erhält dafür eine
   Provision in Höhe von vier Prozent. Wie viel Geld
   erhält Herr Mayer?
   A. 380 €
   B. 420 €
   C. 480 €
   D. 520 €
   E. Keine Antwort ist richtig.

7. Nach Abzug von zehn Prozent Rabatt zahlt Herr
   Mayer noch 630 € für seinen Einkauf. Wie viel Eu-
   ro hätte er ohne Rabattabzug zahlen müssen?
   A. 650 €
   B. 700 €
   C. 750 €
   D. 800 €
   E. Keine Antwort ist richtig.

8. Herr Mayer kauft einen Posten für 25.000 € mit
   der Absicht, ihn mit Gewinn weiterzuverkaufen.
   Leider werden ihm dafür nur 22.000 € geboten.
   Wie viel Prozent würde er verlieren, wenn er auf
   das Angebot einginge?
   A. 3 %
   B. 10 %
   C. 12 %
   D. 15 %
   E. Keine Antwort ist richtig.

Lösung

1. B	2. D	3. A	4. C	5. C	6. C	7. B	8. C

Zu 1.

Herr Mayer würde 10.780 € ausgeben.

$$Prozentwert = \frac{Grundwert \times Prozentsatz}{100}$$

$$Prozentwert = \frac{11.000\,€ \times 98}{100} = 10.780\,€$$

Zu 2.

Der Posten kostete vorher 20.000 €.

$$Grundwert = \frac{Prozentwert \times 100}{Prozentsatz}$$

$$Grundwert = \frac{12.000\,€ \times 100}{60} = 20.000\,€$$

Zu 3.

Die Firma erzielt 35 % Gewinn.

$$Prozentsatz = \frac{Prozentwert \times 100}{Grundwert}$$

Gewinn = 20.250 € - 15.000 € = 5.250 €

$$Prozentsatz = \frac{5.250\,€ \times 100}{15.000\,€} = 35\,\%$$

Zu 4.

Herr Mayer hat 10 % Zinsen bezahlt.

$$Prozentsatz = \frac{Prozentwert \times 100}{Grundwert}$$

Zinsen = 22.000 € - 20.000 € = 2.000 €

$$Prozentsatz = \frac{2.000\,€ \times 100}{20.000\,€} = 10\,\%$$

Zu 5.

Das Unternehmen nimmt 24.000 € weniger ein.

$$Prozentwert = \frac{Grundwert \times Prozentsatz}{100}$$

$$Prozentwert = \frac{30.000\,€ \times 80}{100} = 24.000\,€$$

Zu 6.

Herr Mayer erhält für den Verkauf 480 €.

$$Prozentwert = \frac{Grundwert \times Prozentsatz}{100}$$

$$Prozentwert = \frac{12.000\,€ \times 4}{100} = 480\,€$$

Zu 7.

Herr Mayer hätte 700 € zahlen müssen.

$$Grundwert = \frac{Prozentwert \times 100}{Prozentsatz}$$

$$Grundwert = \frac{630\,€ \times 100}{90} = 700\,€$$

Zu 8.

Er würde 12 Prozent verlieren.

$$Prozentsatz = \frac{Prozentwert \times 100}{Grundwert}$$

Verlust = 25.000 € – 22.000 € = 3.000 €

$$Prozentsatz = \frac{3.000\,€ \times 100}{25.000\,€} = 12\,\%$$

Mathematik

Zinsrechnung

Beantworten Sie bitte die folgenden Aufgaben, indem Sie jeweils den richtigen Buchstaben markieren.

1. Herr Mayer möchte in sein Unternehmen einen Betrag von 35.000 € investieren. Er bekommt von der Bank einen Kredit mit einer Laufzeit von 120 Tagen zu einem Zinssatz von zwölf Prozent. Um wie viel Prozent erhöht sich der Betrag, den Herr Mayer ausgibt, durch die Zinsen?

   A. 1 %
   B. 2 %
   C. 3 %
   D. 4 %
   E. Keine Antwort ist richtig.

2. Herr Mayer will in einem halben Jahr bei einem Zinssatz von vier Prozent einen Zinsertrag von 5.000 € erzielen. Wie viel Euro muss er anlegen?

   A. 100.000 €
   B. 150.000 €
   C. 200.000 €
   D. 250.000 €
   E. Keine Antwort ist richtig.

3. Herr Mayer stellt fest, dass er auf einem vergessenen Sparkonto mit einem Zinssatz von drei Prozent nach drei Jahren 18 € Zinsen gutgeschrieben bekommt. Wie viel Geld war noch auf dem Konto, wenn man von Zinseszins absieht?

   A. 200 €
   B. 300 €
   C. 400 €
   D. 500 €
   E. Keine Antwort ist richtig.

4. Herr Mayer musste sich 15.000 € von der Bank leihen, um einen kurzfristigen Engpass überbrücken zu können. Nach vier Monaten zahlt er inklusive Zinsen 15.600 € zurück. Wie hoch war der Zinssatz?

   A. 8 %
   B. 10 %
   C. 12 %
   D. 14 %
   E. Keine Antwort ist richtig.

5. Für einen Kredit über 18.000 € zu sechs Prozent muss Herr Mayer insgesamt 18.720 € zurückzahlen. Wie lange war die Laufzeit des Kredits?

   A. 3 Monate
   B. 4 Monate
   C. 6 Monate
   D. 8 Monate
   E. Keine Antwort ist richtig.

6. Herr Mayer legt 4.000 € für 9 Monate zu einem Zinssatz von fünf Prozent an. Wie viel Prozent des Gesamtbetrages machen die Zinsen aus?

   A. 3 %
   B. 3,75 %
   C. 4 %
   D. 4,75 %
   E. Keine Antwort ist richtig.

7. Ein Geldinstitut bietet Herrn Mayer für den Betrag von 22.000 € einen Zinssatz von 12 % an, allerdings ist die Laufzeit auf ein halbes Jahr begrenzt. Wie viel Euro Zinsen gäbe es hier?

   A. 500 €
   B. 1.100 €
   C. 1.320 €
   D. 2.300 €
   E. Keine Antwort ist richtig.

8. Welchen Betrag muss Herr Mayer zu einem Zinssatz von sechs Prozent anlegen, um monatlich Zinsen von 900 € zu erhalten?

   A. 140.000 €
   B. 160.000 €
   C. 180.000 €
   D. 200.000 €
   E. Keine Antwort ist richtig.

Lösung

1. D	2. D	3. A	4. C	5. D	6. B	7. C	8. C

Zu 1.

Herr Mayer muss 1.400 € Zinsen zahlen, das sind 4 % von 35.000 €.

$$\text{Zinsen} = \frac{\text{Kapital} \times \text{Zinssatz} \times \text{Tage}}{100 \times 360\,\text{d}}$$

$$\text{Zinsen} = \frac{35.000 \times 12 \times 120\,\text{d}}{100 \times 360\,\text{d}} = 1.400\,€$$

$$\text{Prozentsatz} = \frac{\text{Prozentwert} \times 100}{\text{Grundwert}}$$

$$\text{Prozentsatz} = \frac{1.400\,€ \times 100}{35.000\,€} = 4\,\%$$

Zu 2.

Herr Mayer muss 250.000 € anlegen.

$$\text{Kapital} = \frac{\text{Zinsen} \times 100 \times 360\,\text{d}}{\text{Zinssatz} \times \text{Tage}}$$

$$\text{Kapital} = \frac{5.000\,€ \times 100 \times 360\,\text{d}}{4 \times 180\,\text{d}} = 250.000\,€$$

Zu 3.

Auf dem Konto waren 200 €.

$$\text{Kapital} = \frac{\text{Zinsen} \times 100 \times 360\,\text{d}}{\text{Zinssatz} \times \text{Tage}}$$

$$\text{Kapital} = \frac{18\,€ \times 100 \times 360\,\text{d}}{3 \times 1080\,\text{d}} = 200\,€$$

Zu 4.

Der Zinssatz betrug zwölf Prozent.

$$\text{Zinssatz} = \frac{\text{Zinsen} \times 100 \times 360\,\text{d}}{\text{Kapital} \times \text{Tage}}$$

$$\text{Zinssatz} = \frac{600\,€ \times 100 \times 360\,\text{d}}{15.000\,€ \times 120\,\text{d}} = 12\,\%$$

Zu 5.

Das Geld war acht Monate lang angelegt.

$$\text{Tage} = \frac{\text{Zinsen} \times 100 \times 360\,\text{d}}{\text{Kapital} \times \text{Zinssatz}}$$

$$\text{Tage} = \frac{720\,€ \times 100 \times 360\,\text{d}}{18.000\,€ \times 6} = 240\,\text{d}$$

Zu 6.

Herr Mayer erhält 150 € Zinsen, das sind 3,75 % des angelegten Betrags.

$$\text{Zinsen} = \frac{\text{Kapital} \times \text{Zinssatz} \times \text{Tage}}{100 \times 360\,\text{d}}$$

$$\text{Zinsen} = \frac{4.000\,€ \times 5 \times 270\,\text{d}}{100 \times 360\,\text{d}} = 150\,€$$

$$\text{Prozentsatz} = \frac{\text{Prozentwert} \times 100}{\text{Grundwert}}$$

$$\text{Prozentsatz} = \frac{150\,€ \times 100}{4.000\,€} = 3,75\,\%$$

Zu 7.

Hier gäbe es 1.320 € Zinsen.

$$\text{Zinsen} = \frac{\text{Kapital} \times \text{Zinssatz} \times \text{Tage}}{100 \times 360\,\text{d}}$$

$$\text{Zinsen} = \frac{22.000\,€ \times 12 \times 180\,\text{d}}{100 \times 360\,\text{d}} = 1.320\,€$$

Zu 8.

Herr Mayer muss 180.000 € anlegen, um monatlich 900 € Zinsen zu erhalten.

$$\text{Kapital} = \frac{\text{Zinsen} \times 100 \times 360\,\text{d}}{\text{Zinssatz} \times \text{Tage}}$$

$$\text{Kapital} = \frac{900\,€ \times 100 \times 360\,\text{d}}{6 \times 30\,\text{d}} = 180.000\,€$$

Mathematik

Bruchrechnung

Beantworten Sie bitte die folgenden Aufgaben, indem Sie jeweils den richtigen Buchstaben markieren.

1. $\dfrac{12}{5} + \dfrac{3}{4} = ?$ A. $\dfrac{63}{20}$ B. $\dfrac{15}{9}$ C. $\dfrac{36}{20}$ D. $\dfrac{48}{15}$ E. Keine Antwort ist richtig.

2. $\dfrac{9}{4} \times \dfrac{3}{7} = ?$ A. $\dfrac{27}{11}$ B. $\dfrac{27}{28}$ C. $\dfrac{63}{12}$ D. $\dfrac{12}{28}$ E. Keine Antwort ist richtig.

3. $\dfrac{24}{7} - \dfrac{2}{5} = ?$ A. $3\dfrac{1}{35}$ B. $2\dfrac{3}{4}$ C. $\dfrac{96}{35}$ D. $4\dfrac{1}{7}$ E. Keine Antwort ist richtig.

4. $\dfrac{5}{8} \div \dfrac{7}{19} = ?$ A. $\dfrac{37}{45}$ B. $\dfrac{12}{27}$ C. $2\dfrac{3}{17}$ D. $1\dfrac{39}{56}$ E. Keine Antwort ist richtig.

5. $\dfrac{12}{9} + \dfrac{18}{24} = ?$ A. $\dfrac{30}{33}$ B. $3\dfrac{3}{9}$ C. $2\dfrac{1}{12}$ D. $3\dfrac{4}{15}$ E. Keine Antwort ist richtig.

6. $\dfrac{13}{4} \times \dfrac{12}{17} = ?$ A. $2\dfrac{1}{13}$ B. $2\dfrac{5}{17}$ C. $3\dfrac{3}{19}$ D. $\dfrac{25}{68}$ E. Keine Antwort ist richtig.

7. $3\dfrac{1}{3} - 0{,}75 = ?$ A. $2{,}6$ B. $2\dfrac{7}{12}$ C. $2\dfrac{4}{5}$ D. $\dfrac{17}{3}$ E. Keine Antwort ist richtig.

8. $3\dfrac{4}{5} + 4{,}5 = ?$ A. $8\dfrac{3}{10}$ B. $5\dfrac{4}{5}$ C. $8{,}25$ D. $7\dfrac{4}{9}$ E. Keine Antwort ist richtig.

Lösung

1. A	2. B	3. A	4. D	5. C	6. B	7. B	8. A

Zu 1.

Brüche werden addiert, indem man sie auf einen gemeinsamen Nenner bringt, die Zähler addiert und den Nenner beibehält:

$$\frac{12}{5} + \frac{3}{4} = \frac{48}{20} + \frac{15}{20} = \frac{63}{20}$$

Zu 2.

Brüche werden multipliziert, indem man jeweils ihre Zähler und Nenner miteinander malnimmt:

$$\frac{9}{4} \times \frac{3}{7} = \frac{27}{28}$$

Zu 3.

Brüche werden subtrahiert, indem man sie auf einen gemeinsamen Nenner bringt, die Zähler subtrahiert und den Nenner beibehält:

$$\frac{24}{7} - \frac{2}{5} = \frac{120}{35} - \frac{14}{35} = \frac{106}{35} = 3\frac{1}{35}$$

Zu 4.

Brüche werden dividiert, indem man den ersten Wert (Dividend) mit dem Kehrwert des zweiten Werts (des Divisors, durch den geteilt werden soll) multipliziert.

$$\frac{5}{8} \div \frac{7}{19} = \frac{5}{8} \times \frac{19}{7} = \frac{95}{56} = 1\frac{39}{56}$$

Zu 5.

Brüche werden addiert, indem man sie auf einen gemeinsamen Nenner bringt, die Zähler addiert und den Nenner beibehält. Anschließend ist das Ergebnis so weit wie möglich zu kürzen:

$$\frac{12}{9} + \frac{18}{24} = \frac{96}{72} + \frac{54}{72} = \frac{150}{72} = \frac{25}{12} = 2\frac{1}{12}$$

Zu 6.

Brüche werden multipliziert, indem man jeweils ihre Zähler und Nenner miteinander malnimmt. Anschließend ist das Ergebnis so weit wie möglich zu kürzen:

$$\frac{13}{4} \times \frac{12}{17} = \frac{156}{68} = \frac{39}{17} = 2\frac{5}{17}$$

Zu 7.

Gemischte Zahlen sollten zunächst in reine Brüche umgewandelt werden. Brüche werden subtrahiert, indem man sie auf einen gemeinsamen Nenner bringt, ihre Zähler subtrahiert und den Nenner beibehält:

$$3\frac{1}{3} - 0{,}75 = \frac{10}{3} - \frac{3}{4} = \frac{40}{12} - \frac{9}{12} = \frac{31}{12} = 2\frac{7}{12}$$

Zu 8.

Gemischte Zahlen sollten zunächst in reine Brüche umgewandelt werden. Brüche werden addiert, indem man sie auf einen gemeinsamen Nenner bringt, ihre Zähler addiert und den Nenner beibehält. Anschließend ist das Ergebnis so weit wie möglich zu kürzen:

$$3\frac{4}{5} + 4{,}5 = \frac{19}{5} + \frac{9}{2} = \frac{38}{10} + \frac{45}{10} = \frac{83}{10} = 8\frac{3}{10}$$

Mathematik

Gemischte Aufgaben

Beantworten Sie bitte die folgenden Aufgaben, indem Sie jeweils den richtigen Buchstaben markieren.

1. Eine Stanzmaschine kann in einer Stunde 1.250 Teile produzieren. Wie viele Teile können drei Stanzmaschinen in drei Stunden produzieren?

   A. 10.450
   B. 11.250
   C. 3.750
   D. 25.000
   E. Keine Antwort ist richtig.

2. 2 Schneepflüge räumen eine Straße in einer Stunde auf 5 km Länge. Wie weit kommen drei Schneepflüge in 1,5 Stunden auf der gleichen Straße?

   A. 11,25 km
   B. 12,65 km
   C. 8,175 km
   D. 10,175 km
   E. Keine Antwort ist richtig.

3. Sechs Pumpen füllen ein Schwimmbecken innerhalb von fünf Stunden. Wie lange brauchen acht Pumpen für diese Arbeit?

   A. 2,8 Stunden
   B. 2,9 Stunden
   C. 3,4 Stunden
   D. 3,75 Stunden
   E. Keine Antwort ist richtig.

4. Herr Schmidt setzt nach einem Zwischenstopp an der Raststätte seinen Weg nach Neustadt fort. 15 Minuten später folgt ihm ein Sportwagen, der ihn nach weiteren 45 Minuten eingeholt hat. Herr Schmidt fährt durchschnittlich 120 km/h. Wie schnell ist der Sportwagen?

   A. 160 km/h
   B. 150 km/h
   C. 140 km/h
   D. 135 km/h
   E. Keine Antwort ist richtig.

5. Frau Hartmann fährt in die 60 km entfernte Stadt. In den ersten 15 Minuten erreicht sie eine Durchschnittsgeschwindigkeit von 48 km/h. Danach fährt sie auf die Autobahn und hält bis zum Ziel einen Schnitt von 120 km/h. Wie lange ist sie insgesamt unterwegs?

   A. 36 Minuten
   B. 24 Minuten
   C. 45 Minuten
   D. 39 Minuten
   E. Keine Antwort ist richtig.

6. Das Fußballfeld der Sportfreunde Niederburg ist 105,6 Meter lang und 67,50 Meter breit. Wie groß ist die Fläche des Feldes?

   A. 8.570 m^2
   B. 0,6346 km^2
   C. 825 a
   D. 0,7128 ha
   E. Keine Antwort ist richtig.

7. Da der Platz in miserablem Zustand ist, soll er komplett erneuert werden. Der Kaufpreis eines neuen Rollrasens liegt bei 4,50 € pro Quadratmeter, bei einer Abnahme von mehr als 5.000 Quadratmetern gibt der Händler 10 % Preisnachlass. Was kostet den Verein die Anschaffung des neuen Rasens?

   A. 31.950,92 €
   B. 28.868,40 €
   C. 28.597,56 €
   D. 35.957,29 €
   E. Keine Antwort ist richtig.

Lösung

| 1. B | 2. A | 3. D | 4. A | 5. D | 6. D | 7. B |

Zu 1.

Drei Stanzmaschinen produzieren pro Stunde 3.750 Teile:

$3 \times 1.250 = 3.750$

In drei Stunden demnach:

$3 \times 3.750 = 11.250$

Drei Stanzmaschinen produzieren in drei Stunden 11.250 Teile.

Zu 2.

Wenn zwei Schneepflüge die Straße in einer Stunde auf einer Länge von 5 km räumen, schafft ein Pflug auf dieser Straße in einer Stunde 2,5 km. Drei Pflüge bewältigen auf derselben Straße demnach das Dreifache an Länge, also 7,5 km. In 1,5 Stunden räumen sie entsprechend die 1,5-fache Länge:

$7,5 \text{ km} \times 1,5 = 11,25 \text{ km}$

Drei Schneepflüge räumen in einer Stunde die Straße auf einer Länge von 11,25 km.

Zu 3.

Eine einzige Pumpe würde das Sechsfache an Zeit benötigen, nämlich 30 Stunden.

$6 \times 5 \text{ h} = 30 \text{ h}$

Acht Pumpen brauchen für diese Arbeit ein Achtel dieser Zeit:

$30 \text{ h} \div 8 = 3,75 \text{ h}$

Acht Pumpen füllen das Becken in 3,75 Stunden.

Zu 4.

Als Herr Schmidt nach einer Stunde überholt wird, ist er bereits 120 km von der Raststätte entfernt. Der Sportwagen hat diese Distanz in 45 Minuten bewältigt. Die Geschwindigkeit des Sportwagens beträgt also:

$120 \text{ km}/45 \text{ min} = 120 \text{ km}/0,75 \text{ h} = 160 \text{ km/h}$

Der Sportwagen fährt mit durchschnittlich 160 km/h.

Zu 5.

Nach den ersten 15 Minuten mit Tempo 48 hat sie 12 km zurückgelegt:

$48 \text{ km/h} \times \frac{1}{4} \text{ h} = 12 \text{ km}$

Die verbleibenden 48 km fährt sie mit durchschnittlich 120 km/h:

$48 \text{ km} \div 120 \text{ km/h} = 0,4 \text{ h} = 24 \text{ min}$

Frau Hartmann ist insgesamt 39 Minuten unterwegs:

$15 \text{ min} + 24 \text{ min} = 39 \text{ min}$

Zu 6.

$A = l \times b = 105,6 \text{ m} \times 67,5 \text{ m} = 7.128 \text{ m}^2$

Ein Hektar entspricht 10.000 m², die Fläche des Feldes beträgt demnach 0,7128 ha.

Zu 7.

Der Preisnachlass greift, da der Verein wie bereits berechnet Rasen für mehr als 5.000 m² Fläche bestellen muss:

$7.128 \times 4,50 \text{ Euro} \times 0,9 = 28.868,40 \text{ €}$

Für die Anschaffung des neuen Rasens muss der Verein 28.868,40 € zahlen.

Mathematik

Grundrechenarten

Unter Zeitdruck und ohne Taschenrechner!

Bei dieser Aufgabe geht es um die Grundrechenarten, jedoch unter großem Zeitdruck und ohne Taschenrechner. Beantworten Sie bitte die folgenden Aufgaben, indem Sie jeweils das richtige Ergebnis in das Kästchen eintragen.

1. $0,63 + 6,47 - 1,2 =$

2. $243,5 - 14 \times 3 =$

3. $3 \div 6 \times 0,5 + 1,75 - 2 =$

4. $24,8 - 12,4 + 6,2 \times 2 =$

5. $(2 \div 2) \times 2 \times 2 + 8 =$

6. $5,6 \div (4,5 + 3,5) \times 9 =$

7. $60,54 - 3 \times 18 + 3,2 =$

8. $24,8 \div (4 \times 5,5 - 1,6 \div 0,8) =$

9. $((64 + 5 \times 3) + 3) \div 5 =$

10. $57 \div ((8,95 - 4,2) \times 4) =$

11. $179 + 820 + 0,5 \times 3 =$

12. $(25 + 7) \times ((0,7 \times (2 - 2)) =$

13. $4,5 \div 1,5 \times (2 + 1) =$

14. $0,11 \times 9 + 1,05 \div 7 =$

15. $9,99 \div ((6,7 - 2,2) \div 1,5) =$

16. $526 - 14,2 + 3,7 =$

17. $6,1 + 4,9 \div 7 - 5,4 =$

18. $999 - 3,33 + 6,6 =$

19. $(8 \div (4 \div 0,5)) - 66,75 =$

20. $1,45 + 6,91 + 3,5 =$

Lösung

1. 5,9	2. 201,5	3. 0	4. 24,8	5. 12
6. 6,3	7. 9,74	8. 1,24	9. 16,4	10. 3
11. 1.000,5	12. 0	13. 9	14. 1,14	15. 3,33
16. 515,5	17. 1,4	18. 1.002,27	19. −65,75	20. 11,86

Zu 1.
$0,63 + 6,47 - 1,2 = 5,9$

Zu 2.
$243,5 - 14 \times 3 = 201,5$

Zu 3.
$3 \div 6 \times 0,5 + 1,75 - 2 = 0$

Zu 4.
$24,8 - 12,4 + 6,2 \times 2 = 24,8$

Zu 5.
$(2 \div 2) \times 2 \times 2 + 8 = 12$

Zu 6.
$5,6 \div (4,5 + 3,5) \times 9 = 6,3$

Zu 7.
$60,54 - 3 \times 18 + 3,2 = 9,74$

Zu 8.
$24,8 \div (4 \times 5,5 - 1,6 \div 0,8) = 1,24$

Zu 9.
$((64 + 5 \times 3) + 3) \div 5 = 16,4$

Zu 10.
$57 \div ((8,95 - 4,2) \times 4) = 3$

Zu 11.
$179 + 820 + 0,5 \times 3 = 1.000,5$

Zu 12.
$(25 + 7) \times ((0,7 \times (2 - 2)) = 0$

Zu 13.
$4,5 \div 1,5 \times (2 + 1) = 9$

Zu 14.
$0,11 \times 9 + 1,05 \div 7 = 1,14$

Zu 15.
$9,99 \div ((6,7 - 2,2) \div 1,5) = 3,33$

Zu 16.
$526 - 14,2 + 3,7 = 515,5$

Zu 17.
$6,1 + 4,9 \div 7 - 5,4 = 1,4$

Zu 18.
$999 - 3,33 + 6,6 = 1.002,27$

Zu 19.
$(8 \div (4 \div 0,5)) - 66,75 = -65,75$

Zu 20.
$1,45 + 6,91 + 3,5 = 11,86$

Mathematik

Zahlenmatrizen   *Bearbeitungszeit 4 Minuten*

Die Zahlen in den folgenden Matrizen und Pyramiden sind nach festen Regeln zusammengestellt.
Ihre Aufgabe besteht darin, eine Zahl zu finden, die im sinnvollen Verhältnis zu den übrigen Zahlen steht.
Beantworten Sie bitte die folgenden Aufgaben, indem Sie jeweils den richtigen Buchstaben markieren.

1. Durch welche Zahl muss das Fragezeichen ersetzt werden, damit die Zahlen in der Tabelle in einem sinnvollen Verhältnis zueinander stehen?

14	2	9	4
3	10	4	12
2	11	**?**	12
10	6	12	1

A. 5
B. 12
C. 4
D. 11
E. Keine Antwort ist richtig.

2. Durch welche Zahl muss das Fragezeichen ersetzt werden, damit die Zahlen in der Tabelle in einem sinnvollen Verhältnis zueinander stehen?

36	6	3
64	8	4
?	10	5

A. 7
B. 12
C. 15
D. 100
E. Keine Antwort ist richtig.

3. Durch welche Zahl muss das Fragezeichen ersetzt werden, damit die Zahlen in der Tabelle in einem sinnvollen Verhältnis zueinander stehen?

72	69	23	26
66	63	21	24
60	57	**?**	22
54	51	17	20

A. 24
B. 15
C. 19
D. 32
E. Keine Antwort ist richtig.

4. Folgende Zahlenpyramide ist nach einer festen Regel aufgebaut. Durch welche Zahl muss das Fragezeichen ersetzt werden, damit die Pyramide sinnvoll aufgestellt ist?

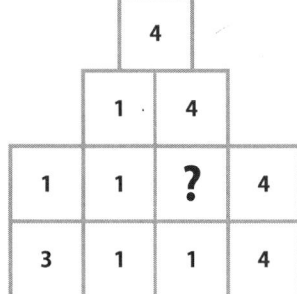

A. 1
B. 4
C. 8
D. 6
E. Keine Antwort ist richtig.

Lösung

1. C	2. D	3. C	4. A

Zu 1.

Das Fragezeichen wird durch die Zahl 4 sinnvoll ersetzt.

Sie erhalten bei der Addition der Zahlen einer Spalte, einer Zeile oder einer Diagonalen immer die Zahl 29.

Zu 2.

Das Fragezeichen wird durch die Zahl 100 sinnvoll ersetzt. Die Reihen werden waagrecht nach folgendem Prinzip gebildet:

Verdoppeln Sie bei der Rechnung von rechts nach links die rechte Zahl der jeweiligen Reihe und quadrieren Sie den erhaltenen Wert anschließend. Oder von links nach rechts: Ziehen Sie die Wurzel aus der jeweils links stehenden Zahl und teilen sie den erhaltenen Wert anschließend durch 2.

Zu 3.

Das Fragezeichen wird durch die Zahl 19 sinnvoll ersetzt. Die Reihen werden waagrecht nach folgendem Prinzip gebildet:

Subtrahieren Sie 3 von der jeweils links stehenden Zahl. Dividieren Sie anschließend durch 3 und addieren Sie zum erhaltenen Wert schließlich nochmals 3.

$$-3 \mid \div 3 \mid + 3$$

Zu 4.

Das Fragezeichen wird durch die Zahl 1 sinnvoll ersetzt. Die Pyramide ist nach folgendem Prinzip aufgebaut:

Die jeweils untere Reihe gibt an, wie oft eine Zahl in der darüber liegenden Reihe vertreten ist.

In der obersten Reihe steht 1× die 4, demnach müssen in der Reihe darunter eine 1 und eine 4 stehen. Damit sind in dieser Reihe 1× die 1 und 1× die 4 vertreten, folgerichtig lauten die Zahlen der nächsten Reihe 1, 1, 1, 4. Damit sind in dieser Reihe 3× die 1 und 1× die 4 vertreten, was in der untersten Reihe aufgeschlüsselt wird.

Mathematik

Symbolrechnen

In jeder Aufgabe stehen gleiche Symbole für gleiche Zahlen. Ein Symbol repräsentiert eine Zahl von 0-9, zwei zusammengezogene Symbole entsprechen zweistelligen Zahlen. Welche Zahl wird durch das gesuchte Symbol repräsentiert?

Beantworten Sie bitte die folgenden Aufgaben, indem Sie jeweils den richtigen Buchstaben markieren.

1. **Für welche Zahl steht das Symbol Δ?**

   $(2 + ¥) \times Δ = Δ$

   A. 1
   B. 3
   C. 5
   D. 0
   E. Keine Antwort ist richtig.

2. **Für welche Zahl steht das Symbol Δ?**

   $Δ^2 = Δ + Δ + Δ$

   A. 1
   B. 3
   C. 9
   D. 2
   E. Keine Antwort ist richtig.

3. **Für welche Zahl steht das Symbol Π?**

   $ΔΔ \times Ω = ΩΠ + Ω$

   A. 0
   B. 3
   C. 6
   D. 8
   E. Keine Antwort ist richtig.

4. **Für welche Zahl steht das Symbol Δ?**

   $Π9 - Π = 2Δ$

   A. 9
   B. 5
   C. 6
   D. 3
   E. Keine Antwort ist richtig.

5. **Für welche Zahl steht das Symbol Δ?**

   $Δ^Δ = Δ + Δ$

   A. 2
   B. 1
   C. 3
   D. 4
   E. Keine Antwort ist richtig.

6. **Für welche Zahl steht das Symbol Δ?**

   $Δ2 - 1Δ = ¥8$

   A. 1
   B. 2
   C. 4
   D. 8
   E. Keine Antwort ist richtig.

7. **Für welche Zahl steht das Symbol Π?**

   $(Ω + 1) \times Π = Ω + 2 + Ω$

   A. 1
   B. 9
   C. 2
   D. 3
   E. Keine Antwort ist richtig.

8. **Für welche Zahl steht das Symbol Ω?**

   $Ω4 + ΔΔ = ΠΠ$

   A. 7
   B. 2
   C. 9
   D. 4
   E. Keine Antwort ist richtig.

Lösung

| 1. D | 2. B | 3. A | 4. B | 5. A | 6. C | 7. C | 8. C |

Zu 1.

Bei der Multiplikation zweier Faktoren entspricht das Produkt nur dann einem dieser beiden Faktoren, wenn einer der Faktoren 0 oder 1 lautet:

$1 \times 2 = 2$; $1 \times 4 = 4$ usw. (wenn ein Faktor 1 ist)

$1 \times 0 = 0$; $2 \times 0 = 0$ usw. (wenn ein Faktor 0 ist)

Da der erste Faktor durch die Addition gleich oder größer als 2 ist, entfällt die erste Möglichkeit. Somit kann nur Lösung D stimmen. Das Symbol Δ steht für 0.

Zu 2.

Die Quadratzahl der gesuchten Zahl ist zugleich das Dreifache des gesuchten Werts. Dies trifft nur auf Antwort B zu:

$3^2 = 3 \times 3 = 3 + 3 + 3$

Zu 3.

Die Multiplikation $\Delta\Delta \times \Omega$ auf der linken Seite der Gleichung muss zu einem einstelligen Ergebnis kleiner als 108 führen, da die Addition auf der rechten Seite der Gleichung höchstens 107 ergeben kann:

$98 + 9 = 107$ (höchstes Ergebnis der rechten Gleichungsseite)

Geht man die Elferreihe durch – also die Möglichkeiten der Ergebnisse der linken Gleichungsseite –, erhält man als Werte unter 108:

11, 22, 33, 44, 55, 66, 77, 88, 99

Bei allen diesen Zahlen sind erste und zweite Ziffer gleich. Die Addition $\Omega\Pi + \Omega$ muss also zum Ergebnis $\Omega\Omega$ führen. Folglich steht das Symbol Π für die Zahl 0, wobei sich für Ω alle Zahlen von 1–9 einsetzen lassen.

Zu 4.

Wird eine beliebige einstellige Zahl von einer zweistelligen Zahl mit der Endziffer 9 abgezogen, kann sich hierdurch nicht die erste Ziffer ändern. So besitzt das Ergebnis (2Δ) dieselbe erste Ziffer wie die Zahl, von der subtrahiert wurde. Das Symbol Π steht demnach für den Wert 2; die Rechnung lautet:

$29 - 2 = 27$

Das Symbol Δ steht für die Zahl 7.

Zu 5.

Setzt man die möglichen Lösungen in die Rechnung ein, kommt man schnell zu dem Ergebnis, dass nur 2 die gesuchte Zahl sein kann:

$2^2 = 4$; $2 + 2 = 4$

$1^1 = 1$; $1 + 1 = 2$

$3^3 = 27$; $3 + 3 = 6$

$4^4 = 256$; $4 + 4 = 8$

Zu 6.

Nur durch die Subtraktion von 4 kann der Einerwert von 2 auf 8 springen. Die Rechnung lautet also:

$42 - 14 = 28$

Zu 7.

Die Multiplikation des Ausgangswerts ($\Omega + 1$) mit dem gesuchten Wert Π auf der linken Seite der Gleichung ergibt:

$(\Omega + 1) \times \Pi = \Pi\Omega + \Pi$

Die Addition der Ω auf der rechten Seite der Gleichung ergibt:

$\Omega + 2 + \Omega = 2\Omega + 2$

Setzt man nun die beiden Ergebnisse gleich, sieht man, dass Π eine 2 symbolisiert.

$\Pi\Omega + \Pi = 2\Omega + 2$

Zu 8.

Bestehen der zweistellige Summand $\Delta\Delta$ und das Ergebnis $\Pi\Pi\Pi$ aus den gleichen Ziffern (11, 22 usw.), so muss auch der erste Summand $\Omega 4$ zwei gleiche Ziffern haben, so dass die Zahl 4 für Ω einzusetzen ist.

Mathematik

Datenanalyse

Bitte lösen Sie mithilfe des Schaubilds die folgenden Aufgaben

Beantworten Sie bitte die folgenden Aufgaben, indem Sie jeweils den richtigen Buchstaben markieren.

Bundestagswahl 2009

Ergebnisse der Bundestagswahl am 27. September 2009, Zweitstimmenanteile in Prozent. Wahlberechtigt waren rund 62,17 Millionen Menschen.

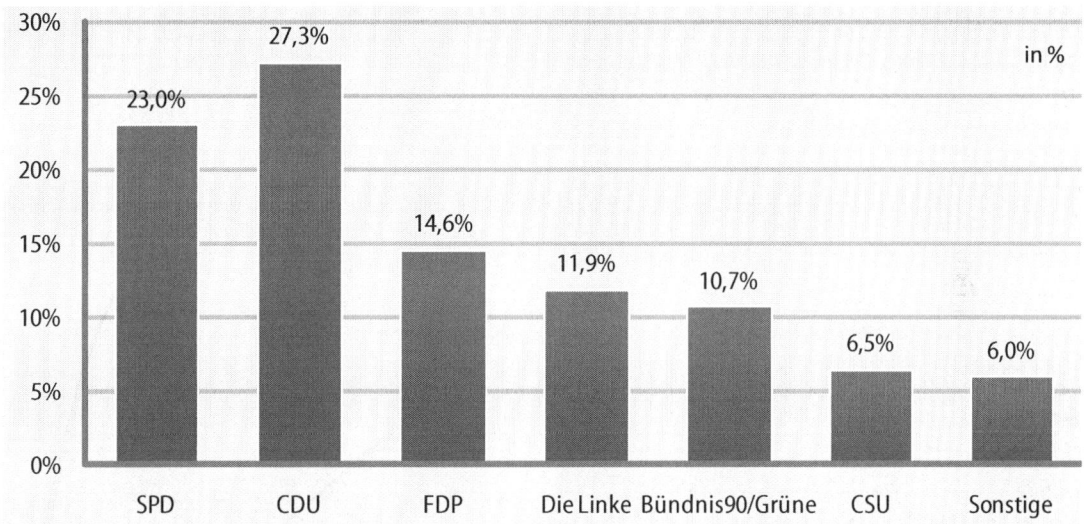

Quelle: Bundeswahlleiter

1. **Die Wahlbeteiligung lag bei rund 70,8 %. Wie viele Menschen haben demnach ihre Stimme abgegeben? Runden Sie das Ergebnis bitte auf zwei Nachkommastellen.**

   A. 44,01 Mio.

   B. 56,23 Mio.

   C. 38,45 Mio.

   D. 47,91 Mio.

   E. Keine Antwort ist richtig.

2. **Wie viele Wahlberechtigte haben für eine Partei gestimmt, die den Sprung über die Fünf-Prozent-Hürde zum Einzug in den Bundestag nicht geschafft hat? Runden Sie das Ergebnis bitte auf zwei Nachkommastellen.**

   A. 5,89 Mio.

   B. 2,64 Mio.

   C. 6,35 Mio.

   D. 3,48 Mio.

   E. Keine Antwort ist richtig.

3. **Die CDU kam als stärkste Partei auf einen Zweitstimmenanteil von 27,3 Prozent. Wie groß wäre der Anteil, wenn die Zahl der CDU-Wähler auf die Gesamtzahl aller Wahlberechtigten bezogen würde? Runden Sie das Ergebnis bitte auf zwei Nachkommastellen.**

   A. 14,64 %

   B. 28,52 %

   C. 25,44 %

   D. 19,32 %

   E. Keine Antwort ist richtig.

4. Bei der Bundestagswahl 2005 erhielt die CDU 27,8 % der abgegebenen Stimmen. Wahlberechtigt waren damals 61,87 Millionen Bundesbürger, die Wahlbeteiligung lag bei 77,7 %. Wie viele Wählerstimmen hat die Partei im Vergleich von 2005 zu 2009 absolut verloren? Runden Sie das Ergebnis bitte auf zwei Nachkommastellen.

A. 0,68 Mio. Stimmen

B. 0,95 Mio. Stimmen

C. 1,35 Mio. Stimmen

D. 1,86 Mio. Stimmen

E. Keine Antwort ist richtig.

5. Ohne die so genannten Überhangmandate verfügt der Bundestag über 598 Sitze. Wie viele Sitze entfallen dem Zweitstimmenanteil nach auf die SPD?

A. 123

B. 146

C. 85

D. 234

E. Keine Antwort ist richtig.

Lösung

1. A	2. B	3. D	4. C	5. B

Zu 1.

Die Zahl der Wähler lässt sich nach folgender Rechnung bestimmen:

$$Prozentwert = \frac{Prozentsatz \times Grundwert}{100}$$

$$Prozentwert = \frac{70,8 \times 62,17\,Mio.}{100} = 44,01\,Mio.$$

Insgesamt haben bei der Bundestagswahl 2009 rund 44,01 Millionen Wahlberechtigte ihre Stimme abgegeben.

Zu 2.

Die nicht im Bundestag vertretenen Parteien werden unter „Sonstige" aufgeführt. Zu berechnen ist also, wie groß ein 6 %-Anteil an den 44,01 Millionen abgegebenen Stimmen ist:

$$Prozentwert = \frac{Prozentsatz \times Grundwert}{100}$$

$$Prozentwert = \frac{6 \times 44,01\,Mio.}{100} = 2,64\,Mio.$$

Etwa 2,64 Millionen Wahlberechtigte haben für eine Partei gestimmt, die nicht im Bundestag vertreten ist.

Zu 3.

Bei einer Gesamtzahl von 44,01 Millionen Stimmen kommt die CDU auf einen Anteil von 27,3 %. Das entspricht einer Stimmenzahl, die sich wie folgt berechnen lässt:

$$Prozentwert = \frac{Prozentsatz \times Grundwert}{100}$$

$$Prozentwert = \frac{27,3 \times 44,01\,Mio.}{100} = 12,01\,Mio.$$

Wie hoch ist nun der prozentuale Anteil dieser 12,01 Millionen CDU-Wähler an 62,17 Millionen Wahlberechtigten?

$$Prozentsatz = \frac{Prozentwert \times 100}{Grundwert}$$

$$Prozentsatz = \frac{12,01\,Mio. \times 100}{62,17\,Mio.} = 19,32\,\%$$

Bezogen auf die Gesamtzahl aller Wahlberechtigten, kommt die CDU auf einen Stimmanteil von 19,32 %. Anders formuliert: Die CDU erhielt bei der Bundestagswahl 2009 rund 19,32 % der Stimmen aller Wahlberechtigten.

Zu 4.

Die Gesamtzahl der bei der Bundestagswahl 2005 abgegebenen Stimmen lässt sich nach folgender Rechnung bestimmen:

$$Prozentwert = \frac{Prozentsatz \times Grundwert}{100}$$

$$Prozentwert = \frac{77,7 \times 61,87 \text{ Mio.}}{100} = 48,07 \text{ Mio.}$$

Insgesamt haben 2005 48,07 Millionen Wahlberechtigte ihre Stimme abgegeben. Der Anteil von 27,8 % der CDU entspricht folgender Stimmenzahl:

$$Prozentwert = \frac{Prozentsatz \times Grundwert}{100}$$

$$Prozentwert = \frac{27,8 \times 48,07 \text{ Mio.}}{100} = 13,36 \text{ Mio.}$$

2005 gab es rund 13,36 Millionen CDU-Stimmen. Die Differenz zu 2009 beträgt:

12,01 Mio. – 13,36 Mio. = -1,35 Mio.

2009 stimmten rund 1,35 Millionen Wähler weniger für die CDU als noch 2005.

Zu 5.

Da die 6 % der „Sonstigen" für die Kräfteverteilung im Bundestag keine Rolle spielen – sie ziehen schließlich gar nicht erst ein – müssen nun die Verhältnisse der im Parlament vertretenen Parteien neu berechnet werden. Die ins Parlament eingezogenen Parteien repräsentieren 94 % aller Wählerstimmen, teilen jedoch 100 % der Sitze im Bundestag unter sich auf. Der 23 %-Anteil der SPD vergrößert sich dadurch leicht:

$$Prozentsatz = \frac{Prozentwert \times 100}{Grundwert}$$

$$Prozentsatz = \frac{23 \times 100}{94} = 24,47 \%$$

24,47 % der Sitze im Bundestag entfallen demnach auf die SPD. Bezogen auf die Gesamtzahl von 598 Sitzen, entspricht das:

$$Prozentwert = \frac{Prozentsatz \times Grundwert}{100}$$

$$Prozentwert = \frac{24,47 \times 598}{100} = 146,33 \text{ Sitze}$$

Es gibt nur ganze Sitze, daher wird gerundet. Die SPD ist im Bundestag demnach mit 146 Sitzen vertreten.

Kann eine Partei Überhangmandate gewinnen, darf sie mehr Kandidaten in den Bundestag schicken, als ihr nach Anteil der Zweitstimmen zustehen würde. Überhangmandate entstehen, wenn eine Partei sehr viele Wahlkreise gewinnt und daher mehr erfolgreiche Kandidaten direkt in den Bundestag schicken darf, als ihr Zweitstimmenanteil zuließe. Derzeit besitzt die CDU/CSU-Fraktion 24 solcher Überhangmandate. Der Bundestag ist dadurch von 598 auf 622 Sitze angewachsen. Die Berechnungsgrundlage für die Sitzverteilung bleibt jedoch 598.

Logisches Denken

Zahlenreihe   *Bearbeitungszeit 4 Minuten*

In diesem Abschnitt wird Ihre Fähigkeit hinsichtlich der Erkennung logischer Zusammenhänge von Zahlen geprüft.

Ihre Aufgabe besteht darin, für jede Zahlenreihe die Regel herauszufinden, um die unbekannte Zahl am Ende einer Zahlenreihe zu ermitteln.

1.

| 64 | 8 | 16 | 2 | 10 | ? |

A. $\frac{12}{8}$

B. 1,5

C. 12

D. $\frac{10}{8}$

E. Keine Antwort ist richtig.

2.

| 4 | 6 | 10 | 18 | 34 | ? |

A. 56

B. 60

C. 65

D. 66

E. Keine Antwort ist richtig.

3.

| 2 | 3 | 5 | 7 | ? |

A. 10

B. 11

C. 12

D. 13

E. Keine Antwort ist richtig.

4.

10	7	28	25	100	97	?

A. 350
B. 378
C. 399
D. 388
E. Keine Antwort ist richtig.

5.

5	10	8	16	14	?

A. 28
B. 12
C. 32
D. 16
E. Keine Antwort ist richtig.

6.

80	20	60	15	45	?

A. $^{45}/_4$
B. 35
C. 30
D. 60
E. Keine Antwort ist richtig.

7.

48	40	33	27	22	?

A. 16
B. 18
C. 14
D. 20
E. Keine Antwort ist richtig.

Lösung

1. D   2. D   3. B   4. D   5. A   6. A   7. B

Zu 1.

÷8 | +8 | ÷8 | +8 | ÷8

Zu 2.

+2 | +4 | +8 | +16 | +32

Zu 3.

Es handelt sich um Primzahlen. Primzahlen sind nur durch sich selbst und 1 teilbar.

Zu 4.

-3 | ×4 | -3 | ×4 | -3 | ×4

Zu 5.

×2 | -2 | ×2 | -2 | ×2

Zu 6.

÷4 | ×3 | ÷4 | ×3 | ÷4

Zu 7.

-8 | -7 | -6 | -5 | -4

Logisches Denken

Buchstabenreihe   *Bearbeitungszeit 4 Minuten*

In diesem Abschnitt wird Ihre Fähigkeit hinsichtlich der Erkennung logischer Zusammenhänge von Buchstaben geprüft.

Ihre Aufgabe besteht darin, für jede Buchstabenreihe die Regel herauszufinden, um den unbekannten Buchstaben am Ende der Reihe zu ermitteln.

1.

C	F	I	L	O	?

A. N
B. M
C. Q
D. R
E. Keine Antwort ist richtig.

2.

P	Q	P	R	P	?

A. P
B. T
C. S
D. Z
E. Keine Antwort ist richtig.

3.

F	E	D	I	H	G	L	K	J	?

A. M
B. N
C. O
D. P
E. Keine Antwort ist richtig.

4.

K	H	E	K	H	E	?

A. F
B. H
C. E
D. K
E. Keine Antwort ist richtig.

5.

E	J	O	F	K	P	?

A. F
B. N
C. G
D. H
E. Keine Antwort ist richtig.

6.

B	C	D	F	G	H	J	?

A. I
B. K
C. L
D. M
E. Keine Antwort ist richtig.

7.

A	K	C	M	E	O	?

A. P
B. H
C. G
D. U
E. Keine Antwort ist richtig.

Lösung

| 1. D | 2. C | 3. C | 4. D | 5. C | 6. B | 7. C |

Zu 1.

Beginnend vom Buchstaben C wird jeweils der drittnächste in die Reihe aufgenommen.

Zu 2.

Das P ist abwechselnd mit einer vom Q ausgehenden im Alphabet aufwärts laufenden Buchstabenreihe verschachtelt.

Zu 3.

Ausgehend vom F wird zweimal ein Schritt im Alphabet zurückgezählt, um dann fünf Schritte vorwärts zu gehen. Diese Abfolge wird dann zweimal wiederholt.

Bewegung in alphabetischer Reihenfolge:

-1 | -1 | +5 | -1 | -1 | +5 | -1 | -1 | +5 |

Zu 4.

Starten Sie mit dem Buchstaben K und gehen Sie zweimal drei Buchstaben zurück und dann zurück auf die Ausgangsposition K.

Bewegung in alphabetischer Reihenfolge:

-3 | -3 | +6 | -3 | -3 | +6

Zu 5.

Starten Sie mit dem Buchstaben E und gehen Sie alphabetisch abwechselnd zweimal fünf Buchstaben vorwärts und dann wieder neun zurück.

Bewegung in alphabetischer Reihenfolge:

+5 | +5 | -9 | +5 | +5 | -9

Zu 6.

Zählen Sie nur die Konsonanten in alphabetischer Folge auf.

Zu 7.

Hier ist eine bei A beginnende Reihe, die in Zweierschritten alphabetisch voranschreitet, mit einer bei K beginnenden Reihe verschachtelt, die ebenfalls in Zweierschritten voranschreitet.

Bewegung in alphabetischer Reihenfolge:

A | K | A+2 | K+2 | A+2+2 | K+2+2 | A+2+2+2

Logisches Denken

Wörter erkennen   *Bearbeitungszeit 3 Minuten*

In diesem Abschnitt wird Ihre sprachliche Intelligenz getestet.

Ihre Aufgabe besteht darin, Wörter aus durcheinander gewürfelten Buchstaben zu bilden. Bitte markieren Sie den Buchstaben, von dem Sie denken, dass es der Anfangsbuchstabe des gesuchten Wortes sein könnte.

1.

| S | G | A | S | E |

A. S
B. G
C. A
D. S
E. E

4.

| N | S | N | O | E |

A. N
B. S
C. N
D. O
E. E

2.

| T | A | F | H | R |

A. T
B. A
C. F
D. H
E. R

5.

| C | H | O | W | E |

A. C
B. H
C. O
D. W
E. E

3.

| L | E | K | O | W |

A. L
B. E
C. K
D. O
E. W

6.

| T | R | I | S | N |

A. T
B. R
C. I
D. S
E. N

Lösung

| 1. B | 2. C | 3. E | 4. B | 5. D | 6. D |

Zu 1.
Gasse

Zu 2.
Fahrt

Zu 3.
Wolke

Zu 4.
Sonne

Zu 5.
Woche

Zu 6.
Stirn

Logisches Denken

Sprachanalogien

In diesen Aufgaben wird Ihre Fähigkeit zu logischem Denken im sprachlichen Bereich geprüft.

In jeder Aufgabe sind zwei Wörter vorgegeben, die in einer bestimmten Beziehung zueinander stehen. Die gleiche Beziehung besteht zwischen einem dritten und einem vierten Wort. Das vierte Wort sollten Sie unter den Buchstaben A bis E richtig erkennen.

Beantworten Sie bitte die folgenden Aufgaben, indem Sie jeweils den richtigen Buchstaben markieren.

1.

Wein : Traube   wie   Brot : ?

A. Ofen

B. Teig

C. Mehl

D. Getreide

E. Butter

2.

Kilometer pro Stunde : Geschwindigkeit   wie   Stunde : ?

A. Minute

B. Sekunde

C. Zeit

D. Tag

E. Monat

3.

Auster : Perle   wie   Schaf : ?

A. Wolle

B. Gras

C. Feld

D. Tier

E. Polyester

4.

Maler : Pinsel   wie   Installateur : ?

A. Küche

B. Baustelle

C. Rohbau

D. Schraubenschlüssel

E. Werkzeug

5.

Newton : Physik   wie   Darwin : ?

A. Anglistik

B. Geologie

C. Mathematik

D. Biologie

E. Philosophie

6.

Hering : Schwarm   wie   Wolf : ?

A. Rudel

B. Hund

C. Schaf

D. Wölfin

E. Barsch

7.

Einzahl : Mehrzahl   wie   Singular : ?

A. Substantiv

B. Pneuma

C. Plural

D. bipolar

E. multilateral

8.

schrill : Ohr   wie   scharf : ?

A. süß

B. sauer

C. Auge

D. Zunge

E. Messer

Lösung

| 1. D | 2. C | 3. A | 4. D | 5. D | 6. A | 7. C | 8. D |

Zu 1.

Der Rohstoff des Weins ist die Traube, der Rohstoff des Brots das Getreide.

Zu 2.

Die Einheit Kilometer pro Stunde (km/h) gibt Geschwindigkeit an, die Zeit kann man in Stunden messen

Zu 3.

Austern bringen Perlen hervor, Schafe geben Wolle.

Zu 4.

Maler arbeiten mit dem Pinsel, Installateure mit einem Schraubenschlüssel.

Zu 5.

Sir Isaac Newton revolutionierte die Physik, Charles Darvin die Biologie

Zu 6.

Heringe leben in Schwärmen zusammen, Wölfe bilden ein Rudel.

Zu 7.

In der Grammatik bezeichnet Singular die Einzahl, Plural die Mehrzahl z. B. eines Substantivs, Verbs, Artikels oder Adjektivs.

Zu 8.

Geräusche werden über das Ohr wahrgenommen, Geschmacksrichtungen über die Zunge.

Logisches Denken

Meinung oder Tatsache   *Bearbeitungszeit 3 Minuten*

In diesem Abschnitt erhalten Sie verschiedene Aussagen, die Sie dahingehend überprüfen sollen, ob es sich um eine Meinung oder eine Tatsache handelt.

Handelt es sich um eine Meinung, so markieren Sie bitte „M".

Handelt es sich um eine Tatsache, so markieren Sie bitte „T".

1. **Delikatessen schmecken besonders gut.**
   M. Meinung   **T.** Tatsache

2. **Schlanke Menschen sind attraktiv.**
   M. Meinung   **T.** Tatsache

3. **Wer rastet, der rostet.**
   M. Meinung   **T.** Tatsache

4. **Die heutige Jugend ist völlig verdorben.**
   M. Meinung   **T.** Tatsache

5. **Irgendwann wird die Sonne ausgebrannt sein und aufhören zu leuchten.**
   M. Meinung   **T.** Tatsache

6. **Der Amazonas ist der wasserreichste Fluss der Erde.**
   M. Meinung   **T.** Tatsache

7. **Fleisch ist ungesund.**
   M. Meinung   **T.** Tatsache

8. **Körperkontakt ist wichtig für die gesunde Entwicklung von Kindern.**
   M. Meinung   **T.** Tatsache

9. **Konrad Adenauer war der beste Kanzler, den Deutschland je hatte.**
   M. Meinung   **T.** Tatsache

10. **Vor Gott sind alle Menschen gleich.**
    M. Meinung   **T.** Tatsache

Lösung

1. M	2. M	3. T	4. M	5. T	6. T	7. M	8. T	9. M	10. M

Zu 1.

Wenn ein Lebensmittel als Delikatesse gilt, liegt das daran, dass mehrere Menschen dieses Lebensmittel für besonders exquisit und wohlschmeckend halten. Diese Auffassung wird aber bei weitem nicht von allen Menschen geteilt und in verschiedenen Ländern und Epochen gelten sehr unterschiedliche Dinge als Delikatesse. Außerdem ist Geschmack immer subjektiv, so dass es sich hier um eine Meinung handelt.

Zu 2.

Dieser Aussage würden heute vermutlich viele Menschen in der westlichen Welt zustimmen, aber man kann sie nicht als generelle Tatsache werten, da in anderen Kulturen und Epochen andere Schönheitsideale zu finden sind. Somit handelt es sich um eine Meinung.

Zu 3.

Was im Volksmund schon länger bekannt war, ist inzwischen auch wissenschaftlich erwiesen. Sowohl für die Muskeln als auch für das Gehirn gilt: Wer sich schont, baut schnell ab. Werden Kopf und Körper dagegen regelmäßig gefordert, bleiben sie auch leistungsfähig. Es handelt sich also um eine Tatsache.

Zu 4.

Dieser Satz wird so oder ähnlich schon seit Tausenden von Jahren immer wieder von der älteren Generation gesagt und kann daher nicht wirklich ernst genommen werden. Es handelt sich hier um eine Meinung.

Zu 5.

Das ist tatsächlich so. Die Wärme und das Licht der Sonne entstehen durch Verbrennungsprozesse. Wenn keine brennbare Masse mehr vorhanden ist, wird die Sonne erlöschen. Bis dahin werden aber noch viele Milliarden Jahre vergehen.

Zu 6.

Das ist eine Tatsache, die zweifelsfrei belegt wurde.

Zu 7.

Die gängige, wissenschaftlich anerkannte Empfehlung lautet, dass man alles in Maßen zu sich nehmen soll. Übermäßige Mengen sind immer ungesund. Fleisch gilt – je nach Sorte und Zubereitung – nicht unbedingt als ungesund, allerdings gibt es so viele verschiedene Ernährungstheorien und -experten, dass man hier beim besten Willen nicht von einer Tatsache sprechen kann, sondern die Aussage als Meinung bewerten muss.

Zu 8.

Diese Aussage trifft zu. Kinder, die viel Körperkontakt zu den Eltern haben, sind in der Regel zufriedener. Das völlige Fehlen von Körperkontakt dagegen verzögert die kindliche Entwicklung stark. Hier handelt es sich um eine Tatsache.

Zu 9.

Hier handelt es sich um eine subjektive Einschätzung, also um eine Meinung.

Zu 10.

Da nicht einmal die Existenz Gottes wissenschaftlich erwiesen ist, kann erst recht keine gesicherte Aussage über seine Ansichten oder sein Verhalten getroffen werden. Somit handelt es sich hier um eine Meinung.

Logisches Denken

Logische Schlussfolgerung

In diesem Abschnitt wird Ihre Fähigkeit im Schlussfolgern geprüft.

Mit der Fragestellung der jeweiligen Aufgabe erhalten Sie Aussagen.

Ihre Aufgabe besteht darin zu überprüfen, welche der Antworten eine gültige Schlussfolgerung daraus ist. Dabei geht es nicht darum, dass die Behauptungen einen sinnvollen Bezug zur Realität haben, sondern nur, welche Folgerung aufgrund der getroffenen Aussage logisch zwingend korrekt ist.

Beantworten Sie bitte die folgenden Aufgaben, indem Sie jeweils den richtigen Buchstaben markieren.

1. Die Aussage lautet: „Wenn Rosen rot sind, dann blühen sie. Wenn Rosen blühen, ist es Herbst. Rosen sind rot." Daraus wird die Schlussfolgerung gezogen: „Also ist es Herbst, wenn die Rosen rot sind." Stimmt diese Behauptung?

   ☐ stimmt   ☐ stimmt nicht

2. Die Aussage lautet: „Alle Seifen sind Bälle. Bälle sind rund. Mit Bällen kann man spielen." Daraus wird die Schlussfolgerung gezogen: „Mit jeder Seife kann man spielen." Stimmt diese Behauptung?

   ☐ stimmt   ☐ stimmt nicht

3. Die Aussage lautet: „Schuhe können lesen. Socken können nur schreiben. Hosen können beides." Daraus wird die Schlussfolgerung gezogen: „Also können die Socken von den Hosen nicht zum Lesen eingesetzt werden." Stimmt diese Behauptung?

   ☐ stimmt   ☐ stimmt nicht

4. Die Aussage lautet: „Entweder arbeitet Peter oder er liest ein Buch. Peter liest gerne Geschichtsbücher, aber heute liest er kein Buch." Daraus wird die Schlussfolgerung gezogen: „Also arbeitet Peter heute." Stimmt diese Schlussfolgerung?

   ☐ stimmt   ☐ stimmt nicht

5. Die Aussage lautet: „Manche Sportler sind Fußballer oder Tennisspieler. Fußballer sind häufiger verletzt als Tennisspieler." Daraus wird die Schlussfolgerung gezogen: „Also sind alle verletzten Sportler Fußballer oder Tennisspieler." Stimmt diese Behauptung?

   ☐ stimmt   ☐ stimmt nicht

6. Die Aussage lautet: „Alle Gläser sind voll. Wer voll ist, wurde aufgefüllt. Wer aufgefüllt wurde, ist passiv." Daraus wird die Schlussfolgerung gezogen: „Also sind Gläser passiv." Stimmt diese Behauptung?

   ☐ stimmt   ☐ stimmt nicht

Lösung

1. stimmt	2. stimmt	3. stimmt	4. stimmt	5. stimmt nicht
6. stimmt				

Zu 1.

Die Aussage verknüpft gleich mehrere Bedingungen: Wenn X gilt (Rosen sind rot), dann gilt auch Y (die Rosen blühen). Wenn Y gilt (die Rosen blühen), dann gilt auch Z (es ist Herbst). Man kann also verkürzend sagen: Wenn X gilt (Rosen sind rot), kann man daraus auf Y schließen (die Rosen blühen), und dann gilt auch Z (es ist Herbst). Somit ist es vollkommen richtig, dass Z gelten muss (es ist Herbst), wenn X erfüllt ist (die Rosen sind rot). Die Behauptung stimmt also.

Zu 2.

Da alle Seifen Bälle sind (Satz 1) und man mit Bällen Spielen kann (Satz 3), kann man auch mit allen Seifen spielen. Die Behauptung ist wahr.

Zu 3.

Socken können nicht lesen, sondern nur schreiben – daher können sie von den Hosen auch nicht zum Lesen eingesetzt werden. Die Behauptung stimmt.

Zu 4.

In Satz 1 wird festgestellt, dass Peter entweder gerade arbeitet oder ein Buch liest, eine dritte Möglichkeit des Zeitvertreibs kennt Peter anscheinend nicht. Da er – wie aus Satz 2 hervorgeht – heute kein Buch liest, muss er demnach arbeiten.

Zu 5.

In Satz 1 wird lediglich festgestellt, dass manche Sportler Fußballer oder Tennisspieler sind, nicht etwa, dass alle Sportler eine der beiden Ballsportarten betreiben. Daher kann nicht gefolgert werden, dass alle verletzten Sportler Fußball oder Tennis spielen. Auch die zusätzliche Information, dass Fußballer häufiger verletzt sind als Tennisspieler, stützt diese Behauptung nicht.

Zu 6.

Da festgestellt wird, dass alle Gläser voll sind (Satz 1), sind auch alle Gläser aufgefüllt (Satz 2). Da alle Gläser aufgefüllt sind, sind sie darüber hinaus zugleich passiv (Satz 3). Die Schlussfolgerung ist korrekt.

Logisches Denken

Flussdiagramm / Ablaufplan   *Bearbeitungszeit 5 Minuten*

Flussdiagramme sind eine gute Methode, um den Verlauf eines Handlungsprozesses mit verschiedenen Verlaufsalternativen grafisch darzustellen. Mit dieser Darstellungsform können komplizierte Abläufe visualisiert und leicht verständlich gemacht werden. Sie eignen sich besonders dazu, komplexe Abläufe und Prozesse inklusive verschiedener Lösungswege nicht nur verständlich zu machen, sondern auch zu planen, zu erklären und zu lösen.
In diesem Abschnitt soll geprüft werden, wie gut Sie verschiedene Lösungswege nachvollziehen und Probleme lösen können. Hierzu erhalten Sie ein Flussdiagramm, in dem die verschiedenen Lösungswege grafisch dargestellt werden.

Um das Flussdiagramm zu verstehen, sollten Sie sich die einzelnen Informationen genau anschauen und Schritt für Schritt den einzelnen Pfeilen des Flussdiagramms folgen.

Hierbei können Eingaben, Ausgaben, Aktionen, Verzweigungen und Prozesse ausgeführt werden.

Ihre Aufgabe besteht darin, bei jeder Aufgabe die passende Antwort zu erkennen, sodass das Flussdiagramm einen stimmigen Ablauf darstellt.

Beantworten Sie bitte die folgenden Aufgaben, indem Sie jeweils den richtigen Buchstaben markieren.

Um die Aufgaben leichter lösen zu können, sollten Sie folgende Hinweise beachten:

Die einzelnen Symbole aus dem Flussdiagramm sind mit Pfeilen verbunden und beschriftet, wobei diese senkrecht oder waagerecht geführt sind. Die Symbole lassen sich in fünf Gruppen einordnen.

¬ Prozessbeginn und -ende sind zumeist durch Rechtecke mit abgerundeten Ecken symbolisiert.

¬ Entscheidungen werden durch ovale Symbole gekennzeichnet.

¬ Verzweigungen und Bedingungen sind als Rauten dargestellt.

¬ Prozesse sind als Rechtecke visualisiert.

¬ Eingabe und Ausgabe sind zumeist als Parallelogramme repräsentiert.

Päckchen- und Paketversand

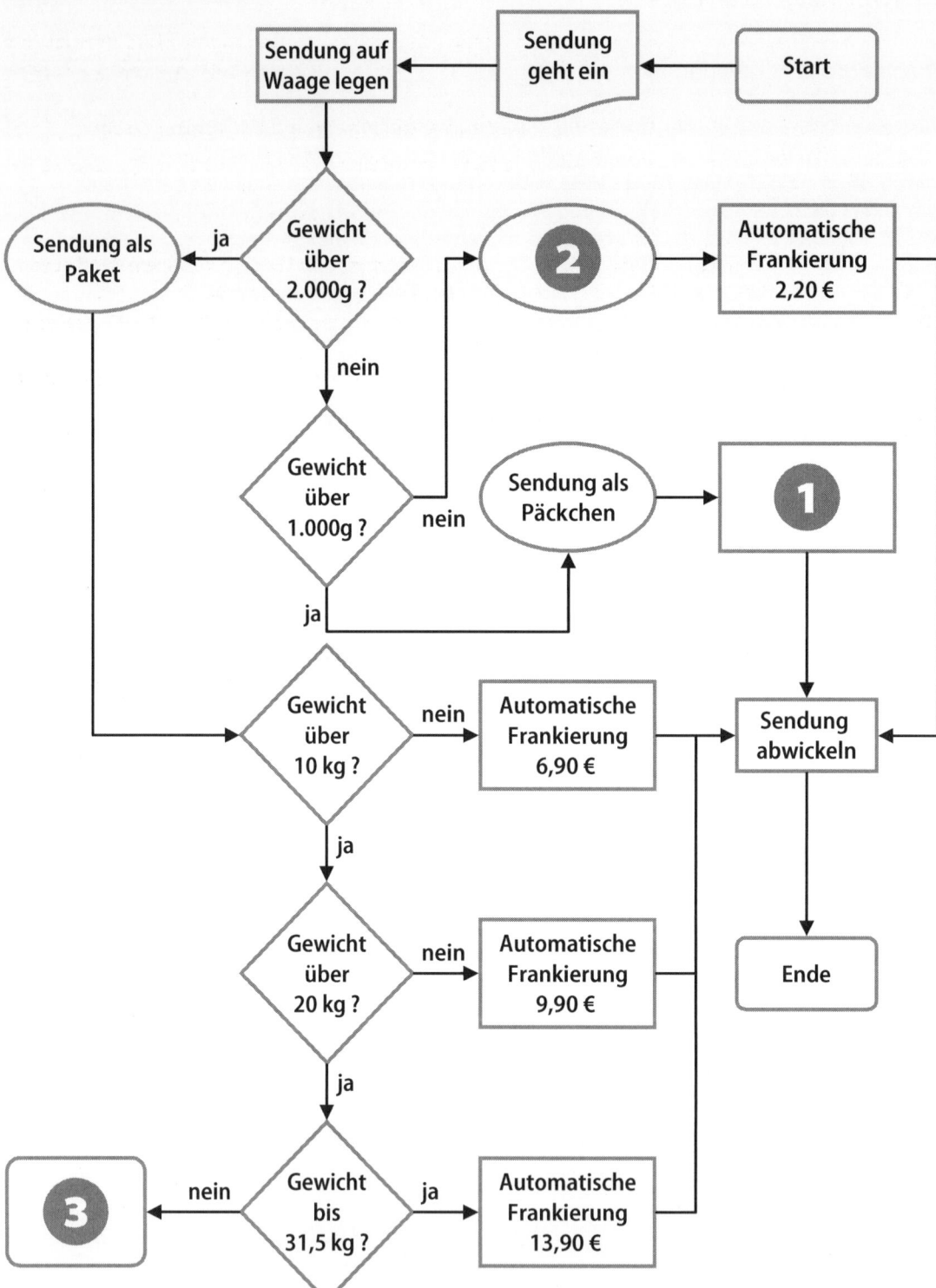

Bevor Sie mit den Aufgaben beginnen, sollten Sie sich folgende Tabelle anschauen:

Artikel	Maxibrief	Päckchen	Paket 1	Paket 2	Paket 3	Dienstleister
Gewicht	über 500 g bis 1.000 g	bis 2.000 g	bis 10 kg	bis 20 kg	bis 31,5 kg	über 31,5 kg
Preis	2,20 €	3,90 €	6,90 €	9,90 €	13,90 €	24,90 €

1. **Durch welche der Antworten wird die Zahl 1 im Flussdiagramm sinnvoll ersetzt?**
A. Sendung nachwiegen.
B. Automatische Frankierung 2,20 €.
C. Automatische Frankierung 3,90 €.
D. Gewicht unter 2.000g?
E. Sendung abwickeln.

2. **Durch welche der Antworten wird die Zahl 2 im Flussdiagramm sinnvoll ersetzt?**
A. Gewicht über 500g ?
B. Sendung als Päckchen.
C. Sendung als Brief.
D. Automatische Frankierung 2,20 €.
E. Sendung als Paket.

3. **Durch welche der Antworten wird die Zahl 3 im Flussdiagramm sinnvoll ersetzt?**
A. Automatische Frankierung 13,90 €.
B. Sendung als Paket.
C. Gewicht über 31,5 kg?
D. Empfängeradresse auf Rechtschreibung prüfen.
E. Externer Dienstleister.

4. **Wie muss eine Sendung mit einem Gewicht von 1.300g frankiert werden?**
A. Die Sendung muss als Paket mit 6,90 € frankiert werden.
B. Die Sendung muss als Paket mit 9,90 € frankiert werden.
C. Die Sendung muss als Päckchen mit 6,90 € frankiert werden.
D. Die Sendung muss als Päckchen mit 3,90 € frankiert werden.
E. Die Sendung muss als Brief mit 2,20 € frankiert werden.

5. **Wie muss eine Sendung mit einem Gewicht von 32,5 kg frankiert werden?**
A. Die Sendung muss als Paket mit 6,90 € frankiert werden.
B. Die Sendung muss als Paket mit 9,90 € frankiert werden.
C. Die Sendung muss als Päckchen mit 6,90 € frankiert werden.
D. Die Sendung muss als Päckchen mit 3,90 € frankiert werden.
E. Die Sendung wird an einen externen Dienstleister übergeben.

Lösung

| 1. C | 2. C | 3. E | 4. D | 5. E |

Zu 1.

Automatische Frankierung 3,90 €.

Möglichkeit D fällt weg, denn die Lösung muss ein Prozess sein (durch Rechteck gekennzeichnet). Das Gewicht wurde bereits bestimmt: Die Sendung ist schwerer als 1.000g, aber leichter als 2.000g. Abwickeln lässt sich die Sendung erst nach der Frankierung. Der richtige Frankierwert ergibt sich schließlich aus dem Diagramm und der oben angegebenen Tabelle – der korrekte Wert für ein Päckchen bis 2.000g beträgt 3,90 €.

Zu 2.

Sendung als Brief.

Die vorausgehende Bedingung unterscheidet Sendungen nach ihrem Gewicht und weist ihnen die entsprechende Versandart zu. Wie in der Tabelle angegeben, werden Sendungen als Brief verschickt, wenn sie 1.000g oder weniger wiegen.

Zu 3.

Externer Dienstleister.

Laut Tabelle wird bei allen Sendungen, die schwerer sind als 31,5 kg, ein externer Dienstleister beauftragt. Dass der interne Ablauf hiermit beendet ist, symbolisiert das Rechteck mit abgerundeten Ecken.

Zu 4.

Die Sendung muss als Päckchen mit 3,90 € frankiert werden.

Folgt man dem Flussdiagramm, ist die erste Bedingung „Gewicht über 1.000 g?" nicht erfüllt und die darauf folgende Bedingung „Gewicht über 2.000 g" erfüllt. Aus der Tabelle ergibt sich, dass eine Sendung mit diesem Gewicht als Päckchen verschickt und mit einem Wert von 3,90 € frankiert wird.

Zu 5.

Die Sendung wird an einen externen Dienstleister übergeben.

Sendungen mit einem Gewicht von mehr als 31,5 kg werden an einen externen Dienstleister übergeben. Der interne Versandablauf ist damit beendet.

Das Diagramm stellt den Versandablauf einer Poststelle schematisch dar. Geht die Sendung ein, wird sie zunächst gewogen. Je nach Gewicht wird sie als Brief (bis 1kg), Päckchen (1kg - 2kg) oder Paket (über 2kg) mit den in der Tabelle angegebenen Werten frankiert und verschickt. Bei Sendungen, die schwerer sind als 31,5 kg, wird im hier angegebenen Beispiel ein externer Dienstleister beauftragt – der interne Arbeitsablauf ist dadurch beendet.

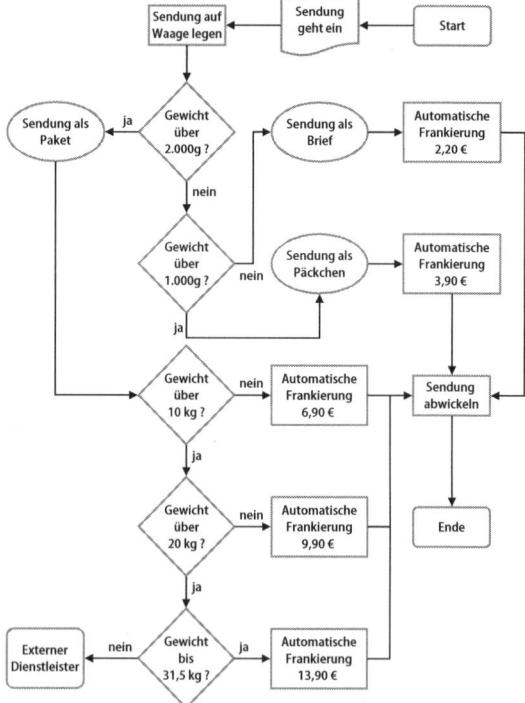

Logisches Denken

Plausible Erklärung wählen

In diesem Abschnitt wird Ihre Fähigkeit zu logischem Denken im sprachlichen Bereich geprüft.

In jeder der folgenden Aufgaben wird ein Sachverhalt beschrieben. Welche der angegebenen Antworten liefert eine plausible Erklärung dafür?

Hierzu ein Beispiel:

Aufgabe:

1. **Landwirt Wilhelm hatte dieses Jahr eine gute Ernte.**
A. Landwirt Wilhelm hat einen neuen LKW erworben.
B. Landwirt Wilhelm hat Nachwuchs bekommen.
C. Landwirt Wilhelm hat ein sehr fruchtbares Land.
D. Landwirt Wilhelm hat die größten Kartoffeln.
E. Landwirt Wilhelm hat Geld geerbt.

Antwort:

C. Landwirt Wilhelm hat ein sehr fruchtbares Land.

Erklärung:

Was könnte eine sinnvolle Erklärung für Landwirt Wilhelms gute Ernte sein? Von den vorgegebenen Antworten kommt nur C in Betracht: Eine gute Ernte kann durchaus auf fruchtbares Land zurückgeführt werden, aber nicht auf möglichen Nachwuchs. Die besonders dicken Kartoffeln können ein Teil der guten Ernte sein, aber nicht deren Ursache; ebenso wenig wie der Kauf des neuen LKW, der erst durch die reiche Ernte überhaupt nötig geworden sein könnte. Und man mag zwar spekulieren, dass Wilhelm nach seiner Erbschaft besseres Saatgut kaufen und mehr Mitarbeiter einstellen konnte, doch dafür gibt es keine Anhaltspunkte – außerdem wäre selbst dadurch nur eine indirekte Verbindung von Erbschaft und Ernte hergestellt. Hier geht es jedoch um unmittelbare und plausible kausale Zusammenhänge.

Beantworten Sie bitte die folgenden Aufgaben, indem Sie jeweils den richtigen Buchstaben markieren.

1. **Die Straße ist nass.**

A. Die Straße ist stark befahren.

B. Viele Autos kommen ins Rutschen.

C. Es handelt sich um eine Landstraße.

D. Es bilden sich Pfützen.

E. Es hat geregnet.

2. **Der Fernseher ist besonders günstig.**

A. Der Fernseher hat ein besonders scharfes Bild.

B. Der Fernseher ist besonders groß.

C. Der Fernseher ist im Sonderangebot.

D. Der Fernseher wurde in geringer Stückzahl hergestellt.

E. Der Fernseher ist neu.

3. **Peter hat eine Brandblase an der Hand.**

A. Peter schreit schnell bei Schmerzen.

B. Peter besitzt einen Kamin.

C. Peter nutzt seinen Kamin selten.

D. Peter trägt ungern Handschuhe.

E. Peter kam dem Kaminfeuer zu nahe.

4. **Der Bus kommt zu spät.**

A. Der Bus hat Verspätung.

B. Der Bus steht im Stau.

C. Der Busfahrer fährt die Strecke häufig.

D. Der Bus hat einen neuen Rückspiegel.

E. Die Passagiere haben es besonders eilig.

5. **Frau Meyer vermisst ihre Katze.**

A. Frau Meyer besitzt viele Katzen.

B. Frau Meyer füttert ihre Katzen regelmäßig.

C. Frau Meyers Nachbar mag Katzen.

D. Frau Meyer wohnt am Stadtpark.

E. Frau Meyers Katze streunt herum.

6. **Herr Werner hat Übergewicht.**

A. Herr Werner ernährt sich falsch.

B. Herr Werner hat zwei Kinder.

C. Herr Werner liest gerne Sportberichte.

D. Herr Werner hat eine neue Waage.

E. Herr Werner lässt sich leicht ablenken.

7. **Er kommt heute Abend nicht zur Feier.**

A. Ein guter Freund hat Geburtstag.

B. Er muss noch Überstunden machen.

C. Er hatte sich sehr darauf gefreut.

D. Er hatte sich den Termin im Kalender notiert.

E. Zur Feier in der letzten Woche kam er auch nicht.

8. **Markus ist Millionär.**

A. Markus hat viel Geld für Glücksspiele ausgegeben.

B. Markus ist der reichste Mensch der Stadt.

C. Markus kauft sich eine Yacht und ein Haus.

D. Markus hat im Lotto gewonnen.

E. Markus besitzt schon ein Auto.

9. **Das Streichholz brennt.**

A. Die Flamme flackert stark.

B. Klaus hat viele Kerzen in seiner Wohnung.

C. Das Streichholz ist sehr alt.

D. Klaus hat das Streichholz entzündet.

E. Die Streichhölzer liegen immer griffbereit.

10. **Sabine lernt Spanisch.**

A. Sabine war noch nie in Spanien.

B. Sabine trinkt spanischen Wein.

C. Sabine lernt schon seit zwei Jahren Französisch.

D. Sabine will in den Ferien in Spanien arbeiten.

E. Sabine lernt sehr schnell.

Lösung

| 1. E | 2. C | 3. E | 4. B | 5. E | 6. A | 7. B | 8. D | 9. D | 10. D |

Zu 1.

Der starke Verkehrsfluss auf der Straße ist ebenso wenig ein Grund für die Nässe der Straße wie der Straßentyp (Antwort C). Rutschgefahr und Pfützenbildung sind beide eine Folge der Nässe auf der Straße, deren Ursache sich in Antwort E findet: Es hat geregnet.

Zu 2.

Die Antworten A, B, D und E nennen allesamt Gegengründe – hohe Bildqualität, geringe Stückzahl, Größe und Alter lassen eher auf einen höheren Preis schließen. Der Fernseher ist vielmehr deshalb günstig, weil er ein Sonderangebot ist: Antwort C stimmt.

Zu 3.

Möglicherweise lässt sich bei Peter eine gewisse Wehleidigkeit vermuten (Antwort A), doch eine Brandblase verursacht sie nicht. Auch der Besitz eines Kamins, dessen seltene Nutzung und Peters Abneigung gegenüber Handschuhen begründen seine Verletzung nicht direkt – sonst hätten alle Kaminbesitzer und Handschuhhasser Brandblasen. Der Grund für Peters Brandblase findet sich schließlich in Antwort E: Peter kam dem Kaminfeuer zu nahe.

Zu 4.

Dass die Passagiere es eilig haben, ist ebenso wenig eine Erklärung für die Verspätung des Busses wie die simple Umformulierung des Sachverhalts in Antwort A oder die Tatsache, dass der Bus einen neuen Rückspiegel hat. Die Streckenkenntnis des Busfahrers würde eher für besondere Pünktlichkeit sprechen – im Gegensatz zur plausiblen Begründung B: Der Bus steht im Stau.

Zu 5.

Wenn Frau Meyer ihre Katze vermisst, liegt es nicht daran, dass sie mehrere Katzen besitzt oder die Tiere regelmäßig füttert. Eine Ursache für Frau Meyers Sorge kann nur sein, dass das Tier umherstreunt (Antwort E) – möglicherweise im Stadtpark, vielleicht auch beim tierlieben Nachbarn. Die Wohnlage wird aber erst durch das Umherstreunen der Katze zum Problem für Frau Meyer und ist an sich kein Grund für ihre Bekümmertheit.

Zu 6.

Die neue Waage zeigt Herrn Werners Übergewicht womöglich deutlicher an, verursacht es aber ebenso wenig wie seine Konzentrationsprobleme oder seine Kinder. Wenn er selber Sport triebe, anstatt Sportberichte zu lesen, wäre er womöglich schlanker – doch es gibt keinen Anhaltspunkt, einen Bewegungsmangel aufgrund zu langer Lektüre zu vermuten. Verantwortlich für sein Übergewicht kann man nur die falsche Ernährung machen: Antwort A stimmt.

Zu 7.

Was könnte ihn davon abhalten, die Geburtstagsfeier eines guten Freundes zu besuchen, auf die er sich schon gefreut und die er im Kalender eingetragen hat? Sicher nicht, dass er schon in der Vorwoche nicht zu einer Feier kam – vielleicht aus dem gleichen Grund wie auch jetzt: Er muss noch Überstunden machen, Antwort B stimmt.

Zu 8.

Wenn Markus' teures Hobby (Antwort A) oder der Besitz eines Autos ein Grund für seinen plötzlichen Reichtum wäre, wären alle passionierten Glücksspieler oder Autoeigentümer irgendwann Millionäre – dem ist aber nicht so. Und dass er der reichste Mensch der Stadt ist und sich eine Haus und eine Yacht leisten kann, ist eine

Folge seines Reichtums, nicht dessen Ursache. Die findet sich bei Vorschlag D: Markus hat im Lotto gewonnen.

Zu 9.

Die Menge an Kerzen in Klaus' Wohnung erklärt nicht, dass das Streichholz brennt. Auch das Alter des Streichholzes ist kein Grund. Und dass die Streichhölzer immer griffbereit sind, macht es lediglich leichter, sie anzuzünden – und dadurch schließlich zum Brennen zu bringen: Antwort D stimmt. Das Flackern der Flamme bezieht sich lediglich darauf, wie das Streichholz brennt.

Zu 10.

Aus Sabines Französischkenntnissen und ihrer raschen Auffassungsgabe könnte man auf eine gewisse sprachliche Begabung schließen, die Sabine das Spanischlernen zwar erleichtert, es aber nicht begründet. Vielmehr lernt sie deshalb Spanisch, weil sie in den Ferien in Spanien arbeiten will – Antwort D stimmt. Dass sie dort noch nie war und spanischen Wein trinkt, mag sie zu dieser Entscheidung motiviert haben, ist aber kein unmittelbarer Grund.

Visuelles Denken

Figurenreihen fortführen

Bearbeitungszeit 6 Minuten

In diesem Abschnitt wird Ihre Fähigkeit zu logischem Denken im visuellen Bereich geprüft.

In jeder Reihe werden Ihnen drei Abbildungen vorgestellt, in denen verschiedene Elemente logisch so angeordnet sind, dass sich ein systematischer Zusammenhang zwischen den einzelnen Abbildungen ergibt. Welche der zur Auswahl gestellten Figuren ergänzt das Fragezeichen sinnvoll nach einer bestimmten Regel?

Hierzu ein Beispiel:

Aufgabe:

1. Sie sehen vier Abbildungen mit verschiedenen Mustern, wobei das Fragezeichen sinnvoll nach einer bestimmten Regel ersetzt werden soll.

Durch welches der fünf Muster wird das Fragezeichen oben logisch ersetzt?

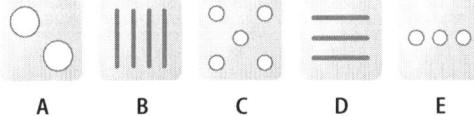

Antwort:

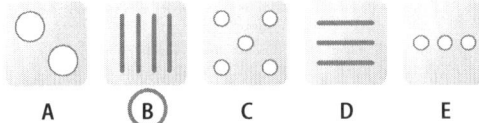

Erklärung:

Die Abbildungen zeigen eine steigende Anzahl senkrechter Striche – Abbildung B setzt diese Reihe logisch fort.

Beantworten Sie bitte die folgenden Aufgaben, indem Sie jeweils den richtigen Buchstaben markieren.

1. Sie sehen vier Abbildungen mit verschiedenen Mustern, wobei das Fragezeichen sinnvoll nach einer bestimmten Regel ersetzt werden soll.

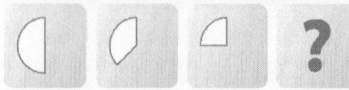

Durch welches der fünf Muster wird das Fragezeichen logisch ersetzt?

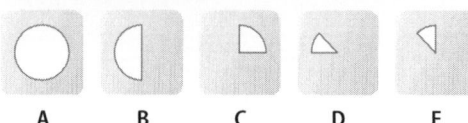

2. Sie sehen vier Abbildungen mit verschiedenen Mustern, wobei das Fragezeichen sinnvoll nach einer bestimmten Regel ersetzt werden soll.

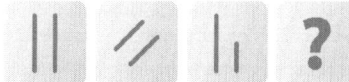

Durch welches der fünf Muster wird das Fragezeichen logisch ersetzt?

3. Sie sehen vier Abbildungen mit verschiedenen Mustern, wobei das Fragezeichen sinnvoll nach einer bestimmten Regel ersetzt werden soll.

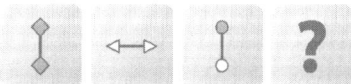

Durch welches der fünf Muster wird das Fragezeichen logisch ersetzt?

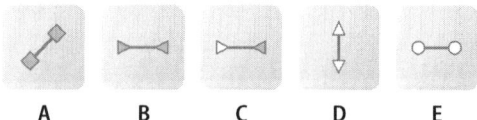

4. Sie sehen vier Abbildungen mit verschiedenen Mustern, wobei das Fragezeichen sinnvoll nach einer bestimmten Regel ersetzt werden soll.

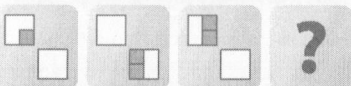

Durch welches der fünf Muster wird das Fragezeichen logisch ersetzt?

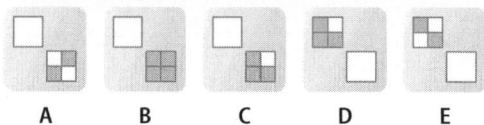

5. Sie sehen vier Abbildungen mit verschiedenen Mustern, wobei das Fragezeichen sinnvoll nach einer bestimmten Regel ersetzt werden soll.

Durch welches der fünf Muster wird das Fragezeichen logisch ersetzt?

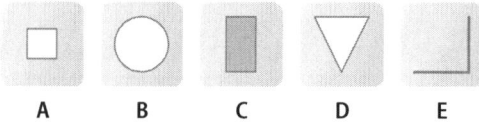

6. Sie sehen vier Abbildungen mit verschiedenen Mustern, wobei das Fragezeichen sinnvoll nach einer bestimmten Regel ersetzt werden soll.

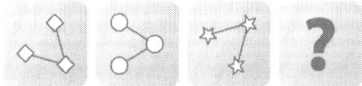

Durch welches der fünf Muster wird das Fragezeichen logisch ersetzt?

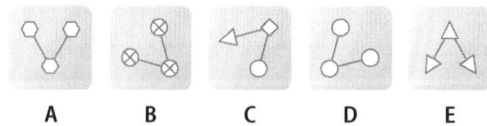

Lösung

| 1. E | 2. D | 3. C | 4. C | 5. C | 6. E |

Zu 1.

Das Fragezeichen wird sinnvoll durch die Figur E ersetzt.

Mit jeder folgenden Figur schrumpft der Halbkreis um 45 Grad im Uhrzeigersinn.

Zu 2.

Das Fragezeichen wird sinnvoll durch die Figur D ersetzt.

In jeder Figur stehen die Linien parallel zueinander.

Zu 3.

Das Fragezeichen wird sinnvoll durch die Figur C ersetzt.

Zwischen zwei jeweils gleichen Elementen spannt sich – abwechselnd waagerecht und senkrecht – eine Linie. Wie in Figur C vorgegeben, kommt es bei der Wiederholung des waagerecht/senkrecht-Wechsels zu einer Farbänderung der Endkörper.

Zu 4.

Das Fragezeichen wird sinnvoll durch die Figur C ersetzt.

Das kleine dunkle Quadrat springt zwischen den weißen Quadraten hin und her und ändert darin mit jedem Sprung seine horizontale Ausrichtung. Darüber hinaus wird bei jedem Sprung in das untere mittelgroße Quadrat ein weiteres graues Quadrat hinzugefügt.

Zu 5.

Das Fragezeichen wird sinnvoll durch die Figur C ersetzt.

Die Reihe besteht aus Dreiecken und Vierecken, die sich abwechseln, wobei alle Vierecke grau eingefärbt sind.

Zu 6.

Das Fragezeichen wird sinnvoll durch die Figur E ersetzt.

Von Schritt zu Schritt drehen sich die abgebildeten Figuren um 45 Grad gegen den Uhrzeigersinn. Dabei finden sich in jeder Figur ausschließlich gleiche Elemente – Rechteck, Kreis, Stern –, doch keines dieser Elemente wird in einer anderen Figur wiederholt.

Visuelles Denken

Figuren entfernen   *Bearbeitungszeit 5 Minuten*

Beantworten Sie bitte die folgenden Aufgaben, indem Sie jeweils den richtigen Buchstaben markieren.

1. Sie sehen fünf Figuren. Welche gehört nicht in die Reihe?

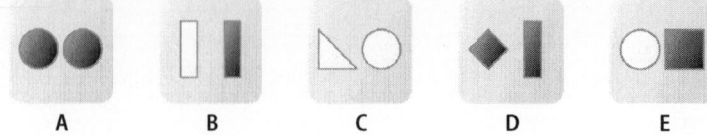

2. Sie sehen fünf Figuren. Welche gehört nicht in die Reihe?

3. Sie sehen fünf Figuren. Welche gehört nicht in die Reihe?

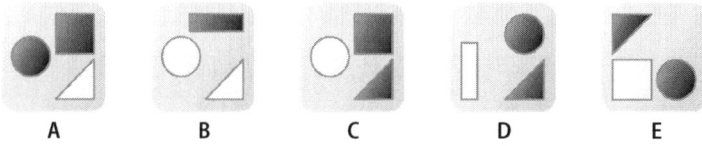

4. Sie sehen fünf Figuren. Welche gehört nicht in die Reihe?

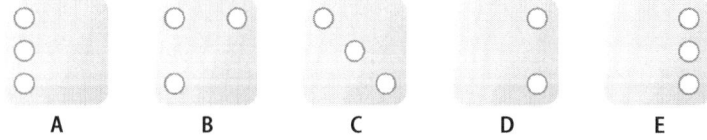

5. Sie sehen fünf Figuren. Welche gehört nicht in die Reihe?

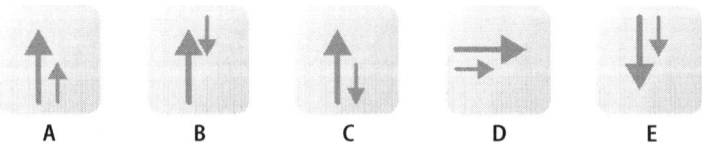

Lösung

1. C	2. C	3. B	4. D	5. B

Zu 1.

Die Figuren sind jeweils in der Mitte horizontal spiegelbildlich teilbar. Nur das Dreieck in Figur C ist nicht entsprechend spiegelbar.

Zu 2.

Alle Pfeile einer Figur schauen in eine Richtung, außer bei C, wo sie in entgegengesetzte Richtungen zeigen.

Zu 3.

Jede Figur enthält ein weißes Element und zwei schwarze Elemente. In Figur B verhält sich dies umgekehrt.

Zu 4.

Jede Figur besteht aus drei kleinen Kreisen, nur Antwort D weicht mit nur zwei Kreisen davon ab.

Zu 5.

Der kleine Pfeil befindet sich immer hinter der Spitze des großen Pfeils, außer in Figur B.

Visuelles Denken

Figuren ergänzen

Beantworten Sie bitte die folgenden Aufgaben, indem Sie jeweils den richtigen Buchstaben markieren.

1. Sie sehen ein Quadrat mit acht Figuren. Das Fragezeichen soll sinnvoll nach einer ersichtlichen Regel ersetzt werden.

   Durch welches der fünf Figuren wird das Fragezeichen oben logisch ersetzt?

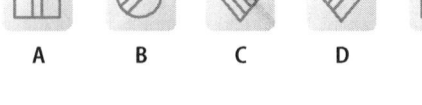

   A   B   C   D   E

2. Sie sehen ein Quadrat mit acht Figuren. Das Fragezeichen soll sinnvoll nach einer ersichtlichen Regel ersetzt werden.

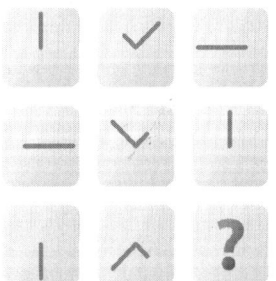

   Durch welche der fünf Figuren wird das Fragezeichen oben logisch ersetzt?

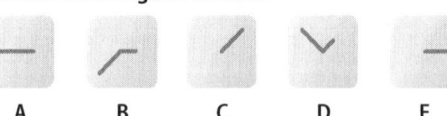

   A   B   C   D   E

3. Sie sehen ein Quadrat mit acht Figuren. Das Fragezeichen soll sinnvoll nach einer ersichtlichen Regel ersetzt werden.

   Durch welche der fünf Figuren wird das Fragezeichen oben logisch ersetzt?

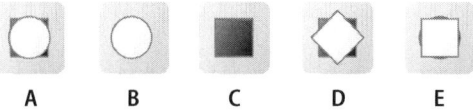

   A   B   C   D   E

4. Sie sehen ein Quadrat mit acht Figuren. Das Fragezeichen soll sinnvoll nach einer ersichtlichen Regel ersetzt werden.

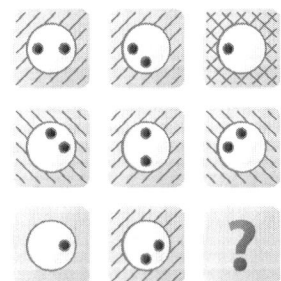

   Durch welche der fünf Figuren wird das Fragezeichen oben logisch ersetzt?

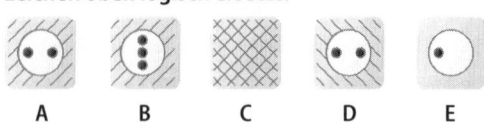

   A   B   C   D   E

Lösung

| 1. D | 2. A | 3. A | 4. D |

Zu 1.

Das Fragezeichen wird durch das Objekt D logisch ersetzt.

Eine Reihe besteht jeweils aus einem Viereck, einem Kreis und einer Raute. Die Ausrichtung der Striche innerhalb der Figuren richtet sich nach der jeweiligen Figur (Viereck: senkrecht; Kreis: diagonal; Raute: um 90° versetzt diagonal). Die Anzahl der Linien nimmt spaltenweise von links nach rechts stets um 1 ab.

Zu 2.

Das Fragezeichen wird durch das Objekt A logisch ersetzt.

Gehen Sie in den einzelnen Reihen von links nach rechts vor und stellen Sie sich die Striche als Uhrzeiger vor. Der längere Zeiger wird von Feld zu Feld um jeweils 45° im Uhrzeigersinn gedreht, der kleine Zeiger bewegt sich aus der Ausgangslage jeweils um 45° entgegen dem Uhrzeigersinn.

Zu 3.

Das Fragezeichen wird durch das Objekt A logisch ersetzt.

Gehen Sie in den einzelnen Spalten von oben nach unten vor. In jedem Feld liegen zwei Objekte übereinander. Das jeweils obenauf liegende Objekt wird von Feld zu Feld um 45° im Uhrzeigersinn gedreht, das untere bleibt unverändert. Da in der rechten Spalte das obere Objekt ein Kreis ist, verändert sich das Objekt innerhalb der Spalte nicht.

Zu 4.

Das Fragezeichen wird durch das Objekt D logisch ersetzt.

Gehen Sie von oben nach unten vor. Jedes Feld zeigt ein Objekt vor einem Hintergrund. Von oben nach unten betrachtet, besteht der Hintergrund des untersten Feldes nur aus demjenigen Muster, das in beiden darüberliegenden Feldern ebenfalls vorkommt. In der linken Spalte sind beispielsweise die obersten Felder vollkommen unterschiedlich gemustert, so dass im untersten Feld als gemeinsames Muster nur eine leere Fläche übrigbleibt. Das Objekt ist ein Kreis mit zwei schwarzen Punkten. Von Feld zu Feld wird nun stets ein Punkt in derselben Position wiederholt, wobei der zweite Punkt um 90° im Uhrzeigersinn gedreht wird.

Visuelles Denken

Visuelle Analogien

In diesem Abschnitt wird Ihre Fähigkeit zu logischem Denken im visuellen Bereich geprüft.

Sie werden in jeder der folgenden Aufgaben zunächst mit zwei Figuren konfrontiert, die in einer bestimmten Beziehung zueinander stehen. Durch eine ähnliche Beziehung ist auch eine dritte mit einer vierten Figur verknüpft – diese müssen Sie jedoch aus einer Menge mehrerer Antwortmöglichkeiten selbst ermitteln.

Hierzu ein Beispiel:

Aufgabe:

1. In der Figurenrelation soll das Fragezeichen sinnvoll ersetzt werden.

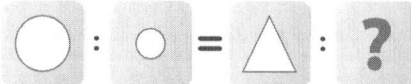

Durch welches der fünf Figuren wird das Fragezeichen logisch ersetzt?

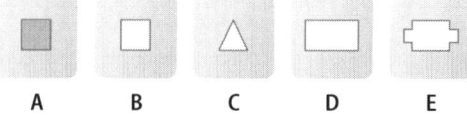

Antwort:

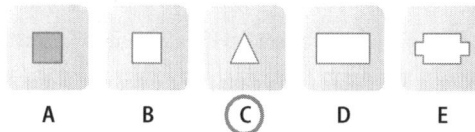

Erklärung:

Das Objekt wird in verkleinerter Form wiederholt.

Welche der Figuren ergänzt das Fragezeichen sinnvoll nach einer bestimmten Regel?
Beantworten Sie bitte die folgenden Aufgaben, indem Sie jeweils den richtigen Buchstaben markieren.

1. In der Figurenrelation soll das Fragezeichen
    sinnvoll ersetzt werden.

    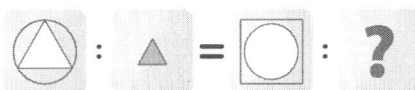

    Durch welches der fünf Figuren wird das Frage-
    zeichen logisch ersetzt?

    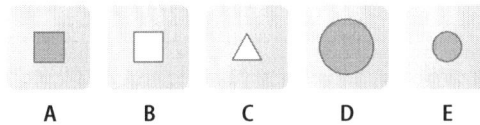

    A B C D E

2. In der Figurenrelation soll das Fragezeichen
    sinnvoll ersetzt werden.

    Durch welches der fünf Figuren wird das Frage-
    zeichen logisch ersetzt?

    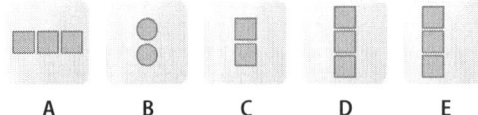

    A B C D E

3. In der Figurenrelation soll das Fragezeichen
    sinnvoll ersetzt werden.

    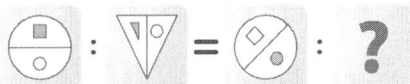

    Durch welches der fünf Figuren wird das Frage-
    zeichen logisch ersetzt?

    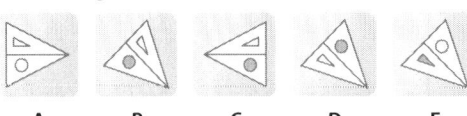

    A B C D E

4. In der Figurenrelation soll das Fragezeichen
    sinnvoll ersetzt werden.

    Durch welches der fünf Figuren wird das Frage-
    zeichen logisch ersetzt?

    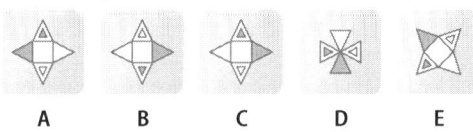

    A B C D E

5. In der Figurenrelation soll das Fragezeichen
    sinnvoll ersetzt werden.

    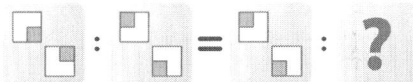

    Durch welches der fünf Figuren wird das Frage-
    zeichen logisch ersetzt?

    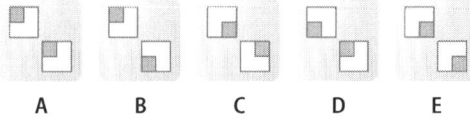

    A B C D E

6. In der Figurenrelation soll das Fragezeichen
    sinnvoll ersetzt werden.

    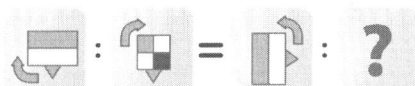

    Durch welches der fünf Figuren wird das Frage-
    zeichen logisch ersetzt?

    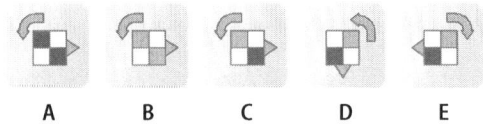

    A B C D E

Lösung

| 1. E | 2. D | 3. D | 4. C | 5. C | 6. C |

Zu 1.

Das Fragezeichen wird sinnvoll durch die Figur E ersetzt.

Die äußere Figur (Kreis bzw. Viereck) löst sich auf, während die innere Figur dunkel und klein wird.

Zu 2.

Das Fragezeichen wird sinnvoll durch die Figur D ersetzt.

Die Objekte (Kreise bzw. Vierecke) werden größer, ihre Anzahl halbiert sich, und sie werden vertikal zentriert abgebildet.

Zu 3.

Das Fragezeichen wird sinnvoll durch die Figur D ersetzt.

Die Kreisfigur dreht sich 45 Grad gegen den Uhrzeigersinn, wobei die kleinen Objekte innerhalb dieser Figur die Farben tauschen. Gleiches geschieht nun mit dem Dreieck.

Zu 4.

Das Fragezeichen wird sinnvoll durch die Figur C ersetzt.

Die Figuren drehen sich 45 Grad gegen den Uhrzeigersinn, wobei die kleinen Dreiecke – nicht aber die vollen Flächen – innerhalb der Figuren ihre Färbung von hell zu dunkel bzw. umgekehrt wechseln.

Zu 5.

Das Fragezeichen wird sinnvoll durch die Figur C ersetzt.

Von der ersten Figur zur zweiten werden die kleinen grauen Quadrate innerhalb der weißen Rechtecke diagonal gespiegelt, dementsprechend müssen die kleinen Quadrate auch von der dritten zur vierten Figur diagonal gespiegelt werden.

Zu 6.

Das Fragezeichen wird sinnvoll durch die Figur C ersetzt.

Die Figuren werden 90 Grad im Uhrzeigersinn gedreht und anschließend an der Senkrechten gespiegelt.

Visuelles Denken

Labyrinth

1. Welcher Ausgang des Labyrinths gehört zum durch den Pfeil gekennzeichneten Eingang?

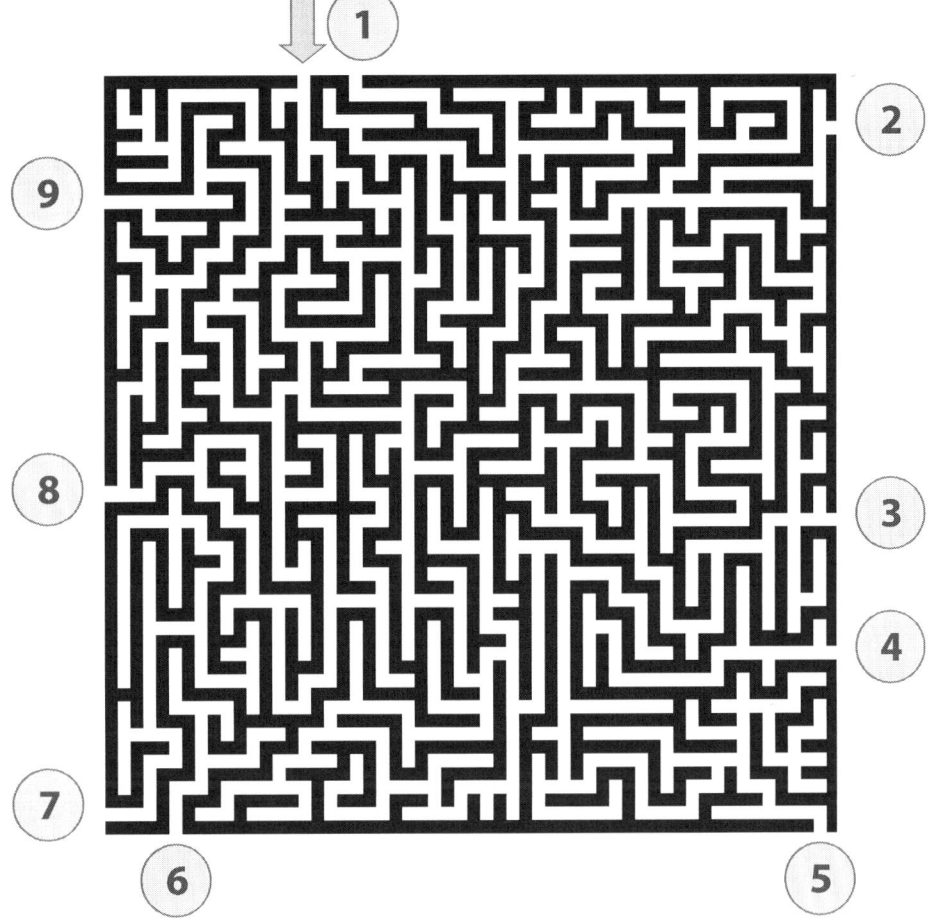

Lösung

1. 5

Zu 1.
Ausgang 5 ist korrekt.

Visuelles Denken

Räumliches Grundverständnis

In diesem Abschnitt wird Ihr visuelles Denkvermögen getestet.

Sie sehen eine Form mit mehreren Flächen. Ihre Aufgabe besteht darin, die Anzahl der Flächen zu bestimmen. Beantworten Sie bitte die folgenden Aufgaben, indem Sie jeweils den richtigen Buchstaben markieren.

1. **Aus wie vielen Flächen setzt sich diese Figur zusammen?**

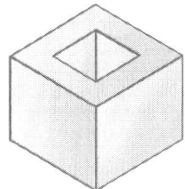

A. 9
B. 10
C. 11
D. 12
E. Keine Antwort ist richtig.

2. **Aus wie vielen Flächen setzt sich diese Figur zusammen?**

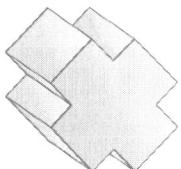

A. 10
B. 12
C. 14
D. 16
E. Keine Antwort ist richtig.

3. **Aus wie vielen Flächen setzt sich diese Figur zusammen?**

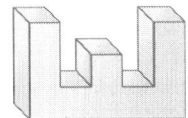

A. 8
B. 10
C. 12
D. 14
E. Keine Antwort ist richtig.

4. **Aus wie vielen Flächen setzt sich diese Figur zusammen?**

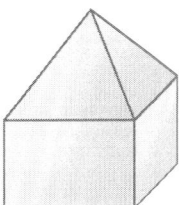

A. 7
B. 8
C. 9
D. 10
E. Keine Antwort ist richtig.

5. **Aus wie vielen Flächen setzt sich diese Figur zusammen?**

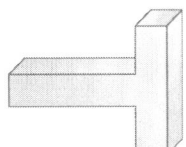

A. 9
B. 10
C. 11
D. 12
E. Keine Antwort ist richtig.

Lösung

| 1. B | 2. C | 3. D | 4. C | 5. B |

Zu 1.

Die Figur besteht aus 10 Flächen.

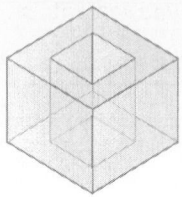

Zu 2.

Die Figur besteht aus 14 Flächen.

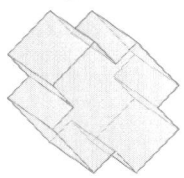

Zu 3.

Die Figur besteht aus 14 Flächen.

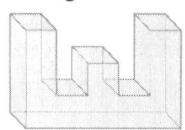

Zu 4.

Die Figur besteht aus 9 Flächen.

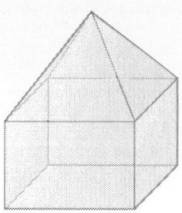

Zu 5.

Die Figur besteht aus 10 Flächen.

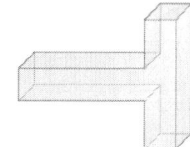

Visuelles Denken

Laufpfad verfolgen

In dieser Aufgabe wird Ihre Schnelligkeit und Konzentration geprüft. Sie erhalten jeweils 5 Linien welche vom Start bis zum Ziel verfolgt werden müssen.

Versuchen Sie zu jedem Startpunkt den richtigen Zielpunkt zu finden. Arbeiten Sie schnell und konzentriert. In einer realen Prüfungssituation wird dieser Test auch am Computer durchgeführt.

1. **Laufpfad 1**

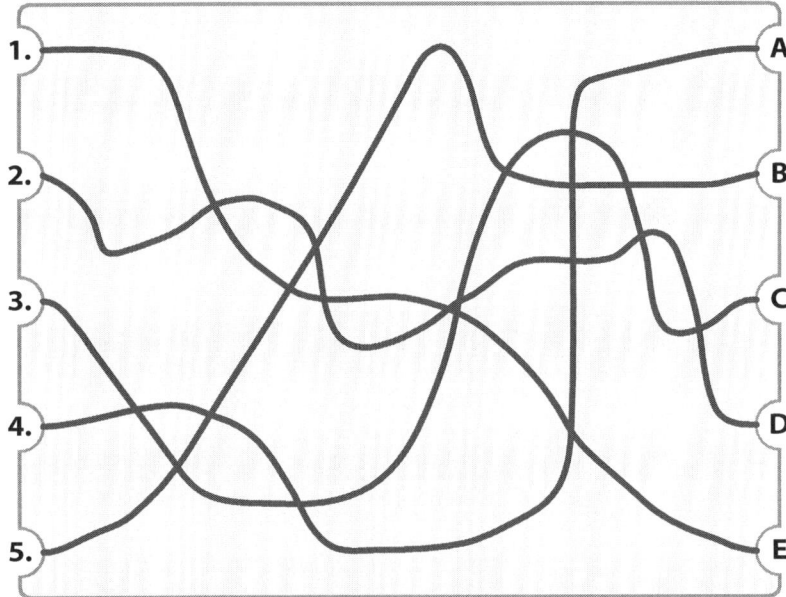

Tragen Sie bitte zu jeder Zahl den richtigen Lösungsbuchstaben in die Boxen ein.

1. ☐   2. ☐   3. ☐   4. ☐   5. ☐

2. Laufpfad 2

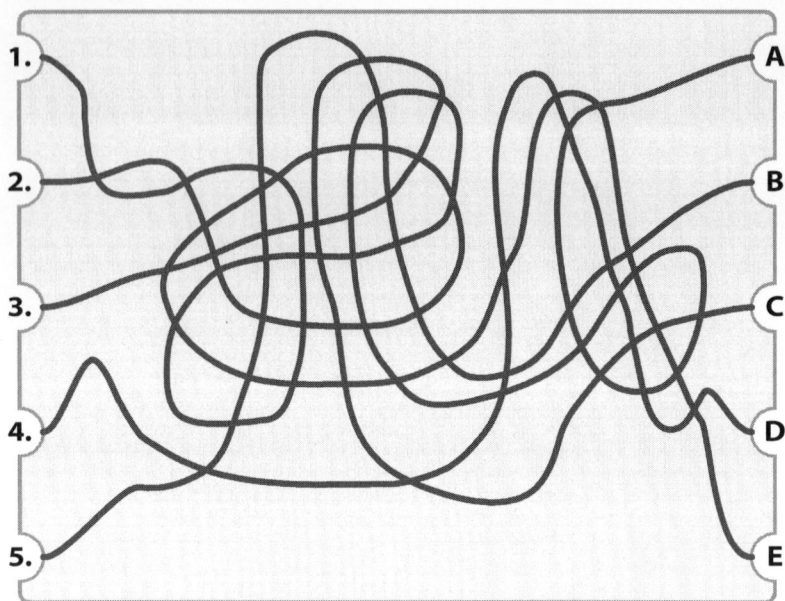

Tragen Sie bitte zu jeder Zahl den richtigen Lösungsbuchstaben in die Boxen ein.

1. ☐   2. ☐   3. ☐   4. ☐   5. ☐

3. Laufpfad 3

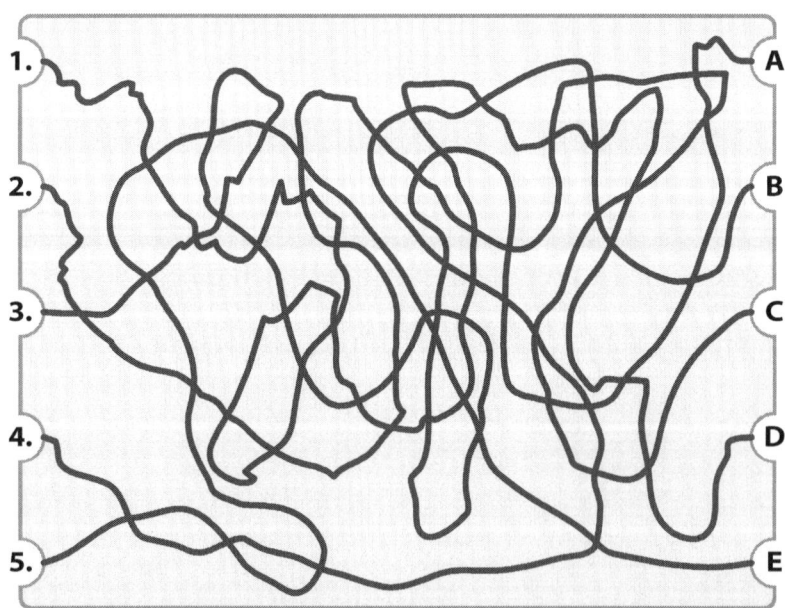

Tragen Sie bitte zu jeder Zahl den richtigen Lösungsbuchstaben in die Boxen ein.

1. ☐   2. ☐   3. ☐   4. ☐   5. ☐

Lösung

Zu 1.

| 1. E | 2. D | 3. C | 4. A | 5. B |

Zu 2.

| 1. A | 2. E | 3. C | 4. D | 5. B |

Zu 3.

| 1. D | 2. C | 3. A | 4. B | 5. E |

Erinnerungs- und Orientierungsvermögen

Stadtplan einprägen

In diesem Abschnitt soll geprüft werden, wie gut Sie sich bestimmte Informationen merken können. Prägen Sie sich hierzu die einzelnen Informationen aus dem folgenden Stadtplan ein.

Hierbei dürfen Sie sich keine Notizen vermerken. Legen Sie daher bitte alle Schreibgeräte zur Seite. Nachdem Sie sich den Stadtplan eingeprägt haben, sollten Sie sich 10 Minuten mit etwas anderem beschäftigen. Im Anschluss daran sollten Sie die Fragen zum Stadtplan aus dem Gedächtnis beantworten können, wie z.B. Gebäude- und Straßenname.

Um sich das Einprägen zu erleichtern, sollten Sie folgende Hinweise beachten:

Die Einrichtungen aus der Stadtkarte lassen sich grob in drei Gruppen einordnen. Bei den Gruppen handelt es sich um:

¬ Einrichtungen der Sicherheit und Gesundheit, die sich überwiegend auf Hauptstraßen befinden, welche nach großen Persönlichkeiten benannt sind.

¬ Einrichtungen des täglichen Bedarfs, die sich überwiegend im Stadtkern befinden und deren Straßennamen überwiegend aus der Pflanzenwelt stammen.

¬ Sport-Einrichtungen, die sich am Stadtrand befinden, und deren Straßennamen auf „weg" enden.

Für das Einprägen des Stadtplans auf der nächsten Seite haben Sie **5 Minuten** Zeit.

Bitte prägen Sie sich den folgenden Stadtplan innerhalb 5 Minuten ein.

(!) *Hinweis:*

Nachdem Sie sich den Stadtplan eingeprägt haben, sollten Sie sich 10 Minuten mit etwas anderem beschäftigen, bevor Sie die dazugehörigen Fragen aus dem Gedächtnis beantworten.

Beantworten Sie bitte die folgenden Aufgaben, indem Sie jeweils den richtigen Buchstaben markieren.
Die Bearbeitungszeit beträgt 3 Minuten.

1. **Welche Einrichtung befindet sich in der Blumenstraße?**

A. Kindergarten

B. Kirche

C. Grundschule

D. Bibliothek

E. Friedhof

2. **Welche Einrichtung befindet sich am Rosengarten?**

A. Feuerwehr

B. Friedhof

C. Busbahnhof

D. Kindergarten

E. Polizeiwache

3. **Welche Einrichtung befindet sich am Hoppengarten?**

A. Hospital

B. Kirche

C. Bibliothek

D. Friedhof

E. Dom

4. **Wie heißt die Straße, in der sich der Kindergarten befindet?**

A. Albert-Schweizer-Straße

B. Droste-Hülshoff-Straße

C. Kornblumenweg

D. Kohlrauschweg

E. Borsigallee

5. **Wie heißt die Straße, in der sich das Hospital befindet?**

A. Thomas-Mann-Straße

B. Goldregenweg

C. Blumenstraße

D. Theodor-Heuss-Straße

E. Hofgartenweg

Lösung

1. D	2. C	3. D	4. E	5. A

Zu 1.

Welche Einrichtung befindet sich in der Blumenstraße?

Bibliothek

Zu 2.

Welche Einrichtung befindet sich am Rosengarten?

Busbahnhof

Zu 3.

Welche Einrichtung befindet sich am Hoppengarten?

Friedhof

Zu 4.

Wie heißt die Straße, in der sich der Kindergarten befindet?

Borsigallee

Zu 5.

Wie heißt die Straße, in der sich das Hospital befindet?

Thomas-Mann-Straße

Erinnerungs- und Orientierungsvermögen

Steckbrief einprägen

In diesem Abschnitt soll geprüft werden, wie gut Sie sich bestimmte Informationen merken können. Sie haben 1 Min. Zeit, sich die einzelnen Informationen aus dem folgenden Steckbrief einzuprägen.

Hierbei dürfen Sie sich keine Notizen vermerken. Legen Sie daher bitte alle Schreibgeräte zur Seite.

Für das Einprägen des Steckbriefs haben Sie **2 Minuten** Zeit.

Familienname:	Papagardo
Vorname:	Sabrina
Alter:	36
Geburtsdatum:	19.04.1974
Geburtsort:	Turin
Wohnort:	Augsburg
Größe:	176 cm
Haarfarbe:	schwarz/rot
Augenfarbe:	blau
Gewicht:	72 kg
Beruf:	Astrologin
Herkunftsland:	Italien
Religion:	katholisch
Familienstand:	verheiratet
Vergehen:	Scheckbetrug

ⓘ *Hinweis:*

Nachdem Sie sich den Steckbrief eingeprägt haben, sollten Sie sich 10 Minuten mit etwas anderem beschäftigen, bevor Sie die dazugehörigen Fragen aus dem Gedächtnis beantworten.

Beantworten Sie bitte die folgenden Aufgaben, indem Sie jeweils den richtigen Buchstaben markieren.
Die Bearbeitungszeit beträgt 3 Minuten.

1.   Wo wohnt die gesuchte Person?

A.   Nizza

B.   Augsburg

C.   Turin

D.   Aschaffenburg

E.   Rom

2.   Wie heißt die gesuchte Person mit Vornamen?

A.   Susanne

B.   Sophia

C.   Maria

D.   Luisa

E.   Sabrina

3.   Wie groß ist die gesuchte Person?

A.   1,76 m

B.   1,55 m

C.   1,59 m

D.   1,67 m

E.   1,79 m

4.   Wie alt ist die gesuchte Person?

A.   41

B.   32

C.   43

D.   36

E.   27

5.   Welches ist das Herkunftsland der gesuchten Person?

A.   Deutschland

B.   Spanien

C.   Italien

D.   Griechenland

E.   Polen

Lösung

| 1. B | 2. E | 3. A | 4. D | 5. C |

Zu 1.

Wo wohnt die gesuchte Person?

Augsburg

Zu 2.

Wie heißt die gesuchte Person mit Vornamen?

Sabrina

Zu 3.

Wie groß ist die gesuchte Person?

1,76 m

Zu 4.

Wie alt ist die gesuchte Person?

36

Zu 5.

Welches ist das Herkunftsland der gesuchten Person?

Italien

Erinnerungs- und Orientierungsvermögen

Straßenfoto einprägen

In diesem Abschnitt soll geprüft werden, wie gut Sie sich bestimmte Informationen merken können. Betrachten Sie die Fotografie und prägen Sie sich dazu möglichst viele Details ein.

Hierbei dürfen Sie sich keine Notizen vermerken. Legen Sie daher bitte alle Schreibgeräte zur Seite.

Für das Einprägen des Fotos haben Sie **2 Minuten** Zeit.

⚠ *Hinweis:*

Nachdem Sie sich das Foto eingeprägt haben, sollten Sie sich 10 Minuten mit etwas anderem beschäftigen, bevor Sie die dazugehörigen Fragen aus dem Gedächtnis beantworten.

Beantworten Sie bitte die folgenden Aufgaben, indem Sie jeweils den richtigen Buchstaben markieren. Die Bearbeitungszeit beträgt 3 Minuten.

1.   Wer überquert die Straße auf dem Zebrastreifen?

A.   Eine Radfahrerin.

B.   Eine Mutter mit Kinderwagen.

C.   Ein Fußgänger im hellen Anzug.

D.   Eine Fußgängerin in dunkler Kleidung.

E.   Niemand.

2.   Welche Fahrzeuge halten am Zebrastreifen?

A.   Ein Einsatzwagen der Polizei.

B.   Ein dunkler PKW.

C.   Eine Fahrzeugschlange verschiedener Fahrzeuge.

D.   Ein Motorrad.

E.   Ein LKW.

3.   Welche Art von Häusern befindet sich auf der rechten Straßenseite?

A.   Häuser mit Straßengeschäften im Erdgeschoß.

B.   Fachwerkhäuser.

C.   Zweistöckige helle Häuser.

D.   Helle Mehrfamilienhäuser.

E.   Dunkle Einfamilienhäuser.

4.   Wie ist die Straßenüberquerung geregelt?

A.   Durch eine Ampel.

B.   Durch einen durchgehenden Zebrastreifen.

C.   Durch einen zweiteiligen Zebrastreifen mit Verkehrsinsel.

D.   Durch eine Fußgängerunterführung.

E.   Es gibt keinen geregelten Straßenübergang.

5.   Was befindet sich hinter dem Zebrastreifen?

A.   Eine Bahnunterführung.

B.   Ein Fluß.

C.   Eine Kreuzung.

D.   Eine Tankstelle.

E.   Eine Bushaltestelle.

Lösung

1. D	2. B	3. D	4. C	5. A

Zu 1.

Wer überquert die Straße auf dem Zebrastreifen?

Eine Fußgängerin in dunkler Kleidung.

Zu 2.

Welche Fahrzeuge halten am Zebrastreifen?

Ein dunkler PKW.

Zu 3.

Welche Art von Häusern befindet sich auf der rechten Straßenseite?

Helle Mehrfamilienhäuser.

Zu 4.

Wie ist die Straßenüberquerung geregelt?

Durch einen zweiteiligen Zebrastreifen mit Verkehrsinsel.

Zu 5.

Was befindet sich hinter dem Zebrastreifen?

Eine Bahnunterführung.

Erinnerungs- und Orientierungsvermögen

Personen einprägen

In diesem Abschnitt soll geprüft werden, wie gut Sie sich Gesichter und bestimmte Informationen merken können. Prägen Sie sich dazu die folgenden Porträts mitsamt den dazugehörigen Angaben aus einer Personendatei ein.

Hierbei dürfen Sie sich keine Notizen vermerken. Legen Sie daher bitte alle Schreibgeräte zur Seite.

Für das Einprägen der Bilder und der Daten haben Sie **10 Minuten** Zeit.

IP: 28.189.187.784	IP: 11.258.148.957	IP: 82.256.987.489	IP: 32.322.366.986	IP: 25.598.325.987
Lehrer	**Sekretärin**	**Steuerberater**	**Erzieherin**	**Tontechniker**
Olav Vüllers	**Christa Streile**	**Konrad Bautzen**	**Helene Schumer**	**Salvator Lyko**

IP: 88.852.146.183	IP: 29.938.724.681	IP: 27.359.712.798	IP: 49.577.149.541	IP: 95.587.759.258
Werbegestalterin	**Historiker**	**Altenpflegerin**	**Hotelfachmann**	**Verkäuferin**
Valeria Pelka	**Gabriel Cuno**	**Laurentia Merbel**	**Benedikt Hartweg**	**Natalia Ketzer**

(!) *Hinweis:*

Bei dieser Aufgabe ist keine Unterbrechung notwendig, bitte beginnen Sie direkt mit den Antworten!

In diesem Abschnitt wird nun geprüft, wie gut Sie sich die Informationen der vor kurzem vorgelegten Personendatei – Aussehen, Name und Beruf – eingeprägt haben.

Ordnen Sie den in der Namensliste aufgeführten Nachnamen das dazugehörige Foto zu und tragen Sie den entsprechenden Buchstaben in die Liste ein.
Die Bearbeitungszeit beträgt 3 Minuten.

Name	A–J
1. Streile	
2. Schumer	
3. Cuno	
4. Lyko	
5. Bautzen	
6. Vüllers	
7. Pelka	
8. Ketzer	
9. Hartweg	
10. Merbel	

Lösung

1. B	2. D	3. G	4. E	5. C	6. A	7. F	8. J	9. I	10. H

Zu 1.	Streile	B
Zu 2.	Schumer	D
Zu 3.	Cuno	G
Zu 4.	Lyko	E
Zu 5.	Bautzen	C
Zu 6.	Vüllers	A
Zu 7.	Pelka	F
Zu 8.	Ketzer	J
Zu 9.	Hartweg	I
Zu 10.	Merbel	H

Erinnerungs- und Orientierungsvermögen

Wortgruppen einprägen

In dieser Aufgabe wird Ihr Kurzzeitgedächtnis geprüft. Prägen Sie sich dazu die Inhalte der folgenden Tabelle so ein, dass Sie anschließend die einzelnen Wörter ihren entsprechenden Wortgruppen – Namen, Berufe, Städte, Länder und Pflanzen – zuordnen können.

Hierbei dürfen Sie sich keine Notizen vermerken. Legen Sie daher bitte alle Schreibgeräte zur Seite. Nachdem Sie sich die Tabelle eingeprägt haben, sollten Sie 5 Minuten was anderes erledigen. Im Anschluss daran sollten Sie die Fragen zur Tabelle aus dem Gedächtnis beantworten können.

Für das Durchlesen und Einprägen der Tabelle haben Sie **3 Minuten** Zeit.

	1.	2.	3.	4.	5.
Namen:	Weber	Müller	Finke	Berger	Hartmann
Berufe:	Autor	Notar	Schreiner	Elektroniker	Chemiker
Städte:	Yokohama	Leipzig	Venedig	Turin	Köln
Länder:	Griechenland	Ungarn	Israel	Japan	Dänemark
Pflanzen:	Orchidee	Zypresse	Quitte	Rose	Pappel

(!) *Hinweis:*

Nachdem Sie sich die Tabelle eingeprägt haben, sollten Sie sich 5 Minuten mit etwas anderem beschäftigen, bevor Sie die dazugehörigen Fragen aus dem Gedächtnis beantworten.

Haben Sie sich die soeben vorgelegten Wörter und Wortgruppen gut eingeprägt, sollten Sie sie nun leicht zuordnen können.

Beginnen Sie bitte jetzt mit den Aufgaben und kreuzen Sie den richtigen Buchstaben an.
Die Bearbeitungszeit beträgt 5 Minuten.

1. In welche Begriffsgruppe gehört das Wort mit dem Anfangsbuchstaben „N"?

A. Namen
B. Berufe
C. Städte
D. Länder
E. Pflanzen

2. In welche Begriffsgruppe gehört das Wort mit dem Anfangsbuchstaben „F"?

A. Namen
B. Berufe
C. Städte
D. Länder
E. Pflanzen

3. In welche Begriffsgruppe gehört das Wort mit dem Anfangsbuchstaben „C"?

A. Namen
B. Berufe
C. Städte
D. Länder
E. Pflanzen

4. In welche Begriffsgruppe gehört das Wort mit dem Anfangsbuchstaben „R"?

A. Namen
B. Berufe
C. Städte
D. Länder
E. Pflanzen

5. In welche Begriffsgruppe gehört das Wort mit dem Anfangsbuchstaben „V"?

A. Namen
B. Berufe
C. Städte
D. Länder
E. Pflanzen

6. Die Pflanze, die im Alphabet am weitesten hinten steht, beginnt mit …?

A. Z
B. Y
C. V
D. Q
E. R

7. Der Name, der im Alphabet am weitesten vorne steht, beginnt mit …?

A. A
B. B
C. C
D. E
E. F

8. Die Pflanze, die im Alphabet am weitesten vorne steht, beginnt mit …?

A. A
B. F
C. M
D. O
E. Q

9. Der Beruf, der im Alphabet am weitesten hinten steht, beginnt mit …?

A. R
B. S
C. V
D. W
E. N

10. Die Stadt, die im Alphabet am weitesten vorne steht, beginnt mit …?

A. B
B. D
C. F
D. J
E. K

Lösung

1. B	2. A	3. B	4. E	5. C	6. A	7. B	8. D	9. B	10. E

Zu 1.

Das gesuchte Wort lautet Notar und zählt zur Gruppe „Berufe".

Zu 2.

Das gesuchte Wort lautet Finke und zählt zur Gruppe „Namen".

Zu 3.

Das gesuchte Wort lautet Chemiker und zählt zur Gruppe „Berufe".

Zu 4.

Das gesuchte Wort lautet Rose und zählt zur Gruppe „Pflanzen".

Zu 5.

Das gesuchte Wort lautet Venedig und zählt zur Gruppe „Städte".

Zu 6.

Die Pflanze, die im Alphabet am weitesten hinten steht, lautet Zypresse.

Zu 7.

Der Name, der im Alphabet am weitesten vorne steht, lautet Berger.

Zu 8.

Die Pflanze, die im Alphabet am weitesten vorne steht, lautet Orchidee.

Zu 9.

Der Beruf, der im Alphabet am weitesten hinten steht, lautet Schreiner.

Zu 10.

Die Stadt, die im Alphabet am weitesten vorne steht, lautet Köln.

Erinnerungs- und Orientierungsvermögen

Lebensläufe einprägen   *Bearbeitungszeit 5 Minuten*

In diesem Abschnitt wird Ihre allgemeine Merkfähigkeit geprüft. Prägen Sie sich dazu die in den folgenden beiden Biografien angegebenen Informationen gut ein.

Hierbei dürfen Sie sich keine Notizen vermerken. Legen Sie daher bitte alle Schreibgeräte zur Seite.

Für das Einprägen der Biografien haben Sie **5 Minuten** Zeit.

Biografie 1

Familienname:	Wiesenthaler
Vorname:	Jens
Geburtsdatum:	13.06.1973
Geburtsort:	Dortmund
Beruf:	Zugbegleiter

Jens Wiesenthaler wurde am 13. Juni 1973 in Dortmund als zweiter Sohn eines Schlossermeisters und einer Bibliothekarin geboren. Nachdem er von 1979 bis 1983 die Grundschule in Dortmund-Scharnhorst besucht hatte, zog er mit seiner Familie ins benachbarte Essen, wo er an der Friedrich Hölderlin-Realschule lernte und dort 1993 schließlich auch den Realschulabschluss ablegte. Seine Leidenschaft – das Schlagzeugspielen – lässt Jens Wiesenthal seit seiner Schulzeit nicht mehr los und begleitete als ausgleichendes Hobby auch seine Ausbildung zum Zugbegleiter, die er von 1993 bis 1995 am Ausbildungszentrum der RegioBahn in Essen absolvierte. 2003 wechselte er dann aus Verdienstgründen zum Konkurrenten MetroBahn, bei dem er durch ein nahezu akzentfreies Englisch, ein alltagstaugliches Französisch und eine 1997 belegte Fortbildung zum Thema Konfliktkommunikation überzeugen konnte. Mittlerweile lebt er mit seiner Frau Corinna und den gemeinsamen Kindern, den vierjährigen Zwillingen Jana und Dennis, in Corinnas Geburtsort Hannover.

Biografie 2

Familienname:	Junghans
Vorname:	Stefanie Vera
Geburtsdatum:	02.10.1979
Geburtsort:	Kassel
Beruf:	Bürokauffrau

Stefanie Junghans, geboren am 2. Oktober 1979, wuchs als Einzelkind in einem nördlichen Stadtteil Kassels auf. Ihre Eltern, beide Landschaftsgärtner, machten sie früh mit der Gartenarbeit vertraut, die neben Angeln, Aquarellmalerei und ihren beiden Katzen auch heute noch ihr größtes Hobby ist. Nach dem Abitur an einem Kasseler Gymnasium zog es sie zunächst für ein halbes Jahr nach Australien, wo sie Land und Leute kennen lernte und als Kellnerin arbeitete. Dabei konnte sie, wie schon ihr Spanisch während eines Schulaustauschs nach Barcelona, ihr Englisch enorm verbessern und spricht nun beide Fremdsprachen fließend. Nach ihrer Rückkehr entschied sich Stefanie gegen ein Hochschulstudium und absolvierte von 1998 bis 2001 eine Ausbildung zur Bürokauffrau. Sie lebt inzwischen in Berlin und arbeitet dort für ein Touristikunternehmen. Nach einer geschiedenen Ehe kümmert sich Stefanie Junghans als alleinerziehende Mutter um ihren Sohn Ingo, der die erste Klasse der Anna-Schmidt-Grundschule besucht.

(!) *Hinweis:*

Nachdem Sie sich den Steckbrief eingeprägt haben, sollten Sie sich 5 Minuten mit etwas anderem beschäftigen, bevor Sie die dazugehörigen Fragen aus dem Gedächtnis beantworten.

In diesem Abschnitt wird nun Ihr Erinnerungsvermögen geprüft. Dazu lagen Ihnen vor kurzem zwei Biografien vor, deren Inhalte Sie sich einprägen sollten.

Beantworten Sie bitte die Aufgaben, indem Sie jeweils den richtigen Buchstaben markieren.
Die Bearbeitungszeit beträgt 5 Minuten.

1. **Wo wurde Jens Wiesenthaler geboren?**

A. Herne

B. Bochum

C. Düsseldorf

D. Frankfurt

E. Dortmund

2. **Welchen Beruf übte Jens Wiesenthalers Mutter aus?**

A. Kauffrau

B. Sekretärin

C. Ärztin

D. Bibliothekarin

E. Bibliografin

3. **Welche weiterführende Schule besuchte Jens Wiesenthaler?**

A. Friedrich Wilhelm-Gesamtschule

B. Johann Gräfe-Gymnasium

C. Eduard Mörike-Hauptschule

D. Friedrich Hölderlin-Realschule

E. Robert Schumann-Fachoberschule

4. **Wohin zog Jens Wiesenthalers Familie 1983?**

A. Essen

B. Darmstadt

C. München

D. Gelsenkirchen

E. Dortmund-Scharnhorst

5. **Welche Fremdsprache(n) spricht Jens Wiesenthaler?**

A. Englisch und Französisch

B. nur Englisch

C. Englisch und Spanisch

D. Englisch, Französisch und Spanisch

E. Spanisch und Französisch

6. **Wann wurde Stefanie Junghans geboren?**

A. 2. Oktober 1979

B. 4. Dezember 1987

C. 14. Juni 1975

D. 23. November 1981

E. 27. Januar 1978

7. **Wie lautet der zweite Vorname von Stefanie Junghans?**

A. Anna

B. Vera

C. Sarah

D. Lena

E. Maria

8. **Wie viele Geschwister hat Stefanie Junghans?**

A. 0

B. 1

C. 2

D. 3

E. 4

9. **Wohin reiste Stefanie Junghans im Rahmen eines Schulaustauschs?**

A. Sydney

B. Cottbus

C. Paris

D. Barcelona

E. London

10. **Wohin reiste Stefanie Junghans nach dem Schulabschluss?**

A. Australien

B. Brasilien

C. Spanien

D. Frankreich

E. Dänemark

Lösung

1. E	2. D	3. D	4. A	5. A	6. A	7. B	8. A	9. D	10. A

Zu 1.
Dortmund

Zu 2.
Bibliothekarin

Zu 3.
Friedrich Hölderlin-Realschule

Zu 4.
Essen

Zu 5.
Englisch und Französisch

Zu 6.
2. Oktober 1979

Zu 7.
Vera

Zu 8.
0

Zu 9.
Barcelona

Zu 10.
Australien

Erinnerungs- und Orientierungsvermögen

Wörter einprägen und erkennen

In dieser Aufgabe wird Ihr Kurzzeitgedächtnis geprüft. Prägen Sie sich die Wörter aus der folgenden Tabelle ein, so dass Sie sie anschließend in einer nach Kategorien geordneten Liste unter verschiedenen Wörtern wiederfinden können.

Hierbei dürfen Sie sich keine Notizen vermerken. Legen Sie daher bitte alle Schreibgeräte zur Seite.

Für das Durchlesen und Einprägen der Tabelle haben Sie **2 Minuten** Zeit.

1. Nelke	6. Schröder	11. Polen	16. Brot
2. Bayern	7. Helium	12. Dreizehn	17. Ingenieur
3. Türkis	8. Peter	13. Löwe	18. Eiche
4. Motorrad	9. Donau	14. Forelle	19. Tennis
5. Stuttgart	10. Birkenfurnier	15. Musik	20. Saft

⚠ *Hinweis:*

Bei dieser Aufgabe ist keine Unterbrechung notwendig, bitte beginnen Sie direkt mit den Antworten!

Haben Sie sich die soeben vorgelegten Wörter gut eingeprägt, sollten Sie sie nun leicht erkennen können.

Beginnen Sie bitte jetzt mit den Aufgaben und kreuzen Sie den richtigen Buchstaben an.
Die Bearbeitungszeit beträgt 7 Minuten.

	A		B		C		D
1. Namen:	Werner		Burkhart		Bernhard		Schröder
2. Vornamen:	Dieter		Peter		Müller		Dennis
3. Berufe:	Ingenieur		Arzt		Polizist		Lehrer
4. Städte:	Jena		Bregenz		Frankfurt		Stuttgart
5. Bundesländer:	Berlin		Bremen		Bayern		Thüringen
6. Länder:	Polen		Türkei		Schweden		Russland
7. Flüsse:	Elbe		Donau		Weser		Ruhr
8. Blumen:	Geranie		Rose		Nelke		Tulpe
9. Bäume:	Eiche		Esche		Erle		Buche
10. Holzsorten:	Tannen-Spanplatte		Birkenfurnier		Fichte poliert		Eibe natur
11. Farben:	Türkis		Blau		Braun		Rot
12. Material:	Neon		Aluminium		Kupfer		Helium
13. Getränke:	Milch		Bier		Saft		Wein
14. Lebensmittel:	Butter		Brot		Käse		Schinken
15. Sportarten:	Golf		Tennis		Fußball		Schwimmen
16. Fahrzeuge:	Schiff		Auto		Mofa		Motorrad
17. Hobbys:	Angeln		Musik		Radfahren		Lesen
18. Fische:	Forelle		Lachs		Scholle		Flunder
19. Tiere:	Tiger		Mücke		Löwe		Nashorn
20. Zahl:	Sieben		Elf		Dreizehn		Zwanzig

Lösung

1. D	2. B	3. A	4. D	5. C	6. A	7. B	8. C	9. A	10. B
11. A	12. D	13. C	14. B	15. B	16. D	17. B	18. A	19. C	20. C

Zu 1.
Namen: Schröder

Zu 2.
Vornamen: Peter

Zu 3.
Berufe: Ingenieur

Zu 4.
Städte: Stuttgart

Zu 5.
Bundesländer: Bayern

Zu 6.
Länder: Polen

Zu 7.
Flüsse: Donau

Zu 8.
Blumen: Nelke

Zu 9.
Bäume: Eiche

Zu 10.
Holzsorten: Birkenfurnier

Zu 11.
Farben: Türkis

Zu 12.
Material: Helium

Zu 13.
Getränke: Saft

Zu 14.
Lebensmittel: Brot

Zu 15.
Sportarten: Tennis

Zu 16.
Fahrzeuge: Motorrad

Zu 17.
Hobbys: Musik

Zu 18.
Fische: Forelle

Zu 19.
Tiere: Löwe

Zu 20.
Zahl: Dreizehn

Erinnerungs- und Orientierungsvermögen

Figurenpaare einprägen

In dieser Aufgabe wird Ihr Kurzzeitgedächtnis geprüft. Prägen Sie sich dazu die einzelnen Figurenpaare ein, und wählen Sie anschließend aus einer Figurenreihe das zugehörige Gegenstück zur jeweils vorgegebenen Figur aus.

Hierbei dürfen Sie sich keine Notizen vermerken. Legen Sie daher bitte alle Schreibgeräte zur Seite.

Für das Einprägen der Figurenpaare haben Sie **3 Minuten** Zeit.

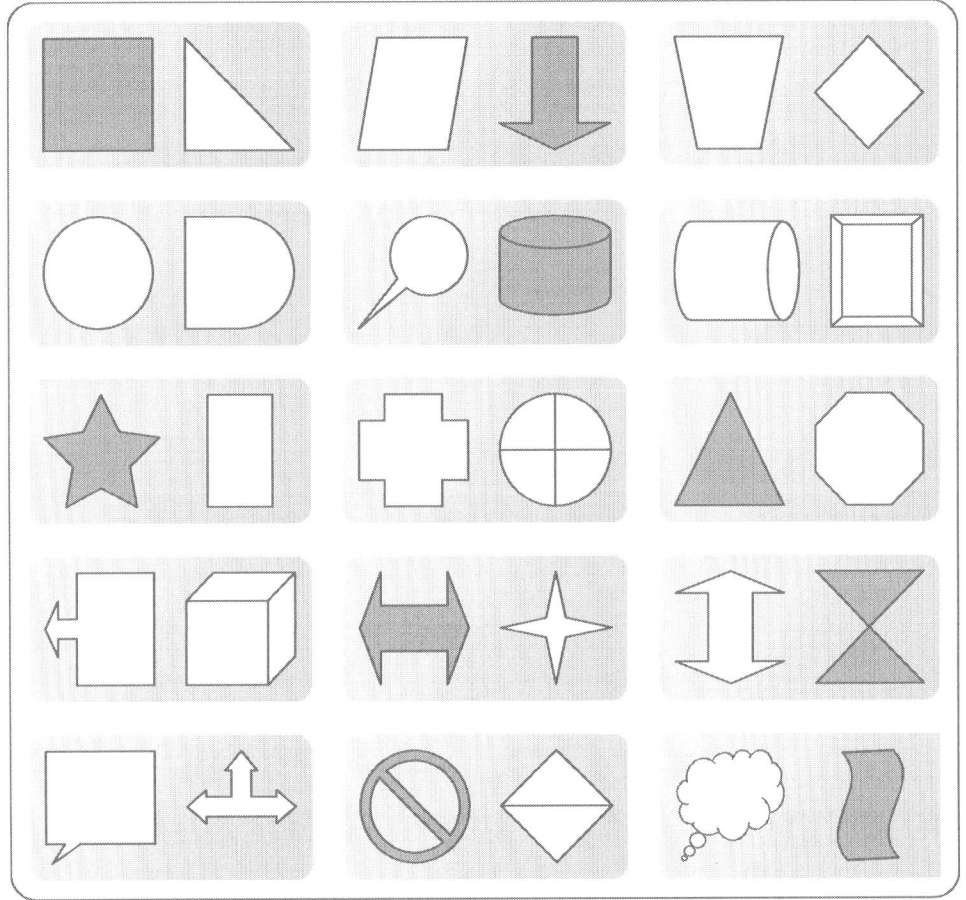

(!) *Hinweis:*
  Bei dieser Aufgabe ist keine Unterbrechung notwendig, bitte beginnen Sie direkt mit den Antworten!

Nun wird getestet, wie gut Sie sich die Figurenpaare eingeprägt haben. Stellen Sie das ursprüngliche Figurenpaar wieder her, indem Sie die passende Figur ergänzen.

Beantworten Sie bitte die folgenden Aufgaben, indem Sie jeweils den richtigen Buchstaben markieren. Die Bearbeitungszeit beträgt 6 Minuten.

1. Durch welche der fünf Figuren A bis E wird das Fragezeichen richtig ersetzt?

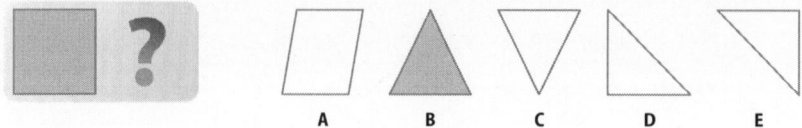

2. Durch welche der fünf Figuren A bis E wird das Fragezeichen richtig ersetzt?

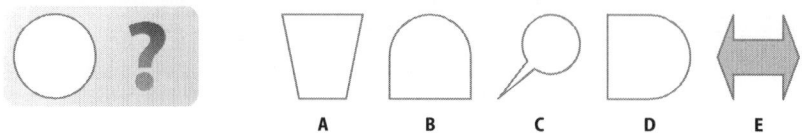

3. Durch welche der fünf Figuren A bis E wird das Fragezeichen richtig ersetzt?

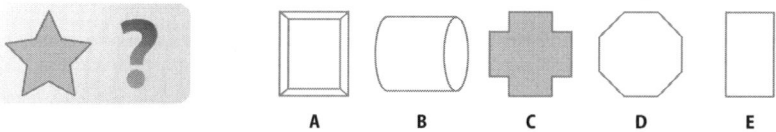

4. Durch welche der fünf Figuren A bis E wird das Fragezeichen richtig ersetzt?

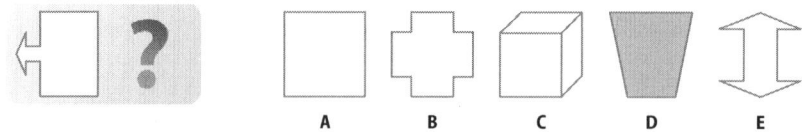

5. Durch welche der fünf Figuren A bis E wird das Fragezeichen richtig ersetzt?

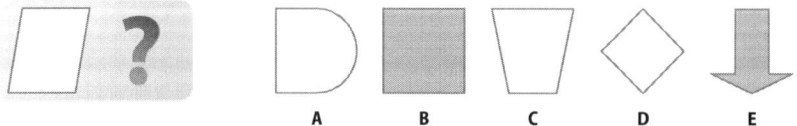

6. Durch welche der fünf Figuren A bis E wird das Fragezeichen richtig ersetzt?

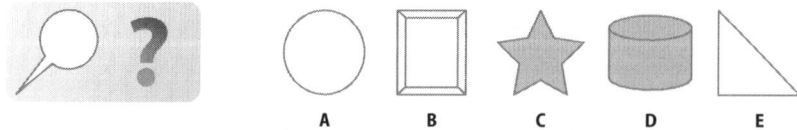

7. Durch welche der fünf Figuren A bis E wird das Fragezeichen richtig ersetzt?

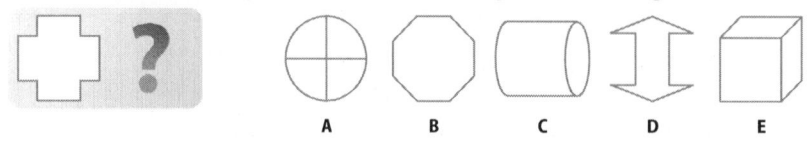

8. Durch welche der fünf Figuren A bis E wird das Fragezeichen richtig ersetzt?

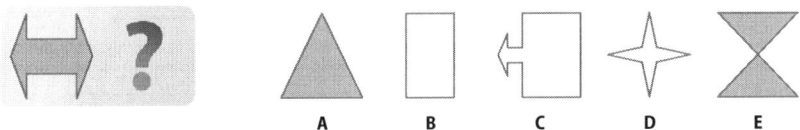

9. Durch welche der fünf Figuren A bis E wird das Fragezeichen richtig ersetzt?

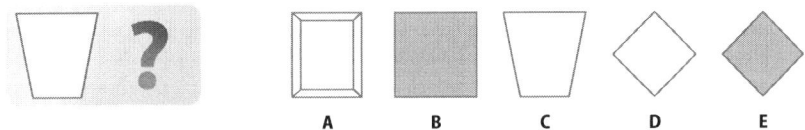

10. Durch welche der fünf Figuren A bis E wird das Fragezeichen richtig ersetzt?

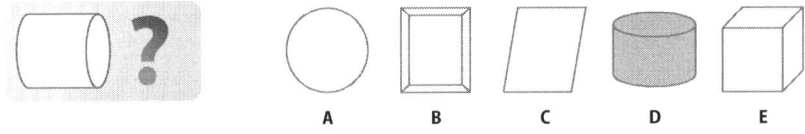

11. Durch welche der fünf Figuren A bis E wird das Fragezeichen richtig ersetzt?

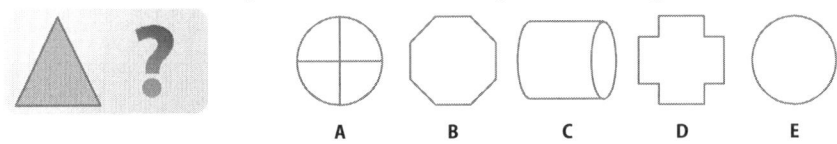

12. Durch welche der fünf Figuren A bis E wird das Fragezeichen richtig ersetzt?

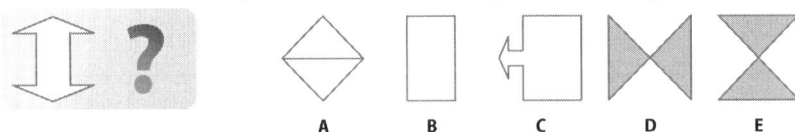

13. Durch welche der fünf Figuren A bis E wird das Fragezeichen richtig ersetzt?

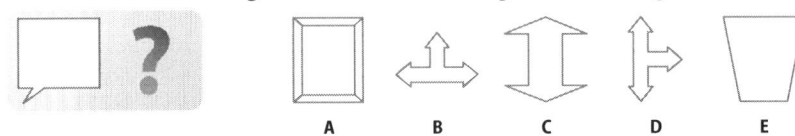

14. Durch welche der fünf Figuren A bis E wird das Fragezeichen richtig ersetzt?

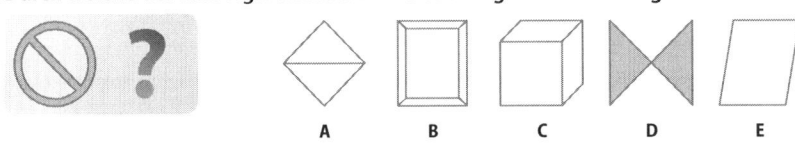

15. Durch welche der fünf Figuren A bis E wird das Fragezeichen richtig ersetzt?

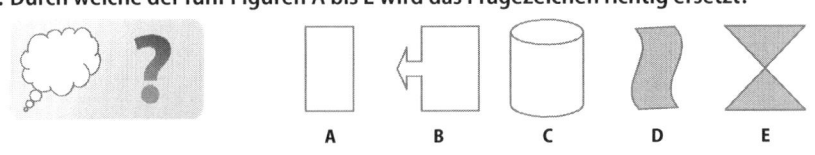

Lösung

1. D	2. D	3. E	4. C	5. E	6. D	7. A	8. D	9. D	10. B
11. B	12. E	13. B	14. A	15. D					

Erinnerungs- und Orientierungsvermögen

Strecken im Labyrinth einprägen

In diesem Abschnitt wird geprüft, wie gut Sie sich eine vorgegebene Strecke merken können. Prägen Sie sich dazu die in das folgende Labyrinth eingezeichnete Route ein.

Hierbei dürfen Sie sich keine Notizen vermerken. Legen Sie daher bitte alle Schreibgeräte zur Seite.
Nachdem Sie sich die Strecke eingeprägt haben, sollten Sie 5 Minuten was anderes erledigen. Im Anschluss daran sollten Sie die Strecke durch das Labyrinth aus dem Gedächtnis in ein neues Labyrinth einzeichnen.

Für das Einprägen der Strecke haben Sie **1 Minute** Zeit.

Labyrinth 1

⚠ *Hinweis:*

Nachdem Sie sich die Strecke eingeprägt haben, sollten Sie sich 5 Minuten mit etwas anderem beschäftigen, bevor Sie die dazugehörigen Fragen aus dem Gedächtnis beantworten.

In diesem Abschnitt wird nun Ihr Erinnerungsvermögen getestet. Dazu lag Ihnen soeben ein Labyrinth mit einer eingezeichneten Route vor, die Sie sich einprägen sollten.

Beginnen Sie bitte jetzt mit der Aufgabe und zeichnen Sie die Strecke im Labyrinth nach.
Die Bearbeitungszeit beträgt 1 Minute.

1. **Labyrinth 1**

Bitte prägen Sie sich die folgende Strecke innerhalb 1 Minute ein.

Labyrinth 2

(!) *Hinweis:*

Nachdem Sie sich die Strecke eingeprägt haben, sollten Sie sich 5 Minuten mit etwas anderem beschäftigen, bevor Sie die dazugehörigen Fragen aus dem Gedächtnis beantworten.

In diesem Abschnitt wird nun Ihr Erinnerungsvermögen getestet. Dazu lag Ihnen soeben ein Labyrinth mit einer eingezeichneten Route vor, die Sie sich einprägen sollten.

Beginnen Sie bitte jetzt mit der Aufgabe und zeichnen Sie die Strecke im Labyrinth nach.
Die Bearbeitungszeit beträgt 2 Minuten.

2. **Labyrinth 2**

Lösung

Zu 1.

Labyrinth 1

Zu 2.

Labyrinth 2

Konzentrationsvermögen

Rechenaufgaben mit Hindernissen   *Bearbeitungszeit 5 Minuten*

Im Folgenden geht es darum, pro Aufgabe zwei einfache Rechnungen zu lösen und anschließend je nach Ergebnis eine bestimmte Rechenoperation durchzuführen.

Ist das Ergebnis der oberen Rechenzeile größer als das Ergebnis der unteren Rechenzeile, so muss das Ergebnis der unteren Zeile von dem der oberen abgezogen werden.

Ist aber das Ergebnis der unteren Rechenzeile größer oder gleich dem Ergebnis der oberen Rechenzeile, so müssen beide Ergebnisse addiert werden.

Hierzu ein Beispiel:

Fall 1: Das Ergebnis der oberen Zeile ist größer als das der unteren:

1. $5 + 5 - 1$

$2 + 2 - 3$

$=$

Antwort:

$= 8$

Erklärung: $5 + 5 - 1 = 9$ (größeres Ergebnis)

$2 + 2 - 3 = 1$ (kleineres Ergebnis)

$9 - 1 = 8$ (größeres Ergebnis - kleineres Ergebnis)

Fall 2: Das Ergebnis der unteren Zeile ist größer als das der oberen:

2. $2 + 2 - 3$

$5 + 5 - 1$

$=$

Antwort:

$= 10$

Erklärung: $2 + 2 - 3 = 1$ (kleineres Ergebnis)

$5 + 5 - 1 = 9$ (größeres Ergebnis)

$9 + 1 = 10$ (größeres Ergebnis + kleineres Ergebnis)

Die Herausforderung bei diesem Aufgabenteil liegt nicht im mathematischen Anspruch, sondern in der Bewältigung des enormen Zeitdrucks: Im Einstellungstest erhalten Sie etwa 1,5 Seiten mit Aufgaben des vorliegenden Typs, die Sie in 5 Minuten zu lösen haben. Gefragt ist da weniger Ihre Rechenkompetenz als die Fähigkeit, sich auf den Punkt zu konzentrieren.

Behalten Sie die Ruhe, wenn Sie die eine oder andere Aufgabe aus zeitlichen Gründen nicht mehr lösen können – kaum jemand schafft es, in der vorgesehenen Bearbeitungszeit alle Endergebnisse korrekt zu berechnen.

Beginnen Sie bitte jetzt mit den Aufgaben und tragen Sie Ihre Ergebnisse in die Boxen ein.
Die Bearbeitungszeit für die folgenden 40 Aufgaben beträgt 5 Minuten.

1.
$15 + 18 - 3$
$12 + 8 - 5$
$=$

2.
$12 + 17 - 7$
$11 + 14 - 5$
$=$

3.
$16 + 13 - 9$
$14 + 3 - 2$
$=$

4.
$22 + 17 - 19$
$15 + 19 - 14$
$=$

5.
$24 + 17 - 21$
$17 + 21 - 28$
$=$

6.
$23 + 19 - 12$
$14 + 17 - 9$
$=$

7.
$18 + 16 + 8$
$14 + 13 - 7$
$=$

8.
$16 + 26 - 12$
$11 + 4 + 7$
$=$

9.
$21 + 14 - 3$
$16 + 15 - 9$
$=$

10.
$14 + 16 - 6$
$11 + 6 - 3$
$=$

11.
$28 + 19 - 7$
$14 + 13 + 8$
$=$

12.
$24 + 18 - 8$
$12 + 11 + 8$
$=$

13.
$17 + 13 + 9$
$12 + 2 + 8$
$=$

14.
$22 + 3 + 15$
$14 + 7 - 5$
$=$

15.
$18 + 9 + 6$
$14 + 12 + 3$
$=$

16.
$21 + 8 + 6$
$15 + 6 + 3$
$=$

17.
$17 - 18 + 19$
$6 - 17 + 12$
$=$

18.
$14 - 19 + 16$
$12 - 16 + 9$
$=$

19.
$16 - 29 + 27$
$24 + 6 - 22$
$=$

20.
$25 - 17 + 8$
$21 - 29 + 14$
$=$

21.
$7 + 4 - 3$
$14 + 8 - 2$
$=$

22.
$9 + 11 - 7$
$18 + 7 - 4$
$=$

23.
$17 + 9 - 12$
$11 - 4 + 21$
$=$

24.
$14 + 17 - 20$
$18 + 14 - 17$
$=$

25.
$4 + 18 + 7$
$15 + 12 + 7$
$=$

26.
$11 + 14 - 9$
$18 - 16 + 9$
$=$

27.
$12 - 18 + 6$
$14 + 9 - 14$
$=$

28.
$18 - 23 + 19$
$16 + 12 + 3$
$=$

29.
$17 + 13 - 16$
$14 + 17 - 9$
$=$

30.
$14 + 18 + 17$
$15 + 14 + 7$
$=$

31.
$18 + 17 - 6$
$8 + 19 - 9$
$=$

32.
$15 + 7 - 11$
$6 + 9 - 19$
$=$

33.
$16 - 19 - 6$
$14 - 18 + 11$
$=$

34.
$14 - 8 - 7$
$15 - 18 + 2$
$=$

35.
$14 + 6 - 28$
$18 + 14 - 9$
$=$

36.
$1 - 17 + 4$
$3 - 21 + 3$
$=$

37.
$22 + 17 + 15$
$24 + 9 - 17$
$=$

38.
$15 - 22 - 3$
$19 - 24 - 16$
$=$

39.
$21 + 15 - 19$
$18 + 11 - 6$
$=$

40.
$15 + 19 + 12$
$18 + 21 + 19$
$=$

Lösung

1.	30 – 15 = **15**	**2.**	22 – 20 = **2**	**3.**	20 – 15 = **5**	**4.**	20 + 20 = **40**
5.	20 – 10 = **10**	**6.**	30 – 22 = **8**	**7.**	42 – 20 = **22**	**8.**	30 – 22 = **8**
9.	32 – 22 = **10**	**10.**	24 – 14 = **10**	**11.**	40 – 35 = **5**	**12.**	34 – 31 = **3**
13.	39 – 22 = **17**	**14.**	40 – 16 = **24**	**15.**	33 – 29 = **4**	**16.**	35 – 24 = **11**
17.	18 – 1 = **17**	**18.**	11 – 5 = **6**	**19.**	14 – 8 = **6**	**20.**	16 – 6 = **10**
21.	8 + 20 = **28**	**22.**	13 + 21 = **34**	**23.**	14 + 28 = **42**	**24.**	11 + 15 = **26**
25.	29 + 34 = **63**	**26.**	16 – 11 = **5**	**27.**	0 + 9 = **9**	**28.**	14 + 31 = **45**
29.	14 + 22 = **36**	**30.**	49 – 36 = **13**	**31.**	29 – 18 = **11**	**32.**	11 – (– 4) = **15**
33.	– 9 + 7 = **–2**	**34.**	– 1 + (– 1) = **–2**	**35.**	– 8 + 23 = **15**	**36.**	– 12 – (– 15) = **–3**
37.	54 – 16 = **38**	**38.**	– 10 – (– 21) = **11**	**39.**	17 + 23 = **40**	**40.**	46 + 58 = **104**

Konzentrationsvermögen

„p"- und „q"-Test

In diesem Abschnitt werden Ihre Schnelligkeit und Genauigkeit geprüft. Sie erhalten in jeder Buchstabenzeile bis zu vier Buchstaben, nämlich „p", „b", „d" und „q".

Ihre Aufgabe besteht darin, in jeder Buchstabenzeile den Buchstaben „q" zu finden und die Anzahl gefundener „q" in der rechten Spalte einzutragen.

Aufgabe ▼	1	2	3	4	5	6	7	8	9	10	11	12	13	14	15	16	17	18	19	20	Anzahl
1.	p	p	q	b	p	q	p	b	q	p	p	q	b	q	p	d	p	q	p	q	
2.	p	p	b	d	p	p	q	p	d	q	p	q	d	q	p	b	p	q	p	q	
3.	p	b	p	q	p	d	d	p	q	p	b	p	q	d	q	p	d	p	q	p	
4.	p	d	p	b	p	q	p	p	b	p	q	p	q	q	p	d	q	p	q	q	
5.	p	d	q	p	d	q	p	b	q	p	q	b	q	d	q	p	q	d	q	p	
6.	d	p	p	d	p	b	b	p	d	p	q	p	q	q	q	p	q	p	q	q	
7.	b	p	d	q	p	q	p	d	p	p	q	d	q	q	p	b	q	p	q	q	
8.	d	p	d	p	p	q	p	q	b	q	q	p	b	d	p	p	q	p	d	p	
9.	p	p	q	q	d	q	q	p	q	p	p	d	p	b	q	b	p	d	p	d	
10.	p	d	d	p	q	p	b	q	p	q	p	q	p	p	b	p	q	p	q	b	
11.	p	p	d	p	d	p	q	p	q	p	d	p	q	q	b	p	b	p	q	q	
12.	p	q	p	q	p	q	p	d	p	d	p	p	d	q	p	p	d	p	b	q	
13.	p	b	p	d	d	p	d	p	p	q	p	d	p	q	p	b	p	b	p	q	
14.	p	b	b	p	d	p	d	p	p	q	d	q	p	q	q	d	p	q	p	q	
15.	p	p	d	p	b	p	b	b	p	d	p	p	q	q	p	d	d	p	q	q	
16.	p	d	p	b	q	p	b	q	p	q	p	b	q	q	p	d	d	p	q	q	
17.	p	p	q	p	q	p	q	b	q	q	d	q	p	q	p	d	q	p	p	p	
18.	p	p	b	p	d	p	q	q	q	p	d	d	p	d	p	b	q	p	b	p	
19.	p	p	p	b	p	b	d	p	d	p	q	p	b	q	p	q	q	b	p	p	
20.	p	p	p	b	p	b	p	d	q	p	p	p	q	q	p	d	b	p	q	q	
21.	p	p	b	q	p	b	q	p	q	q	p	q	p	d	p	d	p	q	p	p	
22.	p	p	q	q	p	b	q	q	p	b	q	q	p	d	d	p	q	q	p	p	
23.	p	p	p	b	p	b	p	q	b	q	p	q	d	q	p	d	p	p	q	q	
24.	p	d	p	b	p	d	p	p	b	p	p	q	q	q	p	b	p	q	q	q	
25.	b	p	b	p	d	p	d	p	d	p	p	b	p	q	q	p	p	b	d	q	
26.	p	p	p	b	b	p	p	d	q	p	q	b	q	q	p	d	q	p	q	q	
27.	p	d	p	b	p	p	b	p	q	p	q	p	q	p	d	p	q	p	q	p	
28.	q	p	p	q	p	p	q	p	p	q	p	p	p	q	p	p	p	p	p	p	
29.	p	q	p	d	p	d	p	b	b	p	q	p	q	p	b	d	p	q	p	p	
30.	p	q	p	q	b	q	p	b	p	d	q	d	q	p	b	q	p	q	p	q	
31.	p	p	b	d	d	q	b	q	p	q	p	d	q	p	d	b	p	p	p	p	
32.	p	p	p	p	d	b	d	p	b	p	q	b	q	d	q	p	b	p	q	q	
33.	p	p	p	b	p	b	d	p	d	p	p	d	p	q	p	d	p	p	p	p	
34.	q	p	q	q	q	q	p	d	p	q	p	p	p	q	p	p	d	b	b	q	
35.	p	q	q	p	p	q	q	p	d	q	p	q	p	d	b	b	p	q	p	p	
36.	p	d	p	d	p	q	q	q	p	b	d	p	p	p	q	b	p	b	d	d	
37.	q	q	q	p	q	p	q	d	q	d	q	b	q	p	b	p	q	p	q	p	
38.	p	q	p	p	q	q	p	p	q	p	q	p	b	p	q	b	q	p	b	p	
39.	p	p	q	q	q	p	p	q	p	b	p	b	d	q	p	q	p	p	p	p	
40.	p	p	q	p	p	p	p	p	p	b	d	b	p	b	p	q	p	d	d	p	

Lösung

Aufgabe ▼	|	Spalten																			Anzahl
		1	2	3	4	5	6	7	8	9	10	11	12	13	14	15	16	17	18	19	20	
1.		p	p	q	b	p	q	p	b	q	p	p	q	b	q	p	d	p	q	p	q	7
2.		p	p	b	d	p	p	q	p	d	q	p	q	d	q	p	b	p	q	p	q	6
3.		p	b	p	q	p	d	d	p	q	p	b	p	q	d	q	p	d	p	q	p	5
4.		p	d	p	b	p	q	p	p	b	p	q	p	q	q	p	d	q	p	q	q	7
5.		p	d	q	p	d	q	p	b	q	p	q	b	q	d	q	p	q	d	q	p	8
6.		d	p	p	d	p	b	b	p	d	p	q	p	q	q	q	p	q	p	q	q	7
7.		b	p	d	q	p	q	p	d	p	p	q	d	q	q	p	b	q	p	q	q	8
8.		d	p	d	p	p	q	p	q	b	q	q	p	b	d	p	p	q	p	d	p	5
9.		p	p	q	q	d	q	q	p	q	p	d	p	b	p	q	b	p	d	p	d	6
10.		p	d	d	p	q	p	b	q	b	p	b	q	p	q	p	b	p	q	p	q	6
11.		p	p	p	d	p	p	q	p	q	p	q	p	p	q	q	b	p	b	p	q	6
12.		p	q	q	p	q	p	d	p	d	p	p	d	q	p	p	d	p	b	q	p	5
13.		p	b	p	d	d	p	d	p	p	q	p	d	p	p	b	p	b	p	q	p	3
14.		p	b	b	p	d	p	p	p	q	d	q	p	q	q	d	p	q	p	p	q	6
15.		p	p	d	p	b	p	b	b	p	d	p	p	q	q	p	d	d	p	q	q	4
16.		p	d	p	b	q	p	b	q	p	q	p	b	q	q	p	d	d	p	q	q	7
17.		p	p	q	p	q	p	q	b	p	q	q	d	q	p	q	d	q	p	q	p	9
18.		p	p	b	b	p	d	q	p	q	q	q	p	d	d	p	b	q	p	b	p	5
19.		p	p	p	b	p	b	d	p	d	p	q	p	b	p	q	p	q	b	p	p	3
20.		p	p	b	p	b	p	d	q	p	q	p	p	q	q	p	d	b	p	q	q	6
21.		p	p	b	q	p	b	q	p	q	q	p	q	p	d	p	d	p	q	p	p	6
22.		p	p	q	q	p	b	q	q	p	b	q	p	d	p	d	p	q	q	p	p	8
23.		p	p	p	b	p	b	p	q	b	q	p	p	d	q	p	d	p	q	p	q	6
24.		p	d	p	b	p	d	p	p	b	p	q	q	q	p	b	p	q	q	q	p	6
25.		b	p	b	p	d	p	d	p	d	p	p	b	p	q	p	p	b	d	q	p	3
26.		p	b	p	b	b	p	p	d	q	p	q	b	q	q	p	d	q	p	q	q	7
27.		p	d	p	b	p	p	b	p	q	p	q	p	q	p	d	p	q	p	q	p	5
28.		q	p	q	q	p	p	q	p	p	q	p	p	q	p	p	p	p	p	p	q	7
29.		p	q	p	d	p	d	p	b	b	q	p	q	p	b	d	q	p	q	p	p	5
30.		p	q	p	q	b	q	p	b	p	d	q	d	q	q	p	b	q	p	q	q	9
31.		p	p	b	d	d	q	b	q	p	q	p	d	q	p	d	b	p	p	q	p	5
32.		p	p	p	p	d	b	d	p	b	q	p	b	q	q	q	p	b	p	q	q	6
33.		p	p	p	b	p	b	d	p	d	p	p	d	p	p	q	p	d	p	p	p	1
34.		q	p	q	q	q	q	p	d	p	q	p	p	p	q	p	p	d	b	b	q	8
35.		p	q	q	p	p	q	q	p	d	q	p	q	p	d	b	b	p	q	p	p	7
36.		p	d	p	q	q	p	q	q	q	p	b	d	p	p	q	p	b	d	d	p	6
37.		q	q	q	p	q	p	q	d	q	d	q	p	q	p	b	p	q	p	q	p	10
38.		p	q	p	p	q	q	p	p	q	p	q	p	b	p	q	b	q	p	b	p	7
39.		p	p	q	q	q	p	p	q	p	b	p	b	d	d	q	p	p	d	p	p	5
40.		p	p	q	p	p	p	p	p	b	d	b	p	b	p	q	p	d	d	p	p	2

Konzentrationsvermögen

Original und Abschrift   *Bearbeitungszeit 3 Minuten*

Bei dieser Aufgabe geht es darum, Zahlen- und/oder Buchstabenfolgen miteinander zu vergleichen. Sie erhalten pro Aufgabe jeweils eine Originalreihe und eine Abschrift.

Überprüfen Sie die Abschriften bitte – Stelle für Stelle – auf Tippfehler und tragen Sie die Anzahl der in einer Zeile gefundenen Fehler in das rechte Kästchen ein.

	Original	*Abschrift*	*Fehler*		*Original*	*Abschrift*	*Fehler*
1.	2158318	2156316		21.	HGRFLED	HGRFLEB	
2.	6458482	6258284		22.	RAGSEFA	RAGBEEA	
3.	1859782	1869762		23.	JAHWERS	JAHVERS	
4.	3587197	3287187		24.	HATWRSD	HATWBSD	
5.	5784986	5789486		25.	ÖAJRSFAJ	OAJRSEAJ	
6.	2258791	2258797		26.	JAHWNMN	JAHVMNN	
7.	5478615	5478916		27.	MNMNNMM	MNNNMMM	
8.	7945874	7943874		28.	kjhdHJGG	kjhbHJgG	
9.	6487459	6481456		29.	lkjdsURT	lkjDsuRT	
10.	3124587	8124531		30.	ncHgsTG	ncHgStg	
11.	5487951	5487851		31.	jbdEF>E=	jdbEE>E=	
12.	6547894	6541894		32.	QoOqbpBD	QOOqdpbD	
13.	3249782	3248788		33.	JA54zR7CD	JJA54zR7C	
14.	3597874	3597824		34.	JY23BDQO	JYY23BDO	
15.	3549872	3649612		35.	GA+32BBD>	GA+82BDD>	
16.	0054862	0005486		36.	&%G?ARV	&%$%§RV	
17.	0010124	0010012		37.	FIE§§!5 668	FIE§$!5 868	
18.	1115482	1154822		38.	ÜüÖöOoUu	ÜüöÖoOUu	
19.	2211223	2221113		39.	ÖöÜüQqOo	ÖöÜüObOo	
20.	3344556	3344456		40.	bddbdbdb	bdbbdddb	

Lösung

1. 2	2. 3	3. 2	4. 2	5. 2	6. 1	7. 2	8. 1	9. 2	10. 3
11. 1	12. 1	13. 2	14. 1	15. 3	16. 5	17. 3	18. 4	19. 3	20. 1
21. 1	22. 2	23. 1	24. 1	25. 2	26. 3	27. 2	28. 2	29. 2	30. 3
31. 3	32. 3	33. 8	34. 5	35. 2	36. 3	37. 2	38. 4	39. 2	40. 2

	Original	Abschrift	Fehler		Original	Abschrift	Fehler
Zu 1.	2158318	2156316	2	Zu 21.	HGRFLED	HGRFLEB	1
Zu 2.	6458482	6258284	3	Zu 22.	RAGSEFA	RAGBEEA	2
Zu 3.	1859782	1869762	2	Zu 23.	JAHWERS	JAHVERS	1
Zu 4.	3587197	3287187	2	Zu 24.	HATWRSD	HATWBSD	1
Zu 5.	5784986	5789486	2	Zu 25.	ÖAJRSFAJ	OAJRSEAJ	2
Zu 6.	2258791	2258797	1	Zu 26.	JAHWNMN	JAHVMNN	3
Zu 7.	5478615	5478916	2	Zu 27.	MNMNNMM	MNNNMMM	2
Zu 8.	7945874	7943874	1	Zu 28.	kjhdHJGG	kjhbHJgG	2
Zu 9.	6487459	6481456	2	Zu 29.	lkjdsURT	lkjDsuRT	2
Zu 10.	3124587	8124531	3	Zu 30.	ncHgsTG	ncHgStg	3
Zu 11.	5487951	5487851	1	Zu 31.	jbdEF>E=	jdbEE>E=	3
Zu 12.	6547894	6541894	1	Zu 32.	QoOqbpBD	QOOqdpbD	3
Zu 13.	3249782	3248788	2	Zu 33.	JA54zR7CD	JJA54zR7C	8
Zu 14.	3597874	3597824	1	Zu 34.	JY23BDQO	JYY23BDO	5
Zu 15.	3549872	3649612	3	Zu 35.	GA+32BBD>	GA+82BDD>	2
Zu 16.	0054862	0005486	5	Zu 36.	&%G?ARV	&%$%§RV	3
Zu 17.	0010124	0010012	3	Zu 37.	FIE§§!5 668	FIE§$!5 868	2
Zu 18.	1115482	1154822	4	Zu 38.	ÜüÖöOoUu	ÜüöÖoOUu	4
Zu 19.	2211223	2221113	3	Zu 39.	ÖöÜüQqOo	ÖöÜüObOo	2
Zu 20.	3344556	3344456	1	Zu 40.	bddbdbdb	bdbbdddb	2

Konzentrationsvermögen

Wortfindung „Wortverschachtelung Anfang und Ende"   *Bearbeitungszeit 5 Minuten*

In diesem Abschnitt wird Ihr Wortschatz auf die Probe gestellt.

Finden Sie Wörter, die mit dem Vorgängerwort verschachtelt sind: Dabei stellt der jeweils zweite Teil eines Wortes den ersten Teil des Folgewortes dar. Alle deutschen Begriffe und Wörter (Adjektive, Verben, Substantive, Namen usw.) sowie deren Abwandlungen (Singular, Plural, Präsenz, Perfekt usw.) sind erlaubt. Nicht zugelassen sind dagegen im Deutschen ungebräuchliche Fremdwörter und Ausdrücke in Dialekten, Personennamen, sinnlose Wörter oder Wörter, die willkürlich gebildet werden und nicht existieren.

Hierzu ein Beispiel:

Aufgabe:

1. Schleif<u>maschine</u>

Antwort:

| Maschinen<u>park</u> | Park<u>anlage</u> | Anlagen<u>bau</u> | Bau<u>markt</u> | Marktplatz |

Beginnen Sie bitte jetzt mit den Aufgaben zur Wortfindung und tragen Sie die gefundenen Wörter in die Tabelle ein.
Die Bearbeitungszeit für 10 Aufgaben beträgt 5 Minuten.

1. Weltraum

2. Stundenplan

3. Sprechstunde

4. Rosengarten

5. Sonnenschein

6. Anfangszeit

7. Treibmittel

8. Rechtsstaat

9. Titelbild

10. Zaubermeister

Lösung *(Beispiele)*

Zu 1.

Weltraum, *Raumfahrt, Fahrtkosten, Kostenstruktur, Strukturwandel, Wandelanleihe*

Zu 2.

Stundenplan, *Planstelle, Stellenmarkt, Marktplatz, Platzmangel, Mangelware*

Zu 3.

Sprechstunde, *Stundensatz, Satzanfang, Anfangspunkt, Punktdichte, Dichtemittel*

Zu 4.

Rosengarten, *Gartenhaus, Haustier, Tierheim, Heimarbeit, Arbeitstage*

Zu 5.

Sonnenschein, *Scheinleistung, Leistungskurs, Kursgebühren, Gebührenpflicht, Pflichtteil*

Zu 6.

Anfangszeit, *Zeitmangel, Mangelware, Warenhaus, Hausschlüssel, Schlüsselbund*

Zu 7.

Treibmittel, *Mittelstand, Standbein, Beinpresse, Pressebericht, Berichtsheft*

Zu 8.

Rechtsstaat, *Staatsmittel, mittellos, Losgröße, Größenwahn, Wahnsinn*

Zu 9.

Titelbild, *Bildzeitung, Zeitungsartikel, Artikelsuche, Suchfunktion, Funktionstaste*

Zu 10.

Zaubermeister, *Meisterbrief, Briefwechsel, Wechselkurs, Kursschwankung, Schwankungsbreite*

Persönlichkeitstest

Gesucht: Bewerber mit Profil

Psychologische Testverfahren sollen Aufschluss über den Charakter der Bewerber geben. Schulnoten, Bewerbungsmappe und Allgemeinbildung verraten darüber zwar schon einiges, aber eben nicht genug. Die Polizei interessiert: Passt der Kandidat auch vom Typ her zu uns? Wie verhält er sich in bestimmten Situationen? Können wir uns auf ihn verlassen?

Subjektive Merkmale sind für die berufliche Eignung ähnlich relevant wie Fachwissen und Zensuren. Dabei zählt auch der äußere Eindruck: Wie Sie im Auswahlverfahren auftreten, wie Sie gekleidet sind und wie Sie mit Ihren Mitbewerbern umgehen, all das kann in die Gesamtbewertung einfließen. Der eigentliche Persönlichkeitstest läuft schriftlich und/oder mündlich – im Rahmen des Vorstellungsgesprächs – ab. Die Prüfer erstellen eine Art individuellen charakterlichen Fingerabdruck, ein unverwechselbares persönliches Profil.

Dass viele Experten solche Verfahren für ziemlich fragwürdig halten, steht auf einem anderen Blatt: Wie soll es möglich sein, die Persönlichkeit eines Menschen durch standardisierte Fragenkataloge abzubilden? Und mit welchem Recht darf ein Arbeitgeber überhaupt dem Innenleben seiner Mitarbeiter nachforschen? Um die Analyse Ihrer Stärken und Schwächen kommen Sie aber weder bei den Landespolizeien noch bei der Bundespolizei herum. Intime Details zum Privatbereich muss dabei keiner verraten. Es dürfen nur Eigenschaften getestet werden, die für die ausgeschriebene Position wirklich relevant sind.

Die Polizei sucht Bewerber, die ...

¬ gerne und gut im Team arbeiten

¬ konfliktfähig sind

¬ Entscheidungen treffen und durchsetzen können

¬ flexibel sind

¬ Leistungsbereitschaft und Verantwortungsbewusstsein besitzen

¬ gewissenhaft und zuverlässig sind

¬ Einfühlungsvermögen zeigen

¬ körperlich und geistig belastbar sind

Die Vorbereitung

Da der Typentest auf individuelle Eigenschaften abzielt, gibt es keine eindeutig guten oder schlechten Lösungen. Zwar liegt die „richtige" Antwort bisweilen ziemlich nahe, etwa wenn es um Team- und Konfliktverhalten geht: Wer möchte schon gerne Mitarbeiter haben, die die Arbeit ständig auf andere abwälzen und bei Kritik gleich eingeschnappt sind? Doch oft muss man sich zwischen zwei positiv besetzten Merkmalen entscheiden, beispielsweise Gründlichkeit und Flexibilität.

Manche raten, völlig unvorbereitet in den Test zu gehen und sich ganz auf die eigene Spontaneität zu verlassen – eine riskante Empfehlung: Erst die Auseinandersetzung mit dem Testverfahren macht überlegte, gezielte Antworten möglich. Es werden nämlich bestimmte Fragetechniken eingesetzt, an die man sich gewöhnen sollte. Zudem setzt ein überzeugender Auftritt voraus, souverän mit den eigenen Stärken und Schwächen umgehen zu können.

¬ Machen Sie sich klar, was die berufsrelevanten Schlüsselqualifikationen sind: Warum sind gerade Sie für diesen Beruf geeignet?

¬ Zeichnen Sie kein maßlos positives Bild von sich: Auf die Fähigkeit zur Selbstkritik legen die Personalverantwortlichen großen Wert.

¬ Werden Sie sensibel für die Untertöne einer Frage: Nicht immer ist auf den ersten Blick klar, welche Eigenschaften gerade im Fokus stehen.

¬ Schärfen Sie Ihr Profil, aber mit Bedacht: Wer bei seinen Antworten stets den Mittelweg wählt, verrät zu wenig von sich. Zu viele „extreme" Antworten wirken wiederum unreif, übertrieben und unreflektiert.

¬ Wenn Sie eine Frage nicht richtig einschätzen können, antworten Sie am besten gemäßigt.

Gut vorbereitet lassen sich auch Fangfragen problemlos parieren: „Finden Sie nicht auch, dass die Kooperation im Team das A und O des Arbeitslebens ist?" „Wir suchen Menschen mit Selbstvertrauen, die zu ihrer Meinung stehen – gehören Sie dazu?" Wenn Sie beide Male ohne Einschränkung zustimmen, haben Sie sich selbst widersprochen und geben den Prüfern Anlass, an Ihrer Glaubwürdigkeit zu zweifeln. Eventuell werden Sie mit den Auskünften im Persönlichkeitstest später noch einmal konfrontiert.

Die Testsimulation

Die neun Aufgabengruppen des folgenden Mustertests behandeln unterschiedliche polizeirelevante Persönlichkeitsmerkmale. Es empfiehlt sich, die Aufgaben nacheinander abzuarbeiten. Sie dürfen aber auch anders vorgehen und jederzeit vor- oder zurückspringen, wenn Sie wollen.

Jede Aufgabe ist mit einer Punkteskala versehen:

| ☹ | 1 | 2 | 3 | 4 | 5 | ☺ | | Ihr Wert: | |

Von   ☹   = stimme überhaupt nicht zu (hier Punktwert „1")

bis   ☺   = stimme voll und ganz zu (hier Punktwert „5").

Achtung: Es gibt Aufgaben mit umgekehrter Punkteskala, wobei „stimme überhaupt nicht zu" ( ) mit 5 Punkten und „stimme voll und ganz zu" ( ) mit einem Punkt bewertet wird.

Kreuzen Sie an, wo auf der Skala Sie sich am ehesten wiederfinden. Tragen Sie die entsprechende Punktzahl rechts unter „Ihr Wert" ein. Zählen Sie zum Schluss die Punkte jeder Aufgabengruppe zusammen und lesen Sie in der folgenden Auswertung nach, was das Ergebnis über Sie aussagen soll – nehmen Sie dies bitte nur bedingt ernst. Denken Sie daran: Die Aussagekraft der Tests ist beschränkt. Es geht darum, ein Gefühl für solche Tests zu bekommen.

Kontaktfähigkeit

Haben Sie Hemmungen, mit fremden Menschen eine Unterhaltung zu führen? Halten Sie sich lieber zurück? Können Sie sich einbringen, sich verständlich machen? Als Polizist sind Sie auf gute Beziehungen zu Ihren Kollegen angewiesen. Im Dienstalltag sollten Sie außerdem in der Lage sein, mit völlig Unbekannten ohne falsche Scheu eine Gesprächsbasis herzustellen und jederzeit sicher zu handeln.

1. **Ich sitze im Zug mit einem Unbekannten. Da ich neugierig bin, fange ich ein Gespräch an, um mehr über ihn zu erfahren.**

   ☹   1   2   3   4   5   ☺   Ihr Wert:

2. **Manchmal sagen Leute, dass ich arrogant und unnahbar wirke.**

   ☹   5   4   3   2   1   ☺   Ihr Wert:

3. **Ich treffe mich lieber mit Freunden, anstatt nur SMS und Mails zu schreiben.**

   ☹   1   2   3   4   5   ☺   Ihr Wert:

4. **Mein bester Freund unterstellt mir, dass ich seine Freunde meide und nicht akzeptiere.**

   ☹   5   4   3   2   1   ☺   Ihr Wert:

5. **Ich habe ein großes Netzwerk an Bekannten und bin daher über alles informiert.**

   ☹   1   2   3   4   5   ☺   Ihr Wert:

6. **Wenn viele unbekannte Leute um mich sind, fühle ich mich schnell unwohl.**

   ☹   5   4   3   2   1   ☺   Ihr Wert:

7. **Ich verbringe meine Abende gerne gemütlich vor dem Fernseher oder dem PC.**

   ☹   5   4   3   2   1   ☺   Ihr Wert:

8. **Auf einer Party lerne ich innerhalb kurzer Zeit viele neue Leute kennen, da ich auf andere Menschen zugehe.**

   ☹   1   2   3   4   5   ☺   Ihr Wert:

9. **In einer großen Runde halte ich mich eher zurück.**

   ☹   5   4   3   2   1   ☺   Ihr Wert:

10. **Ich fühle mich nie einsam.**

   ☹   1   2   3   4   5   ☺   Ihr Wert:

Gesamtwert Kontaktfähigkeit:

Teamfähigkeit

Teamfähigkeit heißt, produktiv mit anderen Menschen zusammenarbeiten zu können. Eine Gruppe ist mehr als nur die Summe ihrer Mitglieder – wenn sie an einem Strang zieht. Die verschiedenen Temperamente und Fähigkeiten unter einen Hut zu bringen und sie sinnvoll einzubinden, ist die wichtigste Grundlage erfolgreichen *Teamworks*. Gelingt das nicht, hat man anstelle von *Teamplayern* am Ende nur einen versprengten Haufen von Einzelgängern.

1. Teamarbeit ist nur dann sinnvoll, wenn man mit guten Leuten zusammenarbeitet.

   ☹ 5 4 3 2 1 ☺   Ihr Wert: [   ]

2. Die Kooperation mit anderen Menschen motiviert mich.

   ☹ 1 2 3 4 5 ☺   Ihr Wert: [   ]

3. Ich arbeite gern alleine, so habe ich die beste Kontrolle über das Ergebnis.

   ☹ 5 4 3 2 1 ☺   Ihr Wert: [   ]

4. Teamarbeit setzt voraus, Kompromisse eingehen zu können.

   ☹ 1 2 3 4 5 ☺   Ihr Wert: [   ]

5. Viele meiner Freunde und Bekannten fragen mich um Unterstützung. Ich helfe oft und gerne.

   ☹ 1 2 3 4 5 ☺   Ihr Wert: [   ]

6. Meistens sind meine Vorschläge die Besten, da ich gut organisiert bin.

   ☹ 5 4 3 2 1 ☺   Ihr Wert: [   ]

7. Ich ärgere mich nicht, wenn sich andere mit ihren Vorschlägen durchsetzen.

   ☹ 1 2 3 4 5 ☺   Ihr Wert: [   ]

8. In Gruppendiskussionen bringe ich mich besonders stark ein und stehe meist im Mittelpunkt.

   ☹ 5 4 3 2 1 ☺   Ihr Wert: [   ]

9. Die Zusammenarbeit mit anderen ist meist anstrengend.

   ☹ 5 4 3 2 1 ☺   Ihr Wert: [   ]

10. Ich habe keine Angst davor, dass andere mich nicht mögen.

    ☹ 1 2 3 4 5 ☺   Ihr Wert: [   ]

Gesamtwert Teamfähigkeit: [   ]

Konfliktfähigkeit

Meinungsverschiedenheiten sind im Berufsleben nichts Seltenes. Und auch nichts besonders Schlimmes: Denn dadurch kommen existierende Probleme offen auf den Tisch, was vernünftige und langfristig tragfähige Lösungen ermöglicht. Im Streifendienst stehen die Konflikte anderer Leute auf der Tagesordnung – die gilt es ruhig, aber entschieden zu schlichten.

1. **Wenn ein Team gut funktioniert, gibt es keine Konflikte.**

   ☹   5   4   3   2   1   ☺   Ihr Wert: [   ]

2. **Wenn jemand mich kritisiert, dann kritisiere ich ihn auch.**

   ☹   5   4   3   2   1   ☺   Ihr Wert: [   ]

3. **Ich gerate selten in Konfliktsituationen.**

   ☹   5   4   3   2   1   ☺   Ihr Wert: [   ]

4. **Wenn Bekannte sich in Angelegenheiten einmischen, die sie nichts angehen, ziehe ich mich zurück und meide den Kontakt mit ihnen.**

   ☹   5   4   3   2   1   ☺   Ihr Wert: [   ]

5. **Probleme löst man nie dadurch, dass man sie unter den Teppich kehrt.**

   ☹   1   2   3   4   5   ☺   Ihr Wert: [   ]

6. **Wenn ich kritisiert werde, überlege ich zuerst, ob das stimmt.**

   ☹   1   2   3   4   5   ☺   Ihr Wert: [   ]

7. **Mein Nachbar ist gereizt und schreit mich lautstark an. Ich gehe ruhig in meine Wohnung und denke mir meinen Teil.**

   ☹   5   4   3   2   1   ☺   Ihr Wert: [   ]

8. **Wenn mir zu Hause etwas nicht passt, dann mache ich da keinen Hehl draus.**

   ☹   1   2   3   4   5   ☺   Ihr Wert: [   ]

9. **„Der Klügere gibt nach" – diesen Spruch habe ich nie verstanden.**

   ☹   1   2   3   4   5   ☺   Ihr Wert: [   ]

10. **Meinungsverschiedenheiten können produktiv sein.**

    ☹   1   2   3   4   5   ☺   Ihr Wert: [   ]

Gesamtwert Konfliktfähigkeit: [   ]

Durchsetzungsfähigkeit

Sturheit, Rücksichtslosigkeit, Ellbogenmentalität – im Extremfall wird aus Durchsetzungsvermögen blanker Egoismus. Ohne die Fähigkeit, sich zu behaupten, käme man andererseits auch nicht weit, träfe nach endlosen Auseinandersetzungen trotzdem keine Entscheidung. Und im Außendienst würden sich vor allem Straftäter über die vornehme Zurückhaltung der Staatsgewalt freuen, im Gegensatz zu den hilfesuchenden Bürgern.

1. Wenn ich mir ein Ziel in den Kopf gesetzt habe, versuche ich es mit allen Mitteln zu erreichen.

    ☹   **1**   **2**   **3**   **4**   **5**   ☺   Ihr Wert:

2. Wenn mir das Essen nicht schmeckt, reklamiere ich das sofort und frage nach Alternativen.

    ☹   **1**   **2**   **3**   **4**   **5**   ☺   Ihr Wert:

3. Ich lasse mich von gelegentlichen Misserfolgen nicht entmutigen.

    ☹   **1**   **2**   **3**   **4**   **5**   ☺   Ihr Wert:

4. Ich habe mir schon oft Ziele gesetzt und sie nicht erreicht.

    ☹   **5**   **4**   **3**   **2**   **1**   ☺   Ihr Wert:

5. Ich entschuldige mich häufig für Sachen, die gar nicht mein Fehler sind.

    ☹   **5**   **4**   **3**   **2**   **1**   ☺   Ihr Wert:

6. Mir egal, wie viele Gegenmeinungen es gibt – ich werde die Kritiker überzeugen.

    ☹   **1**   **2**   **3**   **4**   **5**   ☺   Ihr Wert:

7. Wenn man mit höher gestellten Personen spricht, sollte man Meinungsverschiedenheiten lieber unter den Teppich kehren.

    ☹   **5**   **4**   **3**   **2**   **1**   ☺   Ihr Wert:

8. Viele behaupten, ich sei ein sturer Dickkopf. Mir macht das nichts aus.

    ☹   **1**   **2**   **3**   **4**   **5**   ☺   Ihr Wert:

9. Durch Kompromisse kommt man eher ans Ziel als mit der „Kopf durch die Wand"-Methode.

    ☹   **5**   **4**   **3**   **2**   **1**   ☺   Ihr Wert:

10. Eine gute, harmonische Arbeitsatmosphäre ist sehr wichtig.

    ☹   **5**   **4**   **3**   **2**   **1**   ☺   Ihr Wert:

Gesamtwert Durchsetzungsfähigkeit:

Gewissenhaftigkeit

Gewissenhaftigkeit hat viele Namen: zum Beispiel Ordnung, Disziplin, Pünktlichkeit und Pflichtbewusstsein. Mit zuverlässigen, aufrechten Menschen arbeitet man gerne zusammen. Aber auch die Gewissenhaftigkeit hat ihre Schattenseiten: Manchmal ist eben Spontaneität gefragt, das schnelle Umschalten auf andere Methoden, das Ausweichen zu alternativen Lösungswegen. Penible Perfektionisten, die jeden Schritt im Voraus planen, haben es dann schwer.

1. Es kommt oft vor, das ich eine Sache nicht zu Ende bringe, da ständig etwas dazwischen kommt.

    ☹   5   4   3   2   1   ☺   Ihr Wert: _____

2. Dinge zu planen und organisieren ist die Voraussetzung dafür, dass alles richtig funktioniert.

    ☹   1   2   3   4   5   ☺   Ihr Wert: _____

3. Ich halte meine Termine immer ein, egal was passiert.

    ☹   1   2   3   4   5   ☺   Ihr Wert: _____

4. Wenn ich an einem Problem fest hänge, dann nehme ich eine andere Aufgabe in Angriff.

    ☹   5   4   3   2   1   ☺   Ihr Wert: _____

5. Ich versuche immer, Aufgaben perfekt zu lösen – selbst wenn es etwas länger dauert.

    ☹   1   2   3   4   5   ☺   Ihr Wert: _____

6. Ich denke auch in der Freizeit oft an die Arbeit, kann nur schwer abschalten.

    ☹   1   2   3   4   5   ☺   Ihr Wert: _____

7. In kreativem Durcheinander kann ich gut arbeiten.

    ☹   5   4   3   2   1   ☺   Ihr Wert: _____

8. Meine Freunde schätzen an mir, dass ich so zuverlässig bin.

    ☹   1   2   3   4   5   ☺   Ihr Wert: _____

9. Es kommt öfter vor, dass ich Sachen verlege und dann vergesse, wo sie sind.

    ☹   5   4   3   2   1   ☺   Ihr Wert: _____

10. Es macht mir gar nichts aus, von einem Plan abzuweichen.

    ☹   5   4   3   2   1   ☺   Ihr Wert: _____

Gesamtwert Gewissenhaftigkeit: _____

Belastbarkeit

Ohne physische und psychische Belastbarkeit ist der Polizeialltag kaum durchzustehen. Körperliche und geistige Stabilität sind Grundvoraussetzungen, um im täglichen Dienststress die Nerven zu behalten und gefährliche Situationen mit kühlem Kopf zu bewältigen. Nur wer belastbar ist, bleibt auf Dauer leistungsfähig – ansonsten drohen Ärger und Frustration.

1. Wenn auf der Arbeit viel los ist, schlafe ich immer schlecht ein.

    ☹   5   4   3   2   1   ☺   Ihr Wert: [   ]

2. Ich treibe regelmäßig Sport.

    ☹   1   2   3   4   5   ☺   Ihr Wert: [   ]

3. Prüfungssituationen sind mir unangenehm, auch wenn ich das nötige Wissen habe.

    ☹   5   4   3   2   1   ☺   Ihr Wert: [   ]

4. Wenn es sein musste, habe ich für Klassenarbeiten auch bis spät in die Nacht gelernt.

    ☹   1   2   3   4   5   ☺   Ihr Wert: [   ]

5. Der Mensch ist nur dann glücklich, wenn er genügend Freizeit hat.

    ☹   5   4   3   2   1   ☺   Ihr Wert: [   ]

6. Es dauert, so lange es dauert: Für einen wichtigen Auftrag muss man seinen persönlichen Kalender entsprechend einrichten.

    ☹   1   2   3   4   5   ☺   Ihr Wert: [   ]

7. Ich arbeite Aufgaben konzentriert nacheinander ab. Wenn etwas dazwischen kommt, schiebe ich das erst mal auf die lange Bank.

    ☹   5   4   3   2   1   ☺   Ihr Wert: [   ]

8. Von der Gereiztheit anderer lasse ich mich schnell anstecken.

    ☹   5   4   3   2   1   ☺   Ihr Wert: [   ]

9. Um meine Zukunft mache ich mir keine Sorgen.

    ☹   1   2   3   4   5   ☺   Ihr Wert: [   ]

10. Körperliche Anstrengungen stecke ich problemlos weg.

    ☹   1   2   3   4   5   ☺   Ihr Wert: [   ]

Gesamtwert Belastbarkeit: [   ]

Flexibilität

Von der Verbrecherjagd über die Verkehrskontrolle bis hin zur verwirrten alten Dame: Der stereotype Schema F-Dienst ist bei der Polizei die Ausnahme. Polizeibeamte müssen sich schnell an unterschiedliche Situationen mit verschiedenen Anforderungen anpassen, die orientierungslose Seniorin verlangt nach anderen Maßnahmen als der flüchtige Räuber. Jeder Einsatz ist anders, dazu braucht man Flexibilität.

1. **Ich mag es, wenn Arbeitsabläufe sich wiederholen.**

   ☹   5   4   3   2   1   ☺   Ihr Wert:

2. **Mein Büro wird zu klein. Ich rücke meinen Schreibtisch einfach von der Wand in die Mitte des Raumes, um dadurch Platz zu gewinnen.**

   ☹   1   2   3   4   5   ☺   Ihr Wert:

3. **Beständigkeit ist wichtiger, als immer mit dem Trend zu gehen.**

   ☹   5   4   3   2   1   ☺   Ihr Wert:

4. **Ich überlege häufig, wie ich eine Aufgabe mit neuen Methoden und Techniken besser bewältigen kann.**

   ☹   1   2   3   4   5   ☺   Ihr Wert:

5. **Auf Veränderungen muss man so schnell wie möglich reagieren.**

   ☹   1   2   3   4   5   ☺   Ihr Wert:

6. **Besser eine Sache gut machen, als viele Dinge solala erledigen.**

   ☹   5   4   3   2   1   ☺   Ihr Wert:

7. **Wenn alles so läuft wie immer, wird mir schnell langweilig.**

   ☹   1   2   3   4   5   ☺   Ihr Wert:

8. **Wer viele unterschiedliche Felder beackert, weiß nicht, was er will.**

   ☹   5   4   3   2   1   ☺   Ihr Wert:

9. **Um böse Überraschungen zu vermeiden, plane ich gerne alles bis ins Detail.**

   ☹   5   4   3   2   1   ☺   Ihr Wert:

10. **Mehrere Wege führen zum Ziel. Man muss sich nicht auf einen festlegen.**

   ☹   1   2   3   4   5   ☺   Ihr Wert:

Gesamtwert Flexibilität:

Motivation

Motivation bedeutet, sich selbstständig einzubringen, ohne dass es jemand explizit verlangt. Wer motiviert ist, zeigt Eigeninitiative, entwickelt neue Ideen, reißt andere mit und übernimmt Verantwortung. Das sieht jeder Arbeitgeber gerne – solange es nicht in hektischen Aktionismus mündet. Unmotiviertheit auf der anderen Seite signalisiert Desinteresse, Faulheit und Bequemlichkeit.

1. **Bei der Wahl meines Arbeitsplatzes achte ich vor allem auf Sicherheit und eine gute Bezahlung.**

   ☹   5   4   3   2   1   ☺   Ihr Wert:

2. **Ich arbeite nicht gerne an Projekten, deren Früchte ich erst im Nachhinein ernte.**

   ☹   5   4   3   2   1   ☺   Ihr Wert:

3. **Durch Fleiß und Einsatzbereitschaft habe ich schon oft andere hinter mir gelassen, die es eigentlich leichter hatten als ich.**

   ☹   1   2   3   4   5   ☺   Ihr Wert:

4. **Ich denke nicht gerne über Dinge nach, für die keine Notwendigkeit besteht.**

   ☹   5   4   3   2   1   ☺   Ihr Wert:

5. **In meinem Freundeskreis bin meist ich es, der Treffen organisiert und Partys veranstaltet.**

   ☹   1   2   3   4   5   ☺   Ihr Wert:

6. **Es kommt auf jeden Einzelnen an, wenn eine Gesellschaft funktionieren soll.**

   ☹   1   2   3   4   5   ☺   Ihr Wert:

7. **Ich warte lieber ab, wie eine Sache sich entwickelt, bevor ich überhastet eingreife.**

   ☹   5   4   3   2   1   ☺   Ihr Wert:

8. **Andere Menschen von etwas zu überzeugen, liegt mir nicht so.**

   ☹   5   4   3   2   1   ☺   Ihr Wert:

9. **Ich übernehme gerne Verantwortung, auch bei schwierigen Entscheidungen.**

   ☹   1   2   3   4   5   ☺   Ihr Wert:

10. **Ich bin bekannt dafür, dass ich immer den ersten Schritt mache.**

    ☹   1   2   3   4   5   ☺   Ihr Wert:

Gesamtwert Motivation:

Einfühlungsvermögen

Ein wichtiger Aspekt der sozialen Intelligenz: nachvollziehen zu können, was andere gerade fühlen oder meinen. Denn die gleiche Sprache zu sprechen, heißt noch nicht, einander wirklich zu verstehen. Nur wer sich in die Situation seines Gegenübers hineinversetzen und dessen Stimmung richtig einschätzen kann, ist in der Lage, angemessen und zielgerichtet zu handeln.

1. Wenn es Freunden schlecht geht, merke ich das sofort, auch wenn sie es nicht sagen.

    ☹   1   2   3   4   5   ☺   Ihr Wert: ____

2. In schwierigen Situationen tappe ich nie in Fettnäpfchen.

    ☹   1   2   3   4   5   ☺   Ihr Wert: ____

3. Man muss nicht das Privatleben seiner Kollegen kennen, um mit ihnen gut arbeiten zu können.

    ☹   5   4   3   2   1   ☺   Ihr Wert: ____

4. Professionalität heißt, auf Emotionen keine Rücksicht zu nehmen.

    ☹   5   4   3   2   1   ☺   Ihr Wert: ____

5. Ich nehme die Dinge, wie sie kommen. Wieso sollte ich lange darüber nachdenken, wer warum wie entschieden hat?

    ☹   5   4   3   2   1   ☺   Ihr Wert: ____

6. Ich ärgere mich oft über Leute, die mich einfach nicht verstehen.

    ☹   5   4   3   2   1   ☺   Ihr Wert: ____

7. Die Sorgen und Probleme anderer gehen mir oft ziemlich nahe.

    ☹   1   2   3   4   5   ☺   Ihr Wert: ____

8. Bevor man sich ein Urteil bildet, sollte man sich immer fragen, was man selbst in so einer Lage getan hätte.

    ☹   1   2   3   4   5   ☺   Ihr Wert: ____

9. Wenn jemand etwas Peinliches sagt, gelingt es mir oft, die Situation zu retten.

    ☹   1   2   3   4   5   ☺   Ihr Wert: ____

10. Häufig weiß ich nicht, welche Erwartungen andere an mich haben.

    ☹   5   4   3   2   1   ☺   Ihr Wert: ____

Gesamtwert Einfühlungsvermögen: ____

Auswertung

Kontaktfähigkeit

mehr als 40 Punkte: Sie sind extrem kontaktfreudig und gewinnen die Sympathien schnell für sich. Passen Sie aber auf, nicht zu offen, leutselig und geschwätzig zu erscheinen. Schließlich erfordert der Polizeiberuf auch Vertrauen und Verantwortungsbewusstsein.

25-40 Punkte: Sie können von sich aus auf andere Menschen zugehen und finden zu ihnen in der Regel einen guten Draht. Dabei sind Sie angenehm unaufdringlich. Bleiben Sie am Ball und lassen Sie sich nicht ins Abseits drängen, so sammeln Sie jede Menge Pluspunkte.

weniger als 25 Punkte: Auch wenn es Überwindung kosten kann, Kontakte zu knüpfen: Mit zu viel Zurückhaltung findet man in neuen Umgebungen nur sehr langsam Anschluss. Das macht es schwer, sich produktiv ins Team einzubringen und in der Öffentlichkeit sicher aufzutreten. Die Polizei braucht Beamte, die souverän agieren und gut mit Menschen umgehen können.

Teamfähigkeit

mehr als 40 Punkte: Sie sind das Musterbeispiel eines Mannschaftsspielers. In der Kooperation mit anderen blühen Sie auf, nehmen dabei die eigenen Interessen auch gerne mal zurück. Solange Ihre Selbstständigkeit darunter nicht leidet, sind Sie auf einem guten Weg.

25-40 Punkte: Eigensinn und Teamgeist halten sich bei Ihnen die Waage. Damit sind Sie in jeder Gruppe gerne gesehen. Es gelingt Ihnen, Teil des Teams zu sein, ohne an Profil zu verlieren. Manchmal sollten Sie Ihre Eigeninteressen etwas mehr zurückstellen, um die Gruppendynamik zu stärken.

weniger als 25 Punkte: Sie spielen lieber Golf als Fußball, richtig? Die Kooperation mit anderen jedenfalls liegt Ihnen anscheinend nicht so gut. Denken Sie daran: Sie sind Teil eines großen Orchesters, das nur dann gut klingt, wenn alle harmonieren. Nehmen Sie Ihre Kollegen ernst, hören Sie ihnen zu und bringen Sie sich ein – davon profitieren alle.

Konfliktfähigkeit

mehr als 40 Punkte: Sie weichen keinem Konflikt aus und sprechen schonungslos an, was Ihnen nicht gefällt. Gut so – wenn Sie das vernünftig, selbstkritisch und zielgerichtet tun. Sonst können Sie eventuell als streitsüchtiger Zeitgenosse gelten, der aus jeder Mücke einen Elefanten macht.

25-40 Punkte: Probleme sind dazu da, um gelöst zu werden – das könnte Ihr Motto sein. Obwohl Ihnen Harmonie wichtig ist, reden Sie auch mal Tacheles und tragen so dazu bei, strittige Situationen konstruktiv und sachlich zu lösen.

weniger als 25 Punkte: Meinungsverschiedenheiten gehen Sie gerne aus dem Weg, Ärger schlucken Sie am liebsten herunter. Wenn hinter der heilen Fassade in Wahrheit tiefe Gräben klaffen, hilft das weder der Gesundheit noch Ihrer Arbeitsleistung. Sehen Sie Konflikte als Chance, Sachfragen zu klären und den eigenen Standpunkt weiterzuentwickeln.

Durchsetzungsfähigkeit

mehr als 40 Punkte: Wo ein Wille ist, da ist für Sie auch ein Weg. Sie haben ein stabiles Rückgrat und bleiben sich auch dann treu, wenn es Widerstände gibt. Den schmalen Grat zur Rücksichtslosigkeit sollten Sie dabei nicht überschreiten.

25-40 Punkte: Wenn es nötig ist, sprechen Sie auch mal ein Machtwort. Doch Sie wissen, dass man mit Kompromissen manchmal mehr erreicht. Damit kommen Sie bei Mitarbeitern und Bürgern gut an, ohne sich die Butter vom Brot nehmen zu lassen.

weniger als 25 Punkte: Kooperation und Teambewusstsein müssen niemanden in die Selbstaufgabe treiben. Stellen Sie Ihr Ego nicht hinten an und treten sie entschlossener für das ein, was Sie für richtig halten. Das fördert die Zufriedenheit im Beruf, und im Streifendienst gibt es dazu keine Alternative.

Gewissenhaftigkeit

mehr als 40 Punkte: Auf Sie kann man sich wirklich verlassen. Wer mit Ihnen etwas abspricht, muss keine Bedenken haben, und Sie wissen genau, welche Dienstvorschrift wann wie anzuwenden ist. Was aber, wenn plötzliche Veränderungen flexible Reaktionen erfordern?

25-40 Punkte: Sie halten sich an Absprachen und arbeiten verlässlich, ohne gleich ein Erbsenzähler zu sein. Sie haben es gern, wenn alles seinen gewohnten Gang geht, kommen aber nicht ins Straucheln, wenn etwas Unvorhergesehenes geschieht.

weniger als 25 Punkte: Termine, Ordnung, Disziplin – all das steht bei Ihnen eher im Hintergrund. Sie brauchen die Abwechslung und lassen es gerne locker angehen. Das erschwert mitunter die Zusammenarbeit. Zuverlässigkeit zählt zu den Kernkompetenzen eines Polizisten und setzt nur eines voraus: sich an gegebene Strukturen zu halten.

Belastbarkeit

mehr als 40 Punkte: Auch unter hohem Druck arbeiten Sie nüchtern und rational. Dass Sie so schnell nichts umhaut, wissen Ihre Kollegen und Vorgesetzten sehr zu schätzen. In einer stürmischen Brandung sind Sie ein fester Fels – aber kennen hoffentlich auch Ihre eigenen Grenzen.

25-40 Punkte: Sie vertrauen auf Ihre Fähigkeiten und erreichen auch unter ungünstigen Bedingungen gute Ergebnisse. Herausforderungen nehmen Sie gelegentlich mit Bedenken an, weil Sie wissen, was Ihnen bevorsteht. Gehen Sie Anstrengungen nicht aus dem Weg, doch schätzen Sie Ihr Leistungsvermögen realistisch ein.

weniger als 25 Punkte: Als Polizist müssen Sie auch unter hoher Anspannung eine Situation jederzeit im Griff haben. Unter Umständen hängt die Gesundheit oder das Leben anderer davon ab. Daher gilt es, auch unter Anspannung konzentriert zu bleiben, den Überblick zu behalten und nicht emotional oder hektisch zu reagieren.

Flexibilität

mehr als 40 Punkte: Ihnen macht es nichts aus, wenn sich eine Vorschrift ändert, wenn neue PC-Software eingeführt wird oder wenn man Sie von einer Radarkontrolle plötzlich zu einem Verkehrsunfall beordert. Aber Hand aufs Herz: Können Sie auch stereotype Aufträge zuverlässig und akkurat abarbeiten?

25-40 Punkte: Sie verbinden Disziplin und Ordnungssinn mit der Fähigkeit, sich rasch auf neue Gegebenheiten einzustellen. Das macht Sie zu einem gefragten Mitarbeiter, der sich in schwierigen Situationen meist zu helfen weiß und dabei die einschlägigen Vorgaben beachtet.

weniger als 25 Punkte: Was Sie gewohnt sind, daran halten Sie fest. Sie sind eher der gewissenhafte Typ, der seine Arbeit gerne vollständig überblickt und von A bis Z durchorganisiert. Doch es gibt insbesondere bei der Polizei nicht für alles eine perfekte Vorbereitung, hin und wieder ist einfach Fingerspitzengefühl gefragt.

Motivation

mehr als 40 Punkte: Dienst nach Vorschrift ist Ihnen zu wenig. Sie entwickeln eigenständig Ideen, übernehmen gerne die Initiative, handeln entschlossen und schrecken vor Verantwortung nicht zurück. Sie sind Polizist aus Überzeugung, und das merkt man Ihnen an. Behalten Sie in Ihrer Aktivität stets ein klares Ziel vor Augen.

25-40 Punkte: Wenn es etwas zu tun gibt, erledigen Sie das schnell und zuverlässig. Schwerer fällt es Ihnen, von alleine Verantwortung zu übernehmen. Trauen Sie sich mehr zu, dann sind Kollegen und Vorgesetzte noch zufriedener.

weniger als 25 Punkte: Wer ohne klare Ansagen schwer auf Trab kommt, sorgt für Verunsicherung: Macht die Arbeit keinen Spaß, werden die Aufgaben und Ziele nicht als sinnvoll angesehen, stimmt die Atmosphäre im Team nicht? Überzeugen Sie Ihre Kritiker durch Leistung.

Einfühlungsvermögen

mehr als 40 Punkte: Sie wissen genau, was in Ihren Mitmenschen vorgeht. Im Kollegenkreis treffen Sie daher stets den richtigen Ton, und ein hilfesuchender Bürger kann sich bei Ihnen glücklich schätzen. Ihr Mitgefühl macht es Ihnen aber manchmal schwer, sich durchzusetzen.

25-40 Punkte: Die Welt mit den Augen eines anderen zu sehen, ist für Sie mitunter nicht leicht. Trotzdem können Sie nachvollziehen, dass Menschen stimmungsabhängig sind, und nehmen Rücksicht auf individuelle Befindlichkeiten.

weniger als 25 Punkte: Besonders sensibel sind Sie anscheinend nicht – positiv ausgedrückt, Sie sind psychisch ungeheuer belastbar. Doch vergessen Sie nicht: Der Ton macht die Musik. Respektieren Sie die persönliche Stimmungslage anderer Menschen, das erleichtert nicht zuletzt auch Ihnen selbst das Leben.

Persönlichkeitstest

Im Fall der Fälle …

Im Dienstalltag kommt es auf das Zusammenspiel verschiedener Fähigkeiten in komplexen Situationen an. Um das nachzuvollziehen, können die Prüfer Sie mit realitätsnahen Beispielen konfrontieren, die nicht immer leicht zu durchschauen sind.

Mit welchem Verhalten können Sie sich wie stark identifizieren? Kreuzen Sie Ihren Standpunkt auf einer Skala von ☹ („kann mich überhaupt nicht identifizieren") bis ☺ („kann mich voll und ganz identifizieren") an. Das Gesamtergebnis erhalten Sie, indem Sie positive (+) Zahlen addieren und negative (–) Zahlen subtrahieren. Rechnen Sie die Punktwerte aller drei Fälle zusammen. Die Auswertung finden Sie am Ende dieses Abschnitts.

Fall 1: Sie halten mit Ihrem Kollegen zusammen ein Fahrzeug an. Es stellt sich heraus, dass es sich bei dem Fahrer um Ihren Nachbarn handelt, mit dem Sie sich gar nicht verstehen.

Wie reagieren Sie?

1. Ich setze mich in den Streifenwagen und lasse meinen Kollegen den Fall klären.

   ☹ +3 +2 +1 0 –1 –2 –3 ☺   Ihr Wert: ☐

2. Ich nehme mich der Sache pragmatisch und ruhig selbst an, wohl wissend, dass der Ärger nicht ausbleiben wird.

   ☹ –3 –2 –1 0 +1 +2 +3 ☺   Ihr Wert: ☐

3. Ich lasse den Nachbarn weiterfahren, um Streitigkeiten zu vermeiden.

   ☹ +3 +2 +1 0 –1 –2 –3 ☺   Ihr Wert: ☐

4. Ich erkläre meinem Kollegen den Sachverhalt, bitte ihn, die Führungsrolle zu übernehmen und sichere ihn von einer zurückgezogenen Position.

   ☹ +3 +2 +1 0 –1 –2 –3 ☺   Ihr Wert: ☐

5. Ich zeige meinem Nachbarn, wer von uns beiden die Staatsgewalt vertritt, und fordere Ihn auf, die Mängel an seinem Fahrzeug unverzüglich zu reparieren.

   ☹ +3 +2 +1 0 –1 –2 –3 ☺   Ihr Wert: ☐

   Gesamtwert Fall 1: ☐

Fall 2: Ihr Kollege möchte mit Ihnen den Dienst tauschen, Sie aber eigentlich nicht.
Wie reagieren Sie?

1. Ich akzeptiere den Vorschlag des Kollegen ohne Widerworte.

☹   +3   +2   +1   0   −1   −2   −3   ☺   Ihr Wert:

2. Ich überlege mir, wie ich den Vorschlag des Kollegen am besten ablehne, ohne ihn dabei zu kränken.

☹   −3   −2   −1   0   +1   +2   +3   ☺   Ihr Wert:

3. Ich halte ihn erst einmal hin. Vielleicht findet sich ein anderer, der ihn vertritt.

☹   +3   +2   +1   0   −1   −2   −3   ☺   Ihr Wert:

4. Ich erkläre ihm, warum ich an diesem Tag seinen Dienst nicht übernehmen kann.

☹   −3   −2   −1   0   +1   +2   +3   ☺   Ihr Wert:

5. Ich lehne seinen Vorschlag entschlossen ab. Wozu sind Dienstpläne da?

☹   +3   +2   +1   0   −1   −2   −3   ☺   Ihr Wert:

Gesamtwert Fall 2:

Fall 3: Bei einer ausländischen Familie wird eine tote Person aufgefunden. Im Haus treffen Sie auf die tränenüberströmte Mutter und den Sohn der Familie, der Ihnen erklärt, dass Sie die Mutter aus kulturellen Gründen nicht befragen können.
Wie reagieren Sie?

1. Ich respektiere die Kultur und werde die Mutter selbstverständlich nicht befragen, wenn es von der Familie so gewünscht wird.

☹   +3   +2   +1   0   −1   −2   −3   ☺   Ihr Wert:

2. Ich bitte die Leitstelle, mir eine Beamtin aus demselben Kulturkreis zu schicken, die die kulturellen Hintergründe kennt und vielleicht eher mit der Mutter sprechen darf.

☹   +3   +2   +1   0   −1   −2   −3   ☺   Ihr Wert:

3. Ich versuche den Sohn davon zu überzeugen, doch mit der Mutter reden zu dürfen.

☹   +3   +2   +1   0   −1   −2   −3   ☺   Ihr Wert:

4. Ich erkläre, warum ich in diesem Fall auf kulturelle Besonderheiten keine Rücksicht nehmen kann, und bitte die Mutter zu einem Gespräch.

☹   −3   −2   −1   0   +1   +2   +3   ☺   Ihr Wert:

5. Ich überhöre, was der Sohn sagt, und wende mich kommentarlos direkt an die Mutter.

☹   +3   +2   +1   0   −1   −2   −3   ☺   Ihr Wert:

Gesamtwert Fall 3:

Auswertung

Alle drei Fälle haben eines gemeinsam: Sie stellen vor allem Ihre Konfliktfähigkeit, Ihr Durchsetzungs- und Ihr Einfühlungsvermögen auf die Probe.

In **Fall 1** geht es darum, der dienstlichen Verantwortung nicht aus persönlichen Gründen auszuweichen. Ihr Nachbar ist in dieser Situation ein Verkehrsteilnehmer wie jeder andere auch, und Sie sind ein ganz „normaler" Beamter. Dementsprechend verhalten Sie sich richtig, wenn Sie sich genauso verhalten wie sonst: nüchtern und sachlich lassen Sie sich die Papiere Ihres Nachbarn zeigen.

Fall 2 bringt zusätzlich den Faktor Flexibilität ins Spiel – der hier allerdings nicht positiv belegt ist. Wer zu allem Ja und Amen sagt, auch wenn es ihm nicht passt, ist nicht konflikt- geschweige denn durchsetzungsfähig. Dank Ihres Einfühlungsvermögens können Sie den Wunsch des Kollegen aber nachvollziehen. Um ihn nicht zu kränken, erklären Sie ihm Ihre Haltung und lehnen höflich ab.

Das **dritte Beispiel** schließlich erfordert besonderes Fingerspitzengefühl. Natürlich sind Sie als Beamter allein Recht und Gesetz verpflichtet, und nicht irgendwelchen kulturellen Geboten. Dennoch ist etwas Rücksicht angebracht. Rüpelhaftes Vorgehen macht die Verständigung mit Mutter und Sohn nicht einfacher. Daher gehen Sie auf die Empfindungen der Angehörigen ein, machen aber unmissverständlich klar, dass Sie die Mutter befragen müssen.

Ein gutes Ergebnis erreichen Sie mit einem Wert zwischen **25 und 35 Punkten**. Ein Wert von **mehr als 35 Punkten** kann schnell unglaubwürdig wirken. Denken Sie daran, dass Sie mit Ihren Angaben und Aussagen an anderer Stelle wieder konfrontiert werden können. Unrealistisch hohe Werte, die sich nicht mit Ihrem Gesamteindruck decken, wecken bei den Prüfern Skepsis. Niemand ist perfekt. Werte weit unter 25 Punkte können Ihnen als nicht konflikt- und durchsetzungsfähig ausgelegt werden – eine Eigenschaft, über die ein Polizist verfügen sollte.

Der Wiener Test

Computergestützte Testverfahren gehören zu den festen Standards der Einstellungs-Auswahlverfahren (EAV) aller Länderpolizeien. Sie werden meist am ersten Auswahltag durchgeführt und können je nach Bundesland unterschiedlich ausfallen. Grundsätzlich lassen sich jedoch zwei Testtypen klar voneinander trennen: Beim obligatorischen Eingangstest werden per PC sprachliche, analytische und mathematische Fähigkeiten sowie soziale Kompetenzen geprüft; der zweite Test läuft dagegen grundsätzlich anders ab und wird auch getrennt vom Eingangstest durchgeführt – die Rede ist vom berüchtigten Wiener Test. Dieses in Österreich entwickelte Testverfahren gibt es aber nicht in allen Bundesländern. Unter anderem in Hessen wird stattdessen der „normale" computergestützte Eingangstest durch umfangreiche Konzentrationsaufgaben erweitert.

Wo allerdings der Wiener Test Bestandteil des EAV ist, dort ranken sich einige Gerüchte um ihn – nicht zuletzt deshalb, weil nur wenige wissen, was dabei wirklich auf sie zukommt. So viel stimmt: Der Test ist kein „gewöhnlicher" Computertest, sondern ein eigens entwickeltes Verfahren mit speziellen Eingabegeräten und Aufgabentypen. Auch der ein oder andere Verkehrssünder macht mit ihm Bekanntschaft, denn bei der Medizinisch-Psychologischen Untersuchung zur Überprüfung der Führerscheintauglichkeit wird er in ähnlicher Form eingesetzt wie beim EAV der Polizei. Der Wiener Test stammt aus der psychologischen Diagnostik und legt es vor allem darauf an, Sie ordentlich unter Stress zu setzen. Auf dem Prüfstand stehen hier weniger erlerntes Wissen oder fachliche Kompetenzen, sondern Reaktionsgeschwindigkeit, Aufmerksamkeit und Konzentrationsfähigkeit unter hohem Zeitdruck. Für viele Bewerber stellt der Wiener Test eine echte Herausforderung dar, doch mit etwas Übung und klarem Kopf ist er relativ leicht zu bewältigen. Die oberste Devise lautet: nicht aus der Ruhe bringen lassen, konzentriert bleiben und sauber arbeiten. Vergessen Sie nicht, dass der Test so konzipiert ist, dass selbst die hellsten und schnellsten Köpfe im vorgegebenen Zeitlimit kaum alle Aufgaben schaffen.

¬ Der Wiener Test prüft Aufmerksamkeit, Reaktionsgeschwindigkeit und Konzentrationsfähigkeit unter Zeitdruck.

¬ Verzweifeln Sie nicht, wenn Sie nicht alle Aufgaben im vorgegebenen Zeitfenster lösen – das kann kaum jemand.

Ablauf

Dass der Wiener Test mit dem computergestützten Eingangstest wenig zu tun hat, merken Sie spätestens dann, wenn Sie zu Ihrem Monitor kommen. Anstelle einer PC-Tastatur erwartet Sie ein Bedienpult mit zehn durchnummerierten schwarzen Tasten und mehreren (üblicherweise sieben) verschiedenfarbigen Knöpfen. Als ob das nicht genug wäre, sind zusätzlich zwei Fußpedale angeschlossen. Schließlich werden Sie auch noch gebeten, Ihren Kopfhörer anzuziehen. Und jetzt?

Lassen Sie sich von dem komplizierten Aufbau dieser Apparatur nicht nervös machen – eine gewisse gezielte Verunsicherung gehört zum Konzept des Tests und ist nicht „Ihr Fehler". Das Gerät ist für jeden neu; nun kommt es darauf an, wie Sie mit dieser ungewohnten Situation umgehen. Dabei sind all die Tasten, Knöpfe und Pedale letztlich auch nichts anderes als Eingabegeräte wie eine Maus oder Tastatur, mit denen Sie auf das, was auf dem Monitor gezeigt wird, in einer bestimmten Weise reagieren müssen. Und nur selten müssen Sie sie auch wirklich alle gleichzeitig bedienen.

Der Wiener Test besteht aus mehreren Aufgabenteilen. Typische Aufgabenstellungen sind zum Beispiel:

¬ Verkehrssituationen beurteilen: Für einen kurzen Augenblick (ca. 1 Sekunde) wird Ihnen eine Szene aus dem Straßenverkehr gezeigt, die Sie anschließend beurteilen müssen: Wer hat Vorfahrt? Wer verhält sich falsch? Welche Verkehrsteilnehmer sind zu sehen?

¬ Linien verfolgen: Folgen Sie in einem Gewirr aus Linien einer bestimmten Linie mit den Augen und geben Sie die Zahl ein, zu der diese Linie führt.

¬ Reaktionstest: Ihr Finger liegt auf einer Ruhetaste. Auf dem Monitor werden verschiedene Symbole einge-blendet, dazu erklingen unterschiedliche Töne über den Kopfhörer. Lassen Sie bei einer bestimmten Ton/Symbol-Kombination die Ruhetaste los und drücken Sie eine andere Taste – die Reaktionszeit wird gemessen.

¬ Symbolvergleich: Welches von vier verschiedenen Symbolen entspricht einem vorgegebenen Symbol?

¬ Merkfähigkeit: Für eine kurze Zeit erscheint auf dem Monitor ein Bild. Achten Sie auf die Details, denn anschließend werden Ihnen verschiedene Gegenstände gezeigt: Welche davon waren im Bild zu sehen?

¬ Konzentration/Koordination: Über Kopfhörer werden verschiedene Töne eingespielt, auf dem Monitor verschiedene Lichtsignale eingeblendet. Reagieren Sie auf die Töne und Signale in der vorgegebenen Form – bei dieser Aufgabe müssen Sie gegebenenfalls alle Tasten, Knöpfe und Pedale bedienen. Das Tempo vari-iert: Mal bleibt Ihnen mehr Zeit zu handeln, mal weniger.

Der Test dauert insgesamt ungefähr eine halbe bis zu einer dreiviertel Stunde, unter Umständen auch etwas länger. Das klingt nicht nach viel, aber der Test ist sehr intensiv, denn er verlangt Ihre volle Konzentration bei höchstem Arbeitstempo. Um möglichst optimal abzuschneiden und eine hohe Punktzahl zu erreichen, helfen einige Tipps und Tricks:

¬ Bewertet werden korrekte Lösungen, Fehler und auch fehlende Antworten. Ob Sie eine Aufgabe gar nicht oder falsch beantworten, kann also aufs selbe hinauslaufen. Daher lohnt sich meist zumindest ein Versuch.

¬ Haben Sie mit einer Aufgabe Probleme, dann grübeln Sie nicht zu lange darüber nach. Denken Sie an die Zeitbeschränkung und teilen Sie sich das vorgegebene Zeitbudget gut ein.

¬ Hadern Sie nicht mit sich, wenn Sie einen Fehler gemacht haben – das kostet Zeit und verunsichert. Atmen Sie tief durch, haken Sie den Patzer ab und konzentrieren Sie sich auf die folgenden Aufgaben.

¬ Wenn Ihnen zum Ende eines Aufgabenteils hin alles immer schwerer fällt: Kein Grund zur Panik! Das liegt nicht daran, dass sich Ihre Gehirnzellen langsam verabschieden. Vielmehr steigt der Schwierigkeitsgrad der Aufgaben an.

¬ Nicht vergessen: Sie dürfen Fehler machen, und Sie werden Fehler machen. Wohl kein Absolvent des Aus-wahlverfahrens bringt den Wiener Test mit blütenweißer Weste hinter sich.

Vorbereitung

Die Aufgaben des Wiener Tests drehen sich um Aufmerksamkeit, Konzentration und Reaktionsschnelligkeit. Einige typische Aufgabenteile – wie etwa der Symbolvergleich, die Merkfähigkeitsaufgabe zu den Bilddetails oder das Liniengewirr – lassen sich recht mühelos auch zu Hause trainieren. Schulen Sie Ihre Erinnerungsgabe beispielsweise durch Memory oder mithilfe von Fotos, deren Details Sie sich in kurzer Zeit einprägen und anschließend möglichst vollständig notieren. Hilfreiche weitergehende Übungen zu Konzentration, Erinne-rungsvermögen, Aufmerksamkeit und visuellem Denkvermögen, die speziell auf das EAV der Polizei abge-stimmt sind, finden Sie auch in unserem Buch „Der Einstellungstest zur Ausbildung bei der Polizei".

Eine gute Vorbereitung für den Wiener Test bedeutet aber vor allem, sich an die Lösung von Aufgaben unter Zeitdruck zu gewöhnen. Alleine mit Stoppuhr, Papier und Bleistift ist das mitunter nicht so einfach zu be-werkstelligen – gerne gönnt man sich ein paar Sekunden mehr oder erholt sich beim Gang zum Kühlschrank, die disziplinierende Aufsicht fehlt und die Arbeitsatmosphäre ist nicht die gleiche. Daher ist es sinnvoll, sich in der Familie oder im Freundeskreis einen Helfer zu rekrutieren und einen kompletten Testablauf zu simulieren: Stellen Sie sich einen Mustertest zusammen, bei dem Sie für jeden Aufgabenteil eine genaue und realistisch knappe Bearbeitungszeit festlegen. Bitten Sie Ihren Helfer, die Einhaltung dieses Zeitplans penibel zu über-wachen – das sorgt für den gewünschten Druck.

Die Arbeit zu zweit hat noch einen weiteren Vorteil: Mit einem Partner können Sie auch die Reaktionsaufga-ben nachahmen, indem Sie ihn bestimmte Gegenstände (Symbole, Farben, Karten…) für einen Augenblick zeigen lassen und darauf so schnell wie möglich nach einem vorher festgelegten Schema – durch das Zeigen von bestimmten Gegenständen, das Nennen einer Zahl etc. – reagieren müssen. Wer trotz allem lieber alleine lernt, sollte eines beachten: Je strenger und disziplinierter der Ablauf der Testsimulation ist, desto wirklich-keitsnäher wird sie.

Das Vorstellungsgespräch

5 Das Vorstellungsgespräch

5.1   Die Einladung zum Vorstellungsgespräch

Allgemeines

Wenn Sie mit Ihren Bewerbungsunterlagen erfolgreich sind, werden Sie zu einem mehrtägigen Auswahlverfahren eingeladen. Auf Ihrem Terminplan steht dann auch das Vorstellungsgespräch: eine persönliche Unterhaltung mit einer Auswahlkommission der Polizei. Bis dahin haben Sie in der Regel bereits eine Vielzahl an Mitbewerbern hinter sich gelassen und sind dem ersehnten Ausbildungsplatz einen großen Schritt näher gekommen. Aber bedenken Sie: Ihr Ziel ist noch nicht erreicht. Nur wenn Sie das bevorstehende Vorstellungsgespräch erfolgreich absolvieren, können Sie am Ende sagen *Ich habe es geschafft*. Was in einem Vorstellungsgespräch von den Bewerbern erwartet wird und wie Sie sich darauf vorbereiten können, wird im Folgenden erläutert.

Die Absage oder Terminverlegung

Ihr Interesse an dem Ausbildungsplatz sollte so groß sein, dass Sie alles daransetzen werden, alle Prüfungstermine einzuhalten.

Doch kann der Fall eintreten, dass Sie aus schwerwiegenden Gründen einen festgelegten Gesprächstermin nicht einhalten können. Ein Kinobesuch mit Ihrem neuen Schwarm oder ein wichtiges Fußballmatch zählen selbstredend nicht dazu. Gesundheitliche oder private Gründe können eine Verschiebung jedoch unter Umständen rechtfertigen. Wenn Sie Ihren Termin nicht einhalten können, sollten Sie umgehend Ihren Einstellungsberater oder einen anderen zuständigen Ansprechpartner bei der Polizei informieren und um eine Teilnahme zum nächstmöglichen Termin bitten.

(!) *Merke*

> Wenn Sie es auch mit den größten Anstrengungen nicht schaffen, den Gesprächstermin einzuhalten, müssen Sie Ihren Ansprechpartner umgehend in Kenntnis setzen und versuchen, einen neuen Termin zu vereinbaren. Eine Verschiebung innerhalb der Auswahlphase Ihrer Landespolizei kann mit guten Gründen möglich sein; danach bleibt jedoch nur das Warten auf den nächsten offiziellen Prüfungstermin.

Informieren Sie sich über die Polizeiarbeit

Wenn Sie erfahren, dass Sie zum Vorstellungsgespräch eingeladen werden, bleibt Ihnen je nach Bundesland teilweise wenig Zeit zur Vorbereitung. Deshalb sollten Sie rechzeitig damit beginnen, sich über die Polizeiarbeit und die jeweilige Landespolizei, bei der Sie sich beworben haben, detailliert zu informieren. Unerfreulich wäre die Situation, wenn Ihnen im Gespräch die Frage gestellt würde: *„Was wissen Sie über die hessische Polizei, und was empfinden Sie als besonders wichtig für Polizeiarbeit?"* Oder: *„wie stellen Sie sich die Polizeiarbeit vor, wo sehen Sie Ihre Zukunft bei der Polizei?"* und Sie wüssten nichts zu antworten, da Sie sich nicht informiert haben. Jede Landespolizei verfügt über einen eigenen Webauftritt und das Internet ist kein Dschungel, in dem Sie sich nicht zurechtfinden könnten. Besuchen Sie die Homepage der Länderpolizeien, um sich aus erster Hand zu informieren. Hier finden Sie viele wichtige Informationen, die Ihnen im Bewerbungsgespräch helfen können. Zudem sollten Sie über die üblichen Suchmaschinen versuchen herauszufinden, ob es aktuelle Nachrichten und Informationen gibt.

Im Vorfeld des Vorstellungsgesprächs ist es empfehlenswert, über die Einstellungsberater, Berufsinformationsmessen oder andere Berufsorientierungsveranstaltungen explizite Informationen zum Ausbildungsrahmen und der Ausbildungsstelle zu bekommen. Die Landespolizeien sind häufig auf diesen Orientierungsveranstaltungen vertreten und haben in der Regel eine Menge Informationsmaterial zur Hand. Zudem kann man sich direkt bei der Arbeitsagentur informieren, auch hier gibt es viel Infomaterial. Schließlich ist es wichtig, dass Sie im Vorstellungsgespräch informiert sind und wissen, was Sie in der Polizeiausbildung erwarten würde. Eine weitere Möglichkeit, direkt mit Polizisten in Kontakt zu treten, sind die *Tage der offenen Tür*. An diesen Tagen können Interessierte die Polizeireviere oder andere Einrichtungen besuchen und einen Einblick bekommen. Natürlich können Sie nicht davon ausgehen, dass Sie das Glück haben vor dem Bewerbungsgespräch noch einen *Tag der offenen Tür* mitzuerleben – wenn dies jedoch möglich sein sollte, dann nehmen Sie diese Chance wahr. Wenn Sie keine Bedenken haben, mit den Polizisten, die ja auch Ihre zukünftigen Kollegen sein könnten, in Kontakt zu treten, dann besuchen Sie einfach das Polizeirevier. Sagen Sie, Sie hätten sich auf einen Ausbildungsplatz beworben und möchten sich den Arbeitsplatz Polizeirevier mal aus der Nähe anschauen. Hier können Sie sich erschließen, wie die Einrichtung ist, welchen Eindruck die Mitarbeiter machen etc. Ebenso können Sie beobachten, welche Tätigkeiten Polizisten übernehmen.

(!) *Merke*

Um gut vorbereitet in ein Vorstellungsgespräch zu gehen, sollten Sie sich im Voraus eingehend informieren.

Die Unterlagen

Neben den Informationen, die Sie über die Polizei in der Vorbereitung einholen, sollte Ihnen umgekehrt bewusst sein, dass auch derjenige, der das Gespräch mit Ihnen führen wird, über Sie informiert ist. Wie zuvor erläutert: Ihre Bewerbungsunterlagen werden eingehend begutachtet werden. Sie sollten daher im Vorstellungsgespräch die Unterlagen mit sich führen, die Sie eingereicht haben. Hier eine kurze Liste der Dokumente, die Sie auf keinen Fall vergessen dürfen:

¬ *Ihre Bewerbungsunterlagen* (einschließlich beglaubigter Kopien von Zeugnissen, Anschreiben etc.)

¬ *Die Stellenanzeige*

¬ *Das Einladungsschreiben*

¬ *Die wichtigsten Informationen, die Sie über die Polizei notiert haben* (evtl. auf einem kleinen Zettel!)

¬ *Einen Zettel mit den Fragen, die Sie im Gespräch gern stellen möchten*

¬ *Notizblock und Stift*

¬ *Eine exakte Wegbeschreibung*

Pünktlichkeit

Der wahrscheinlich größte Fehler, den Sie begehen können, ist, unpünktlich zum Einstellungstest/-gespräch zu erscheinen. Sorgen Sie dafür, dass Sie auf jeden Fall zum vereinbarten Zeitpunkt vor Ort sind. Es ist wenig problematisch, wenn Sie zwanzig Minuten zu früh eintreffen. Achten Sie auf eine Zug-, Bus- oder anderweitige Anfahrtsverbindung, die Sie pünktlich zum Testort bringt. Wenn Sie schon auf dem Weg merken, dass Sie sich aufgrund eines unvorhersehbaren Problems verspäten werden, so versuchen Sie, Ihren Gesprächspartner darüber in Kenntnis zu setzen.

(!) *Merke*

Wer nicht kommt zur rechten Zeit, der muss sehn, was übrig bleibt.

5.2   Das Vorstellungsgespräch – aus Sicht der Polizei

Allgemeines

Geht es darum, einen Ausbildungsplatz zu besetzen, so sind die Ausbilder in der Regel daran interessiert, solche Kandidaten einzustellen, die den Anforderungen für die ausgeschriebene Stelle am besten entsprechen und sich in das Personalgefüge, nach Meinung der Verantwortlichen, am besten einfügen. Das Vorstellungsgespräch ermöglicht es der Polizei, sich direkt, von Angesicht zu Angesicht, mit den Bewerbern auseinanderzusetzen. Im Folgenden wird erläutert, was für die Polizei, also den Arbeitgeber, in einem Bewerbungsgespräch wichtig ist bzw. welche Aspekte eine besondere Rolle spielen.

Was interessiert die Polizei?

Einen ersten Eindruck über Ihre Eignung gewinnt der Arbeitgeber durch das Begutachten Ihrer Bewerbungsunterlagen. Darauf folgen in der Regel der Einstellungstest und der Sporttest. Aber damit sind Sie noch nicht am Ende der Bewerbungsprozedur angekommen, denn die Polizei gibt sich wie jedes Unternehmen mit den Ergebnissen, die die Unterlagen und Tests offenbaren, nicht zufrieden. In einem Vorstellungsgespräch wollen die Ausbilder erörtern, ob Sie wirklich geeignet sind, Ihre Ausbildung bei der Polizei zu absolvieren. Es geht um Ihre Persönlichkeit, die Gründe für Ihre Bewerbung, Ihre Motivation, Ihre Fähigkeiten und Kenntnisse etc. Ihre Gesprächspartner werden eine Menge Fragen haben, die es für Sie zu beantworten gilt. Das Vorstellungsgespräch bietet der Polizei die Möglichkeit herauszufinden, wer sich hinter der Bewerbungsmappe, dem Foto und dem guten Testergebnis befindet. Es geht nicht ausschließlich um Ihre Kenntnisse, sondern ebenso um Ihre Leistungsbereitschaft, Ihre Umgangsformen, Ihr Auftreten, Ihr äußeres Erscheinungsbild und die Fähigkeit, in einem Gespräch zu bestehen.

Think positive – Die richtige Gesprächseinstellung

Ein gutes Gespräch gelingt insbesondere in einer angenehmen Gesprächsatmosphäre. Daher sollten Sie versuchen, im Vorstellungsgespräch so freundlich und entspannt wie möglich zu erscheinen und sich nicht verunsichern zu lassen oder schlechte Laune mitzubringen. Wenn Ihr Gegenüber die Atmosphäre mit spitzen Bemerkungen oder einer unangebrachten Gesprächsführung unangenehm gestaltet, können Sie wenig Einfluss nehmen. Wenn Sie aber offen und freundlich in das Gespräch gehen und versuchen, die Gesprächsatmosphäre positiv zu beeinflussen, so können Sie das Risiko des unangenehmen Gesprächs verringern und zudem von Ihrer Persönlichkeit überzeugen. Die Polizei ist daran interessiert, Ihre Persönlichkeit einzuschätzen, ob Sie sich in die Einheit gut einfügen könnten, ob Sie in der Lage sind, die Anforderungen zu erfüllen, die die tägliche Polizeiarbeit mit sich bringt. Zwar kann in einem Bewerbungsgespräch nicht jeder Zweifel ausgeräumt werden, aber Sie haben es in der Hand, sich so gut wie möglich zu präsentieren. Wenn es Ihr Wunsch ist, Polizist zu werden, dann sollten Sie in der Lage sein, den Ausbilder von Ihren Fähigkeiten und Ihrer Persönlichkeit zu überzeugen. Und das geht am besten, wenn Sie positiv an die Sache herangehen!

Wer sind mögliche Gesprächspartner?

Im Vorstellungsgespräch werden Ihnen verschiedene Personen gegenübersitzen: Vertreter der Abteilung für Personal und Ausbildung, Polizeipsychologen, Ausbilder und leitende Polizeibeamte. Die Personalverantwortlichen sind interessiert an Ihren *soft-skills*, z.B. an Ihrer Teamfähigkeit oder Ihrer Motivation. Polizeipsychologen wollen feststellen, ob Sie unter psychologischen Gesichtspunkten geeignet sind, Ausbilder wollen feststellen, ob Sie die notwendigen *hard-skills* mitbringen, um die Ausbildung zu bestehen, und leitende Beamte wollen feststellen, ob Sie für den Dienst wirklich geeignet sind. Sie müssen im Gespräch versuchen, alle Gesprächspartner gleichermaßen ernst zu nehmen. Konzentrieren Sie sich nicht alleine auf einen der Gesprächspartner, sondern versuchen Sie (1) auf alle gleichermaßen einzugehen, (2) zu allen gleichermaßen Blickkontakt herzustellen und (3) die Fragen aller Anwesenden gleich sorgfältig zu beantworten.

5.3   Das Bewerbungs- oder Vorstellungsgespräch

Allgemeines

Nachdem Sie sich schriftlich um einen Ausbildungsplatz beworben haben, gilt es neben dem schriftlichen Einstellungstest und dem Sporttest eine gute Leistung im Vorstellungsgespräch zu erreichen. Einzelgespräche werden in der Regel in das Assessment Center (AC) als Teilaufgabe integriert, hierzu jedoch an anderer Stelle mehr.

In dem persönlichen Einzelgespräch wollen sich Polizeibeamte einen Eindruck vom Bewerber verschaffen, zudem soll das Gespräch den Bewerbern die Möglichkeit geben, sich zu präsentieren. Nach diesem Gespräch können beide Parteien (Auszubildender und Ausbilder) besser entscheiden, ob eine Zusammenarbeit infrage kommt, da man einen Eindruck vom jeweils anderen gewinnen konnte. Vorstellungsgespräche laufen häufig nach einem ähnlichen Muster ab: Zu Beginn erfolgt eine kurze Begrüßung, dieser Schritt kann auch als Gesprächseröffnung bezeichnet werden. Im Anschluss konzentriert sich das Gespräch auf den Bewerber. Sie haben dann die Chance, Ihre Motivation für die polizeiliche Ausbildung darzustellen, auf die absolvierte schulische Ausbildung hinzuweisen, und Fremdsprachenkenntnisse, sportliche Betätigungen, Praktika, Schüler- und Ferienjobs einzubringen. Auf die Selbstpräsentation folgt in den meisten Fällen ein Gesprächsteil, in dem der Interviewer den Bewerbern weiterführende Informationen mitteilt. Besonderheiten werden erläutert und es besteht die Möglichkeit, offene Fragen zu klären. Jetzt ist das Vorstellungsgespräch fast beendet. Vor der Verabschiedung sollten Sie sich jedoch vergewissern, wann Sie mit einer Antwort rechnen können, und noch einmal betonen, dass das Interesse an dem Ausbildungsplatz sehr groß ist. Sind auch diese Fragen geklärt, folgt die Verabschiedung. Jetzt ist das Vorstellungsgespräch beendet und Sie können nur warten, bis Sie Antwort bekommen. Die Zeit des Wartens ist häufig schlimmer und anstrengender als das Bewerbungsverfahren an sich. Aber auch dies werden Sie meistern. Im Folgenden wird der mögliche Verlauf eines Vorstellungsgesprächs in einzelnen Schritten erläutert.

Die Begrüßung und der Einstieg ins Gespräch

▶ **Dieser Teil des Bewerbungsgesprächs ist kurz, man begrüßt sich und versucht, einen Gesprächseinstieg zu finden.**

Das müssen Bewerber beachten

Zu Beginn eines Vorstellungsgesprächs ist der erste Eindruck, den Bewerber hinterlassen, enorm wichtig. Dieser erste Eindruck ist zwar oberflächlich, dennoch ist er entscheidend. Hier zählen das Auftreten, die Umgangsformen und das Aussehen. Im weiteren Verlauf des Gesprächs gibt es natürlich immer die Möglichkeit, den ersten Eindruck zu korrigieren – im positiven wie im negativen Sinne –, trotzdem zählt dieser erste Eindruck. Es gilt, sich bestmöglich zu präsentieren. Das ist häufig nicht einfach, weil man in dieser Situation aufgeregt ist, denn schließlich geht es um etwas. Als Bewerber sollten Sie jedoch versuchen, diese Nervosität zu vergessen; eventuell hilft in diesem kritischen Moment der Gedanke, dass auch die Interviewer nur mit Wasser kochen. Natürlich sind sie erfahren in ihrem Beruf, haben zumeist viele Jahre in diversen Bereichen bei der Polizei gearbeitet und Zeit gehabt, Erfahrungen zu sammeln. Aus diesem Grund brauchen Sie jedoch keine Angst vor den Gesprächspartnern zu haben. Sie befinden sich in einem Vorstellungsgespräch; auch wenn Sie bei der Polizei sitzen und sich dort bewerben, ist es keine Gerichtsverhandlung und auch kein Polizeiverhör. Niemand will Ihnen Unrecht antun oder Sie demütigen. Es geht darum, Ihre Fähigkeiten, Kenntnisse und die Persönlichkeit unter die Lupe zu nehmen. Das kann unangenehm sein, aber ein solche Prüfung müssen Sie in den meisten Berufen bestehen.

Besonders wichtig ist es bei dem Einstieg ins Vorstellungsgespräch, sich souverän zu geben und frei zu sprechen. Sie dürfen nicht den Eindruck vermitteln, dass Sie unsicher bei der Beantwortung von Fragen sind oder nicht wissen, was Sie sagen sollen. Nicht nur diejenigen, die große Angst vor dem Vorstellungsgespräch haben, sollten sich mit Familie und Freunden zusammensetzen und über das bevorstehende Interview sprechen. Es ist jedem anzuraten, zuhause oder mit Freunden ein Bewerbungsgespräch zu simulieren, zumindest dann, wenn Sie vor Ihrem ersten Vorstellungsgespräch stehen. Die Eltern, Geschwister oder Freunde spielen den Interviewer und stellen Fragen, auf die Sie dann antworten. So kann jeder für sich das Vorstellungsgespräch durchspielen und ist wirklich gut vorbereitet.

So könnten die Prüfer vorgehen

Der Prüfer wird versuchen, zu Beginn des Gesprächs eine angenehme Atmosphäre zu schaffen. Zumindest dann, wenn Interesse daran besteht, dass alle Bewerber die Chance haben sollen, sich angemessen vorzustellen. Zudem wird er/sie höchstwahrscheinlich erläutern, wie im Verlauf des Gesprächs verfahren wird. Es ist anzunehmen, dass die Prüfer zu Beginn Bezug zum bisherigen Bewerbungsverfahren herstellen und z.B. fragen, ob Sie mit dem Verlauf des Verfahrens zufrieden sind. Es sollte einem guten Prüfer in diesem ersten Abschnitt des Gesprächs darum gehen, das Eis zu brechen und eine gute Gesprächsatmosphäre zu ermöglichen. Das bedeutet nicht, dass jeder Prüfer diese Maxime verfolgt.

Die Bewerber stellen sich vor

▶ Dieser Teil des Bewerbungsgesprächs ist der Hauptteil, Bewerber stellen sich vor und der Interviewer stellt Fragen.

Das müssen Bewerber beachten

Nach Begrüßung und Vorstellung, wenn die Aufwärmphase und der anfängliche Smalltalk beendet sind, wendet sich das Gespräch den Bewerbern zu. Dieser Teil des Vorstellungsgesprächs soll den angehenden Auszubildenden die Möglichkeit bieten, sich darzustellen; die Prüfer möchten diesen Abschnitt des Gesprächs nutzen, um sich zu vergewissern, ob der potenzielle Auszubildende in das Profil der Polizeiarbeit passt und ob man sich eine Zusammenarbeit vorstellen kann. *Diese Phase ist im Gespräch wohl der wichtigste Moment*, denn es entscheidet sich hier, ob Auszubildender und Ausbildender zusammenpassen. Kann der potenzielle Polizei-Azubi keinen guten Eindruck hinterlassen, bzw. hat der Interviewer nicht das Gefühl, dass sich die Bewerber sicher, selbstbewusst und kompetent präsentieren, wird es im weiteren Verlauf des Gesprächs fast unmöglich, diesen Eindruck wettzumachen.

Aber worum geht es inhaltlich in diesem Teil des Gesprächs, was will der Interviewer wissen? Im Einzelnen kann nicht gesagt werden, was sich ein Interviewer von Bewerbern erhofft. Das ist abhängig von den einzelnen Polizeien oder sogar Prüfern. Aber allgemein kann festgestellt werden, dass sich die Bewerber selbst charakterisieren sollen: was sind Ihre besonderen Stärken und warum sind diese Stärken für die Polizei und die Arbeit als Polizist wichtig? Wie kann die Polizei von den Bewerbern und den Tätigkeiten, die durch die Bewerber ausgeführt werden, profitieren. Hier ist es angebracht, einen knappen Überblick über Ihre bisherige Ausbildung zu geben. Sie sollten auf die schulische Ausbildung verweisen, Fremdsprachenkenntnisse erwähnen, absolvierte Praktika anführen und wenn Sie Ferienjobs nachgegangen sind, ist es sinnvoll darauf hinzuweisen. In diesem wichtigen Hauptabschnitt des Bewerbungsgesprächs sollten Sie zudem darauf vorbereitet sein, viele Fragen zu beantworten. In den meisten Fällen wollen die Interviewer wissen, worin die Motivation für Ihre Bewerbung besteht und warum Sie sich gerade für den Polizeiberuf bzw. diese Ausbildung entschieden haben. Konkrete Fragen werden in diesem Abschnitt noch nicht besprochen, hier geht es darum, einen Überblick über den Verlauf des Vorstellungsgesprächs zu erhalten. Detailfragen werden in einem weiteren Kapitel ausführlich erläutert, dort wird ein polizeispezifischer Fragenkatalog mit Musterantworten besprochen.

So könnten die Prüfer vorgehen

Da sich alle Prüfer auf ein Bewerbungsgespräch vorbereiten, können Sie mit Sicherheit annehmen, dass Ihre Bewerbungsunterlagen eingehend begutachtet werden. Die Fragen, mit denen Sie zu rechnen haben, werden sehr wahrscheinlich auch mit den Bewerbungsunterlagen im Zusammenhang stehen. Wenn schon im Voraus ersichtlich ist, dass es Unstimmigkeiten in den Bewerbungsunterlagen gibt, so sollten Sie sich bewusst darüber sein, dass hierzu Fragen gestellt werden. Außerdem werden die unterschiedlichen Eignungskriterien, die es für den Ausbildungsplatz gibt, in diesem Teil des Gesprächs eine Rolle spielen. Die Prüfer werden versuchen, die Fragen so genau wie möglich zu stellen, um die Bewerber nicht zu verwirren. Es ist der Polizei ein Anliegen, den Ausbildungsplatz möglichst gut zu besetzen, weswegen eine klare Kommunikation im Bewerbungsgespräch bevorzugt wird. Auf Fragen, die mit Ja und Nein zu beantworten sind, werden gute Prüfer verzichten; es werden offene Fragen gestellt, auf die eine freie Antwort zu formulieren ist. Zudem sollten Sie sich darüber bewusst sein, dass Sie als Einzustellender und Prüfungsgegenstand die meiste Zeit des Gesprächs selbst reden werden. Die Prüfer stellen in der Regel Fragen und hören zu, um sich ein Gesamtbild von den Bewerbern machen zu können.

Informationen zur Polizei und der Ausbildung

▷ **Dieser Teil des Bewerbungsgesprächs dient den Bewerbern, um Näheres über die Polizei zu erfahren und ungeklärte Fragen zu erörtern.**

So könnten die Prüfer vorgehen

Nachdem die Bewerber die Möglichkeit bekommen haben, sich vorzustellen, und die Interviewer über Fragen herausfinden konnten, inwieweit die Bewerber für die Polizeiarbeit geeignet sind, folgt der nächste Schritt. Die Bewerber bekommen zusätzliche Informationen. Dieser Gesprächsteil soll dazu dienen, sich ein genaueres Bild von der Polizei zu verschaffen, auch um entscheiden zu können, ob der Ausbildungsplatz wirklich eine gute Wahl ist. An dieser Stelle besteht für den Bewerber die Möglichkeit, Fragen zu stellen, die bis zu diesem Zeitpunkt offen oder unbeantwortet sind. Ein kleiner Tipp an dieser Stelle: Sie sollten diesen Moment nicht nutzen, um Gehaltsfragen zu stellen. Ihre Interviewer sprechen das Thema von sich aus an – falls nicht, stellen Sie weitere Fragen besser an anderer Stelle. Ihr Ausbildungsgehalt können Sie in der Regel bereits online auf den Seiten Ihrer Landespolizei recherchieren. Im gehobenen Dienst in Hessen starten Sie beispielsweise mit etwa 900,- Euro brutto pro Monat, im mittleren Dienst in Sachsen-Anhalt stehen zu Beginn rund 840,- Euro brutto auf dem Lohnzettel. Die Gehälter ausgebildeter Polizisten richten sich nach den Besoldungsgruppen des öffentlichen Dienstes.

Verabschiedung und Ende des Gesprächs

▷ **Dieser Teil des Bewerbungsgesprächs ist kurz, die Gesprächspartner verständigen sich über die weitere Vorgehensweise und verabschieden sich.**

Das müssen Bewerber beachten

Sind alle Fragen geklärt oder ist etwas unklar geblieben? So oder ähnlich könnte der Interviewer das Ende des Bewerbungsgesprächs einleiten. Wenn keine weiteren Fragen zu klären sind, sollten Sie jedoch nicht vergessen, sich über die weitere Verfahrensweise zu verständigen. Als Bewerber sollten Sie sich beim Interviewer darüber informieren, wann Sie mit einer Entscheidung rechnen können und wie Sie informiert werden. Bevor Sie sich verabschieden ist es sinnvoll, sich für das Gespräch zu bedanken und zu betonen, dass Sie sich über das Gespräch gefreut haben und großes Interesse an der Ausbildung besteht.

So könnten die Prüfer vorgehen

In diesem abschließenden Teil des Gesprächs ist es durchaus möglich, dass der Prüfer erläutert, warum er in einer bestimmten Situation eine bestimmte Frage gestellt hat. Das muss jedoch nicht so sein. Auf jeden Fall wird es einen Hinweis darauf geben, wie das Verfahren weitergehen wird. Es ist zudem damit zu rechnen, dass der Prüfer das Gespräch in der freundlichen Art zu beschließen versucht, in der er es eröffnet hat.

5.4   Erfolgreich im Bewerbungsgespräch – Was es zu beachten gilt

Allgemeines

In einem Vorstellungsgespräch kommt es nicht nur darauf an, durch seine Fähigkeiten und Kenntnisse zu überzeugen. Wirklich erfolgreich sind Sie in einem Bewerbungsgespräch dann, wenn Sie einen wirklich guten Eindruck vermitteln, wenn Sie sich im rechten Lichte zu präsentieren wissen. Um sich angemessen präsentieren zu können, müssen Sie nichts Unmenschliches leisten, aber es gilt sich an wichtige Details zu halten: achten Sie auf Ihr Äußeres, treten Sie gepflegt auf und tragen Sie saubere und passende Kleidung. Auch eine angemessene Körpersprache gehört zu einer guten Präsentation. Sie können die notwendigen Vorbereitungen mit den Vorbereitungen für ein Date vergleichen, denn bei einem Date wollen Sie sich ja auch von Ihrer besten Seite zeigen. Wer die folgenden Tipps beachtet, der ist für jedes Vorstellungsgespräch gut vorbereitet.

Das äußere Erscheinungsbild

Wenn Sie erfolgreich im Vorstellungsgespräch sein wollen, achten Sie darauf, gepflegt aufzutreten. Hierzu gehören geschnittene und gepflegte Fingernägel, Sie sollten vor dem Gespräch geduscht haben und sich die Haare waschen, saubere und passende Kleidung tragen und Mund- und Körpergeruch vermeiden. Wer einen Schnupfen hat, sollte darauf achten, dass die Nase vor dem Gespräch geputzt wird. All das klingt vielleicht banal oder bemutternd, aber es sind schon genug Kandidaten bei Vorstellungsgesprächen erschienen, die sich weder die Nägel geschnitten, noch geduscht hatten. Also: Das A und O bei einem Bewerbungsgespräch ist, sich **gepflegt zu präsentieren**.

Piercings und Tätowierungen sind bei der Polizei nicht gerne gesehen. Bei einem Bewerbungsgespräch sollten Sie fürs Erste versuchen, Tattoos zu verstecken und Piercings zu entfernen. Wenn Sie den Ausbildungsplatz bekommen, können Sie mit den Vorgesetzten klären, wie sie zu Körperschmuck stehen, und ob es angemessen ist, diesen während der Arbeit zu tragen. Wem der Körperschmuck wichtiger ist als der Ausbildungsplatz ist und mit offenen Tattoos, Piercings etc. bei der Polizei erscheint, wird dadurch wahrscheinlich abgelehnt werden.

Ein entscheidendes Kriterium für ein gepflegtes Äußeres ist die Kleidung. Wer zum Vorstellungsgespräch geht, der sollte sich angemessen kleiden. Angemessen bedeutet, dass Sie nicht daherkommen wie Usel, in abgerissenen Hosen und einem dreckigen Pullover und an den Füßen mit alten Turnschuhen. Die Auswahl der Kleidung zeigt dem Interviewer, ob sich der Bewerber Gedanken zu seiner äußeren Erscheinung gemacht hat und nicht zum Bewerbungsgespräch in der gleichen Kleidung erscheint, die auch beim Abhängen mit den Freunden getragen wird oder am Wochenende, auf dem Sofa, beim Fernsehen. Als Richtlinie gilt die folgende Information: Strümpfe und Schuhe sind sauber und passend zueinander gewählt und der Rest der Kleidung ist ebenfalls sauber und farblich abgestimmt.

Tipps für Frauen: Kleiden Sie sich seriös, nicht verführerisch oder aufdringlich. Tragen Sie etwas weibliches, wählen Sie ein Kostüm, einen Rock und dazu passend eine Bluse oder Blazer. Zu vermeiden sind: zu hohe Schuhe, zu viel Parfüm, überflüssiger Schmuck, zu viel Gepäck (Hand- und Aktentasche).

Tipps für Männer: Im Vorstellungsgespräch sollten auch Sie sich seriös kleiden, abgelaufene dreckige Schuhe, Bollerhose oder ein schmieriger Kapuzenpullover sind unangemessen. Tragen Sie einen Anzug oder eine Kombination; dazu ein helles Oberhemd und dunkle geputzte Schuhe. Weiße Socken passen nicht, ebenso zu vermeiden sind Turnschuhe oder ähnliches. Erscheinen Sie sorgfältig rasiert.

Gesprächsverhalten, Auftreten und Körpersprache

Neben dem äußeren Erscheinungsbild sind in einem Bewerbungsgespräch das Auftreten, das Gesprächs- und Kommunikationsverhalten und die Körpersprache wichtig. Wer wie ein nasser Sack Mehl auf dem Stuhl sitzt, undeutlich spricht und dabei ständig mit dem Finger in der Nase bohrt, wird keinen guten Eindruck beim Interviewer erzeugen; Erfolg im Bewerbungsgespräch ist damit eher unwahrscheinlich.

Im Bewerbungsgespräch geht es darum, den Interviewer zu überzeugen, dass Sie die richtige Wahl für den Ausbildungsplatz sind. Sie sollten demnach so auftreten, dass Ihr Gegenüber den Eindruck bekommt, hier mit einem potenziellen Auszubildenden zu sprechen und nicht mit irgendjemandem. Zu einem guten Auftritt gehören zu allererst Pünktlichkeit und Ausgeruhtheit. Zudem sollte Sie versuchen, Ihre Nervosität nicht zu zeigen, auch wenn das eventuell das größte Problem darstellt. Es gibt kein Rezept, wie sich die Nervosität besiegen lässt, erfahrungsgemäß legt sich die Unsicherheit nach einigen Minuten, wenn Sie den Gesprächspartner und die Situation besser einschätzen können.

Nicht weniger wichtig als das Auftreten ist die Körpersprache. Schon mit Betreten des Raumes macht es einen Unterschied, ob Sie ein Lächeln auf den Lippen tragen oder dreinschauen wie sieben Tage Regenwetter. Im weiteren Verlauf des Vorstellungsgesprächs ist die Körpersprache eine bedeutsame Requisite. Der Bewerber sollte weder einen zu starken noch einen zu laschen Händedruck wählen; es geht nicht darum, jemandem die Hand zu brechen und noch weniger will man den Interviewer streicheln. Vielmehr geht es darum, auch hier Präsenz zu vermitteln und Sensibilität im Umgang mit dem anderen zu zeigen. Die Körperhaltung ist ebenso wichtig: hängen Sie nicht auf dem Stuhl herum und sitzen Sie noch weniger so, als hätten Sie keine Wirbelsäule, sondern stattdessen einen Besenstil im Rücken. Ihre Mimik sollte dem Interviewer vermitteln, dass Sie aufmerksam sind, zuhören und verstehen, worum es geht.

Im Bewerbungsgespräch ist es wichtig, dass man einander versteht, daher muss auch das Gesprächs- und Kommunikationsverhalten dementsprechend sein. Das bedeutet: konzentriert zuhören, den anderen ausreden lassen, langsam und deutlich sprechen, Fragen beantworten und wenn etwas nicht deutlich ist oder nicht verstanden wurde, nicht davor zurückschrecken, nachzufragen. Wenn Sie selbst an der Reihe sind und beispielsweise über Ihre bisherige Schullaufbahn und Ihre Motivation für die Ausbildung reden, dann achten Sie darauf, klar zu sprechen und einen angemessenen Wortschatz zu wählen. Mit dem Interviewer im gleichen Ton und mit den gleichen Worten zu sprechen wie mit seinen Freunden, ist unangebracht. Der richtige Tonfall vermittelt dem Gesprächspartner der Polizei, inwiefern der Bewerber bereit ist, sich an die Gepflogenheiten anzupassen, was enorm wichtig ist; wählt jemand einen angemessen Ton und eine angemessene Sprache oder verhält sich der Bewerber nicht anders, als sei er mit Freunden unterwegs? Beim Sprechen ist es ebenfalls wichtig, nicht in eine Monotonie zu verfallen, die den Interviewer vermuten lässt, Sie haben den Text geübt oder gar auswendig gelernt, den Sie nun im Gespräch runterrasseln.

Zu viel Information?

Wer die vorangehenden Zeilen gelesen hat, der stöhnt vielleicht jetzt und fragt sich, wie soll ich denn an all die ganzen wichtigen Punkte denken? Dass Sie Ihren Körper pflegen, sollte kein zu großes Problem sein. Bei den anderen Punkten können Sie sich von Familie und Freunden helfen lassen. Jeder sollte vor dem ersten Vorstellungsgespräch mit einer Vertrauensperson, das kann auch ein Lehrer sein, das Vorstellungsgespräch mindestens einmal durchspielen. Eine Simulation kann helfen, deutlicher zu sprechen, das Auftreten zu verbessern und sich gedanklich vorzubereiten. Wer die Bereitschaft hat, sich auf ein Bewerbungsgespräch intensiv vorzubereiten, der ist von einem Ausbildungsplatz nicht allzu weit entfernt.

5.5   Diverse Interviewtypen

Allgemeines

Werden Sie zu einem Vorstellungsgespräch eingeladen, so kann Ihr Interview verschieden ausfallen. Im folgenden Abschnitt werden drei mögliche Interviewtypen dargestellt. Hierbei handelt es sich um offene Interviews (1), standardisierte Interviews (2) und einen Mischtyp, halb-standardisierter Interviews (3). Grundsätzlich sollten Sie wissen, dass Sie dann in einem Interview überzeugen können, wenn Sie Ihre Antworten sorgfältig abwägen und gut argumentieren.

Offene Interviews

Das offene Interview wird Sie an ein normales Gespräch erinnern. Hier gibt es keinen geplanten Ablauf, den der Interviewer verfolgt. Dabei sollten Sie nicht vergessen, dass Sie sich trotzdem in einer formalen Gesprächssituation befinden. Der Verlauf des Gesprächs hängt maßgeblich von den Erfahrungen, Kenntnissen und Kompetenzen des Interviewers ab. Ihnen bietet sich der Vorteil, selbst Akzente setzen zu können. Wenn kein fester Gesprächsrahmen verfolgt wird, haben Sie die Möglichkeit, gewisse, für Sie günstige Punkte hervorzuheben.

+ **Vorteil:** Sie können das Gespräch mitsteuern.

− **Nachteil:** Das Interview hängt stark vom Vorgehen des Interviewers ab.

Standardisierte Interviews

Wie die Bezeichnung standardisiert vermuten lässt, folgt diese Interviewform einem festgelegten Ablauf. Es wird zentral bestimmt, was man von zukünftigen Auszubildenden erwartet. Danach wird der Rahmen für ein Interview oder Vorstellungsgespräch bestimmt. Diese Art der Strukturierung ermöglicht es den Ausbildern, auf einfache Art und Weise die Qualitäten aller potenziellen Auszubildenden zu vergleichen. Droht im offenen Interview die Gefahr, sich von der Normalität der Gesprächssituation blenden zu lassen, so kann im standardisierten Interview das Gefühl entstehen, man befinde sich in einem Verhör.

✛ **Vorteil:** Es geht um Sachfragen, die persönlichen Präferenzen des Interviewers spielen eine weniger große Rolle. Es gibt einen festgelegten Katalog an Fragen, der abgehandelt wird.

— **Nachteil:** Durch die standardisierte Gesprächssituation kann Ihnen das Interview statisch, gestelzt oder erzwungen erscheinen.

Halb-standardisierte Interviews

Der dritte Interviewtyp ist ein Mischtyp aus dem offenen und dem standardisierten Interview. Das halb-standardisierte Interview bietet einige Vorteile: Auf der einen Seite kann die Polizei eine Strukturierung verfolgen, die es ermöglicht, alle wichtigen Informationen abzufragen. Auf der anderen Seite kann jedoch ebenso flexibel vorgegangen werden. Zumeist gibt es einige Themen, die im Gespräch abgehandelt werden, um der Polizei zu beantworten, ob der Bewerber geeignet ist. In welcher Reihenfolge im Gespräch vorgegangen wird und welche Art von Fragen gestellt wird, liegt jedoch im Ermessen des Interviewers.

✛ **Vorteil:** Diese Interviewform ermöglicht es Ihnen, eigene Akzente zu setzen. Sie können versuchen, Ihnen interessant erscheinende Punkte zu vertiefen und andere kurz zu halten.

— **Nachteil:** Betonen Sie eigene Themen, besteht die Gefahr, dass Sie andere Punkte, die der Polizei wichtig sein könnten, übergehen.

5.6   Mögliche Fragetypen im Vorstellungsgespräch

Allgemeines

Im Vorstellungsgespräch können auf einen Bewerber eine Menge unterschiedlicher Fragen zukommen. Konkrete Fragen werden in einem späteren Abschnitt detailliert behandelt; im folgenden Teil wird zuerst ein Überblick über mögliche Fragetypen gegeben. Sie erhalten hier keine Anleitung, sondern es soll Überblick gegeben werden, welche Typen von Fragen auf einen Bewerber zukommen können.

Fragen, die der Information dienen (Informationsfragen)

Grundlegend gilt, dass in einem Bewerbungsgespräch die wichtigsten Fragen die sind, die der Information dienen. Der Interviewer möchte eine bestimmte Information vom Bewerber erhalten. Derartige Fragen sind zumeist kurz und bündig und auch die erwartete Antwort sollte kurz und aussagekräftig sein. Bei diesem Typ von Fragen geht es nicht darum, einen Vortrag zu halten oder besonders kompliziert und ausschweifend zu antworten. Wer eine Information erwartet, der möchte nicht im Wortschwall des Antwortenden nach der Information suchen müssen. Diese Art der Frage wird häufig in Bewerbungsgesprächen eingesetzt; nicht nur, um Informationen zu erhalten, sondern ebenso, um zu überprüfen, ob der Bewerber die Fähigkeit hat, auf eine konkrete Frage eine ebenso konkrete Antwort zu geben.

Beispiel

Frage: Was haben Sie in der Zeit seit Ihrem Schulabschluss gemacht?

Antwort: Hauptsächlich habe ich mich mit meiner Bewerbung bei Ihnen beschäftigt und mich auf den Test vorbereitet. Direkt nach dem Abitur war ich für einen Monat auf Sprachreise in Neuseeland.

Fragen, die verunsichern sollen (Verunsicherungsfragen)

Wenn ein Bewerber in einem Vorstellungsgespräch widersprüchliche Antworten gibt oder dem Interviewer nicht deutlich ist, ob der Bewerber die Wahrheit spricht, werden Verunsicherungsfragen eingesetzt. Diese Fragen sollen den Bewerber verunsichern und ihm zugleich die Möglichkeit geben, seine Antwort entweder zu korrigieren oder aber diese zu bestätigen. Diese Art der Frage geht einen Umweg, um zur Antwort zu kommen.

Beispiel

Frage: Sind Sie wirklich davon überzeugt, dass Ihre Kenntnisse in der Rechtschreibung und Grammatik für die Ausbildung angemessen sind?

Antwort 1: Ja, ich denke, dass die Deutschnote -1 in meinem Abschlusszeugnis zeigt, dass meine Kenntnisse in der Rechtschreibung und Grammatik für die Ausbildung angemessen sind.

Antwort 2: Vielleicht muss ich meine vorherige Aussage korrigieren, ich war im Deutschunterricht nie besonders gut in Rechtschreibung und Grammatik, aber ich würde gern daran arbeiten, diese Defizite auszugleichen.

Fragen, die auf eine bestimmte Antwort abzielen (Suggestivfragen)

In seltenen Fällen kann in einem Vorstellungsgespräch eine Frage gestellt werden, die rhetorischen Charakter hat. Der Interviewer erwartet vom Bewerber eine bestimmte Antwort, mit der Frage soll diese konkrete Antwort herbeigeführt werden. In einem Bewerbungsgespräch werden diese Fragetypen jedoch selten verwendet, denn man möchte keine Antworten voraussetzen, sondern erwartet vielmehr, dass sich der Bewerber selbst Gedanken macht und diese äußert.

Beispiel

Frage: Die E-Mail ist heutzutage zu einem der wichtigsten Kommunikationsmittel geworden, denken Sie nicht auch?

Antwort: Ja, ich stimme Ihnen an dieser Stelle zu.

Fragen, die indirekt auf etwas Bezug nehmen (Fangfragen)

Wenn Interviewer oder Prüfer in einem Gespräch auf indirektem Weg Informationen erhalten möchten, also eine Frage nicht direkt formulieren, können Sie sich der Fangfrage bedienen. Dem Prüfling oder Bewerber mag die Frage in erster Instanz evtl. unlogisch oder unpassend erscheinen, da kein direkter Bezug zum Job hergestellt wird. Prüfer oder Interviewer erwarten in dieser Situation jedoch, dass die Beziehung zum Job vom Befragten hergestellt wird.

Beispiel

Fragesteller möchte wissen, ob der Bewerber flexibel einsetzbar ist

Frage: Ihrer Bewerbung konnte ich entnehmen, dass Sie intensiv Sport betreiben und zudem in einer Band spielen. Haben Sie an den Wochenenden häufig Auftritte und Wettkämpfe?

Antwort: Sie haben Recht, ich treibe Sport und spiele in einer Band. Meine Hobbys sind jedoch Hobbys, der Job hat für mich Priorität. Meine Hobbys werde ich so betreiben und zurückstellen, dass ich immer verfügbar bin, auch an den Wochenenden.

Fragen, die das Ausweichen des Prüfers ermöglichen (Gegenfragen)

Für den Fall, dass der Bewerber im Gespräch eine Frage stellt, die dem Prüfer oder Interviewer unangenehm ist oder die dieser nicht beantworten möchte, gibt es die Ausweich- oder Gegenfrage. Der Prüfer oder Interviewer beantwortet die vom Bewerber gestellte Frage nicht, sondern antwortet mit einer Gegenfrage. Es ist keine spezielle Fragetechnik und diese Form der Frage wird nicht bewusst eingesetzt, da es dem Fragenden kein Ergebnis bringt, wenn er als Antwort eine Frage serviert bekommt. Es handelt sich eher um eine Macht-frage, der Prüfer weicht Antworten aus und setzt den Bewerber unter Druck, indem er ihn in die Position bringt, direkt zu antworten. Gegenfragen lassen sich am besten umgehen, indem keine unangenehmen oder unangemessenen Fragen gestellt werden.

Beispiel

Frage des Bewerbers: Ich habe von einem Freund, der hier eine Ausbildung gemacht hat, gehört, dass ein Großteil der Arbeit darin besteht, am Kopierer zu stehen. Stimmt das?

Gegenfrage des Prüfers: Was wissen Sie denn über die Tätigkeiten, die ein Auszubildender bei uns auszuführen hat?

Motivierende Fragen

Motivierende Fragen erzeugen eine positive Stimmung und regen den Gesprächspartner dazu an, aus sich herauszugehen. So könnte Ihnen bei der Schilderung Ihres Werdeganges und Ihrer Qualifikationen folgende Frage gestellt werden: „Da Sie in Ihrer Freizeit gerne Salsa tanzen und Mitglied in einem Tanzverein sind, würde es sich doch anbieten, für die Polizeieinheit einen Tanzkurs anzubieten, oder?" Solche Fragen sollte man positiv beantworten und einen großen Nutzen daraus ziehen. Ihr Gesprächspartner hat einen Punkt in Ihrem Werdegang gefunden, den er wahrscheinlich persönlich interessant und gut findet. Diese Frage ist wie für Sie gebacken. Füllen Sie Ihre Antwort positiv aus und gehen Sie auch mal etwas ins Detail, um zu zeigen, dass Sie dies nicht nur als Hobby tun, sondern durchaus schon mit Leidenschaft und Erfolg. Denken Sie aber bitte daran, dass man Sie beim Wort nehmen wird, d.h. keine leeren Versprechungen machen. Besser wäre es, dem Gesprächspartner zu signalisieren, dass Sie grundsätzlich kein Problem damit haben, einen Tanzkurs anzubieten, und Sie zu gegebener Zeit sicherlich das Thema noch mal aufgreifen und besprechen können.

Schock- oder Angriffsfragen

Solche Fragen sollen Sie aus der Reserve locken. Die Gefahr für das Gespräch sind offensichtlich: Angriffsfra-gen können eine positive Gesprächsstimmung vom einen auf den anderen Moment zerstören. Eine typische Angriffsfrage wäre: „Wollen Sie oder können Sie darauf keine klare Antwort geben?"

Lassen Sie sich nicht aus der Ruhe bringen. Wenn Sie aggressiv oder beleidigt reagieren, haben Sie verloren. Wahren Sie auch hier Ihre Souveränität. Leiten Sie Ihre Antwort auf diese Frage z. B. ein mit: „Wenn Sie sich etwas gedulden, werde ich es Ihnen erläutern." Oder, noch besser, mit einer rhetorischen Frage: „Sie werden mir sicher Recht geben, dass dieses Thema zu wichtig ist, um es mit einer vorschnellen Antwort zu erledigen." Vor allem im Stressgespräch werden gerne Schock- und Angriffsfragen gestellt.

Mehrfachfragen

Mehrfachfragen sind Fragen, die mehrere Aussagen in einem langen Fragesatz zusammenfassen oder mehre-re Fragen hintereinander schalten, etwa: „Herr Mayer, Ihren Bewerbungsunterlagen ist zu entnehmen, dass Sie sich sozial engagieren und ein Teamplayer sind. Bei der Polizei legen wir sehr großen Wert auf einen freundlichen und kooperativen Umgang miteinander. Was verstehen Sie eigentlich unter Teamarbeit? Wel-che Rolle möchten Sie im Team übernehmen? Welche Qualifikationen bringen Sie mit?" Solche „Fragebatte-rien" stellen hohe Anforderungen an das menschliche Kurzzeitgedächtnis: Anstatt zu versuchen, auf alle Fragen einzugehen, sollten Sie sich darauf beschränken, immer nur eine Teilfrage zu beantworten – Ihr Ge-sprächspartner wird sich in aller Regel damit zufrieden geben. Am günstigsten ist es, die für Sie angenehmste Teilfrage zu beantworten. Sie selbst sollten Mehrfachfragen tunlichst vermeiden, wenn Sie auf vollständige Informationen Wert legen: Denn so wie Sie wird auch Ihr Gesprächspartner nur Teilfragen beantworten.

Projektive Fragen

Mit projektiven Fragen soll bewirkt werden, dass sich der Antwortende in eine andere Person hineinversetzt. Sie werden mit solchen Fragen zu rechnen haben, wenn der Eindruck entsteht, dass Sie in Bezug auf Ihre Meinung eher zurückhaltend sind und sich vor einer direkten Bewertung scheuen. Psychologisch nutzt eine projektive Fragestellung die Tatsache, dass es uns offenbar leichter fällt, über andere und deren Verhaltensweisen zu sprechen als über unsere eigenen. Projektive Fragen sind zum Beispiel: „Was glauben Sie, denken Ihre Eltern über Ihre Berufswahl?" Oder: „Wie würde sich Ihrer Meinung nach ein guter Mitarbeiter in dieser Situation verhalten?" Projektive Fragen bergen für Sie eine Gefahr: Da Sie hierauf eher eine ehrliche Antwort geben, als wenn Sie direkt Ihre Meinung äußern, erweist sich an Ihren Antworten sehr schnell, ob Ihre Selbstdarstellung konsistent und ehrlich ist. Ihre Antworten auf projektive Fragen können Widersprüche aufdecken.

Die Meinung Ihrer Eltern über Ihre Berufswahl sollte sich mit Ihrer persönlichen Meinung decken. Natürlich stehen Ihre Eltern hinter Ihrer Entscheidung und würden es sehr begrüßen, wenn Sie eine Ausbildung bei der Polizei beginnen.

5.7   Im Einstellungsgespräch häufig auftretende Fragen

Allgemeines

In jedem Einstellungsgespräch müssen die Einzustellenden, in unserem Fall die angehenden Auszubildenden, eine ganze Menge Fragen über sich ergehen lassen. In diesem Kapitel wollen wir uns nun intensiv mit möglichen Fragen beschäftigen. Häufig gestellte Fragen (a) werden genau beleuchtet; es wird aufgezeigt, welchen Hintergrund (b) die Fragen haben und auf was es bei der Antwort (c) ankommt. Zudem werden Musterantworten (d) und abschließende Empfehlungen (e) formuliert.

Warming-up / Eröffnungsfragen

Jedes Gespräch muss irgendwie beginnen. Da Sie sich im Vorstellungsgespräch in einer Situation befinden werden, in der Sie einen Gesprächspartner treffen, den Sie in Ihrem Leben vorher nie gesehen haben, müssen Sie quasi ein Gespräch mit einem Fremden führen. In dieser besonderen Situation ist es wichtig, dass Sie unbefangen in die Unterhaltung einsteigen. In der Regel werden daher zu Beginn einige Aufwärmfragen gestellt, um angemessen in das Gespräch einzusteigen.

(?) *Fragen*

   1. „Haben Sie den Weg gut gefunden?"

   2. „Ist heute nicht ein schöner Tag?"

(i) *Fragenhintergrund*

   Häufig wird ein Vorstellungsgespräch mit einer eher unbefangenen Frage – wie Sie den Weg gefunden haben oder wie das Wetter ist – eingeleitet. Die in dieser Aufwärmphase (engl. Warming-up) gestellten, unverfänglichen Fragen sollen zu einer angenehmen Gesprächsatmosphäre beitragen. Man darf sich von der Situation jedoch nicht trügen lassen, darf nicht in kollegiale oder freundschaftliche Verhaltensmuster verfallen oder sich gehen lassen. Das Gespräch wird zwar zu Beginn in eine entspannte Atmosphäre gebettet, jedoch geschieht dies, um Ihnen den Einstieg zu erleichtern. Das bedeutet im Umkehrschluss nicht, dass Sie sich in dieser Situation alles erlauben dürfen. Sie müssen die Situation als Teil des Einstellungsgesprächs ansehen, die Prüfer werden sich in diesen ersten Sekunden des Gesprächs ein Bild von Ihnen machen und zu einem gewissen Grad schon zu diesem frühen Zeitpunkt über Sympathie oder Antipathie entscheiden.

▶ *Worauf kommt es bei der Antwort an?*

Wenn Sie derartige, unkomplizierte Fragen beantworten, so achten Sie darauf, sich nicht in endlose Ausführungen zu ergeben. Hier geht es erst einmal nur darum, eine Beziehung zwischen Ihnen und dem Gesprächspartner aufzubauen. Es ist der Moment, in dem Sie die Prüfungsperson „kennen lernen". Da Sie denjenigen davon überzeugen wollen, die richtige Person für eine vakante Stelle zu sein, sollten Sie versuchen, möglichst so aufzutreten, wie Sie sind. Geben Sie sich natürlich und versuchen Sie offen und sympathisch zu wirken. Das ist leichter gesagt als getan und man könnte sich die Frage stellen: „Wie gebe ich mich sympathisch?" Hier sollten Sie versuchen, mit Freunden, die vor einer ehrlichen Meinung nicht zurückschrecken, Rücksprache zu halten. Versuchen Sie mit Ihren Freunden zu erörtern, was Sie als Person sympathisch macht.

Achten Sie auf Ihre Körpersprache (nachzulesen im Kapitel „Gesprächsverhalten, Auftreten und Körpersprache"). Verfangen Sie sich nicht in ausufernden Antworten: antworten Sie kurz und präzise.

■ *Musterantworten*

zu 1.: „Ja, ich habe mir gestern im Internet die Wegbeschreibung angeschaut. Damit habe ich den Weg sehr gut gefunden."

zu 2.: „Ja, heute ist wirklich ein schöner Tag."

ⓘ *Merke*

Versuchen Sie, in der Aufwärmphase des Gesprächs positiv zu sein. Vermeiden Sie z.B., Anreiseprobleme zu schildern, das würde in eine negative Richtung tendieren, Sie würden als unkompetent erscheinen, wenn Ihnen der Weg Probleme bereitet hätte.

Fragen zum Werdegang

Person und Interessen des Bewerbers

Für die Polizei als Ausbilder ist insbesondere Ihre Persönlichkeit von Interesse. Viele Arbeitgeber, in vielen Arbeitsbereichen, meinen, dass Sie Relevantes über Ihre Person erfahren, wenn sie Sie nach Interessen im Privatleben fragen. Es geht darum, Sie als Mensch besser einschätzen zu können und die Frage zu beantworten, ob Sie die richtige Wahl sind. Fragen zur Freizeitgestaltung und zum Privatleben sind Bestandteil fast aller Interviews. Sie entscheiden dabei, was Sie von Ihrem Privatleben preisgeben oder nicht.

⁇ *Fragen*

1. „Wie würden Sie sich selbst charakterisieren?"

2. „Erzählen Sie doch bitte etwas über Ihren Werdegang!"

ⓘ *Fragenhintergrund*

Diese Art gehört zu den Top 10 der am häufigsten gestellten Fragen in Vorstellungsgesprächen. Jeder Arbeitgeber ist an der Persönlichkeit seiner zukünftigen Auszubildenden interessiert. Es geht den Verantwortlichen, die Ihnen diese Frage stellen, nicht um die harten Informationen, denn die sind durch die Bewerbungsunterlagen schon zum Großteil bekannt. Vielmehr soll festgestellt werden, inwieweit Sie in der Lage sind, Ihre Qualifikation so wiederzugeben wie in den Unterlagen dargestellt und wie Sie dabei Schwerpunkte setzen. Was ist Ihr Berufsziel und stimmt das mit dem überein, was Sie im Bewerbungsschreiben formuliert haben? Haben Sie einen Plan verfolgt, als Sie sich auf die Stelle bei der Polizei beworben haben, oder ist alles eher zufällig seinen Weg gegangen? Sind Sie gezielt auf die Ausbildung bei der Polizei gesteuert? Es geht in diesem frühen Abschnitt der Unterhaltung darum, Ihre verbalen Fähigkeiten und Ihre charakterliche Grundeinstellung zu ermitteln.

▶ Worauf kommt es bei der Antwort an?

Wenn Sie jemand nach Ihrem Werdegang fragt, dann beginnen Sie nicht in der Nacht, in der sich Ihre Eltern zum ersten Mal begegnet sind, und auch nicht an Ihrem ersten Kindergartentag oder dem Tag Ihrer Einschulung. Halten Sie den Beitrag knapp – reden Sie nicht länger als zwei bis drei Minuten. Versuchen Sie vorwiegend Relevantes anzubringen. Auch ein Theaterkurs, den Sie in der Schule besucht haben, ist von Interesse im Bezug auf Ihre Persönlichkeit. Wichtiger sind jedoch in einem Vorstellungsgespräch Informationen, die die Polizeiarbeit und -ausbildung betreffen. Versuchen Sie Ihrem Beitrag einen roten Faden zu geben, das heißt ihm Struktur und Inhalt zu geben. Sie können sich im Voraus überlegen und planen, wie Sie Ihren Werdegang darstellen, damit Zusammenhänge zwischen Ihrer Person und der Ausbildung bestehen. Zeigen Sie, dass Sie die Fähigkeit haben, einige Minuten frei zu sprechen und Ihre Erfahrungen, Kenntnisse und Ziele zu präsentieren. Nehmen Sie sich in der Vorbereitung auf das Gespräch Zeit und überlegen Sie, wie Sie stichpunktartig Ihren Werdegang strukturieren können. Was ist wichtig für die Polizei? Was ist wichtig für mich? Was habe ich schon gelernt, was möchte ich noch lernen? Das sind gute Vorbereitungsfragen. Wenn Sie gewappnet sind, haben Sie für das Gespräch die wichtigsten Punkte parat. Heben Sie besonders Stärken hervor, die für die Stelle von Relevanz sind. Es ist ungeschickt, wenn Ihnen erst in der Prüfung gewisse Lücken in Ihrem Lebenslauf auffallen und Sie überlegen müssen, was Sie zu dieser Zeit eigentlich gemacht haben.

■ Musterantworten

zu 1.: „Ich denke, ich bin ein junger, offener und aufgeschlossener Mensch. Ich habe Ziele, dazu gehört meine Ausbildung, die für mich eine große Rolle spielt. Ich möchte mir den Wunsch erfüllen, einer Beschäftigung nachzugehen, die mich ausfüllt und meinen Interessen entspricht. Neben dem Beruf sind mir meine Familie und meine Freunde wichtig."

zu 2.: „Nach der Grundschule habe ich die Gesamtschule *Maria Magdalena* in Braunschweig besucht und nach der 10. Klasse erfolgreich die Schule abgeschlossen. Während der Schulzeit habe ich zwei Praktika absolviert (a 4 Wochen) – das erste Praktikum bei einer Sicherheitsfirma und das zweite bei der Polizei in Osnabrück. Die beiden Arbeitsbereiche, private und öffentliche Sicherheit, kennen zu lernen, war sehr interessant. In verschiedenen Tätigkeiten konnte ich viel lernen und mein Berufswunsch hat sich gefestigt. In der 10. Klasse war ich für zwei Monate auf einem Schüleraustausch in Frankreich, wo ich meine Französischkenntnisse aufbessern konnte. Im vergangenen Monat, nach Ende des Schuljahres, war ich auf einer einmonatigen Sprachreise in England und habe mich gleichzeitig intensiv auf die anstehenden Bewerbungsverfahren vorbereitet."

⚠ Merke

Wenn Sie eine wirklich stichhaltige Zusammenfassung Ihres bisherigen Werdegangs abgeben wollen, so sagen Sie in der Vorbereitung Ihren Lebenslauf einige Male auf. Versuchen Sie sich die wichtigsten Dinge stichpunktartig einzuprägen, dann können Sie in der Gesprächssituation flüssiger die Daten wiedergeben. Tragen Sie den Lebenslauf auch einer anderen Person vor, am besten jemandem, der selbst im Berufsleben steht und Sie beraten kann. Erzählen Sie nicht zu viel Persönliches.

Freizeitgestaltung

Über Ihre Persönlichkeit gibt nicht nur Ihr Lebenslauf Aufschluss, auch Ihre Freizeitgestaltung gibt vieles über Ihren Charakter preis. Verbringen Sie Ihre Freizeit eher in Gesellschaft mit anderen oder sind Sie lieber allein? Fragen, die auf Ihre Freizeitgestaltung und Ihre Hobbys abzielen, werden gestellt mit dem Interesse, mehr über Sie zu erfahren. Sind Sie im Sport ein Teamplayer, gilt dies ebso im Berufsleben, so hoffen zumeist die Personalverantwortlichen.

❓ Fragen

1a. und 1b. „Welchen Hobbys gehen Sie nach, wie verbringen Sie Ihre Freizeit?"

2. „Verbringen Sie Ihre Freizeit lieber in Gesellschaft oder alleine?"

ⓘ *Fragenhintergrund*

Es gibt Arbeitgeber, die der festen Überzeugung sind, dass diejenigen Arbeitnehmer, die in ihrem Privatleben, also in der Freizeit, etwas leisten, auch am Arbeitsplatz leistungsfähiger sind. Dafür gibt es keinerlei handfeste Beweise; jedoch ist sicher, dass Freizeitaktivitäten einen Ausgleich darstellen und dabei helfen, Stress zu kompensieren und in Form zu bleiben. Sie sollten versuchen, sich als Persönlichkeit darzustellen, die gern in Gesellschaft ist. Denken Sie daran, nicht solche Hobbys aufzuzählen, die zu zeitaufwendig sind („ich fahre am Wochenende immer nach Holland zum Windsurfen"). Der Personaler ist interessiert an Ihrer Freizeit und Sie wollen das Bild vermitteln, dass Ihre Freizeitbetätigung Sie (1) nicht mit Bezug auf den Dienst einschränkt und (2) dabei hilft, den Arbeitsstress zu kompensieren.

▶ *Worauf kommt es bei der Antwort an?*

Die Antwort auf diese Fragestellung können Sie gut vorbereiten. Wenn Sie einige sinnvolle Freizeitaktivitäten nennen, die das Interesse Ihres Gesprächspartners wecken, haben Sie schon fast gewonnen. Es macht keinen Unterschied, ob Sie eine Einzelsportart oder Mannschaftssportart betreiben. Ob Sie Gitarre spielen oder in einer Salsakombo tanzen. Achten Sie besonders auf die Faktoren *Zeitaufwand* und *Ausgleich für beruflichen Stress*. Wenn die Ergebnisse im Sporttest nicht besonders gut waren, dann sollten Sie nicht damit prahlen, dass Sie eine wirkliche Sportskanone sind. Das würde Sie unglaubwürdig erscheinen lassen. Ihrem Gesprächspartner würden Sie eine schlechte Selbsteinschätzung und Realitätsferne vermitteln. Sprechen Sie nur von Dingen, die Sie wirklich beherrschen. Stellen Sie sich in dieser Situation nicht selbst ein Bein durch Übertreibungen oder offensichtliche Widersprüche.

■ *Musterantworten*

zu 1a.: „Ich spiele Fußball in einer Amateurmannschaft. Mir geht es dabei nicht so sehr um Höchstleistungen, sondern eher um Spaß und eine gewisse Grundfitness. Ich trainiere etwa einmal wöchentlich mit der Mannschaft und versuche zudem Zeit zum Joggen zu finden."

zu 1b.: „Ich trainiere gerne im Fitnessstudio und gehe gerne schwimmen. Der Sport hilft mir, mich fit zu halten, um Stress abzubauen, wie während der Prüfungszeit zum Abitur. Besondere Freude bereiten mir die Kursangebote im Fitnessstudio, da man dort alte und neue Freunde trifft und anschließend noch zusammen sauniert oder anderweitig den Abend verbringt."

zu 2.: „Grundsätzlich verbringe ich meine Freizeit lieber in Gesellschaft. Natürlich ist es auch entspannend, ein paar ruhige Momente alleine zu finden, um ein Buch zu lesen oder Musik zu hören. Aber gerade im sportlichen Bereich bin ich eher Mannschaftssportler. Ich bevorzuge es, mit anderen die Begeisterung und den Spaß für einen Sport zu teilen und gemeinsam zu trainieren."

⚠ *Merke*

Insbesondere Gruppenaktivitäten beeindrucken Arbeitgeber, egal ob vom Sportverein, dem Tanzverein oder der Kochgruppe die Rede ist. Bewerber, die Sport treiben, sind besonders beliebt; betreiben Sie Leistungssport in der Mannschaft, so haben Sie praktisch schon gewonnen.

Freundeskreis

Wie schon die Fragen zur Freizeitgestaltung gezeigt haben, wollen die Personalverantwortlichen erfahren, wie Sie sozial im Leben organisiert sind. Haben Sie viele Freunde, gehen Sie gern aus oder sind Sie eher ein Einzelgänger, der die meiste Zeit allein verbringt? Zwar haben diese Fragen, wie Sie wahrscheinlich schon festgestellt haben, nicht viel mit den Fähigkeiten zu tun, die für den Ausbildungsplatz bei der Polizei entscheidend sind. Aber Sie werden schließlich nicht als Roboter eingestellt, der stupide und mechanisch seine Arbeit verrichten soll, sondern als Mensch, der in einem Netzwerk mit anderen Menschen arbeitet. Die anderen müssen sich auf Sie verlassen können, so wie Sie sich auf Ihre Kollegen verlassen können müssen. Insbesondere bei der Polizei ist man auf die Kollegen angewiesen, was natürlich nicht bedeutet, dass sich alle immer nur gut verstehen. Auch hier gibt es Mobbing und Kollegenkonflikte. Die Verantwortlichen der Polizei sind daran interessiert, Polizisten einzustellen, die den Problemen der modernen Gesellschaft gewachsen sind; die sich durchsetzen können und dabei in der Lage sind mit den Kollegen ein Team zu bilden. Wenn das Ihren Fähigkeiten entspricht, dann zeigen Sie das im Vorstellungsgespräch.

(?) *Fragen*

1. „Haben Sie einen großen Freundeskreis?"

2. „Was schätzen Sie an Ihren Freunden, an Ihrem Freundeskreis?"

(i) *Fragenhintergrund*

Diese Fragen zielen darauf ab, herauszufinden, wie Sie im Zwischenmenschlichen zu charakterisieren und einzuordnen sind. Freundschaften sagen viel über uns selbst aus, zeichnen sich Freunde doch durch Charakterzüge aus, die wir schätzen. Die Personalverantwortlichen haben Interesse an eher extrovertierten Charakteren, die kontaktfreudig und gern in Gesellschaft sind. Introvertierte Bewerber, die sich häufig isolieren, werden zumeist so eingeschätzt, dass ihnen soziale Kompetenz fehle, die für jede Form von Arbeit wichtig ist. Bei der Polizei besteht ein ständiger Kontakt mit Menschen, die in Problemen stecken oder Probleme machen. Für diese Arbeit ist es wichtig, dass man mit Menschen umzugehen weiß.

(▶) *Worauf kommt es bei der Antwort an?*

Ziel der Beantwortung ist nicht, die Größe des Freundeskreises darzustellen. Hier gilt: *Qualität vor Quantität*. Sie müssen nicht über unendlich viele Freunde verfügen, um einen Personalverantwortlichen von Ihren Freundschaften und Kontakten zu überzeugen. Eher sollen Sie zeigen, dass Sie Freunde haben und über Ihre Freundschaften nachgedacht haben. Vermitteln Sie gute Freundschaften, auf die Sie sich verlassen können. Sprechen Sie nicht nur von rosigen Zeiten, sondern auch einer kompetenten Konfliktbewältigung – in einem guten Freundeskreis werden Kontroversen offen im Gespräch ausgetragen.

(■) *Musterantworten*

zu 1.: „Ich würde sagen, dass ich viele Bekannte habe. Aber nur einige wirklich gute Freunde."

zu 2.: „An meinen Freunden und meinem Freundeskreis schätze ich besonders die offene Art. Wir diskutieren viel, setzen uns über verschiedene Themen auseinander. Zwar sind wir nicht immer alle einer Meinung, aber wir versuchen, wenn es Streit gibt, die Konflikte zu lösen."

(!) *Merke*

Hier sollten Sie daran denken, dem Personalverantwortlichen zu zeigen, dass Sie über einige echte Freundschaften verfügen und Sie in Ihrer Freizeit gern Zeit mit den Menschen verbringen, die Ihnen wichtig sind.

Sportliche Aktivität

Wie schon der Abschnitt zur Freizeitgestaltung zeigte, scheinen insbesondere sportliche Aktivitäten für Arbeitgeber das Bild zu vermitteln, als potenzieller Arbeitnehmer besonders geeignet zu sein. Für die Polizei gilt, dass die sportliche Fitness für die Arbeit grundsätzlich wichtig ist: wer nur vor dem Fernseher sitzt und lieber Fussball schaut als selbst zu spielen, der wird in der Polizeiarbeit nicht viel verloren haben. Die sportlichen Fähigkeiten, über die Sie sprechen, sollten mit den Leistungen im Sporttest korrespondieren. Das heißt konkret: Stellen Sie sich als Sportskanone dar, dann müssen Sie diesen Status im Sporttest rechtfertigen. Kommen Sie im Sporttest mit Hängen und Würgen durch, können Sie sagen, dass Sie Spaß am Sport haben, aber das nicht Ihr Spezialgebiet ist. Seien Sie ehrlich, das macht sich mit Sicherheit besser.

? Fragen

1a. und 1b. „Treiben Sie Sport?"

2. „Welche Sportarten bevorzugen Sie?"

ⓘ Fragenhintergrund

Wer Fragen zur sportlichen Aktivität stellt, der ist wahrscheinlich selbst aktiv und meint, dass Sportler bestimmte Fertigkeiten oder Eigenschaften mitbringen, über die passive Menschen nicht verfügen. Gehen Sie einer Sportart nach, so sollten Sie dies auf jeden Fall einbringen. Gehen Sie keiner Sportart nach, so überlegen Sie sich eine alternative Antwort.

▶ Worauf kommt es bei der Antwort an?

Jede Frage in einem Vorstellungsgespräch wird mit Bedacht gestellt. Die Fragesteller wollen etwas über Sie herausfinden, das den Bewerbungsunterlagen nicht direkt zu entnehmen ist. Werden Fragen nach der sportlichen Aktivität gestellt, so wollen die Personalverantwortlichen (1) erfahren, ob Sie etwas für Ihre Gesundheit tun und zudem (2) Rückschlüsse auf Ihren Charakter ziehen. Treten Sie als sportlicher Mensch auf, bringt das grundsätzlich nur Vorteile mit sich. Vermeiden Sie in dieser Situation zu sagen, Sie betreiben keinen Sport. Auch Wanderungen oder andere weniger anstrengende Aktivitäten können als sportliche Aktivität dargestellt werden. Für die Verantwortlichen ist wichtig zu sehen, dass Sie aktiv sind und am gesellschaftlichen Leben teilnehmen.

▣ Musterantworten

zu 1a.: „Ich treibe Sport; einmal in der Woche spiele ich Handball in einer Amateurmannschaft. Dabei steht weniger das Leistungsniveau im Vordergrund, sondern mehr die Freude am aktiven Spiel. Ich trainiere in der Regel einmal wöchentlich mit der Mannschaft und versuche mich konditionell durch Joggen zu stärken."

zu 1b.: „Früher habe ich aktiv Handball gespielt. Aufgrund einer Verletzung musste ich das Handballspiel aufgeben. Für meine Fitness gehe ich jedoch joggen, radfahren und schwimmen."

zu 2.: „Ich bevorzuge Mannschaftssportarten wie Hockey und Wasserball, denn mir ist in meiner Freizeit und beim Sport neben dem Gesichtspunkt der Fitness das Gruppenerlebnis wichtig."

! Merke

Wenn Sie über Ihre sportlichen Vorlieben sprechen, denken Sie daran, Extremsportarten auszulassen. Bei Ihrem potenziellen Arbeitgeber könnte sonst die Sorge aufkommen, dass mit Ihrer Einstellung die Krankheitskosten steigen. Lassen Sie zeitintensive und gefährliche Sportarten aus; angemessen sind Mannschafts- und Ausdauersportarten.

Lesen Sie gerne?

Die Frage nach dem Interesse an Literatur ist ein weiteres Beispiel, Ihre Vorlieben auszuwerten. Den Prüfern geht es darum, das von Ihnen erstellte Persönlichkeitsbild zu vervollständigen.

? Fragen

1. „Lesen Sie gerne, haben Sie Interesse an Literatur?"

2. „Was genau lesen Sie?"

ⓘ Fragenhintergrund

Wenn es um Ihre Person und um Ihre Interessen geht, so wollen die Verantwortlichen herausfinden, ob Sie neben den fachlichen Kenntnissen über die richtigen *soft skills* verfügen. Ein angehender Polizeibeamter muss nicht sagen, dass er die meiste Zeit Kriminalromane liest; das wäre evtl. zu stereotyp. Sie sollen vielversprechend wirken; und insbesondere diejenigen wirken interessant, die über eine Vielzahl von Vorlieben verfügen. Dazu gehört auch das Lesen. Stellen Sie sich vor dem Bewerbungsgespräch die Frage, welches Interesse Sie an Literatur haben. Wenn Sie sich eher für Filme interessieren, dann können Sie auch darüber sprechen. Nur sollten Sie ein Interesse an kulturellen Aktivitäten zeigen. Sie müssen nicht jedes Buch aufzählen, dass Sie einmal gelesen haben, jedoch sollten Sie eine Antwort parat haben.

▶ *Worauf kommt es bei der Antwort an?*

Bei der Beantwortung kommt es zuerst darauf an, dass Sie ehrlich sind. Wenn Sie nicht viel lesen, dann versuchen Sie zu erklären, warum Ihr Interesse bis jetzt nicht wirklich auf Literatur ausgerichtet war. Aber sagen Sie nicht etwas wie *Lesen hat mich in der Schule schon genervt und deswegen war ich froh, als wir im Deutschunterricht das letzte Buch gelesen hatten.* Wenn Sie bis jetzt nicht viel gelesen haben, dann sollten Sie das schleunigst ändern. Nicht nur in einem Bewerbungsgespräch werden Sie sich rechtfertigen müssen, wenn Sie sagen, Lesen sei für Sie nicht wichtig. In Zeitungen, Zeitschriften, Büchern und Magazinen stehen viele Informationen, die im Fernsehen nicht wirklich so dargestellt werden können wie in einem Text. Sie können außerdem Extrapunkte sammeln, wenn Sie zeigen können, dass Sie sich mit der Fachpresse auskennen. Sie sollten die Zeitung, über die Sie sprechen, in der Hand gehabt und gelesen haben. Wenn Ihr Gegenüber nachhakt, wird es auffallen, wenn Sie nicht wissen, wovon Sie sprechen, und nur den Namen der Zeitschrift genannt haben, um Eindruck zu schinden.

■ *Musterantworten*

zu 1.: „Ja, ich lese sehr gern. Lesen bietet mir auf der einen Seite die Möglichkeit, mich zu informieren – daher lese ich regelmäßig Zeitungen, zumeist im Internet. Zum anderen kann ich mich beim Lesen gut entspannen, hier bevorzuge ich Krimis."

zu 2.: „In meiner Freizeit lese ich gern die Klassiker der Weltliteratur, aber keine kitschigen Liebesgeschichten. Ich interessiere mich für historische Ereignisse und so für historische Romane. Sachbücher lese ich, um über spezielle Themen, die mich interessieren, mehr zu erfahren."

! *Merke*

Seien Sie ehrlich, aber besteht Desinteresse an Literatur und Zeitungslektüre, dann versuchen Sie dies für einen Moment zu vergessen. Es kann für Sie wichtig sein, auf einige Fachzeitschriften hinzuweisen, also informieren Sie sich vor dem Gespräch über die Fachpresse; so können Sie punkten. Und: Informieren bedeutet nicht nur, dass Sie die Titel der Fachpresse kennen, sondern mit dem Inhalt des einen oder anderen Magazins vertraut sind. Wenn Sie nur Comics lesen, auch das ist eine Form der Literatur, dann sprechen Sie darüber. Nicht jeder mag schwere Wälzer oder die Klassiker der Weltliteratur und schließlich gibt es nicht nur Comics für Kinder. Es geht darum, dass Sie Interesse an bestimmten Dingen zeigen. Und davon überzeugen, dass Sie ein interessierter, aufgeschlossener Mensch sind.

Wie entspannen Sie sich?

Welch eine seltsame Frage für ein Vorstellungsgespräch: „Wie entspannen Sie sich?" Was spielt das für eine Rolle, mag man sich fragen, und die Frage ist berechtigt. Aus welchem Grund sollte sich die Polizei für die Entspannungstechniken seiner angehenden Auszubildenden interessieren? Hier geht es darum – wie schon bei der Freizeitgestaltung, den sportlichen Aktivitäten oder den Leseinteressen – zu konkretisieren, ob Sie zu Ihrem Arbeitsleben im Privatbereich gewisse Kompensationen haben. Es können Ihnen in Vorstellungsgesprächen noch viel seltsamere Fragen gestellt werden. Seien Sie auf alles vorbereitet.

? *Frage*

„Was machen Sie, um sich mal so richtig zu entspannen, wie bauen Sie Stress ab?"

ⓘ *Fragenhintergrund*

Diese Frage ist motiviert durch das Interesse daran, ob Sie als potenzieller Auszubildender in der Lage sind, den Stress des Berufslebens auszuhalten und in der Freizeit Kompensation zu finden. Die Polizeiarbeit ist besonders anstrengend. Sie werden mit extremen Situationen konfrontiert sein, werden Dinge erleben, die schwer zu verarbeiten sind, und müssen ein dickes Fell haben. Dabei ist wichtig zu wissen, wie man sich entspannt. Es geht um Ihre Fähigkeit, mit Stress umzugehen und Stress zu verarbeiten.

▶ *Worauf kommt es bei der Antwort an?*

Bei der Beantwortung kommt es darauf an darzustellen, dass Sie mit Stress umgehen können. Als angehender Azubi können Sie nicht sagen *Ich habe schon in meinem letzten Job mit Stress gekämpft und in der Freizeit mit Taibo versucht, den Stress zu kompensieren,* denn: Sie haben wahrscheinlich noch nicht gearbeitet. Von der Fähigkeit, mit Stress umgehen zu können, sollten Sie trotzdem überzeugen. Sie können sich auf die Schulzeit beziehen. Schildern Sie, wie Sie in Prüfungssituationen zurechtkamen, dass Sie z.B. durch einen Ausgleich zwischen Anspannung und Entspannung zu Kräften kamen. Nennen Sie verschiedene Aktivitäten wie Jogging, Lesen, Schlafen, Reiten oder Schwimmen. So können Sie eine sinnvolle Freizeitgestaltung mit einer gelungenen Entspannungsarbeit verbinden.

▣ *Musterantwort*

„Um mich entsprechend zu entspannen, versuche ich einen Ausgleich zum Stress herzustellen. Ich nutze *(a)* gezielt Entspannungstechniken (Yoga, Autogenes Training, Atmungstechniken). Ich versuche *(b)* systematisch Auszeiten zu nehmen (Tagträumen, früh schlafen gehen). Ich suche *(c)* körperliche Entspannung (Spaziergänge, Sauna, Ausdauersportarten) und anregende Gespräche (mit dem Partner/der Partnerin oder guten Freunden)."

ⓘ *Merke*

Überzeugen Sie Ihren Gesprächspartner, dass Sie den richtigen Weg gefunden haben, zwischen Stress und Entspannung einen Ausgleich zu erreichen.

Urlaub?

Dies ist ein weiterer Fragebereich zu Ihrem Freizeitverhalten – welche Möglichkeiten werden in Anspruch genommen, um das Privatleben interessant zu gestalten.

ⓘ *Frage*

„Wie machen Sie Urlaub?"

ⓘ *Fragenhintergrund*

Vordergründig will man mit dieser Frage beantworten, ob Sie ein Stubenhocker sind oder Ihre Freizeit *sinnvoll* zu nutzen wissen. Im Grundsatz geht es ebenfalls darum, ob der Bewerber introvertiert oder extrovertiert ist.

▶ *Worauf kommt es bei der Antwort an?*

Sie haben einen Trumpf im Ärmel, wenn Sie davon überzeugen können, dass Sie mit Ihrer Freizeit umzugehen wissen. Bedenken Sie, dass Ihre Urlaubsaktivitäten nicht in Widerspruch zur angestrebten Position stehen dürfen. Unangemessen wäre anzugeben, Sie fahren schon seit Ihrem fünften Lebensjahr immer an denselben Ort, an der Donau im schönen Österreich. Nichts gegen die Donau oder Österreich. Jedoch wäre es naheliegend, Ihnen zu unterstellen, Sie seien nicht an neuen Erfahrungen interessiert, was damit gleichzusetzen ist, dass Sie sich im Berufsleben nicht weiterentwickeln werden und unflexibel sind. Ein anderer Fehler bestünde darin, Urlaub so übermäßig zu huldigen, dass die Personalverantwortlichen das Gefühl bekommen, Sie würden nur arbeiten, um dann in Urlaub fahren zu können. Diese Auffassung können Sie vertreten, nur sollten Ihre Gesprächspartner davon nichts erfahren. In diesen Fällen ist es besser, nicht alles zu erzählen. Sie sollen nicht lügen, aber Sie müssen nicht haarklein erzählen, was Sie im Urlaub machen. Es geht den Polizeiverantwortlichen, einfach gesprochen, nichts an, wie Sie Ihre Freizeit verbringen und was Sie im Urlaub machen. Geben Sie einem Einstellungsberater aber diese Antwort, kann sich das für Sie negativ auswirken.

■ Musterantwort

„Es fällt mir schwer, mich festzulegen. Grundsätzlich möchte ich im Urlaub entspannen. Also versuche ich ein Mittelmaß zwischen aktiven und passiven Tagen zu finden. Wenn ich im Süden bin, dann liege ich gern am Strand und lese, gehe schwimmen oder schnorcheln. Zudem versuche ich etwas von der Landeskultur zu erfahren und schaue mir Sehenswürdigkeiten an. Besondere Erlebnisse sind oft damit verbunden, mit den Einheimischen in Kontakt zu treten. Wichtig ist mir im Urlaub ein guter Mix aus Entspannung und Aktivität."

! Merke

Der Urlaub ist Freizeit. Diese Zeit nutzen Sie, um Abstand vom Alltag zu gewinnen. Dabei achten Sie darauf, weder am Strand zu verbrennen, noch in Kathedralen und Kirchen die mitteleuropäische Bleiche in Ihrem Gesicht zu konservieren. Es geht um Abwechslung, auch im Urlaub. Wenn Sie diesen Grundtenor einhalten, liegen Sie richtig. Sie brauchen nicht alles haarklein ausbreiten. Versuchen Sie einen Eindruck zu vermitteln.

Vereinsmitgliedschaft

Die Frage nach einer Vereinsmitgliedschaft ist am *Gesamtkonzept* Ihrer Persönlichkeit interessiert. Die Art des Vereins, in dem Sie Mitglied sind, lässt Schlüsse auf Ihre Persönlichkeit und Eignung zu (*GTI Club* oder *Greenpeace*, *Feldhockey* oder *Fußball*).

? Frage

„Sind Sie Mitglied in einem Verein? Wenn ja, in welchem?"

i Fragenhintergrund

Die Freizeit in einer Gruppe zu verbringen – sei es im Sportklub, im Gesangsverein/Chor oder im Modellbauerverein –, ist immer positiv. Haben Sie *dort* eine Aushilfstätigkeit oder *hier* ein Ehrenamt übernommen, so ist das für die Personalverantwortlichen ein positives Zeichen. Es zeigt, dass Sie in Ihrer Freizeit nicht davor zurückschrecken, Verantwortung zu übernehmen und sich in einer Gruppe zu engagieren. Vereinstätigkeiten verweisen auf Ihre Leistungsfähigkeit und Ihre Bereitschaft, sich für etwas einzusetzen.

▶ Worauf kommt es bei der Antwort an?

Haben Sie noch keine Erfahrung im Beruf gesammelt, so ist eine Vereinstätigkeit ein guter Nachweis Ihrer Aktivität. Achten Sie jedoch darauf, nur das zu äußern, was Ihnen keine Probleme bereitet. Waren Sie in einer verfassungsfeindlichen Gruppe tätig, dann sollten Sie davon absehen, bei der Polizei anzufangen. Die Polizei ist sehr daran interessiert, nur solche Personen einzustellen, die sie in der Öffentlichkeit gut repräsentieren können. Sie sollten auch nicht versuchen soziales Ehrenamt vorzutäuschen, wenn dies nicht der Fall ist. Waren Sie aber in der Kirche, im Turnverein oder bei einem Modellbaueisenbahnclub in Ihrer Freizeit tätig, dann lohnt es sich darüber zu sprechen.

■ Musterantworten

„Ich bin Mitglied in zwei Vereinen. Im ersten Verein, dem TSV Hanau, bin ich nur formal Mitglied, da ich in der Herrenmannschaft Fußball spiele. Zudem bin ich Mitglied der *Naturschutzfreunde Hanau e.V.* In diesem Verein bin ich ehrenamtlich organisatorisch für die Mitgliederversammlungen verantwortlich."

„Ich bin nicht in Vereinen tätig, meine Freizeit möchte ich vor allem mit meiner Familie und meinen Freunden verbringen."

⚠ Merke

Unabhängig von Ihrer Vereinszugehörigkeit sollten Sie sich als einen geselligen, umgänglichen Menschen darstellen. Achten Sie mit Argusaugen auf Widersprüche und verwickeln Sie sich nicht darin.

Wie stehen Ihre Eltern, Freunde und Ihr persönliches Umfeld zu Ihrer Bewerbung?

Jemand fragt Sie nach der Meinung Ihrer Familie zu Ihrer Bewerbung, und Sie denken sich wahrscheinlich, was diese Frage zu bedeuten hat. Es lässt sich verstehen, wenn der zukünftige Arbeitgeber an der Freizeitgestaltung interessiert ist und etwas über den persönlichen Lebensweg erfahren will, aber was hat die Meinung Ihrer Familie damit zu tun, ob Sie für einen Job geeignet sind? Wie die Einstellungsbeauftragten zu dieser Frage kommen, ist fraglich, sicher ist aber, dass diese Frage in diversen Vorstellungsgesprächen gestellt wird.

❓ Frage

„Wie stehen Ihre Eltern, Freunde und Ihr persönliches Umfeld zu Ihrer Bewerbung?"

ⓘ Fragenhintergrund

Diese seltsame Frage zielt nicht auf Ihre direkten Fähigkeiten oder Kenntnisse. Vielmehr geht es darum zu erfahren, ob Sie in geordneten Familienverhältnissen leben. Die Frage ist nicht als freundschaftliches Angebot aufzufassen, einmal über die familiären Probleme oder Konflikte zu reden. Das sollten Sie in jedem Fall vermeiden. Wenn es Probleme in Ihrer Familie gibt, dann kann Ihnen der Personalverantwortliche nicht helfen, Sie sollten in diesem Fall einen anderen Ansprechpartner aufsuchen. Die Personalverantwortlichen wollen nur die Information haben, dass Sie in harmonischen Familienverhältnissen leben und Ihnen Ihr persönliches Umfeld beruflich jede Unterstützung zukommen lässt, die Sie sich wünschen können. Diese Antwort sollten Sie geben.

▶ Worauf kommt es bei der Antwort an?

Bei der Beantwortung kommt es darauf an, dass Sie sich kurz halten. Sobald Sie beginnen, ausführlich von Ihrer Familie zu sprechen (im positiven wie im negativen Sinne), bekommt der Personalverantwortliche den Eindruck, dass Sie die Frage nicht verstanden haben oder in Ihrer Familie etwas nicht in Ordnung ist. Beschränken Sie sich auf Fakten und vermitteln Sie Ihre geordneten Verhältnisse und die Unterstützung Ihrer Familie und Freunde für Ihre Ausbildungsentscheidung.

■ Musterantwort

„Sowohl meine Familie als auch Freunde unterstützen mich in meiner Berufsentscheidung. Ein Freund hat mir bei der Korrektur der Bewerbungsunterlagen geholfen und meine Eltern und mein großer Bruder haben mir angeboten, bei einem eventuellen Umzug zu helfen."

⚠ Merke

Stellen Sie Ihre Familie in positivem Licht dar und vergessen Sie nicht zu erwähnen, dass Sie sich in Ihrer Familie gegenseitig unterstützen.

Fragen zu Schulverlauf und Zeugnissen

Da Sie sich auf einen Ausbildungsplatz bewerben und in der Regel noch kein Studium absolviert haben, ist für die Polizei insbesondere Ihre Schulkarriere von Interesse. Die mit der Bewerbungsmappe eingereichten Zeugnisse geben formal Aufschluss über Ihre Leistungen. Doch kann das Zeugnis nicht erläutern, warum Sie in einem Fach eine bestimmte Note erhalten haben. Wichtig ist den Prüfern, aus Ihrem Mund Erklärungen für

Schulleistungen zu erhalten. Nachfolgend werden typische Fragen diskutiert, die sich explizit auf die Schulzeit beziehen.

? Frage

„Welche Rolle haben Sie in der Schule eingenommen?"

i Fragenhintergrund

Fragt man Sie nach Ihrer Rolle, Funktion oder Position in der Schule, so zielt das Interesse auf Ihre soziale Kompetenz und Leistungsbereitschaft. Es geht darum zu erörtern, ob und wie Sie sich in Gemeinschaften integrieren können. Also fragen Sie sich selbst im Vorfeld: Bin ich ein Teamspieler oder ein Einzelkämpfer?!?

▶ Worauf kommt es bei der Antwort an?

Achten Sie bei der Beantwortung dieser Frage darauf, mit allen Mitteln von Ihrer Teamfähigkeit zu überzeugen. Im Grundsatz ist jeder teamfähig, niemand lebt für sich allein oder kann ohne Beziehungen zu anderen Menschen auskommen. Im Fall der Schulzeit, die hier im Fokus liegt, ist es sinnvoll, durch die Involvierung in das Klassenkollektiv, die Klassengemeinschaft, aufzuzeigen, dass Sie im Team arbeiten können. Waren Sie evtl. Klassensprecher oder Vertrauensschüler? Haben Sie sich an der Organisation von Projekten oder Klassenfahrten beteiligt? Sind Sie bei den Stadtmeisterschaften im Sport evtl. mit einer Mannschaft angetreten, oder haben Sie in Ihrer Freizeit mit Freunden aus der Schule ehrenamtlich etwas organisiert? Es gibt eine Vielzahl von Möglichkeiten aufzuzeigen, dass Sie im Klassenkollektiv gearbeitet haben. Nun liegt es an Ihnen zu überlegen, welche Aktivitäten in einem Bewerbungsgespräch erwähnenswert wären.

■ Musterantwort

„In der Schule habe ich an verschiedenen Projekten mitgearbeitet. Wir haben z.B. in einer kleinen Gruppe die Abschlussfahrt und im letzten Jahr ein Projekt für Toleranz gegen Rassismus organisiert. Hierzu haben wir zu fünft eine Präsentation vorbereitet, die im Schulgebäude ausgestellt wurde. Die ganze Schulzeit über war ich Mitglied der Handballschulmannschaft, die jährlich an den Stadtmeisterschaften teilnahm. Ich war im Klassenverband engagiert und habe mich nicht vor Aufgaben und Arbeit gescheut, die für die Gemeinschaft gedacht waren. Solche Aufgaben haben mir stets Freude bereitet."

! Merke

Hier sollten Sie unter keinen Umständen in eine Stimmung verfallen, in der Sie Lehrer und Mitschüler verteufeln. Sie müssen nicht wie in der Musterantwort argumentieren, es soll nur ein Beispiel sein. Versuchen Sie ein realistisches Bild zu zeichnen: Es ist in einer Gemeinschaft nicht immer leicht, in einer Zusammenarbeit sind auch Konflikte zu lösen.

? Frage

„Welche Fächer waren Ihre Lieblingsfächer?"

i Fragenhintergrund

Ihre Lieblingsfächer spielen insofern eine Rolle, als dass sie verdeutlichen, wo Ihre Interessen liegen. Und diese Interessen müssen sich in gewisser Weise mit dem decken, was Sie im Begriff sind zu lernen. Hintergrund dieser Frage ist es herauszufinden, wie Ihre fachlichen, in diesem Fall schulischen Interessen mit den Anforderungen der Polizei übereinstimmen. Zwar müssen Sie kein Mathe- oder Deutschgenie sein, um einen Ausbildung bei der Polizei zu machen. Aber schreiben und rechnen müssen Sie können – sonst werden Sie nicht bis zum Vorstellungsgespräch kommen. Wenn Sie z.B. eine besondere Vorliebe für Geschichte und Sozialkunde oder Kunst und Religion hatten, dann können Sie auch das sagen. Sie sollten nur wissen, wie Sie es mit der Polizeiausbildung in Verbindung setzen können.

▶ Worauf kommt es bei der Antwort an?

Wenn Sie sich fragen, wie Sie Ihre Antwort strukturieren können, so denken Sie daran, einen Bezug zum Ausbildungsplatz herzustellen. Versuchen Sie zu betonen, dass Ihnen gewisse Fächer Freude bereitet haben, da Sie etwas lernen konnten, was für Ihren „Traumberuf" relevant ist. Sagen Sie evtl., dass Sie etwas vermisst haben, was Sie ebenfalls interessiert hätte, wofür Sie aber selbst aktiv werden mussten (z.B. kein Wirtschaftsunterricht an der Schule, daher mussten Sie die Wirtschaftspresse lesen).

■ Musterantwort

„Am liebsten habe ich den Mathematik-, Geschichts- und Sowiunterricht besucht. Die Lehrer in diesen Fächern waren sehr kompetent und konnten mir einen guten Überblick verschaffen. In Mathematik haben wir gelernt, was ich in fast jedem Beruf benötige. Im sozialwissenschaftlichen Unterricht haben wir vor allem über gesellschaftliche Belange diskutiert, die Demokratie, Globalisierung usw. Da mich das sehr angesprochen hat, habe ich begonnen, mich auch außerhalb der Schule für gesellschaftliche Themen zu interessieren. So bin ich auch auf die Idee gekommen, dass ich bei der Polizei arbeiten möchte. Im Geschichtsunterricht haben wir viel Interessantes über unsere Vergangenheit gelernt. In meiner Freizeit lese ich auch heute noch Bücher und Artikel zu historischen Themen und Ereignissen."

! Merke

Die Personalverantwortlichen wollen hier erfahren, inwiefern Ihre Interessen an den Schulfächern mit den Anforderungen des Berufes zusammenpassen. Versuchen Sie einen Bezug herzustellen, das ist die halbe Miete.

? Frage

„Wie kommt es zu Ihren Noten im Fach XY?"

ⓘ Fragenhintergrund

Nobody is perfect sagt ein Sprichwort. Aus diesem Grund ist es nur natürlich, dass nicht jeder Schüler in jedem Fach eine 1 als Note hat. Das ist kein Problem für die Personalverantwortlichen, denn eine Frage, die sich auf schlechte Noten bezieht und von Ihnen eine Antwort erwartet, zielt darauf ab, Sie in der Bewerbungssituation unter Druck zu setzen. Sie sollen in dieser Situation einen plausiblen Grund anführen, warum Sie in einem gewissen Fach eine verhältnismäßig schlechte Note haben. Es wird von Ihnen nicht erwartet, dass Sie in jedem Fach Bestnoten aufweisen, wie schon gesagt: *Niemand ist perfekt.* Seien Sie ehrlich und erklären Sie nachvollziehbar, warum Sie in gewissen Bereichen Defizite haben. Wichtig ist, erkennbar zu machen, dass Sie Interesse daran haben, die Defizite auszugleichen.

▶ Worauf kommt es bei der Antwort an?

In erster Linie ist es sinnvoll, ehrlich zu antworten. Lügen Sie sich keine Geschichte zusammen, das bringt Ihnen in der Regel nur Probleme. Zudem sind Lügen in diesen Situationen häufig unplausibel. Gab es triftige Gründe (z.B. langer Ausfall wegen Krankheit), so führen Sie dies an. Schieben Sie keinesfalls die Schuld auf andere („der Lehrer war einfach schlecht), das zeugt nicht von Kritikfähigkeit und der Eignung, eigenes Handeln zu hinterfragen. Evtl. hat Ihnen die Schule am Ende einfach wenig Spaß bereitet und Sie konnten es kaum erwarten, endlich mit praktischer Arbeit und einer Ausbildung zu beginnen. Wenn Sie dieses Argument gut verpacken können, kann Sie das ebenso weiterbringen.

■ *Musterantworten*

„In Mathe hatte ich gewisse Probleme, das muss ich gestehen. Ich denke, ich habe das Fach in der Abschlussklasse einfach unterschätzt. Zuvor hatte ich kein Problem in diesem Fach. Ich denke, ich hätte intensiver lernen müssen, was ich jedoch versäumte, da ich mich in der Vorbereitung auf Fächer konzentriert habe, von denen ich dachte, dass mir diese schwerer fallen würden. In meinem Nebenjob als Kellnerin hatte ich nie Probleme mit Zahlen und der Abrechnung."

„Ich muss gestehen, Fremdsprachen sind nicht meine Stärke. In Mathematik, Deutsch oder Geschichte hatte ich dagegen sehr gute Noten. Es fällt mir schwer, mich in eine andere Sprache hineinzuversetzen. Aber dieser Schwäche bin ich mir bewusst. In den nächsten Ferien möchte ich in England einen Sprachkurs belegen, um dieses Problem anzugehen. In der Berufswelt ist es wichtig, Fremdsprachen zu beherrschen, und ich möchte dies lernen."

(!) *Merke*

Ehrlichkeit ist das A und O. Sie sollten die Fehler bei sich suchen, Eingeständnisse machen und trotzdem betonen, dass Sie in anderen Fächern gute Noten vorweisen können. Zudem ist es sinnvoll anzumerken, dass Sie bereit sind, sich in dem Gebiet zu verbessern und persönlich weiterzuentwickeln.

(?) *Frage*

„Wie wollen Sie Ihre Kenntnislücken in Fach XY ausgleichen?"

(i) *Fragenhintergrund*

Wenn eine derartige Frage auftritt, so können Sie davon ausgehen, dass der Personalverantwortliche daran interessiert ist, von Ihnen ein Zugeständnis in Bezug auf Ihre Schwächen zu bekommen. Gleichzeitig ist es sinnvoll, einen Weg aufzuzeigen, wie Sie Ihr Defizit ausgleichen können.

(▶) *Worauf kommt es bei der Antwort an?*

Sie sollten gut vorbereitet sein und Ihre Bewerbungsunterlagen besser kennen als der Interviewer. Versuchen Sie im Vorfeld genauestens zu überprüfen, an welchen Stellen Ihre Unterlagen Schwächen offenbaren. Sprechen Sie gut Englisch? Reichen Ihre Mathematikkenntnisse? Gestehen Sie sich Ihre Schwächen ein, aber vergessen Sie nicht: Trotz dieser Schwächen hat man Sie zum Bewerbungsgespräch eingeladen. Die Schwächen können nicht so massiv sein, dass Sie Ihrer Einstellung im Wege stehen müssen. Dies gilt natürlich nur, wenn Sie den Personaler überzeugen können, dass Sie von sich aus bereit sind, Ihre Freizeit zu opfern, um die Defizite auszugleichen. Haben Sie Probleme mit Fremdsprachen, so zeigen Sie einen Weg auf, um damit umzugehen. Es geht nicht gleich darum, einen Sprachkurs im Ausland zu belegen, auch ein Intensivkurs in einer kleinen Gruppe an einem Sprachenzentrum in Deutschland kann hilfreich sein.

■ *Musterantwort*

„Mir ist klar, dass meine Englischkenntnisse nicht ausreichen. Mich stört selbst, dass ich nicht gut Englisch spreche. Aus diesem Grund habe ich mich für einen Feriensprachkurs am Sprachenzentrum NRW angemeldet. Ich hoffe, mit diesem Intensivprogramm meine Defizite beheben zu können."

(!) *Merke*

Verdeutlichen Sie, dass Defizite für Sie eine Herausforderung darstellen. Insofern, als dass Sie immer Spaß daran haben, eine Schwäche auszugleichen.

(?) *Frage*

„Warum haben Sie nicht studiert?"

ⓘ *Fragenhintergrund*

Die einfachste Antwort wäre: „Weil ich eine Ausbildung machen möchte!" Aber das reicht in unserem Fall nicht. Prüfer, die Sie mit dieser oder ähnlichen Fragen konfrontieren, wollen sichergehen, dass Sie aus Interesse Ihre Bewerbung eingereicht haben und nicht, da Ihre Noten für das Abitur und ein anschließendes Studium zu schlecht waren. Die Polizei will solche Leute ausbilden, die eine Ausbildung wählen, weil Sie gerne praktisch lernen möchten, die das Theoretische eines Studiums nicht reizt und die eine Ausbildung nicht als Notlösung wählen.

▶ *Worauf kommt es bei der Antwort an?*

Wenn jemand von Ihnen hören möchte, dass Sie sich bewusst für eine Ausbildung entschieden haben, dann sollten Sie eine derartige Antwort nicht verschmähen. Betonen Sie, dass Sie z.B. keinen Reiz an einem Studium finden, oder froh sind, die Schule beendet zu haben und nun aktiv am Berufleben teilnehmen wollen. Sie müssen stichhaltige Argumente finden und anführen, um von Ihrer Motivation für die Ausbildung zu überzeugen. Zeigen Sie dem Personaler, dass für Sie das praktische Lernen eine besondere Herausforderung darstellt und Sie sich aus diesem Grund für die Ausbildung und gegen das Studium entschieden haben. Wenn Sie sich an diese Grundsätze halten, können Sie einiges gewinnen. Nicht Ihre Schwächen (z.B. schlechte Noten) haben Sie in die Ausbildung gedrängt, sondern Ihre **eigene** Entscheidung ist ausschlaggebend gewesen.

■ *Musterantwort*

„In den letzten Wochen und Monaten habe ich oft darüber nachgedacht, ob ich die Schule weiterführen und ein Studium beginnen soll oder nicht. Ich habe mich aber letztendlich für die Ausbildung entschieden, da ich dort wirklich aktiv am Arbeitsleben teilnehmen kann. Mit dem Studium würde das noch eine ganze Zeit dauern, bis ich arbeiten kann. Meine Geschwister haben teilweise studiert und teilweise eine Ausbildung gemacht. Diejenigen, die früh begonnen haben zu arbeiten, waren auch früh selbstständig. Die Idee, bald eigenständig leben zu können, ohne die Hilfe meiner Familie, ist für mich sehr reizvoll."

⚠ *Merke*

Überzeugen Sie Ihr Gegenüber, dass Sie die Ausbildung aus guten Gründen gewählt haben. Sie haben sich so entschieden, da es Ihrem Lebensentwurf entspricht. Nicht schlechte Noten, mangelnde Motivation oder fehlende Alternativen sind der Grund!

❓ *Frage*

„Was haben Sie im Zeitraum zwischen (...) und (...) gemacht?"

ⓘ *Fragenhintergrund*

Ein Lebenslauf soll, zumindest aus der Perspektive der Personalverantwortlichen, lückenlos sein. Haben Sie sich durchgehend mit etwas beschäftigt oder haben Sie auf der faulen Haut gelegen und sich Leerlauf gegönnt? Wenn Ihr Lebenslauf nicht lückenlos ist, dann können Sie mit großer Wahrscheinlichkeit davon ausgehen, dass diese Tatsache im Vorstellungsgespräch thematisiert wird. Die Personaler sind interessiert daran zu erfahren, warum eine Lücke im Lebenslauf entstand; was nicht unmissverständlich bedeutet, dass Sie mit dieser Frage automatisch Faulheit unterstellen. Haben Sie z.B. für eine gewisse Zeit Auslandserfahrung gesammelt und diese nicht für erwähnenswert gehalten; oder haben Sie vor dem jetzigen Bewerbungsverfahren andere Verfahren durchlaufen? Wichtig ist in diesem Zusammenhang Souveränität! Es darf auf keinen Fall der Anschein entstehen, Sie seien selbst nicht in der Lage, diese Lücke zu füllen.

▶ *Worauf kommt es bei der Antwort an?*

Zuerst gilt es eventuelle Lücken zu erkennen. Wenn Sie vor dem Gespräch noch einmal Ihre Unterlagen durchsehen, sollten Sie darauf achten und sich mögliche Erklärungen überlegen. Am besten ist es, Antworten zu finden, die auf Vorzüge, die mit dieser Lücke verbunden sind, verweisen. Vielleicht haben Sie eine längere Reise unternommen; eine Sprache gelernt; waren in anderen Bewerbungsverfahren; haben einfach nur in einem Café gearbeitet oder in einem Supermarkt? Es sollte für den Personalverantwortlichen ersichtlich werden, dass Sie die Zeit sinnvoll genutzt haben. Hier geht es nicht darum, Rechenschaft abzulegen. Viel eher handelt es sich um eine kleine *Kurskorrektur*. Sie füllen einen Zeitraum mit Inhalt, eine Lüge wäre an dieser Stelle unangebracht. Wenn Sie die positiven Effekte der Lücke geschickt herauszustellen wissen, können Sie überzeugen. Sie überzeugen den Personalverantwortlichen, dass Sie nicht faul Zeit verschwendet, sondern Erfahrungen gesammelt haben, die für den Lebenslauf im eigentlichen Sinne nicht relevant waren, da andere Erfahrungen den Vorrang bekommen haben. Trotzdem ist diese Lücke eigentlich auch erwähnenswert.

■ *Musterantwort*

„Nach der Schule habe ich mich nicht direkt um eine Ausbildung beworben, weil ich Interesse an der südamerikanischen Kultur hatte und meine Sprachkenntnisse ausbauen wollte. So habe ich eine dreimonatige Reise durch Südamerika unternommen, wodurch ich meine Spanischkenntnisse verbessern konnte. Nach dieser Reise habe ich drei weitere Monate mit der Bewerbung gewartet, um die Erfahrung einer praktischen Arbeit zu haben und ein wenig Geld zu verdienen; so ich habe in einem Café gearbeitet. Insgesamt habe ich in diesem halben Jahr vor der Ausbildung meinen Horizont um erste berufliche und Auslandserfahrungen sowie Sprachkenntnisse erweitert."

! *Merke*

Ist Ihr Lebenslauf lückenlos, dann haben Sie kein Problem und können weiterblättern. Stoßen Sie jedoch auf Lücken, dann suchen Sie Antworten, diese sinnvoll zu füllen. Es darf nicht der Anschein entstehen, dass Sie faul waren und Zeit vertrödelt haben. Noch weniger sollte eine Lüge die Lücke füllen. Seien Sie ehrlich und versuchen Sie zu überzeugen, dass Sie *sinnvoll Zeit verschwendet* haben.

Fragen zur Berufswahl

Sie bewerben sich für einen Ausbildungsplatz bei der Polizei und sind zum Gespräch eingeladen. Ihr Kenntnisstand über den Ausbildungsberuf zeigt das Interesse am Beruf. Es steht zur Debatte, ob jemand eingestellt wird, der sich mit der Materie auskennt und nicht nur ein vages Interesse daran hat, Polizist zu werden. Ihr individueller Kenntnisstand zum Beruf ist insofern von Relevanz, als dass er Aufschluss über Ihr Interesse und Ihre Motivation gibt.

? *Frage*

„Was wissen Sie über den Beruf des Polizisten?"

ⓘ *Fragenhintergrund*

Sind Sie informiert? Wissen Sie Bescheid? Haben Sie sich mit dem Beruf, auf den Sie sich bewerben, auseinandergesetzt oder sind Sie eher zufällig auf den Ausbildungsberuf gestoßen? Diese und ähnliche Fragen beschäftigen einen Personalverantwortlichen, dem die Aufgabe zukommt, zukünftige Auszubildende auszuwählen. Niemand möchte einen Auszubildenden einstellen, der nicht über die einfachsten Kenntnisse verfügt, nicht einmal weiß, was der Beruf fordert, was erwartet wird, und worum es in dem ganzen Spiel überhaupt geht.

(▶) *Worauf kommt es bei der Antwort an?*

Zeigen Sie, dass Sie sich vor der Bewerbung und insbesondere vor Beginn des Vorstellungsgesprächs mit der Polizeiarbeit auseinandergesetzt haben. Oder anders: Es geht darum, dass Sie nicht uninformiert eine Bewerbung abgeschickt haben, beispielsweise damit die Eltern endlich Ruhe geben. Sie haben sich auf diesen Beruf beworben, weil Sie genau wissen, worum es geht. Und das, worum es geht, ist genau das, womit Sie sich in Zukunft gerne beschäftigen möchten. Wenn Sie eine Antwort geben, dann achten Sie darauf, diese detailliert auszugestalten. Hier haben Sie Raum, wirklich aufzutrumpfen und zu zeigen, dass Sie die richtige Wahl sind. Sie sind informiert über die Arbeit der Polizei, kennen sich aus, sind auch sonst qualifiziert und können es kaum erwarten, endlich anzufangen zu arbeiten!!!

(■) *Musterantwort*

„Mir gefällt die Vielseitig des Polizeiberufs. Die Arbeit ist menschennah, teambezogen und verantwortungsvoll. Nach der Ausbildung bieten sich Einsatzmöglichkeiten im Wach- oder Streifendienst der Schutzpolizei, in den Ermittlerteams der Kriminalpolizei, im Landeskriminalamt, in der Wasserschutzpolizei, der Bereitschaftspolizei oder auch bei den Spezialkräften des Sondereinsatzkommandos (SEK). Interessant sind auch die Spezialisierungschancen etwa in den Reiter-, Hubschrauber- oder Hundestaffeln. Mir sind aber auch die strapaziösen Anforderungen des Polizeiberuf bewusst. Der Dienst ist zum Teil gefährlich und findet häufig im Schichtverfahren statt. Am wichtigsten ist für mich an dieser Entscheidung, als Polizist einen sinnvollen Beruf zu haben. Ich betrachte die Polizei als einen Wächter über die Demokratie und möchte gerne an dem Gelingen unserer Gesellschaft teilhaben. Durch die Erfahrungen, die ich im Praktikum bei der Polizei habe machen können – das war vor 2 ½ Jahren – weiß ich auch, wie die alltägliche Polizeiarbeit aussieht.

(!) *Merke*

Die Beispielantwort zeigt, dass Sie sich als angehender Azubi mit dem Ausbildungsberuf auskennen. Die Antwort auf die Frage nach dem Kenntnisstand muss ausführlich erfolgen, um wirklich die Kenntnisse, die Sie haben, zeigen zu können. Überlegen Sie sich im Vorfeld, was Sie wissen, was Sie sagen wollen und wie Sie die Informationen in einen Satz verpacken wollen. Bereiten Sie auf jeden Fall eine Antwort vor, die Frage wird mit großer Sicherheit auftreten.

(?) *Frage*

„Wo und wie haben Sie sich über den Ausbildungsberuf informiert?"

(i) *Fragenhintergrund*

Unternehmen machen Werbung und versuchen so, auf sich aufmerksam zu machen. Auch die Polizei betreibt Werbung, ist auf Berufsmessen und anderen Informationsveranstaltungen vertreten und geht auch direkt in die Schulen. Am liebsten werden die Kandidaten eingestellt, die sich informiert haben, welche Ausbildung sie wo machen können und sich dann entschieden haben. Führen Sie entsprechend einige Quellen an, die Sie genutzt haben, um sich über den Ausbildungsberuf zu informieren.

(▶) *Worauf kommt es bei der Antwort an?*

Sie haben sich über verschiedene Quellen Informationen eingeholt, um sich ein Bild vom Ausbildungsberuf zu verschaffen. Überzeugen können Sie vor allem dann, wenn Sie wissen, wo Sie sich informiert haben. Denkbar schlecht wäre eine Antwort wie: „Ich weiß ich nicht mehr, wo ich mich informiert habe, kann mich nur erinnern, dass ich es irgendwo gelesen habe." Da es verschiedene Möglichkeiten gibt, sich zu informieren, sollten Sie daran denken, gut im Kopf zu behalten, wo Sie was gelesen haben. Sind Sie bis heute nicht informiert und haben sich auf gut Glück beworben, dann holen Sie das schleunigst nach. Hier noch einige Ideen, wo Sie sich über den Ausbildungsberuf informieren können: beim Einstellungsberater der Polizei, auf den Webseiten der Länderpolizeien, im Berufsinformationszentrum der Arbeitsämter; im Internet (Suchmaschinen); über Polizeibroschüren.

■ Musterantwort

„Den Ausbildungswunsch bei der Polizei habe ich, seit ich ein kleines Mädchen bin. Berufsinformationen habe ich durch verschiedene Quellen gewonnen. Zum einen habe ich mich im Rahmen des schulischen Berufsinformationstags mit einer Polizeiobermeisterin unterhalten; während meines Praktikums war ich in einem Polizeirevier tätig und bekam damit einen weitreichenden Einblick in die Anforderungen und Aufgaben des Berufs. Während der Bewerbungsphase recherchierte ich im Internet, vor allem auf Ihrer Internetseite. Als ich mich für die Bewerbung entschied, habe ich mit dem Einstellungsberater gesprochen und einen Termin vereinbart, wodurch ich grundlegend über die Ausbildung und Erfordernisse informiert wurde."

⚠ Merke

Zeigen Sie, dass Sie wissen, wo Sie sich beworben haben. Und zeigen Sie ebenso, dass Sie sich genau erinnern können, wo Sie dafür recherchierten. Versuchen Sie nicht eine Information in den Raum zu stellen, ohne zu wissen, wo Sie diese Information aufgeschnappt haben.

? Frage

„Warum haben Sie sich gerade für diesen Beruf entschieden und beworben?"

ⓘ Fragenhintergrund

Sie haben sich für einen Ausbildungsberuf entschieden und Ihre Entscheidung aus guten Gründen getroffen. Wenn dem so ist, dann sollten Sie in der Lage sein, diese Entscheidung darzustellen. Es geht hier um wirklich *gute Gründe*, nicht um an den Haaren herbeigezogene Argumente, die den Anschein erwecken, Ihnen sei nichts Besseres eingefallen. Die Personalverantwortlichen haben Interesse an Ihrem Interesse – ist dieses begründet. Der Grund hierfür ist die weitverbreitete Annahme, dass Bewerber, die eine Ausbildung aus Interesse wählen, die anfallenden Aufgaben mit größerer Sorgfalt und Motivation erledigen als diejenigen, die einen Beruf wählen, weil man eben einen Beruf zu wählen hat.

▶ Worauf kommt es bei der Antwort an?

Die Antwort soll dem Personalverantwortlichen zeigen, dass Sie gute Gründe für Ihre Entscheidung haben. Demnach wären Sie ein Auszubildender, der grundsätzlich mehr Motivation und Engagement erkennen lassen wird in der Ausführung seiner Aufgaben, da er sich aus Interesse für den Polizeiberuf entschieden hat. Sie sollten sich im Vorfeld überlegen, wie Ihre persönlichen Interessen mit der Stellenwahl korrespondieren. Führen Sie an, dass Sie Polizisten kennen, die Sie auf den Beruf neugierig gemacht haben. Sagen Sie z.B., dass Erfahrungen durch Praktikas Ihre erste Neugier bestätigt haben; zeigen Sie, dass Sie über gewisse Kenntnisse oder Fähigkeiten verfügen, die in der Ausbildung sinnvoll eingesetzt werden könnten. **Kurz:** Verbinden Sie Ihre Kenntnisse und Interessen mit den Anforderungen des Ausbildungsberufs.

■ Musterantwort

„Ich habe mich immer sehr für Politik, Geschichte und unsere Gesellschaft interessiert. Und Kriminalbücher, -filme und -geschichten haben mich ebenfalls beschäftigt. Aber ich möchte weder Politiker, noch Historiker werden oder eine andere theoretische Profession ergreifen. Ich möchte etwas Praktisches tun. Ich denke, dass ich einen besonderen Gerechtigkeitssinn habe und gerne an der Gesellschaft mitwirken möchte. Ich möchte daran mitarbeiten, Kriminalität zu reduzieren, damit unsere Gesellschaft friedlicher wird und Probleme abnehmen. Ich bin rege sozial engagiert und habe mein Schulpraktikum bei der Polizei in Marburg absolviert. Für die Ausbildung habe ich mich schlussendlich nach dem Praktikum und einer längeren Phase, in der ich mich auch über andere Berufe informiert habe, entschieden."

(!) *Merke*

Erwecken Sie nicht den Anschein, Sie hätten sich für diesen Beruf einfach nur so entschieden. Betonen Sie eine bewusste Entscheidung. Sie sind in diesem Gespräch, weil ihr großer Wunsch, die Ausbildung, in *genau diesem* Beruf besteht. Sie haben sich dafür entschieden und Sie verbinden mit dieser Entscheidung und diesem Beruf konkrete Zukunftsvorstellungen.

(?) *Frage*

„Haben Sie sich auch für andere Berufe beworben, wenn ja, für welche?"

(i) *Fragenhintergrund*

Der Personalverantwortliche will auf diesem Weg erfragen, ob Sie sich bewusst für Berufe beworben haben, die miteinander in Verbindung stehen, oder wild drauflos in verschiedenen Bereichen Ihr Glück versuchen. Ziel ist Ihre Motivation und Ihr konkretes Interesse. Ein weiterer Aspekt besteht darin, ob die Ausbildungsstelle bei der Polizei Priorität hat oder eine unter vielen Bewerbungen ist.

(▶) *Worauf kommt es bei der Antwort an?*

Die Antwort sollte darauf abzielen zu versichern, dass Sie mehrere Bewerbungen eingereicht haben, die Stelle bei der Polizei aber Priorität hat. Das macht Sie interessant, da es Engagement erkennen lässt und Ihr Interesse an einem Ausbildungsplatz groß ist. Auf der anderen Seite müssen Sie vermitteln, dass die Polizei Ihr Interesse in besonderem Maße geweckt hat. Lassen Sie in Ihren Bewerbungen eine bestimmte Linie und einen gemeinsamen Bereich erkennen, der Sie besonders interessiert. Streifen Sie andere Bereiche oder Berufe nur kurz und kommen Sie direkt zurück auf die wesentliche Sache: auf den Ausbildungsplatz, um den es im gegenwärtigen Gespräch geht.

(■) *Musterantwort*

„Ich habe mich für mehrere Stellen im Sicherheitsbereich beworben, als Polizist, Feuerwehrmann und bei einem Sicherheitsdienst. Mit der Mehrfachbewerbung möchte ich sicherstellen, dass ich einen Ausbildungsplatz erhalte. Ich möchte in diesem Sommer mit der Ausbildung beginnen. Es ist mir nicht egal, wo ich die Ausbildung absolviere. Die Ausbildung als Polizist ist meine erste Wahl. Durch Freunde und Familienmitglieder weiß ich, dass die Ausbildung anstrengend, aber auch sehr interessant ist. Mein Traumberuf ist Polizist. Da ich jedoch nicht der einzige Bewerber bin, kann ich mir nicht einfach sicher sein, den Ausbildungsplatz zu bekommen. Daher habe ich eine zweite und dritte Wahl bei der Feuerwehr und einem Sicherheitsdienst getroffen. Der Ausbildungsplatz bei Ihnen ist jedoch eindeutig mein Wunschausbildungsberuf."

(!) *Merke*

Es gilt für zu vermitteln, dass der Platz bei der Polizei Ihre erste Wahl ist. Alle anderen Bewerbungen dienen lediglich der Sicherheit, falls es hier nicht klappen sollte. Bleiben Sie sachlich und schweifen Sie nicht ab. Sie haben das Ziel, Polizist zu werden, doch könnten Alternativen erforderlich sein. Ihre anderen Bewerbungen sind kein Druckmittel, sondern ein Zeichen, dass Ihnen viel daran liegt, Polizist zu werden. Sie identifizieren sich mit diesem Beruf und dem gegenwärtigen Bewerbungsverfahren, das gilt es zu vermitteln.

Fragen zum Einsatz als Polizist – Spezifika des Polizeiberufs

Der Polizeiberuf hat bestimmte Spezifika, die es in anderen Berufen nicht gibt. Sie tragen eine Waffe, sind im Notfall darauf angewiesen, von der Waffe Gebrauch zu machen, Sie müssen Personen schützen, eine Geiselnahme beenden oder einen Mordfall mit einer verstümmelten Leiche bearbeiten. Das ist nichts für Leute mit schwachen Nerven. Die Fragen im folgenden Stil dienen der Polizei dazu herauszufinden, inwiefern Sie für eben diese Tätigkeiten und Aufgaben geeignet sind.

(?) *Frage*

„Wie handeln Sie, wenn ein Kollege gefährlich bedroht wird?"

(i) *Fragenhintergrund*

Diese Frage zielt darauf ab herauszufinden, inwiefern Sie in der Lage sind, eine Situation zu antizipieren, mit der Sie während Ihrer Polizeiarbeit konfrontiert werden könnten. Stellen Sie sich vor, Sie sind auf der Straße mit einem Kollegen unterwegs und werden bedroht. Für die Polizeibeamten, die Sie als zukünftige Polizisten auswählen sollen, ist es extrem wichtig, dass Sie in der Lage sind, die richtige Entscheidung zu treffen und notfalls ohne Skrupel zur Waffe greifen. Auch wenn Sie nicht der Typ Cowboy sind und das Schießeisen nicht immer locker sitzt, gilt: die Nutzung der Dienstwaffe ist in entsprechenden Gefahrensituationen notwendig.

(▶) *Worauf kommt es bei der Antwort an?*

Bei der Beantwortung dieser Frage würde man evtl. eine Antwort erwarten, die Gewaltverzicht und Friedfertigkeit betont. Genau das wäre jedoch die falsche Antwort. Sie sollen hier klarmachen, dass Sie in einer derartigen Gefahrensituation zu handeln wissen. Natürlich würden Sie in erster Instanz versuchen, den Angriff/die Bedrohung friedlich abzuwenden. Wenn das jedoch nicht funktioniert, dann wären Sie bedingungslos bereit, Gewalt anzuwenden und Gebrauch von Ihrer Dienstwaffe zu machen. Im Vordergrund stehen das eigene Leben und das der Begleitperson. Machen Sie klar, dass Sie in Gefahrensituationen keine Skrupel vor Gewaltanwendungen haben. Dabei muss der Grundsatz der „Verhältnismäßigkeit" immer gewahrt sein. Der Gebrauch von Schusswaffen ist die äußerste Gewaltmaßnahme der Staatsgewalt, die nur als letztes Mittel eingesetzt werden darf, um beispielsweise eine unmittelbare Gefahr für Leib und Leben abzuwehren. Eine Dienstwaffe mit sich führen zu dürfen, setzt ein hohes Maß an Verantwortung voraus.

(■) *Musterantwort*

„Würde ich in der von Ihnen beschriebenen Situation stecken, ganz gleich ob im Privatleben oder im Dienst, so würde ich in jedem Fall versuchen, mich und meine Begleitung zu verteidigen. Ist eine friedliche Lösung unmöglich, würde ich den Angreifer warnen. Würde das jedoch nicht funktionieren, so würde ich mit der Schusswaffe drohen und notfalls davon Gebrauch machen. Hierbei ist jedoch wichtig, dass die Art der Bedrohung in der Verhältnismäßigkeit zum Schusswaffengebrauch steht. Im Vordergrund steht das Leben des Kollegen sowie mein eigenes Leben."

(?) *Frage*

„Wissen Sie, welche Waffenmodelle bei der Landespolizei NRW zum Einsatz kommen?"

(i) *Fragenhintergrund*

Wir sprechen in diesem Zusammenhang exemplarisch von der Polizei NRW; da die Waffenmodelle je nach Bundesland variieren können. Informieren Sie sich, welche Waffen bei der Polizei verwendet werden, bei der Sie sich bewerben.

Als zukünftiger Polizist dürfen Sie keine Scheu vor Waffen haben – die Dienstwaffe und der Umgang damit gehören zum Alltag. Mit dieser Frage wollen die Prüfer herausfinden, inwiefern Sie als Person bereit sind, sich mit Ihrem zukünftigen „Arbeitsgerät" auseinanderzusetzen. Von Interesse ist hier vor allem, ob Sie etwas über Waffen wissen – was nicht bedeutet, dass Sie sich als fanatischer Waffenliebhaber präsentieren sollten. Es geht darum zu erfahren, dass Sie informiert sind und keine Waffenscheu haben.

⊙ *Worauf kommt es bei der Antwort an?*

Wenn Sie sich bei der Polizei bewerben, sollten keine Skrupel vor Waffen bestehen und das Thema bedacht sein. Stellt Sie der Dienstwaffengebrauch vor ein Problem, dann sollten Sie Ihre Bewerbung überdenken. Sind Sie sich im Ausbildungswunsch sicher, ist es sinnvoll, sich im Vorfeld über die Dienstwaffe zu informieren. Die Polizei NRW nutzt die Walther P99 DAO; diese Waffe wurde 2005 eingeführt. Das Vorgängermodell war die SIG Sauer P6. All das lässt sich im Internet recherchieren. Es geht darum, mit Ihrer Antwort zu vermitteln, dass Sie kein Problem mit Waffen haben und sich auskennen.

⊡ *Musterantwort*

„Natürlich kann ich Ihnen sagen, welche Dienstwaffe zurzeit bei der Polizei NRW verwendet wird. Seit 2005 wird die Walther P99 DAO als Waffe verwendet. Soweit ich weiß, ist das Vorgängermodell die SIG Sauer P6.“

? *Frage*

"Haben Sie sich über die Lehrfächer informiert und wissen Sie, welche Rechtsfächer Sie besonders interessieren würden?"

ⓘ *Fragenhintergrund*

Lehrfächer, Rechtsfächer; hört sich das für Sie falsch oder verwirrend an? Das sollte es nicht, denn Sie sollten wissen, dass Teil der theoretischen Polizeiausbildung eine Einführung in verschiedene Rechtsbereiche beinhaltet. Natürlich müssen Polizisten über juristische Theorie informiert sein und mit Gesetzestexten umgehen können. Das soll in der theoretischen Ausbildung unter anderem erlernt werden. Die Ausbildung ist nicht nur praktisch, in der ersten Zeit werden Sie nur theroetischen Stoff bearbeiten. Und die Prüfer wollen an dieser Stelle wieder von Ihnen wissen, inwiefern Sie sich im Vorfeld mit der Ausbildung und den Inhalten auseinandergesetzt haben. Im Grundsatz können, je nach Polizei, die folgenden Rechtsfächer eine Rolle spielen: Staatsrecht, Strafrecht und Strafverfahrensrecht, Eingriffsrecht, Verkehrsrecht, Verwaltungsrecht, Polizeirecht, Ordnungsrecht, besonderes Sicherheitsrecht. Sie haben nun diesen Katalog vor sich, denken Sie darüber nach, welcher Bereich Sie besonders interessieren würde. Um dies bewerkstelligen zu können, sollten Sie sich natürlich so weit einarbeiten, als dass Sie sagen können, was der Unterschied zwischen Verkehrs- und Strafrecht ist.

⊙ *Worauf kommt es bei der Antwort an?*

Sie müssen vermitteln, dass Sie topmotiviert und ebenso gut informiert sind. Sie wissen natürlich Bescheid über die Inhalte der Ausbildung, Sie haben sich ja schließlich darauf vorbereitet. Sie wissen, dass es einen theoretischen Teil und einen praktischen Teil gibt und denken nicht, dass Sie am ersten Tag mit der Dienstwaffe im Halfter auf die Gangster dieser Welt losgelassen werden. Das wäre zu naiv. Sie aber sind realistisch und wissen Bescheid. Noch einmal, auch auf die Gefahr hin, dass wir uns wiederholen: Die Prüfer sind daran interessiert diejenigen auszuwählen, die (1) motiviert sind für die Arbeit, (2) die formalen Kriterien erfüllen und (3) über die Inhalte der Ausbildung im Bilde sind. Sie haben weder Angst vor den Rechtsfächern, noch sind Sie perplex, wenn Sie auf diese Themengebiete angesprochen werden. Ganz im Gegenteil können Sie es kaum erwarten, endlich mit dem Büffeln von Gesetzestexten und Verordnungen zu beginnen – Sie wollen doch schließlich Polizist werden.

⊡ *Musterantwort*

„Ich habe mich im Vorfeld mit den Inhalten der Ausbildung auseinandergesetzt und weiß, dass ein Teil der Ausbildung theoretisch und der andere Teil praktisch ausgerichtet ist. So habe ich herausgefunden, dass es theoretische Fächer wie Waffenkunde, Kriminalistik, Funktechnik, Politische Bildung und auch Englisch gibt. Zudem weiß ich, dass es verschiedene Rechstfächer gibt, die es zu belegen gilt. Bei diesen Fächern interessiert mich besonders das Strafrecht. Ich weiß jetzt schon, dass im Strafrecht die Verletzung von Rechtsgütern im Vordergrund steht und diese Verletzung bestraft wird. Leider kenne ich mich bis jetzt nicht besser aus, habe nur mal in ein Einführungsbuch zum Strafrecht reingeschaut. Aber ich bin mir sicher, dass ich in der Ausbildung sehr viel lernen werde. Ich freue mich sehr auf diesen Abschnitt der Ausbildung."

? *Frage*

„Wie ist die Polizei in Hessen organisiert – welche Polizeipräsidien kennen Sie?"

ⓘ *Fragenhintergrund*

Kennen Sie die Organisationsstruktur der Polizei in dem Bundesland, in dem Sie sich bewerben? Oder sind Sie vollständig planlos, wenn Sie mit einer derartigen Frage konfrontiert werden? (Hessen steht hier nur exemplarisch. Sie sollten sich mit dem Bundesland auskennen, in dem Sie sich bewerben.) Es geht darum herauszufinden, inwieweit Sie sich mit der Struktur Ihres bevorzugten Arbeitgebers auskennen. Sie sollen nicht jede einzelne Einheit des Landes aufzählen können, jedoch sollten Sie Bescheid wissen, worum es geht, wenn Sie mit einer derartigen Frage konfrontiert werden. Wem sind die einzelnen Präsidien unterstellt, welche Dienststellen gibt es etc. Informieren Sie sich im Internet auf den Seiten der Polizei, bei der Sie sich bewerben. Dann liegen Sie goldrichtig.

▶ *Worauf kommt es bei der Antwort an?*

Zeigen Sie, dass Sie sich zumindest ansatzweise mit Ihrem potenziellen Arbeitgeber auseinandergesetzt haben. Wer sich bei der Polizei bewirbt, sollte die Organisationsstruktur der Polizei kennen. Wissen sollten Sie, dass die Innenministerien der Ländern die federführenden Institutionen sind, es auf der zweiten Ebene das Landespolizeipräsidium gibt, gefolgt von den Polizeipräsidien und den Polizeidirektionen. Lernen Sie die Organisationstruktur der betreffenden Landespolizei einfach auswendig, es kann Ihnen nicht schaden.

▣ *Musterantwort*

„Die Polizei in Hessen ist dem hessischen Innenministerium unterstellt. Die höchste Instanz ist das Landespolizeipräsidium (LPP). Dem untergeordnet gibt es sieben Polizeipräsidien (PP): das PP Nordhessen in Kassel, das PP Osthessen in Fulda, das PP Mittelhessen in Gießen, das PP Westhessen in Wiesbaden, das PP Frankfurt am Main, das PP Südosthessen in Offenbach am Main und das PP Südhessen in Darmstadt. Auf die Polizeipräsidien folgen in der Hierarchie die Polizeidirektionen (PD). In Frankfurt gibt es z.B. die Direktionen Nord, Süd, Mitte und Flughafen. Zudem gibt es Polizeiautobahndienstellen und die einfachen Wachen, die auf die Polizeidirektionen folgen."

Fragen zu Tätigkeiten und Berufsfeld

Jeder Arbeitgeber ist interessiert daran, von seinen zukünftigen Auszubildenden zu erfahren, inwiefern Kenntnisse zum Berufsfeld und den anfallenden Tätigkeiten vorhanden sind. Haben Sie schon berufliche Erfahrungen gesammelt, evtl. in einem Praktikum, dann bringen Sie diese Informationen ein. Vielleicht haben Sie auch einen Neben- oder Ferienjob gemacht, der zwar nicht direkt mit den Abläufen und Tätigkeiten des Polizeiberufs übereinstimmt, jedoch vermittelt, dass Sie erste Erfahrungen in der Arbeitswelt gesammelt haben. Im Folgenden werden Fragen erörtert, die sich mit dem Berufsfeld und den typischen Tätigkeiten befassen.

? *Frage*

„Haben Sie bereits Berufserfahrung gesammelt?"

ⓘ *Fragenhintergrund*

Für eine Ausbildung sollen häufig diejenigen ausgewählt werden, die *besondere Erfahrungen haben*. Welcher Ausbildungsplatzbewerber hat aber besondere Erfahrungen? Bei der Polizei oder bei einer Sicherheitsfirma haben die wenigsten gearbeitet, wenn sie gerade mit 16 oder 18 Jahren die Schule beenden. D.h. Erfahrung muss sehr weit gefasst werden. Wenn Sie Zeitungen ausgetragen, in den Ferien im Supermarkt gejobbt, ein Praktikum bei der Polizei oder einem anderen Arbeitgeber absolviert oder nach Ende der Schule zwei Monate in einer Bar gekellnert haben, dann verfügen Sie über „Erfahrungen". Und davon wollen die Personalverantwortlichen hören. Denn es gilt: Wer gearbeitet hat, der hat gelernt, d.h. er kann schon etwas, was derjenige, der noch nicht gearbeitet hat, nicht kann.

▶ *Worauf kommt es bei der Antwort an?*

Falls Sie vor der Berufsausbildung bereits praktische Erfahrungen sammeln konnten, macht das sicherlich einen guten Eindruck. Sie haben damit Eigeninitiative und Zuverlässigkeit bewiesen, vielleicht auch den Umgang mit anderen Menschen geübt. Überlegen Sie sich vor dem Vorstellungsgespräch, wo Verbindungen zum Ausbildungsberuf bestehen. Und seien Sie ehrlich. Wir möchten wiederholt betonen, dass Sie eine Schwindelei nicht weiterbringt. Die Schäden, die eine Lüge anrichten kann, wären gravierender als eine fehlende Berufserfahrung.

■ *Musterantworten*

„Während meiner Schulzeit habe ich eine Aushilfstätigkeit als Kassiererin in einem Supermarkt ausgeübt. An der Kasse hatte ich täglich mit Kunden zu tun. Manchmal passierte es, dass Kunden die gewünschten Artikel nicht vorgefunden haben, da das Regal leer stand und die nächste Lieferung noch offen war. Dann ist der Kunde oft gereizt und baut während seines Einkaufs Frust auf. An der Kasse, als letzter Station des Einkaufes, sieht der Kunde dann die Möglichkeit, den Frust abzureagieren. Durch eine sachliche und höfliche Art und Weise ist es mir in der Regel ganz gut gelungen, den Kunden mit netten Worten und Gesten zu beruhigen. Dann sind die Kunden oft wie ausgewechselt und entschuldigen sich sogar teilweise für ihr Benehmen. Ich sage ihnen dann, dass mich das sicherlich auch ärgern und aufregen würde. Aber wo Menschen arbeiten, passieren Fehler. Der Mitarbeiter aus der Fachabteilung ist jetzt informiert und wird die Ware nachbestellen, sodass beim nächsten Einkauf die Ware wieder verfügbar ist. Damit geben sich die meisten Kunden zufrieden und bedanken sich. Zwar hat der Polizist andere Aufgaben im Umgang mit Bürgern, doch geht es auch darum, Situationen zu deeskalieren und zu schlichten. Allerdings muss der Polizist im Gegensatz zum Verkäufer entsprechend der Dienstordnung gegebenenfalls hart durchgreifen, wenn Situationen eskalieren."

⚠ *Merke*

Wenn Sie im Vorfeld berufliche Erfahrung sammeln konnten, dann ist das mit Sicherheit ein Pluspunkt. Doch stellt ein Schülerjob als Zeitungsausträger oder im Supermarkt nicht die gleichen Anforderungen wie die Tätigkeit bei der Polizei. Wenn Sie von gesammelten Erfahrungen sprechen, versuchen Sie einen Bezug zwischen Ihrer Tätigkeit und den Tätigkeiten herzustellen, die für das Berufsfeld als Polizist charakteristisch sind.

❓ *Frage*

„Gibt es Tätigkeiten oder Aufgaben, die Sie gar nicht mögen?"

ⓘ *Fragenhintergrund*

Es möchte niemand von Ihnen hören, dass der Beruf, für den Sie sich bewerben, evtl. Aufgaben beinhalten könnte, die Sie nicht ausführen wollen. Was wäre das für ein Azubi, der schon vor der Einstellung sagt, es gäbe gewisse Dinge, die er nicht machen wolle. Was die Personalverantwortlichen eigentlich hören wollen, ist, dass es für Sie in dem Berufsfeld, für das Sie sich bewerben, keine Tätigkeiten gibt, die Sie nicht ausführen würden. Wenn es gewisse Aufgaben gibt, die Ihnen nicht liegen, dann betonen Sie, dass es Sie nicht davon abhalten würde, diese Tätigkeiten auszuführen. Und merken Sie vielleicht an, dass ja das ganze Leben nicht nur aus schönen Dingen besteht, sondern es häufiger Situationen gibt, in denen man getreu dem Motto „Augen zu und durch" handeln muss.

▶ *Worauf kommt es bei der Antwort an?*

Sie sollen zeigen, dass Sie Ihre Stärken und Schwächen einschätzen können. Selbstverständlich gibt es Aufgaben, um die Sie sich nicht reißen werden. Im Umkehrschluss bedeutet dies aber nicht, dass Sie sich einer Ausführung dieser Tätigkeiten verweigern würden. Mögen Sie beispielsweise keine Routinearbeiten, so merken Sie an, dass Sie in diesen Tätigkeiten keine Erfüllung finden, sie diese aber selbstverständlich mit vollem Einsatz bearbeiten. Eine andere Variante wäre, um nicht in die Situation zu geraten, sich rechtfertigen zu müssen, einen Punkt anzuführen, der nicht unbedingt mit der Tätigkeit bei der Polizei zu tun hat. Vielleicht sind Sie künstlerisch nicht so begabt und sehen sich nicht unbedingt als Zeichner für das nächste Werbeplakat der Polizeidirektion?

■ *Musterantworten*

„Nun, ich bin kein Künstler. Das Marketingmaterial für unser Revier sollte eher ein begabter Grafiker gestalten. Ansonsten denke ich, dass ich alle Tätigkeiten, die anfallen, nach einer kurzen Einarbeitungszeit gut bewältigen kann."

„Weniger Spaß machen mir Routinetätigkeiten, z.B. die Büroarbeit. Mir ist aber klar, dass das Leben nicht nur aus spannenden Tätigkeiten besteht. Ich würde in den Routinearbeiten zwar nicht die persönliche Erfüllung finden, selbstverständlich würde ich diese Arbeiten aber ebenso sorgfältig ausführen wie die Tätigkeiten, die mir mehr liegen. Interessanter finde ich z.B. die Arbeit auf der Straße, im direkten Kontakt mit den Bürgern."

① *Merke*

Vermeiden Sie es, eine Liste der Tätigkeiten aufzuzählen, die Ihnen nicht liegen. Sonst haben Sie an dieser Stelle verloren. Man könnte den falschen (oder richtigen?) Eindruck von Ihnen als *Faulpelz* gewinnen. Sprechen Sie entweder solche Tätigkeiten an, die wenig mit der Ausbildung zu tun haben, oder verweisen Sie etwa auf die Routinetätigkeiten und sagen Sie, es wäre nicht Ihr tiefster Wunsch, diese Tätigkeiten auszuführen, sie sähen jedoch die Notwendigkeit, dass auch diese Aufgaben erledigt werden müssen, die nicht ganz Ihrem Anspruch entsprächen. Betonen Sie, dass eine Abneigung gegenüber bestimmten Tätigkeiten Sie jedoch nicht davon abhalten würde, sorgfältig zu arbeiten. Am sinnvollsten ist es, Tätigkeiten zu nennen, auf die Sie im angestrebten Beruf nicht treffen werden.

? *Frage*

„Wie genau stellen Sie sich die Ausbildung bei der Polizei vor?"

ⓘ *Fragenhintergrund*

Die Personalverantwortlichen fragen sich, ob die Vorstellungen des Bewerbers mit den Anforderungen der Ausbildung übereinstimmen. Hat ein angehender Auszubildender realistische Vorstellungen von den Aufgaben und Tätigkeiten? Oder muss man eher davon ausgehen, dass die Annahmen des Bewerbers so abstrus und naiv sind, dass es in der Ausbildung ein böses Erwachen geben wird? Hier haben diejenigen, die schon ein Praktikum im gleichen Berufsfeld hinter sich haben oder mit Freunden sprechen konnten, die in diesem Tätigkeitsfeld eine Ausbildung absolvieren oder das schon getan haben, einen großen Vorteil. Die Verantwortlichen wollen sichergehen, dass Ihr Praxisbild realistisch ist und Sie wissen, was auf Sie zukommt. Zudem lässt sich erkennen, ob Sie Ihre Bewerbung ernst nehmen und sich wenigsten über Ihre zukünftige Beschäftigung informiert haben.

▶ *Worauf kommt es bei der Antwort an?*

In der Antwort kommt es darauf an zu überzeugen, dass Sie über eine angemessene Erwartungshaltung verfügen. Lassen Sie sich nicht ins Bockshorn jagen, und versuchen Sie nicht, groß aufzutrumpfen, indem Sie sich so darstellen, als wüssten Sie über alles Bescheid, was in der Ausbildung passiert. Im Detail können Sie über die Tätigkeiten nicht viel wissen, daher wollen Sie ja auch die Ausbildung absolvieren, oder?! Versuchen Sie grob zu umreißen, was Sie sich vorstellen und was Sie wissen, aber vermeiden Sie das Detail. Hier könnten Sie sich sonst selbst ein Beinchen stellen.

■ *Musterantwort*

„Ich weiß, dass die Ausbildung dual organisiert ist: es gibt sowohl einen theoretischen als auch einen praktischen Teil. Soweit ich weiß, geht es in der theoretischen Ausbildung darum, in Bereichen wie Strafrecht, Verkehrsrecht, Polizeirecht, Waffenkunde, Politik und auch Englisch Grundlagen zu erlernen, die für die praktische Arbeit Voraussetzung sind. Im praktischen Training lernt man, wie ich gehört und gelesen habe: Erste Hilfe, man bekommt ein Einsatztraining – lernt also vor den richtigen Einsätzen, wie man mit Situationen auf der Straße umzugehen hat – man absolviert ein Waffentraining und muss sich zudem sportlich betätigen. Wie genau die einzelnen Themenbereiche gefüllt sind, weiß ich nicht, aber das möchte ich in der Ausbildung erfahren."

(!) *Merke*

Zeigen Sie, dass Sie über den groben Verlauf und die einzelnen Abschnitte der Ausbildung Bescheid wissen. Vermeiden Sie es, zu genau ins Detail zu gehen, Sie könnten sich sonst bei Personen, die sich wirklich gut mit diesem Thema auskennen, selbst disqualifizieren. Überzeugen Sie zudem, indem Sie Ihre Erwartungen so formulieren, dass Sie mit der Realität des Arbeitsfeldes korrespondieren.

(?) *Frage*

„Welche Tätigkeiten sind charakteristisch für Polizisten?"

(i) *Fragenhintergrund*

In diesem Fall will der Personalverantwortliche, ähnlich wie schon in der vorangehenden Frage, klarstellen, inwiefern Sie sich mit dem Berufsfeld auseinandergesetzt haben. Ist Ihr Bild von den Anforderungen und Aufgaben realistisch oder nicht und sind Sie über Ihren Wunschberuf informiert?!?

▶ *Worauf kommt es bei der Antwort an?*

Das Stichwort ist Vorbereitung. Sie müssen sich vor dem Vorstellungsgespräch eingehend mit den Anforderungen und Aufgaben der Polizeiarbeit auseinandersetzen. Sie sollten die charakteristischen Tätigkeiten wissen und auf Nachfrage wie aus der Pistole geschossen durchdeklinieren können. Machen Sie es ähnlich wie beim Lernen von Vokabeln: Schreiben Sie die Tätigkeiten auf Lernkarten und lernen Sie es auswendig.

■ *Musterantwort*

„Polizisten sind für Recht und Ordnung verantwortlich, das heißt, sie garantieren die Sicherheit der Bürger. Im Detail werden die Beamten in vielen Situationen eingesetzt: wenn es zu einem Verkehrsunfall kommt, wenn es gilt, Opfer zu schützen, wenn Sicherheit bei Großveranstaltungen zu gewährleisten ist, wenn ein Laden überfallen wird, wenn jemand verdächtigt wird oder gegen jemanden Anzeige erhoben werden soll, wenn es darum geht, einen Diebstahl oder Einbruch aufzunehmen usw. Kurzum: Immer dann, wenn es um eine Straftat oder eine mögliche Straftat geht, wird die Polizei eingesetzt. Natürlich ist es nicht so, dass Polizisten immer Verbrecher jagen und die Arbeit rund um die Uhr wie in einem Krimi ist. Ebenso kann eine Oma ihre vermisste Katze melden, dann müssen die diensthabenden Beamten diese

Anzeige aufnehmen, ein Exposee schreiben etc. Insgesamt kann man jedoch festhalten, dass es ein Beruf ist, der hauptsächlich mit der Aufrechterhaltung von Sicherheit und Ordnung befasst ist."

ⓘ *Merke*

Sie bewerben sich auf einen Ausbildungsplatz, so kann man von Ihnen erwarten, dass Sie wissen, was auf Sie zukommt und was charakteristisch für das Berufsfeld ist. Wenn Sie Probleme haben, sich die verschiedenen Tätigkeitsbereiche und Aufgaben zu merken, dann lernen Sie es mit Karteikarten akribisch auswendig. Bereiten Sie sich auf diese Frage sehr gut vor!

ⓘ *Frage*

„Was sind denn nach Ihrer Meinung die Vor- und Nachteile des Berufs? Können Sie beschreiben, ob Sie die Polizei in einer Situation gesehen haben, die Sie sich als schwierig vorstellen?"

ⓘ *Fragenhintergrund*

Kennt jemand nur Nachteile des Berufs, dann fällt dieser Bewerber mit Sicherheit durch. Die Verantwortlichen wollen herausfinden, ob Sie entweder ein zu negatives oder aber ein zu positives Bild vom Beruf und den auftretenden Vor- und Nachteilen haben.

▶ *Worauf kommt es bei der Antwort an?*

In der Beantwortung kommt es darauf an, Vor- und Nachteile zu benennen. Jedoch sollte man darauf achten, dass Positives überwiegt. Andernfalls nimmt Ihnen niemand ab, dass Sie in diesem Beruf unbedingt arbeiten wollen. Versuchen Sie also Vor- und Nachteile abzuwägen und machen Sie es am besten an eigenen Erfahrungen oder Beobachtungen fest.

◼ *Musterantwort*

„Ich nenne zuerst die Vorteile, und dann im Anschluss die Nachteile. Ist man Polizist, so trägt man sehr viel Verantwortung, denn man ist mitverantwortlich für das Gelingen der Gesellschaft; und das anders als ein Arzt oder Bankkaufmann. Man muss dafür sorgen, dass Verbrechen aufgeklärt oder besser verhindert werden, man steht ständig im Kontakt mit den Bürgern, man ist mit Situationen konfrontiert, die durchaus schwer zu verarbeiten sein können. Vor allem ist man aber sehr wichtig in seiner Funktion für die Gesellschaft. Das erscheint mir alles als sehr vorteilhaft. Das macht in meinen Augen den Beruf spannend und abwechslungsreich. Natürlich gibt es auch Situationen, in denen man wahrscheinlich nicht weiter weiß. Ich habe beobachtet, wie Menschen sich angegriffen fühlen, bei Personenkontrollen z.B.; und dass, obwohl der Polizist nichts Böses will. Das stelle ich mir schwierig vor: wenn man nur helfen will und mit einer aggressiven oder beleidigenden Reaktion umgehen muss. Ich denke aber, dass ich dem durchaus gewachsen bin. Zudem rechne ich damit, in der Ausbildung auf schwierige Situationen vorbereitet zu werden und dass man mit den Kollegen besprechen kann, wie man sich am besten verhalten sollte. "

ⓘ *Merke*

Sie sollten Vor- und Nachteile abwägen. Überzeichnen Sie das Berufsfeld nicht als zu positiv, d.h. nur verbunden mit Vorteilen; aber auch nicht als zu negativ, d.h. nur verbunden mit Nachteilen. Finden Sie ein gesundes Mittelmaß. Und betonen Sie, dass Sie die Nachteile nicht von der Ausbildung abhalten können.

Spezielle Fragen bei der Bundespolizei

ⓘ *Frage*

„Was wissen Sie über die Geschichte der Bundespolizei?"

ⓘ *Fragenhintergrund*

Die Frage nach der Geschichte ist bei der Bundespolizei besonders aufschlussreich. Denn die Bundespolizei hieß nicht immer Bundespolizei und hatte seit ihrer Gründung unterschiedliche Aufgabenschwerpunkte. Dieser Wandel ist eng verknüpft mit dem Gang der deutschen Geschichte in den vergangenen Jahrzehnten. Die Personalverantwortlichen fühlen hier also – über das spezifisch bundespolizeiliche Wissen hinaus – auch Ihrem geschichtlichen Basiswissen auf den Zahn.

▶ *Worauf kommt es bei der Antwort an?*

Eine sehr gute Antwort beweist nicht nur Geschichtskenntnis und Allgemeinwissen, sondern kommt auch auf die aktuellen Aufgabenschwerpunkte der Bundespolizei zu sprechen. Die stehen schließlich in direktem Zusammenhang zu Ihrer beruflichen Motivation und zu Ihrem möglichen Werdegang. Wenn Sie das Gespräch besonders in diese Richtung lenken wollen, können Sie die aktuellen Aufgaben auch etwas detaillierter ausführen und eigene Vorlieben einbringen. Das verleiht Ihrer Antwort eine persönliche Note und unterstreicht Ihr Interesse. Aber vermeiden Sie dabei den Eindruck, der Frage nach der Entwicklungsgeschichte ausweichen zu wollen.

▣ *Musterantwort*

„Die Bundespolizei heißt erst seit 2005 so, vorher war der Name der Behörde Bundesgrenzschutz. Der BGS wurde 1951 gegründet, sechs Jahre nach dem Ende des Zweiten Weltkriegs, als es der Bundesrepublik noch nicht erlaubt war, eine eigene Armee aufzustellen. Wie der Name schon sagt, war es die Hauptaufgabe des BGS, die deutschen Grenzen zu überwachen und Personen beim Grenzübertritt zu kontrollieren. In den ersten Jahren war der BGS fast eine Art Ersatz-Militär, aber nach der Gründung der Bundeswehr wurde er im Laufe der Zeit immer polizeilicher. Anfang der 70er-Jahre war der BGS in den Kampf gegen den RAF-Terrorismus einbezogen, und die GSG 9 wurde gegründet, die bekannte Antiterroreinheit des BGS. Nach dem Fall der Mauer hatte sich die Lage dann so stark geändert, dass der alte Name überhaupt nicht mehr passte. An den EU-Binnengrenzen gibt es seit den 90er-Jahren praktisch kaum noch Kontrollen. So wurde die Behörde dann in Bundespolizei umbenannt, auch wenn sie die deutschen Grenzen nach wie vor schützt. Mittlerweile ist die Bundespolizei zusammen mit anderen europäischen Organisationen auch am Schutz der EU-Außengrenzen beteiligt. In Deutschland sichert sie außerdem die Infrastruktur: in Zügen, an Bahnhöfen, an Flughäfen. Solch eine Arbeit z.B. in der Fluggast- und Gepäckkontrolle würde mir viel Spaß bereiten, da ich sehr gerne mit Menschen arbeite – nicht nur im Team mit meinen Kollegen."

⚠ *Merke*

Die wesentlichen Daten und Fakten müssen bei dieser Frage sitzen – Information ist das Schlüsselwort. Da die Frage sehr offen gestellt ist, können Sie zusätzlich leicht eigene Akzente setzen und dezent auf Ihr persönliches Interesse bzw. Ihre Eignung hinweisen.

❓ *Frage*

„Wem ist die Bundespolizei unterstellt und wie ist sie aufgebaut?"

ⓘ *Fragenhintergrund*

Sich mit dem zukünftigen Arbeitgeber genauer zu beschäftigen, ist für jeden Bewerber absolute Pflicht: sowohl bei der Berufswahl im Allgemeinen, als auch bei der Vorbereitung auf das Vorstellungsgespräch im Besonderen. Die Klärung der Organisationsfrage ist bei der Bundespolizei besonders wichtig, um eventuelle Verwechslungen mit den Länderpolizeien bzw. Unklarheiten über die Zuständigkeiten und den Aufbau der verschiedenen Polizeien auszuschließen.

(▶) *Worauf kommt es bei der Antwort an?*

Es handelt sich hier um eine reine Faktenfrage. Diese lässt sich schon allein dadurch beantworten, dass Sie den Aufbau der Bundespolizei korrekt erläutern: Seit der Strukturreform der Bundespolizei 2008 gibt es bundesweit 10 Polizeidirektionen, die direkt dem Bundespolizeipräsidium in Potsdam unterstellt sind. Die Bundespolizei untersteht dem Bundes-Innenministerium als oberster Aufsichtsbehörde. Ihr Gegenüber wird es zu schätzen wissen, wenn Sie zusätzlich auf weitere Besonderheiten eingehen.

(■) *Musterantwort*

„Die Bundespolizei ist die Polizei des Bundes und untersteht dem Bundes-Innenministerium, das zurzeit von Thomas de Maiziére von der CDU geführt wird. Die Bundespolizei wird seit ihrer Neuorganisation 2008 zentral vom Bundespolizeipräsidium in Potsdam aus geleitet, die die Arbeit der 10 Polizeidirektionen im ganzen Bundesgebiet steuert und beaufsichtigt. Eine dieser Direktionen ist die der Bereitschaftspolizei, die ihren Hauptsitz in Fuldatal hat. Da ich Verwandte in der Gegend habe, kenne ich die Geschichte dieses Standorts schon seit BGS-Zeiten ziemlich gut und weiß, dass dort im Moment Teile der Fliegerstaffel der Bundespolizei stationiert sind. Weiter im Norden ist eine andere Direktion für Aufgaben der Küstenwache zuständig, die die Bundespolizei zusammen mit anderen Behörden übernimmt. Die Bundespolizei ist grundsätzlich etwas ganz anderes als die Länderpolizeien und darf die Kollegen in den Bundesländern – soweit ich weiß – nur in Ausnahmefällen wie Naturkatastrophen oder bei großen Demonstrationen unterstützen."

(!) *Merke*

Die Bundespolizei ist eine vollkommen eigenständige Behörde und nicht mit anderen Polizeien zu verwechseln. Dies gilt es bei dieser Frage hervorzuheben. Auf ihrer Website informiert die Bundespolizei ausführlich über Organisation und Standorte – zapfen Sie diese Informationsquellen an, um sich einen wertvollen Wissensvorsprung gegenüber Ihren Mitbewerbern zu verschaffen. Unterstützen lässt sich das angelesene Wissen durch persönliche Erfahrungen, beispielsweise in Bezug auf Standorte in der Nähe Ihres Wohnortes.

(?) *Frage*

„Wie stehen Sie zum Leitbild der Bundespolizei?"

(i) *Fragenhintergrund*

Wie viele andere private oder staatliche Organisationen besitzt auch die Bundespolizei ein Leitbild, in dem sie allgemeine – außergesetzliche – Grundlagen ihrer Arbeit festhält. Man könnte auch von einer Art Selbstverpflichtung sprechen. Die Bundespolizei selbst erklärt, mit dem Leitbild einen „Orientierungsrahmen" schaffen zu wollen, der „das Denken, Verhalten und Handeln der einzelnen Mitarbeiter auf eine gemeinsame Aufgabenerfüllung ausrichtet". Als mögliche Nachwuchskraft der Bundespolizei sollte Ihnen dieser Orientierungsrahmen nicht fremd sein.

(▶) *Worauf kommt es bei der Antwort an?*

Wer sich mit dem Leitbild der Bundespolizei auseinandergesetzt hat, beweist Engagement. Wer sich darüber hinaus noch mit den Werten und Zielen der Behörde identifizieren kann, weiß, dass er beim Vorstellungsgespräch nicht fehl am Platze ist – und zeigt das auch seinen Gesprächspartnern. Die einzelnen Stichpunkte des Leitbilds sind kurz und knapp gehalten, so dass es nicht schaden kann, sich seine eigenen Gedanken darüber zu machen und diese im Gespräch auch zu erwähnen.

⏺ *Musterantwort*

„Ich habe mir das Leitbild natürlich angeschaut, um die Prinzipien der Bundespolizei zu kennen. Und ich muss sagen: Diese Grundsätze entsprechen ziemlich genau dem Bild, das ich mir von der Bundespolizei vorher schon gemacht habe. Da ist zunächst die Verpflichtung, einen Beitrag für die Sicherheit in diesem Land leisten zu wollen. Gut, das ist natürlich die Kernaufgabe, die sollte jeder verinnerlicht haben. Und eine moderne, zeitgemäße Ausstattung, wie es weiter heißt, ist dafür mit Sicherheit eine wesentliche Voraussetzung. Daran sollte es niemals mangeln. Besonders hat mir gefallen, wie die Zusammenarbeit im Team bei der Bundespolizei funktioniert. Ich meine, im Leitbild ist ja ausdrücklich von Offenheit, Ehrlichkeit und gegenseitiger Akzeptanz die Rede – das finde ich enorm wichtig. Außerdem wird die Notwendigkeit einer guten Ausbildung hervorgehoben, was gerade für mich als Einsteiger sehr interessant ist. Ebenso wie die Aufstiegschancen bei guten Leistungen oder die Tatsache, dass man schnell ein gewisses Maß an Eigenverantwortung tragen darf."

⚠ *Merke*

Leitbilder machen deutlich, welches Selbstverständnis eine Behörde hat und wie sie ihre Aufgaben erfüllen will – für interessierte Bewerber wichtige Informationen. Diese sind zum Glück kein Staatsgeheimnis, sondern öffentlich zugänglich, etwa via Internet.

Spezielle Fragen beim Zoll

? *Frage*

„Definieren Sie doch mal den Begriff Zoll – schließlich dreht sich die Arbeit der Zollbehörde doch hauptsächlich darum, oder nicht?"

ⓘ *Fragenhintergrund*

Diese hinterhältige Frage besteht eigentlich aus zwei Teilen, die auf Unterschiedliches hinauswollen. Die Aufforderung, den Begriff „Zoll" zu erklären, richtet sich an das in der Vorbereitung angeeignete berufsspezifische Wissen; die zweite Teilfrage ist eine Fangfrage und will Sie aufs Glatteis führen: Zwar nennt man die Zollbehörde auch einfach nur Zoll, aber sie macht weit mehr, als „nur" an der Grenze zu stehen und Zölle einzuziehen. Als informierter Bewerber haben Sie das fadenscheinige Täuschungsmanöver des Personalverantwortlichen selbstverständlich sofort durchschaut.

▶ *Worauf kommt es bei der Antwort an?*

Erläutern Sie, was ein Zoll ist – und widersprechen Sie der Behauptung, die Arbeit beim Zoll drehe sich hauptsächlich darum. Natürlich treibt die Zollbehörde die bei der Warenein- bzw. Ausfuhr fälligen Zölle ein, aber sie überwacht auch Embargos und Artenschutzabkommen, ist Teil der deutschen Küstenwache, bekämpft Schwarzarbeit und vieles mehr – lesen Sie dazu das Kapitel zum Berufsbild des Zollbeamten. Wiegen Sie sich nicht in falscher Sicherheit, indem Sie sich nur auf die Wissensfrage konzentrieren.

⏺ *Musterantwort*

„Im deutschen Steuerrecht ist der Zoll als Steuer definiert. Diese Art von Steuer wird dann fällig, wenn eine Ware die Grenze überschreit, also im- bzw. exportiert wird. Man kann Zölle erheben, um verschiedene Zwecke zu erreichen: beispielsweise, um die heimische Wirtschaft vor ausländischen Konkurrenzprodukten zu schützen, um gegen Dumpingpreise vorzugehen oder einfach nur, um Steuereinnahmen zu schaffen. Aber ich würde nicht sagen, dass sich beim deutschen Zoll alles nur um den Zoll dreht. Wie ich vor einiger Zeit in einer Ausbildungsbroschüre gelesen habe, beschreibt sich die Zollverwaltung selbst als „Wirtschafts- und Einnahmeverwaltung" des Staates, die auch einige andere Steuern eintreibt, zum Beispiel die Energie- und die Tabaksteuer. Wenn ich mich richtig erinnere, waren die Einnahmen durch diese Steuern sehr viel höher als die Zolleinnahmen. Außerdem kontrolliert der Zoll, dass keiner schwarz arbeitet, gerade neulich habe ich bei uns im Ort Dienstfahrzeuge an einer Baustelle gesehen. Auch das Zollkriminalamt fällt mir ein, das gegen die grenzüberschreitend organisierte Kriminalität vorgeht. Beim deutschen Zoll dreht sich also nicht wirklich alles nur um den Zoll."

! Merke

Informieren Sie sich genau über das Berufsbild des Zollbeamten sowie über den Aufgabenbereich und die Zuständigkeiten des Zolls. Lassen Sie sich bei derart trickreichen Fragentypen nicht dazu verführen, nur auf den „einfachen" Aspekt der Frage zu antworten und damit verbundene Behauptungen dahingestellt zu lassen.

? Frage

„Welcher Ausbildungsschwerpunkt interessiert Sie beim Zoll besonders?"

i Fragenhintergrund

Die Auseinandersetzung mit dem Berufsbild beinhaltet nicht nur, die Verwendungsmöglichkeiten als „fertiger" Zollbeamter zu kennen, sondern auch zu wissen, was in der Ausbildung auf einen zukommt. Wenn der Personalverantwortliche weiß, was Sie besonders interessiert, kann er daraus auf Ihre persönliche Motivation und Ihr Profil schließen. Dabei ist Vorsicht geboten – die Frage sieht auf den ersten Blick zwar harmlos aus, kann aber schnell zur Fangfrage werden.

▶ Worauf kommt es bei der Antwort an?

Mit einer ungeschickten Antwort tappen Sie in die Falle. Natürlich wollen Ihre Gesprächspartner vor allem wissen, mit wem sie es zu tun bekommen und was Sie zur Bewerbung beim Zoll ganz besonders motiviert hat. Aber: Zollbeamte müssen vielfältige Aufgaben erfüllen und daher sowohl Spezialisten als auch Generalisten sein. Eine ausbalancierte Antwort nennt nicht nur besonders interessante Ausbildungsbereiche, sondern betont auch die Notwendigkeit, möglichst breit und umfassend auf den Beruf vorbereitet zu sein. So vermeiden Sie den Eindruck, nur ein Steckenpferd verfolgen zu wollen und zeigen, dass das Berufsbild als solches bei Ihnen im Mittelpunkt steht.

◼ Musterantwort

„Ich habe mich natürlich schon vor der Bewerbung mal schlau gemacht, was in der Ausbildung so alles auf mich zukommen würde. Ein ungefähres Bild hatte ich zwar vorher im Kopf, aber das reicht ja nicht aus. Wie ich feststellen konnte, geht es in den ersten Monaten vor allem um Rechtskunde, und da hat mich das Steuerrecht schon immer interessiert. Für viele ist das ein Buch mit sieben Siegeln. Aber es betrifft doch jeden, und ich wollte schon immer wissen, welche Bestimmungen da genau gelten. Vor ein paar Monaten habe ich eine Einführung dazu gelesen und finde es richtig spannend, dieses Rechtsgebiet in der Ausbildung genauer kennen zu lernen. Das heißt aber nicht, alles andere nur nebenbei laufen zu lassen. Beim Zolldienst geht es ja nicht nur um Steuern, sondern auch um Sozialgesetze, Zollrecht und vieles mehr. Dann kommt noch die praktische Ausbildung, in der man lernt, die Vorschriften anzuwenden und umzusetzen – das gehört genauso zur Zollarbeit dazu. Ich könnte jetzt nicht sagen, dass ich auf einen Bereich lieber verzichten wollte. Gerade die Aufgabenvielfalt reizt mich an dem Beruf. Dazu braucht man die nötigen Grundlagen in allen möglichen Gebieten. Mir und meinen Kollegen würde es außerdem bestimmt nicht helfen, wenn ich nur in ein paar Tätigkeitsfeldern kompetent wäre und die anderen vernachlässigt hätte."

! Merke

Erkundigen Sie sich vorab über Ausbildungsinhalte und -phasen und machen Sie sich klar, was Sie warum besonders interessiert. Eventuell lässt sich ein Bezug zu Bereichen herstellen, in denen Sie bereits Erfahrungen gesammelt haben. Aber vergessen Sie dabei nicht, dass die Ausbildung zum Zoll sehr vielfältig ist, da sie auf eine ebenso vielfältige spätere Berufstätigkeit vorbereitet.

? Frage

„Wie stehen Sie zum Tragen einer Dienstwaffe? In welchen Situationen könnten Sie sich vorstellen, sie einzusetzen?"

(i) Fragenhintergrund

Die Zollbehörde gibt sich im Vergleich zur Bundespolizei oder gar Bundeswehr als deutlich zivilere Behörde. Sie untersteht nicht dem Innen- oder Außen-, sondern dem Finanzministerium und ihre Dienstkleidung kommt ohne Rangabzeichen aus. Trotzdem können Zollbeamte auch polizeilich oder im Rahmen der Strafverfolgung in Erscheinung treten. Nicht zuletzt daher tragen sie eine Dienstwaffe, die im Extremfall auch zum Einsatz kommt. Ihr eigenes Leben und das anderer Menschen könnte davon abhängen.

▶ Worauf kommt es bei der Antwort an?

Der Gebrauch von Schusswaffen ist die äußerste Gewaltmaßnahme der Staatsgewalt, die nur als letztes Mittel eingesetzt werden darf, um beispielsweise eine unmittelbare Gefahr für Leib und Leben abzuwehren. Eine Dienstwaffe mit sich führen zu dürfen, setzt ein hohes Maß an Verantwortung voraus. Als zukünftiger Zollbeamter dürfen Sie weder eine grundsätzliche Furcht vor Waffen besitzen, noch leichtsinnig mit ihnen umgehen. Machen Sie daher deutlich, dass Sie über diese Frage schon ausgiebig nachgedacht haben und fähig sind, die Verantwortung zu tragen.

■ Musterantwort

„Ich weiß, dass Zollbeamte Dienstwaffen tragen und schon während der Ausbildung Schießübungen auf dem Programm stehen. Damit habe ich mich schon vor meiner Bewerbung auseinandergesetzt. Wie stehe ich dazu? Nun, ich würde nicht sagen, dass ich Angst vor Schusswaffen habe, „großer Respekt" ist, glaube ich, die angemessene Formulierung dafür. Diesen Respekt sollte meiner Meinung nach jeder haben, der eine Dienstwaffe führt, denn damit muss man immer sehr bewusst und kontrolliert umgehen. Ich halte es für absolut notwendig, dass Zollbeamte eine Waffe mit sich führen, nicht nur als Angehörige des Zollkriminalamts im Einsatz gegen Waffenschieber oder ähnlich gefährliche Verbrecher. Es kann immer gefährliche Situationen geben: beispielsweise bei einer ganz normalen Straßenkontrolle, bei der man einen Drogenschmuggler erwischt – was mache ich, wenn der dann eine Waffe zieht? Um mein eigenes Leben oder das meiner Kollegen zu schützen, würde ich meine Waffe auch einsetzen. Vorausgesetzt, es wäre das einzige Mittel, den Angriff abzuwehren."

(!) Merke

Setzen Sie sich vor dem Bewerbungsgespräch mit den konkreten Anforderungen der Arbeit als Zollbeamter auseinander: also auch mit der Verantwortung, eine Schusswaffe führen und gegebenenfalls einsetzen zu müssen. Erkundigen Sie sich über die Regeln zum Schusswaffengebrauch.

Spezielle Fragen bei der Feuerwehr

? Frage

„Was interessiert Sie gerade an der Berufsfeuerwehr Berlin?"

(i) Fragenhintergrund

Warum Sie überhaupt in die Feuerwehr eintreten wollen, ist an anderer Stelle zu beantworten und steht nicht im Zentrum dieser Frage. Hier interessiert Ihre Gesprächspartner, warum Sie sich gerade für den gewählten Standort entschieden haben. Damit möchten sie einerseits mehr über Ihre Motivation erfahren, andererseits testen sie Ihre Vorbereitung und Ihr standortbezogenes Wissen. Ortskenntnis ist bei der Feuerwehr besonders wichtig, denn die Charakteristika des jeweiligen Einsatzgebiets beeinflussen die Ausstattung und das Aufgabenprofil der Einheiten vor Ort.

▶ *Worauf kommt es bei der Antwort an?*

Mit einer kenntnisreichen Antwort zeigen Sie, dass Sie es wirklich ernst meinen mit dem Einstieg am gewählten Standort. Zwar kann es Ihnen niemand übelnehmen, wenn Sie sich angesichts der wenigen freien Stellen auch bei anderen Feuerwehren bewerben – das kann Sie eventuell sogar interessant machen. Doch den Eindruck, Sie klopften völlig wahllos bei allen möglichen Standorten an („Ich habe es auch da und dort probiert – mal sehen, wo es klappt!"), gilt es zu vermeiden. Machen Sie Ihre Vorlieben klar. Eine gute Antwort greift die Besonderheiten des jeweiligen Standorts auf, also beispielsweise Einwohnerzahl, geografische sowie strukturelle Eigenschaften des Orts (Wald, Wasser, Häfen, Industrie, Verkehr…). Damit lässt sich eine Brücke zu den speziellen Anforderungen und Ausrüstungsmerkmalen der Feuerwehr vor Ort schlagen. Wer diese Verbindung herstellen kann, macht deutlich, dass er sich gut vorbereitet und mit den eigenen Einsatzperspektiven auseinandergesetzt hat.

■ *Musterantwort*

„Mich reizt die Tätigkeit in Berlin schon allein deshalb, weil ich selbst ein absoluter Großstadtmensch bin und seit meiner Kindheit in Städten lebe. Berlin ist die Hauptstadt und größte Stadt Deutschlands, hat 3,5 Millionen Einwohner und besitzt auch die größte Berufsfeuerwehr des Landes, mit 37 Wachen und fast 4.000 Mitgliedern. Nicht zu vergessen die 1.500 freiwilligen Feuerwehrleute. Der Zuständigkeitsbereich der Berliner Feuerwehr ist riesig: Berlin besitzt ja nicht nur mehrere U- und S-Bahnlinien, die sich durch die ganze Stadt ziehen, sondern auch Autobahnen und einen Flughafen – Berlin-Tegel – direkt im Stadtgebiet. Für den ist in erster Linie die Flughafenfeuerwehr zuständig, aber unter Umständen können auch die Berufsfeuerwehren zur Unterstützung angefordert werden. Weitere besonders gefährdete Einrichtungen sind Häfen und Chemieanlagen. Ich weiß, dass es in Berlin nicht nur dicht besiedelte Wohnbezirke gibt, sondern auch viele Grünflächen, außerdem Flüsse und Seen. Die Feuerwehr muss daher besonders vielseitig und für alle möglichen Unglücksfälle gerüstet sein. In ihrem Jahresbericht habe ich gelesen, dass die Berliner Berufsfeuerwehr sogar über mehr als 90 Boote verfügt – das hätte ich nie gedacht. Die Feuerwehrarbeit hier stelle ich mir sehr vielfältig, anspruchsvoll, herausfordernd und interessant vor."

! *Merke*

Informieren Sie sich über die wichtigsten, für die Feuerwehrarbeit relevanten Merkmale Ihres Bewerbungs- und bald möglicherweise Einsatzortes: Einwohnerzahl, Verkehrslage, Industrieansiedlungen, Aufbau der Feuerwehr, Anzahl der Wachen vor Ort, Einheiten mit spezieller Ausrüstung oder besonderem Einsatzgebiet (Feuerlöschboote) etc. Mit einem Blick in die – oft im Internet verfügbaren – Jahresberichte Ihrer Wunsch-Feuerwehr lassen sich viele Fragen beantworten.

? *Frage*

„Wie stellen Sie sich den Dienstalltag bei der Feuerwehr Berlin vor? Glauben Sie, dass Sie ihm gewachsen sind?"

ⓘ *Fragenhintergrund*

Die Personalverantwortlichen wollen wissen, ob Sie von der Feuerwehrarbeit generell eine realistische Vorstellung haben. Wer dabei nur an Action und Abenteuer denkt, beweist jedenfalls das Gegenteil und zeigt, dass er sich mit seinem angeblichen „Traumberuf" noch nicht wirklich beschäftigt hat. Dann dürfte ein souveräner Umgang mit dieser verunsichernden Frage schwerfallen. Außerdem erhalten Sie auch hier die Gelegenheit, Ihr Wissen zu zeigen, indem Sie bestimmte ortsbezogene Informationen über typische Einsatzarten einfließen lassen können.

▶ *Worauf kommt es bei der Antwort an?*

Diese Frage kann dazu verleiten, den Feuerwehralltag in bunten Farben auszumalen und ihn dadurch anders zu zeichnen, als er wirklich ist. Entwerfen Sie stattdessen ein nüchternes, realistisches Bild – natürlich ohne Ihr Interesse am Wunschberuf und Ihre Begeisterung dafür zu unterschlagen. Lassen Sie sich nicht verunsichern, sondern antworten Sie ruhig und selbstbewusst. Wenn Ihr Gesprächspartner merkt, dass Sie sich auch mit den körperlichen und geistigen Belastungen des Feuerwehrberufs auseinandergesetzt haben, kann er sicher sein, dass Ihre Berufswahl auf reiflicher Überlegung beruht. Wer das Wissen über die alltägliche Dienstsituation noch mit zusätzlichen Informationen über den Standort anreichert, wirkt besonders gut vorbereitet.

■ *Musterantwort*

„Wie ich aus Ihrem Jahresbericht erfahren konnte, liegt der Schwerpunkt der Einsätze der Berliner Berufsfeuerwehr im Bereich der Notfallrettung, die rund drei Viertel aller Einsätze ausmacht. Dazu kommen noch die technischen Hilfeleistungen, unter anderem zu Wasser, und Brandeinsätze. Aber ich weiß natürlich, dass man als Feuerwehrmann nicht immer nur im Einsatz ist. Zum Alltag der Feuerwehren zählen, soweit ich weiß, auch regelmäßige Fortbildungen, um immer auf dem Laufenden zu bleiben. Obwohl ich den Ablauf nicht genau kenne, bin ich mir ziemlich sicher, dass der Großteil eines ganz normalen Tages wohl ganz schlicht und einfach für Materialpflege draufgeht. Ich bin ausgebildeter Mechatroniker und arbeite auch hobbymäßig gerne handwerklich. Daher weiß ich, dass sich schlechter Umgang mit dem Material immer rächt. Wohl erst recht bei der Feuerwehr, schließlich darf es im Einsatz kein „funktioniert nicht" geben. Ich glaube nicht, dass es bei der Feuerwehr viel „Leerlauf" und viele Ruhepausen gibt. Der Berufsalltag ist also kein Zuckerschlecken, schon gar nicht, wenn man den Schichtdienst und die Nachtarbeit berücksichtigt. Aber diesen Herausforderungen stelle ich mich gerne."

① *Merke*

Diese Frage trennt die Bewerber, die es „nur mal so" versuchen wollen, von denen, die tatsächlich am Beruf interessiert sind. Der Feuerwehralltag besteht eben nicht nur aus High-Tech, Blaulichtfahrten und bewundernden Blicken der Passanten. Einzelheiten über den Ablauf des ganz normalen alltäglichen Dienstes können Sie unter anderem bei Ihrem Einstellungsberater erfragen.

? *Frage*

„Können Sie mir ein paar Löschmittel nennen und wissen Sie, wie man sie einsetzt?"

ⓘ *Fragenhintergrund*

Die Frage stellt Ihre feuerwehrtechnischen Kenntnisse ohne Umschweife auf die Probe. Aber keine Panik: Niemand erwartet beim Einstellungsgespräch, dass alle Bewerber bereits ausgewiesene Brandschutzexperten sind. Der eine oder andere mag vielleicht Vorkenntnisse aus der Freiwilligen Feuerwehr mitbringen – die sind aber keine Einstellungsvoraussetzung. Es geht hier einerseits um eine grundsätzliche Neugier in Bezug auf Feuerwehrthemen und andererseits um Ihre Eigeninitiative: Wenn beides vorhanden ist, werden Sie über das A und O der Feuerwehrarbeit bestimmt schon ein wenig wissen.

▶ *Worauf kommt es bei der Antwort an?*

Was Sie beim Brand- und Löscheinsatz genau wissen müssen, lernen Sie in der Ausbildung. Die verschiedenen Löschmittel und ihre Verwendung brauchen Sie daher nicht komplett auswendig im Kopf zu haben. Den Personalverantwortlichen geht es um die Bestätigung, dass Sie sich aus eigenem Antrieb mindestens in Grundzügen mit Feuerwehrthemen beschäftigt haben. Ein gewisses Minimum an Vorkenntnissen sollten sie daher auf jeden Fall mitbringen – gerne auch verknüpft mit alltäglichen Eindrücken und

Auffälligkeiten. Beispielsweise auf den Vorschlag, brennendes Fett mit Wasser zu löschen, gilt es im Bewerbungsgespräch besser zu verzichten.

◉ Musterantwort

„Das Löschmittel, das mir vor allen anderen einfällt, ist schlicht und einfach Wasser. Aber Wasser ist nicht für alle Brände geeignet. Bei Fettbränden zum Beispiel soll man auf keinen Fall mit Wasser löschen – viele Küchenunfälle entstehen so. Was passiert, wenn sich Öl in einer Pfanne entzündet und dann Wasser draufgeschüttet wird, habe ich vor kurzem bei einem Tag der offenen Tür der Feuerwehr Potsdam gesehen: eine richtig gefährliche Fettexplosion. Oft setzt die Feuerwehr auch Löschschaum ein, aber wann genau man den verwenden muss, kann ich nicht sagen. Zuhause haben wir einen 6-Kilo-Pulverlöscher, den man laut Aufschrift zum Löschen brennender Feststoffe, Flüssigstoffe und Gase verwenden kann. Außerdem gab es in meinem Ausbildungsbetrieb auch Kohlendioxidlöscher, die man dann benutzt, wenn elektrische Anlagen Feuer fangen. Das Kohlendioxid ist nicht elektrisch leitend, verdrängt den Sauerstoff und erstickt dadurch das Feuer, hat man uns damals gesagt. Ich habe aber natürlich nur Grundkenntnisse über dieses Thema."

⚠ Merke

Ein Grundwissen über feuerwehrspezifische Themen können Sie sich mühelos im Internet aneignen. Sehr empfehlenswert ist darüber hinaus der Besuch eines „Tages der offenen Tür", den viele Berufsfeuerwehren und Freiwillige Feuerwehren regelmäßig veranstalten. Dort können Sie ein Auge auf die Ausrüstungsgegenstände werfen, Löschfahrzeuge aus nächster Nähe begutachten und meist auch Vorführungen zur Brandbekämpfung erleben.

Spezielle Fragen bei der Bundeswehr

❓ Frage

„Was wissen Sie über die Gründung der Bundeswehr?"

ⓘ Fragenhintergrund

Das Selbstverständnis der Bundeswehr hängt stark von ihrer Entstehungsgeschichte ab. Mit der Aufstellung der Bundeswehr verbanden sich bestimmte Aufgaben und Ziele, Ideen und Werte, die sich bis heute im Auftrag, in den Vorschriften und den Leitlinien der deutschen Armee niederschlagen. Anders gesagt: Ihre Gründungszeit verlieh der Bundeswehr ein bestimmtes Gesicht. Die Personalverantwortlichen zielen nun zum einen auf Ihr Interesse an der Bundeswehr und Ihr geschichtliches Grundwissen ab; zum anderen wollen sie aber auch erfahren, welches Bild Sie sich von der Bundeswehr machen.

▶ Worauf kommt es bei der Antwort an?

Vermitteln Sie ein großes Interesse an Fragestellungen rund um die Bundeswehr, indem Sie ein sicheres Basiswissen rund um die deutsche Wiederbewaffnung, den Kalten Krieg und die NATO präsentieren. In Ihrer Antwort können Sie indirekt auch einiges über Ihr persönliches Verständnis der Bundeswehr – und somit über Ihre Beweggründe, zum Militär zu gehen – andeuten. Dabei ist zu beachten: Auch wenn die Bundeswehr sich in vielem geändert hat, ist der Schutz der freiheitlich-demokratischen Grundordnung gegen äußere Bedrohungen seit 1955 ihre Kernaufgabe. Als Idealbild des Bundeswehrsoldaten gilt der mündige, politisch interessierte, demokratische „Staatsbürger in Uniform" – diesem Bild gilt es zu entsprechen.

◉ Musterantwort

„Die Wiederbewaffnung Deutschlands war in Deutschland und im befreundeten Ausland ziemlich umstritten, weil der Zweite Weltkrieg erst wenige Jahre zuvor zu Ende gegangen war. Nach der Niederlage

Deutschlands 1945 sollte es nach dem Willen der Alliierten eigentlich überhaupt keine deutsche Armee mehr geben. Aber dann begann der Kalte Krieg, und die Differenzen zwischen der Sowjetunion bzw. den sowjetisch beeinflussten Ostblockstaaten (DDR, Polen, Ungarn, Tschechoslowakei…) und den Westmächten nahmen zu. Nicht nur der deutsche Bundeskanzler Konrad Adenauer, sondern auch Großbritannien und vor allem die USA wollten nun eine deutsche Armee, um zu zeigen, dass Mitteleuropa nicht so einfach zum Expansionsgebiet der Sowjetunion werden könnte. Die Bundeswehr wurde schließlich 1955 gegründet, und noch im selben Jahr trat die Bundesrepublik Deutschland dem Militärbündnis NATO bei. Die Bundeswehr erhielt den Auftrag, nur zur Verteidigung Deutschlands oder eines NATO-Partners militärisch eingreifen zu dürfen. Als Wehrdienstarmee sollte sie einen möglichst breiten Querschnitt der Gesellschaft abbilden, um zu verhindern, dass aus dem Militär ein undemokratischer, in sich geschlossener „Staat im Staate" wird wie wenige Jahrzehnte vorher in der Weimarer Republik."

(!) Merke

Bei einer guten Vorbereitung können Sie hier glänzen: Fundierte Geschichtskenntnisse lassen auf eine gute Allgemeinbildung und hohes Interesse an der Bundeswehr schließen, außerdem können Sie Ihre Motivation zum Eintritt ins Militär indirekt und dadurch elegant unterbringen. Das alles setzt eine gründliche Arbeit im Vorfeld voraus: Machen Sie sich über die Gründung und Entwicklung der Bundeswehr schlau und verschaffen Sie sich einen Eindruck, was die Bundeswehr sein sollte und soll.

(?) Frage

„Können Sie erklären, was die NATO ist und welche Aufgabe sie hat?"

(i) Fragenhintergrund

Die Einbindung in die Militärorganisation NATO war und ist für die Bundeswehr enorm wichtig. Schon die Gründung der Bundeswehr war unmittelbar verknüpft mit der Aufnahme in die NATO, in der Sie eine bestimmte strategische Funktion übernahm. Darüber hinaus hängt es besonders von den Aufgaben und Zielen der NATO ab, wo und wie die Bundeswehr heute eingesetzt wird. Ihre Gesprächspartner wollen durch diese Frage nicht nur testen, wie sicher Ihr geschichtliches bzw. bundeswehrbezogenes Grundwissen ist, sondern auch, ob Sie in tagespolitischen Fragen auf dem neuesten Stand sind.

(▶) Worauf kommt es bei der Antwort an?

Hier kommt es auf die Verknüpfung von Vergangenheit und Gegenwart an. Mit einem guten geschichtlichen und politischen Basiswissen lassen sich dabei viele Pluspunkte bei den Personalverantwortlichen sammeln. Da die Einbindung in die NATO für die Bundeswehr eine große Rolle spielt, besitzt die Frage nach den Aufgaben und Zielen der NATO für die Bundeswehr und ihre Angehörigen – also eventuell bald auch für Sie – eine ganz praktische Bedeutung. Es geht also nicht um staubtrockenes Schulwissen, sondern um relevante Gegenwartspolitik.

(■) Musterantwort

„NATO ist die Abkürzung für „North Atlantic Treaty Organization" (Nordatlantikpakt-Organisation), im Deutschen sagt man oft auch einfach nur Nordatlantikpakt. Die NATO wurde 1949 als Militärbündnis verschiedener westlicher Staaten gegründet, ihre treibende Kraft war und ist die USA. Deutschland ist dem Bündnis direkt nach der Gründung der Bundeswehr 1955 beigetreten. Andere aktuelle Mitglieder sind – neben der USA und Deutschland – unter anderem Kanada, Großbritannien, Spanien und die Türkei. Zurzeit des Kalten Krieges sollte die NATO die Sowjetunion und die Ostblockmächte abschrecken, die mit dem Warschauer Pakt 1955 ein vergleichbares Militärbündnis aufgestellt hatten. Das hat sich geändert, denn die Sowjetunion hat sich 1991 aufgelöst und der ehemalige Ostblock existiert nicht mehr. Zahlreiche ehemalige Ostblockstaaten wie Polen, Tschechien oder die baltischen Länder sind mittlerweile selbst in der NATO. Heute sieht sie es als ihre Aufgabe, weltweit in Krisengebieten einzugreifen, wie beispielsweise im Kosovokrieg 1999. Im Moment ist die NATO in Afghanistan im Einsatz: Nach dem Anschlag auf das World Trade Center im Jahr 2001 wurde zum ersten Mal überhaupt der im NATO-Vertrag festgelegte Bündnisfall festgestellt – dadurch waren alle NATO-Staaten verpflichtet, zur Verteidigung des angegriffenen Mitgliedsstaats USA einzugreifen."

! Merke

Da die Frage sowohl auf Geschichtliches als auch auf Gegenwartswissen abzielt, können Sie in Ihrer Antwort mühelos eigene Schwerpunkte setzen: indem Sie etwa die Mächtekonkurrenz mit den Warschauer-Pakt-Staaten im Kalten Krieg oder den aktuellen Kampf gegen den Terrorismus besonders betonen. Zeitungen und Nachrichtenmagazine informieren über aktuelle Streitpunkte und Veränderungen – verfolgen Sie die immer wieder aufflammenden Diskussionen.

? Frage

„Wo ist die Bundeswehr zurzeit im Einsatz und welche Aufgaben übernimmt sie dort?"

(i) Fragenhintergrund

Die Personalverantwortlichen interessiert, ob Sie ein realistisches Bild der aktuellen Anforderungen und Aufgaben des deutschen Militärs besitzen. Nur wenn Sie sich bewusst sind, welche Verantwortung und welche möglichen Risiken nach dem Eintritt in die Bundeswehr auf Sie warten, kann Ihr Gesprächspartner sicher sein, dass Ihre Berufsentscheidung auf sicheren und gut überlegten Standpunkten beruht. Gleichzeitig geht es hier um Ihr Engagement und Ihren Wissensstand: Wer sich nur „nebenbei" bei der Bundeswehr bewirbt, wird kaum ausreichend über die Situation der deutschen Armee in der Gegenwart informiert sein.

▶ Worauf kommt es bei der Antwort an?

Die Bundeswehr ist momentan an verschiedenen Orten aktiv: etwa in Afghanistan, im Kosovo, in Bosnien-Herzegowina oder im Sudan. Eine mögliche zusätzliche Herausforderung während des Gesprächs kann es sein, die Einsatzorte auf einer Landkarte wiederzufinden. Informieren Sie sich also – auf der Homepage der Bundeswehr, in Tageszeitungen und Magazinen etc. Erwähnen Sie auch die von der Öffentlichkeit vernachlässigten Stabilisationseinsätze auf dem Balkan und die „kleinen" Friedenssicherungs-Missionen in Afrika. Die „großen" und vieldiskutierten Operationen vor der Küste Somalias – Auslaufdatum: 2010 – und in Afghanistan sollten Sie detailliert kennen. Denn dort spielten und spielen sich weltpolitisch bedeutende Ereignisse ab, die für die Bundeswehr enorm wichtig sind. Daher steht hier nicht nur Ihr generelles Interesse an aktuellen Bundeswehrthemen auf der Probe, sondern auch, ob Sie sich mit Ihrer eigenen Zukunft in der Armee genügend auseinandergesetzt haben.

■ Musterantwort

„Die Bundeswehr ist in vielen Weltregionen im Einsatz. Sie ist immer noch auf dem Balkan stationiert, um nach dem Kosovokrieg die Verhältnisse zu stabilisieren, und sie ist im Rahmen von UN-Friedensmissionen im Sudan und in Darfur vor Ort, aber mit relativ kleinen Kontingenten. Die Marinepräsenz am Horn von Afrika war ein größerer Auftrag, um den Seeverkehr vor Piraterie zu schützen und die Transportrouten von Terroristen zu unterbinden. Der wichtigste Einsatz ist aber nach wie vor der in Afghanistan. Nach den Terroranschlägen des 11. September 2001 wurde der NATO-Bündnisfall ausgerufen, sodass alle NATO-Staaten zum militärischen Einschreiten gegen die Terroristen verpflichtet waren, also auch Deutschland. Die Bundeswehr ist mit rund 5.000 Soldaten in Afghanistan vertreten, vor allem in der Nordregion Afghanistans. Sie ist Teil der NATO-geführten ISAF (International Security Assistance Force), die die afghanische Regierung bei der Herstellung der inneren Sicherheit und beim Wiederaufbau des Landes unterstützen soll. Der direkte Kampf gegen die Taliban und gegen das Terrornetzwerk Al-Kaida soll eigentlich innerhalb der OEF (Operation Enduring Freedom) stattfinden, und an diesem Kampfeinsatz ist die Bundeswehr nicht beteiligt, wenn man mal vom Kommando Spezialkräfte (KSK) absieht. Aber trotzdem gab es bereits viele Todesfälle bei der Bundeswehr, und Verteidigungsminister zu Guttenberg sprach auch schon von einem Kriegseinsatz."

⚠ Merke

Das Wissen über die Auslandseinsätze der Bundeswehr wird von den Personalverantwortlichen vorausgesetzt. Diese Operationen sind nicht nur zeitgeschichtlich wichtig – unter Umständen können auch Sie direkt darin einbezogen werden. Der persönliche Aspekt kann für Ihre Gesprächspartner so wichtig sein, dass sie speziell dazu weitere Fragen stellen: Zum Beispiel, wie Ihre Eltern damit umgehen würden, wenn man Sie zum Einsatz ins Ausland abkommandierte? Aber auch die aktuellen Entwicklungen im Rahmen der Bundeswehr-Reform können zur Sprache kommen: Wie stehen Sie zur Frage Wehrpflicht- oder Freiwilligenarmee? Welche Vor- bzw. Nachteile hat eine Reform?

❓ Frage

„Welche Aufgaben haben Sie als Feldwebel (Unteroffizier,...) im allgemeinen Fachdienst (Truppendienst)?"

ℹ Fragenhintergrund

Hier geht es nicht um die Bundeswehr allgemein, sondern konkret um die von Ihnen angestrebte Laufbahn. Wissen Sie, was auf Sie zukommt? Haben Sie sich ausreichend darüber informiert, wo überall Sie eingesetzt werden können, welche konkreten Aufgaben Sie in Ihrer Funktion zu übernehmen haben und was Sie dazu an Qualifikationen mitbringen sollten?

▶ Worauf kommt es bei der Antwort an?

Wenn Sie das Tätigkeitsprofil des abgefragten Ranges genau darstellen, beweisen Sie auf jeden Fall schon einmal Interesse und eine gute Vorbereitung. Darüber hinaus können Sie deutlich machen, dass Sie durch Ihre persönlichen Fähigkeiten und Erfahrungen auch für diese Anforderungen geeignet sind.

▣ Musterantwort

„Als Feldwebel im allgemeinen Fachdienst stehe ich am Anfang der Feldwebel-Laufbahn. Damit übernehme ich bereits die Funktion eines militärischen Vorgesetzten, habe also Führungsaufgaben, zu denen auch die Ausbildung und Erziehung junger Soldaten gehört. Auf diese Verantwortung bin ich gut vorbereitet, da ich schon in der Jugendfeuerwehr gerne mit jüngeren Feuerwehrkameraden gearbeitet und sie angeleitet habe. Durch diese Tätigkeit habe ich auch gelernt, sorgfältig mit technischen Geräten umzugehen, was mir als Feldwebel im Fachdienst sicher helfen wird – auch wenn es hier um moderne Waffensysteme geht und nicht um Feuerwehrtechnik. Als Feldwebel für Informationsverarbeitung und Telekommunikation werde ich zuständig sein für die IT-Infrastruktur in meinem Bereich, d.h. ich überwache und installiere, pflege und warte PC-Systeme und serverbasierte Netze. Wenn Fehler auftreten, bin ich dafür zuständig, die Einsatzbereitschaft des Systems wiederherzustellen. Ich halte das für eine sehr verantwortungsvolle Aufgabe, da es in der heutigen Zeit auch bei der Bundeswehr auf funktionierende IT- und Telekommunikations-Systeme ankommt, um schnelle und richtige Entscheidungen treffen zu können."

⚠ Merke

Informieren Sie sich nicht nur über Ihre Laufbahn, sondern auch genau über den von Ihnen gewählten Einstiegsbereich. Feldwebel im Fachdienst beispielsweise sind in den Bereichen Instandhaltung, Informatik, Elektronische Aufklärung, Fluggerätemechanik, Navigation, Nachschubdienst und Militärische Flugsicherung tätig. Die nötigen Informationen können Sie von Ihrem Einstellungsberater oder auf der Homepage der Bundeswehr erfahren.

Fragen zu Persönlichkeit, Verhalten und sozialer Kompetenz

Jeder Bewerber stellt sich die Frage, welche Eigenschaften dazu qualifizieren, eine bestimmte Stelle zu erhalten bzw. welche Fähigkeiten den Arbeitgeber überzeugen können. In vielen Fällen sagen die Polizeien, dass sie besonders auf die zwischenmenschlichen Fähigkeiten eines Bewerbers achten. Welche sozialen Kompetenzen bringt der Bewerber mit? Wie kann aus dem Verhalten gelesen werden, wie sich der Bewerber gegenüber Mitarbeitern, Opfern oder Tätern verhalten würde? Wie ist die persönliche Motivation des Bewerbers einzuschätzen? Das sind Fragen, die einen Polizeiverantwortlichen im Vorstellungsgespräch ebenso beschäftigen wie Fragen nach den Kenntnissen und Fähigkeiten.

Die Stellenanzeige deutet in den meisten Fällen an, welche positiven Eigenschaften ein Bewerber mitbringen soll. Jedoch ist es unwahrscheinlich, dass alle Bewerber ausschließlich über positive Charaktereigenschaften und eine durchweg angenehme Persönlichkeit verfügen. Jeder Mensch hat seine Schwächen und Fehler. Und diese Fehler will der Beamte im Gespräch von Ihnen erfahren. Sie dürfen sich natürlich keine Blöße geben und keine Schwächen zeigen.

Wichtig ist Ihr Verhalten. Aber gibt es ein wirklich *falsches* Verhalten? Nein, jedoch gibt es unterschiedliche Situationen. Und nicht jedes Verhalten ist jeder Situation angemessen. Wenn Sie in die Schule gehen/gegangen sind, dann haben Sie wahrscheinlich mit Ihren Freunden eine Art, sich zu begrüßen. Manche geben sich normal die Hand, andere haben einen bestimmten Begrüßungshandschlag, wieder andere geben sich einen Begrüßungskuss. Sie haben mit Ihren Freunden die Möglichkeit, auf verschiedene Art und Weise miteinander umzugehen, nicht nur bei der Begrüßung. Wenn Sie aber einen Lehrer oder eine andere Autoritätsperson treffen, dann würden Sie sich anders verhalten. Natürlich hat der *Klassenclown* wahrscheinlich schon diverse Male zum Scherz versucht, den Lehrer mit einem lockeren Spruch zu begrüßen. Aber er ist ja auch der *Klassenclown*, was hätte man sonst von ihm erwarten können?!? Wenn Sie sich aber angemessen verhalten wollen, dann gibt es gewisse Regeln! Was in der Schule gilt, das gilt auch im Umgang mit anderen Autoritäten. Es gibt immer ein Verhalten, das einer Situation angemessen oder unangemessen ist. Sie müssen versuchen, den Gesprächspartner zu überzeugen, dass Sie sich situationsangemessen verhalten können und keine schlechten Eigenschaften haben, die im Beruf zu Problemen für den Arbeitgeber führen könnten.

? Frage

„Nennen Sie mir jeweils eine Ihrer Stärken und eine Ihrer Schwächen! Und könnten Sie je eine Situation nennen, in der die Stärken oder Schwächen zum Ausdruck kamen?"

(i) Fragenhintergrund

Auf diese Art und Weise wird die Frage nach Stärken und Schwächen häufig gestellt. Es liegt an Ihnen, selbstkritisch Ihre Stärken und Schwächen darzustellen. Diese Frage wird genutzt, weil darauf nicht wenige überrascht reagieren. Diejenigen, die nicht vorbereitet sind, werden vor Angst zu schlottern beginnen, denn wie soll man auf eine derartige Frage unvorbereitet antworten? Und wie kann man sich in dieser Situation überhaupt geschickt verhalten? Die Polizeibeamten wollen von Ihnen nicht nur hören, dass Sie Stärken und Schwächen haben, das wäre zu einfach. Es geht eher darum, Sie zu zwingen, klug zu argumentieren. Niemand möchte von Ihnen ein Geständnis, dass Sie eigentlich nicht geeignet sind, weil Ihre Schwächen so massiv sind. Sie sollen zeigen, dass Sie Stärken haben, die Sie für den Beruf qualifizieren, und Schwächen, die menschlich sind, aber Ihre Arbeit bei der Polizei nicht behindern würden.

▶ Worauf kommt es bei der Antwort an?

Bei der Beantwortung ist fundamental, dass Ihre Schwächen nicht so vielfältig und gravierend sind, dass Ihre Stärken dahinter verschwinden. Es ist daher ratsam, mit dem einfachen Teil, den Stärken, zu beginnen. Achten Sie darauf, dass Sie, wenn Sie über Ihre Stärken sprechen, eine Verbindung zum Ausbildungsberuf herstellen. Wollen Sie Polizist werden, dann betonen Sie Ihre Kommunikationsstärken oder Ihr sicheres Auftreten, Ihre Stärke im Umgang mit anderen Menschen oder Ihr Potenzial Konflikte zu lösen. Für die Schwächen gilt: *Schwächen sollten Sie in einer solchen Situation nicht zu offen zugeben*! Versuchen Sie nur solche Schwächen zu nennen, die für den Ausbildungsberuf nicht von Relevanz sind. Sie können schlecht kochen, nicht gut zeichnen, haben Probleme, wenn jemand seine Arbeit nicht sorgfältig erledigt etc.

■ *Musterantwort*

„Meine größte Stärke ist meine Kommunikationsfähigkeit. Ich kann sehr gut mit den unterschiedlichsten Leuten ins Gespräch kommen, habe keine Probleme, mich auszudrücken oder meinen Standpunkt deutlich zu machen, kann aber gleichzeitig auch sehr diplomatisch sein. Ich erinnere mich an eine Situation während meines Schulpraktikums, in der diese Stärke sehr half. Ich habe mein Praktikum bei einer Sicherheitsfirma gemacht, das habe ich Ihnen schon erzählt. An einem Tag sollten alle Praktikanten in einer gemeinsamen internen Veranstaltung Ihre Eindrücke aus dem Praktikum schildern. Ich erinnere mich daran, dass wir eine kleine Präsentation vorbereiten mussten, so etwas wie einen kleinen Vortrag. Der anschließenden Diskussion über die Vorträge konnte ich entnehmen, dass alle Praktikanten und die Personalchefin davon überzeugt waren, dass ich auf sehr deutliche und klare Weise kommunizieren konnte, was für mich wichtige Eindrücke waren und eine Bestätigung für meine Kommunikationsfähigkeit. In meiner Schulklasse wurde ich zudem zum Sprecher gewählt, weil viele Mitschüler überzeugt waren, dass ich Streitigkeiten lösen kann. In den Jahren, in denen ich Klassensprecher war, gab es viele Streits beizulegen und ich denke, dass ich das ganz gut hinbekommen habe. Nun zu meinen Schwächen. Ich denke, meine große Schwäche besteht im Umgang mit speziellen Computerprogrammen. Ich kann zwar klar reden und präsentieren, aber ich habe mich kaum mit Präsentationsprogrammen wie z.B. *Power Point* beschäftigt. Das ist sicherlich eine Schwäche, die ich aber auszubügeln gedenke. Ich möchte mich in nächster Zeit intensiv in solche Programme einarbeiten und hoffe, mich darin bis zum Ausbildungsbeginn zu verbessern."

⚠ *Merke*

Diese Frage ist sehr wichtig!!! Es ist ratsam, sich darauf intensiv vorzubereiten. Wie genau die Frage formuliert sein wird, können Sie nicht wissen, aber inhaltlich ist sie Teil der meisten Vorstellungsgespräche. Es ist sinnvoll, eine Stärke zu wählen, die im Zusammenhang mit dem Ausbildungsberuf steht, und eine Schwäche, die so unwichtig ist, dass Sie direkt unter den Tisch fallen kann. Vermeiden Sie eine Situation, in der Sie sich für Ihre Schwächen rechtfertigen müssten.

❓ *Frage*

„Nennen Sie mir drei Eigenschaften, die auf Ihre Person zutreffen. Und geben Sie bitte ein Beispiel, wie sich diese Eigenschaften zeigen."

ⓘ *Fragenhintergrund*

Wie der gesamte Fragenkomplex zu Ihrer Persönlichkeit, Motivation und den sozialen Fähigkeiten, so ist auch Hintergrund dieser Frage, mehr über Ihre menschliche Eignung für den Polizeiberuf zu erfahren. Welche Eigenschaften würden Sie hervorheben? Sie sollen eine Selbsteinschätzung abgeben und sich der unangenehmen Aufgabe stellen, sich in Bezug auf die Ausbildung selbst positiv darzustellen.

▶ *Worauf kommt es bei der Antwort an?*

Sie müssen dem Fragensteller folgendes glaubhaft machen: Ihre Eigenschaften qualifizieren Sie, zusätzlich zu Ihren Kenntnissen und Fähigkeiten, die Stelle voll auszufüllen. Es kommt für Sie darauf an zu vermitteln, dass Sie mit Ihren *positiven* Besonderheiten genau das passende Profil haben. Achten Sie darauf, solche Eigenschaften anzuführen, die ein Personalverantwortlicher oder ein Chef gerne hören möchte. Verweisen Sie beispielsweise auf: den Willen, etwas zu lernen; die Orientierung auf bestimmte Ziele, die Sie im Leben verfolgen; den Willen, sich zu entwickeln etc.

◉ Musterantwort

„Ich denke, ich kann mich gut benehmen, kommuniziere gern und freue mich darauf, neues zu lernen. Mein gutes Benehmen versuche ich immer zu zeigen. Wenn z.B. eine alte Dame in der U-Bahn keinen Sitzplatz hat, stehe ich selbstverständlich auf und biete meinen Platz an. So denke ich, dass ich in der Polizeiarbeit immer versuchen würde, zuerst auf höfliche Art und Weise mit den Menschen in Kontakt zu treten. Meine Kommunikationsfähigkeiten habe ich in der Schule häufig positiv einbringen können. Wenn z. B. etwas präsentiert werden musste, bin ich zumeist von meinen Schulkameraden als Sprecher oder Referent ausgewählt worden. Und mein Lerninteresse zeigt sich besonders dann, wenn ich etwas Neues entdecke. Merke ich z.B. in einem Gespräch, dass ich etwas nicht kenne, z.B. die Hauptstadt eines Landes, dann werde ich alles daransetzen, direkt im Gespräch die Lücke zu füllen; gelingt das nicht, dann schaue ich später im Internet oder in einem Lexikon nach."

⚠ Merke

Sie verfügen mit Sicherheit über positive Eigenschaften, die jeden Personaler überzeugen können. Versuchen Sie diese Eigenschaften im Gespräch mit Freunden und Familie festzustellen, wenn Sie unsicher sind. Bereiten Sie sich darauf vor, dass Ihnen eine Frage zu den persönlichen Eigenschaften, ganz egal in welcher Form, gestellt werden wird.

❓ Frage

„Welche Werte und Eigenschaften sind für Sie besonders wichtig im Berufsleben? Gibt es Gründe dafür?"

ⓘ Fragenhintergrund

Werte und Eigenschaften, was soll das denn nun schon wieder? Die Frage zielt darauf, zu ermitteln, ob für Sie persönlich wichtige Werte und Eigenschaften sich mit dem decken, was die Polizei für wichtig hält. Im Grundsatz soll auch nur das überprüft werden. Es steht zur Debatte, ob Sie das für wichtig halten, was Credo der Polizei ist.

▶ Worauf kommt es bei der Antwort an?

Es kommt darauf an, dass Sie auf die Werte verweisen, die jeder Arbeitgeber gern an seinen Mitarbeitern sehen möchte. In den meisten Ausbildungsberufen liegen Sie richtig mit Werten und Eigenschaften wie: Leistungsbereitschaft, Teamgeist, Loyalität, Kommunikationsfähigkeit, Zuverlässigkeit, Arbeitsmoral und Selbstdisziplin. Versuchen Sie Ihre Wertvorstellungen am besten an den Anforderungen der Stellenausschreibung auszurichten. Und: versuchen Sie keine extremen Werte oder Eigenschaften zu nennen, das könnte Ihnen das Genick brechen!

◉ Musterantwort

„Ich denke, wichtige Werte im Berufsleben sind: Loyalität und Redlichkeit. Insbesondere bei der Polizei muss die Loyalität zum Gesetz gesichert sein, sonst ist die Arbeit nicht der demokratischen Grundordnung angemessen. Zudem ist Redlichkeit wichtig, um die Arbeit so verrichten zu können, wie es gedacht ist. Nur wer wirklich redlich ist, kann widerstehen, wenn z.B. Schmiergelder angeboten werden. Zudem denke ich, dass man gut zuhören können sollte. In der Ausübung des Berufs kann es leicht zu Missverständnissen kommen. Das kann jedoch verhindert werden, wenn man zuhört und deutlich kommuniziert. Teamgeist ist in praktisch jedem Beruf von Bedeutung, man arbeitet zumeist nicht allein, ist kein Einzelkämpfer, sondern muss mit seinen Teamkollegen erfolgreich zusammenarbeiten. Zuverlässigkeit und Verantwortungsbewusstsein sind ebenso wichtig! Mitarbeiter sind in die internen Angelegenheiten eingeweiht und bekommen Informationen anvertraut, die niemand erfahren darf."

(!) Merke

Überzeugen Sie den Personaler davon, dass Sie Werte und Eigenschaften für wichtig erachten, die für den Beruf relevant sind.

(?) Frage

„Was macht Sie unzufrieden, wie würden Sie Ihren Charakter oder Ihre Persönlichkeit verändern wollen? Und wie gedenken Sie dies zu tun?"

(i) Fragenhintergrund

Achtung, es geht um Ihr Selbstbild. Sind Sie realistisch in Ihrer Einschätzung oder überschätzen Sie sich maßlos? Die Frage sollten Sie sich vor dem Gespräch stellen. *Nobody is perfect*, das wissen wir bereits. Aber wie lässt sich ein Charakter positiv verändern, was könnten Sie anders machen? Bei dieser Frage ist Vorsicht angebracht. Ähnlich wie bei der Frage nach den Stärken und Schwächen, geht es um eine Selbstkritik.

(▶) Worauf kommt es bei der Antwort an?

Achten Sie darauf, keine groben Fehler zu begehen. D.h. lassen Sie sich nicht von den Polizeibeamten hinreißen, sich detailliert zu kritisieren. Sie sollen weder Seelenstriptease betreiben noch eine Beichte ablegen. Nehmen Sie z.B. Bezug auf die vorher formulierte Schwäche und führen Sie kurz aus, wie Sie die Schwäche beheben wollen. Sie können sich selbstkritisch geben, dürfen dabei aber nicht vergessen, dies auf positive Art und Weise zu betreiben. Sagen Sie beispielsweise, Sie wollten eine Sprache besser sprechen können, ein Computerprogramm beherrschen und ähnliches.

(■) Musterantwort

„Unzufrieden machen mich meine Englischkenntnisse, die ich gerne verbessern würde. Ich beherrsche die Sprache verbal zwar gut, würde mich aber gerne im schriftlichen Bereich gewählter ausdrücken können. Zu diesem Zweck habe ich darüber nachgedacht, in der Zeit bis zum Ausbildungsbeginn meine Kenntnisse in einem Intensivkurs direkt in England zu verbessern. Ich weiß auch, dass Englisch ein Teil der Polizeiausbildung ist, mein Ziel ist es jedoch, eigenständig besser zu werden. Ich denke, wenn ich die Sprache wirklich gut beherrsche, dann kann ich nicht nur im Urlaub mit Einheimischen kommunizieren, sondern auch im Dienst darauf zurückgreifen. Heute sprechen viele Menschen Englisch, es ist praktisch die Weltsprache."

(!) Merke

Verfallen Sie nicht in eine Beichte! Versuchen Sie die Gunst des Augenblicks zu nutzen, auch an dieser Stelle für sich Werbung zu betreiben. Gestehen Sie nichts ein, was Sie disqualifizieren könnte, lassen Sie sich von einer positiven Grundstimmung leiten.

(?) Frage

„Wie schätzen andere Leute Sie ein, und wie reagieren Sie auf eine Fremdeinschätzung?"

(i) Fragenhintergrund

Bis jetzt haben sich die meisten Fragen auf das Selbstbild bezogen. Hier kommt nun eine Komponente hinzu – die Einschätzung durch andere Menschen. Was denken Ihre Familienmitglieder über Sie, welche Stärken und Schwächen würden diese Ihnen zuschreiben? Es ist sinnvoll, sich hierzu Gedanken zu machen, um nicht in die Gefahr zu geraten, ein Fremdbild zu schildern, das mit dem zuvor dargestellten Selbstbild nicht viel gemein hat. Eine starke Abweichung wäre ein fataler Fehler - Ihr Gesprächspartner wird darauf achten.

▶ *Worauf kommt es bei der Antwort an?*

Wenn Sie sich Gedanken über positive und negative Aspekte der eigenen Persönlichkeit gemacht haben, lässt sich diese Frage nutzen, um weitere Eigenwerbung zu betreiben. Ihre Antwort ist so vorzubereiten, dass Selbst- und Fremdbild konsistent sind. D.h., Eigen- und Fremdbild müssen Zusammenhänge aufweisen. Sie könnten z.B. anführen, dass Sie ein *Teamplayer* sind und sich Familie, Freunde, Mitschüler und andere immer auf Sie verlassen können. Wenn Sie in dieser Antwort ein gewisses Maß an Selbstkritik einbringen, dann haben Sie noch bessere Chancen. Aber bei der Selbstkritik ist Vorsicht geboten: Es darf nicht darauf hinauslaufen, dass Sie etwas eingestehen, was hinterher gegen Sie verwendet werden könnte.

■ *Musterantwort*

„Grundsätzlich schätzen mich andere als jemanden, der sehr verlässlich und ehrlich ist. Ich glaube, meine Hartnäckigkeit in komplizierten Situationen, z.B. bei der Lösung einer Aufgabe oder eines Problems, kann manchen auf die Nerven gehen. Doch kann ich in diesem Punkt mit Kritik leben, da ich eine gewisse Gründlichkeit als erstrebenswert betrachte. Insgesamt ist es mir wichtig, von meiner Umwelt ein positives Feedback zu haben, Kritik ist aber kein Problem. Denn insbesondere Kritik bringt mich persönlich weiter."

① *Merke*

Bereiten Sie sich gut vor, indem Sie sich mit Ihren positiven und negativen Eigenschaften auseinandersetzen. Für eine gelungene Antwort ernten Sie in jedem Fall Pluspunkte. Versuchen Sie zu vermitteln, dass andere Sie so einschätzen, wie Sie sich selbst dargestellt haben. Positive Eigenschaften sind das Stichwort. Und bringen Sie ein bisschen Selbstkritik ein, das zieht immer.

② *Frage*

„Sind Sie ein Teamworker oder arbeiten Sie lieber allein? Vielleicht können Sie Situationen schildern, in denen Sie allein oder im Team gearbeitet haben?"

ⓘ *Fragenhintergrund*

Wer heute arbeiten will, der muss notwendigerweise im Team arbeiten können. In den wenigsten Berufen kann einer alleine dasselbe erreichen, wie eine Gemeinschaft. Teamwork ist ein Grundsatz, besonders in der Polizeiarbeit. Polizisten treten in der Regel zu zweit oder im Team auf: das Dienstfahrzeug ist grundsätzlich mit zwei Personen besetzt. Was zeichnet nun einen Teamworker oder einen Gemeinschaftsmenschen aus? Ein Team besteht aus Einzelnen, von denen jeder für sich über Fähigkeiten und Eigenschaften verfügt. Diese Eigenschaften müssen sich in der gemeinsamen Arbeit, im *Wir*, ergänzen. Für die Ausbildung werden Personen bevorzugt, an denen sich soziale Kompetenzen und Teamfähigkeit abzeichnen.

▶ *Worauf kommt es bei der Antwort an?*

Sie werden sich evtl. fragen, wie Sie zum Ausdruck bringen können, dass Sie ein Teamworker sind! Gehen Sie am besten so vor, dass Sie sich einige Stichpunkte machen und Eigenschaften aufführen, die Sie als teamfähig kennzeichnen.

Hier finden Sie nun einige Eigenschaften, die einen teamfähigen Mitarbeiter auszeichnen: die Orientierung am Gesamtergebnis, nicht an der eigenen Aufgabe; die Fähigkeit, Konflikte auszuhalten und zu lösen; das Interesse am Konsens; die Fähigkeit, soziale Kontakte zu knüpfen; die Fähigkeit, Absprachen einzuhalten; die Fähigkeit, auf andere einzugehen und sich von anderen kritisieren lassen zu können; Einfühlungsvermögen etc. Das sind sehr grundlegende Eigenschaften, die Teamplayer auszeichnen. Hinzu kommt, dass jedes Teammitglied über ausgeprägte Fähigkeiten verfügen muss. Ein Team ist immer dann besonders erfolgreich, wenn sich die Fähigkeiten und das Wissen der einzelnen Mitglieder ergänzen. Die stärksten Teamplayer können ihre Denk- und Arbeitsweise an Kollegen und Aufgaben ausrichten.

◼ Musterantwort

„Ich würde mich als Teamplayer bezeichnen. Ich denke, gemeinsam lässt sich in der Regel mehr erreichen. Es geht darum, sich auf Kollegen einzustellen, zu verlassen und bereit zu sein, Konflikte, die es immer geben kann, zu diskutieren und zu lösen. Im Sinne der Gemeinschaft, des Teams, muss sich jeder an die eigene Nase greifen und überprüfen, wo man beginnt, egoistisch zu sein. Besonders gelungen war mir die Teamarbeit mit einer Lerngruppe in der Schule. Wir haben uns gemeinsam erfolgreich auf Klassenarbeiten vorbereitet. Zum einen war es sehr hilfreich, dass wir unsere Unterlagen und Informationen untereinander ausgetauscht haben. Zum anderen konnten wir uns gegenseitig abfragen, um unsere Lücken zu erkennen und nachzulernen. Immer wusste einer von uns etwas, was die anderen nicht wussten. Das hat sich für unsere gesamte Lerngruppe ausgezahlt, da jeder Einzelne seine Noten verbesserte."

! Merke

Sie wollen eine Ausbildung bei der Polizei absolvieren und in 99 % der Fälle werden Sie in einem Team arbeiten. Sie werden sich mit Kollegen koordinieren und absprechen müssen, werden gemeinsam auf Streife gehen, in größeren Teams Einsätze fahren, evtl. in der Hundertschaft abgestellt sein. Dass Sie zu dieser Form der Arbeit in der Lage sind, müssen Sie zum Ausdruck bringen können. Es soll ein echter Mannschaftsspieler eingestellt werden, kein Egoist im Teampelz.

? Frage

„Nobody is perfect, jeder macht doch mal einen Fehler, oder nicht?! Sind Sie deswegen in Konflikt mit anderen geraten, und wie sind Sie damit umgegangen?"

ⓘ Fragenhintergrund

Achtung, Alarm, das ist eine Fangfrage. Lassen Sie sich nicht überlisten, denken Sie einen Moment nach. Was will Ihr Gesprächspartner mit dieser Frage bezwecken? Sie sollen mit Sicherheit nicht unmittelbar Auskunft darüber geben, dass Sie Konflikte super und ganz einfach lösen oder bewältigen können. Wenn Sie das tun, könnte die nächste Frage sein: *„Also haben Sie Probleme mit anderen, Sie geraten häufig in Konflikte mit anderen. Dann sind Sie kein Teamplayer, wie Sie eben behauptet haben."* Da es zuvor um das Teamverhalten ging, zielt diese Frage auf die nächste Ebene, es geht um Ihre Loyalität. Sind Sie ein Teamplayer, dann wissen Sie sich zur rechten Zeit einzuordnen. Im Gegenzug wissen Sie aber auch, wann ein Konflikt so groß wird, dass die Notwendigkeit besteht, Kompromisse zu finden. Diese Fähigkeit sollen Sie mit der Antwort auf diese Frage nachweisen.

▶ Worauf kommt es bei der Antwort an?

Nur wenige können gut mit Konfliktsituationen umgehen. Der eine ist aggressiv in Diskussionen und erzeugt so beim Gegenüber ein Gefühl von Ohnmacht, da es schwer ist, sich einem solchen Schreihals zu widersetzen. Der andere hält sich jedes Mal zurück und bietet die perfekte Angriffsfläche für einen aggressiven Streithahn. Beide Extreme sind fehl am Platz. Weder das aggressive Rumpelstilzchen noch das zurückhaltende Aschenputtel würde bei der Polizei eingestellt werden. Beide Charaktere wären nicht in der Lage, Konflikte sinnvoll zu lösen. Auch hier sind Mannschaftsspieler gefordert. Überzeugen Sie, dass Sie zu den Teamplayern gehören. Versuchen Sie zu vermitteln, dass Sie sich bei Ihnen wichtigen Punkten durchsetzen können, wohingegen Sie ebenso wissen, wann Sie nachgeben müssen. Sie arbeiten für die Mannschaft und haben das immer im Hinterkopf.

◼ Musterantwort

„Grundsätzlich versuche ich Konflikte zu vermeiden. D.h. nicht, dass ich jedem Konflikt aus dem Weg gehe und mich verkrieche. Ich bin ein sehr direkter Mensch, also versuche ich, wenn ich einen Konflikt aufziehen sehe, diejenigen in einem ruhigen Moment anzusprechen und die Probleme aus der Welt zu schaffen. Wichtig ist es, im Blick zu haben, warum ein Konflikt entstehen konnte. Geht es nur um Missverständnisse, können diese leicht aus der Welt geschafft werden. Die Problemlösung muss im Mittelpunkt stehen, nicht der persönliche Konflikt. Doch gibt es Situationen, in denen ich mir wichtige Dinge gegen andere durchsetzen muss und dies auch tue."

! Merke

Sie dürfen sich nicht austricksen lassen. Diese Fangfrage kann das Ende Ihres Bewerbungsgespräches sein. Es darf unter keinen Umständen das Gefühl entstehen, dass Sie in Konflikte geraten, weil Sie ein Konfliktcharakter sind. Sie müssen davon überzeugen, dass Sie (1) nicht häufig in Konflikte geraten. Wenn dies jedoch der Fall ist, können Sie (2) Ihre persönlichen Ansichten zurückstellen und (3) die Lösung des Konfliktes in den Vordergrund stellen. Das heißt, Sie sind konfliktfähig.

? Frage

„Was bedeutet Kritik für Sie, wie gehen Sie damit um? Und was ist, wenn man Sie unrechtmäßig kritisiert?"

i Fragenhintergrund

Führen Sie Aufgaben und Arbeiten durch, so müssen Sie in der Lage sein, Kritik einzustecken, wenn Sie etwas nicht zur Zufriedenheit erledigen. Egal, ob bei der Einzelarbeit oder der Arbeit im Team, wenn etwas nicht richtig ausgeführt wird, dann muss es möglich sein, den- oder diejenigen, die verantwortlich sind, kritisieren zu können. Jemand, der Kritik nicht vertragen kann, wird nicht eingestellt werden. Das lässt sich verstehen, denn: Polizisten, die zu schreien oder zu weinen beginnen, wenn sie kritisiert werden, sind nicht die richtigen Kandidaten. Es kann Ihnen ein Fehler unterlaufen – Sie lernen ja noch. In diesen Situationen muss es möglich sein, auf rationale Art und Weise Kritik anbringen zu können, und es kann erwartet werden, dass Sie mit dieser Kritik umgehen können. Kollegen, die nicht kritikfähig sind, können zu einem Problem werden. Ein Arbeitsumfeld anhaltend belastet, wenn ein Kollege bei der leisesten Kritik an die Decke springt oder sich unter seinem Schreibtisch verkriecht.

▶ Worauf kommt es bei der Antwort an?

Grundtenor ihrer Antwort sollte sein, dass Sie mit Kritik umzugehen wissen und Kritik für Sie wichtig ist. Sie können sehr einfach vorgehen, indem Sie unterscheiden zwischen konstruktiver (aufbauend) und destruktiver (zerstörenden) Kritik. Letztere ist nicht auf die Aufgabe oder den Gegenstand an sich ausgerichtet. Der Autor einer destruktiven Kritik ist nur daran interessiert, schlechte Stimmung zu verbreiten. Ganz anders verhält es sich bei konstruktiver Kritik. Diese zeichnet sich dadurch aus, dass nicht nur kritisiert wird, sondern gleichzeitig auch Anreize oder Ansätze formuliert werden, eine Aufgabe besser zu lösen oder zu erfüllen. Sie können zugeben, dass Sie verletzt sind, wenn Sie ohne Grund destruktiv kritisiert werden, das zeigt Ihre menschliche Seite.

■ Musterantwort

„Eine sachliche und konstruktive Kritik nehme ich immer gerne an. Diese Form der Kritik ist mir sogar sehr wichtig! So kann ich erfahren, ob ich etwas in dem Sinne gelöst habe, dass andere damit einverstanden sind oder es zumindest nachvollziehen können. Wenn jemand hingegen einfach nur destruktiv herumkritisiert und schlechte Laune verbreitet, dann würde ich versuchen, mich zu wehren. Hier würde ich allerdings immer darauf achten, einen größeren Konflikt zu vermeiden. Wenn ich mich unfair behandelt oder missverstanden fühle, dann würde ich meinen Gegenüber bitten, die Kritik so zu äußern, dass ich verstehen kann, was das Problem ist, ohne beleidigend zu werden. Merke ich dann, dass jemand etwas falsch interpretiert hat, würde ich versuchen, meine Perspektive erneut zu erläutern."

(!) *Merke*

Diese Frage ist sehr wichtig. Machen Sie sich Gedanken, wie Sie Ihren Weg, mit Kritik umzugehen, darstellen wollen. Bedenken Sie: Gesucht sind zukünftige Polizisten, die sich darauf verstehen, mit konstruktiver Kritik umzugehen und destruktive Kritik sachlich zurückzuweisen.

(?) *Frage*

„Wie gehen Sie mit eigenen Fehlern um? Können Sie mir einen Fall nennen?"

(i) *Fragenhintergrund*

Wie schon die beiden vorangehenden Fragen zielt auch diese auf Ihre sozialen Kompetenzen. Hier geht es um die Fähigkeit zur Selbstkritik, die Fähigkeit, Fehler einzugestehen und diese zu akzeptieren. Diejenigen, die in der Lage sind, sich Fehler einzugestehen, diese zu akzeptieren, um sich korrigieren zu können, sind als Arbeitnehmer eher erwünscht als diejenigen, die nach jedem Fehler, den sie begehen, oder jedem Problem, das sie mit ihrem Verhalten verschulden, stets Dritte als Schuldige suchen. Gesucht wird eine starke Persönlichkeit, die eine konstruktive berechtigte Kritik akzeptieren, Fehler eingestehen und aus diesen Fehlern und Problemen lernen kann.

(▶) *Worauf kommt es bei der Antwort an?*

In diesem Fall ist die schlechteste Antwort „Ich mache keine Fehler!" Denn jeder, der arbeitet, begeht dann und wann einen Fehler. Und das ist menschlich. Wer keine Fehler begeht, der ist entweder allmächtig (relativ unwahrscheinlich) oder einfach nur ein fauler Hund, der nicht arbeitet! Zudem sind Fehler Teil eines Lernprozesses, d.h. man muss Fehler begehen, um aus ihnen lernen zu können. In Ihrer Antwort sollten Sie diese beiden Aspekte hervorheben. Sie sind (1) in der Lage, Fehler zu erkennen und einzugestehen. (2) Sie Verfügen über die Fähigkeit, aus Fehlern die nötige Konsequenz zu ziehen und das Problem zu lösen, das durch den Fehler entstand. Es geht darum, einen rationalen Umgang mit Fehlern darzustellen.

(■) *Musterantwort*

„Wie Sie bei der letzten Frage gesagt haben, ist niemand perfekt. Jeder begeht Fehler und so bin ich natürlich auch fehlbar. Es geht darum, einen Weg zu finden, mit Fehlern konstruktiv umzugehen, daraus zu lernen. Ich werde Ihnen ein Beispiel geben. In der Schule hatte ich einen sehr guten Freund, Thomas. Irgendwann haben wir uns einmal gestritten, ich glaube um ein Spielzeug. Er war sauer und ich auch. An meinem Geburtstag habe ich ihn dann nicht eingeladen und stattdessen mit anderen Freunden gefeiert. Aber irgendwie war der ganze Geburtstag nicht schön, weil Thomas fehlte. Ich habe das meiner Mutter erzählt und zusammen haben wir Thomas angerufen. Auch Thomas war durch die Situation traurig. Ich habe mich entschuldigt und wir haben uns vertragen. Das hat mir gezeigt, dass man Konflikte nicht löst, indem man sie beiseite schiebt und andere verantwortlich macht. Man muss eine aktive Rolle bei Problemlösungen einnehmen und Fehler auch bei sich suchen."

(!) *Merke*

Jeder Mensch soll sich selbst der härteste Kritiker sein. Versuchen Sie (1) zu vermitteln, dass Sie in der Lage sind, eigene Fehler zu entdecken, (2) dass Sie kein Problem damit haben, auf Fehler hingewiesen zu werden, und (3) Sie wissen, dass Sie aus den Fehlern lernen können.

(?) *Frage*

„Haben Sie schon einmal einen richtigen Misserfolg erlebt? Was war Ihr persönlicher Misserfolg, wie sind Sie damit umgegangen?"

ⓘ *Fragenhintergrund*

Wieder eine Fangfrage, seien Sie auf der Hut. Sie sollten hier, wie schon bei den Schwächen und Stärken, nichts eingestehen, was Sie in schlechtes Licht rücken könnte. Wenn Sie nicht ausdrücklich danach gefragt werden, über Misserfolge zu sprechen, die Sie in einem Nebenjob oder Praktikum erlebt haben, die also mit Ihrer beruflichen Eignung im Zusammenhang stehen, dann sollten Sie darauf nicht eingehen, sondern auf ein Randgebiet ausweichen. Natürlich begeht jeder Mensch Fehler, hat dementsprechend auch Misserfolge. Im Gespräch ist es sinnvoll, Misserfolge wie Chancen aussehen zu lassen. Es verhält sich ebenso wie mit der Darstellung von Fehlern: Aus Misserfolgen können Sie lernen. Soweit ein persönlicher Einfluss auf den Erfolg besteht, können Sie es beim nächsten Anlauf besser machen. Wenn Sie eine Niederlage erleiden, dann stehen Sie wieder auf. Sie finden heraus, was die Gründe waren, und wenn diese in Ihrem Einflussbereich liegen, sollte es Ihnen möglich sein, Fehler zu vermeiden und dem Misserfolg aus dem Weg zu gehen.

▶ *Worauf kommt es bei der Antwort an?*

Für die Antwort auf diese Frage ist es ratsam, sich im Voraus Gedanken zu machen, um eine Antwort als Ass im Ärmel zu tragen. Gehen Sie geschickt vor und versuchen Sie, zuerst von einem Erfolgsbeispiel zu berichten. Sowohl die positiven Beispiele, Erfolge, als auch die negativen, Misserfolge, lassen Schlüsse auf Ihren Charakter zu. Seien Sie darauf bedacht, nicht andere für Fehler und Misserfolge verantwortlich zu machen, man könnte sonst das Gefühl bekommen, dass Sie andere verantwortlich machen wollen und nicht zur Selbstkritik in der Lage sind.

▣ *Musterantwort*

„Von wirklich extremen Misserfolgen weiß ich nicht zu berichten. Aber Fehler, die zu einer größeren Fehlerkette werden, begeht jeder. Wichtig ist, aus Misserfolgen und Fehlern zu lernen und bei einem nächsten Anlauf besser zu agieren. Ich kann Ihnen ein Beispiel nennen: In der Schule haben wir mit einer Schülergruppe aus meiner Klasse die Organisation eines Schulkiosk übernommen. Das Problem bestand im häufigen Einkauf von Freunden, die kein Geld dabei hatten. Also haben wir entschieden, dass jeder für drei Euro auf Rechnung einkaufen kann und dann später, zum Anfang des Monats, bezahlt. Nach zwei Monaten mussten wir feststellen, dass wir so am Ende des Monats ein noch größeres Loch im Budget hatten. Gemeinsam erkannten wir, dass das Unternehmen Schulkiosk ein Misserfolg werden würde, wenn wir so weitermachten wie bisher. Wir entschieden, diese Art des Verkaufens zu beenden. Von nun an wurde nicht weiter auf Pump verkauft. Und der Schulkiosk wurde zu einem großen Erfolg. Wir haben genug eingenommen, um eine schöne Abschlussfahrt zu organisieren."

⚠ *Merke*

Sie sollten ein Beispiel anführen, das Sie nicht in zu schlechtem Licht erscheinen lässt. Gestehen Sie keine Fehler ein, die man nicht begehen sollte. Zu viel Offenheit ist hier fehl am Platz, auch wenn das sehr schade ist. Es will niemand hören, dass Sie häufig Misserfolge erleben, denn das ist in der Arbeitswelt nicht gern gesehen. Zwar sind alle Menschen fehlbar und begehen Fehler, aber keiner will das zugeben, am wenigsten der Personalchef. Denn er ist Personalchef geworden, was soll er falsch gemacht haben?!? Vermitteln Sie, dass Sie Verantwortung übernehmen, wenn etwas schief geht, und dass Sie in der Lage sind, Missstände zu korrigieren und Fehler erfolgreich zu beheben: Ein Fehler wird Ihnen kein zweites Mal unterlaufen.

❓ *Frage*

„Können Sie mir von einer Situation berichten, in der Sie sehr gestresst waren? Wie sind Sie damit umgegangen?"

ⓘ *Fragenhintergrund*

Gleich in welchem Berufsfeld Sie Ihre Ausbildung absolvieren, Sie werden im Arbeitsleben immer mit Stress konfrontiert sein. Bei der Polizei ist es nicht nur der übliche Stress, mit dem man sich im Büro konfrontiert sieht. Hinzu kommt der Druck, den Sie im Einsatz aushalten müssen: als Schutztrupp auf einer Demonstration, bei einer Abschiebung, in der Situation einer Geiselnahme oder wenn Sie einen Verkehrsunfall mit Verwundeten koordinieren müssen. Im Auswahlverfahren geht es darum herauszufinden, wie es um Ihre persönliche Belastbarkeit, die Stressgrenze, bestellt ist. Im Grundsatz möchte hier jemand von Ihnen erfahren, dass es keine Situation geben kann, so stressig sie auch sein möge, die Ihnen Probleme bereiten würde. Sie sind doch stets bereit, Ihr Bestes zu geben, oder?

▶ *Worauf kommt es bei der Antwort an?*

Es gibt exakt eine Antwort auf diese Frage: Ja, Sie sind in der Lage, unter Druck zu arbeiten. Sie haben kein Problem damit, dem Stress entgegenzutreten, Sie sind dem Stress gewachsen. Wichtig für diese Antwort ist dreierlei. Zuerst einmal ist zu definieren, was (1) für Sie eine schwierige oder stressige Situation ist. Nutzen Sie evtl. ein Beispiel aus Ihrem Praktikum einer Aushilfstätigkeit. Zudem müssen Sie davon überzeugen, dass Sie ein planvoller Arbeiter sind, der es weiß, durch seine Organisation Stress zu reduzieren. Zeigen Sie sich in der Lage, (2) Probleme und schwierige, stressige Situationen, zu erkennen. Wenn Sie anschließend noch vermitteln können, dass Sie (3) den Stress kompensieren können (durch Hobbys, Freunde, Familie etc.), haben Sie die Frage bestanden.

▣ *Musterantwort*

„Ich kann Ihnen von einer Situation berichten. Als ich mein Praktikum bei der Sicherheitsfirma absolviert habe zu Beginn war alles sehr einfach. Wir waren viele Leute und es gab wenig zu tun. Nach etwa zwei Wochen sind auf einmal vier Mitarbeiter ausgefallen, und das bedeutete eine Menge Stress – sehr viel Arbeit für wenige Leute. Jeder musste mehr arbeiten. Denn in eben dieser Woche hat ein großes Festival stattgefunden, für dessen sicheren Ablauf unsere Firma verantwortlich war. Den großen Arbeitsaufwand und den damit vergrößerten Stress bin ich mit einer Umplanung meines Arbeitstags begegnet: Ich habe eine halbe Stunde früher mit der Arbeit begonnen, länger gearbeitet und den Praktikumsbericht später zuhause geschrieben. Zuvor hatte ich immer ein bis zwei Stunden Zeit, dies auf der Arbeit zu erledigen. Ich habe alle Aufgaben übernommen, die ich als Praktikant machen konnte und durfte, und so die anderen entlastet. Abends war ich dann oft sehr geschafft in dieser extrem anstrengenden Zeit. Aber ich treibe ja viel Sport und das war der perfekte Ausgleich."

⚠ *Merke*

Bereiten Sie diese Frage gut vor, denn es geht um etwas Wichtiges: Ihre Bereitschaft zu arbeiten und sich in der Arbeit zu engagieren. Verdeutlichen Sie, dass stressige Situationen kein Problem sind und Sie sich den Schwierigkeiten stellen. Sie sind bereit, mit Stress umzugehen, und ziehen nicht den Kopf ein oder verlieren ihn gar, wenn es mal runter und drüber geht.

Sonstige und fachliche Qualifikationen

Der Hauptteil des Gesprächs und damit auch der Kern unseres Fragenkatalogs ist nun abgeschlossen. Einige Punkte fehlen allerdings noch. Wie steht es mit Ihren Zusatzqualifikationen? Damit Sie im Vorstellungsgespräch nicht dasitzen und sich überrascht fragen, warum das Gespräch nicht zu Ende geht und jetzt auch noch nach Qualifikationen gefragt wird, die nicht wirklich berufsrelevant sind, wollen wir Ihnen einige Aspekte zu diesem Themenkomplex kurz erläutern. Allgemein ist zu sagen, dass Sie, wenn es hart auf hart kommt, an dieser Stelle des Gesprächs noch einmal auftrumpfen müssen. Es könnte z.B. der Fall sein, dass Sie mit einem anderen Bewerber gleichauf liegen und nun Ihre Zusatzqualifikationen entscheiden müssen, ob Sie den Ausbildungsplatz bekommen oder nicht. Halten Sie noch etwas durch. Ein Vorstellungsgespräch ist rund, und dauert bis zum Ende.

(?) *Fragen*

Fragen, die das aktuelle Zeitgeschehen und die Allgemeinbildung betreffen

„Wie kam es 2007/08 Ihrer Meinung nach zur Finanzkrise?"

(i) *Fragenhintergrund*

Jeder Arbeitgeber möchte Arbeitnehmer haben, die neben ihrem Beruf auch anderweitig am gesellschaftlichen Leben teilnehmen. Sie sollten sich mit dem Zeitgeschehen, aktuellen politischen, wirtschaftlichen und kulturellen Entwicklungen auskennen sowie Stellung beziehen können. Heute, in Zeiten des Internets, ist es sehr einfach, sich zu informieren. Zudem sollten Sie Zeitung lesen, die Fernseh-Nachrichten schauen und mal ein Buch in die Hand nehmen. Das kann nie schaden.

(▶) *Worauf kommt es bei der Antwort an?*

Das Themengebiet Allgemeinwissen ist schwer fassbar, da es nahezu unerschöpflich umfangreich ist. Doch lässt sich Ihr Wissensstand enorm verbessern, indem Sie sich regelmäßig mit wirtschaftlichen und politischen Fragestellungen beschäftigten. Aktuelle Themen aus Politik, Wirtschaft und Recht sollten aufmerksam durch Zeitungslektüre und Nachrichtensendungen verfolgt werden. Viele Fragen lassen sich schon alleine durch ein bewusstes Verfolgen der gegenwärtigen Meldungen in den Medien beantworten. Es gibt viele Möglichkeiten sich zu informieren: Nachrichten schauen, Zeitung, Magazine und Bücher lesen, im Internet recherchieren, Dokumentationen anschauen, ins Museum gehen etc. Unmittelbar vor dem Vorstellungsgespräch sollten Sie versuchen, viel Zeitung zu lesen, da es wahrscheinlich ist, dass auf etwas Aktuelles Bezug genommen wird.

(■) *Musterantworten*

„Die Banken- und Finanzkrise begann im Frühsommer 2007 mit der US-Immobilienkrise, die Folge eines spekulativ aufgeblähten Wirtschaftswachstums in den USA und einer weltweiten kreditfinanzierten Massenspekulation war. Durch eine lange Boomphase im Immobilienmarkt hatte sich in den USA eine Immobilienblase entwickelt. Die Überbewertung von Geldanlagen, insbesondere Immobilien, führte in den USA zu erhöhtem Konsum, erhöhten Investitionen und Überproduktion. Viele haben ihr Haus als Sicherheit genutzt, um sich mit immer neuen Krediten einen über die Verhältnisse gehenden Lebensstil leisten zu können. Zudem wurden Kredite weitgehend ungeprüft an Personen vergeben, die sich deren Rückzahlung nicht leisten konnten. Die amerikanischen Banken begannen auf Grundlage überbewertete Immobilien Kredite zu vergeben. Mit den fallenden Immobilienpreisen wurde die Finanzkrise akut. Der Wert der Immobilien sank innerhalb kurzer Zeit. Gleichzeitig konnten immer mehr Kreditnehmer ihre Kreditraten nicht mehr bedienen, teils wegen steigender Zinsen, teils wegen fehlender Einkommen.

Durch den Weiterverkauf fauler Kredite als Verbriefung in alle Welt weitete sich die Krise durch die enge Verzahnung der Einzelwirtschaften und Finanzströme global aus. Die weltweite Krise begann mit Verlusten und Insolvenzen bei Unternehmen der Finanzbranche und schlug sich Ende 2008 auch auf die Realwirtschaft der Industrienationen nieder.

Mehrere große amerikanische Banken wie Lehman Brothers, Versicherer wie AIG und große Automobilbauer wie General Motors mussten Konkurs anmelden oder von der Regierung gerettet werden. Die Subprimekrise veranlasste die US-Regierung, die Kontrolle über die beiden größten Hypothekenbanken der USA zu übernehmen. Es kam zu Kursstürzen an den globalen Aktienmärkten."

ⓘ *Merke*

Es ist wichtig, sich regelmäßig mit dem aktuellen Zeitgeschehen auseinanderzusetzen, um so Fragen zu aktuellen Ereignissen beantworten zu können. So ist es im Hinblick auf den Einstellungstest empfehlenswert, gezielt die Nachrichten zu verfolgen und Zeitungen zu lesen.

⑦ *Frage*

„Was sagen Sie zu Ihren PC- und Fremdsprachenkenntnissen? Setzen Sie diese Fähigkeiten irgendwie ein?"

ⓘ *Fragenhintergrund*

Da wir in einer globalen Arbeitswelt leben, wird zunehmend wichtiger, über welche Kommunikationsfähigkeiten ein Arbeitnehmer verfügt. Kann jemand eine Fremdsprache sinnvoll einsetzen oder gehen die Kenntnisse nicht über die Schulanwendung hinaus? Und wie steht es mit den PC-Kenntnissen? Kann ein Arbeitnehmer dieses Medium der Kommunikation sinnvoll einsetzen?

▶ *Worauf kommt es bei der Antwort an?*

Es reicht nicht aus zu sagen, Sie sprächen Englisch und verfügten über PC-Kenntnisse. Dies müssen Sie irgendwie belegen. Es ist ratsam, sich eine Situation zu überlegen, mit der Sie darstellen, wie Sie diese Kenntnisse in der Praxis *erfolgreich* eingesetzt haben. Führen Sie einen Fall an, z.B. einen Urlaub, wo Sie Ihre Fremdsprachenkenntnisse sinnvoll anwenden konnten. Für die anderen Kenntnisse, wie die PC-Skills, gilt das gleiche: Schildern Sie einen Situationskontext, der zum Ausdruck bringt, wie sinnvoll Sie Ihre Kenntnisse einzusetzen wissen.

▣ *Musterantwort*

„Ich habe in der Schule seit der 5. Klasse Englisch gelernt, und mit meiner Klasse war ich auch dreimal auf einem Schüleraustausch in England in der Nähe von London. Als ich im letzten Jahr mit meinen Eltern in Ungarn im Urlaub gewesen bin, haben wir uns irgendwann verfahren. Wir waren in einem kleinen Dorf und haben die Karte nicht mehr verstanden. Da ich kein Ungarisch spreche und meine Eltern weder Ungarisch noch andere Sprachen außer Deutsch, habe ich mehrere Personen auf Englisch angesprochen. Das hat funktioniert, wir haben selbst in einem kleinen ungarischen Dorf jemanden mit Englisch-Kenntnissen gefunden, der uns den Weg zum Plattensee erklären konnte. Zu meinen PC-Kenntnissen kann ich auch ein Beispiel geben. In der Schule haben wir sehr häufig Referate halten müssen. Lange habe ich das klassisch erledigt mit einem gesprochenen Vortrag unterstützt durch Tafel und Kreide. Dann hat die Schule einen Beamer (Projektor) gekauft und der Deutschlehrer angeboten, dass, wenn jemand zu einem Referat eine PowerPoint-Präsentation machen möchte, er eingeladen ist. Das habe ich bei meinem nächsten Referat ausprobiert und prompt eine sehr gute Note für den Einsatz neuer Medien erhalten. Computer zu beherrschen ist heute genauso grundlegend wie Fremdsprachen und die Bereitschaft, sich fortzubilden."

ⓘ *Merke*

Es ist sinnvoll, versiert und interessiert aufzutreten. Auf der einen Seite beherrschen Sie etwas, nämlich Fremdsprachen und Computerprogramme, sind aber auch bereit, mehr zu lernen. Was noch nicht beherrscht wird, ist eine Herausforderung für Sie. Das müssen Sie ausdrücken.

Fragen zur Zukunftsplanung und zur Selbsteinschätzung

Wie die eigenen Arbeitnehmer die Zukunft sehen und sich selbst einschätzen, ist für den Arbeitgeber enorm wichtig. Denken Sie, dass Sie in Zukunft gern als Polizeikommissar arbeiten würden, oder machen Sie die Ausbildung nur, weil Sie nicht wissen, was sonst anzufangen ist? Fragen Sie sich ehrlich, wo Sie sich selbst in zehn Jahren sehen. Mit diesen Gedanken legen Sie sich nicht fest, aber Sie können sich ein Ziel setzen und wirken so einem Einstellungsberater gegenüber reflektiert. Es wird dann klar, dass Sie sich Gedanken gemacht haben über Ihre Zukunft. Wie stellen Sie sich Ihre Zukunft im Beruf vor, was sind Ihre Wünsche, was sind Ihre Ziele? Denken Sie darüber nach. Kandidaten, die keine Idee haben, wo sie in Zukunft arbeiten möchten, wo sie sich selbst sehen und wo sie einmal hinwollen, sind für keinen Arbeitgeber interessant.

? Frage

„Wo sehen Sie sich in drei bis fünf Jahren?"

i Fragenhintergrund

Diese Frage wird immer wieder gestellt, sie ist ein Kandidat für fast jedes Vorstellungsgespräch. Im Endeffekt geht es darum zu überprüfen, ob der Kandidat sich und sein Handeln reflektiert. Das größte Problem stellen für die Polizei diejenigen Azubis dar, die nach kurzer Zeit die Ausbildung aufgeben. Diese *Fehlinvestition* soll möglichst vermieden werden. Zudem sollen diejenigen ausgewählt werden, die nach Ende der Ausbildung eine Zukunft bei der Polizei haben.

▶ Worauf kommt es bei der Antwort an?

Sie müssen von Verschiedenem überzeugen. Zuallererst gilt es zu betonen, dass Ihr mittelfristiges Ziel ist, diese Ausbildung erfolgreich (!) zu beenden. Sie wollen schließlich Polizist werden. Aber damit ist es nicht getan. Verdeutlichen Sie, dass Sie zudem daran interessiert sind, sich über Weiterbildungsangebote zu entwickeln. Sie möchte Ihr Wissen ausbauen. Weiter sollten Sie darauf verweisen, dass Sie irgendwann, wenn Sie die notwendigen Kompetenzen erworben haben, gerne mehr Verantwortung übernehmen möchten. Werden Sie an dieser Stelle aber nicht übermütig. Seien Sie daran interessiert, eine größere Verantwortung zu übernehmen, wenn die Zeit gekommen ist. Vermitteln Sie nicht den falschen Eindruck, dass Sie kaum darauf warten können, endlich Chef zu sein. Das könnte Sie den Ausbildungsplatz kosten, denn eine derartige Aussage zeugt nicht von einer guten Selbsteinschätzung. Sie können anmerken, dass Sie sich gut vorstellen können, nach einer gewissen Dienstzeit die Weiterbildung an der Polizeiakademie/-hochschule anzustreben. So verdeutlichen Sie, dass Sie mit diesem Job für eine lange Zeit planen.

■ Musterantwort

„Für die nähere Zukunft habe ich das Ziel, meine Ausbildung bei der Polizei zu beginnen und erfolgreich zu absolvieren. Mir geht es darum, etwas zu lernen und an unserer Gesellschaft mitzuarbeiten, da bietet die Polizeiausbildung für mich sehr gute Möglichkeiten. Für die fernere Zukunft, also die Zeit nach der Ausbildung, ist mein Ziel, langfristig bei der Polizei zu arbeiten. Ich bin interessiert an Weiterbildungsangeboten, so würde ich nach der Ausbildung gern erst einige Jahre intensiv im Dienst arbeiten und dann evtl. ein Fachhochschulstudium oder ein Studium an der Polizeiakademie anschließen. Wenn es möglich wäre, würde ich gerne im Drogendezernat arbeiten. Aber das liegt ja nicht allein an mir; ich bin aber definitiv bereit, irgendwann mehr Verantwortung zu übernehmen. Zudem würde ich gern einmal im Ausland tätig sein; ich habe in diesem Jahr im Radio einen Beitrag über eine deutsche Polizistin gehört, die mit anderen europäischen Kollegen in der Hauptsaison in Paris gearbeitet hat; als Ansprechpartnerin für deutsche Touristen. Das stelle ich mir sehr interessant vor und ich spreche schließlich auch recht gut Französisch."

! Merke

Dies ist eine Standardfrage, aber die Antwort darf kein Standard sein. Vermitteln Sie Ihre beruflichen Ziele und wie Sie sich entwickeln möchten; hierin sind Sie realistisch in der Selbsteinschätzung und den damit verbundenen Mühen; zudem verfügen Sie über die notwendige Flexibilität, die für ein Weiterkommen im Beruf notwendig ist.

? Frage

„Haben Sie einen Plan B, wenn es heute mit dem Ausbildungsplatz nicht klappt?"

(i) *Fragenhintergrund*

Interessiert es den Polizeiverantwortlichen wirklich, ob Sie einen anderen Plan haben, wenn Sie den Ausbildungsplatz nicht bekommen? Einfache Antwort: Nein! Mit dieser Frage soll eher getestet werden, wo Ihre Frustrationsgrenze liegt. Würde es Sie extrem frustrieren, wenn Sie den Platz nicht bekämen, oder wüssten Sie damit umzugehen? Zeigen Sie, dass Sie bei einer Ablehnung enttäuscht wären, aber sich der Entscheidung zu fügen wüssten. Es liegt nicht in Ihrer Hand, die Entscheidungen treffen andere. Aber Sie sind bereit, Entscheidungen zu akzeptieren. Den Anschein zu erwecken, von diesem Ausbildungsplatz würde Ihr Leben abhängen, ist nicht hilfreich. Und vermeiden Sie zu sagen, es wäre überhaupt kein Problem, den Platz nicht zu bekommen, da Sie ja noch einige andere Eisen im Feuer hätten.

(▶) *Worauf kommt es bei der Antwort an?*

Erstens gilt es zu vermitteln, dass eine Absage Ihr Leben nicht zerstören würde. Sie wären zwar geknickt, das sollten Sie ebenfalls anmerken, aber Sie wüssten damit umzugehen. Zweitens dürfen Sie auf keinen Fall sagen, dass es Sie nicht wirklich interessiert, ob Sie genommen werden, da Sie ja noch andere Bewerbungsverfahren laufen haben. Verweisen Sie am besten nicht auf die anderen Verfahren, es hat nichts mit dem aktuellen Verfahren zu tun. Die Polizei möchte von Ihnen hören, dass Sie extrem daran interessiert sind, die Ausbildung hier zu absolvieren. Das sollten Sie so kommunizieren, bis das Gespräch zu Ende ist. Schlussendlich ist es sinnvoll zu vermitteln, es bei einer Ablehnung weiter zu versuchen und aus Ihren Erfahrungen lernen zu wollen.

(■) *Musterantwort*

„Würde ich den Ausbildungsplatz nicht bekommen, dann wäre ich schon geknickt. Es wäre wirklich schade, da ich meiner Ansicht nach für den Polizeiberuf geeignet bin und mich sehr darum bemüht habe. Wenn es dieses Mal nicht klappt, würde ich es im nächsten Jahr noch einmal versuchen. Mir ist die Ausbildung als *Polizist* sehr wichtig, das ist mein Traumberuf. Sollte das ebenfalls nicht klappen, würde ich versuchen ein Praktikum zu absolvieren, um weiteres über den Beruf zu erfahren, herauszufinden und zu testen, wie geeignet ich wirklich bin, und mich weiter für einen Ausbildungsplatz zu qualifizieren."

(!) *Merke*

Zeigen Sie nicht zu viel Bedrückung in dieser Situation. Sie haben ein Ziel vor Augen, das ist diese Ausbildung. Wenn es nicht klappt, sind Sie zwar enttäuscht, aber Sie stehen wieder auf und werden es erneut versuchen. So einfach geben Sie sich nicht geschlagen.

Abschließende Fragen

Das Vorstellungsgespräch neigt sich dem Ende zu. Es ist nun weniger von Interesse, Ihre *skills* und Fertigkeiten noch einmal zu betonen, vielmehr will Ihr Gesprächspartner herausfinden, wie Sie die Situation als Bewerber betrachten. Wenn Sie das Gefühl haben, dass die folgenden Fragen zusammenhangslos erscheinen, mag das berechtigt sein. Es gibt hier, anders als in den vorangehenden Abschnitten, keinen thematisch zu gliedernden Fragenkatalog. Wir haben versucht, verschiedene Bereiche hervorzuheben, die in abschließenden Fragen thematisiert werden *könnten*!

(?) *Frage*

„Haben Sie sich vor der jetzigen Bewerbung schon einmal bei uns beworben?"

(i) *Fragenhintergrund*

Es soll festgestellt werden, ob alles korrekt verlaufen ist. Hat der Bewerber schon einmal versucht, einen Ausbildungsplatz zu bekommen und ist abgelehnt worden? Oder hat diese junge Frau schon ein Praktikum bei uns absolviert, was sie jedoch nicht angebracht hat, da es evtl. Probleme gab während des Praktikums? All diese Ideen sind eher abstrus, aber es gab Fälle, in denen von ebensolchen Fragen berichtet wurde.

▶ *Worauf kommt es bei der Antwort an?*

Sie haben hier zwei Möglichkeiten: Antworten Sie mit ja oder mit nein. Entweder haben Sie sich schon einmal beworben, dann sagen Sie das. Wenn sich dann Fragen anschließen, warum es nicht geklappt hat, versuchen Sie ehrlich zu sein und sagen Sie, dass Sie an den Schwächen gearbeitet haben, die beim letzten Mal gegen Sie gesprochen hätten. Wenn Sie sich noch nicht beworben haben, dann sagen Sie einfach Nein.

■ *Musterantworten*

„Nein, ich habe mich noch nicht bei Ihnen beworben. Das ist das erste Mal, dass ich mich für einen Ausbildungsplatz bewerbe, ich habe die Schule erst vor zwei Monaten beendet."

„Ja, ich habe mich schon im letzten Jahr bei Ihnen beworben, aber da hat es leider nicht geklappt. Damals bin ich durch den Sporttest gefallen. Aber den Test habe ich ja nun bestanden. Ich habe das letzte Jahr genutzt, um zu trainieren und mich besser vorzubereiten. Und bis jetzt hat alles ganz gut geklappt. Vielleicht war das letzte Jahr noch nicht der richtige Zeitpunkt, um die Ausbildung zu beginnen. Jetzt fühle ich mich auf jeden Fall bereit dazu."

① *Merke*

Ehrlichkeit ist hier angebracht. Verschweigen Sie nichts. Wenn Sie bei der Polizei schon einmal im Bewerbungsverfahren waren, dann sagen Sie das. Doch vergessen Sie nicht anzuführen, dass Sie seitdem an den Schwächen, die gegen Sie gesprochen haben, arbeiten konnten.

? *Frage*

„Sind Familienmitglieder oder Freunde von Ihnen bei uns beschäftigt? Was haben die Ihnen erzählt?"

ⓘ *Fragenhintergrund*

Diese Frage zielt darauf ab zu erfahren, ob Sie von anderen Polizeibeamten etwas über die Arbeitsabläufe gehört haben, ob Sie über die neuesten Gerüchte informiert oder Sie ohne jede Vorurteile zum Vorstellungsgespräch gekommen sind. Es geht darum herauszufinden, ob Sie schon vor der Bewerbung in irgendeiner Weise mit der Polizei verbunden bzw. über die Polizei informiert waren.

▶ *Worauf kommt es bei der Antwort an?*

Hier lauert ein letztes Fettnäpfchen auf Sie, das Sie umgehen müssen. Haben Sie persönliche Kontakte zu Beamten, dann müssen Sie abschätzen, ob Sie diese Kontakte nennen sollten. Negativ wäre es beispielsweise dann, wenn Ihr Bekannter/Verwandter wenig Ansehen genießt und oft im Konflikt mit Kollegen oder den Vorgesetzten steht. Es könnte der Eindruck entstehen, dass mit Ihnen ein weiterer Störenfried eingestellt wird. Geniest der befreundete Beamte hingegen einen guten Ruf, dann könnte sich das positiv für Sie auswirken. Am besten verfahren Sie so, dass Sie (1) stets sachlich bleiben. (2) Sie sollten vermeiden, explizit Namen zu nennen, Sie können einfach sagen, Sie kennen jemanden, über den Sie aber nicht sprechen wollen. (3) Müssen Sie unbedingt vermeiden, über Gerüchte zu sprechen, die Sie irgendwo aufgeschnappt haben.

■ *Musterantworten*

„Nein, weder Familienmitglieder noch Freunde von mir arbeiten bei der Polizei Nordrhein-Westfalen."

„Ja, ich kenne Polizeibeamte. Meine Schwester hat Ihre Ausbildung bei der Polizei absolviert, allerdings nicht hier in Frankfurt, sondern in Dortmund. Meine Schwester hat über die Arbeit immer positiv berichtet, z.B. dass sie sehr gut betreut wurde während der Ausbildung, dass sie immer das Gefühl hatte, gute Weiterbildungsmöglichkeiten wahrnehmen zu können, dass sie nie Probleme mit anderen Kollegen hatte. Insgesamt haben mich ihre Berichte motiviert, mich ebenfalls bei der Polizei zu bewerben."

(!) *Merke*

Denken Sie daran, die Spannung noch ein wenig aufrechtzuerhalten. Laufen Sie jetzt nicht Gefahr, nachdem Sie den Großteil des Gesprächs hinter sich gebracht haben, einen groben Fehler zu begehen. Berichten Sie nur Positives über die Polizei und bringen Sie nicht ein Familienmitglied oder einen Freund in die missliche Situation, sich für etwas verantworten zu müssen, das Sie in einem Bewerbungsgespräch angebracht haben. Obacht ist geboten!!!

(?) *Frage*

"Können Sie mir den Eindruck schildern, den Sie von der Polizei in diesem Gespräch gewonnen haben?"

(i) *Fragenhintergrund*

Hier soll überprüft werden, wie sich das Gespräch und das gesamte Bewerbungsverfahren für Sie persönlich angefühlt haben. Wie ist Ihre Stimmung, nachdem Sie das alles hinter sich haben? Sind Sie immer noch daran interessiert, Ihre Ausbildung bei der Polizei zu beginnen oder sind schon Zweifel aufgekommen? Es kann in seltenen Fällen passieren, dass sich Bewerber umentscheiden, nachdem sie eine gewisse Gruppe von Polizeibeamten kennen gelernt haben. Gehen Sie in sich und überlegen Sie sorgfältig. Wenn Sie wirkliche Kritik äußern wollen, dann müssen Sie damit rechnen, dass der Ausbildungsplatz passé ist. Obacht ist geboten!!!

(▶) *Worauf kommt es bei der Antwort an?*

Es gilt zu bedenken, dass Sie noch immer im Vorstellungsgespräch sitzen. Zwar hat der Polizeiverantwortliche Sie gerade auf nette Art und Weise nach Ihrer Stimmung gefragt, doch war das keine Einladung zur üblen Kritik. Wenn Sie diesen Ausbildungsplatz bekommen wollen, dann sollten Sie Ihren sehr guten Eindruck über die Polizei vermitteln und für die gute Atmosphäre danken. Das genügt. Wird nachgefragt, können Sie etwas betonen, das Ihnen positiv aufgefallen ist. Sollte Ihnen an dieser Stelle jedoch auffallen, dass Sie sich unwohl fühlen und die Ausbildung nicht beginnen wollen, dann müssen Sie selbst entscheiden, ob Sie das zur Sprache bringen. Aber seien Sie vorsichtig, wählen Sie Ihre Worte mit Bedacht und lassen Sie sich nicht auf das Niveau *unhöflicher* Polizeiverantwortlicher herab. Bleiben Sie höflich und freundlich. Wenn Sie nicht besonders an der Stelle interessiert sind, aber keine wirkliche Alternative haben, dann sollten Sie freundlich bleiben. Auch wenn nicht alles perfekt gelaufen ist, haben Sie hier immerhin noch eine Chance. Sie müssen abwägen, wie Sie auf diese Frage antworten.

(■) *Musterantworten*

"Seitdem ich meine Bewerbungsunterlagen bei Ihnen eingereicht habe, habe ich nur positive Erfahrungen gemacht. Ich haben einen sehr guten Eindruck von der Polizei gewonnen, fühle mich wohl und möchte gern so bald wie möglich mit der Ausbildung beginnen."

"Ich muss ganz ehrlich sagen, dass ich bis zum heutigen Gespräch einen sehr guten Eindruck von der Polizei hatte. Das hat sich aber heute geändert. Ich bin darüber enttäuscht, wie Sie sich mir gegenüber verhalten haben. Ihre augenscheinliche Fremdenfeindlichkeit, die Sie im Gespräch mit abwertenden Bemerkungen zu meinem Namen immer wieder gezeigt haben, schreckt mich ab. Ich bin mir sicher, dass ich nicht mit Menschen wie Ihnen arbeiten möchte. Ich denke, ich werde mich nach unserem Gespräch bei Ihrem Vorgesetzten und dem Innenministerium des Landes schriftlich beschweren. Und jetzt gehe ich! Auf Wiedersehen."

(!) *Merke*

Wenn Sie den Ausbildungsplatz nach dem Vorstellungsgespräch noch immer haben wollen, dann formulieren Sie Ihre Antworten unbedingt positiv. Ein positiver Grundtenor ist angebracht. Es wird niemand eingestellt, der im Gespräch sagt, das und das gefiel mir nicht, aber ich würde trotzdem bei Ihnen arbeiten wollen. Bringen Sie Ärger über die Gesprächspartner oder das Verfahren nur dann zum Ausdruck, wenn Sie sich wirklich beleidigt oder angegriffen fühlen.

(?) *Frage*

„Ist noch etwas unklar? Haben Sie noch Fragen, die Sie uns stellen wollen?"

(i) *Fragenhintergrund*

Diese Frage dient eigentlich nur der Überprüfung des Gesagten. Ist alles deutlich geworden oder ist etwas unbeantwortet geblieben? Haben Sie noch etwas auf dem Herzen oder ist alles deutlich. Das Unternehmen gibt Ihnen das letzte Wort, versuchen Sie es sinnvoll zu nutzen.

(▶) *Worauf kommt es bei der Antwort an?*

Zuerst ist wichtig, dass Sie nur nach relevanten Informationen fragen. An dieser Stelle das Gehalt, die Arbeitszeiten oder Urlaubstage einzubringen, ist äußerst unangebracht. Bei Ihrer Antwort, also eigentlich Ihrer Rückfrage, sollten Sie sich Gedanken machen. Fragen Sie beispielsweise nach Weiterbildungsangeboten, das kommt immer gut an. Zudem können Sie Fragen zum weiteren Verfahren stellen. Sie wollen bestimmt wissen, wann Sie mit einer Zusage rechnen können, wie lange das Bewerbungsverfahren dauert und ob weitere Termine mit anderen Bewerbern anstehen. Sie dürfen nicht vergessen, dass das Vorstellungsgespräch jetzt fast beendet ist. Und Sie sollten sich so verabschieden, dass ein bleibender Eindruck von Ihnen entsteht. Dieser letzte Eindruck, den Sie hinterlassen, ist fast genauso wichtig wie der erste Eindruck. Versägen Sie es nicht im letzten Schritt.

(■) *Musterantwort*

Hier gibt es keine explizite Antwort, da sich der gesamte nächste Abschnitt nur den Fragen widmet, die Sie dem Gesprächspartner stellen könnten.

(!) *Merke*

Sie wissen: Der letzte Eindruck zählt, genau wie der erste. Geben Sie sich keine Blöße und bleiben Sie cool. Lächeln Sie, seien Sie freundlich und höflich. Fragen Sie nach Weiterbildungsangeboten, nach der Möglichkeit, im Ausland Erfahrungen zu sammeln, oder nach dem weiteren Vorgehen im Bewerbungsverfahren.

Fragen, die Sie selbst stellen könnten

(i) *Hintergrund*

Am Ende des Vorstellungsgesprächs haben Sie häufig die Gelegenheit, selbst Fragen zu stellen. Die Polizei möchte sichergehen, dass Sie alles verstanden haben und Sie nicht mit offenen Fragen nach Hause gehen müssen. Das ist die eine Seite. Auf der anderen Seite kann diese Fragerunde noch einmal bestätigen, wie Sie selbst zur Ausbildung stehen. Mit intelligenten Fragen können Sie erneut deutlich machen, dass Sie sich Gedanken gemacht haben zu der Ausbildung, die Sie antreten wollen.

(▶) *Was sollte man beachten*

Oberstes Gebot ist es, Warum-Fragen zu vermeiden. Sie wollen keine Rechtfertigung für etwas hören, sondern lediglich Informationen einholen. Stellen Sie offene Fragen, nutzen Sie „Wie", „Was" und „Wer".

Vollständig unangemessen ist es an dieser Stelle, Fragen nach dem Gehalt, den Urlaubs- oder Arbeitszeiten zu stellen. Auch wenn Sie das *wirklich* interessiert, sollten Sie nicht riskieren, als geld- oder urlaubsgierig abgestempelt zu werden. Stellen Sie zu Beginn Fragen, die sich auf folgende Punkte beziehen: Weiterbildung, Ablauf der Ausbildung, Schulunterricht, Arbeitsabläufe etc. Am besten fahren Sie, wenn Sie sich vor dem Gespräch eine Liste mit Fragen machen, die Sie mitnehmen. Das macht einen professionellen Eindruck. Ein Teil der Fragen wird sich im Gespräch von selbst beantworten. Alles, was dann noch unklar ist, können Sie erfragen. Vermeiden Sie es aber, nach Fakten zu fragen, die Sie eigentlich wissen sollten oder die im Gespräch schon erläutert wurden. Die folgende Liste enthält weitgehend unproblematische Schwerpunkte, die Sie erfragen können.

■ *Unproblematische Fragen*

¬ In welchen Bereichen wird man die Ausbildung absolvieren?

¬ Gibt es die Möglichkeit, die Ausbildung zu verkürzen, was sind die Voraussetzungen?

¬ Wer sind die Vorgesetzten? Welche Möglichkeit haben die Auszubildenden, mit den Vorgesetzten zu sprechen, wenn es Fragen etc. gibt?

¬ Wie viele Auszubildende gibt es im Land, wie viele in der Stadt, wie viele im Revier?

¬ Wie viele Ausbildungsplätze haben Sie in diesem Jahr angeboten?

¬ Wie sieht es genau mit dem theoretischen Unterricht aus, wie häufig und in welcher Form findet der Unterricht statt?

¬ Mit welchen Problemen muss man rechnen, wenn man als junger Polizist erstmals auf der Straße eingesetzt wird?

¬ Wie kann man nach der Ausbildung z.B. ins Drogendezernat kommen? Ich hatte ja gesagt, dass mich dieser Bereich interessieren würde.

¬ Denken Sie, dass es möglich ist, nach einigen Jahren Dienst ein weiterbildendes Studium an der Akademie zu absolvieren? Können Sie kurz umreißen, welche Voraussetzungen man erfüllen muss?

¬ Gibt es gute Aufstiegschancen? Welche Aufstiegschance hat man nach der Ausbildung?

¬ Welche Weiterbildungsangebote bietet die Polizei an?

¬ Stehen noch viele Bewerbungsgespräche aus?

¬ Wann könnte ich mit einer Antwort von Ihnen rechnen?

① *Merke*

Sie haben das Ziel, einen Ausbildungsplatz zu bekommen, deswegen sitzen Sie im Vorstellungsgespräch. Grundsätzlich müssten Sie aber nach dem Gespräch, auch wenn es bestimmt informativ war, noch einige offene Fragen haben. Schrecken Sie nicht davor zurück, diese Fragen zu stellen. Da Sie schließlich ein umfassendes Bild von der Polizei und der Ausbildung gewinnen wollen, sollten Sie sich bemühen. Notieren Sie sich im Vorfeld, in der Vorbereitung auf das Gespräch, einige Fragen. So wirken Sie souverän und müssen an dieser Stelle nicht desinteressiert sagen, es wäre alles deutlich geworden.

Schlussfolgerung

Wie die letzten Seiten gezeigt haben, sind drei Schlüsselbegriffe für das Vorstellungsgespräch besonders wichtig: (1) die Persönlichkeit, (2) die Leistungsmotivation und (3) die Lernbereitschaft. Wenn Sie es genau betrachten, dann ähneln sich ein Vorstellungs- und ein Verkaufsgespräch. Der Unterschied besteht darin, dass Sie im Verkaufsgespräch ein externes Produkt verkaufen, im Vorstellungsgespräch verkaufen Sie etwas anderes als einen Gegenstand. Sie vermarkten sich selbst, als Person. Sie müssen gute Argumente nennen, um den Kunden zu überzeugen und ein Produkt *an den Mann* zu bringen. Ebenso müssen Sie gute Argumente haben, wenn Sie sich selbst verkaufen wollen! Es ist wichtig, dass Sie den Polizeiverantwortlichen im Vorstellungsgespräch von Ihren Fähigkeiten und der Eignung für die Ausbildung überzeugen können. Im Folgenden werden die drei Schlüsselbegriffe kurz erläutert.

Die Persönlichkeit

Die Polizeien sind auf der Suche nach Auszubildenden, die gut in die Belegschaft passen. Das Zusammenarbeiten muss gesichert sein. Aus diesem Grund werden sich die Verantwortlichen für diejenigen Bewerber entscheiden, deren Persönlichkeit den größten Zuspruch findet. Ein angehender Auszubildender soll sich, unter Persönlichkeitsgesichtspunkten, gut in das Team einfügen.

Leistungsmotivation

Neben der Persönlichkeit ist die Bereitschaft, Leistung zu bringen (die Leistungsmotivation), ein weiterer ausschlaggebender Aspekt. Es sollen solche Azubis eingestellt werden, die: sich selbst motivieren, ein Ziel vor Augen haben, das sie verwirklichen wollen, sich nicht durch Probleme und Hindernisse abschrecken lassen und über Durchhaltevermögen verfügen.

Lernbereitschaft

Niemand möchte Personen beschäftigen, die von sich denken, schon alles gelernt zu wissen. Neben der Persönlichkeit und der Leistungsmotivation spielt für die Arbeitgeber die Lernbereitschaft eine ebenso große Rolle. Die Bewerber, die zeigen können, dass sie darauf brennen, endlich die fundamentalen Kenntnisse und Fähigkeiten für die Polizeiarbeit zu lernen, haben die größte Chance.

Die beste Chance auf einen Ausbildungsplatz haben in der Regel immer diejenigen, die neben einer angemessenen Persönlichkeit über die richtige Leistungsmotivation und Lernbereitschaft verfügen.

5.8   Wie geht man mit heiklen Fragen um und auf welche Fragen muss man nicht antworten?

Allgemeines

Jedem Bewerber können in einem Vorstellungsgespräch oder Bewerbungsverfahren durch die Prüfer unangenehme Fragen gestellt werden. Zwar sind diese Fragen Relikte der Vergangenheit und werden von guten Prüfern heute im Normalfall nicht gestellt. Trotzdem können Sie aus diversen Gründen mit unangenehmen Fragen konfrontiert werden. Diese Fragen können die Intimsphäre betreffen, die Nationalität oder Herkunft, die politische Gesinnung oder das Geschlecht. Wenn Prüfer in einem Bewerbungsverfahren fragen, ob Sie schwanger, linksradikal oder homosexuell sind, können Sie mit der Gegenfrage antworten, ob das für den Ausbildungsplatz irgendeine Rolle spielt. Wichtig ist in einer derartigen Situation, auch wenn Sie sich vor den Kopf gestoßen fühlen, dass Sie selbigen nicht verlieren. Sie sollten sich nicht dazu hinreißen lassen, aus der Haut zu fahren und evtl. sogar auszuflippen. Möglicherweise ist diese Frage nur ein Test, um herauszufinden, wie viel Bewerber von sich preiszugeben bereit sind.

Wenn unangenehme und unschickliche Fragen gestellt werden, ist es ratsam, sich souverän zu verhalten. Es ist sinnvoll zu versuchen, den Fragesteller von dieser Ebene wegzubringen, indem Sie betonen, dass Sie hier für ein Vorstellungsgespräch um einen Ausbildungsplatz sind. Über dieses Thema wollen Sie sprechen, also sollten Sie dem Gegenüber deutlich machen, dass die unangemessenen Fragen fehl am Platz sind und nichts mit dem Ausbildungsplatz zu tun haben.

Wenn es nicht ausreicht, vom Thema der unschicklichen Frage auf das Thema Ausbildungsplatz überzuleiten, und Sie nicht das Gespräch ohne weiteres verlassen wollen, müssen Sie sich auf eine Antwort einlassen. Hier gibt es zwei Möglichkeiten: Entweder antworten Sie wahrheitsgemäß, das ist vor allem dann zu empfehlen, wenn Sie nichts zu befürchten haben (z.B. Hobbys, Familienstand, Freizeitaktivitäten). Werden Fragen gestellt, auf die Sie nicht ehrlich antworten möchten, können Sie in diesem Fall auf eine Lüge ausweichen (z.B. Sexualität, Vermögen, Parteizugehörigkeit). Bei einer Lüge kann es aber passieren, dass ein geschickter Prüfer herausfinden kann, ob Sie eine ehrliche Antwort geben. Was Sie aber immer im Kopf haben sollten: *Keine*

Antwort ist auch eine Antwort. Es ist besser, entweder ehrlich zu antworten, zu lügen oder auf das eigentliche Thema des Vorstellungsgesprächs auszuweichen, als stumm dazusitzen oder zu sagen „diese Frage werde ich nicht beantworten". Das Schweigen ist die schlechteste Alternative.

Im Folgenden werden nun Bereiche aufgeführt, die unangemessene Fragen betreffen. Künftigen Bewerbern um einen Ausbildungsplatz bei der Polizei soll damit die Möglichkeit gegeben werden, sich im Voraus mit den kritischen Fragen auseinanderzusetzen und möglicherweise auch Lösungswege zu entwerfen, aus einer derartigen Situation herauszukommen. Es werden solche Fragen behandelt, die man beantworten sollte, und solche, die man nicht beantworten muss.

Heikle Fragen, auf die Sie antworten sollten

1. **Aktuelle Erkrankungen**

   In einem Bewerbungsgespräch ist es zulässig zu erfragen, ob der Bewerber zum Zeitpunkt des Gesprächs erkrankt ist. Wenn diese Krankheit für die Ausbildung relevant ist, der Auszubildende aufgrund dieser Krankheit z.B. ausfallen würde, ist es berechtigt, diese Frage zu stellen, und davon abhängig zu machen, ob der Bewerber eingestellt wird. Droht Ansteckungsgefahr oder Arbeitsunfähigkeit, so **müssen** Bewerber den Ausbilder sogar informieren. Diese Frage sollten Sie also wahrheitsgemäß beantworten. Zudem hat es keinen Sinn zu lügen, da Sie sich im Verfahren für die Polizeiausbildung einer ärztlichen Untersuchung stellen müssen. Spätestens diese Untersuchung würde Ihre Lüge entlarven.

2. **Ehrenamt**

   Ehrenämter und öffentliche Tätigkeiten setzen ein gewisses Maß an Einsatz voraus. Zudem nimmt eine ehrenamtliche Tätigkeit Zeit in Anspruch. Die Polizei könnte z.B. in Erwägung ziehen, dass ein Auszubildender Arbeitszeit für diese Tätigkeiten beanspruchen könnte, was evtl. nicht im Sinne der Vorgesetzten wäre. Auf der anderen Seite kann ein Ehrenamt jedoch ebenso positiv betrachtet werden oder sogar gewollt sein. Sie sollten als Bewerber auf diese Frage also wahrheitsgemäß antworten. Oder versuchen Sie noch besser abzuschätzen, ob es eher gut oder eher schlecht ankommen würde.

3. **Identität**

   In einem Bewerbungsgespräch muss man sich darauf einstellen, Fragen nach der Identität (Name, Geburtsort und -datum, Staatsangehörigkeit etc.) zu beantworten. Es gibt eine gesetzliche Regelung zum Diskriminierungsverbot, jedoch gibt es in Deutschland auch Gesetze, die eine unterschiedliche Behandlung von Bewerbern mit unterschiedlichen Staatsangehörigkeiten regeln. Aus diesem Grund steht es der Polizei zu, Fragen nach der Identität zu stellen, Bewerber sollten also auf Identitätsfragen ehrlich antworten.

4. **Vorstrafen**

   Ist man vorbestraft, so kann man bei der Polizei keine Ausbildung absolvieren. Aus diesem Grund müssen Sie die Beamten in Kenntnis setzen; jedoch kann man die Vorstrafen auch Ihrem Führungszeugnis entnehmen. Seien Sie sich dessen bewusst; Sie können sich mit Bezug auf die Vorstrafen nicht durchmogeln. Wenn Sie in Ihrer Jugend einmal beim Klauen erwischt worden sind, keine Anzeige erstattet wurde und Sie auch nicht verurteil worden sind, dann sind Sie auch nicht vorbestraft. Bedenken Sie das und machen Sie nicht den Fehler, von einer Dummheit in der frühen Jugend zu sprechen, wenn dies die Aussicht auf den Ausbildungsplatz schmälern würde. Schauen Sie sich Ihr Führungszeugnis an, das Sie sowieso einreichen müssen, und beichten Sie keine Jugendsünden, die darin nicht erwähnt sind.

5. **Werdegang und Zukunftsplanung**

   Wenn in einem Bewerbungsgespräch Fragen zum Werdegang gestellt werden, so sind diese uneingeschränkt zulässig. Es kann für Bewerber evtl. unangenehm sein, eine derartige Frage beantworten zu müssen, aber eigentlich sollte dies nicht der Fall sein. Es liegen Zeugnisse und andere Dokumente vor, die über den bisherigen Werdegang Auskunft geben; Ihre Antwort ist eine Bestätigung der vorliegenden Information.

Fragen zur Zukunftsplanung sind teilweise zulässig, zumindest dann, wenn sie allgemein gehalten sind. Eine Frage nach der Familienplanung darf nicht gestellt werden, da dies kein Kriterium ist, nach dem ein Ausbildungsplatz vergeben werden darf. Bei der allgemeinen Zukunftsplanung ist die Sachlage eine andere, es kann für die Vorgesetzten eine Rolle spielen, wie sich der Auszubildende in der Zukunft sieht, was seine Pläne sind. Fragen zum Werdegang sind also wahrheitsgemäß zu beantworten, Fragen zur Zukunftsplanung ebenso, solange keine familiären Details betroffen sind.

6. **Vermögensverhältnisse**
    Als Bewerber auf eine Ausbildung bei der Polizei kann es Ihnen, anders als in den meisten anderen Berufen, passieren, dass Sie dazu aufgefordert sind darzustellen, dass Sie über geordnete wirtschaftliche Verhältnisse verfügen.

Heikle Fragen, auf die Sie nicht antworten müssen

1. **Abstammung**
    Die Frage nach der Abstammung und Herkunft darf in einem Bewerbungsgespräch nicht offensiv oder verletzend gestellt werden, da dies kein objektives Kriterium für die Vergabe eines Ausbildungsplatzes sein kann. Warum sollte ein gebürtiger Spanier die Polizeitätigkeit weniger gut ausüben können als ein Franzose, ein Amerikaner oder ein Deutscher? Wird eine derartige Frage gestellt, so müssen Sie nicht wahrheitsgemäß antworten. Haben Sie einen deutschen Pass, dann können Sie ohne Probleme bei der Polizei anfangen. Und in den meisten Bundesländern ist es auch kein Problem, bei der Polizei eine Ausbildung zu absolvieren, wenn man zwei Staatsbürgerschaften hat oder in Deutschland geboren und aufgewachsen ist und vor allem: einen deutschen Schulabschluss nachweisen kann. Ihre Abstammung sollte keine Rolle spielen und sollte vor allem kein Kriterium sein, mit dem Sie in einem Gespräch auf verletzende Art und Weise konfrontiert werden. Ist dies der Fall, dann sollten Sie sich an die Vorgesetzten wenden.

2. **Familienstand und -planung**
    Wenn in einem Vorstellungsgespräch die Frage nach dem Familienstand und der Familienplanung ins Spiel gebracht wird, so sollten Sie sich nicht verunsichern lassen. Sie müssen auf diese Fragen nicht antworten, da es keine Rolle spielen sollte, in welcher familiären Situation Sie sich befinden. Über die Qualifikation für einen Ausbildungsplatz sollen allein die Fähigkeiten entscheiden, nicht das familiäre Umfeld oder die Familienplanung. Wenn Sie eingestellt werden, ist dann aber vorzulegen, in welchem Familienverhältnis Sie leben (ledig oder verheiratet), da das für die Gehaltsabrechnung wichtig ist.

3. **Gesundheit allgemein**
    Allgemeine Fragen zur Gesundheit sind in einem Bewerbungsgespräch nicht zulässig. Es besteht keine Pflicht für Bewerber, Auskunft über Krankheiten oder den allgemeinen Gesundheitszustand zu geben, wenn die gesundheitliche Situation die Ausführung der Tätigkeit nicht beeinflussen würde. Aber bedenken Sie, die ärztliche Untersuchung steht an, dort werden Krankheiten, die Sie für untauglich erklären, ans Tageslicht gebracht. Informieren Sie sich eingehend, welche gesundheitlichen Schäden eine Polizeiausbildung unmöglich machen, so können Sie schon vor Beginn des Verfahrens Klarheit schaffen.

4. **Mitgliedschaft in Gewerkschaften**
    Ob ein Bewerber Mitglied in einer Gewerkschaft ist, kann für die Polizei kein Kriterium für die Einstellung oder Ablehnung sein. Aus diesem Grund dürfen in einem Bewerbungsgespräch diese Fragen nicht gestellt werden, es sei denn, man bewirbt sich bei einer Gewerkschaft. Hier muss natürlich Auskunft erteilt werden. Es besteht für Bewerber keine Pflicht, auf diese Frage wahrheitsgemäß zu antworten.

5. **Politische Gesinnung und Mitgliedschaft in politischen Parteien**
    Die politische Gesinnung eines Bürgers darf keine Rolle bei seiner Einstellung spielen, ebenso wenig die Parteizugehörigkeit. Die Frage nach der Parteizugehörigkeit und politischen Gesinnung darf nicht als Einstellungskriterium genutzt werden. Wenn der Einstellende eine Partei ist, dann darf diese Frage gestellt werden und muss auch wahrheitsgemäß beantwortet werden, in allen anderen Fällen trifft dies nicht zu. Wenn Sie jedoch in einem verfassungsfeindlichen Verbund tätig sind, dann sind Sie für die Polizeiarbeit

nicht geeignet. Und wenn herauskommt, dass Sie diesbezüglich gelogen haben, dann können Sie mit einer unehrenhaften Entlassung und rechtlichen Problemen rechnen.

6. **Konfession**

Im Grundsatz ist die konfessionelle Zugehörigkeit nicht entscheidend für die Fähigkeiten und Qualifikationen eines Auszubildenden. Daher darf in einem Bewerbungsgespräch die Frage nach der Konfession grundsätzlich nicht gestellt werden. Geschieht dies trotzdem, so haben Bewerber keine Pflicht zur wahrheitsgemäßen Beantwortung.

7. **Schwangerschaft**

In einem Bewerbungsverfahren ist der Einstellende nicht berechtigt zu fragen, ob eine Schwangerschaft besteht oder zu erwarten ist. Diese Frage darf nicht gestellt werden, da sie gegen das Gleichheitsgebot der Geschlechter verstößt. Es muss keine ehrliche Antwort darauf erfolgen. Was Sie jedoch bedenken sollten: Wenn Sie schwanger sind und in ein Bewerbungsverfahren einsteigen, dann kommt eine ganze Menge Stress auf Sie zu. Gewisse Tätigkeiten können von einer Schwangeren nur schwer bewältigt werden. So sollten Sie daran denken, sich nicht zu überfordern, indem Sie in der Schwangerschaft eine Ausbildung beginnen.

5.9   Beurteilungsprobleme und Beurteilungsfehler in Bewerbungsverfahren

Allgemeines

In Bewerbungsverfahren werden Personen im Bezug auf die Fähigkeiten beurteilt, die für den Ausbildungsberuf notwendig sind. Eigentlich sollten nur diese Fähigkeiten im Vordergrund stehen, wenn eine Person beurteilt wird, was jedoch meist nicht der Fall ist. Zudem ergeben sich bei Beurteilungen Probleme und Fehler. Ausbilder oder Prüfer sind auch nur Menschen, und Menschen begehen Fehler. Damit Sie als angehender Auszubildender einem Bewerbungsverfahren gewappnet sind und um die Fehler zu wissen, die begangen werden können, soll im folgenden Abschnitt detailliert darauf eingegangen werden.

Was die Beurteilung der Prüfer beeinflussen kann

1. **Der Informationsfaktor**

In jedem Gespräch bekommen wir negative und positive Informationen über eine Person vermittelt. Allein durch das Verhalten, die Gesprächsführung, die Pünktlichkeit, das Aussehen oder das Abschneiden in einem Test vermitteln wir Informationen. Prüfer gewichten negative Informationen häufig stärker als positive. Das bedeutet für diejenigen, die sich einem Bewerbungsverfahren stellen, darauf zu achten, negative Informationen möglichst zu vermeiden. So lässt sich die Möglichkeit von Fehleinschätzungen durch Prüfer reduzieren: pünktlich erscheinen, sich entsprechend kleiden, sich höflich verhalten und versuchen, gute Testergebnisse zu erzielen.

2. **Der Vorurteilsfaktor**

Viele Menschen haben Vorurteile gegen andere. Ältere gegenüber Jüngeren, Städter gegenüber der Landbevölkerung, Einheimische gegenüber Zugezogenen oder Fremden, Gesunde gegenüber Kranken und umgekehrt. Zwar sollten Vorurteile nicht darüber entscheiden, ob jemand für einen Ausbildungsberuf geeignet ist, jedoch kann dies in manchen Fällen trotzdem der Fall sein. Als Teilnehmer an einem Auswahlverfahren haben Sie praktisch keine Chance, sich dagegen zu wehren.

Ein Tipp: Wenn es beleidigend wird und Sie sich vor den Kopf gestoßen fühlen, sollten Sie darauf hinweisen. (Bei Fragen wie: „Eine Frau kann doch nicht mit Pistolen umgehen, Verbrecher jagen oder einen Fussballhooligan zur Vernunft bringen, oder?" „Haben Sie auf dem Land denn überhaupt Schreiben und Rechnen gelernt?") Wenn Sie sich bemerkbar machen und zeigen, dass Sie so nicht mit sich reden lassen, dann können Sie entweder Glück haben, es stellt sich möglicherweiser heraus, dass es nur eine dumme Art der Prüfer gewesen ist, Ihre Kritikfähigkeit zu testen; oder Sie fliegen auf die Nase und können die Ausbildung vergessen. Es erscheint uns jedoch ratsam anzumerken, dass Sie sich nicht diskriminieren lassen sollten, um einen Job zu bekommen. Fühlen Sie sich wirklich angegriffen, dann sprechen Sie mit den Vorgesetzten und bringen Sie Ihr Anliegen zum Ausdruck. Die Polizei kann es sich in keiner Weise erlauben, Bewerber zu diskriminieren.

3. Der Sympathiefaktor

Wenn wir etwas bewerten, ganz gleich ob eine Klassenarbeit, einen Fußballspieler, einen Freund oder aber einen Bewerber um einen Ausbildungsplatz, so spielt neben den Fähigkeiten die Sympathie immer eine Rolle. Derjenige, der uns als sympathisch erscheint, wird zumeist sehr positiv bewertet. Als Bewerber sollten Sie die Möglichkeit nutzen, so sympathisch wie möglich aufzutreten. Mehr können Sie nicht tun. Ob Prüfer Sympathie für Sie empfinden, können Sie durch Ihr Auftreten und Ihr Verhalten nur marginal beeinflussen.

4. Der Maßstabsfaktor

Was ist der Maßstab, den gute Bewerber erfüllen müssen, um einen Ausbildungsplatz zu erhalten? Diese Frage stellen sich alle Prüfer, jedoch beantworten nicht alle diese Frage auf eine angemessene Art und Weise. Angemessen bedeutet beispielsweise, dass man sich als Prüfer nicht selbst zum Maßstab macht. Viele Prüfer verzichten leider nicht darauf, sich selbst mit den Bewerbern zu vergleichen. Eventuell vergleichen sie sich nicht aus der heutigen Situation mit den Bewerbern, sondern denken, sie können sich gut erinnern, dass sie selbst früher alles doch viel besser gemacht haben als Bewerber heute. Geraten Sie an Prüfer, die so vorgehen, haben Sie keine Chance, Einfluss auf sie auszuüben. Sie können nur hoffen, dass der Vergleich zufälligerweise günstig für Sie ausfällt oder nicht das entscheidende Kriterium für die Vergabe des Ausbildungsplatzes ist.

5. Der Verallgemeinerungsfaktor

Menschen neigen dazu, die Dinge zu verallgemeinern. Eine Verallgemeinerung macht eine Sachlage weniger kompliziert. Auch bei Beurteilungen neigen Prüfer dazu, zu verallgemeinern: Bewerber A hat bei dieser Aufgabe sehr sorgfältig gearbeitet, also handelt es sich um jemanden, auf den man sich verlassen kann. Eine derartige Verallgemeinerung kann Vor- und Nachteile haben. Verhalten Sie sich bei einer unwichtigen Aufgabe aus der Perspektive der Prüfer falsch, so kann das zu Ihren Ungunsten verallgemeinert werden, nämlich dass Sie sich auch in anderen Situationen falsch verhalten könnten. Agieren Sie jedoch bei den meisten Aufgaben wie gewünscht, so kann das zu positiven Verallgemeinerungen führen.

6. Der Knock-out-Faktor

Es gibt solche Prüfer, die in ihrer Beurteilung versuchen, gewisse Kriterien aufzustellen, die als absolut zu verstehen sind. Wer gegen diese Kriterien verstößt, ist in der Prüfung direkt durchgefallen. Es kann passieren, dass ein angehender Auszubildender in beinahe allen Bereichen überzeugen kann und dann einen minimalen Fehler begeht, der aber genau gegen grundsätzliche, durch die Prüfer festgelegte Kriterien verstößt. Diesen Knock-out-Faktor müssen Sie immer berücksichtigen, wenn Sie als Prüfling in ein Auswahlverfahren einsteigen. Jeder angehende Auszubildende sollte sich klar darüber sein, dass es gewisse Verhaltensaspekte gibt, die bei Prüfern zu einem starken Gefühl der Ablehnung führen. Wenn Sie sich grundsätzlich angepasst verhalten, beispielsweise darauf verzichten, sich zu benehmen wie in der Freizeit, und die notwendige Ernsthaftigkeit zeigen, sollte dies helfen, grobe Verhaltensfehler zu umgehen. Natürlich können Sie nie ausschließen, dass Sie auch bei vorbildlichem Verhalten dem Prüfer als ungeeignet erscheinen und gegen eine vorher aufgestellte, absolute Kategorie verstoßen.

7. Der Wahrnehmungsfaktor

Jeder Einzelne ist durch seine Wahrnehmung festgelegt, so natürlich auch Prüfer. Wir stellen das fest, was wir wahrnehmen können, und manchmal kann unsere Wahrnehmung uns täuschen. Im Prozess der Wahrnehmung suchen wir als Wahrnehmende aus, was wir überhaupt wahrnehmen wollen. Wir richten unser Interesse auf bestimmte Aspekte. Diese Aspekte sind festgelegt durch unsere Erfahrungen. Wenn wir etwas im Voraus annehmen und später in der Beobachtung genau das eintritt, nehmen wir dies sehr deutlich wahr. Als Anschauungsbeispiel dient Folgendes: In einem Bewerbungsverfahren nimmt ein langhaariger junger Mann teil. Die Prüfer könnten aufgrund von Vorurteilen vermuten, dass dieser langhaarige Jugendliche evtl. von der lockeren Sorte ist, also gern mal zu spät erscheint, nicht sorgfältig arbeitet usw. Es gibt keinen logischen Grund, warum das so sein sollte, aber wie gesagt: Menschen arbeiten häufig mit Vermutungen. Die Prüfer vermuten, dass der Jugendliche all diese schlechten Eigenschaften haben könnte. Wenn nun im Bewerbungsverfahren sich an einigen Stellen zeigen sollte, dass der Jugendliche mit den langen Haaren wirklich nicht sorgfältig arbeitet, sehen die Prüfer ihre Vermutung bestätigt und nehmen diesen Jugendlichen als jemanden wahr, der nicht sorgfältig arbeitet. Auch wenn das nur in einem Bereich, bei einer Aufgabe, der Fall war. Als angehender Auszubildender muss man sich bewusst sein, dass in einem Prüfungsverfahren solche Kriterien immer eine Rolle spielen können.

(!) *Merke*

Sie sollten versuchen, Prüfer nur die Möglichkeit zu geben, positive Vermutungen in der Wahrnehmung bestätigt zu sehen. Das können Sie am besten erreichen, wenn Sie sich in einem Bewerbungsverfahren in jeder Aufgabe die größte Mühe geben und alle Teilaufgaben ernst nehmen.

8. Der Überstrahlungsfaktor

Der Überstrahlungsfaktor hängt mit dem zuvor angesprochenen Wahrnehmungsfaktor eng zusammen. Es kann passieren, dass in einem Bewerbungsverfahren von einem Merkmal auf die Gesamtpersönlichkeit oder andere Merkmale geschlussfolgert wird. Dessen sollten Sie sich bewusst sein, wenn Sie in ein Bewerbungsverfahren eintreten. Es werden Merkmale miteinander in Verbindung gesetzt, die eventuell überhaupt keinen Zusammenhang aufweisen. Wie im oben genannten negativen Beispiel mit dem langhaarigen Jugendlichen: Es gibt keine Beweise, dass dieser Junge vielleicht nicht sorgfältig arbeiten könnte, nur weil er lange Haare hat. Aber es gibt umgekehrt solche Fälle, in denen von einer Fähigkeit auf andere positive Eigenschaften geschlossen wird. Jemand, der sich gut ausdrücken kann, gewandt in seiner Rede ist und häufig zu einer Diskussion beizutragen versucht, wird automatisch als besonders intelligent oder engagiert eingeschätzt. Einzelne Faktoren, egal ob positiv oder negativ, überstrahlen dann andere Teile der Persönlichkeit in der Wahrnehmung der Prüfer. Es ist fast unmöglich, diesen Faktor bei den Prüfern auszuschalten. Sie können einzig versuchen, nur solche Eigenschaften zu zeigen, die einen positiven Überstrahlungseffekt produzieren können.

Das Assessment Center

6 Das Assessment Center

6.1 Das Assessment Center (AC)

Was ist das Assessment Center?

Das Assessment Center (AC) ist heute ein beliebtes Auswahlverfahren für Personal. Es bietet Arbeitgebern die Möglichkeit, mehrere Kandidaten gleichzeitig zu überprüfen und deren Gruppenverhalten zu beobachten. Soziale und kommunikative Kompetenzen, das Agieren in der Gruppe und die Einzelleistung stehen im Vordergrund der Assessment Center bei der Polizei. Man spricht von einem Mini-AC, da auch zur Besetzung von Führungspositionen Assessment Center eingesetzt werden, diese Verfahren dauern dann jedoch i.d.R. mehrere Tage. Die Polizei nutzt diese Form des Auswahlverfahrens zumeist über etwa einen halben Tag, um die Bewerber in verschiedenen Situationen zu beobachten. Dem Mini-AC liegt zumeist ein Anforderungsprofil zugrunde. Dieses Profil entscheidet über die Eignung für eine Stelle.

Im folgenden Abschnitt soll erläutert werden, wie Sie sich den Ablauf eines Mini-AC vorstellen können und welche Methoden und Aufgaben in diesem Auswahlverfahren eingesetzt werden.

Zuerst werden die einzelnen Methoden, die in einem Mini-AC Anwendung finden können, kurz aufgezählt. So sollen Sie einen Überblick über die einzelnen Punkte bekommen, die in den nachfolgenden Abschnitten einzeln abgehandelt werden.

Methoden des Mini-AC:

¬ Einstellungstest (Wissenstest)

¬ Kurzvortrag

¬ Gruppenarbeit (Vorstellungsrunde, Diskussion, Präsentation)

¬ Rollenspiel (Kollegenkonflikt)

¬ Einzelinterview

¬ Postkorbübung

In den nächsten Abschnitten werden diese Methoden jeweils separat behandelt und ausführlich dargestellt.

Der exemplarische Verlauf eines Mini-AC

Ein Assessment Center, das der Auswahl von Auszubildenden dient, folgt in den meisten Fällen einer bestimmten Struktur. In dieser Zusammenfassung werden fünf verschiedene Blöcke unterschieden, die möglicher Bestandteil eines Mini-Assessment Centesr sein können. In der Regel beinhalten die Mini-ACs nicht alle Blöcke, der Umfang variiert. In Rheinland-Pfalz muss man beispielsweise nur eine Gruppendiskussion bestreiten, in NRW stehen diverse Rollenspiele und ein Kurzvortrag auf dem Programm. Um alle möglichen Länderprüfungen zu berücksichtigen, wird hier ein Maximalkatalog vorgestellt, der so nicht geprüft wird. Zwischen den einzelnen Blöcken werden durchaus kleinere oder größere Pausen eingeplant, die von AC zu AC variieren.

Block 1: Einführung (ca. ½ Std.)

Zu Beginn des AC werden sich die offiziellen Vertreter, die Prüfer und Polizeiverantwortlichen für den Bereich Ausbildung vorstellen. Sie treffen hier die Personen, die dieses Auswahlverfahren leiten. Die Bewerber bekommen eine kurze Einführung in die Thematik und der genaue Ablauf des Auswahlverfahrens wird skizziert. Der erste Block endet zumeist, nachdem sich die einzelnen Bewerber persönlich kurz vorgestellt haben; eine Vorstellungsrunde kann auch so gestaltet werden, dass sich die Bewerber gegenseitig vorstellen müssen.

Block 2: Das Gruppengespräch (ca. 1 Std.)

Im zweiten Block des AC gilt die Aufmerksamkeit ganz den Bewerbern und ihren Fähigkeiten, in der Gruppe zu agieren. Anfänglich werden in diesem Block thematische Aufgaben gestellt, die sich auf aktuelle gesellschaftliche Fragen oder Probleme konzentrieren. Alle Bewerber bekommen das gleiche Aufgabenblatt zugeteilt und haben die Möglichkeit, sich kurz vorzubereiten. Nun gibt es in diesem Block zwei Varianten: 1. die Gruppendiskussion und 2. die Gruppenarbeit mit anschließender Präsentation.

1. *Die Gruppendiskussion:* Wenn die Vorbereitungszeit abgelaufen ist, wird durch die Prüfer oder Moderatoren eine Diskussion in Gang gebracht, die von den Bewerbern selbstständig geführt werden soll. Unter Berücksichtigung der einzelnen Diskussionsbeiträge – es ist allen Bewerbern anzuraten, sich in dieser Diskussion zu beteiligen – werden zum Ende die Diskussionsergebnisse ausgewertet und zusammengefasst.

2. *Die Gruppenarbeit mit anschließender Diskussion und Präsentation:* Im Unterschied zur Gruppendiskussion kommt es bei dieser Aufgabe darauf an, selbstständig zu arbeiten. Die Aufgabenblätter für die Gruppenarbeit enthalten zumeist eine exakte Anleitung, wie sich die Bewerber zu verhalten haben: welchen Verlauf die Prüfer vorgeben, welcher zeitliche Rahmen eingehalten werden muss und was für die Präsentation wichtig ist. Da es in diesem Abschnitt auf selbstständiges Arbeiten ankommt, sind Rückfragen nicht gern gesehen. Die Prüfer erwarten von den Bewerbern Eigeninitiative. Ziele dieser Aufgabe sind: die selbstständig geführte Diskussion, die Zusammenfassung der Diskussionsergebnisse und eine abschließende Präsentation. Wer hier bereit ist, sich tatkräftig einzubringen, kann Extrapunkte sammeln.

Block 3: Das Rollenspiel (ca. 1 Std.)

Nachdem die Prüfer in der Gruppendiskussion einen Eindruck vom Gruppenverhalten der einzelnen Bewerber gewinnen konnten, folgt häufig ein Rollenspiel. In diesen Rollenspielen ist die Interaktion mit dem Gegenüber von Interesse, es werden in der Regel Büro- oder andere Arbeitssituationen simuliert. Zudem ist es üblich, dass Sie eine Problemsituation zu bewältigen haben. Hierbei ist den Prüfer besonders wichtig, inwiefern die Prüflinge über Entscheidungswillen und diplomatisches Geschick verfügen, um einen erfolgreichen Abschluss des Spiels zu ermöglichen. Zudem kann gefordert sein, dass Sie einen Vortrag zu einem bestimmten Thema halten müssen. Bei dieser Art von Rollenspiel wissen Sie vorher nicht, worum es thematisch geht. Sie bekommen ein Thema vorgelegt, müssen sich kurz vorbereiten und ebenso kurz präsentieren, was Sie erarbeitet haben. Alle Formen des Rollenspiels ermöglichen es den Prüfern, die Bewerber in Stresssituationen zu erleben, um erfahren zu können, wie sich die Kandidaten in diesen ungewohnten Situationen verhalten.

Block 4: Das Einzelgespräch (ca. 1 Std.)

Nach Gruppenarbeit und Rollenspiel wendet sich der vierte Block des Mini-AC dem einzelnen Bewerber zu. Im Einzelgespräch wird zwischen Bewerber und Prüfer der bisherige Verlauf des Assessment Centers besprochen und ausgewertet. In diesem Prüfungsabschnitt werden Fragen zur Persönlichkeit des Bewerbers und dessen Fähigkeiten gestellt. Das Einzelgespräch bietet den Prüfern die Möglichkeit, spezielle Fragen zu stellen, die nicht in der Gruppe erörtert werden sollen. Und auch die Bewerber können an dieser Stelle Fragen einbringen, die einer näheren Klärung oder Erläuterung bedürfen.

Dieser Abschnitt eröffnet den Raum für eine überzeugende Selbstdarstellung. An dieser Stelle können Sie die Prüfer von Ihren Fähigkeiten und Kenntnissen, kurzum Ihrer Persönlichkeit, überzeugen.

Block 5: Das Abschlussgespräch (ca. ½ Std.)

Wenn alle Bewerber ihre Einzelgespräche absolviert haben und sich die Prüfer einen detaillierten Überblick verschaffen konnten, ist das Mini-AC fast beendet. Zum Ende erfolgt eine kurze Zusammenfassung der vorangegangenen Gespräche und Aufgaben und die Bewerber bekommen die Möglichkeit, ihre Erfahrungen und Eindrücke zu äußern und auszutauschen. In der Regel geben die Prüfer einen Ausblick auf den weiteren Verlauf des Bewerbungsverfahrens, z.B. wann mit einer Entscheidung zu rechnen ist, anschließend werden die Bewerber verabschiedet.

Die Methoden im Mini-AC

Der vorangehende Abschnitt dient der grundsätzlichen, jedoch nur exemplarischen Verlaufsbeschreibung eines Mini-AC zur Auswahl von Bewerbern auf einen Ausbildungsplatz. Quintessenz des vorherigen Abschnittes ist, dass im Assessment Center jeder Bewerber unterschiedlichen Stresssituationen ausgesetzt wird, die es zu meistern gilt. Entscheidend für den positiven Verlauf des Mini-AC und die spätere Zusage für den Ausbildungsplatz ist die erfolgreiche Erfüllung des Auswahlprofils. Alle Aufgaben gänzlich zu erfüllen, ist häufig unmöglich, da die Leistungstests diesen Anspruch nicht stellen; wichtig ist, dass sich Bewerber an die formalen Kriterien halten (z.B. Aufgabenstellung und Zeiteinteilung) und die Aufgaben bestmöglich zu erfüllen versuchen. Um das gewährleisten zu können, ist es hilfreich, die angewendeten Methoden zu kennen, um damit umgehen zu können.

Grundsätzlich lassen sich die Methoden des Mini-AC in zwei Kategorien unterteilen: Erstens werden Methoden angewendet, die auf die Gruppenebene abzielen, es soll überprüft werden, wie die einzelnen Bewerber in der Gruppe interagieren, wie sie ihre Interessen gegen andere durchsetzen und inwieweit sie Kompromissbereitschaft zeigen. Zweitens kommen Methoden zum Zuge, die eher auf die persönliche Ebene abzielen. Hierbei steht im Vordergrund, wie sich der Einzelne präsentieren kann, wo besondere Fähigkeiten liegen und wie diese Fähigkeiten in einer Stresssituation zum Einsatz kommen.

Methoden auf der Interaktions- und Gruppenebene:

¬ Präsentationsaufgaben und Kurzvortrag in der Gruppe

¬ Gruppendiskussionen

¬ Rollenspiele und Interaktionsaufgaben

Methoden auf der Selbstdarstellungsebene:

¬ Individueller Kurzvortrag

¬ Postkorbübungen

¬ Intelligenz-, Leistungs- und Persönlichkeitstests

Methoden auf der Interaktions- und Gruppenebene

Präsentationsaufgaben und Kurzvortrag in der Gruppe

Wie der Name vermuten lässt, geht es bei den Präsentationsaufgaben darum, etwas vorzutragen. In einer Gruppenarbeit erzielte Resultate sollen mittels einer Präsentation vorgestellt werden. Die Präsentationen können in der Gruppe erfolgen, wobei es darauf ankommt, dass alle Bewerber einen Teil zum Ergebnis und der Präsentation beitragen. Wer sich an dieser Stelle versteckt oder nicht die Bereitschaft hat, an der Gruppenarbeit zu partizipieren, der arbeitet am eigentlichen Ziel der Aufgabe vorbei. Wichtig ist zudem in jeder Präsentation, auf Deutlichkeit, Struktur und Aussage des Vortrags zu achten.

Gruppendiskussionen

In der Gruppendiskussion haben alle Teilnehmer einen Standpunkt zu vertreten. Ziel einer Gruppendiskussion ist es, ein gemeinsames Ergebnis zu erzielen. Einzelne Beiträge müssen dahingehend beurteilt werden, ob sie für die Diskussion relevant sind. Die Bewerber, die sich an einer Gruppendiskussion beteiligen, sollten sich entsprechend vorbereiten, Forderungen und Argumente überprüfen und jede Äußerung sorgfältig überdenken. Es kommt einerseits auf Ihre sozialen Fähigkeiten an (wie können Sie sich durchsetzen, wie bringen Sie Ihre Argumente vor, wie ist Ihre Motivation in dieser Diskussion zu beurteilen), andererseits spielen die rhetorischen und logischen Fähigkeiten eine entscheidende Rolle.

Rollenspiele und Interaktionsaufgaben

Rollenspiele und Interaktionsaufgaben haben zum Ziel, Bewerber in der Kommunikation beurteilen zu können. Dieser Aufgabenbereich ist für die Beurteilung insbesondere wichtig, da sich reale Situationen simulieren lassen. Die Interaktion erfordert von den Bewerbern, sich auf ein Gegenüber einzustellen, daher sollte diese Art der Aufgabe eher als Miteinander denn als Gegeneinander begriffen werden. Hier können Konflikt- oder Problemsituationen vorgegeben werden: Es liegt an Ihnen, mögliche Lösungswege zu erarbeiten. Wenn Sie mit einem anderen Bewerber ein Rollenspiel absolvieren müssen, dann stellen Sie sich auf Kooperation ein. Um Kompromisse für Konfliktlösungen zu finden, müssen Sie sich auf den anderen einlassen, dessen Argumente verstehen und auf diplomatischen Wegen versuchen, Einstimmigkeit zu erreichen. Für die Prüfer ist wichtig, dass die Bewerber in diesem Spiel ihre Entscheidungskompetenz zur Geltung bringen und zeigen, dass sie kompromissbereit sind, sowie sich an Verhandlungsstrategien halten, die das Erreichen eines Zieles ermöglichen.

Methoden auf der Selbstdarstellungsebene

Individueller Kurzvortrag

Beim individuellen Kurzvortrag steht der Einzelne im Mittelpunkt. Aufgabe ist es, entweder einen kurzen Vortrag zu einem bestimmten Thema auszuarbeiten oder eine kurze Selbstpräsentation vorzutragen. Bei der Polizei läuft ist es oft so, dass Sie zwischen zwei Themen wählen können. Entscheidende Kriterien beim Kurzvortrag sind *erstens*, wie souverän der Vortrag gehalten wird, und *zweitens*, ob das vorgestellte Thema akkurat und gut strukturiert präsentiert wird. Um die Souveränität zu erlangen, die ein derartiger Kurzvortrag erfordert, sollten Sie sich als Vorbereitung vor einem Spiegel beobachten und versuchen zu beurteilen, ob Sie souverän auftreten. Besonders gut lässt es sich vor Publikum üben. Also Familie, Freunde und Bekannte fragen, ob sie sich Zeit nehmen können. Ein Thema strukturiert wiederzugeben und dabei die wichtigen Hauptaussagen zu berücksichtigen, kann erlernt werden.

Postkorbübungen/Bürosituationen

Die Postkorbübung wird auch als Rollenspiel verstanden, man spricht dann von einer Büroübung. Der markante Unterschied zum normalen Rollenspiel liegt darin, dass die Bewerber in dieser Übung alleine agieren. Mit dieser Übung wird simuliert, dass die Bewerber unter Zeitdruck einen vollen Postkorb abarbeiten müssen. So soll überprüft werden, inwiefern Sie in der Lage sind, in einer Stresssituation Entscheidungen zu treffen und nach welchen Kriterien Sie entscheiden. Dem potenziellen Arbeitgeber bietet diese Aufgabe die Möglichkeit, sich ein Bild darüber zu machen, ob Sie Entscheidungen an nachvollziehbaren Kriterien ausrichten. Mit dieser Methode können verschiedene Kompetenzen getestet werden, so z.B. das Organisationstalent, die Fähigkeit, mit Stress zurechtzukommen, das Zeitmanagement, die Auffassungsgabe und die Fähigkeit, systematisch zu denken und zu handeln. Sich auf diese Aufgabe explizit vorzubereiten, ist schwer möglich, da man ihre inhaltliche Ausrichtung im Voraus nicht erahnen kann. Sie sollten aber den Grundsatz verinnerlichen, dass es wenig nützt, in dieser Stresssituation den Kopf zu verlieren. Wer versucht, die Aufgabe komplett zu erfüllen und bald merkt, dass dies nicht möglich ist, der sollte Ruhe bewahren und versuchen, das bestmögliche Ergebnis zu erzielen. Um einen kühlen Kopf zu bewahren, hilft es folgende Tipps zu berücksichtigen: In einer Postkorbübung gilt, dass nicht alle im Postkorb vorliegenden Aufgaben selbst erledigt werden müssen. Unwichtige Aufgaben können entweder auf einen späteren Zeitpunkt verschoben oder an Mitarbeiter delegiert werden (d.h. Sie reichen eine Aufgabe an jemand anderen weiter). Das wohl wichtigste an der Postkorbübung ist, dass Sie Ihre getroffenen Entscheidungen gut zu begründen wissen. Gleich, ob Sie eine Aufgabe weitergeben, etwas auf später verschieben, einen Termin ausfallen lassen oder entscheiden, zuerst die Kinder aus der Schule abzuholen und erst danach das wichtige Meeting vorzubereiten: Es ist wichtig, Ihre Entscheidungen zu begründen. Es gibt keine Musterlösung für eine Postkorbübung, jedoch sollten Sie den Eindruck vermitteln, dass Sie nicht aus dem Bauch heraus, sondern nach sorgfältigem Abwägen von Argumenten entscheiden.

Intelligenz-, Leistungs- und Persönlichkeitstests

Neben den eher spielerischen bzw. interaktiven Methoden werden im Assessment Center auch formale schriftliche Testverfahren eingesetzt. So z.B. Intelligenz-, Leistungs- oder Persönlichkeitstests. In diesen schriftlichen Testverfahren kommt es nicht auf die sozialen oder organisatorischen Fähigkeiten der Bewerber an; Wissen, Leistungsvermögen, Charakter und Persönlichkeit sind hier entscheidend.

6.2   Die Präsentation

Allgemeines

Ein wichtiger Teilbereich im Assessment Center (AC) ist die Präsentation. Verschiedene Aufgaben, die Bewerber in einem AC absolvieren müssen, sind Präsentationsaufgaben: Im Kurzvortrag, bei der Gruppenpräsentation und im Einzelgespräch geht es darum, sich selbst oder einen bestimmten Sachverhalt zu präsentieren. Grundsätzlich gilt bei einer derartigen Aufgabe, dass das, was vermittelt werden soll, dem Zuhörer deutlich wird. Das oberste Gebot bei der Präsentation ist, sich verständlich und deutlich auszudrücken. Zu einer verständlichen und deutlichen Rede bzw. einem Vortrag gehört nicht nur die richtige Wortwahl. Redner müssen auf der einen Seite beachten, **was** sie sagen, auf der anderen Seite aber wissen, **wie** sie es sagen. So ist es sinnvoll, zwischen *der Rede* und *dem Auftreten* zu unterscheiden. Im weiteren Verlauf wird besprochen, wie Vortragende Rede und Auftreten erfolgreich gestalten können.

Die Rede

Versucht man zu definieren, was eine Präsentation ist, so lässt sich grundlegend bestimmen, dass die Präsentation eine Form der sprachlichen Kommunikation ist: Ein Vortragender kommuniziert einer Gruppe von Zuhörern einen Sachverhalt oder eine Problemfrage. In dieser Kommunikation zwischen einem und vielen ist die Redebegabung des Vortragenden, also dessen Fähigkeit in der Redekunst (Rhetorik), von Bedeutung. Für die Präsentation ist es wichtig, sich deutlich und verständlich auszudrücken. Mit der Befolgung gewisser einfacher Regeln kann die Verständlichkeit und Deutlichkeit eines Vortrags enorm gesteigert werden; Redekunst ist nicht eine Begabung, die einem natürlich in die Wiege gelegt wurde, sondern eine Fähigkeit, die Sie erlernen können. Für die Verbesserung Ihrer Rhetorik sollten Sie die folgenden Aspekte beachten.

Wie lang sollte ein Satz sein?

Die obersten Gebote der Präsentation sind Deutlichkeit und Verständlichkeit, das bedeutet im Umkehrschluss: Wer kompliziert vorträgt, der wird möglicherweise gar nicht oder aber falsch verstanden. Ein Vortrag ist dann kompliziert, wenn die Zuhörer der Rede nicht folgen können. Das liegt mitunter daran, dass die in der Rede verwendeten Sätze zu lang und verschachtelt sind. Weiß der Zuhörer am Ende eines Satzes nicht mehr, was der Ausgangspunkt war und wie der Satzanfang mit dem Satzende in Verbindung steht, hat der Redner höchstwahrscheinlich Verständlichkeit und Deutlichkeit in der Präsentation aus den Augen verloren.

(!) *Merke*

> Die Rede einer Präsentation sollte aus möglichst kurzen Sätzen bestehen, denn Zuhörer müssen die einzelnen Redeteile miteinander verbinden, um alles verstehen zu können. Viele kurze Sätze bringen eine größere Deutlichkeit, als wenige, lange, durch Nebensätze verschachtelte Sätze.

Ähmmm ... Also ... Ehhhh ... Nervös?

Wer eine Präsentation oder einen Vortrag halten muss, der ist womöglich nervös. Insbesondere in einem Bewerbungsverfahren oder einem Assessment Center (AC) kann die Aufregung groß sein, da es schließlich um einen Job oder Ausbildungsplatz geht. Die Nervosität sollten Sie jedoch versuchen zu unterdrücken bzw. sich bewusst machen, dass diese innere Unruhe nicht nach außen dringen darf. Die Zuhörer, in einem AC oder einfachen Bewerbungsverfahren die Prüfer sollen nicht mitbekommen, wenn Sie aufgeregt sind. Füllwörter wie *Ähhm, Eh, hmm, ja, halt, also, usw.* sind Anzeichen für Nervosität. Die Prüfer können eine zu exzessive Benutzung von Füllwörtern als Problem empfinden, weil so deutlich wird, dass zwischen Gesagtem und Gedachtem anscheinend eine Lücke klafft. Wer einen guten Vortrag halten will, sollte im Voraus üben, Füllwörter zu vermeiden. Setzen Sie lieber kleine wortlose Pausen, die den Zuhörern als Raum für eigene Gedanken dienen können, als Ihre Sätze durch „Ähmms" zu überbrücken. Hier ist es sinnvoll, sich von Familie, Freunden oder Bekannten darauf aufmerksam machen zu lassen, ob zu viele Füllwörter verwendet werden und wenn ja, wann dies der Fall ist.

⚠ *Merke*

Bei einer Präsentation ist es von besonderer Wichtigkeit, Nervosität und innere Unruhe zu verbergen. Aus diesem Grund sollten Sie auf Füllwörter verzichten und stattdessen gezielte Pausen setzen. Füllwörter vermitteln einen unsouveränen Eindruck, wogegen bewusste kurze Sprechpausen souverän wirken.

Gibt es eine Sprachtechnik?

Halten Sie eine Präsentation vor einem Publikum, haben Sie wie Musiker in einem Konzert zu beachten, dass die Zuhörer den Inhalt mitbekommen. Dabei muss die Sprachtechnik auf die Zuhörer eingestellt sein. D.h., das Tempo der Rede darf weder zu langsam noch zu schnell sein, Redner müssen einen Vortrag durch Pausen strukturieren, es müssen Betonungen gesetzt werden und darüber hinaus muss die Sprache klar und deutlich sein. Eine Rede wird immer dann klar und deutlich, wenn Vortragende darauf verzichten, durch die Präsentation zu hasten. Es gilt als oberstes Gebot: *langsam* und *deutlich* sprechen. Das Sprachtempo ist wichtig für die Zuhörer, da das Gehirn nur eine gewisse Aufnahmekapazität besitzt, die bei zu schnellem Redefluss überstrapaziert wird. Eine zu hastig und schnell vorgetragene, ohne Pausen strukturierte Rede bleibt ebenso wie eine schleppend vorgetragene nicht lange im Bewusstsein der Zuhörer. Ein normales, mittleres Sprachtempo ist optimal. Dieses optimale Mittelmaß erreichen Sie, wenn Sie nicht möglichst schnell durch den eigenen Vortrag rennen, sondern zusätzlich Sprechpausen einlegen. Wichtige Sätze oder Aussagen können durch Pausen voneinander getrennt werden, so dass die Zuhörer einen Moment Zeit haben, das bisher Gesagte noch einmal zu durchdenken. Die Sprechpause ist eine technische Fertigkeit des Redners. Auf der einen Seite wird so den Zuhörern ein Moment Zeit gegeben, Gesagtes zu rekapitulieren, auf der anderen Seite werden gewisse Betonungen innerhalb der Präsentation gesetzt. Diese Betonungen sind hilfreich, da besonders wichtige Teile des Vortrags hervorgehoben werden können. Neben der Sprechpause gibt es andere Betonungsmöglichkeiten, auf die Redner zurückgreifen können, z.B.: Tempovariationen, Lautstärke der Rede, Wiederholung von Aussagen und Sätzen.

⚠ *Merke*

In einer Präsentation sollten Sie auf Ihre Sprachtechnik achten. Eine zu schnelle Redeweise gilt es zu vermeiden, denn ein Vortrag ist kein Wettlauf. Zwischen den einzelnen Sätzen sollten Sprachpausen einlegt werden, um den Zuhörern die Möglichkeit zu geben, das Gesagte zu rekapitulieren und abzuspeichern. Klarheit und Deutlichkeit des Vortrags können durch gut gesetzte Betonungen, also Tempovariationen, Lautstärkevariationen und Wiederholungen, gesteigert werden.

Das Auftreten

Eine Präsentation ist, wie bereits festgestellt, Kommunikation: sprachliche (verbale) und nicht-sprachliche (nonverbale) Verständigung. Der sprachliche Teil wurde soeben behandelt und bezieht sich auf die Rede. Der nicht-sprachliche Aspekt der Präsentation bezieht sich auf das Auftreten. Wichtig ist in diesem Zusammenhang die Körpersprache, also die Gestik, die Körperhaltung und die Mimik. Zudem kann einem Vortrag zusätzlicher Ausdruck verliehen werden durch gezielt eingesetzte Blickkontakte. Eine ansprechende Präsentation besticht neben der Deutlichkeit und Verständlichkeit, die sprachlich vermittelt werden, auch durch den Körpereinsatz.

Auch der Körper kann sprechen!

In einem Vortrag können Sie das sprachlich Ausgedrückte durch Ihre Körpersprache unterstreichen und betonen. Gestik, Mimik und Körperhaltung sind Mittel, auf die gute Redner zurückgreifen. Zwar ist eine Präsentation in einem Bewerbungsverfahren nicht zu vergleichen mit einem Vortrag vor vielen tausend Zuhörern, doch ist die Grundlage jeder Präsentation gleich – es gilt das zu Vermittelnde klarzumachen. Es geht um Kommunikation, also um Verständigung und die gilt es durch verschiedene Aspekte herzustellen.

Die Gestik

Gesten sind der Bestandteil einer Präsentation, der dem Gesprochenen besonderen Nachdruck verleihen kann. In einer Präsentation sollten Sie insbesondere solche Gesten einsetzen, die mit den Händen und den Unterarmen in Verbindung stehen. Kleine und exakte Gesten mit der Hand verleihen einer Aussage zusätzliche Kraft. Ausufernde Gesten sollten vermieden werden, da sich die Zuhörer andernfalls auf das „Gefuchtel" der Vortragenden konzentrieren und abschweifen, statt dem Vortrag zu lauschen. Der Einsatz von Gesten ist nur während des Sprechakts angemessen, andernfalls verwirren Sie die Zuhörer unnötigerweise.

(!) *Merke*

> Exakte Gesten können einem Vortrag Kraft und Deutlichkeit verleihen. Insbesondere die Hände und Unterarme sollten eingesetzt werden. Welche Geste zu welchem Teil eines Vortrags passt, kann vor dem Spiegel ermittelt werden.

Die Körperhaltung

Wer in einer Präsentation wie ein nasser Sack Reis vor dem Publikum oder den Prüfern steht, der kann nicht erwarten, dass der Inhalt des Vortrags beim Publikum ankommt. Ein Vortrag wird zumeist im Stehen gehalten, um einen deutlichen Unterschied zwischen Rednern und Zuhörern herzustellen. Natürlicherweise fühlt man sich als Vortragender nicht ganz wohl in dieser Position. Aber ebenso gilt, hier wie bei der Sprache, dass die Zuhörer möglichst nicht mitbekommen sollen, wenn Sie aufgeregt sind. Es ist ratsam, sich möglichst entspannt zu geben und nicht zu verkrampfen. Dazu ist es angebracht, nicht wie angewurzelt am gleichen Fleck zu stehen und ebenso nicht wie von der Hummel gestochen herumzulaufen. Der Redner, in unserem Fall Sie als Bewerber um einen Ausbildungsplatz, soll Ruhe und Gelassenheit vermitteln. Dazu tragen gerades und aufrechtes Stehen bei, ebenso wie der geschickte Einsatz der Hände. Vielen Rednern fällt es schwer, die Hände zu kontrollieren, so verfallen einige in die Unart, die Hände in die Hosentaschen zu stecken oder ähnliches. Das ist zu vermeiden. Die gesamte Körperhaltung muss den Zuhörern vermitteln: Hier möchte jemand etwas sagen, ich sollte zuhören.

(!) *Merke*

> Die Körperhaltung eines Redners ist für die Vermittlung des Inhaltes einer Rede wichtig. Redner sollten aufrecht stehen und entspannt wirken. Die Hände gezielt einsetzen und nicht in den Hosentaschen verstecken.

Die Mimik

Der Ausdruck des Gesichtes, also die Mimik, vermittelt die grundsätzliche Einstellung einer Person. Wenn ein Vortragender ein Gesicht wie *drei Tage Regenwetter* macht, werden sich die Zuhörer wahrscheinlich eher die Frage stellen, warum denn der Redner so eine schlechte Laune hat, statt auf den Vortrag zu achten. In einem Vortrag soll die sprechende Person versuchen, möglichst freundlich, natürlich und ernsthaft zu wirken. Ebenso zu vermeiden ist eine gespielte Freundlichkeit, wenn Sie eigentlich schlechter Laune sind. Denn: aufgesetzte Freundlichkeit ist keine Maske, die Sie in einem Vortrag tragen sollten.

(!) *Merke*

> Die Mimik unterstreicht den Vortrag. Versuchen Sie möglichst freundlich, natürlich und ernsthaft in einem Vortrag zu agieren. Dazu gehört, dann und wann ein Lächeln einzuwerfen, um den eigenen Körper und die Stimmung unter den Zuhörern zu entspannen. Wer schlechte Laune hat, sollte das für den Moment des Vortrags ablegen, die Zuhörer tragen keine Schuld an dieser Situation. Keine falsche Maske als Mimik.

Der Blickkontakt

Wenn ein Redner eine ernsthafte Beziehung zwischen sich und den Zuhörern herstellen will, was für einen guten Vortrag sehr wichtig ist, muss von Beginn an der Blickkontakt mit den Zuhörern gesucht werden. Insbesondere in einem Mini-AC oder anderen Bewerbungsverfahren können Bewerber den Prüfern über Blickkontakt Souveränität vermitteln. Wer eine Präsentation hält und dabei durchgehend mit den Zuhörern in Blickkontakt steht und nicht verschämt auf den Boden schaut, der vermittelt Sicherheit und motiviert die Zuhörer, dem Vortrag ernsthaft zu folgen. So wird deutlich, dass der Redner nicht für sich spricht oder weil es Aufgabe in einem AC ist, sondern aus Gründen der Informationsvermittlung. Zudem können Sie durch den Augenkontakt als Vortragender mit den Zuhörern feststellen, ob Sachverhalte deutlich sind oder Verständnisproblem auftreten. Über den Blickkontakt können Sie einerseits zum Zuhören motivieren und andererseits überprüfen, ob das Gesagte verstanden wird.

(!) *Merke*

> Über den Blickkontakt wird eine Verbindung zwischen Redner und Publikum erzeugt. Der Redner vermittelt Sicherheit und Souveränität und motiviert zum Zuhören. Die Zuhörer kommunizieren den Rednern, ob sie verstehen oder den Faden verlieren. Wenn Sie den Blickkontakt bedenken, verfallen Sie als Redner auch nicht in die Unart, dem Publikum den Rücken zuzudrehen oder auf den Boden zu schauen.

6.3   Der Kurzvortrag

Allgemeines

In diversen Teilbereichen eines Bewerbungsverfahrens, beispielsweise im Assessment Center (AC) oder im Einzelgespräch, kann an die Bewerber die Forderung gestellt werden, einen Kurzvortrag zu halten. Diese Form des Vortrags soll die Möglichkeit geben, sich einen Überblick über die kommunikative Fähigkeiten des Bewerbers zu verschaffen. Ziel dieser Aufgabe, d.h. des Kurzvortrags, ist, eine Vergleichsebene herzustellen. Auf dieser Ebene soll verglichen werden, wie die Kommunikationsfähigkeiten der Kandidaten mit den Anforderungen, die aufgestellt werden, übereinstimmen.

Für die Polizei als Ihren potenziellen Arbeitgeber spielt es (1) eine Rolle, ob Kandidaten überhaupt in der Lage sind, Informationen, die eine Sache betreffen, verständlich weiterzuvermitteln, und (2) ob die Vermittlung von ebendiesen Informationen (der Vortrag) auf engagierte und interessante Art und Weise betrieben wird. Zwei Fähigkeiten sind wichtig: Sachzusammenhänge wiedergeben zu können und Sachzusammenhänge auf interessante Art und Weise darzustellen. Prüfer interessieren sich nicht nur dafür, ob ein Kandidat etwas inhaltlich fassen und wiedergeben kann, sondern auch dafür, ob das auf eine angemessene Art möglich ist. Es geht nicht nur um das, *was* gesagt wird, sondern auch darum, *wie* es gesagt wird. Im Prinzip gelten die Kriterien, die für das Halten einer Präsentation besprochen wurden.

Tipps für den Kurzvortrag

1. Bei einem Vortrag spricht man für eine Gruppe von Menschen. Zu diesen Zuhörern sollen Sie eine Beziehung aufbauen. Dazu ist es wichtig, den Blickkontakt zu suchen, die Zuhörerschaft direkt anzusprechen und den Vortrag dahingehend interessant zu gestalten, dass die Zuhörer nicht vor Langeweile einschlafen müssen.

(!) *Merke*

> Ein Vortrag ist an eine Gruppe gerichtet, diese Gruppe dürfen Sie während des Vortrags nicht aus den Augen verlieren.

2. Während des Vortrags gilt es, den zeitlichen Rahmen zu beachten. Sie sollten den Überblick darüber haben, wie viel Zeit verstrichen ist und wie viel Ihnen noch bleibt.

(!) *Merke*

In einem Vortrag ist das Zeitmanagement wichtig.

3. Ihr Vortrag sollte so strukturiert sein, dass die Zuhörer die Möglichkeit haben, dem Vortrag zu folgen. Ebenso ist dies für das eigene Verständnis wichtig, um den wiederzugebenden Sachzusammenhang besser darstellen zu können.

(!) *Merke*

Die Struktur eines Vortrags hilft den Zuhörern zu folgen, nachzuvollziehen und zu verstehen. Auch für das eigene Verstehen ist die Struktur eines Vortrags wichtig.

4. Um einem Vortrag eine nachvollziehbare Struktur zu geben, ist es ratsam, sich auf wenige Hauptpunkte zu beschränken. Versuchen Sie, zu viele Punkte zu integrieren, besteht die Gefahr, sich selbst und die Zuhörer zu überfordern. Hauptpunkte sind solche Stichpunkte, die Aussagen oder Zusammenhänge vereinen.

(!) *Merke*

Struktur erhält ein Vortrag durch eine Gliederung der Sachzusammenhänge in wenigen Hauptpunkte. So wird die Komplexität eines Themas reduziert, und Aussagen können einfacher nachvollzogen werden.

5. Bei der Verwendung von Anschauungsmaterial (Material, das der Verdeutlichung dient), ist es sinnvoll, einfaches Material zu gebrauchen, das einen Sachzusammenhang leichter verstehbar macht, um Komplexität zu reduzieren.

(!) *Merke*

Kompliziertes Anschauungsmaterial kann zu Verwirrung führen.

6. Mit dem Ende eines Vortrags werden üblicherweise Fragen an Sie gestellt. So sollten Sie nicht überrascht sein, wenn Sie inhaltliche Fragen zu beantworten haben.

(!) *Merke*

Vor Beginn eines Vortrags sollten Sie sich damit auseinandersetzen, dass Rückfragen auftreten können.

6.4   Verschiedene Formen der Gruppenarbeit

Allgemeines

Es besteht ein Unterschied zwischen Aufgaben, die vom einzelnen Bewerber ausgeführt werden (Kurzvortrag, Persönlichkeitstest u.a.), und Aufgaben, die in der Gruppe zu absolvieren sind. Bei der Gruppenarbeit ist für die Prüfer interessant zu sehen, wie die Einzelnen miteinander umgehen und sich in der Gruppe behaupten. Für die Teilnehmer an einer Gruppenarbeit ist es wichtig, weder am Rande zu stehen und sich aus der Arbeit rauszuhalten, noch sich unangenehm in den Vordergrund zu drängen und zu versuchen, die Gruppenarbeit zu einer Einzelaufgabe zu machen. Das Stichwort ist Teamwork. In der Gruppenarbeit ist am Ende jeder Aufgabe ein Ergebnis zu präsentieren. Behandelte Schwerpunkte müssen zusammengefasst und erläutert werden. Das kann entweder in der Gruppe erfolgen oder durch einen ausgewählten Gruppensprecher. Im Folgenden werden verschiedene Varianten der Gruppenarbeit erläutert: die Gruppenvorstellungsrunde, die Gruppendiskussion, die Gruppenarbeit mit anschließender Diskussion und Präsentation. Zudem gibt es eine Musteraufgabe mit Musterlösung.

Die Gruppenvorstellungsrunde

In der Gruppenvorstellungsrunde geht es darum, sich vorzustellen. In dieser Variation der Gruppenarbeit zählen die sozialen Fähigkeiten der Bewerber, der Einzelne sollte sich vorstellen, aber nicht versuchen, die anderen Mitglieder der Gruppe auszustechen. Es geht den Prüfern darum, in der sozialen Interaktion abwägen zu können, welche Bewerber in einer derartigen Vorstellungsrunde auf die anderen eingehen und nicht darauf abzielen, sich selbst in den Vordergrund zu stellen.

(!) *Merke*

Verzichten Sie in der Gruppenvorstellungsrunde darauf, sich in den Vordergrund zu spielen. Jedem anderen Gruppenmitglied ist der Raum für seine Vorstellung zu geben. Es zählt, Ihre Fähigkeiten zum Teamwork und eine angemessene soziale Interaktion unter Beweis zu stellen.

Die Gruppendiskussion

Eine Diskussion ist ein Gespräch zwischen mehreren Teilnehmern, die zu einem bestimmten Sachverhalt ihre Argumente austauschen. Im Mini-AC wird in der Gruppendiskussion durch die Prüfer eine Aufgabenstellung formuliert und eine gewisse Vorbereitungszeit eingeräumt. Die Bewerber haben Zeit, sich kurz vorzubereiten und ihre Argumente zu ordnen, dann wird die Diskussion durch die Prüfer eröffnet. Im Diskussionsverlauf kommt es darauf an, dass ein wirklicher Austausch von Argumenten stattfindet. Wenn nur einer redet und den anderen seine Meinung aufzuzwängen versucht, kann das nicht zu Diskussionsergebnissen führen. Eine Diskussion besteht aus dem Einbringen und dem Abwägen von Pro und Contra-Argumenten. Niemand hat recht, weil er sich mit einem bestimmten Thema besser auskennt. Anderen zu folgen und vernünftige Argumente in die eigenen Überlegungen einzubeziehen, ist Teil einer Diskussion. Selbstverständlich wird nicht jeder Bewerber die gleiche Redezeit beanspruchen und nicht nur schlagkräftige Argumente anführen können, was jedoch nicht bedeutet, dass man sich aus der Diskussion heraushalten sollte. Jeder Bewerber sollte sich von seiner besten Seite präsentieren. Das gilt auch für die Gruppendiskussion. Wie in jeder Diskussionsrunde ist es wichtig, am Ende die Ergebnisse zusammenzufassen. Dies sollte möglichst in der Gruppe geschehen.

(!) *Merke*

Eine Gruppendiskussion schließt alle Gruppenmitglieder ein. Das bedeutet, dass sich jeder beteiligen muss. Sie sollen Ihre Argumente vorbringen und gleichzeitig darauf achten, sich nicht zu sehr in den Vordergrund zu drängen – zeigen, dass Sie argumentieren **und** zuhören können.

Gruppenarbeit mit anschließender Diskussion und Präsentation

Diese Aufgabe ist der Gruppendiskussion sehr ähnlich. Der einzige Unterschied besteht darin, dass sich die Bewerber in diesem Verfahren selbstständig organisieren müssen. Wie in der Gruppendiskussion bekommen die Bewerber ein Aufgaben- oder Themenblatt zugeteilt, zusätzlich zu dem Diskussionsthema ist hier in der Regel vermerkt, wie viel Zeit für die einzelnen Abschnitte zur Verfügung steht. Es gibt genaue Anweisungen, daher sind Rückfragen an die Prüfer in diesem Verfahren nicht willkommen. Die Prüfer wollen mit dieser Aufgabe verschiedenes testen: wie eine selbstständig organisierte Diskussionsrunde funktioniert; welche Bewerber es in diesem Verfahren schaffen, sich vorteilhaft darzustellen, ohne andere Gruppenmitglieder auszugrenzen oder bloßzustellen; ob eine Diskussionsrunde ohne fachliche Anleitung zu Ergebnissen führt; wie das Zeitmanagement eingehalten wird etc. Zudem ist von den Bewerbern zu beachten, was zuvor zur Gruppendiskussion besprochen wurde. Man kann sagen, dass diese Aufgabe eine Gruppendiskussion mit Zusatz ist. Der Zusatz besteht in der Selbstständigkeit, mit der die Aufgabe zu absolvieren ist: Die selbstständige Arbeitsweise ist die Voraussetzung für ein gutes Gelingen. Wer in dieser Gruppenarbeit bereit ist, die Führung zu übernehmen (d.h. daran zu erinnern, dass ein Zeitplan einzuhalten ist; sich anzubieten, Protokoll zu führen; in die Diskussion oder Präsentation der Ergebnisse einzuführen; usw.), der kann mit Sicherheit Extrapunkte sammeln. Aber auch hier ist zu beachten: *nicht die eigene Person auf Kosten anderer in der Vorder-*

grund zu stellen. Zum Ende der Gruppenarbeit folgt, wie auch in der Gruppendiskussion, eine Präsentation der Diskussionsergebnisse.

(!) *Merke*

> Diese Aufgabe zielt darauf ab, die Fähigkeit zum selbstständigen Arbeiten zu testen. Erschwerend kommt hinzu, dass nicht nur die eigene Selbstständigkeit geprüft wird, sondern die aller Gruppenmitglieder im Zusammenspiel. Alle Teilnehmer sollen sich einbringen und auf die Einhaltung des Zeitplans achten. Leitsatz: *Selbstständig zusammenarbeiten*.

Gruppenarbeit

Thema: Leben auf einem fremden Planeten

Bearbeitungshinweise für die Teilnehmer

Aufgabenstellung:

Für die folgenden 30 Minuten sollen Sie sich in der Gruppe mit dem Thema Leben auf einem fremden Planeten auseinandersetzen. Zu diesem Thema haben wir einen Text vorbereitet (siehe Text: Leben auf einem fremden Planeten) und 10 Karten, auf denen Sie Fragen zum Text finden. Die Aufgabe besteht darin, zunächst drei Fragenkarten auszuwählen. Welche Karten ausgewählt werden, müssen Sie mit der Gruppe besprechen; jedes Gruppenmitglied darf drei Karten vorschlagen, nach 20 Minuten müssen Sie sich allerdings auf eine gemeinsame Auswahl von drei Karten geeinigt haben! Beantworten Sie anschließend – jeder für sich – die Fragen nacheinander. Nach Ende der Bearbeitung werden Sie mit den Prüfern die Ergebnisse und Ihre Erfahrungen diskutieren.

Anleitung:

Sie haben jetzt 10 Minuten Zeit, den Text zu lesen, der Ihnen als Denkanstoß gelten soll. In diesen 10 Minuten sind drei Karten zu wählen, die Sie persönlich bevorzugen, im Anschluss haben Sie 20 Minuten, um in der Gruppe zu diskutieren, welche drei Karten schließlich ausgewählt werden. Sie sollen die folgende Aufgabe in der Gruppe lösen, hierbei geht es vor allem darum, dass Sie sich gemeinsam einigen, welche Fragekarten für die Aufgabe am sinnvollsten erscheinen.

Das sind Ihre Arbeitsmaterialien:

¬ 1 Grundtext

¬ 10 Themenkarten

Zeitlicher Rahmen:

¬ 10 Minuten Zeit, den Text selbstständig zu bearbeiten und sich drei Fragekarten auszusuchen, die Sie besprechen möchten

¬ 20 Minuten Zeit, das Thema in der Gruppe zu besprechen und gemeinsam zu diskutieren, welche drei der zehn Fragen ausgewählt werden

Nutzen Sie die Zeit sinnvoll, beteiligen Sie sich aktiv an der Gruppenarbeit. Bringen Sie Anregungen und Ideen ein und arbeiten Sie mit den anderen Teilnehmern zusammen. Es handelt sich schließlich um eine Gruppenaufgabe.

Leben auf dem Mars: QV235 erreicht Mars, Basisstation wächst

New York. Am 23.5.2023 hat das bemannte Raumschiff QV235 den Mars erreicht und nach ersten Forschungsausflügen mit dem Bau einer auf dem Mars fest installierten Basisstation begonnen. In zwei Jahren, im Januar 2025, werden die ersten Familien auf dem Mars ihre Quartiere beziehen können. Die Station gilt als der erste Versuch weltweit, fremde Planeten zu zivilisieren.

Von dieser Basisstation aus soll dann nach und nach der gesamte Planet erschlossen werden. In der Station, die zurzeit gebaut wird, sollen neben den Forschungs-, Militär- und den Medizineinrichtungen auch eine Schule und ein Kindergarten erbaut werden.

In der ersten Zeit soll die Basisstation von 2.500 Personen bewohnt werden; es handelt sich hierbei um ein internationales Team von Forschern, Technikern, Handwerkern, Lehrern und Personen aus weiteren Berufsfeldern. Alle beteiligten Nationen erhoffen sich von dem Forschungsprojekt Mars Einsicht in verschiedene Phänomene; unter anderem soll getestet werden, unter welchen Umständen Säugetiere, also auch Menschen, an die Marsatmosphäre gewöhnt werden können. Die Wissenschaftsgemeinschaft erwartet, hier wichtige Stoffe ausfindig zu machen, die auf der Erde fehlen; Industrie und Wirtschaft versprechen sich, auf dem Mars größere Reservoirs fossiler Brennstoffe zu finden, die auf der Erde ebenfalls nahezu aufgebraucht sind. Insgesamt gilt die Besiedlung des Mars als das technisch aufwändigste Unternehmen seit der Mondlandung in den 1960er Jahren.

Fragen:

(1) Denken Sie, dass eine Marsbesiedlung in den kommenden Jahren möglich ist?

(2) Halten Sie die Besiedlung fremder Planeten für sinnvoll, wenn ja, warum?

(3) Denken Sie, dass in 50 Jahren die Erde so extrem zerstört ist, dass die Menschen notwendigerweise auf andere Planeten auswandern müssen?

(4) Würde Sie eine Station für sinnvoll halten, die wie eine Stadt auf der Erde für Erwachsene und Kinder Einrichtungen bereitstellt? Oder glauben Sie, dass die Bewohner der Marsstation ohne ihre Familien besser arbeiten könnten?

(5) Wenn es in der Zukunft um das Leben auf fremden Planeten geht, wenn die Menschen auch andere Planeten besiedeln, für wie wahrscheinlich halten Sie dann einen Krieg um die fremden Planeten?

(6) Denken Sie, dass jedes Land für sich arbeiten sollte, oder halten Sie für die Besiedlung fremder Planeten eine internationale Kooperation für sinnvoller?

(7) Würden Sie den Schritt wagen, in ein Raumschiff zu steigen und mitten im Universum auf einem anderen Planeten auszusteigen?

(8) In welcher Position würden Sie gern bei der Besiedlung eines anderen Planeten agieren?

(9) Denken Sie, dass, wenn andere Lebensformen auf dem Planeten aufzufinden wären, das Zusammenleben von Vorteil sein könnte für Menschen und Nichtmenschen?

(10) Denken Sie, dass die Erde der feste, angestammte Platz des Menschen ist? Und halten Sie demnach ein zukunftsweisendes Projekt wie eine Stadt auf dem Mars für gegen die menschliche Natur und gegen eine schöpferische oder göttliche Figur?

Musterantwort

Im Folgenden wollen wir die Aufgabe beispielhaft beantworten und Ihnen einige Hinweise anbieten, wie diese Aufgabe sinnvoll zu bearbeiten wäre, worauf es zu achten gilt, und welche Fehler Sie vermeiden sollten. Natürlich ist diese Aufgabe einschließlich der Antworten und Lösungsmöglichkeiten nur eine Art zu zeigen, womit Sie rechnen müssen und wie Sie mit den Aufgaben, die auf Sie zukommen, umgehen können.

Die Zeit im Auge?

Der zeitliche Rahmen ist wie folgt festgelegt: Insgesamt haben Sie 30 Minuten für die Gruppenarbeit. In diesem Zeitrahmen müssen Sie die Aufgabe in der Gruppe gelöst haben. Die 30 Minuten sind eingeteilt in 10 Minuten individuelles Arbeiten und 20 Minuten gemeinsames Arbeiten. Wenn Sie individuell mit dem Text arbeiten, geht es in erster Linie darum, den Text nachzuvollziehen und die Fragen mit dem Text in Verbindung zu bringen. Wie Sie unserem Beispiel entnehmen können, ist der Text nicht besonders kompliziert, auch die Fragen bedürfen keiner besonderen Bildung. Es geht eher um Ihre Einschätzung und vor allem um Ihr Verhalten in der Gruppe. Was Sie im Kopf behalten müssen: Der Zeitrahmen sollte nicht gesprengt werden.

30 Minuten, davon 10 für die Vorbereitung und 20 für die Diskussion. Achten Sie darauf, dass die Zeit eingehalten wird; jedoch nicht in Türsteher-Manier à la „Jetzt ist die Zeit um, also kommt mal in die Pötte!" Wenn andere Mitglieder in Ihrer Gruppe zu langsam arbeiten, dann weisen Sie die Mitbewerber freundlich darauf hin, dass es nach 10 Minuten Zeit ist, mit der Diskussion zu beginnen und nach 20 Minuten die Diskussionsergebnisse stehen müssen.

Was man vermeiden sollte

Versuchen Sie diese Ratschläge jedoch nicht so zu kommunizieren, dass die anderen Bewerber das Gefühl bekommen, Sie seien in einer Hierarchie, die es augenscheinlich nicht gibt, den anderen überlegen. Es wird weder von den Prüfern und noch weniger von den Mitbewerbern gern gesehen, wenn sich einzelne Kandidaten in einer Gemeinschaftsaufgabe zum Rädelsführer aufspielen. Sie müssen diskret und gruppenverträglich daran erinnern, das ist alles. Stellen Sie z. B. eine rhetorische Frage wie: „Müssen wir nicht eigentlich in einer Minute fertig sein?" Oder fragen Sie die anderen direkt: „Habt Ihr auch die Zeit im Auge, ich denke nämlich, wir müssen in einer Minute mit der Diskussion anfangen? Stimmt das?" Wenden Sie sich mit derartigen Fragen an die Mitbewerber, dann treten Sie diesen als gleichberechtigt gegenüber, wenn Sie die verbleibende Zeit kooperativ thematisieren, statt anzuweisen, die Zeit sei jetzt um! Bei den Prüfer können Sie so den Eindruck hinterlassen, dass Sie ein führungskompetenter Gruppenakteur sind. Denken Sie an ein wichtiges Accessoire bei Ihrem Bewerbungstermin, eine UHR. Und behalten Sie diese Uhr während des Assessment Centers im Auge!

Text und Frage

Es ist deutlich, dass Text und Fragen miteinander im Einklang stehen. Es geht in beiden Fällen um die Besiedlung des Mars. Was jedoch sehr wichtig ist und was Sie bei einer ausführlichen Lektüre bemerkt haben sollten, ist das Folgende: Der Text beschreibt eigentlich nur ein beliebiges Szenario, eben die Besiedlung des Mars. Die Fragen beziehen sich auf den Text, jedoch nicht auf Spezifika. Es werden keine Wissensfragen gestellt, die Sie mit ja, nein oder Informationen aus dem Text beantworten können. Vielmehr geht es um Fragen, die sich auf eine Einschätzung der Marsoperation, auf Auswirkungen und Effekte dieser Mission beziehen. Sie sollen hier eher eine Einschätzung abgeben. Noch einmal: Die Bearbeitung der Aufgabe und die korrekte Lösung sind wichtig, wichtiger ist jedoch Ihr Verhalten als Akteur in einer Gruppe. Sie sollen sich mit den anderen Bewerbern auf drei Fragen einigen, und überzeugen können nur Argumente. Daher wollen wir bei der Lösung, die hier den Umgang mit den Fragen erläutern, einfach so vorgehen, dass wir Argumente pro und contra jede einzelne Frage anführen wollen. Sie können dies als Anschauung verstehen, die Ihnen hilft zu verstehen, wie mit einer derartigen Aufgabe effektiv umgegangen werden kann. Im Anschluss finden Sie eine ähnlich aufgebaute Aufgabe; hierbei geht es um das Leben in einer Unterwasserwelt. Mit den Erfahrungen aus der vorliegenden Musteraufgabe sind Sie vorbereitet, diese zweite Übungsaufgabe eigenständig zu lösen. Nun zu den Argumenten für und gegen die einzelnen Fragen:

Musterargumente Pro und Contra

(1) **Denken Sie, dass eine Marsbesiedlung in den kommenden Jahren möglich ist?**

Musterantwort: Die technischen Grundlagen für eine Besiedlung fehlen noch. Es ist ja noch nicht einmal versucht worden, den Mars mit einem bemannten Raumschiff zu erreichen. Wie der Mensch bei einer langen Marsreise vor der Strahlung im All geschützt werden soll, ist dabei nur eines von vielen Problemen. Die sind wohl nur langfristig zu lösen, nicht in ein paar Jahren. Aber dann stellt sich immer noch die Frage nach der Finanzierung: Wer sollte Unmengen an Geld ausgeben, um auf einem einsamen Planeten ein paar Menschen unterbringen zu können? Noch lässt sich kein Nutzen erkennen, der einen solchen Riesenaufwand finanziell attraktiv machen würde. Kurz- und mittelfristig wird eine Besiedlung also kaum machbar sein.

(2) **Halten Sie die Besiedlung fremder Planeten für sinnvoll, wenn ja, warum?**

Musterantwort: Sinnvoll wäre eine Besiedelung anderer Planeten, wenn die Menschheit dazu gezwungen wäre, weil die Erde unbewohnbar werden würde. Oder, weil es auf dem Planeten Bodenschätze gibt, die abgebaut werden könnten. Oder auch aus wissenschaftlichem Interesse, um unser Verständnis der Naturgesetze oder der Entwicklung des Universums zu verbessern. Das alles wäre schon sinnvoll. Man muss aber immer abwägen, ob der Aufwand es wert ist: Die Ressourcen, die für eine Besiedlung fremder Planeten eingesetzt werden müssten, wären sicher auch gut angelegt, um das Leben auf der Erde zu verbessern.

(3) Denken Sie, dass in 50 Jahren die Erde so extrem zerstört ist, dass die Menschen notwendigerweise auf andere Planeten auswandern müssen?

Musterantwort: Nein. Es sei denn, es gibt einen Atomkrieg. In 50 Jahren wird die Situation noch nicht so schlimm sein, dass wir auf der Erde nicht mehr leben können. Aber trotzdem haben wir bis dahin unsere Situation vielleicht so weit verschlechtert, dass die Natur sich nicht mehr erholen kann. Möglicherweise wird ein Teufelskreis in Gang gesetzt: Durch die Klimaerwärmung schmelzen z.B. die Polkappen, dadurch wird weniger Sonnenstrahlung ins All reflektiert, wodurch die Temperaturen weiter steigen usw. Dann ist die Erde in 150 Jahren vielleicht wirklich unbewohnbar.

(4) Würden Sie auch eine Station für sinnvoll halten, die wie eine Stadt auf der Erde für Erwachsene und Kinder Einrichtungen bereitstellt? Oder glauben Sie, dass die Bewohner der Marsstation ohne ihre Familien besser arbeiten könnten?

Musterantwort: Wenn jemand dauerhaft auf dem Mars lebt und arbeitet, dann soll er auch seine Familie um sich haben können, um zufrieden zu leben und motiviert zu bleiben. Wenn man den Planeten nur besiedelt, um dort Menschen über einen gewissen Zeitraum arbeiten zu lassen, wäre es am günstigsten, wie auf Ölplattformen nur die Arbeiter vor Ort zu haben. Stationen für Familien und Kinder müssten erst errichtet werden, das bindet Ressourcen. Außerdem wäre die Gefahr für die Familienangehörigen auf dem Transportweg oder durch technische Pannen sehr groß und ihre Entfaltungsräume wären eingeschränkt.

(5) Wenn es in der Zukunft um das Leben auf fremden Planeten geht, wenn die Menschen auch andere Planeten besiedeln, für wie wahrscheinlich halten Sie dann einen Krieg um die fremden Planeten?

Musterantwort: Wenn der Planet aus rein wissenschaftlichem Interesse besiedelt wird, ist ein Krieg weniger wahrscheinlich. Wenn militärische oder wirtschaftliche Interessen dahinter stehen, sieht die Lage anders aus: Sollte es bis dahin noch Kriege auf der Erde geben, wird es wohl auch Kriege um die anderen Planeten geben. Es sei denn, wenige technisch fortgeschrittene Länder teilten die Planeten unter sich auf und verhielten sich untereinander friedlich, weil jeder den anderen jederzeit vernichten könnte oder weil noch genug Raum für eigene Expansionen bliebe. Die weniger entwickelten Nationen würden dann wohl kaum berücksichtigt. Aber auch das könnte wieder zu Kriegen führen. Es hängt also alles davon ab, wie die politische Situation auf der Erde zu diesem Zeitpunkt ist.

(6) Denken Sie, dass jedes Land für sich arbeiten sollte, oder halten Sie für die Besiedlung fremder Planeten eine internationale Kooperation für sinnvoller?

Musterantwort: Wenn jedes Land alleine vorgeht, ist die Gefahr von Kriegen groß, da jede Nation ihren Vorteil verfolgen würde. Außerdem wären Länder, die technisch nicht so weit fortgeschritten sind, dann ganz ausgeschlossen, während einigen alles gehörte. Das würde zusätzlich für Probleme sorgen. Daher wäre eine internationale Kooperation besser. Auch in einer Kooperation können sich zwar meistens diejenigen durchsetzen, die am meisten Macht und Einfluss besitzen. Die Lösung wäre trotzdem geeigneter, um Konflikten vorzubeugen.

(7) Würden Sie den Schritt in ein Raumschiff wagen, um mitten im Universum auf einem anderen Planeten auszusteigen?

Musterantwort: Ich hätte natürlich eine Verantwortung gegenüber meinen Familienangehörigen und Freunden auf der Erde. Und auch vor mir selbst. Wenn ich dabei also kein unvernünftig hohes gesundheitliches Risiko eingehen würde und jederzeit zurückfliegen könnte, auf jeden Fall. Schon aus Neugier. Für einen längeren Aufenthalt müssten natürlich die Bedingungen stimmen: Sicherheit, keine Einschränkungen der persönlichen Freiheit, ein lebenswertes Umfeld.

(8) In welcher Position würden Sie gern bei der Besiedlung eines anderen Planeten agieren?

Musterantwort: Sie können hier vieles nennen und sinnvoll begründen. Als Polizist könnten Sie Gewissenhaftigkeit und Pflichtgefühl demonstrieren – mit dieser Antwort geben Sie zu verstehen, dass Sie sich für Ihren absoluten Wunschberuf bewerben; als Siedlungsvorsteher könnten Sie besonders Ihre Bereitschaft hervorheben, Verantwortung zu übernehmen, usw. Wichtig: Die Antwort sollte zu Ihnen passen, positive Eigenschaften Ihres Charakters hervorheben und dabei keine „Spaßtätigkeit" beschreiben, sondern eine gesellschaftsbezogene, verantwortungsbewusste Funktion.

(9) Denken Sie, dass, wenn andere Lebensformen auf dem Planeten aufzufinden wären, das Zusammenleben von Vorteil sein könnte für Menschen und Nichtmenschen?

Musterantwort: Von anderen Lebensformen könnten wir bestimmt eine Menge lernen, da sie andere Erfahrungen gemacht und andere Technologien entwickelt haben, darüber hinaus kennen sie andere Arten der Kultur und des Zusammenlebens. Ebenso könnten sie wahrscheinlich viel von uns lernen. Voraussetzung für ein Miteinander ist natürlich, dass die Lebensform friedlich ist. Die Gefahr von Missverständnissen wäre groß, deshalb käme es auf beiden Seiten immer auf die nötige Rücksicht an.

(10) Denken Sie, Menschen haben eine festen angestammten Platz auf der Erde? Und halten Sie demnach ein zukunftsweisendes Projekt wie eine Stadt auf dem Mars für gegen die menschliche Natur und gegen eine schöpferische oder göttliche Figur?

Musterantwort: Vor 100.000 Jahren gab es Menschen nur in Afrika. Sie haben sich über die gesamte Erde verbreitet. So könnte das in Zukunft auch mit neuen Planeten sein. Es ist nicht klar, warum dies der menschlichen Natur widersprechen sollte. Wenn es dem Menschen möglich sein sollte, fremde Planeten zu besiedeln, läge dies doch eher gerade in seiner Natur.

Fragenauswahl; Musterargumente pro und contra: Was spricht für/gegen die Fragen?

Allgemein geht es in der soeben skizzierten Aufgabe nicht darum, auf eine festgelegte Zahl von Fragen die „richtigen" Antworten zu wissen. Ein fundiertes Allgemeinwissen lässt Sie natürlich auch hierbei gut aussehen, insbesondere bei den Fragen 1 und 3 könnte sich das auszahlen. Im Mittelpunkt steht jedoch die Art und Weise, wie Sie in der Gruppe agieren und argumentieren. Mit Ihrem Einsatz für oder gegen eine Frage verraten Sie den Personalverantwortlichen nämlich einiges über Ihren Charakter. Auch auf den ersten Blick völlig polizeifremde Fragestellungen können da interessant werden. Daher gibt es keine drei „idealen" Fragen: Ist zum Beispiel Frage 3 besonders interessant, weil sie das aktuelle Problem Klimawandel aufgreift? Dieses Argument könnte Sie als verantwortungsbewusste, am gesellschaftlichen Geschehen interessierte Person ausweisen. Oder halten Sie Umweltschutz zwar für wichtig, finden aber Frage 3 viel zu spekulativ, um sie sinnvoll beantworten zu können? Auch mit diesem Diskussionsbeitrag können Sie zeigen, dass sie sich mit dem relevanten Klima-Thema auseinandergesetzt haben. Wichtig ist: Begründen Sie Ihre Sichtweisen stets sachlich und nachvollziehbar, bleiben Sie immer kritikfähig und kooperativ!

In der Diskussion um die Fragenfindung gilt es, nicht Ihr eigenes Interesse, sondern das der Gruppe in den Vordergrund zu stellen. Stellen Sie dar, warum von einer bestimmten Frage alle Gruppenmitglieder profitieren können. Im Hinterkopf behalten sollten Sie aber natürlich, welches Thema Ihnen selbst am meisten liegt und wo Sie besonders „glänzen" können. Denn in Ihren Antworten liegt ein weiterer Schlüssel zu Ihrer Persönlichkeit: Sind Sie neugierig, in Maßen risikobereit oder gar ein leichtsinniger Draufgänger (Frage 7)? Gehen Sie gerne mit Verantwortung um oder sind Sie spaßorientiert, wollen die Polizeiarbeit nur des lieben Geldes wegen machen und wären eigentlich viel lieber Popstar (Frage 8)? Sind sie tolerant oder macht Ihnen alles Angst, was anders ist (Frage 9)? Sind Sie vielleicht ein religiöser Fundamentalist (Frage 10)? Erweisen Sie sich in Ihren Antworten als interessierter, toleranter, selbstbewusster, am gesellschaftlichen Wohl orientierter Staatsbürger.

Im Folgenden finden Sie zu jeder Frage jeweils eine Musterantwort. Die müssen Sie nicht auswendig lernen; da es um Ihre eigene Meinung geht, hätte das auch keinen Sinn. Nehmen Sie sie als Beispiel, wie eine ausgewogene und sachliche Antwort aussehen kann. Und versuchen Sie, Ihren eigenen Standpunkt zu entwickeln und zu begründen.

Abschluss

Mit den vorliegenden Musterantworten fällt es Ihnen evtl. leichter sich vorzustellen, wie eine Aufgabe dieser Art bearbeitet werden könnte. Nehmen Sie die Argumente als Denkanstoß und denken Sie über Ihre Fähigkeiten und Schwächen nach, denn Sie haben gesehen, dass viele Fragen, wenn auch nur indirekt, auf Sie persönlich verweisen können.

Im Anschluss finden Sie eine ähnliche Aufgabe, auch hier gibt es einen Text (der etwas komplizierter ist) und zehn Fragen. Die Musterlösungen fehlen in dieser Version, Sie sollten die Aufgabe jedoch nutzen und sich Argumente überlegen, die für und gegen die einzelnen Fragen sprechen und wie Sie diese beantworten könnten.

Und Vergessen Sie nicht: Das Training lohnt sich, denn im Bewerbungsgespräch müssen Sie sich an einen exakt festgelegten Rahmen halten. Das fällt Ihnen leichter, wenn Sie entsprechende Aufgaben schon einmal geübt haben.

Weitere Übungsaufgabe Gruppenarbeit

Thema: Leben in einer Unterwasserwelt

Bearbeitungshinweise für die Teilnehmer

Aufgabenstellung:

Für die folgenden 30 Minuten sollen Sie sich in der Gruppe mit dem Thema Leben in einer Unterwasserwelt auseinandersetzen. Zu diesem Thema haben wir einen Text vorbereitet (siehe Text: Leben in der Unterwasserwelt) und 10 Karten, auf denen Sie Fragen zum Text finden. Die Aufgabe besteht darin, zunächst drei Fragenkarten auszuwählen. Welche Karten ausgewählt werden, müssen Sie mit der Gruppe besprechen; jedes Gruppenmitglied darf drei Karten vorschlagen, nach 20 Minuten müssen Sie sich allerdings auf eine gemeinsame Auswahl von drei Karten geeinigt haben! Beantworten Sie anschließend – jeder für sich – die Fragen nacheinander. Nach Ende der Bearbeitung werden Sie mit den Prüfern die Ergebnisse und Ihre Erfahrungen diskutieren.

Anleitung:

Sie haben jetzt 10 Minuten Zeit, den Text zu lesen, der Ihnen als Denkanstoß gelten soll. In diesen 10 Minuten sind drei Karten zu wählen, die Sie persönlich bevorzugen, im Anschluss haben Sie 20 Minuten, um in der Gruppe zu diskutieren, welche drei Karten schließlich ausgewählt werden. Sie sollen die folgende Aufgabe in der Gruppe lösen, hierbei geht es vor allem darum, dass Sie sich gemeinsam einigen, welche Fragekarten für die Aufgabe am sinnvollsten erscheinen.

Das sind Ihre Arbeitsmaterialien:

¬ 1 Grundtext

¬ 10 Themenkarten

Zeitlicher Rahmen:

¬ 10 Minuten Zeit, den Text selbstständig zu bearbeiten und sich drei Fragekarten auszusuchen, die Sie besprechen möchten

¬ 20 Minuten Zeit, das Thema in der Gruppe zu besprechen und gemeinsam zu diskutieren, welche drei der zehn Fragen ausgewählt werden

Nutzen Sie die Zeit sinnvoll, beteiligen Sie sich aktiv an der Gruppenarbeit. Bringen Sie Anregungen und Ideen ein und arbeiten Sie mit den anderen Teilnehmer zusammen. Es handelt sich schließlich um eine Gruppenaufgabe.

Leben in einer Unterwasserwelt – Grundsteinlegung für ATLANTIS 2.0

Berlin. 2000 Meter unter dem Meeresspiegel der Ostsee soll jetzt eine Unterwasserstadt erbaut werden, das hat das Bundesbauministerium am vergangenen Donnerstag bekannt gegeben. Das Projekt ist einmalig in seiner Art, die Ingenieure, die das zukunftsweisende Experiment der Öffentlichkeit vorgestellt haben, skizzierten das Zustandekommen des Stadtprojekts ATLANTIS 2.0 als eine bahnbrechende Möglichkeit, neue Technologien, Materialien und Arbeitsweisen zu testen.

Die Unterwasserstadt ist als eine autarke, sich größtenteils selbstversorgende Kleinstadt geplant. Den Basislebensraum wollen die Ingenieure durch eine enorme Glaskuppel festlegen. Wenn diese Kuppel befestigt ist, soll im Anschluss das Wasser ausgepumpt werden. Um jedoch das Vakuum, das somit entsteht, aufheben zu können – damit eine menschenfreundliche Sauerstoffatmosphäre sichergestellt ist-, muss ein komplexes Belüftungssystem installiert werden.

Im ersten Anlauf soll nach Erbauung der Stadt langsam mit der Besiedlung begonnen werden, die Stadt ist für eine Bewohnerzahl von 60.000 Menschen geplant, jedoch wird dieses Maximum wohl erst nach 10 Jahren erreicht sein. Arbeiter, die an der Erbauung der Stadt beteiligt sind, werden die ersten Residenzen beziehen; nach und nach sollen dann die Familien der Arbeiter nachziehen. Nach Fertigstellung einer basalen Gemeinde mit den notwendigen Institutionen (med. Einrichtungen, Schulen, Versorgungseinrichtungen etc.) sollen in ca. 12 Monaten die ersten 2500 Bürger ihren neuen Wohnort beziehen. Die Stadt ist an öffentliche Verkehrssysteme angebunden und wird dann nach weiteren 12 Monaten auch für die Öffentlichkeit, wie jede andere Stadt, zu besuchen sein.

Besonders interessant ist an diesem Projekt, dass es sich nicht um eine Luxusangelegenheit einiger Millionäre handelt, sondern um ein staatlich gefördertes Projekt, das Arbeitsplätze sichern soll und zudem der Gesellschaft als Versuch gilt, technologischen Fortschritt praktisch umzusetzen. Kritische Stimmen haben sich schon vor drei Jahren, als dieses Projekt erstmals vorgestellt wurde, zu einer Gegenbewegung entwickelt. Diese sieht in ANTLANTIS 2.0 einen überflüssigen und ökologisch schädlichen Eingriff in die Natur. Darüber hinaus wird kritisiert, dass die enormen Projektkosten sinnvoller verwendet werden könnten.

Eins steht jedoch fest: In den kommenden Monaten werden wir Zeugen eines einzigartigen Projektes werden, dessen Resultat wohl erst in den nächsten Dekaden absehbar wird. Spannend wird es in jedem Fall werden.

Übungsfragen:

(1) Für wie wahrscheinlich halten Sie die Option, dass eine Unterwasserstadt gebaut werden kann, die von Menschen besiedelt wird?

(2) Denken Sie, es ist sinnvoll, eine derartige Unterwasserstadt zu planen und zu bauen?

(3) Welche Vorschläge haben Sie für ein gutes Gelingen des Projekts?

(4) Warum sollte es möglich sein, dass Menschen in einer vollständig fremden Umgebung, unter Wasser, ganz normal leben?

(5) Könnten Sie sich vorstellen, unter Wasser an einem derartigen Projekt mitzuarbeiten?

(6) Würden Sie gern in einer Stadt unter dem Wasser wohnen oder halten Sie dies für problematisch? Wenn ja, welche Probleme befürchten Sie?

(7) Könnten Sie sich vorstellen, wenn Sie die Wahl hätten, auch als Polizist in dieser „Unterwasserwelt" zu arbeiten?

(8) Halten Sie den Vorwurf der Steuerverschwendung für gerechtfertigt?

(9) Wie ließen sich die Gegner sinnvoll in das Projekt miteinbeziehen?

(10) Wie schätzen Sie die Gefährdungslage einer solchen Unterwasserwelt ein?

Wie kann die Aufgabe in der Gruppe gelöst werden?

Sie haben sich Notizen gemacht und die 10 Minuten Vorbereitung sind vorbei, aber bis jetzt hat das noch niemand bemerkt? Dann sollten Sie nun das Heft in die Hand nehmen und die anderen Gruppenmitglieder darauf hinweisen, dass die Vorbereitung vorbei ist und die Diskussion beginnen sollte. Fragen Sie in die Runde, ob die anderen Teilnehmer noch einen Moment Zeit benötigen oder ob direkt mit der Diskussion begonnen werden kann. Es bleiben Ihnen **20 Minuten** für die Gruppendiskussion.

Miteinander, nicht gegeneinander: Das Team

Wie der Titel schon sagt, ist diese Aufgabe eine Gruppenaufgabe. Es geht darum, *gemeinsam* eine Lösung zu erarbeiten. Drängen Sie sich nicht massiv in den Vordergrund, dass für die anderen kein Raum besteht, ihre Ideen und Argumente vorzubringen. Gehen Sie aufeinander zu und versuchen Sie in Abstimmung mit allen Gruppenmitgliedern, die Aufgabe zu bearbeiten. Das wird Sie in einem guten Licht erscheinen lassen. Wägen Sie Ihre Argumente und Ideen mit denen der anderen Teilnehmer sorgfältig ab.

Die Einbeziehung der anderen

Wie in jeder Gruppe wird es in Ihrem AC unüberhörbare und zurückhaltende Charaktere geben. Manche wollen die ganze Zeit im Mittelpunkt stehen, andere hingegen trauen sich nicht, selbst etwas beizutragen, sind zu schüchtern oder haben wirklich Angst. Wenn Sie bedacht in der Gruppendiskussion vorgehen wollen, ist es besonders empfehlenswert, zurückhaltende und schüchterne Personen mit einzubeziehen. Hierzu können Sie direkt eine dieser Personen ansprechen und nach ihrer Meinung fragen. Nicht Sie allein sollen die Aufgabe lösen, alle Teilnehmer des AC sollen in Zusammenarbeit einen Lösungsweg finden.

Kritik?

Sie mögen sich die Frage stellen, wie Sie in einer Situation wie dem AC mit Kritik umgehen können. Geht es in der Aufgabe darum, die anderen zu kritisieren oder von ihnen kritisiert zu werden? Nein, darum geht es nicht. Es ist aber ebenso wenig Ziel des AC, jeden Vorschlag anzunehmen und durchzuwinken. Zwar soll sich jeder beteiligen können, das bedeutet jedoch nicht, dass jede fixe Idee relevant ist. Bedenken Sie mit Bezug auf Kritik: Kritik ist nur angebracht, wenn eine Idee offensichtlich unpassend ist, die Form der Kritik sollte freundlich sein und anhand stichhaltiger Argumente vorgetragen werden. Sie sind **nicht** der Chef und sollen die anderen Teilnehmer nicht bevormunden und unangemessen kritisieren. Wahren Sie eine angemessene höfliche Form und bringen Sie Ihre Kritik freundlich und sachlich vor.

Der eigene Standpunkt

Wie jeder andere sind Sie ein Teil der Gruppe. Auch Sie sollten Ihren Standpunkt haben, Ihre Ideen, Vorschläge und angemessenen Argumente führen. Dafür haben Sie sich zu Beginn der Aufgabe Ihre Notizen gemacht. Wenn Sie kritisiert werden, dann hören Sie Ihrem Gegenüber gut zu und versuchen Sie sich die Kritik zu Herzen zu nehmen. Wenn Sie feststellen, dass die Kritik unangebracht ist, verteidigen Sie Ihre Idee, wenn das nicht der Fall ist, seien Sie kooperativ und überdenken Sie Ihre Argumente.

Tipps zur Gruppenarbeit

Im Folgenden sind einige Tipps zusammengestellt, die Ihnen in Kurzform ein empfehlenswertes Verhalten in der Gruppenarbeit darlegen.

Positives, oder was bei den Prüfern gut ankommen wird

✚ Auf den vorgegebenen Zeitrahmen achten und selbstständig arbeiten.

✚ Nie das Thema aus den Augen verlieren; wenn die Diskussion abdriftet, zum Thema zurückführen.

✚ Immer bedenken, dass es eine Gruppenarbeit ist; die anderen Teilnehmer sollen mit einbezogen werden.

✚ Stets versuchen, eigene Ideen einzubringen und selbst Vorschläge zu unterbreiten.

✚ In der Diskussion auf die Gesprächsteilnehmer eingehen, andere Redebeiträge aufgreifen und mit Kritik konstruktiv umgehen. Nicht beleidigt sein, wenn andere Ihre Ideen für wenig sinnvoll halten.

✚ Das Ergebnis im Auge behalten und wenn nötig darauf hinwirken, dieses zu erreichen.

Negatives, oder was bei den Prüfern auf Ablehnung stoßen wird

— Nicht auf den Zeitrahmen zu achten, was Unselbstständigkeit symbolisiert.

— Das Thema aus den Augen zu verlieren und die Diskussion zum Ausufern zu bringen.

— Sich zu Lasten der anderen Teilnehmer zu profilieren und in den Vordergrund zu drängen.

— Die Beiträge anderer abzutun, nicht darauf einzugehen und nur die eigene Agenda durchboxen zu wollen.

— Sich stets rauszuhalten und sich nicht zu äußern bzw. nur dann, wenn Sie angesprochen werden. Das lässt die Eigeninitiative vermissen.

— In der Diskussion nicht auf andere Beiträge einzugehen oder diese evtl. sogar abzuwerten.

— Bei Unklarheiten und Meinungsverschiedenheiten die Sach- und Freundlichkeit zu vergessen.

— Das Ergebnis aus den Augen zu verlieren bzw. sich mit halben Sachen oder Teilergebnissen zufrieden zu geben.

Musterbeispiel für ein Rollenspiel

Thema: Kollegenkonflikt

Die Situationsbeschreibung:

Sie sind Sachbearbeiter in einem renommierten Unternehmen und werden von Ihrem Vorgesetzten zu einem Gespräch gerufen. Er wirft Ihnen vor, dass Sie bei der Erstellung des letzten Angebots schlampig und unkonzentriert vorgegangen sind, weshalb der Auftrag seitens des Kunden anderweitig vergeben wurde.

Ihr Vorgesetzter hat Ihnen im Gespräch klargemacht, dass Sie mit erheblichen Konsequenzen rechnen müssen, wenn ein solcher Fall noch mal eintritt.

Der Grund für die fehlerhafte und unvollständige Bearbeitung des Angebots liegt jedoch bei Ihrem Kollegen, der häufig während der Arbeitszeit Privatangelegenheiten erledigt und Ihnen falsche Informationen geliefert hat. Dadurch ist er oft von der ordnungsgemäßen Vorgangsbearbeitung abgelenkt.

Die Aufgabenstellung:

Versuchen Sie sich in die Situation hineinzuversetzen und diskutieren Sie mit Ihrem Gesprächspartner den Fall.

Der Ort:

Büroraum

Beteiligte Personen:

Sie und Ihr Kollege

Anweisung an Ihren Gesprächspartner:

¬ Ihr Gesprächspartner reagiert zunächst erleichtert, dass Sie die Privatangelegenheiten während der Arbeitszeit nicht Ihrem Vorgesetzten gemeldet haben.

¬ Bei Vorwürfen geht er über zu Gegenangriffen.

¬ Ihr Kollege spricht nur über Fehler, die Sie selbst begangen haben.

Zeitrahmen:

¬ 20 Minuten Zeit, um sich vorzubereiten

¬ 10 Minuten Zeit zu diskutieren

Der Rahmen: Was Sie beachten sollten!

Wie Sie der Aufgabenstellung entnehmen können, haben Sie einen gewissen Zeitrahmen, in welchem Sie die Aufgabe lösen sollten. Die Vorbereitungszeit beträgt 20 Minuten; also bereiten Sie sich auf die Situation vor und versuchen Sie so viele Situationen als möglich im Voraus zu bedenken. Sie haben nur 10 Minuten Zeit, Ihren Kollegen zu überzeugen und die Aufgabe zu lösen. Auch aus diesem Grund ist die Vorbereitung sehr wichtig und sollte sorgfältig sein.

Das Grundproblem:

Sie befinden sich in einer Situation, in der Sie für die Fehler eines Kollegen den Kopf hinhalten müssen. Nicht Sie haben das Angebot schlampig bearbeitet, sondern Ihr Kollege hat viel Privates im Kopf, deshalb hat er versäumt, das Angebot so vorzubereiten, dass der Auftrag an Ihre Firma hätte gehen können. Solche Schnitzer kann sich gerade in Krisenzeiten kein Unternehmen leisten. Nun müssen Sie mit Ihrem Kollegen klarstellen, dass der mit dem Vorgesetzten die Situation zu bereinigen hat, da aus der Chefetage die Androhung erheblicher Konsequenzen geäußert wurde. Das heißt frei heraus, dass Sie bei einem ähnlichen Fehler Ihren Job verlieren würden. Sie stehen auf der Abschussliste, obwohl Ihr Kollege für die fehlgeschlagene Auftragsvergabe verantwortlich ist.

Zudem verkompliziert sich die Situation, da Ihr Gegenüber nicht bereit ist, die eigenen Fehler anzuerkennen und nur versucht, auf Ihre Fehler hinzuweisen. Er befindet sich ja schließlich auch in der komfortablen Position, nicht direkt um seinen Job bangen zu müssen, da der Verdacht auf Sie gefallen ist.

Die Lösung des Konflikts: Stufe 1 – der Kompromiss

Zuerst sollten Sie versuchen, das Problem im Gespräch aus der Welt zu schaffen. Es kann nicht sein, dass in einer professionellen Arbeitsbeziehung – in einem Unternehmen, in dem verschiedene Leute zusammenarbeiten – nicht jeder Einzelne für sich allein Verantwortung übernehmen muss. Eine derartige Arbeitsbeziehung kann nicht funktionieren, wenn diejenigen, die unprofessionell arbeiten und Fehler machen, diese Fehler auf andere Leute abzuwälzen versuchen. Probleme müssen in Arbeitsbeziehungen geklärt und nicht verschoben werden. Wichtig ist in diesem Zusammenhang, dass Ihr Kollege verstehen und nachvollziehen kann, dass eigentlich beide daran interessiert sein sollten, in einer angenehmen Atmosphäre arbeiten zu können. Weisen Sie Ihren Kollegen zum Beispiel darauf hin, dass sich auch für ihn durch diese Situation die Arbeitsatmosphäre in der Firma nicht verbessern wird und sicher auch das kollegiale Verhältnis mit anderen Mitarbeitern darunter zu leiden hat. Wer dafür bekannt ist, Fehler auf andere abzuwälzen, der wird sehr schnell alle freundlichen Beziehungen verlieren, da jeder Kollege die Sorge hat, durch den Verantwortungsabwälzer Probleme zu bekommen.

Auf der anderen Seite können Sie versuchen, über die Empathie und das Nachvollziehen einen Sinneswandel bei Ihrem Kollegen herbeizuführen. Fordern Sie den Kollegen beispielsweise auf, sich in Ihre Situation zu versetzen, und konfrontieren Sie ihn mit der Frage, wie er sich fühlen würde, wenn er in Ihrer Situation wäre. Auf diese Art und Weise können Sie versuchen, den anderen aus der Reserve zu locken. Niemand möchte in der Position sein, sich für die Fehler eines anderen zu verantworten; insbesondere nicht dann, wenn man mit Konsequenzen zu rechnen hat. Immer dann, wenn man zusammen eine Aufgabe zu lösen hat oder ein Projekt bearbeiten muss, ist die Gemeinsamkeit wichtig. Es gibt auch das schöne Sprichwort „Mitgehangen, mitgefangen (!)". Versuchen Sie ihm zu vermitteln, dass derjenige, der etwas mit einem anderen gemeinsam verbockt, auch gemeinsam für die Fehler Verantwortung übernehmen muss. Sagen Sie dem Kollegen beispielsweise, dass Sie gemeinsam zum Vorgesetzten gehen und den Konflikt gemeinsam zu lösen bereit sind. Es muss nur am Ende für beide ein positives Resultat auf der Endrechnung stehen. Sie müssen nicht den Kopf hinhalten, wenn andere Fehler machen, und mit dem Angebot, gemeinsam zu lösen, was ein Problem ist, stehen Sie auf der sicheren Seite.

Trotzdem ist es wichtig, dass Ihr Kollege sich dazu durchringen muss, den Fehler bei den Vorgesetzten einzugestehen, einen Vorschlag zu machen, wie die Situation wieder verbessert werden kann, und die Verantwortung für sein Fehlverhalten zu tragen. Sie können aber anbieten, dass sie gemeinsam versuchen einen Kompromiss zu erreichen. Da Ihr Gegenüber aber die Aufgabe hat, sich nicht einsichtig zu zeigen, wird es eventuell auch nicht zu einem Kompromiss kommen. Wenn dies zutrifft, dann müssen Sie andere Mittel anwenden. Bedenken Sie: Es geht darum, eine eindeutige Ungerechtigkeit auszugleichen. Sie sind nicht verantwortlich und Sie müssen in diesem Rollenspiel unter Beweis stellen, dass Sie in der Lage sind, sich zu verteidigen und im Sinne der Firma (und mit Bezug auf Ihre eigenen Interessen) den Konflikt sauber zu lösen. Wer einen Fehler macht, muss die Verantwortung tragen.

Die Lösung des Konflikts: Stufe 2 – Druck ausüben

Reagiert Ihr Kollege auf diese Art der Kommunikation nicht und ist es Ihnen nicht möglich, einen Kompromiss zu erzielen und den Kollegen mit guten Argumenten zur Vernunft zu bringen, dann sollten Sie versuchen, ihn unter Druck zu setzen. Ziel sollte natürlich eigentlich sein, dass Ihr Kollege selbstständig zum Vorgesetzten geht und seinen Fehler eingesteht. Wenn er sich jedoch stur zeigt und nicht den Anschein macht, die Situation klarzustellen, dann können Sie ihm sagen, dass Sie selbst in die Chefetage gehen werden, um zu erklären, dass Sie für dieses Malheur nicht verantwortlich sind und auch nicht bereit sind, Ihren Job zu verlieren, weil sich ein Kollege kontinuierlich während der Arbeit falsch verhält. Dieses Argument stellt Ihren Kollegen vor die Entscheidung: (1) entweder den Fehler selbst einzugestehen und so noch die Chance zu haben, sich selbst zu rehabilitieren und mit den Vorgesetzten eine Lösung zu finden; oder (2) durch Sie in die Chefetage kommuniziert wird, dass dieser Kollege den Fehler gemacht hat, was ihm natürlicherweise die Möglichkeit nimmt, den Konflikt so zu lösen, dass er gut aus dieser Situation herauskommt. Wenn Sie in die Chefetage gehen, dann kann er sich sicher sein, dass er den Job verlieren wird. Und es ist fraglich, ob er dieses Risiko eingehen will.

Auf diese Art und Weise einen Konflikt zu lösen, ist extrem unangenehm. Jedoch können Sie gewisse Regeln beachten, um sich in dieser unangenehmen Situation wenigstens richtig zu verhalten. Sie müssen immer bedenken, dass hier zur Debatte steht – denn Sie sind ja in einem Bewerbungsgespräch –, ob Sie für die Ausbildung das richtige Sozialkapital bzw. adäquate soft-skills mitbringen, um in der „grausamen Arbeitswelt" in Konfliktsituationen eine gute Figur abgeben zu können.

Um in dieser Drucksituation gut dazustehen, sollten Sie:

¬ immer fair bleiben und daran erinnern, dass nicht Sie für die Fehler verantwortlich sind.

¬ argumentieren, dass Sie den Kollegen in Schutz genommen haben, um ihn nicht vor den Kollegen zu blamieren und Sie jetzt im Gegenzug auch erwarten, dass er sich korrekt und fair verhält.

¬ das Gespräch abbrechen, wenn es in die falsche Richtung läuft, und dem Kollegen klarmachen, dass Sie das Problem nun selbst lösen werden. Hier können Sie z. B. anbringen, dass Sie mit dem Vorgesetzten auch thematisieren werden, dass der Kollege nicht bereit war, die Fehler selbst einzugestehen. So können Sie erreichen, dass sich der Kollege eines Besseren besinnt. Denn es ist rational gut verständlich, einen Fehler einzugestehen, wenn man versteht, dass man ohne dieses Eingeständnis viel mehr verliert als gewinnt.

¬ Natürlich gibt es auch noch eine Vielzahl anderer Möglichkeiten, mit einer derartigen Situation umzugehen. Jedoch sollten Sie selbst nachdenken, wie Sie sich verhalten würden. Mit unserem Musterbeispiel wollen wir zeigen, dass es immer verschiedene Möglichkeiten gibt, eine Aufgabe zu lösen. Es soll ein Denkanstoß sein für Ihre eigene Arbeit.

6.5   Musterbeispiel für die Einzelübung mit anschließender Diskussion und Präsentation

Die Situationsbeschreibung

Im Herbst 2002 wurde der Millionärssohn Jakob von Metzler von dem Studenten Magnus Gäfgen entführt und direkt im Anschluss ermordet. Obwohl das Entführungsopfer längst tot war, versuchte Gäfgen nun unter dem Vorwand der Kindesentführung, die Eltern um einen Millionenbetrag zu erpressen. Sowohl die Annahme des Lösegelds als auch andere Indizien sprachen für eine Täterschaft Gäfgens, doch nach der Übergabe des Geldes machte dieser keine Anstalten, das Opfer aufzusuchen und freizulassen. Nachdem Gäfgen bei der Lösegeldübergabe beobachtet worden war, verhörte ihn die Polizei zum Fall und zum Verbleib des Jungen.

Im Verhör wollte der Beschuldigte keine Auskünfte geben und beschuldigte stattdessen andere als Täter bzw. Mittäter. Über den Verbleib des Entführungsopfers ließ sich Gäfgen nichts entlocken. Die Polizei ging zu diesem Zeitpunkt davon aus, dass Jakob von Metzler noch am Leben und in großer Gefahr sei. Der Polizeivizepräsident der Stadt Frankfurt ordnete daraufhin an, dass durch die Androhung von Folter und massiver Gewalt versucht werden sollte, den Aufenthaltsort des Opfers herauszufinden. Gäfgen sagte später aus, die Beamten hätten ihm mit „schlimmen Schmerzen" gedroht und nur unter dem Druck der Folterandrohung ein Geständnis erzwingen können.

Magnus Gäfgen wurde zu einer lebenslangen Freiheitsstrafe verurteilt. Auch der Polizeivizepräsident der Stadt Frankfurt musste sich einem Strafverfahren stellen: Dabei wurde festgestellt, dass die Anordnung des Polizeifunktionärs nicht mit den gesetzlichen Rahmenbedingungen des Landes Hessen vereinbar war. Er wurde zu einer Geldstrafe verurteilt. Das Landgericht Frankfurt argumentierte, die Polizei habe mit den im Verhör angewendeten Maßnahmen gegen das Grundgesetz verstoßen.

Die Aufgabenstellung

Versuchen Sie sich in die Situation hineinzuversetzen. Diskutieren und beurteilen Sie das Verhalten der Polizei. Berücksichtigen Sie dabei die Punkte Moral, Ethik, Demokratie und das Grundgesetz.

¬ Denken Sie, dass das Verhalten der Polizei in diesem Fall angemessen war?

¬ Wie würden Sie in einer solchen Situation handeln?

Tragen Sie Ihr Ergebnis nach einer Vorbereitungszeit von 20 Minuten unaufgefordert in einer fünfminütigen Präsentation den Prüfern vor.

Hier noch mal der Zeitrahmen im Überblick:

¬ 20 Minuten Zeit, um sich vorzubereiten

¬ 5 Minuten Zeit, um das Ergebnis vorzutragen

Die Musterlösung

Zwischen Recht und Moral – ist Folter rechtsstaatlich abzusichern?

Das Landgericht Frankfurt stellte in seinem Urteil eine Verletzung des Grundgesetzes fest. Ihre Lösung sollte nun nicht allzu weit davon abweichen, denn das Gericht hat den Fall im Rahmen der demokratischen Grundordnung verbindlich beurteilt. Sie müssen aber die Argumentation des Landgerichts nicht auswendig nacherzählen, sondern sie nur nachvollziehen können. Wie genau Sie in einer wirklichen Einzelübung zu einer eigenen, ausgewogenen Antwort auf rechtsstaatlichen Grundlagen gelangen könnten, soll im Folgenden deutlich werden.

(1) Die Vernunft und das Einfühlungsvermögen – moralische und ethische Aspekte

Wie schwer muss es sein, die Entscheidung zu treffen, einem Menschen Gewalt anzudrohen, um damit einem anderen helfen zu können? Für Nicht-Polizisten ist diese Gewissensnotlage wohl kaum nachvollziehbar. Die Polizei aber muss in vielen Situationen entscheiden, ob ein kleineres Übel ein größeres Übel verhindern kann – und natürlich, welches das kleinere Übel ist. Zwar ist eindeutig: Auch wenn eine üble Methode eingesetzt wird, um das Gute zu erreichen, wird diese Methode durch die gute Absicht nicht weniger übel. Berücksichtigt man aber, dass der Entführte ein Kind war, also ein schutzloses und hilfloses Opfer, ist das Verhalten des Polizeivizepräsidenten unter moralischen Gesichtspunkten nicht unverständlich.

Die aufgeführten Aspekte könnten zu der Ansicht führen, dass die Gewaltandrohung unter bestimmten Umständen ein legitimes Verhörmittel sei. Befürworter dieser These könnten vorbringen, dass in manchen Situationen die Menschenwürde und die Grundrechte des Täters weniger wichtig seien als der Schutzanspruch des Opfers.

(2) Die Menschenwürde und das Grundgesetz – demokratische und rechtsstaatliche Aspekte

Aus einer rechtsstaatlichen Perspektive heraus lässt sich ein derartiges Vorgehen, insbesondere durch die ausführende Gewalt, allerdings nicht legitimieren. Das Vorgehen der Polizei ist nicht mit den Grundpfeilern der deutschen Demokratie zu vereinbaren: Die Androhung oder gar Anwendung von Foltermethoden verstößt eindeutig gegen Artikel 1 des Grundgesetzes („Die Würde des Menschen ist unantastbar"). Die Menschenwürdegarantie gilt immer voll und ganz, sie ist nicht abwägbar und daher auch nicht mit dem Schutzanspruch des Opfers aufzurechnen. Darüber hinaus verbietet Artikel 104 des Grundgesetzes ausdrücklich jede Art von Folter.

Darüber hinaus muss jede Handlung staatlicher Akteure gegenüber den Bürgern ausnahmslos auf dem Boden des Grundgesetzes ablaufen. So schrieb das Landgericht Frankfurt in seiner Urteilsbegründung gegen die beteiligten Beamten: „Die Urteile der Strafgerichte basieren auf einer korrekten Arbeit der Polizei in einem rechtsstaatlichen Verfahren. Der Rechtsstaat würde sich selber aufgeben, wenn er diesem strikten Gebot keine Folge leisten würde." Aus einer einmaligen Ausnahme könnte bald die Regel werden. Wenn die Androhung von Folter einmal straffrei bliebe, würden sich eventuell bald alle möglichen Nachahmer finden – dann wären schnell alle Grundrechte praktisch abgeschafft.

Im Kern des geschilderten Streitfalls geht es um das Verhältnis von Moral und Gesetz. Zwar kann die Moral unser Handeln in vielen Bereichen bestimmen; gleichzeitig zeigt sich aber, dass Moral auch ihre Grenzen hat. Wenn es darum geht, für mehr Gerechtigkeit in der Gesellschaft zu sorgen, können wir moralisch denken und handeln und uns für unsere Mitmenschen einsetzen. Regeln der Moral können unser Verhalten koordinieren und beispielsweise beeinflussen, wie Kinder zu erziehen sind. Nicht zuletzt kann Moral auch in Debatten darüber einfließen, welche Gesetze beschlossen werden sollen oder nicht. Moral bezieht sich auf alle Auffassungen, wie eine Gesellschaft richtigerweise zu gestalten sei. Das Grundgesetz gibt den Raum, unterschiedliche Moralvorstellungen auszuleben, beispielsweise durch das Recht auf Gleichheit vor dem Gesetz oder das Recht auf Glaubensfreiheit.

Recht und Gesetz stehen jedoch über allen ethischen Idealen und moralischen Geboten. Wer sich also – dies gilt nicht nur für Polizisten, sondern allgemein für Staatsbürger – in einem rechtlich definierten Raum bewegt, darf die Grenzen des geltenden Rechts dabei nicht überschreiten. Die Gesetze und Rechtsordnungen der Bundesrepublik sind die verbindlichen Grundlagen des gesellschaftlichen Zusammenlebens in Deutschland. Und sie gelten für jeden, egal ob er bei der Polizei, in einer Bank oder im Supermarkt arbeitet. Das Grundgesetz aufzukündigen, hätte letzten Endes den Zerfall der Gemeinschaft zur Folge.

6.6   Das Abschlussgespräch

Allgemeines

Abschließender Teil eines Prüfungstages, z.B. eines Assessment Centers (AC), ist erfahrungsgemäß das Abschlussgespräch. An diesem Gespräch nehmen, ähnlich wie an der einführenden Veranstaltung, alle Bewerber und Prüfer teil. Der Sinn des Abschlussgesprächs besteht darin, von den Teilnehmern eine Einschätzung zum Verlauf und zur Zufriedenheit mit dem Verfahren an sich zu bekommen. Hier droht jedoch die Gefahr für die Bewerber, wenn sie sich zu offen kritisch äußern, sich selbst in eine nachteilige Situation zu bringen. Um mit den Gefahren eines Abschlussgesprächs besser umgehen zu können, soll im Folgenden erläutert werden, was es in diesen Gesprächen zu beachten gilt.

Welche Fragen und Themen spielen eine Rolle?

Dieser Teil des Bewerbungsverfahrens, der von der persönlichen Zufriedenheit und dem Verlauf des Verfahrens handelt, birgt wiederum spezielle Fragestellungen. Fragen in einem Abschlussgespräch können potenziell die folgenden Themen bzw. Bereiche betreffen:

1. Subjektives Erleben (Frage: „Wie haben Sie das Bewerbungsverfahren erlebt?")

2. Positive und negative Faktoren (Frage: „Was hat Ihnen gefallen, was hat Ihnen nicht gefallen, was würden Sie ändern?")

3. Zufriedenheit mit eigener Leistung (Frage: „Inwiefern sind Sie mit Ihrer Leistung im Bewerbungsverfahren zufrieden?")

4. Meinung über die Mitbewerber (Frage: „Wie würden Sie Ihre Mitbewerber beurteilen bzw. bewerten?")

Thematisch ist dieser Teil sehr stark auf das Empfinden der Prüflinge ausgerichtet und birgt ein paar Fallstricke. Wenn beispielsweise die Prüfer dazu auffordern, jetzt offen zu sprechen, da Sie nun das Prüfungsverfahren hinter sich gebracht hätten, sollten Sie vorsichtig sein. Denn folgen Sie der Aufforderung und äußern z.B. massive Kritik an den Prüfern, wird das nachteilig für Sie sein. Lassen Sie sich nicht durch eine plötzlich lockere Stimmung verlocken, sondern halten Sie Ihre Spannung bis zum Ende an. Lassen Sie sich auf keinen Fall dazu hinreißen, sich anders zu verhalten als in den vorangegangenen Aufgaben. Hier geht es nicht darum, mit den Prüfern Freundschaft zu schließen und somit freundschaftlich zu diskutieren; die Prüfer wollen testen, wie Sie als Bewerber mit einer bestimmten Situation zurechtkommen.

Wie soll man im Abschlussgespräch Fragen beantworten?

Um in diesem Teil des Bewerbungsverfahrens eine ebenso gute Figur zu machen wie in den übrigen Aufgaben, sollten Sie sich an gewisse Faustregeln halten:

1. Sollen Sie sich selbst einschätzen, so ist es sinnvoll, ein gewisses Maß an Selbstkritik an den Tag legen. Positive und negative Faktoren sollten angeführt werden.

2. Geht es darum, das Verfahren zu bewerten, so dürfen Sie nur bis zu einem gewissen Grad ehrlich sein. Sie sollten einige Teile des Verfahrens loben und nur dann explizit Kritik anbringen, wenn Sie einen ernsthaften Verbesserungsvorschlag im Kopf haben. Etwas gehaltlos zu kritisieren ist unangebracht.

3. Sollen Sie die Mitbewerber einschätzen oder bewerten, so ist darauf zu achten, lobende Worte zu gebrauchen. Gewisse Aspekte gilt es positiv herauszuheben, negative Kritik ist wenig angebracht, da es nicht darum geht, die anderen herabzuwerten.

(!) *Merke*

Das Abschlussgespräch ist der letzte Teil eines Bewerbungsverfahrens, d.h. das Verfahren ist *noch nicht beendet*. Zeit für Entspannung bleibt nach dem endgültigen Ende des Verfahrens, also nach dem Abschlussgespräch. In diesem Abschnitt selbst sollten Sie sich genauso wie zuvor verhalten, nämlich: freundlich, aufmerksam, zuvorkommend, auf den Gegenüber eingehend und selbstkritisch.

6.7   Welche Qualifikationen interessieren Prüfer in einem Assessment Center (AC)?

Allgemeines

In einem Assessment Center (AC) kommt es auf unterschiedliche Qualifikationen an. Dieser Abschnitt soll verdeutlichen, worauf Beobachter sich konzentrieren, wenn eine Leistung im AC bewertet wird. Zunächst gilt, ähnlich wie im Vorstellungsgespräch, dass Auftreten und Ausdruck stimmen müssen. Sie sollten äußerlich ordentlich und gepflegt erscheinen. Der erste Eindruck ist wichtig, auch wenn das oberflächlich erscheinen mag. Außerdem müssen Sie darauf achten, sich angemessen auszudrücken. Beobachter empfinden es natürlicherweise als besondere Qualifikation, wenn ein Bewerber sich gut, klar und strukturiert artikuliert. Aus diesem Grund werden diejenigen besser bewertet, die sich besser ausdrücken. Im Weiteren werden nun zusätzliche Kriterien vorgestellt, die für Beobachter in einem Assessment Center als Einstellungsvoraussetzungen Geltung haben können.

Interesse am Ausbildungsplatz und an der Polizei

Das Interesse des Bewerbers am Ausbildungsplatz und der Institution Polizei sind grundlegend wichtig, vor allem im Einzelgespräch. Hat der Bewerber sich mit dem Berufsfeld und dem Betrieb im Vorfeld auseinandergesetzt oder ist die Bewerbung eher planlos erfolgt. Für jeden Bewerber sollte es eine grundsätzliche Voraussetzung sein, sich im Laufe eines Bewerbungsverfahrens darüber zu informieren, wofür die Polizei steht und was in der Ausbildung in etwa zu erwarten ist.

(!) *Merke*

> In dem Bewerbungsverfahren ist es wichtig, Interesse an der Ausbildung und der Institution Polizei zu haben und dieses Interesse auf ehrliche Art und Weise darzustellen. Dazu gehört, dass Sie sich über die Landespolizei informieren und welche Aufgaben in etwa zu erwarten sind. Haben Sie sich informiert, dann können Sie zeigen, dass Sie etwas über die Ausbildung wissen; die Beobachter merken dann, dass ein aktives Interesse an der Stelle besteht.

Engagement, Eigeninitiative und Zielorientierung

Diese Qualifikationen werden sowohl im Einzelgespräch als auch in den Gruppenaufgaben von den Beobachtern kritisch beurteilt. Im Einzelgespräch werden die Beobachter versuchen, diese Qualifikationen aus der persönlichen Darstellung jedes einzelnen Bewerbers zu entschlüsseln. Eine größere Rolle spielen diese Qualifikationen jedoch in der Gruppenaufgabe. In dieser Phase interessiert, ob der Bewerber **Engagement**, **Eigeninitiative** und **Zielorientierung** in der Teamarbeit zeigt. Es steht zur Disposition, ob ein Bewerber sich in dieser Aufgabe engagiert und Ideen einbringt, eigenständig arbeiten kann und Aufgabenstellung und -rahmen im Kopf behält. Kurzum, ob der Bewerber in der Lage ist, diese Qualifikationen dem Team zur Verfügung zu stellen, oder ob er sich auf der Arbeit der anderen ausruht. Orientiert der Bewerber sich an der Zielsetzung, die einer Aufgabe zugrunde liegt und versucht er in diesem Sinne engagiert, aus eigener Kraft, aber dennoch gemeinsam diese Zielsetzung zu verwirklichen? Ein Negativbeispiel für fehlende Eigeninitiative, Engagement und Zielorientierung könnte folgendermaßen aussehen: Ein Bewerber hält sich in einer Gruppenarbeit dauerhaft zurück und äußert sich kaum, nur dann, wenn er direkt angesprochen wird. Es liegt diesem Bewerber nichts daran, sich selbst und eigene Ideen einzubringen, ganz im Gegensatz wird bereits Gesagtes wiederholt, der Bewerber ruht sich auf der Arbeit der anderen aus. Die Prüfer müssen sich in diesem Fall die Frage stellen, ob der Bewerber die Zielorientierung der Aufgabe verstanden hat oder ob es andere Gründe für das beschriebene Verhalten gibt.

(!) *Merke*

> Es ist Teil des ACs, Engagement, Eigeninitiative und Zielorientierung zu beweisen. Jeder Teilnehmer muss die Gruppe im Kopf haben. Sie sollen sich und Ihre Ideen einbringen und nicht davon ausgehen, dass die anderen die Arbeit erledigen.

Verantwortungsbewusstsein und Zuverlässigkeit

Verantwortungsbewusstsein und Zuverlässigkeit sind insbesondere im Einzelgespräch darzustellen. Natürlich kann das Verhalten in der Gruppenarbeit Schlüsse über diese Qualifikationen zulassen; wer sich raus hält, kann nicht als verantwortungsbewusst, geschweige denn als zuverlässig beschrieben werden. Im Einzelgespräch ist es für die Beobachter jedoch einfacher, gezielt nach diesen Qualifikationen zu fragen. Sie sollten sich darauf einstellen, in dem Einzelgespräch von ebendiesen Qualifikationen zu überzeugen.

(!) *Merke*

Verantwortungsbewusstsein und Zuverlässigkeit gilt es im Einzelgespräch darzustellen.

Kontaktfähigkeit, Kooperationsvermögen und Konfliktfähigkeit

Gruppenaufgaben bieten die Möglichkeit, soziale Fähigkeiten der Bewerber zu erkennen und zu beurteilen. In diesen Aufgaben spiegelt sich wieder, über welches Maß an Teamfähigkeit ein Bewerber verfügt. Die **Kontaktfähigkeit** eines Bewerbers zeigt, ob dieser in der Lage ist, auf andere zuzugehen und seine Absichten und Vorgehensweisen zu erklären. Besonders interessant ist in diesem Zusammenhang, ob der Prüfling in der Lage ist, andere zu integrieren, Hilfe anzubieten, oder ob er sich als Einzelkämpfer gibt. Einzelkämpfer sind in einem Team fehl am Platz, da sie nur das eigene Vorankommen im Sinn haben und zur Kooperation unfähig sind. **Kooperationsvermögen** ist eine weitere Schlüsselqualifikation, die in einem Assessment Center von Interesse ist. Prüfer bewerten Bewerber positiv, die in der Lage sind, nicht nur die eigene Meinung stur zu vertreten, sondern Kompromisse einzugehen. In einem Team kann nicht ein Einzelner stets Recht haben und die eigene Agenda durchsetzen. Alle Mitglieder einer Gruppe müssen kooperieren und sich aufeinander einstellen, mit den Argumenten der anderen umgehen und eigene Argumente überdenken können, wenn es zu Meinungsverschiedenheiten kommt. Denn ein Teamplayer besitzt **Konfliktfähigkeit**. Er ist in der Lage, mit Kritik konstruktiv umzugehen, und fühlt sich in diesem Fall nicht beleidigt. Wer diese Qualifikation besitzt, ist in der Lage, mit Meinungsverschiedenheiten sachlich umzugehen.

(!) *Merke*

In einem AC bewerten die Prüfer die Teamfähigkeit der Bewerber, dazu zählen Kontakt- und Konfliktfähigkeit ebenso wie Kooperationsvermögen. Es ist ratsam, auf andere zuzugehen und jeden miteinzubeziehen. Bei eventuellen Meinungsverschiedenheiten sollte ein Kompromiss angestrebt werden. Es geht um die Gruppe, nicht um den Einzelnen. Um sich selbst in den Vordergrund zu stellen, sollten Sie das Einzelgespräch nutzen.

6.8 Die Postkorbübung

Allgemein

Das Assessment Center (AC) dient in den meisten Fällen der Simulation von Arbeitssituationen. Jeder Bewerber wird dabei in einer realistischen Arbeitsatmosphäre auf seine fachliche Kompetenz und persönliche Tauglichkeit getestet. Ein Standardelement des AC ist die so genannte Postkorbübung, in der eine möglichst komplexe, anforderungsreiche Situation wirklichkeitsnah nachgestellt wird, um die Stressresistenz und die Organisationsfähigkeit der Bewerber zu überprüfen. Eine solche Situation ist oft bereits konkret aus dem jeweiligen Berufsalltag gegriffen. Natürlich dauert die Simulation nicht so lange wie die jeweiligen Ereignisse in „Echtzeit". Trotzdem wird bei der Planung einer Postkorbübung gewöhnlich darauf geachtet, dass die Aufgabendichte der Übung dem Aufgabenumfang und -spektrum eines Arbeitstages möglichst entspricht. Sie müssen beweisen, dass sie sowohl unter Zeitdruck die gegebenen Informationen richtig verarbeiten können, als auch mit begrenzten Ressourcen umgehen und Prioritäten zu setzen wissen. In der Regel sind Postkorbübungen von jedem Bewerber einzeln zu absolvieren.

Eine mögliche Nachtschicht

Montag 23.5.2009

21:30   Allgemeine Verkehrskontrolle an der Schubertallee (bis 22:30, mit zwei Wagen)

23:45   Begleitung eines Schwertransports Richtung Industriepark (bis 0:45)

01:15   Routinekontrolle Baustelle Ahornstraße

Die Aufgabe für die Bewerber

Stellen Sie sich vor, Ihr Arbeitsalltag als Polizeibeamter hat bereits begonnen: Sie haben sich mittlerweile mit der neuen Umgebung vertraut gemacht, kennen die Kolleginnen und Kollegen und freuen sich auf Ihren ersten Urlaub, der in der nächsten Woche beginnt. Doch heute sind Sie erst einmal noch für den Nachtdienst eingeteilt, der vor zwei Stunden – um 20 Uhr – begonnen hat und noch bis um sechs Uhr morgens dauert. Die Schicht verbringen Sie zusammen mit Ihrem Einsatzpartner, außer Ihnen sind noch zwei weitere Streifenwagen Ihrer Wache in dieser Nacht unterwegs. Es ist inzwischen dunkel geworden. Sie rufen sich Ihren Einsatzplan ins Gedächtnis, die wenigen darin aufgeführten Punkte können Sie sich ohne Probleme auswendig merken: Seit 21:30 führen Sie mit Ihrem Streifenkollegen und einem zweiten Wagen Ihrer Dienststelle eine einstündige allgemeine Verkehrskontrolle an einer vielbefahrenen Verbindungsstraße durch, um 23:45 sollen Sie einen Schwertransport absichern, der auf seinem Weg ins Industriegebiet mehrere enge Kreisverkehre und unübersichtliche Baustellen passiert, und um 01:15 steht die Kontrolle der Großbaustelle in der Ahornstraße an, auf deren Areal sich Baustoffe und Geräte befinden. Doch nachdem der Abend so erstaunlich ruhig begonnen hat, dass Sie unbeschwert in Urlaubsvorfreude schwelgen konnten, geht es jetzt plötzlich Schlag auf Schlag. Immer neue Meldungen für Ihren Bezirk kommen aus der Einsatzzentrale an:

(a) Ein Verkehrsunfall auf der Hauptstraße wird gemeldet, möglicherweise mit Verletzten. Zwei Wagen werden benötigt. (b) Die Security der Luna Bar meldet eine Rauferei. Die Situation scheint ruhig und niemand verletzt zu sein, aber einer der Beteiligten möchte Anzeige erstatten. (c) Ein vermeintlicher Graffitisprayer wurde am Westbahnhof beim Umherschleichen um abgestellte Waggons beobachtet. (d) Kontrolleure der städtischen Straßenbahn bitten um Hilfe, da ein Schwarzfahrer seine Personalien nicht angeben will. (e) Frau Müller (88) ist besorgt: Ihr Kater ist verschwunden. Sie hört ein leises Wimmern aus dem Garten. Möglicherweise hat das Tier einen Baum erklettert und kommt nicht mehr herunter. (f) Herr Schmidt meldet eine Ruhestörung. Die Wohnung gegenüber beschalle mit offenem Fenster die gesamte Nachbarschaft mit dröhnender Musik, gibt er an. (g) Eine junge Frau ist in Sorge, weil ihre Großmutter zu Hause weder ans Telefon geht, noch auf das Türklingeln reagiert. Ist etwas passiert? (h) Ein Autofahrer meldet sich über Mobiltelefon von einem Parkplatz an der Bundesstraße: Er hat ein Wildschwein angefahren, ist selbst aber unversehrt.

Bedenken Sie, dass es unmöglich ist, alle Aufgaben selbst zu erledigen. Insgesamt stehen der Wache nur drei Funkstreifenwagen zur Verfügung. Setzen Sie Prioritäten. Sie haben nun eine halbe Stunde Vorbereitungszeit, um anschließend zehn Minuten lang Ihr Ergebnis zu präsentieren.

Ein möglicher Lösungsweg

Dass Sie im Assessment Center in einer von Stress dominierten Arbeitssituation nicht einfach den Kopf verlieren dürfen, ist einleuchtend. Wenn Sie jedoch die Postkorbübung unvorbereitet angehen, dürfte diese bei Ihnen für einige Verwirrung sorgen. Im folgenden Abschnitt finden Sie daher einige Tipps, die Ihnen helfen, mit dieser Art von Prüfungsaufgabe umzugehen und sie erfolgreich zu meistern. Bedenken Sie dabei, dass die vorgestellte Aufgabe nur ein theoretisches Szenario ist. In der Postkorbübung im AC werden Sie auf jeden Fall mit anderen Fragen konfrontiert als in unserem Beispiel. Eine gute Vorbereitung beinhaltet daher nicht, die gegebene Aufgabe und die vorgestellten Lösungen auswendig zu lernen. Es geht vielmehr darum, die Struktur solcher Aufgaben kennen zu lernen und sich bewusst zu machen, welche Strategien zur Problemlösung führen. Damit haben Sie schließlich ein Vorgehensmuster zur Hand, mit dem Sie auch ungewohnte Aufgabenstellungen souverän bewältigen können.

Der Überblick

Sie sitzen in der Prüfung und bekommen das Aufgabenblatt ausgeteilt. In unserem Beispiel haben Sie einen Ausschnitt aus dem Einsatzplan eines Polizeibeamten. Zusätzlichen zu den eingeplanten Tätigkeiten leitet die Einsatzzentrale ständig Anfragen, Hilfeersuchen und Notrufe an Sie weiter. In der Realität übernimmt die Zentrale selbst schon einiges an Koordinationsarbeit, doch in der Prüfung sollen Sie Ihre Belastbarkeit und Fähigkeit zur Abwägung unter Stress beweisen. Verschaffen Sie sich dazu zunächst einen Überblick über alle Punkte, um einen adäquaten Lösungsvorschlag ausarbeiten zu können: Schauen Sie sich die Aufgaben an und machen Sie sich auf einem Extrazettel Notizen. Versuchen Sie eine Form der Ordnung in das Chaos zu bringen, fragen Sie sich, welche Aufgaben Priorität haben sollten, welche weniger wichtig sind und warum dies so ist. Notieren Sie sich Ihre Gründe, damit Sie bei späterer Nachfrage auf jeden Fall eine Antwort parat haben. Besteht eventuell die Möglichkeit, die Aufgaben thematisch zu gliedern, oder macht das keinen Sinn? Gibt es Zusammenhänge zwischen den einzelnen zu erledigenden Aufgaben? Stellen Sie sich selbst Fragen, um sich die Bearbeitung zu erleichtern.

Der richtige Plan

Wenn Sie sich einen Überblick verschafft haben, stellen Sie einen Plan auf. Eine erste tragfähige Gliederung erhalten Sie, wenn Sie die Aufgaben nach ihrer zeitlichen oder thematischen Wichtigkeit ordnen. In unserem Fall würden wir die Aufgaben aus dem Postkorb wie folgt zuordnen.

Besonders dringend

(a) Verkehrsunfall, evtl. mit Personenschaden (zwei Wagen angefordert)

(g) ältere Frau reaktionslos in der Wohnung

(h) Autofahrer mit Wildschaden

Dringend

(b) Rauferei an der Luna Bar

Auf dem Dienstplan: Begleitung des Schwertransports

Weniger dringend

(c) Graffitisprayer am Westbahnhof

(e) Frau Müllers Kater

Aufschiebbar

(d) Personalien des Schwarzfahrers feststellen

(f) Ruhestörung durch laute Musik

Auf dem Dienstplan: Kontrolle Baustelle Ahornstraße

Verzichtbar

Auf dem Dienstplan: allgemeine Verkehrskontrolle Schubertallee

Wie die richtigen Prioritäten setzen?

Generell sollte natürlich auf alle Meldungen so schnell wie möglich reagiert werden. Auch die Personalien-feststellung eines Schwarzfahrers oder eine Ruhestörung sind nicht als Aufgaben zweiter Klasse anzusehen. In der vorgestellten Prüfungsaufgabe haben wir es jedoch mit knappen Ressourcen (nur drei Fahrzeuge) zu tun, die eine Auswahl nötig machen. Unsere Vorgehensweise sieht daher wie folgt aus:

Mit der obersten Priorität haben wir Fälle versehen, in denen Menschen zu Schaden kommen könnten oder bereits gekommen sind. Da für den Verkehrsunfall gleich zwei Wagen angefordert wurden, scheinen der Umfang recht groß und die Lage ernst zu sein. Die Unfallstelle muss umgehend abgesichert und der Unfallhergang rekonstruiert werden. Die ältere Dame wiederum könnte gestürzt sein und/oder andere Probleme haben, sodass sie auf das Telefon- und Türklingeln nicht reagieren kann. Möglicherweise benötigt sie dringend ärztliche Hilfe, die Situation vor Ort muss dringend überprüft werden. Der Wildschaden ist ebenfalls nicht zu unterschätzen: Möglicherweise liegen Autoteile auf der Fahrbahn, oder das verletzte Wild bleibt mitten auf der Straße liegen – eine potenzielle Gefahr für andere Autofahrer. Die Kontrollstelle an der Schubertallee kann daher aufgelöst werden, denn es gibt augenscheinlich Wichtigeres zu tun. Als allgemeiner Grundsatz der Abwägung gilt: Leib, Leben und Gesundheit gehen vor!

Da die Situation an der Luna Bar nicht vollständig geklärt ist und möglicherweise Personen verletzt wurden, ordnen wir sie in die zweite Kategorie ein. Die Begleitung des Schwertransports ist ebenfalls wichtig, da ein solcher Transport meist eine weitreichende Koordination von Straßenabsperrungen, eine umfassende Mobilisierung von Begleitkräften usw. erfordert und ein stehender Transport folglich weit über ein geringfügiges Logistikproblem hinausgeht.

Die Sachbeschädigung durch den Graffitisprayer ordnen wir in die dritte Kategorie ein, ebenso wie den wagemutigen Kater. „Aufschiebbar" sind schließlich Fälle, in denen keine Gefahr und kein größerer Schaden droht, „Verzichtbares" kann auch zu einem anderen Tag nachgeholt werden.

Wer erledigt was?

Mit den verfügbaren Wagen sind die vorgestellten Aufgaben kaum alle zu bewältigen. Die Auflösung der Kontrollstelle Schubertallee ist daher eine notwendige Maßnahme, um mit zwei Wagen zum Schauplatz des Verkehrsunfalls fahren zu können, während sich der dritte Wagen zum Haus der älteren Dame begibt. Dort stellt sich im Idealfall bald heraus, dass die Dame lediglich mit Kopfhörern im Ohr laut Fernsehen geschaut hat. Auch müssen nicht unbedingt die ganze Zeit über beide Einsatzwagen vor Ort sein, um die Unfallstelle abzusichern und Informationen über den Unfallhergang aufzunehmen. Die nächste freiwerdende Kraft übernimmt dann den Wildschaden. Der weitere Ablauf des Abends und der Nacht kann nicht genau festgelegt werden, denn er hängt von der spezifischen Aufwändigkeit der jeweiligen Fälle ab. Im Großen und Ganzen haben Sie aber mit der Abstufung der einzelnen Tätigkeiten in unterschiedliche Prioritäten eine Reihenfolge, an der sich die Koordination der Einsatzkräfte orientieren sollte: Sobald ein Fahrzug verfügbar ist, übernimmt es den nächstwichtigen auf der Liste aufgeführten Punkt. Bei der Abarbeitung ist darauf zu achten, dass Ihr Wagen für die Begleitung des Schwertransports rechtzeitig bereitsteht – schließlich steht das in Ihrem Einsatzplan und ist unter „dringend" eingeordnet. Sollten Sie dies nicht schaffen, kann unter Umständen einer der anderen Wagen in die Bresche springen, wenn er keinen mindestens gleichwertigen Einsatz zu erledigen hat. Es gilt, geschickt zu disponieren: Welcher Einsatz beansprucht wahrscheinlich viel, welcher vermutlich eher weniger Zeit? So kann sich man vor der Fahrt zum Westbahnhof beispielsweise noch um Frau Müllers Kater kümmern, da sich dieser Fall relativ zügig erledigen lassen sollte. Wenn der Kater tatsächlich im Baum sitzt, wird die Aufgabe an die Feuerwehr delegiert, die sich darum kümmern muss. Steckt das Tier nur irgendwo fest, dann sollte es mit vereinten Kräften doch schnell zu befreien sein. Der Graffitisprayer müsste hingegen erst einmal dingfest gemacht und anschließend auf die Wache gebracht werden. Solchermaßen hantieren lässt sich selbstverständlich nur mit gleichrangigen Aufträgen. Den Wildschaden beispielsweise sollten Sie nicht auf die lange Bank schieben, nur um vorher noch die Personalien des Schwarzfahrers festzustellen.

Nun haben Sie den gesamten Postkorb bearbeitet, haben die neu hinzukommenden Fälle mit Ihrem Einsatzplan abgeglichen und Ihre Schicht nach den aktuellen Notwendigkeiten ausgerichtet. Der Übersicht halber soll nun noch einmal in Kurzform dargestellt werden, wie die Neustrukturierung Ihres Nachtdienstes aussieht.

Was wurde auf unbestimmte Zeit verschoben?

Die allgemeine Verkehrskontrolle wird abgebrochen und findet gegebenenfalls an einem anderen Tag bzw. Abend statt, der von Ihren Vorgesetzten festgelegt wird.

Was muss warten?

Die Personalien des Schwarzfahrers müssen vorläufig unbekannt bleiben, solange noch andere Fälle mit einer konkreten Gefährdung für Menschen ausstehen: Leib, Leben und Gesundheit gehen vor! Auch Sachschäden und Tiere in Gefahr sind wichtiger einzustufen. Daher können Sie und Ihre Kollegen sich auch um die Ruhestörung erst später kümmern.

Was übernehmen Sie?

Sie fahren zusammen mit dem zweiten zur Verkehrskontrolle abgestellten Wagen vom Kontrollpunkt zum Unfall. Nachdem dieser Einsatz abgeschlossen wurde, kümmern Sie sich immer um den jeweils obersten unbearbeiteten Punkt auf der Prioritätenliste. Welcher das ist, hängt davon ab, wie schnell Sie und ihre Kollegen die vorherigen Fälle abarbeiten konnten. Vergessen Sie jedoch nicht, dass um 23:45 die Begleitung des Schwertransports in Ihrem Einsatzplan steht.

Was können Sie delegieren?

An andere Einrichtungen abschieben können Sie nur den Fall von Frau Müllers Kater. Hat dieser sich tatsächlich auf den Baum verirrt, ist dafür die Feuerwehr zuständig. Die anderen Einsätze müssen Sie und Ihre Kollegen untereinander abstimmen.

Alles verstanden, alles bedacht?

Die vorangehenden Abschnitte sollten einen von mehreren möglichen Wegen aufzeigen, wie Sie mit einer Postkorbübung umgehen können. In den meisten Fällen werden Sie, nachdem Sie diese Aufgabe bearbeitet haben, Ihre Entscheidungen in einem persönlichen Gespräch mit den Prüfern darlegen und rechtfertigen. Wie in unserer Musterlösung dargestellt, gilt es, überlegte Entscheidungen nach begründeten Abwägungen zu treffen. Machen Sie sich in jedem Fall Notizen, damit Sie sich im späteren Gespräch erinnern, aus welchem Grund Sie eine bestimmte Entscheidung getroffen haben. Und versuchen Sie, diese Aufgabe mit der notwendigen Aufmerksamkeit zu bearbeiten. Verfahren Sie so, als wenn Sie sich in einer wirklichen Stresssituation befinden würden, in der Sie die entsprechenden Entscheidungen zu treffen hätten. Zwar geht es nur um eine Simulation – die gibt Ihnen jedoch einen Vorgeschmack auf die tatsächlich anstehenden Aufgaben in der Ausbildung. Wenn Sie überzeugt sind, der oder die richtige Person für den Ausbildungsplatz zu sein, müssen Sie die Prüfer von Ihrer persönlichen Organisationsfähigkeit, dem Talent, im Chaos den Überblick zu behalten, und dem Willen, Entscheidungen zu treffen und für diese wohlbedachten Entscheidungen geradezustehen, überzeugen. Das sollte mit guter Vorbereitung zu schaffen sein, oder nicht?!?

6.9   Erfahrungsbericht über das Eignungsauswahlverfahren (EAV) bei der Polizei Hessen

Allgemeines

Inzwischen habe ich die Rückmeldung: Ich bin dabei – in drei Monaten geht es los, dann fange ich meine Ausbildung bei der Landespolizei Hessen an. Da die Ausbildungsplätze ziemlich beliebt sind, es aber nur wenige gibt, muss man sich gegen viele Mitbewerber durchsetzen. Ob man es schafft oder nicht, hängt vor allem vom EAV ab. In der Vorbereitungszeit habe ich darüber so manche Schauergeschichte gehört. Aber was tatsächlich dahintersteckt, wusste ich nicht, bis ich es selbst mitgemacht hatte. Eines kann ich sagen: Wenn man vorher weiß, was einen erwartet, spart man sich eine Menge unnötigen Stress. Als erfolgreicher Absolvent möchte ich daher mit meinem Erfahrungsbericht allen neuen Bewerbern eine Hilfestellung geben.

Vor acht Monaten habe ich meine Bewerbung für die Ausbildung bei der Polizei Hessen abgeschickt, vor einem halben Jahr kam die Einladung für das EAV. Zwei Monate später war es so weit – der erste Tag des Auswahlverfahrens hatte begonnen und es ging in aller Frühe mit der Bahn zur hessischen Polizeiakademie nach Wiesbaden. Schon um 7 Uhr war dort das erste Treffen, entsprechend früh musste ich von zu Hause los.

Um keine Zeit zu verlieren, kam die „seriöse" Kleidung für das Interview und die Gruppenaufgabe schon am Vorabend in die Sporttasche, so hieß es nur noch schnell den Trainingsanzug für den Sporttest anziehen und ab zum Bahnhof. Bloß nicht zu spät kommen! Vor versammelter Truppe den ersten Anpfiff zu kassieren, hätte meine Chancen wahrscheinlich nicht grade verbessert. Außerdem weiß man nie, was man verpasst.

Bei der Ankunft an der Polizeiakademie war ich einer von ungefähr 19 Bewerbern und nicht der Einzige, der ziemlich aufgeregt war. Zuerst gab es vom „Empfangskomitee" ein paar Worte zur Begrüßung. Wir wurden alle noch einmal auf die nächsten eineinhalb Tage eingestimmt und man hat uns den Ablauf des EAV kurz vorgestellt.

Am ersten Tag sah unser Programm so aus:

1. Computergestütztes psychologisches Testverfahren
2. Sporttest
3. Gruppenaufgabe (Diskussion und Präsentation)
4. Einzelgespräch
5. Für den zweiten Tag stand dann nur noch die polizeiärztliche Untersuchung auf dem Plan.
6. Anschließend haben wir uns schon auf den Weg zum Computerraum gemacht, einige haben dabei noch die letzten Tipps und Tricks zu allen möglichen Testfragen untereinander ausgetauscht. Um halb 8 ging es dann los.

Computergestütztes psychologisches Testverfahren

Nachdem sich die Testleiter vorgestellt hatten, haben sie uns die Aufgabenstellung erklärt. Der Auftrag war: die Arbeitsanweisungen genau durchlesen, gut überlegen und dann natürlich möglichst richtig im vorgegebenen Zeitfenster zu antworten. Bei weiteren Fragen stünden sie zur Verfügung. Aber während des Tests hat kaum noch jemand nachgefragt, alle wollten ihn schnell hinter sich bringen.

In den ersten Fragen ging es um Sprachverständnis und Gedächtnisleistung. Um das Gedächtnisvermögen zu testen, wurden am Bildschirm zwei Formen eingeblendet und sofort die nächsten beiden usw. Danach wird eine Figur vorgegeben und man muss aus 5 Antworten die dazugehörige Figur aus dem Gedächtnis auswählen.

Wir mussten bestimmen, welches Wort welche Bedeutung hat, welches Wort in einer Reihe von Begriffen nicht passt, oder sollten Analogien herstellen. Anschließend ging es um Mathematik: Zu lösen waren Rechnungen mit einfachen Grundrechenarten, z.B. 12 × 12. Zudem waren nach bestimmten Regeln aufgebaute Zahlenreihen zu ergänzen.

Danach folgte ein Konzentrationstest, den ich noch nicht kannte. „Schnell und sorgfältig arbeiten", hieß die Vorgabe der Testleiter dazu. Das war nicht einfach. In einer vorgegebenen Zeit mussten wir Kreise und Dreiecke in Kombination erkennen und dann eine entsprechende Taste am Computer drücken – leider waren auch bei mir wegen des hohen Zeitdrucks ein paar Fehler dabei. Der nächste Schwerpunkt waren Fragen zur Persönlichkeit (ca. 130), in denen man zu sich selbst Stellung nehmen musste. Gefragt wurde zum Beispiel, ob man lieber alleine arbeitet oder im Team. Um sich nicht in Widersprüche zu verheddern, sollte man möglichst ehrlich antworten, auch hier läuft die Uhr. Zum Schluss wurden die Deutschkenntnisse am Computer durch einen Lückentext getestet. Bis zu dreimal konnte man sich den Text in der vollständigen Version über Kopfhörer anhören, dann musste man die fehlenden Wörter eintippen. Es handelt sich um alltägliche Wörter, die man selten schreibt, aber für ein Polizeiprotokoll wichtig sein können, wie z.B. Portmonee, Zylinder oder Aggregat.

Nach mehr als 2,5 Stunden war der erste Prüfungsteil vorbei. Alles in allem gut zu schaffen, auch wenn schon einige echte „Brocken" dabei waren. Für jeden Aufgabenblock gab's ein bestimmtes Zeitlimit. Wichtig ist daher, sich nicht aus der Ruhe bringen zu lassen und konzentriert zu bleiben. Einmal auf den Nachbarmonitor schielen heißt da schon verplemperte Sekunden. Weil ich viele Fragentypen schon aus der Vorbereitung kannte, bekam ich schnell die nötige Sicherheit. Meistens konnte ich die Lösung sogar noch einmal nachprüfen. Trotzdem war ich froh, als der Computertest endlich vorbei war. Danach war erstmal Warten angesagt ... erst um kurz nach 11 wussten alle Bescheid, ob sie bestanden hatten. Für einige war der Tag da schon zu Ende, für mich ging es direkt weiter zum Sporttest.

Sporttest

Unser Grüppchen war inzwischen auf 15 Leute zusammengeschmolzen. Mit manchen habe ich mich gleich gut verstanden, andere waren einfach nur ziemlich unfreundlich. Konkurrenzdruck halt. In der Sporthalle angekommen, haben uns zwei freundliche Prüfungsleiter die Stationen vor dem Start vorgemacht und uns die Möglichkeit gegeben, die einzelnen Disziplinen – Achterlauf, Bankdrücken, 5er-Sprunglauf und Wendelauf – zu üben. Gut, dass ich gleich mit dem Training angefangen hatte, als die Einladung zum EAV auf dem Tisch lag: dreimal pro Woche Joggen und dazu Fitnesstraining im Studio haben sich im Sporttest bezahlt gemacht, auch wenn ich nicht der Austrainierteste von allen war. Aber selbst unsere Supersportler hatten Probleme. Der Achterlauf gleich am Anfang ging ziemlich auf die Muskeln. 30 kg Bankdrücken hören sich leicht an, aber nach 25 Wiederholungen brennen die Arme. 500 m laufen? Kein Problem, dachte ich, aber wenn man ständig beschleunigen und abbremsen muss, dazu noch in einer schlecht belüfteten Halle, sieht die Sache anders aus. Einige hatten dummerweise keine Langarm/Langbein-Sachen dabei, die haben sich beim Achterlauf die Ellbogen und Knie aufgerieben. Also, achtet darauf, was in der Einladung steht oder was euch sonst von offizieller Seite noch zum EAV gesagt wird, das hat seinen Sinn!

Alles in allem war die Atmosphäre lockerer als im Computertest, man konnte auch mal einen Spruch machen und es wurde nicht genau darauf geachtet, ob man wie vorgegeben im Ziel abklatscht oder einfach nur einläuft. Nur einer hat die nötigen Punktwerte nicht geschafft, bei zwei anderen war es allerdings knapp. Nach 1,5 Stunden war die Sportprüfung vorbei und es ging von 12.30 bis um 13.15 in die Mittagspause. Genug Zeit zum Erholen, Duschen, Essen und Schwätzen. Und natürlich zum Umziehen, klar: aus den verschwitzten Trainingsklamotten wollte ich so schnell wie möglich raus, für die nächsten Prüfungen wären die auch nicht die richtige Wahl gewesen. Jeans und Hemd reichen aber für die Gruppenaufgabe und das Einzelinterview völlig. Dazu vielleicht nicht unbedingt die ausgelatschten Turnschuhe, dann passt es.

Gruppenaufgabe

Daraufhin kamen wir alle im Gruppenraum zur Diskussionsrunde zusammen. Mit uns im Zimmer saßen acht Herren von der Auswahlkommission, die unser Verhalten die ganze Zeit über beobachtet und bewertet haben. Zur Einführung hieß es, dass wir uns an der Gruppenarbeit aktiv beteiligen sollten, da nur diejenigen beurteilt werden könnten, die auch an der Diskussion teilnehmen würden. Die Aufgabenstellung bestand in der Diskussion, ob ein Leben in einer Unterwasserwelt nur mit einer Sauerstoffversorgung möglich sei. Es wurden 15 Probleme vorgegeben wie z.B. Arbeitslosigkeit, Umwelt usw., die es zu diskutieren galt. Welche Probleme sind am wichtigsten und sollen als erstes gelöst werden?

Hierfür musste man kein detailliertes Fachwissen über Politik oder Wissenschaft haben, um gut auszusehen. Es hieß, nach einer kurzen Vorbereitungszeit (5-10 Minuten), in der wir uns Ideen und Stichpunkte notieren konnten, unaufgefordert mit der Unterhaltung zu beginnen. Einige haben nach kurzer Zeit angefangen, sich untereinander zu besprechen, was nicht so gut ankam. Viele hatten ihren Notizblock schon beiseite gelegt und warteten nur darauf, dass einer die Initiative ergriff. Da habe ich mich in die Offensive gewagt und in der Gruppe nachgefragt, ob alle schon fertig wären und wir anfangen könnten. Andere Bewerber haben mit den Augen gerollt, weil sie den Schritt wahrscheinlich selbst gerne gemacht hätten, aber ich hatte den Eindruck, dass die Prüfer mein Auftreten ganz gut fanden. Nachdem ich kurz noch einmal die Aufgabenstellung zusammengefasst hatte, habe ich knapp meine Ideen zur Problemlösung vorgestellt und erklärt, wie ich vorgehen würde. Das hat die Diskussion in Gang gesetzt, und die anderen sind eingestiegen. Jemand hat vorgeschlagen, den Gesprächsverlauf zu protokollieren – eine gute Idee, schließlich sollten wir die Diskussionsergebnisse am Ende der Kommission präsentieren.

Im Gespräch habe ich versucht, mich einzubringen, ohne mich zu sehr in den Vordergrund zu drängen. Das ist, glaube ich, auch das Wichtigste in der Diskussionsrunde: selbstbewusst auftreten und gute eigene Vorschläge machen, ohne überheblich zu werden und seinen Mitbewerbern über den Mund zu fahren. Man sollte darauf eingehen, was die anderen Teilnehmer sagen, und selbst immer kritikfähig bleiben. Wenn man kritisiert wird, sollte man entweder sachlich ein gutes Gegenargument bringen, oder die Kritik einfach akzeptieren. Das ist besser, als sich etwas aus den Fingern zu saugen. Wer nicht logisch argumentieren und sachlich diskutieren, sondern sich nur profilieren will, macht sich bei der Auswahlkommission schnell unbeliebt. Teamfähigkeit ist das A und O. Da macht es sich auch gut, wenn man seine Mitbewerber mit Namen kennt und sie persönlich anspricht. Aber man sollte nie so tun, als spräche man mit seinen besten Freunden.

Abschließend stand die Vorstellung unserer Ergebnisse an. Da es ein Diskussionsprotokoll mit Stichpunkten zu den wichtigsten Vorschlägen gab, konnten wir den Gesprächsverlauf ohne Schwierigkeiten zusammenfassen und unsere Problemlösung skizzieren. Insgesamt war unser Gespräch flüssig und die Atmosphäre gut. Trotzdem haben einige in der mehr als halbstündigen Diskussion höchstens zweimal den Mund aufgemacht, das hat bei den Prüfern bestimmt keinen guten Eindruck hinterlassen. Auf der anderen Seite haben zwei Kandidaten fast ununterbrochen geredet. Das war nicht nur uns restlichen Bewerbern, sondern auch der Kommission zu viel.

Einzelgespräch

Nach der Gruppendiskussion, die insgesamt rund eine Stunde gedauert hatte, wurden wir dann zu den Einzelinterviews gebeten. Die fanden zwar in mehreren Räumen gleichzeitig statt, trotzdem mussten einige von uns geschlagene zwei Stunden auf ihren Einsatz warten. Zum Glück kam ich schon nach „nur" einer Stunde Wartezeit an die Reihe. Als ich in den Interviewraum kam, in dem mich zwei Beamte der Auswahlkommission erwarteten, haben mir ganz schön die Beine gezittert. Naja, vielleicht kam das auch noch vom Sporttest. Bei den ersten Fragen wurde ich jedenfalls gleich ruhiger, da ich mir den Gesprächsablauf im Großen und Ganzen genau so vorgestellt hatte. Es kamen Fragen zu Familie, Partner, Freunden, aber natürlich ging es meistens um mich selbst: Warum ich zur Polizei will, wie ich mir den Polizeialltag vorstelle, was die Vorteile und Nachteile des Berufs sind, ob ich Probleme mit Gebrauch von Schusswaffen habe, was einen guten Polizisten ausmacht, was mich selbst ausmacht, wie ich mich unter Stress und in Konflikten verhalte usw.

Besondere Aufmerksamkeit wurde auf die Frage gelegt: „Ein Kollege wird lebensgefährlich bedroht. Wie handeln Sie?" Die korrekte Antwort bestand darin, dass, wenn das eigene Leben oder das des Kollegen gefährdet ist, die Schusswaffe genutzt werden muss. Man sollte kein Problem damit haben, die Waffe einzusetzen. Aber der Grundsatz „Verhältnismäßigkeit" muss immer gewahrt sein.

Meine Tipps zum Einzelgespräch: Die Wahrheit sagen, offen und ehrlich bleiben. Wenn sich jemand verstellt, merken es die Interviewer. Außerdem hat man ja schon beim Computertest Angaben zu seiner Persönlichkeit gemacht – schlecht, wenn man sich dann im Einzelgespräch widerspricht. Die Prüfer wollen einen wirklich kennen lernen, um festzustellen, ob man für den Beruf geeignet ist. Wer unglaubwürdig ist, hat schnell verspielt. Zur Vorbereitung sollte man sich über die genannten Fragen Gedanken machen. Man sollte überlegen, was es bedeutet, Polizist zu sein, warum man Polizist werden will und warum man fähig ist, den Beruf auszuüben.

Auffällig war, dass die Unterhaltungen unterschiedlich lang dauerten. Die vorher angekündigten 30 Minuten wurden nicht immer eingehalten. Ein Kandidat war schon nach 20 Minuten fertig, bei mir hat es knapp eine Dreiviertelstunde (!) gedauert. Anschließend war für uns noch einmal Warten angesagt. Dann kam der Moment der Wahrheit: Nacheinander wurden wir auf ein Zimmer gebeten, wo uns die Endergebnisse mitgeteilt wurden. Von den zehn Übriggebliebenen vor dem Interview bekamen drei eine Absage und drei hatten es geschafft, aber mit niedriger Bewertung. Nach ihnen wurde ich zusammen mit den verbliebenen Mitbewerbern aufgerufen. Die Verantwortlichen der Auswahlkommission gratulierten uns – wir hatten als Beste abgeschnitten! Sie sprachen dann noch über Tätowierungen, Radikalismus und politische Einstellungen, zu guter Letzt konnten wir unseren Wunsch-Einsatzort angeben. Um kurz nach 18 Uhr ging es endlich nach Hause.

Erholung war angesagt und auch nötig, schließlich wartete am nächsten Tag die polizeiärztliche Untersuchung auf uns.

Polizeiärztliche Untersuchung

Am nächsten Morgen stand die letzte „Prüfung" an: die polizeiärztliche Untersuchung, durchgeführt vom polizeiärztlichen Dienst. Also wieder auf nach Wiesbaden. Da ich die Einstellung eigentlich schon in der Tasche hatte, war ich umso nervöser. Denn am Ende entscheidet der Polizeiarzt darüber, ob man diensttauglich ist oder nicht – wenn der einen nicht durchwinkt, waren die Leistungen vorher umsonst. Respekt hatte ich vor allem vor dem Belastungs-EKG. Außerdem war ich mir nicht sicher, ob mein Tattoo auf dem Oberarm akzeptiert werden würde. Als ich mit meinen Bewerberkollegen vor dem Beginn der Untersuchung darüber geredet habe, meinten manche, das sei ok, andere hielten es für ein großes Problem. Nicht sehr beruhigend, aber genaues wusste niemand. Dann ging es los: Nach und nach wurden wir durch die einzelnen Stationen der Untersuchung geschleust.

Mit dem Seh- und Hörtest hatte ich überhaupt keine Schwierigkeiten. Wie erwartet, denn ich trage weder eine Brille, noch höre ich schlecht. Die Tests laufen im Großen und Ganzen so ab wie beim Hausarzt auch: Beim Sehtest wird kontrolliert, ob man irgendeine Farbenfehlsicht hat (z.B. in der Erkennung von rot/grünen Mustern und Zahlen), ob man scharf und auch bei schlechtem Licht ausreichend sieht und ähnliches. Beim Hörtest werden über Kopfhörer abwechselnd dem linken und dem rechten Ohr Töne vorgespielt, die man erkennen muss. Dass mein Body-Mass-Index (BMI) im grünen Bereich liegt, konnte ich schon vorher ausrechnen: Mit knapp 1,80 Meter und 76 Kilo habe ich einigen Abstand zur Mindestgröße von 1,60 und komme auf einen BMI von 24, erlaubt sind BMI-Werte bis 27,5. Da in meiner Krankenakte bis auf zwei Knochenbrüche und eine Blinddarmentzündung nicht viel zu finden ist, habe ich mir um meinen allgemeinen körperlichen Zustand auch keine Gedanken gemacht. Vorausgesetzt man ist clean und hat kein starkes Asthma, sind auch der Lungenfunktionstest und das Drogenscreening „sichere Bänke".

Im Gegensatz zum Belastungs-EKG. Einer aus unserer Gruppe war daran schon in Thüringen gescheitert und sagte, dass dabei immer einige Bewerber ausgesiebt würden. Nach einer kurzen Einweisung durch eine Helferin stieg ich auf das Ergometer. In Zwei-Minuten-Abständen wurde die zu tretende Wattzahl um 25 erhöht, bis zu einem Maximalwert von 150. Der Puls darf dabei nicht über 150 steigen. Das hatte ich vorher im Studio trainiert, aber durch die Aufregung standen noch ein paar Schläge mehr pro Minute auf dem Display. Gereicht hat es trotzdem. Doch die zweite entscheidende Frage ging mir immer noch im Kopf herum – was ist mit meinem Tattoo? In einem Kurzarmhemd (Sommeruniform) sollte das nicht zu sehen sein, sagte mir eine Frau vom polizeiärztlichen Dienst. Meines reichte genau bis zum Ärmelende des Hemds – bei stärkeren Bewegungen konnte man einen kleinen Teil davon sehen. Ein großes Hindernis? Zum Glück nicht. Schließlich ist die Tätowierung nicht besonders wuchtig, da war ich auf der sicheren Seite.

Schließlich ging es zum Gespräch über meinen körperlichen Zustand, in dem eine Selbstauskunft gefordert wird. Ich habe dem Arzt dabei von meiner leichten Roggenallergie und meinen Krankenhausaufenthalten erzählt, das war für ihn aber kein Grund zur Besorgnis. Nach gut 2,5 Stunden war das Ganze geschafft, ich musste nur ein paar Tage später noch einmal zum Arzt, um bis zum Einstellungstermin ein aktuelles Röntgenbild meiner Lunge vorlegen zu können. Zwei von uns wurden für nicht diensttauglich erklärt: ein harter Schlag für sie, einen Tag vorher lief es noch so gut. Gewundert hat es mich zumindest bei einem Kandidaten aber nicht, der war nämlich erkältet zur Untersuchung angetreten. Einige Wochen später hatte ich dann die schriftliche Zusage im Briefkasten – als einer von weniger als 600 Polizeianwärtern, die in diesem Jahr ihre Ausbildung bei der hessischen Polizei begonnen haben.

6.10 Gute Tage, schlechte Tage

Es gibt Phasen, in denen man in der Lage ist, Höchstleistungen zu bringen, und andere Phasen, in denen man dazu nicht in der Lage ist. Insbesondere die körperliche Fitness spielt im Eignungsauswahlverfahren der Polizei eine große Rolle: Wer den Sporttest oder die polizeiärztliche Untersuchung angeschlagen bestreitet, geht ein hohes Risiko ein. Besser ist es in diesem Fall, möglichst frühzeitig seinen Einstellungsberater zu informieren und einen Ersatztermin zu vereinbaren. Doch der Erfolg ist nicht vollständig planbar. Auch die Tagesform spielt eine Rolle, die sich zwar durch genügend Schlaf und gute Ernährung beeinflussen, aber nicht vorherbestimmen lässt. Meist ist nicht nur ein Faktor dafür verantwortlich, dass man einen Test besteht, eine Zusage erhält, oder im Gegenteil: den ersehnten Ausbildungsplatz nicht bekommt, obwohl man sich bemüht hat. Eine Vielzahl von Umständen kommt hier zusammen – neben dem natürlichen Rhythmus auch Ernährung, Schlaf, Stabilität im Privatleben (Familie und Freunde) usw. So kann es ab und zu passieren, dass uns Kopf und Körper im Stich lassen und wir am entscheidenden Tag trotz guter Vorbereitung einen Test versägen.

6.11 Der richtige Umgang mit einer Absage

Allgemeines

Wenn Sie sich auf eine Stelle bewerben, wollen Sie eine Zusage erreichen – wie Ihre Mitbewerber auch. Doch ein Auswahlverfahren kann nicht immer und bei jedem Bewerber zur Zusage führen. Daher müssen Sie auch mit einer Absage umgehen können. Möglicherweise stellen Sie ja sogar selbst fest, dass Sie sich doch nicht für den Ausbildungsplatz entscheiden wollen, weil Sie mit dem Verlauf des Verfahrens unzufrieden waren oder Sie ein anderer Ausbildungsplatz mehr reizt. Im Folgenden werden daher Wege aufgezeigt, mit einer Absage umzugehen (1) und selbst eine Absage zu verfassen (2).

Wie gehe ich mit einer Absage um?

Wenn eine Absage auf ein Bewerbungsgesuch ins Haus flattert, ist das für manche niederschmetternd. Sie führt die Absage zu bohrenden Selbstzweifeln: Habe ich überhaupt das Zeug dazu, das Auswahlverfahren und die Ausbildung durchzustehen? Doch eine Absage ist kein Urteil über eine fehlerhafte Persönlichkeit des Bewerbers. Betrachten Sie eine Absage nicht als persönliche Katastrophe, sondern als Mittel zum Zweck. Versuchen Sie die Bewerbungsverfahren, die nicht mit einer Zusage enden, als Übung zu betrachten, in der Sie gelernt haben, worauf es wirklich ankommt und was genau Sie erwartet. Hinterfragen Sie, was in der Vorbereitung und im Auswahlverfahren nicht optimal gelaufen ist, lernen Sie aus den begangenen Fehlern und nehmen Sie die gesammelten Erfahrungen mit: das kann Ihnen im nächsten Auswahlverfahren möglicherweise den entscheidenden Vorsprung verschaffen. Wenn es in Ihrem ersten EAV nicht gereicht hat, können Sie es meist noch einmal probieren – in Hessen z.B. darf man das Auswahlverfahren bei der Polizei zweimal durchlaufen. Darüber hinaus können Sie sich selbstverständlich auch in anderen Bundesländern bewerben. Vielleicht kommen Sie nach einer Absage aber auch zu dem Ergebnis, dass eine Polizeilaufbahn Ihnen doch nicht so sehr liegt wie gedacht?

Wie sage ich einem Unternehmen ab?

Natürlich können auch Sie in die Situation kommen, eine Absage erteilen zu müssen oder zu wollen. Beispielsweise dann, wenn Sie im Nachhinein nicht mit dem Verlauf des Verfahrens zufrieden sind, wenn Sie sich währenddessen unwohl gefühlt haben, wenn Ihnen die Betriebsatmosphäre nicht gefallen hat oder Sie ein attraktiveres Angebot erreicht. Der Ausbildungsplatz als Bankkaufmann reizt Sie schließlich doch mehr als eine Ausbildung bei der Polizei? In diesen Fällen müssen Sie eine Absage erteilen. Dabei sollten Sie einen triftigen Grund für das Nichtannehmen des Ausbildungsplatzes anführen, aber kein ganzes Paket von Stichworten schnüren. Und führen Sie nur Gründe an, die für Sie keine Nachteile mit sich bringen: Unter Umständen möchten Sie sich in der Zukunft erneut bewerben.

Ein Absageanschreiben könnten Sie wie folgt gliedern

Sehr geehrte Damen und Herren,

mit diesem Schreiben möchte ich Ihnen für Ihr Ausbildungsangebot danken. In der Zwischenzeit habe ich mich jedoch anders entschieden, ich werde meine Ausbildung in einem anderen Unternehmen absolvieren. Ich habe mich gegen eine Ausbildung bei der Landespolizei… entschieden, weil … (hier dann den Grund anführen).

Ich bitte um Verständnis für meine Entscheidung.

Mit freundlichen Grüßen

Sporttest bei der Polizei

7   Sporttest bei der Polizei

Ist der schriftliche Eignungstest bestanden, steht meist ein Sportleistungstest auf dem Programm, wenn nicht bereits – wie in Nordrhein-Westfalen – der Nachweis über den Erwerb bestimmter Sport- und Schwimmabzeichen genügt. Der Test stellt Ihre Fitness auf den Prüfstand: Verfügen Sie über die körperlichen Grundvoraussetzungen, die für den späteren Berufsalltag als Polizist unerlässlich sind? Kondition, Schnelligkeit und Koordinationsfähigkeit sind wichtige Merkmale und Eigenschaften eines leistungsfähigen Polizeibeamten. Da die physischen Anforderungen derart vielfältig sind, setzt sich der Sporttest aus verschiedenen Einzeltests zusammen, die jeweils unterschiedliche Fähigkeiten überprüfen. Die folgende Aufzählung ist ein Maximalkatalog – d.h., jede der genannten Übungen kann in der beschriebenen oder einer ähnlichen Form Bestandteil Ihrer Prüfung sein, mit allen Übungen in einem Auswahlverfahren werden Sie aber kaum konfrontiert werden. Dabei gilt: Der Sporttest im Auswahlverfahren der Polizei unterscheidet sich von Bundesland zu Bundesland! Welche Tests in Ihrem Bundesland durchgeführt werden und welche Leistungen Sie dabei genau erbringen müssen, können Sie bei der jeweiligen Landespolizei erfragen. In der Regel stehen schon auf der entsprechenden Homepage genauere Informationen bereit.

Der Sportleistungstest besteht aus verschiedenen Übungsformen, in denen unterschiedliche Leistungsmerkmale überprüft werden.

1. **Koordinationstest**
   Es gibt mehrere Koordinationstests, wie zum Beispiel den Pendellauf oder den Achterlauf. Sie dienen alle dem Ziel, die koordinativen Fähigkeiten der Bewerber zu testen.

2. **Orientierungstest**
   Die Orientierungsfähigkeit der Bewerber wird meist mit dem Hindernis-Parcours überprüft. Der Aufbau kann variieren, es geht jedoch immer darum, einen Parcours mit verschiedenen Hindernissen auf einem vorgeschriebenen Weg zu absolvieren. Die Herausforderung besteht darin, sich den Weg einzuprägen und ihn trotz mehrerer Richtungswechsel korrekt in einem vorgegebenen Zeitlimit zurückzulegen.

3. **Beweglichkeitstest**
   Beweglichkeit ist in verschiedenen Tests gefragt, z. B. beim Wendelauf und beim Hindernis-Parcours.

4. **Schnelligkeitstest**
   Schnelligkeit und Beweglichkeit zählen besonders beim Wendelauf, Pendellauf und Achterlauf. In diesen Tests ist keine konstante Geschwindigkeit gefordert, sondern die Fähigkeit, immer wieder abzubremsen und zu beschleunigen.

5. **Ausdauertest**
   Der klassische Ausdauertest ist der Cooper-Test. Dabei müssen Bewerber in zwölf Minuten eine möglichst lange Strecke zurücklegen. Entscheidend für den Erfolg sind die richtige Vorbereitung (Training im anaeroben Bereich) und das Gefühl für die individuell optimale Geschwindigkeit.

6. **Kraftsporttest**
   Es gibt mehrere Varianten von Krafttests, die verschiedene Muskelgruppen ansprechen. Neben den klassischen Kraftdisziplinen wie Bankdrücken, Klimmzüge oder Sit-ups fallen auch der Standweitsprung und das Springen über eine Kleinbank in diese Kategorie.

7. **Schwimmtest**
   Viele Bundesländer verlangen als Nachweis der Schwimmfähigkeit nur ein bestimmtes Schwimmabzeichen. Ist ein Schwimmtest Bestandteil der Prüfung, muss dabei eine bestimmte Strecke innerhalb einer vorgeschriebenen Zeit zurückgelegt werden.

7.1   Die Disziplinen beim Polizei-Sporttest

500 m Wendelauf

a.   Wie wird diese Disziplin ausgeführt?

Beim Wendelauf ist das Zusammenspiel zwischen Schnelligkeit, Ausdauer und Beweglichkeit gefordert. Dazu werden in einem bestimmten Abstand voneinander zwei Fahnen oder Kästen aufgestellt. Sie müssen nun entweder zwischen beiden Markierungen hin und her laufen und diese jeweils leicht antippen, oder die Markierungen umlaufen, bis die vorher festgelegte Gesamtdistanz erreicht ist. Die Zeit vom Startkommando bis zum Erreichen der letzten Markierung wird gestoppt. Je nach Bundesland kann der Wendelauf in seiner Ausführung variieren, z.B. indem in einzelnen Etap-
pen zusätzlich ein Gegenstand befördert werden muss. Auch die Gesamt-
länge der Strecke und die geforderte
Zeit sind nicht überall gleich.

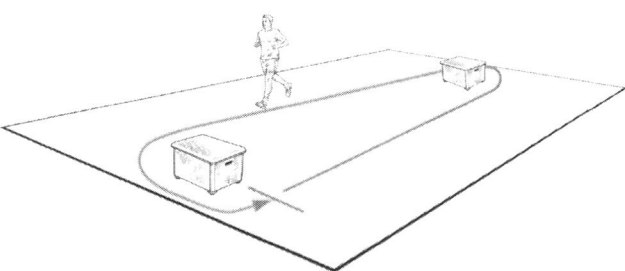

b.   Was wird getestet?

¬ Schnelligkeit

¬ Ausdauer

¬ Beweglichkeit

c.   Wie kann ich mich vorbereiten?

Zur Vorbereitung auf diesen Kurzsprinttest ist ein Intervalltraining mit Sprintserien über 20 bis 50 Meter unter Einhaltung kurzer Pausen geeignet. Die richtige Bremstechnik und eine gut überlegte Schuhwahl sind wichtig, um stets die Kontrolle zu bewahren und Verletzungen vorzubeugen. Ein ausschließlich auf Kondition ausgerichtetes Ausdauertraining ist zur Verbesserung der Sprintleistung im Wendelauf – mit häufigem Beschleunigen und Abstoppen – nicht ausreichend.

Folgende Trainingsmethoden bieten sich an:

Die Intervallmethode

Diese Methode zeichnet sich dadurch aus, dass die einzelnen Trainingsintervalle von kurzen Pausen unterbrochen werden. Diese so genannten „lohnenden Pausen" werden so bemessen, dass Sie sich nicht vollständig erholen, sondern die nächste Belastung gerade eben wieder bewältigen können. Da die Leistung immer nur über einen kurzen Zeitraum erbracht werden muss, kann in diesen Phasen mit einer hohen Intensität gearbeitet werden. Das kann aber bei ungenügendem Grundtraining schnell zu Verletzungen führen, weshalb das Intervall- eher als ergänzendes Zusatztraining zu betreiben ist.

Die Wiederholungsmethode

Im Gegensatz zur Intervallmethode sieht die Wiederholungsmethode nach intensiven Belastungsphasen länger andauernde Erholungsphasen vor. In diesen Pausen kommt es zu einer vollständigen Regeneration, bei der die Herzfrequenz sinkt und neue Energie für die folgende Muskelarbeit bereitgestellt wird.

Pendellauf

a. Wie wird diese Disziplin ausgeführt?

Der Pendellauf ist – ähnlich wie der Wendelauf – auf die Überprüfung verschiedener konditioneller und koordinativer Fähigkeiten ausgelegt. Dabei sollen unter Wechsel der Laufrichtung auf einer festgelegten Route mit bestimmter Länge verschiedene Hindernisse schnellstmöglich umlaufen werden. Auch hier gibt es verschiedene Variationsmöglichkeiten durch unterschiedliche Distanzen oder einen zu transportierenden Gegenstand. Besonders wichtig sind in dieser Übung Beweglichkeit und Antrittsschnelligkeit. Bewertet wird auch beim Pendellauf die Zeit, die für das Zurücklegen der Gesamtdistanz benötigt wird.

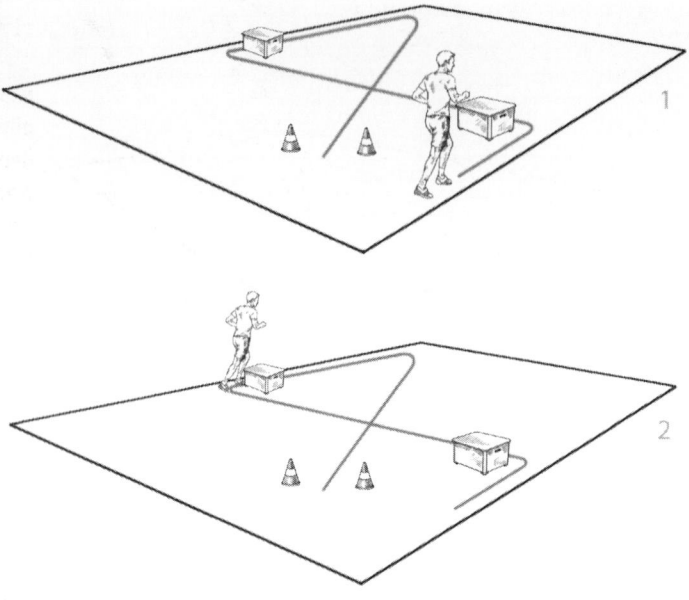

b. Was wird getestet?

¬ Schnelligkeit

¬ Ausdauer

¬ Beweglichkeit

c. Wie kann ich mich vorbereiten?

Die Vorbereitung entspricht derjenigen zum Wendelauf.

Achterlauf

a. Wie wird diese Disziplin ausgeführt?

Die Aufstellung für diese Übung sieht folgendermaßen aus: Zwei Kästen werden in einem Abstand von zehn Metern platziert. Auf halber Strecke dazwischen wird ein offenes Kastenmittelteil in Längsrichtung aufgekantet und mit einer Turnmatte fixiert. Die beiden äußeren Kästen sollen nun in Form einer Acht umlaufen werden, wobei der zentral platzierte Kasten sowohl auf dem Hin- als auch auf dem Rückweg im Kriechgang zu durchqueren ist. Als Abwandlung kann ein dritter Kasten hinzukommen, der im Abstand von etwa zwei Metern zum mittleren Kasten und gleich weit von beiden Außenkästen entfernt aufgestellt wird. Mit diesem Kasten ist dann einmal pro Umlauf kurz Sitzkontakt aufzunehmen, der weitere Ablauf der Übung ändert sich nicht. Gemessen und bewertet wird schließlich die Zeit, die Sie für fünf komplette Durchläufe benötigen. Beim Achterlauf zählen nicht nur Schnelligkeit und Ausdauer, sondern auch Beweglichkeit und Koordination.

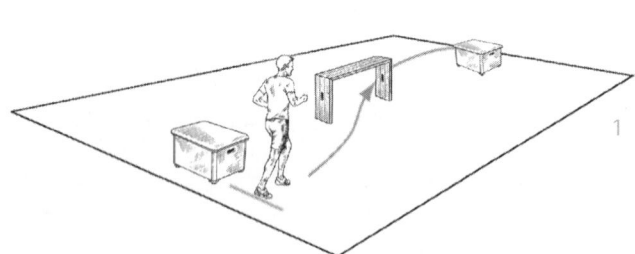

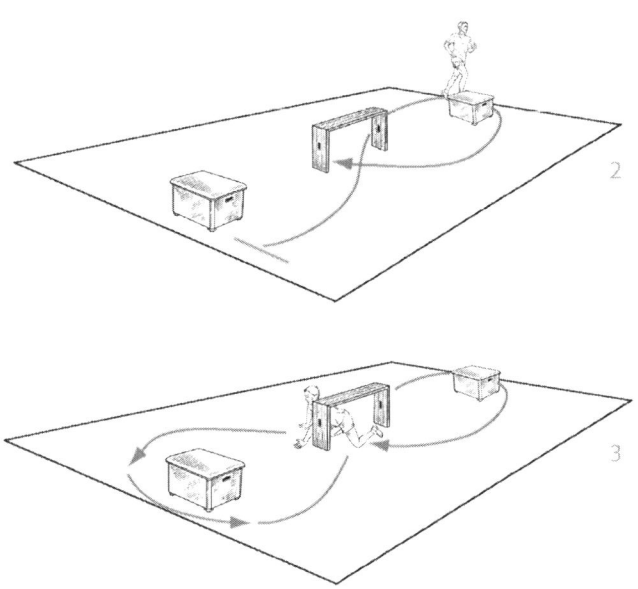

b. Was wird getestet?
 ¬ Schnelligkeit
 ¬ Ausdauer
 ¬ Beweglichkeit

c. Wie kann ich mich vorbereiten?
Die Vorbereitung entspricht derjenigen zum Wendelauf. Versuchen Sie mindestens einmal an einem dem Achterlauf entsprechenden Parcours zu üben. Auch wenn Sie keine Möglichkeit haben, den Achterlauf in einer Turnhalle mit Sportgeräten zu simulieren, sollten Sie sich selbst eine solche Anordnung eventuell im Freien entwerfen, um ein Gefühl für den Achterlauf zu bekommen.

Hindernis-Parcours oder „Kasten-Bumerang-Test"

a. Wie wird diese Disziplin ausgeführt?
 Zusätzlich zu den in Wende-, Pendel- und Achterlauf verlangten Fähigkeiten erfordert der Hindernis-Parcours Orientierungssinn und Konzentration. Je nach Bundesland kann die Anordnung der Hindernisse in „Ihrem" Parcours unterschiedlich sein. Im Folgenden werden zwei mögliche Versionen vorgestellt.

Version 1: „Kasten-Bumerang-Test"

Auf einem ca. 22 Meter langen Parcours sind vier aufgestellte Hindernisse auf einem vorgeschriebenen Laufweg zu überwinden. Nach dem Verlassen der Startmarkierung machen Sie auf einer Turnmatte zunächst eine Rolle vorwärts und laufen dann zu einem Medizinball im Zentrum des Parcours. Dahinter biegen Sie um 90° nach rechts ab und überspringen das Kastenteil vor Ihnen, bevor Sie es anschließend von der anderen Seite

aus durchkriechen. Sprinten Sie gleich danach zurück in Richtung Medizinball und wenden Sie sich dahinter wiederum nach rechts. Auf die gleiche Weise über- und unterqueren Sie auch die nächsten beiden Kästen – nach einem vollständigen Durchlauf kreuzen Sie wieder die Start-/Ziellinie und beenden damit die Übung. Das Zeitlimit für diesen Parcours variiert nach Bundesländern: In Baden-Württemberg liegt es bei 17 Sekunden (Männer) bzw. 21 Sekunden (Frauen).

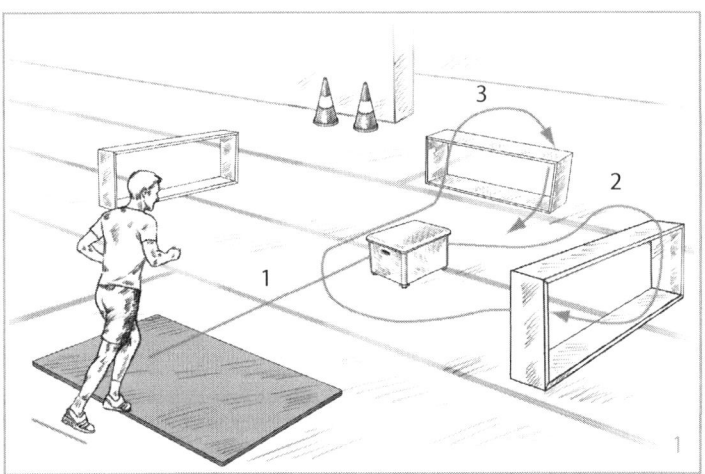

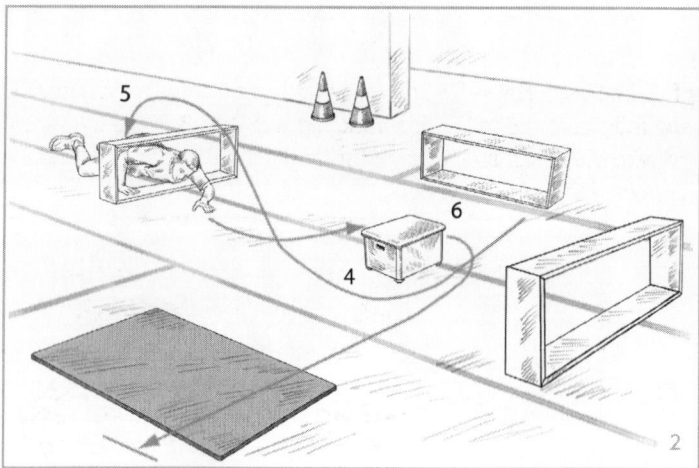

Version 2: Hindernisparcours mit verschiedenen Hindernissen

Nach dem Start beginnen Sie wie bei der ersten Variante – mit einer Rolle vorwärts auf der Matte. Als nächstes winden Sie sich durch eine Öffnung in der Sprossenwand, anschließend steigen Sie über eine zweite Sprossenwand. Nun warten drei Kastenteile, die Sie abwechselnd durchkriechen und überspringen. Daraufhin laufen Sie im Slalom durch einen Stangentor-Parcours, überwinden die Holme eines quer gestellten Hochbarrens,

kriechen durch einen Mattentunnel, schwingen sich über ein Turnpferd und springen nacheinander über drei quer liegende Matten, ohne diese zu berühren. Nachdem Sie zum Schluss einen liegenden Turnbock aufgerichtet haben, ist der erste von zwei Umläufen beendet. Auch in dieser Variante läuft die Uhr.

b. Was wird getestet?
   ¬ Orientierungssinn
   ¬ Schnelligkeit
   ¬ Ausdauer
   ¬ Beweglichkeit

c. Wie kann ich mich vorbereiten?
   Hilfreich ist es, an einem der Prüfungssituation ähnlichen Hindernisparcours zu üben. Vielleicht bietet sich Ihnen die Möglichkeit, z.B. über eine Vereinszugehörigkeit eine Turnhalle zu nutzen, die über die entsprechenden Sportgeräte verfügt, um einen vergleichbaren Parcours aufbauen zu können. Besteht diese Möglichkeit nicht, ist es sinnvoll, in einem großen Raum oder auf einer Fläche im Freien etwas Entsprechendes aufzubauen, das Ihnen eine Testsimulation ermöglicht, um Ihnen ein Gefühl für die Prüfung zu geben und Ihren Koordinationssinn und Schnelligkeit zu verbessern. Die Intervall- und Wiederholungsmethode, die oben beim Wendelauf beschrieben wurde, dienen Ihnen auch für diese Übung, um Schnelligkeit und Ausdauer zu trainieren.

Standweitsprung

a. Wie wird diese Disziplin ausgeführt?
   Ziel der Übung ist es, ohne Anlauf so weit wie möglich auf eine Turnmatte zu springen. Ausgangsposition ist die Hockstellung: Stellen Sie sich mit den Fußspitzen direkt an die Absprunglinie. Holen Sie mit beiden Armen Schwung und springen Sie so weit wie möglich nach vorne. Anschließend wird die Sprungweite von der Absprunglinie bis zum hinteren Fersenabdruck bzw. bis zur letzten Bodenberührung in Metern und Zentimetern gemessen. Der beste von drei Versuchen wird gewertet.

b. Was wird getestet?
   ¬ Sprungkraft

c. Wie kann ich mich vorbereiten?
   Kniebeugen (Oberschenkelmuskulatur), Kurzsprints (Schnellkraft) und Techniktraining (Schwungholen mit den Armen)

Fünfer Sprunglauf

d. Wie wird diese Disziplin ausgeführt?

Der Fünfer Sprunglauf beginnt ebenfalls im Stand. Holen Sie Schwung und legen Sie in fünf Sprüngen – von einem Bein auf das andere – eine möglichst große Weite zurück. Mit welchem Bein Sie beginnen, bleibt Ihnen überlassen. Anschließend wird die Gesamtweite vom Absprung (Fußspitze) bis zum hintersten Abdruck des Körpers gemessen. Ein zweiter Versuch ist zulässig.

e. Was wird getestet?
 ¬ Sprungkraft
 ¬ Koordination
 ¬ Schnelligkeit

f. Wie kann ich mich vorbereiten?

Kniebeugen (Oberschenkelmuskulatur), Kurzsprints (Schnellkraft) und Techniktraining (Schwungholen mit den Armen)

Springen über Kleinbank

a. Wie wird diese Disziplin ausgeführt?

In der Ausgangsposition stehen Sie mit geschlossenen Füßen seitlich neben einer Kleinbank (Höhe: 31 cm, Breite: 34 cm). Überspringen Sie die Bank innerhalb von 30 Sekunden mit geschlossenen Beinen so oft wie möglich, abwechselnd von rechts nach links. Ziel dieser Übung ist die Überprüfung der Sprungkraftausdauer der Beinmuskulatur, der Bewegungsschnelligkeit sowie der Koordination.

b. Was wird getestet?
 ¬ Sprungkraft
 ¬ Koordination
 ¬ Schnelligkeit

c. Wie kann ich mich vorbereiten?

Sprungtraining, Wedelsprünge, Skigymnastik

Bankdrücken

a. Wie wird diese Disziplin ausgeführt?

Bei Übungsbeginn liegen Sie mit abgelegtem Kopf in Rückenlage flach auf einer Bank. Der Blick ist nach oben gerichtet. Beugen Sie Ihre Beine im rechten Winkel, um Rückenschmerzen und Fehlbelastungen der Wirbelsäule vorzubeugen. Die Fersen halten Kontakt zur Bank, die Zehenspitzen zeigen aufwärts.

Heben Sie das Gewicht mit gestreckten Armen aus der Verankerung und senken Sie es zunächst auf den Brustmuskel. Drücken Sie das Gewicht nach kurzer Kontaktzeit wieder nach oben und führen Sie es anschließend erneut auf die Brust. Atmen sie beim Hochdrücken ein, beim Abwärtsführen auf die Brust aus.

Die im Sporttest einzuhaltenden Parameter variieren: Z.B. in Hessen müssen Männer eine 30 kg-, Frauen eine 20 kg-Langhantel mit möglichst vielen Wiederholungen stemmen. In einer gängigen Abwandlung beträgt das Hantelgewicht bei Frauen 45 %, bei Männern 60 % des Körpergewichts.

b. **Was wird getestet?**

   ¬   Kraft

   ¬   Ausdauer

   ¬   Koordination

c. **Wie kann ich mich vorbereiten?**

Bankdrücken (Langhantel)

Das Bankdrücken mit der Langhantel lässt sich im Fitnessstudio geführt (d.h. mit einer fest im Gerät eingespannten Hantel) oder ungeführt (mit freier Hantel) trainieren. Zur Vorbereitung kommt beides infrage, doch sollten Sie sich mit dem ungeführten Bankdrücken zumindest vertraut gemacht haben, um das im Sporttest nötige Gefühl zum Ausbalancieren der Hantel zu bekommen. Nehmen Sie sich zum ungeführten Training mit hohen Gewichten einen Trainingspartner zur Seite, der eventuell Hilfestellung geben kann.

Wer noch keine Erfahrungen im Kraftsport hat, beginnt beim Bankdrücken mit einem Gewicht von 35 kg. Der Körper benötigt etwa drei bis vier Wochen, um sich auf die ungewohnte Belastung einzustellen. Danach kann ein Anfänger relativ schnell Erfolge erzielen und durch gezieltes Krafttraining sein Trainingsgewicht innerhalb eines Jahres sogar auf 70 kg verdoppeln. Dieser schnell messbare Erfolg zu Beginn des Trainings wirkt extrem motivierend und macht den Einstieg leichter. Für einen fortgeschrittenen Kraftsportler ist eine derart rapide Steigerung freilich nicht möglich.

Die Zahl der Wiederholungen hängt vom Trainingsziel ab. In der Regel werden im Fitnesstraining drei Sätze zu jeweils 12-15 Wiederholungen absolviert, bei steigendem Gewicht. Mit dem Endgewicht sollte nach 15 Wiederholungen jedoch nicht einfach aufgehört, sondern weitergestemmt werden – solange die Kraft reicht.

Die Griffweite bestimmt dabei die Belastung der unterschiedlichen Muskelgruppen: Ein enger Griff spricht besonders den Trizeps (M. trizeps brachii) an, ein breiter Griff eher die Brustmuskulatur. Wenn Sie mit einer Langhantel zu Hause trainieren, dann denken Sie an die richtige Unterlage (Trainingsbank), um falsche Bewegungen und Belastungen zu vermeiden.

Butterflys am Gerät

Eine weitere geeignete Studio-Übung sind Butterflys an der Maschine. Im aufrechten Sitz, mit dem Rücken an der Lehne des Geräts, werden die Arme so zum rechten Winkel gebeugt, dass die Unterarme senkrecht nach oben gerichtet sind. Ellbogen und/oder Hände drücken über die vorgesehenen Kontaktflächen die Hebelarme des Geräts nach vorne, bis sich diese vor dem Brustkorb beinahe berühren.

Flys (Kurzhantel)

Der große Brustmuskel, der mit den Butterflys trainiert wird, lässt sich im Studio oder zu Hause auch durch Flys mit Kurzhanteln stärken. Legen Sie sich dazu mit dem Rücken auf eine flache Trainingsbank. Die Arme sind parallel zum Boden beinahe ausgestreckt, jede Hand führt eine Hantel. Führen Sie jetzt beide Arme gleichzeitig – mit unveränderter Anwinkelung – in einer halbkreisförmigen Bewegung in die Senkrechte.

Liegestütz

Sämtliche beim Bankdrücken geforderten Muskeln – großer Brustmuskel, dreiköpfiger Armstrecker (Trizeps) und der vordere Deltamuskel – können Sie beim Heimtraining auch durch den klassischen Liegestütz in Form bringen, der wie folgt ausgeführt wird: Der Körper stützt sich auf Hände und Zehenballen. Die Arme nicht vollständig durchgedrückt, liegen die Hände etwas mehr als schulterbreit auseinander, die Finger sind gespreizt und leicht nach innen gerichtet. Bei der Absenkung des Oberkörpers bis knapp über den Boden ist die Gesäß- und Oberschenkelmuskulatur anzuspannen. Mit dem Abdrücken in die Ausgangsposition wird ausgeatmet.

Klimmzüge

a. Wie wird diese Disziplin ausgeführt?

Diese Übung sieht für Männer und Frauen verschiedene Ausführungen vor.

Ein Mann führt die Klimmzüge im Streckhang durch. Dazu beugt er am Reck hängend die Arme und zieht den Körper hoch, bis die Kinnspitze über die Reckstange zeigt. Danach senkt er sich wieder in den Streckhang. Bewertet wird die Anzahl der Klimmzüge.

Eine Frau führt die Klimmzüge im Liegehang durch. Dazu legt sie die Fersen auf einen Kasten und zieht sich – wie in der „männlichen" Ausführung – mit den Armen an, bis das Kinn über die Reckstange ragt. Bewertet wird ebenfalls die Anzahl der Klimmzüge.

b. Was wird getestet?

¬ Kraft

¬ Ausdauer

¬ Koordination

Männer:

Frauen:

c. Wie kann ich mich vorbereiten?

Klimmzüge

Klimmzüge lassen sich im Studio an einem speziellen Gerät trainieren oder aber an einer einfachen Reckstange. Die Auhrung ist jeweils unterschiedlich: Am Gerät knien oder stehen Sie auf einer Plattform, umfassen die Griffstange mit breitem Griff und nach vorne weisenden Handgelenken („Obergriff"). Die Reckstange wird hingegen mit engerem Griff und zum Körper zeigenden Handflächen umfasst („Untergriff"). In beiden Varianten sollten Sie die Arme gleichmäßig belasten und sich mit gleichzeitigem Ausatmen so weit anziehen, bis das Kinn über die Reckstange bzw. eine gedachte Linie zwischen den Griffen hinausragt. Senken Sie den Körper anschließend langsam ab, bis die Arme fast komplett gestreckt sind. Atmen Sie dabei ein.

Latissimuszug

Die beste Übung zum Training des breiten Rückenmuskels im Kraftsport ist der Latissimuszug (oder kurz Latzug). Er stellt eine konventionelle und sichere Form dar, den breiten Rückenmuskel zu trainieren und sollte in keinem Trainingsplan fehlen. Seine breite Wirksamkeit zeigt sich daran, dass er sowohl im Gesundheitssport als auch im professionellen Kraftsport eingesetzt wird. Der Latissimuszug wird an einer geeigneten Seilzugmaschine mit Sitzbank und Zugstange durchgeführt. Halten Sie zu Beginn in Sitzposition den Rumpf gerade, heben Sie den Brustkorb etwas an und strecken Sie die Arme beinahe vollständig durch. Ziehen Sie mit dem Ausatmen die Zugstange gleichmäßig bis fast auf das Brustbein herab und lassen Sie sie anschließend langsam in die Startposition zurückgleiten. Wer in der Übung bereits erfahren ist, kann die Stange auch in den Nacken führen, sollte dann aber besonders darauf achten, einen geraden Zug einzuhalten.

Durch die Veränderung des Griffabstands können Sie kontrollieren, welche Muskelgruppen Sie besonders ansprechen wollen: Mit weiterem Griff wird auch der untere, mit engerem Griff vor allem der obere Bereich des breiten Rückenmuskels angesprochen. Während der Vorbereitung sollten beide Varianten absolviert werden, die gleichzeitig auch den Bizeps mittrainieren.

Sit-ups oder auch abdominal crunch

a. **Wie wird diese Disziplin ausgeführt?**

Beim Ausführen von Sit-ups gibt es viele Variationsmöglichkeiten, die Grundübung sieht folgendermaßen aus: Sie liegen auf dem Rücken, die Beine sind aufgestellt. Legen Sie Ihre Hände leicht an den Kopf (nicht dahinter – der Kopf soll nicht mit den Händen nach vorne gedrückt werden), die Ellenbogen zeigen nach

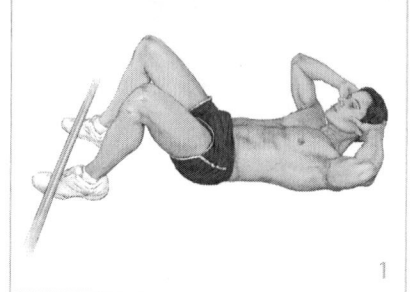

außen. Richten Sie dann den Oberkörper ohne Schwung langsam auf, halten Sie ihn kurz in dieser Position, und senken Sie ihn anschließend langsam zurück auf die Matte. Wichtig: Im Gegensatz zur sonst üblichen Trainingsweise ist der Oberkörper im Sporttest zuweilen komplett aufzurichten.

b. **Was wird getestet?**

¬ Kraft

¬ Ausdauer

¬ Koordination

c. **Wie kann ich mich vorbereiten?**

Zur Vorbereitung bieten sich verschiedene Bauchmuskelübungen an:

Abdominal crunch

Der abdominal crunch trainiert gezielt die gerade Bauchmuskulatur. Die Ausführung ist ähnlich wie bei Sit-ups, nur wird der Oberkörper beim abdominal crunch weniger stark angehoben (bis auf etwa 20 cm Höhe), wobei der Lendenbereich ständig Kontakt zur Unterlage hält.

Reverse crunch

Der reverse crunch trainiert ebenfalls die gerade Bauchmuskulatur, beansprucht die unteren Muskelbereiche aber stärker als der abdominal crunch. Legen Sie zur Ausführung in Rücklage die Arme seitlich ausgestreckt auf den Boden und strecken Sie die Beine senkrecht in die Höhe. Heben Sie anschließend das Gesäß etwas an. Der reverse crunch wird zum Bauchmuskeltraining – besonders im Anfängerbereich – eher selten eingesetzt, da die koordinativen Anforderungen relativ hoch sind.

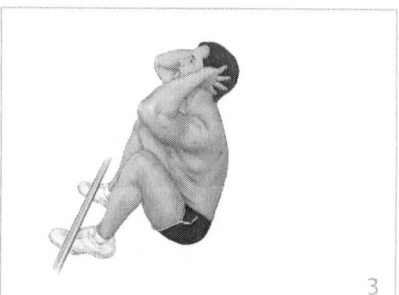

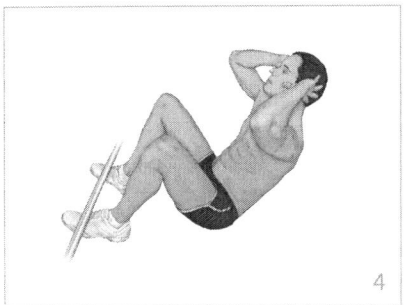

4

5

Seitlicher Liegestütz

Diese Übung trainiert die äußere schräge Bauchmuskulatur. Legen Sie sich zu Beginn seitwärts auf Ihre Unterarme und Füße, sodass Ihr Körper eine gerade Linie bildet. Heben Sie nun das Gesäß leicht und langsam an und senken Sie es ebenso langsam wieder ab. Zur Variation können Sie statt den Füßen auch die Knie oder Oberschenkel als Auflage nehmen, dadurch wird die Übung einfacher. Bleiben Sie in jedem Fall in den Gelenken fixiert, um die Bewegung zu stabilisieren.

Cooper-Test

Der Cooper-Test und das Lauftraining

Allgemein

Laufen ist derzeit in Deutschland noch die Fettverbrennungssportart schlechthin. Varianten wie Nordic Walking werden zwar immer populärer, dennoch bietet das klassische Joggen die bekannteste und effektivste Art der Fettverbrennung. Im Vergleich zu anderen Ausdauersportarten werden die Vorteile des Joggings schnell offensichtlich: Es kann jederzeit, überall und ohne große Ausrüstung ausgeübt werden, ist somit außerordentlich kostengünstig und maximal flexibel. Ergänzt durch Krafttraining verspricht es optimale Trainingserfolge und unterliegt praktisch keiner Altersbeschränkung.

Von allen Ausdauersportarten verbraucht Laufen bei weitem die meisten Kalorien pro Zeiteinheit. Eben dieser Effekt birgt jedoch eine Gefahr für Anfänger: Da der hohe Energieverbrauch zu einer spürbar schnelleren Muskelermüdung führt, erreichen Ungeübte schnell ihre individuelle Leistungsgrenze. Dadurch kann die anfangs vorhandene Motivation schnell einen Dämpfer erhalten, was sogar zum Abbruch des Trainings führen kann. Das wäre schade, denn regelmäßiges Lauftraining ist nicht nur beim Abnehmen hilfreich, sondern hat immer positive Effekte auf die allgemeine Gesundheit und Fitness jedes Menschen.

Laufen ist jedoch nicht nur Trainingsform, sondern auch Maßstab: Die erbrachte Laufleistung innerhalb einer festgelegten Zeitspanne gibt Auskunft über die Ausdauer eines Menschen und macht diese vergleichbar. Daher ist der Cooper-Test Einstellungskriterium bei der Polizei in den meisten Bundesländern. In der Regel gilt es dabei, in 12 Minuten als Mann mindestens 2600 m zurückzulegen, als Frau mindestens 2100 m. Diese Angaben können jedoch je nach Bundesland variieren, informieren Sie sich daher unbedingt über die genauen Vorgaben Ihres Bundeslandes!

Die Geschichte des Cooper-Tests

Der Cooper-Test ist nach dem amerikanischen Arzt Dr. Kenneth Cooper benannt, der den Test entwickelte. Dazu wurden Versuchspersonen auf dem Fahrradergometer an die Belastungsgrenze geführt und während des Trainings die Sauerstoff- und Kohlendioxidkonzentration in der ausgeatmeten Luft gemessen. Die Menge des aufgenommenen Sauerstoffs pro Minute gibt dabei Auskunft, wie lange das Training im aeroben Bereich stattfand.

Durch Versuche mit Laufleistungen auf unterschiedlichen Strecken erkannte Cooper einen Zusammenhang zwischen der maximalen Sauerstoffaufnahmekapazität und der Laufleistung in 12 Minuten. Aus den ermittelten Werten berechnete er Fitnessgrade und entwickelte den Cooper-Test, der sehr einfach durchzuführen ist und daher heute vielfach zur Überprüfung der allgemeinen aeroben Ausdauer eingesetzt wird.

Mit zwölf Minuten Laufdauer fällt der Cooper-Test hauptsächlich in den Bereich der Mittelzeitausdauer (2-10 Minuten), strikt nach Definition fallen lediglich die letzten 2 Minuten in den Bereich der Langzeitausdauer.

In regelmäßigen Abständen angewendet, ist der Cooper-Test eine einfache und gute Möglichkeit, die Effektivität des Trainings zu überprüfen.

⚠ Merke

Beim Cooper-Test versuchen die Teilnehmer, in 12 Minuten eine möglichst lange Strecke auf einer Laufbahn zurückzulegen. Mittels Tabellen, bei denen dann die gelaufene Strecke einer bestimmten Ausdauerleistung zugeordnet wird, kann die Leistung bewertet werden.

Grundlagenausdauer

Wer als Untrainierter mit dem Training beginnt, egal ob allgemein oder speziell für den Cooper-Test, sollte zunächst eine Verbesserung der Grundlagenausdauer anstreben. Diese ist nämlich die Basis für die spezielle Ausdauer, welche bei mittleren und längeren Strecken und eben auch beim Cooper-Test benötigt wird. Es ist also wichtig, rechtzeitig mit dem Training zu beginnen, d. h. mehrere Monate vor dem Test.

Die Grundlagenausdauer kann durch Training mit einer kontinuierlichen Dauermethode verbessert werden. Dabei ist es wichtig, die Belastung so zu wählen, dass die Energiegewinnung unterhalb der aeroben Schwelle stattfindet, also im aeroben Bereich und nicht über den anaeroben laktaziden Stoffwechselweg bereitgestellt wird.

Zur gezielten Verbesserung der Grundlagenausdauer und auch unter dem Aspekt der Vermeidung von Herz-Kreislauf-Erkrankungen eignet sich die extensive Dauermethode: Dazu werden bei etwa 70 % der maximalen Herzfrequenz Dauerläufe durchgeführt (Richtwerte: für Untrainierte aerobe Schwelle: 125 - 130 S/min, anaerobe Schwelle: 140-150 S/min, für Trainierte: aerobe Schwelle: 150-160 S/min, anaerobe Schwelle:170-175 S/min). Durch lauforientierte Sportarten wie Hockey, Fußball oder Handball kann das Training variiert und abwechslungsreicher gestaltet werden.

Erfolgreiches Training definiert sich jedoch nicht nur über die eigentlichen Trainingseinheiten. Der richtige Wechsel von Belastung und Erholung ist ausschlaggebend für den Trainingserfolg und die Leistungssteigerung. Das bedeutet: Zwischen den einzelnen Trainingseinheiten sollten maximal zwei Tage Pause liegen. Tage mit gezielter Erholung sind aber wichtig für den Körper und daher unbedingt mit einzuplanen! Ein guter Richtwert für Anfänger ist dreimal pro Woche etwa 20 Minuten zu trainieren, für Fortgeschrittene und Fitnesssportler sollten es drei- bis viermal pro Woche 50 bis 70 Minuten sein.

Die aerobe Schwelle verändert sich im Laufe des Trainings, bei Anfängern ist sie schon bei geringerer Trainingsintensität erreicht, während sie nach einigen Wochen kontinuierlichen Trainings spürbar höher liegt. Daher muss der Trainingspuls stets individuell festgelegt und im Lauf des Trainings angepasst werden, größere Unterschiede zwischen Personen sind dabei normal.

Das Training der Grundlagenausdauer führt zur Verbesserung einiger entscheidender Stoffwechselprozesse: die maximale Sauerstoffaufnahme, die Sauerstoffausnutzung und die Fähigkeit, Fettsäuren zur Energiegewinnung zu nutzen, werden verbessert. Insgesamt wird so erreicht, dass die Muskeln das Sauerstoffangebot der Atemwege besser ausnutzen können.

Training der Mittelzeitausdauer und Schnelligkeit (spezielle Ausdauer)

Ziel des Trainings für den Cooper-Test ist es, eine gute Mittelzeitausdauer zu erreichen. Daher muss nach einigen Trainingswochen die Belastung so gesteigert werden, dass sie nun zwischen der aeroben und der anaeroben Schwelle liegt. Dies kann mit der intensiven Dauermethode erreicht werden.

Hier wie bei jeder anderen Art der Dauermethode ist es wichtig, die Schwellenwerte der Energiegewinnung einzuhalten. Andernfalls kann die notwendige Belastungsdauer, die für einen trainingswirksamen Reiz unumgänglich ist, wegen zu früher Ermüdung nicht erreicht werden.

Die Tempoarbeit sollte spätestens acht bis zehn Wochen vor dem Test begonnen werden.

Darüber sollte die Grundlagenausdauer jedoch nicht vernachlässigt, sondern weiter ins Training mit einbezogen werden. Der Schwerpunkt des Trainings liegt jetzt aber auf der Verbesserung der speziellen Ausdauer und der anaeroben Energiegewinnung. Dazu lassen sich die extensive (aerob) und die intensive (anaerob) Intervallmethode gewinnbringend einsetzen:

Intervallmethode	extensiv	intensiv
Intensität (% der Bestzeit)	60–80%	80–90%
Dauer (Einzelreiz, Streckenlänge)	ca. 1–8 min. (ca. 300–2.000 m)	ca. 14 sec. – 4 min. (ca. 100–1.200 m)
Umfang (Wiederholungen)	4 bis 20	3 bis 12 (3 bis 4 Wiederholungen mit 3 bis 4 Serien)
Pause	1/3 Erholung 1,5 bis 4 Min.	2/3 Erholungen: 2 bis 6 Min, ca. 10 Min Serienpause
Wirkung	Verbesserung der Herz-Kreislauf-Funktion	Verbesserung der Energiegewinnung aus Kohlenhydraten
Trainingsbereich	aerob	anaerob-laktazid

Die Intervallmethode zeichnet sich dadurch aus, dass während des Trainings gezielt kurze Pausen eingelegt werden, die dem Körper jedoch keine vollständige Erholung ermöglichen. Vielmehr handelt es sich dabei um die so genannte „lohnende Pause". Diese funktioniert aufgrund der Tatsache, dass sich der menschliche Körper logarithmisch erholt. Konkret ausgedrückt: Im ersten Drittel der Erholungszeit finden zwei Drittel der Erholung statt. Die lohnende Pause nutzt genau dieses erste Drittel. Währenddessen sollte sich der Puls etwa zwischen 120 und 140 S/min stabilisieren. Die extensive Intervallmethode verbessert so gezielt die Mittelzeitausdauer, während die intensive Intervallmethode die Kurzzeitausdauer und damit die Schnelligkeit fördert. Dabei ist noch zu beachten, dass der Trainingsreiz innerhalb der Intervallmethode verändert werden sollte, z. B. durch Einsatz der „Pyramide". Dabei werden beispielsweise 400m-800m-1200m-800m-400m mit jeweils einer lohnenden Pause absolviert.

Auf- bzw. Abwärmen nach dem Training:

Aufwärmen:

Beim Training für den Cooper-Test gilt wie bei jeder anderen Art des Trainings auch: Der Körper muss aufgewärmt werden, um Verletzung möglichst zu vermeiden. Das Aufwärmen sollte folgende Elemente beinhalten:

¬ Langsames Einlaufen zu Beginn: Dadurch werden das Herz-Kreislaufsystem und die Muskulatur auf die Belastung vorbereitet.

¬ Anschließend Stretching (zur Verbesserung der Dehnfähigkeit) und dynamische gymnastische Übungen.

¬ Koordinative Übungen:

1. **Überkreuzen:** Beim Seitwärtslaufen die Beine abwechselnd vorne und hinten überkreuzen, die Arme dabei in die Hüfte stemmen. Oberkörper und Hüfte stabil halten.

2. **Anfersen:** Unterschenkel mit einer schnellen Bewegung an das Gesäß ziehen. Die gesamte Übung wird auf dem Vorfuß ausgeführt. Den Körper dabei leicht nach vorne neigen und die Hände locker mitschwingen lassen.

3. **Hopserlauf:** Sprunghafte Bewegung mit einem Zwischenhopser, der Abdruck sollte verstärkt in die Höhe erfolgen und kraftvoll ausgeführt werden. Die Arme werden entlang des Körpers mitgeführt.

Abwärmen:

Ein Cooldown sollte den Abschluss jedes Trainings bilden. Es führt den Körper aus der Trainingsphase wieder in die Ruhephase und normalisiert den Stoffwechsel. Das Abwärmen kann z. B. so aussehen:

¬ Zunächst eine Ganzkörperübung, z. B. 10 min Auslaufen

¬ Anschließend leichtes Stretching

¬ Zum Abschluss eventuell passive Maßnahmen wie eine Massage

Verbesserung in Bezug auf den Cooper-Test:

Das Lauftraining optimiert die Stoffwechselprozesse im Körper in zweifacher Hinsicht. Einerseits wird die Sauerstoffverwertung verbessert: Im Lauf des Trainings steigt die Menge an Sauerstoff, die maximal aufgenommen werden kann. Das bedeutet, die aerobe Energiegewinnung kann auch bei höheren Belastungen noch stattfinden. Außerdem kann der aufgenommene Sauerstoff besser ausgenutzt werden. So setzt die Milchsäurebildung erst später ein. Andererseits wird durch das Training die Entsorgung der entstehenden Milchsäure verbessert.

Beide Faktoren bewirken, dass die Muskeln später ermüden, die Ausdauerleistungsfähigkeit also gesteigert wird.

Das Wichtigste auf einen Blick

Die Vorbereitung

Mit der Vorbereitung steht und fällt Ihr Erfolg beim Cooper-Test. Hier die wichtigsten Punkte im Überblick:

Die Ausrüstung:

¬ Noch vor dem ersten Training steht die Wahl der Ausrüstung. Die Schuhe – das wichtigste Hilfsmittel jedes Läufers – sollten Sie besonders sorgfältig auswählen. Welcher Schuh für Sie optimal ist, hängt u. a. von evtl. vorhandenen Fehlstellungen und Ihrem persönlichen Laufstil ab. Lassen Sie sich dabei von einem Fachmann beraten und achten Sie auf gute Qualität. Konsultieren Sie ggf. einen Orthopäden und informieren Sie sich über passende Einlagen. Diese können langfristig Beschwerden im Bewegungsapparat vorbeugen.

¬ Neben dem Laufschuh sorgt auch die Laufkleidung für ein angenehmes Gefühl während des Trainings. Deswegen muss die Kleidung immer auf das Wetter abgestimmt sein, spezielle atmungsaktive Läuferkleidung leistet hier gute Dienste.

Der Trainingsplan:

¬ Die optimale Vorbereitung auf den Cooper-Test braucht Zeit, beginnen Sie daher rechtzeitig mit dem Training! Abhängig von Ihrem persönlichen Fitnesslevel liegt der Zeitpunkt etwa 3-6 Monate vor dem Test.

¬ Untrainierte sollten in den ersten 10 Wochen zunächst gezielt für eine verbesserte Grundlagenausdauer trainieren.

¬ Erst dann sollten Sie das Training steigern und die Verbesserung der speziellen Ausdauer (Mittelzeit- und Schnelligkeitsausdauer) angehen, beispielsweise mit der Intervallmethode.

¬ Spätestens 8–10 Wochen vor dem Test ist der richtige Zeitpunkt gekommen, um mit der Tempoarbeit zu beginnen. Vergessen Sie darüber jedoch nicht das Grundlagentraining und integrieren Sie es weiterhin in Ihre Trainingseinheiten!

¬ Zu Beginn des Trainings muss die Muskulatur aufgewärmt werden, achten Sie darauf besonders in der kalten Jahreszeit!

¬ Laufen Sie nicht gleich zu schnell! Durch diesen Anfängerfehler erreichen Sie zu schnell Ihre persönliche Leistungsgrenze.

¬ In der Prüfung geht es darum, möglichst gleichmäßig schnell durchzulaufen. Sprints und ungleichmäßige Laufgeschwindigkeit kosten zusätzliche Kraft und führen zur schnellen Muskelermüdung. So ist es in der Vorbereitung wichtig zu lernen, Ihre Kräfte für die gesamte Strecke einzuteilen.

¬ Trainieren Sie auch im anaeroben Bereich. Es ist unmöglich, den Cooper-Test nur über aerobe Energiegewinnung zu bestreiten, daher müssen Sie den Körper rechtzeitig an die Belastung gewöhnen. Laufen Sie darum bereits im Training mehrfach unter Testbedingungen. So bekommen Sie ein Gefühl für die eigene Belastbarkeit und richtige Geschwindigkeit und können trotz hoher Laktatwerte ein gutes Ergebnis erzielen.

¬ Dehnübungen sind empfehlenswert, bewirken aber keine Wunder. Sie sollten möglichst an den trainingsfreien Tagen ausgeführt werden, nicht direkt nach dem Lauftraining.

¬ Verteilen Sie das Pensum auf 3 bis maximal 4 Einheiten pro Woche. Setzen Sie höchstens zwei Tage am Stück mit dem Training aus, aber vergessen Sie auch nicht, notwendige Erholungspausen einzuplanen. Diese sind Teil des Trainings!

¬ Achten Sie auf eine ausgewogene Ernährung, insbesondere auf eine ausreichende Zufuhr an Kohlenhydraten, um Ihre Muskulatur optimal zu versorgen.

Laufstil und Atmung:

¬ Entwickeln Sie Ihren persönlichen Laufstil: Lassen Sie sich nicht durch allgemeine Empfehlungen zur Lauftechnik verunsichern. Für langfristig erfolgreiches Training ist es wichtig, dass Sie mit der Zeit Ihren ganz persönlichen ökonomischen Laufstil entwickeln. Als Anregung: Laufen Sie möglichst locker, setzen Sie den Fuß leicht vor der Körperachse auf und drücken Sie sich aktiv nach hinten ab.

¬ Halten Sie den Kopf ruhig und gerade. Lassen Sie die Muskulatur möglichst locker.

¬ Winkeln Sie die Arme an und lassen Sie sie locker mitschwingen, immer gegengleich zu den Beinen. Achten Sie darauf, auch bei steigender Belastung Schultern und Nacken nicht zu verkrampfen. Lassen Sie bei Verspannungen notfalls kurz die Arme baumeln.

¬ Halten Sie den Oberkörper aufrecht und leicht nach vorn gebeugt. Achten Sie darauf, nicht ins Hohlkreuz zu fallen.

¬ Atmen Sie kräftig aus und schnell ein. Versuchen Sie, möglichst tief zu atmen. Generell ist die Atmung von der Belastung abhängig. Durch die Nase kann weniger Sauerstoff aufgenommen werden als durch den Mund. Beim Cooper-Test ist der Sauerstoffbedarf schon nach kurzer Zeit so hoch, dass die Versorgung über die Nase nicht mehr ausreicht.

Kurz vor dem Test:

¬ Bleiben Sie bei Ihrer Strategie und führen Sie jetzt keine Experimente mehr durch. Vertrauen Sie auf Ihren Körper und die Ausrüstung, die sich in den letzten Wochen bewährt hat.

¬ Führen Sie in den letzten drei Tagen vor dem Test kein intensives Lauftraining mehr durch.

¬ Am letzten Tag vor dem Test können Sie jedoch einige Sprints absolvieren, um eine gewisse Spritzigkeit zu erhalten.

Der Cooper-Test

Nach den Monaten der Vorbereitung steht nun der Höhepunkt an: der Cooper-Test. Wenn Sie konsequent trainiert haben, steht Ihrem Erfolg jetzt praktisch nichts mehr im Wege. Beachten Sie für ein optimales Ergebnis die folgenden Punkte:

¬ Essen Sie direkt vorher nichts Schweres. So vermeiden Sie Völlegefühl und Übelkeit während des Laufs.

¬ Wärmen Sie sich auf. Sollte es nicht sofort losgehen, bleiben Sie bis zum Start in Bewegung, um die Muskulatur warm zu halten.

¬ Wählen Sie die kürzeste Strecke. Laufen Sie auf der Innenbahn und überholen Sie andere Läufer möglichst auf der Geraden. Denn auf Bahn 2 müssen Sie in nur sieben Runden bereits 50 m mehr laufen als auf Bahn 1.

¬ Gehen Sie es langsam an. Das ist der schwierigste Punkt. Natürlich müssen Sie ein gewisses Tempo laufen, dieses müssen Sie aber auch durchhalten können. Beginnen Sie zu schnell, wird zu viel Energie auf anaerob laktazidem Weg erzeugt. Die entstehende Milchsäure hemmt wichtige Enzymaktivitäten, sodass die Muskeln sehr schnell ermüden und das Tempo wegen der Übersäuerung nicht mehr gehalten werden kann.

¬ Vertrauen Sie auf Ihren persönlichen Laufstil (s. o.).

100 Meter schwimmen

100 Meter schwimmen (beliebiger Schwimmstil) in maximal 2:45 Min. Start vom Startblock.

In vielen Bundesländern wird kein gesonderter Schwimmtest verlangt, sondern es reicht, wenn man mindestens ein bestimmtes Schwimmabzeichen vorlegen kann. Die jeweilige Regelung können Sie bei der Landespolizei erfragen.

Ist der Schwimmtest Bestandteil der Sportprüfung, muss der Bewerber eine bestimmte Strecke innerhalb eines vorgegebenen Zeitraums zurücklegen. Eine mögliche Aufgabe besteht in 100 Metern schwimmen in höchstens 2:45 Min. Der Start erfolgt dabei vom Startblock, der Schwimmstil ist frei wählbar.

7.2   Grundlagen der Sporternährung

Ein gut durchdachtes Training ist unumgänglich für das Bestehen des Polizeisporttests. Doch selbst der perfekte Trainingsplan ist allein noch kein Garant für Höchstleistungen. Optimale Ergebnisse kann der Polizeianwärter erzielen, wenn dazu auch die Ernährung auf Art und Umfang der Belastung abgestimmt ist. Für das Training ist es unerheblich, auf welchem Niveau in Ihrer Vorbereitung Sie sich befinden: Es gibt einige Grundregeln, die für alle gleichermaßen gültig sind.

Bei der Auswahl der täglichen Ernährung ist es wichtig, auf die Qualität und den Anteil der einzelnen Nährstoffe zu achten:

1   Kohlenhydrate

Kohlenhydrate liefern die Energie für körperliche und geistige Höchstleistungen. Sie sind relativ leicht verdaulich und daher wenig belastend für den Verdauungsapparat. Der Anteil an Kohlenhydraten in der Ernährung sollte zwischen 55 und 60 Prozent betragen, bei der Auswahl ist allerdings Vorsicht geboten: Einfache Kohlenhydrate wie Zucker liefern sehr schnell sehr viel Energie, was ein anschließendes Abfallen des Blutzuckerspiegels nach sich ziehen kann. Besser für konstante Leistungen sind daher komplexe Kohlenhydrate. Sie werden langsamer zu Blutzucker umgewandelt und anschließend als Glykogen in Leber und Muskeln gespeichert. Diese Glykogenspeicher sind es, die bei körperlicher Anstrengung als erste zur Energiegewinnung herangezogen werden. Durch Training und entsprechend kohlenhydratreiche Ernährung kann die Kapazität dieser Speicher erhöht werden.

▶ So geht's:

Zum Frühstück eignen sich neben Müsli und Getreideflocken auch verschiedene Brotsorten. Kombinieren Sie dazu Fruchtsäfte oder, besser noch, ganze Früchte. Beim Mittagessen sollten Sie viel Wert auf die so genannten Sättigungsbeilagen legen. Kartoffeln, Nudeln, Reis oder Brot sollten zusammen mit Gemüse den Hauptanteil der Mahlzeit ausmachen.

2   Proteine

Proteine haben im Körper eine andere Funktion. Sie enthalten zwar genauso viel Energie wie Kohlenhydrate, werden in erster Linie aber für andere Zwecke benötigt: Ständig werden überall im Körper Zellen erneuert, z. B. für das Wachstum von Haut und Haaren, Blutkörperchen und Muskeln. Daneben bestehen auch Hormone und Enzyme aus Eiweiß – ohne sie würden die elementaren Prozesse des Körpers nicht funktionieren. Für einen reibungslosen Ablauf müssen dem Körper also regelmäßig hochwertige Proteine zugeführt werden, da er sie nicht selbst bilden kann.

Für den Normalverbraucher und Freizeitsportler empfiehlt die Deutsche Gesellschaft für Ernährung (DGE) täglich eine Menge von 0,8 g Eiweiß pro Kilogramm Körpergewicht. Bei Leistungs- und Kraftsportlern kann die Menge jedoch auf bis zu 2 g erhöht werden, insbesondere in Trainingsphasen, die gezielt dem Muskelaufbau dienen.

▶ So geht's:

Die bekanntesten Eiweißlieferanten sind tierische Lebensmittel, die meist große Mengen Eiweiß enthalten. Bevorzugen Sie fettarme Produkte und wechseln Sie zwischen Milch und Milchprodukten, Fleisch, Fisch und Geflügel. Sojaprodukte und Hülsenfrüchte liefern ebenfalls hochwertige Proteine. Pflanzliche Lebensmittel können durch geschickte Kombination mit tierischen Eiweißen aufgewertet werden: Kombinieren Sie Kartoffeln mit Ei oder Quark oder Getreide mit Milchprodukten.

3   Fette

Fett besitzt eine sehr hohe Energiedichte, denn es enthält mehr als doppelt so viel Energie wie Eiweiße und Kohlenhydrate. Das macht das Fett zu einem idealen Speichermedium für Notzeiten, da die gespeicherte Energie platzsparend untergebracht werden kann. Ein gewisser Fettanteil in der täglichen Ernährung ist wichtig, z. B. um fettlösliche Vitamine aufnehmen zu können. Die heutigen normalen Lebensmittel enthalten jedoch in der Regel viel mehr Fett, als benötigt wird. So nehmen die meisten Menschen unabsichtlich sehr viel Fett zu sich, weil ihnen der hohe Fettanteil von Wurstwaren, Süßigkeiten und Snacks nicht bewusst ist.

Der Fettanteil in der täglichen Ernährung sollte zwischen 25 und 30 Prozent der Energie liefern, Ausdauersportler orientieren sich eher am unteren Wert. Bei länger andauernden Belastungen kann der Körper seinen Energiebedarf nicht mehr allein aus Kohlenhydraten decken, sondern muss auf die Fettreserven zugreifen. Ausdauertraining verbessert den Stoffwechsel dahingehend, dass Fett als Energiequelle besser genutzt werden kann.

▶ *So geht's:*

Seien Sie wählerisch bei der Auswahl der Fettquellen und der Garmethoden. Verwenden Sie Fette wie Butter, Schmalz, Sahne, Margarine, Majonäse eher zurückhaltend, bevorzugen Sie stattdessen in Maßen hochwertiges Öl, z. B. im Salat. Das liefert nicht nur essenzielle Fettsäuren, sondern macht auch die fettlöslichen Vitamine erst für den Körper verwertbar. Garen Sie möglichst ohne Zugabe von Bratfett: Dämpfen, Dünsten und Grillen sind ideal, in einer beschichteten Pfanne lassen sich Speisen völlig ohne Fettzugabe braten. Paniertes oder gar Frittiertes sollten Sie dagegen weitgehend vermeiden. Lebensmittel wie Wurst und Käse, Schokolade, Chips und auch Nüsse enthalten sehr viel Fett. Gehen Sie daher maßvoll damit um.

4   *Vitamine und Mineralstoffe*

Vitamine und Mineralstoffe liefern keine Energie, sind aber trotzdem unerlässlich, da ihnen im Körper vielfältige Aufgaben zukommen. Da der Körper sie nicht selbst bilden kann, müssen sie täglich in ausreichender Menge mit der Nahrung aufgenommen werden. Vitamine sind u. a. wichtig für die Funktion des Immunsystems und die Aufnahme der Energie aus den o. g. Nährstoffen, Mineralstoffe wirken mit z. B. beim Aufbau von Zähnen und Knochen und spielen außerdem eine entscheidende Rolle bei verschiedenen Stoffwechselvorgängen.

Eine ausgewogene Ernährung wie oben beschrieben versorgt den Menschen bei normaler Belastung mit allen lebenswichtigen Stoffen. Außergewöhnliche Belastungen bringen jedoch einen erhöhten Vitamin- und Mineralstoffbedarf mit sich, sodass Sie bei intensivem Training besonderes Augenmerk auf die optimale Versorgung legen sollten.

Eine Unterversorgung mit Vitaminen oder Mineralstoffen kann vielfältige Auswirkungen haben. Erste Anzeichen sind möglicherweise Müdigkeit, Konzentrationsschwierigkeiten, Infektanfälligkeit oder Hautveränderungen.

▶ *So geht's:*

Wählen Sie bei Obst und Gemüse möglichst aus dem saisonalen und regionalen Angebot und achten Sie auf eine bunte Auswahl – im wahrsten Sinne des Wortes. Je reifer eine Frucht geerntet wird und je kürzer die Transportwege sind, desto mehr Vitamine enthält sie, wenn die Erdbeere oder Tomate schließlich auf Ihrem Teller liegt. Haben Sie das Gemüse erntefrisch bis nach Hause gebracht, ist die weitere Behandlung entscheidend für die Menge an Vitaminen, die Ihrem Körper schließlich zur Verfügung steht. Ungünstige Lagerbedingungen, übergründliches Wässern, Totkochen oder langes Warmhalten sind tabu!

Flüssigkeitszufuhr

Wasser ist der Hauptbestandteil des menschlichen Körpers, die genaue Menge ist abhängig von Alter, Geschlecht und Trainingszustand. Zellen, die viel leisten (z. B. Muskeln), benötigen mehr Wasser als andere (z. B. Fettgewebe), daher haben Sportler in der Regel einen höheren Wasseranteil im Körper.

Täglich geht dem Körper durch Stoffwechselvorgänge (Ausscheidung, Schwitzen, Atmung) Flüssigkeit verloren, die unbedingt ersetzt werden muss. Wird nicht genügend getrunken, kann bereits ein relativ geringer Flüssigkeitsmangel die geistige und körperliche Leistungsfähigkeit beeinträchtigen: Alle Stoffwechselvorgänge basieren auf Wasser als Transportmedium. Ist das Blut zähflüssiger, werden Herz und Kreislauf unnötig belastet, die Wärmeregulation durch Schwitzen funktioniert weniger gut, die elementaren Transportvorgänge (Sauerstoff und Nährstoffe, Kohlendioxid und Stoffwechselabbauprodukte) laufen weniger reibungslos ab. Daneben schadet längerfristiger Flüssigkeitsmangel durch die erhöhte Belastung auch den Nieren.

⊙ *So geht's:*

Trinken Sie täglich 1,5 bis 2 Liter Wasser oder Tee. Reine Säfte und Milch sind keine Getränke, sondern Nahrungsmittel! Bei körperlicher Anstrengung steigt der Flüssigkeitsbedarf, pro Stunde Training wird etwa ein Liter zusätzlich benötigt, um das gesamte Training hindurch konstante Leistungen erbringen zu können. Nehmen Sie die Flüssigkeit über den Tag bzw. das Training verteilt zu sich, viele kleine Portionen sind – wie beim Essen – besser als wenige große. Dazu eignen sich auch (in Maßen) Saftschorlen oder Sportlergetränke, ungeeignet sind dagegen koffeinhaltige Getränke (Kaffee, Schwarztee, Cola) und Alkohol, da sie dem Körper Flüssigkeit entziehen.

Spezielle Sportlergetränke enthalten hauptsächlich Wasser, Zusätze wie Kohlenhydrate oder Mineralstoffe werden erst bei längeren intensiven Belastungen interessant, so kann z. B. zugesetztes Magnesium Muskelkrämpfen vorbeugen.

Auch wenn Ihnen das Schwitzen unangenehm ist: Versuchen Sie keinesfalls, die Schweißabsonderung über das Trinken zu reduzieren!

Fitnessorientierte Ernährung

So wertvoll einzelne Lebensmittel auch sein mögen, erst in der Kombination versorgen sie den Körper optimal mit allem, was er braucht. So enthält Obst und Gemüse viele Vitamine, aber kaum Eiweiß. Fleisch liefert die nötigen Proteine zum Muskelaufbau, doch erst die Kohlenhydrate aus Kartoffeln oder Reis stellen die Energie für die Arbeit der Muskeln zur Verfügung. Das Öl im Salat schließlich ermöglicht es dem Körper, die fettlöslichen Vitamine im Gemüse auch zu verwerten.

Unter diesem Gesichtspunkt sollte die tägliche Ernährung möglichst vielfältig sein und öfter variiert werden. Das schließt von vornherein kein Nahrungsmittel völlig aus, Süßes oder Fettes sollte jedoch eine untergeordnete Rolle spielen und nur selten verzehrt werden. Grundsätzlich gilt: je naturbelassener, desto besser. Getreideflocken im Müsli liefern komplexe Kohlenhydrate und Ballaststoffe, hoch verarbeitetes Weißmehl in Form von Keksen dagegen hauptsächlich Zucker. Pellkartoffeln liefern neben der Energie auch noch Vitamine, Kartoffelchips enthalten dagegen hauptsächlich Fett.

Versuchen Sie also, Ihre Ernährung möglichst frisch, bunt und abwechslungsreich zu gestalten. Damit schaffen Sie beste Voraussetzungen, dauerhaft fit, gesund und leistungsfähig zu sein.

7.3   Die polizeiärztliche Untersuchung

Der Polizeiberuf stellt einige Anforderungen an den Gesundheitszustand und die Fitness. Als Bewerber müssen Sie daher nicht nur nachweisen, dem alltäglichen Dienststress gewachsen zu sein, sondern auch die physischen Voraussetzungen für die mitunter körperlich anstrengenden Tätigkeiten der Polizeiarbeit zu erfüllen. Daher steht im Rahmen des Auswahlverfahrens für alle Polizeilaufbahnen – ob im mittleren, gehobenen oder höheren Dienst – grundsätzlich eine umfassende, bis zu zweistündige polizeiärztliche Untersuchung an, bei der Sie „auf Herz und Nieren" getestet werden. Die Untersuchung wird durchgeführt von den Polizeiärzten des Polizeiärztlichen Diensts (PÄD), unterstützt durch medizinische Assistenzkräfte (Sanitäter, Krankenschwestern, medizinische Fachangestellte). Der PÄD ist eine landespolizeiliche Einrichtung, der unter anderem auch die begleitende medizinische und (sozial-)psychologische Betreuung der Beamten sowie deren notärztliche Versorgung im Einsatz obliegt. Während des Auswahlverfahrens begutachtet der PÄD nicht nur Ihren momentanen Gesundheitszustand, sondern beurteilt auch Ihre langfristige körperliche Eignung für eine Polizeilaufbahn.

Die polizeiärztliche Untersuchung findet in der Regel an dem Stützpunkt der Landespolizei statt, an dem auch die Einstellungstests absolviert werden. Das genaue Procedere kann dabei von Bundesland zu Bundesland leicht variieren: Die Untersuchung findet mancherorts bereits während der, andernorts im Anschluss an die bestandene Prüfungsphase (schriftliche und mündliche Prüfungen, Sportleistungstest) statt. Auch die jeweiligen Anforderungen unterscheiden sich im Detail je nach Bundesland geringfügig voneinander. An jedem Bewerbungsort gilt jedoch die einschlägige Polizeidienstverordnung (PDV) 300 über die „Ärztliche Beurteilung der Polizeidiensttauglichkeit und Polizeidienstfähigkeit". Sie listet alle für den Polizeiberuf relevanten gesundheitlichen Kriterien auf und legt fest, welche Anforderungen erfüllt werden müssen.

Generell prüft der Arzt während der Untersuchung den Körperbau auf seine grundsätzliche „Funktionstüchtigkeit": Sind alle Gelenke ausreichend beweglich, ist eine allgemeine Bewegungs- und Koordinationsfähigkeit vorhanden, kann das Herz-Kreislauf-System genügend belastet werden, gibt es nennenswerte Einschränkungen in der Sinneswahrnehmung usw. Meist gibt es schon in Bezug auf Größe und Gewicht bestimmte Regelungen, die jedoch nicht einheitlich sind: So setzt die Polizei Nordrhein-Westfalen zurzeit bei Männern eine Mindestgröße von 1,68 m, bei Frauen von 1,63 m voraus, außerdem sollte hier der Body-Mass-Index – Körpergewicht geteilt durch Größe mal Größe (in Metern) – der Bewerber zwischen 18 und 27,5 liegen, idealerweise zwischen 20 und 25. In anderen Ländern weichen die Werte mehr oder weniger stark ab, die Landespolizeien Bremen und Mecklenburg-Vorpommern machen keine strikten Größenvorgaben.

Polizeibeamte sind Teil der Staatsmacht und üben in der Öffentlichkeit eine entsprechende repräsentative Wirkung auf die Bevölkerung aus. Zudem besteht der polizeiliche Aufgabenbereich zu einem großen Teil im unmittelbaren Umgang mit den Bürgern. Daher wird auch in der polizeiärztlichen Untersuchung gesteigerter Wert auf ein ordentliches und gepflegtes Äußeres gelegt. Es gilt der Grundsatz: In Sommerkleidung (kurzärmlige Bluse, kurzärmliges Hemd) dürfen keine auffälligen Hautveränderungen zu sehen sein. Großflächige Tätowierungen werden daher ebenso ungern gesehen wie Piercings und anderer auffälliger Körperschmuck, deutlich sichtbare Narben können sich in gleicher Weise negativ auf die Einstellungschancen auswirken. Achten Sie darüber hinaus auf gepflegte Haare, Hände und Füße, auch störende Sprachfehler sind ein Nachteil. Mit einem kleinen, dezenten Tattoo können Sie jedoch darauf hoffen, dass der PÄD ein Auge zudrückt. Und natürlich führt ein schmutziger Fingernagel oder eine leicht undeutliche Aussprache nicht gleich zwingend zur Ablehnung.

Eindeutig ist die PDV 300 bei anderen Befunden: Offenbaren Hör- und/oder Sehtests (bei Bedarf mit Brille, keine Kontaktlinsen) gravierende Mängel, kommt eine Polizeilaufbahn nicht infrage. Zu schlechtes Hörvermögen, zu geringe Sehschärfe (weniger als 50 % bis zum, weniger als 30 % nach dem 20. Lebensjahr), fehlendes Stereosehen, starkes Schielen und schwere Farbsinnesstörungen (z.B. Rot-Grün-Blindheit) sind ebenso K.O.-Kriterien wie starkes Asthma, atopische Ekzeme (Neurodermitis, Milchschorf), psychosomatische Störungen (Essstörungen, Suchterkrankungen), Herzstörungen, Bandscheibenvorfälle oder eine Kniescheibenfehlform. Unabhängig vom Bewerbungsort müssen Sie während der Untersuchung außerdem ein bis zu 12-minütiges Belastungs-EKG auf dem Fahrrad-Ergometer absolvieren. Das kann z.B. dem PWC 150-Schema („Physical Work Capacity 150") folgen: Dabei wird die Belastung schrittweise bis zu einem bestimmten Watt-Höchstwert gesteigert, der sich aus dem Körpergewicht multipliziert mit dem Faktor 1,8 (Frauen) bzw. 2,1 (Männer) ergibt. Die Pulsfrequenz sollte in dieser Übung 150 Schläge pro Minute nicht überschreiten. In anderen Varianten des Belastungstests liegt die zu erreichende Wattzahl beim Dreifachen des Körpergewichts, mit höheren Pulsgrenzen. Mit entsprechendem Ausdauertraining können Sie sich zielgerichtet auf das Belastungs-EKG vorbereiten.

Des Weiteren wird eine Lungenkapazitätsmessung durchgeführt; hält es der untersuchende Arzt für nötig, kann auch geröntgt werden.

Die strengen Regeln der polizeiärztlichen Untersuchung sind sinnvoll, schließlich müssen Polizeibeamte stets voll einsatzfähig sein, Situationen rasch und klar beurteilen und zuverlässige, unter Umständen gerichtlich belastbare Aussagen über beobachtete Vorkommnisse machen können. Die Verfügungsgewalt über die ihnen anvertrauten Waffen und Geräte erfordert zudem ein hohes Maß an Verantwortung. Selbstredend wird daher Drogenkonsum absolut nicht toleriert. Verheimlichen lässt er sich, wie auch weitere Beeinträchtigungen, nicht: Zum Besuch beim PÄD gehören Urin- und Bluttests, die etwaige Auffälligkeiten unweigerlich ans Tageslicht bringen. Darüber hinaus werden Sie auch um eine Selbstauskunft gebeten, d.h. der jeweilige Polizeiarzt wird Sie nach gesundheitlichen Einschränkungen oder Besonderheiten fragen. Ehrlichkeit ist hier oberstes Gebot. Wer vorsätzlich schwer feststellbare Beeinträchtigungen, Abhängigkeiten oder Allergien verschweigt, kann auch nach seiner Verbeamtung noch aus dem Polizeidienst entlassen werden.

Schließlich steht Ihr Untersuchungstermin vor der Tür. Verständlicherweise wollen Sie ihn unbedingt hinter sich bringen – haben aber Ihren Schnupfen von letzter Woche noch nicht ganz auskuriert? Bei allem Ehrgeiz: Gehen Sie angeschlagen und nicht voll belastbar in die Untersuchung, setzen Sie unter Umständen Ihre Einstellung aufs Spiel. Auch mit einer nur leichten Erkältung sollten sie besser kein Risiko eingehen, sich bei Ihrem zuständigen Sachbearbeiter der Werbe- oder Einstellungsstelle melden und einen neuen Termin vereinbaren. Eine Verschiebung ist nicht nur aus gesundheitlichen Gründen grundsätzlich möglich. Doch selbst ein Scheitern ist noch nicht das endgültige Aus: Wer in der polizeiärztlichen Untersuchung für „nicht diensttauglich" erklärt wird, kann sich ihr für gewöhnlich nach einer einjährigen Wartezeit nochmals stellen.

Die Untersuchung im Überblick:

¬ Sehtest (vor dem 20. Lebensjahr mindestens 50 %, nach vollendetem 20. Lebensjahr mindestens 30 % je Auge)

¬ Hörtest

¬ Ermittlung von Körpergewicht und -größe, Body-Mass-Index (evtl. Ausschlusskriterien beachten)

¬ Belastungs-EKG (definierte Belastungen, es gelten bestimmte Puls-Grenzwerte)

¬ Messung der Lungenkapazität

¬ Ergometrie

¬ Blutabnahme

¬ Urinprobe

¬ Begutachtung der Zähne und Fingernägel

¬ Evtl. Röntgen (Körper muss frei von Metallen sein)

¬ Drogenscreening (u.U. am Tag der Einstellung)

¬ Selbstauskunft (Gespräch mit dem Polizeiarzt über mögliche Allergien, Erkrankungen etc.)

Ausbildungspark Verlag

Lübecker Straße 4 • 63073 Offenbach
Tel. 069-40 56 49 73 • Fax 069-43 05 86 02
Netzseite: www.ausbildungspark.com
E-Post: kontakt@ausbildungspark.com